高等学校建筑环境与能源应用工程专业
“十三五”规划·“互联网+”创新系列教材

建筑冷热源设备与系统

曹小林　周文和　李明柱　李永存　江燕涛　杨培志　主编

中南大学出版社
www.csupress.com.cn
长沙

图书在版编目（C I P）数据

建筑冷热源设备与系统 / 曹小林等主编. --长沙：中南大学出版社，2019.4

ISBN 978-7-5487-3596-0

Ⅰ.①建… Ⅱ.①曹… Ⅲ.①房屋建筑设备—制冷系统 ②房屋建筑设备—热源—供热系统 Ⅳ.①TU83

中国版本图书馆 CIP 数据核字(2019)第 055079 号

建筑冷热源设备与系统

主编　曹小林　周文和　李明柱　李永存　江燕涛　杨培志

□**责任编辑**　陈　澍
□**责任印制**　易红卫
□**出版发行**　中南大学出版社
　　社址：长沙市麓山南路　　邮编：410083
　　发行科电话：0731-88876770　　传真：0731-88710482
□**印　　装**　长沙雅鑫印务有限公司

□**开　　本**　787×1092　1/16　□**印张** 21.5　□**字数** 535 千字
□**版　　次**　2019 年 4 月第 1 版　□2019 年 4 月第 1 次印刷
□**书　　号**　ISBN 978-7-5487-3596-0
□**定　　价**　68.00 元

图书出现印装问题，请与经销商调换

高等学校建筑环境与能源应用工程专业
“十三五”规划·“互联网+”创新系列教材编委会

主　任

廖胜明　杨昌智　王汉青

副主任(按姓氏笔画排序)

王春青　周文和　郝小礼　曹小林　寇广孝

委　员(按姓氏笔画排序)

王志毅　方达宪　向立平　刘建龙　齐学军

江燕涛　孙志强　苏　华　杨秀峰　李　沙

李新禹　余克志　谷雅秀　邹声华　张振迎

陈　文　周乃君　周传辉　黄小美　隋学敏

喻李葵　傅俊萍　管延文　薛永飞

秘　书

刘颖维(中南大学出版社)

出版说明

Publisher's Note

遵照《国务院关于印发“十三五”国家战略性新兴产业发展规划的通知》(国发〔2016〕67号)提出的推进“互联网+”行动，拓展“互联网+”应用，促进教育事业服务智能化的发展战略，中南大学出版社理工出版中心、中南大学能源科学与工程学院廖胜明教授、湖南大学土木工程学院杨昌智教授、南华大学环境保护与安全工程学院王汉青教授等共同组织国内建筑环境与能源应用工程领域一批专家、学者组成“高等学校建筑环境与能源应用工程专业‘十三五’规划·‘互联网+’创新系列教材”编委会，共同商讨、编写、审定、出版这套系列教材。

本套教材的编写原则与特色：

1. 新颖性

本套教材打破传统的教材出版模式，融入“互联网+”“虚拟化、移动化、数据化、个性化、精准化、场景化”的特色，最终建立多媒体教学资源服务平台，打造立体化教材。采用“互联网+”的形式出版，其特点为：通过扫描书中的二维码可以发现丰富的工程图片、演示动画、操作视频、工程案例、拓展知识、三维模型等。

2. 严谨性

本套教材以《高等学校建筑环境与能源应用工程本科指导性专业规范》为指导，教材内容在严格按照规范要求的基础上编写、展开、丰富，精益求精，认真把好编写人员遴选关、教材大纲评审关、教材内容主审关。另外，本套教材的编辑出版，中南大学出版社将严格按照国家相关出版规范和标准执行，认真把好编辑出版关。

3. 实用性

本套教材针对21世纪学生的知识结构与素质特点，以应用型人才培养为目标，注重理论知识与案例分析相结合，传统教学方式与基于现代信息技术的教学手段相结合，重点培养学生的工程实践能力，提高学生的创新素质。

4. 先进性

本套教材既突出建筑环境与能源应用工程专业理论知识的传承，又尽可能地反映该领域的新理论、新技术和新方法。本着面向实践、面向未来、面向世界的教育理念，培养符合社会主义现代化建设需要、面向国家未来建设、适应未来科技发展、德智体美全面发展以及具有国际视野的建筑环境与能源应用工程专业高素质人才。

本套教材不仅仅是面向建筑环境与能源应用工程专业本科生的课程教材，还可以作为其他层次学历教育和短期培训教材和广大建筑环境与能源应用工程专业技术人员的专业参考书。由于我们的水平和经验有限，这套教材可能会存在不尽如人意的地方，敬请读者朋友们不吝赐教。编审委员会将根据读者意见、建筑环境与能源应用工程专业的发展趋势和教学手段的提升，对教材进行认真的修订，以期保持这套教材的时代性和实用性。

编委会

2019年3月

前　言
Preface

本书是中南大学出版社高等学校建筑环境与能源应用工程专业“十三五”规划教材，由国内几所高校建筑环境与能源应用工程专业的教师结合多年教学和工程实践编写而成。

本书以建筑中普遍使用的冷源和热源设备为对象，较系统完整地阐述了各种冷源和热源设备的原理、构造、系统设计、工作性能和运行调节等问题。冷源设备以蒸气压缩式制冷装置为主，详细地介绍了制冷与热泵循环、制冷剂以及压缩机和换热器等制冷设备，并对制冷机组和热泵机组的种类、结构和能量调节等做了阐述。冷源设备部分也适当介绍了吸收式制冷装置的原理和系统。热源设备部分较为详细地介绍了供热锅炉的种类、工作原理、结构等。本书对冷热源机房的工艺设计以及冷热源的运行和调节等相关问题做了详细述说，对太阳能集热技术、冷热电三联供、冰蓄冷系统等新技术也做了简要介绍。本教材按48课时编写，因为各院校在培养方案和教学要求上存在差异，教师讲授时可以根据具体情况适当取舍。

本书的特点在于：①力求贯彻“系统”思想。从冷源和热源设备与系统的整体角度出发，讲述了制冷循环和制冷设备以及制冷与热泵机组、吸收式制冷机组、供热锅炉的工作原理、结构组成和性能调节方法，并介绍了冷热源机房的工艺设计以及冷热源的运行和调节的相关内容，体现建筑冷热源设备和系统的整体性。②体现创新意识。从教材内容的设计、各章节的具体内容到例题、思考题的选用，尽可能全面反映该领域的新理论、新技术和新设备。③具有实用性。教材中给出了较为详尽的计算公式、图表和应用例题，注重理论知识与案例分析相结合，使学生和工程技术人员能快速掌握理论，并付诸应用。此外，利用现代信息技术的教学手段，在书中植入二维码，读者可以通过扫描二维码，获得更为详细和生动的学习内容。④体系严密。作者根据多年的教学实践，系统设计了各章节结构，教材体系严密、逻辑清楚、结构合理、内容丰富，既能满足本专业的本科培养方案教学要求，又可作为其他层次学历教育和短期培训的教材，也可作为建筑环境与能源应用专业技术人员的专业参考书。⑤增加了“思考题”。通过设置“思考题”，提高学生分析和解决问题的能力，并检验其各章内容的学习效果。

本书第2章和第3章由中南大学曹小林教授编写，第1章和第10章由吉林建筑大学李明柱副教授编写，第4章由广东海洋大学江燕涛副教授编写，第5章和第6章由湖南科技大学李永存副教授编写，第7章由兰州交通大学周文和副教授编写，第8章由周文和副教授和中南大学杨培志副教授共同编写，第9章由杨培志副教授和曹小林教授共同编写。

由于编者水平有限，书中难免有不妥和错误之处，望广大读者批评指正。

作者

2019年4月

目　录
Contents

第1章 概 论

1.1 建筑热湿环境与冷热源

1.1.1 建筑热湿环境

建筑热湿环境主要反映了建筑物内空气的热湿特性，是建筑环境中最重要的内容之一。影响建筑内热湿环境的因素有外扰和内扰两种。外扰主要包括室外气候参数，如室外空气温湿度、太阳辐射、风速、风向，以及邻室的空气温湿度变化等，可通过围护结构的热湿传递、空气渗透，使外部热量和湿量进入到室内，对室内热湿环境产生影响。内扰主要包括室内设备、照明、人员等室内热湿源，同样可使建筑物内部热湿环境发生变化。

1.1.2 冷热源

人们的大部分时间是在建筑内度过的。随着物质水平的提高，人们对工作、生活环境的要求越来越高，即对室内温度、湿度的适宜性和空气品质有很高的要求。供暖通风与空气调节(简称暖通空调)是实现建筑环境控制的技术。暖通空调系统在对建筑热湿环境进行控制时，有时需要从建筑内移除多余的热量和湿量，有时需要向建筑内供入热量和湿量。图1－1示意了建筑物热量和湿量的传递过程。在夏季，有以下几项热量或湿量进入建筑物内：①透过玻璃的太阳辐射热量；②室外温度高于室内温度时，通过墙、屋顶、窗、门等围护结构传入的热量；③灯光散热量；④人员散热量和散湿量；⑤设备散热量和散湿量。这时要维持室内的温度和湿度，必须通过开启空调设备将建筑内多余的热量、湿量移到室外。在冬季，由于室外温度低于室内温度，建筑物通过墙、屋顶、窗、门等向室外传递热量，当室内获得的热量(设备散热量、人员散热量等)不足以抵消传出的热量时，室内温度会降低。因此，冬季为维持室内一定温度，必须通过设备(如散热器)向建筑内输入热量。

从建筑内移除热量和湿量需要一种低温介质，通过换热器对室内空气进行冷却和除湿。低温介质可以从自然界获取，如温度较低的地下水，在冬季制造和储存的天然冰融化得到的低温水等。这类在自然界中存在的低温物质称为天然冷源。天然冷源受地理位置和气候等条件的限制，获取与保存困难。因此在暖通空调工程中普遍靠人工的办法来制取低温介质。这种人工制取低温介质的装置称为人工冷源。总而言之，对于室内热量或湿量多余的建筑，必须有冷源提供低温介质，移出建筑内多余的热量和湿量，以维持室内的温度和湿度。建筑内热量被空调系统移出到室外后，经冷源排放到室外环境中。图1－1(a)中的人工冷源即冷水

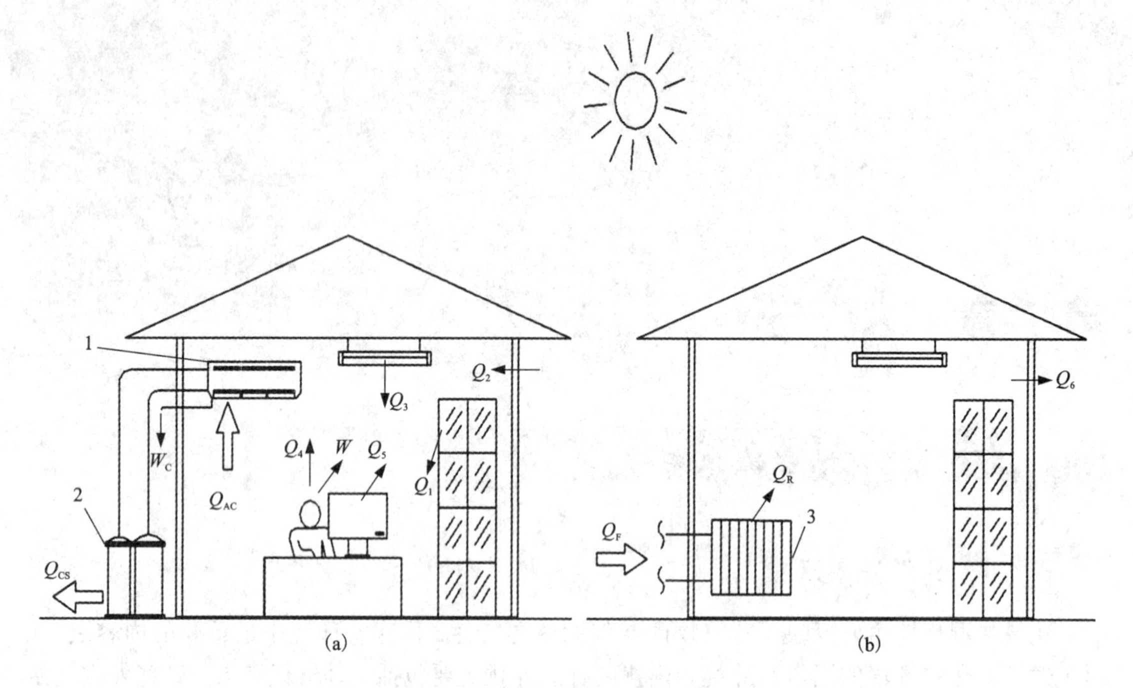

图 1－1 建筑物夏季与冬季热量和湿量传递过程

(a)夏季；(b)冬季

1—空调设备；2—冷水机组(冷源)；3—散热器；Q_1—透过玻璃窗进入的太阳辐射量；

Q_2—由温差通过围护结构传入的热量；Q_3—灯光散热量；Q_4—人员散热量；Q_5—设备散热量；W—人员散湿量；

Q_6—通过围护结构传出的热量；Q_{AC}—空调设备从房间吸取的热量；Q_{CS}—冷源向环境排出热量；

Q_R—散热器散热量；Q_F—燃料热量；W_C—空调散湿量

机组制取低温介质(冷冻水)供应空调设备，消除室内多余的热量和湿量，并通过冷源排到室外环境中。在完成上述工作过程中冷水机组需消耗一定量的高品位能量。

采暖设备

向建筑内输入热量需要一种温度较高的介质，通过换热器(或称热交换器)与室内空气进行换热，从而向建筑内提供热量。建筑中普遍应用的热介质是人工制备的，可以利用其他能源转换获取。这类以供热为目的制取高温介质的装置称为人工热源。在自然界中还存在许多低品位(温度较低)的天然热源，如江河湖海水、地下水等，因温度偏低而无法直接利用。图 1－1(b)中的人工热源是热水锅炉，制取热水供给供暖系统的散热器，向室内供热。锅炉供热需要消耗燃料。

人工冷源从被冷却的房间或物体中提取热量称为“制冷”，所提取的热量称为制冷量或冷量。制冷量与热量是有温差的两个物体间传递的方向不同的能量。对某一建筑，通过温差传递获得的能量称为供热量或热量，而向外传递的能量就称为制冷量或冷量。对装置来说，由温差向外传递出的能量称为该装置的供热量、制热量或热量；由温差传递进入的能量称为该装置的制冷量或冷量。本书中的供热量、制热量、热量、制冷量的单位均为“kW”或“W”。冷源、热源和暖通空调系统中传递冷量和热量的介质称为冷媒和热媒，水是常用的冷媒和热媒，当水作冷媒时称为冷冻水，水作热媒时称为热水。

人工冷源要把热量从温度较低的被冷却房间或物体移到温度较高的环境中［图 1－1

(a)]，这种从低位热源向高位热源的热量传递过程不可能自发进行，必须有补偿条件，如消耗一定量的机械功、热能或其他高品位能量。人工冷源实质上是一套由各种设备组成的，以消耗一定量高品位能量为代价，将热量由低温热源转移到高温热源的装置，又称为制冷装置或制冷机；若该设备用以供热，则称为热泵。实现制冷的方法很多，目前常用的有以下几种物理方法：①利用液体相变制冷，液体转化为蒸气的汽化过程，具有吸热效应；②利用气体绝热膨胀制冷，一定状态下的气体通过节流阀(或称膨胀阀)绝热膨胀，温度降低，从而达到制冷目的，目前飞机机舱空气调节的冷源常用此原理制冷；③温差电制冷(热电制冷)，两种不同金属组成的闭合环路中接上一个直流电源后，则在一接合点变冷(吸热)，另一接合点变热(放热)，这种现象称为帕尔帖效应，此效应制冷效果很弱，实际应用困难。采用两种不同的半导体材料组合以后，有明显的帕尔帖效应，因此温差电制冷又称半导体制冷，现已有小型的半导体制冷器具。

制冷技术按制冷温度分为“普冷”和“深冷”，其方法及系统也都不一样。“普冷”制冷温度高于－120℃，“深冷”制冷温度低于－120℃，又称为低温制冷。建筑中的冷源制冷温度一般在0℃左右，用作热泵时，制冷温度有可能低到－15℃左右。

建筑热源除了为建筑物的供暖提供热量外，还有以下几种用途。

(1)热水供应用热

旅馆、宿舍、医院、疗养院、幼儿园、体育场馆、公共浴室、公共食堂等场所都需安装热水供应，用于盥洗、饮用(开水)。

(2)工厂工艺过程用热

食品厂、制药厂、纺织厂、造纸厂、卷烟厂等的工艺过程需要大量热量。工艺用热通常要求供应蒸气。

(3)其他

游泳池需要热量对池水加热；洗衣房中洗衣机、烘干机、烫平机、干洗机等设备需要蒸气。

在建筑中的各种用热，包括暖通空调用热，可以用同一热源，也可以分别设置热源，根据具体情况确定。

1.2 建筑冷源和建筑热源的种类

1.2.1 建筑冷源的种类

建筑空调用冷源可分为两大类，即天然冷源和人工冷源。天然冷源有天然冰、深井水、深湖水、水库的底层水等。人工冷源按消耗的能量分为以下两类：

1. 消耗机械功实现制冷的冷源

蒸气压缩式制冷装置是消耗机械功实现制冷的人工冷源。机械功可以由消耗电能的电动机提供，也可以由发动机即燃气机、柴油机等提供，但目前应用很少。在空调工程中应用的制冷装置可按冷却介质分为：①水冷式制冷装置，利用冷却水带走热量；②风冷式制冷机，利用室外空气带走热量。也可按供冷方式不同，分为：①冷水机组，制冷机制取冷冻水，通过冷冻水把冷量传递给空调系统的空气处理设备，如图1－1(a)中的2；②空调机(器)，制冷机产生的冷量直接用于对室内空气进行冷却、除湿处理，即冷源与空调一体化设备，或自带冷源的空调设备。

2. 消耗热能实现制冷的冷源

吸收式制冷装置是以消耗热能实现制冷的冷源。吸收式制冷装置常用溴化锂水溶液作工质，因此也称为溴化锂吸收式制冷装置。按携带热能的介质不同，可分为：

①蒸气型溴化锂吸收式制冷机。利用一定压力的蒸气驱动。

②热水型溴化锂吸收式制冷机。利用一定温度的热水驱动。

③直燃型溴化锂吸收式冷热水机组。直接利用燃油或燃气的燃烧获得的热量驱动。机组中的带有燃油或燃气的制热设备相当于燃气锅炉或燃油锅炉，因此可以作热源，即这个装置既可作冷源又可作热源，故称“冷热水机组”。

④烟气型溴化锂吸收式冷热水机组。利用工业生产中产生的300～500℃的烟气驱动，也具有供热功能。

⑤烟气热水型溴化锂吸收式冷热水机组。同时利用烟气和热水驱动，也具有供热功能。

1.2.2 建筑热源的种类

建筑中大量应用的热源都需要用其他能源直接转换或采用制冷的方法获取热能。人工热源按获取热能的原理不同可分为以下几类。

1. 燃烧燃料将化学能转换为热能的热源

通过燃料燃烧将化学能转换为热能的热源按消耗燃料的不同可分为：

(1)燃煤型热源

以煤为燃料的热源，有以下两种类型：①燃煤锅炉，以煤为燃料制备热水或蒸气，是目前应用广泛的一种热源。②燃煤热风炉，以煤为燃料加热空气制备热风，通常用于生产工艺过程的热源，如用于粮食烘干。

(2)燃油型热源

以燃油(轻油或重油)为燃料的热源，有以下三种类型：①燃油锅炉，以燃油为燃料制备热水或蒸气，是目前建筑中应用较多的一种热源，通常用轻油作燃料。②燃油暖风机，通过燃油的燃烧直接加热空气，可直接置于厂房、养猪场、养鸡场等处作供暖，也可用于工艺过程中。③燃油直燃型溴化锂吸收式冷热水机组，既是热源又是冷源。

(3)燃气型热源

以燃气(天然气、人工气、液化石油气等)为燃料的热源，有以下几种类型：①燃气锅炉，以燃气为燃料制备热水或蒸气，是建筑中应用较多的一种热源。②燃气暖风机，以燃气的燃烧直接加热空气，可直接用于厂房、养猪场、养鸡场等处的供暖，也可在工艺过程中应用。③燃气辐射器，是一种用于工业厂房辐射供暖的装置，实际上是热源与供暖设备组合成一体的设备。④燃气热水器，是以燃气为燃料制备热水的小型热源装置，用于单户供暖或热水供应。⑤燃气直燃型溴化锂吸收式冷热水机组，既是热源又是冷源。

2. 太阳能热源

利用太阳能生产热能的热源，可作为建筑供暖、热水供应和用热制冷设备的热源。

3. 热泵

热泵是一种利用低品位能量的热源。制冷装置在制冷的同时伴随着热量排出，因此可用作热源。当用作热源时，制冷装置称为热泵机组，简称热泵。热泵是从低品位热源提取热量并提高温度后进行供热的装置。根据热泵驱动的能量不同，可分为蒸气压缩式热泵和吸收式热泵。蒸气压缩式热泵又可分为两类：①电动热泵，消耗电能，以电动机驱动。②燃气热泵和柴油机热泵，以燃气机或柴油机驱动。

4. 电能直接转换为热能的热源

由电能直接转换为热能的热源（称电热设备）有以下几种：①电热水锅炉和电蒸气锅炉，可用于建筑物内部空调、供暖的热源。②电热水器，可用于单户的供暖或热水供应。③电热风器、电暖气等，通常用于房间补充加热或临时性供暖，这类器具实际上是带热源的供暖设备。需要说明的是，电能是高品位能量，一般不宜直接转换为热能来应用。

5. 余热热源

余热是指生产过程中被废弃掉的热能，又称为废热。余热的种类有：烟气、热废气或排气、废热水、废蒸气、被加热的金属、焦炭等固体余热和被加热的流体等的余热。只有不含有害物质的、温度适宜的热水才能直接作热源应用。大部分的余热需要采用余热锅炉等换热设备进行热回收才能作为热源应用。

1.2.3 人工冷、热源的分类

根据人工冷源和热源向所控制的建筑环境供冷和供热方式不同，可分为以下两类：

①冷热源通过冷媒或热媒将冷量或热量传递给暖通空调系统，实现室内环境温湿度控制。如冷水机组、溴化锂吸收式制冷机、燃气锅炉等设备，通常用于集中式供暖空调系统中。这种集中式的冷、热源系统可以为多个房间、一幢建筑、多幢建筑提供冷量或热量。

②冷热源直接向室内供冷或供热。实质上是冷、热源与供暖空调组合成一体的设备，或者说自带冷、热源的供暖空调设备。如空调机（器）、燃气暖风机、燃气辐射器、电暖暖风器等设备。这类设备通常直接置于室内或邻室内用于制冷或供暖。

冷热源的种类很多，本书中将重点阐述建筑中常用于集中式供冷或供暖系统的冷热源，即蒸气压缩式制冷机、溴化锂吸收式制冷机、热泵、各种燃料型锅炉及其组成的系统。对于其他的冷热源设备及其系统，尤其是可再生能源的应用只进行简要介绍。

空调系统

1.3 建筑冷热源系统组成

建筑冷热源系统是指由制冷机、锅炉等冷热源设备与相配套的各种子系统共同组合成的一个综合系统，以实现对建筑的供冷与供热。由于冷热源设备的种类不同，因此系统的组成各不相同，下面介绍几种常用的冷热源设备的系统组成。

1.3.1 建筑冷源系统的组成

电动制冷机冷源系统、蒸气型或热水型溴化锂吸收式制冷机冷源系统、直燃型溴化锂吸收式冷热水机组等为核心组成的冷源系统如图 1－2 中点画线所围的区域所示，虚线内部为生产冷量的设备及系统。冷源系统中都有排出热量的冷却系统，图 1－2 中采用冷却塔排热的冷却系统。任何冷源都有动力电系统，电动制冷机靠电力驱动，需较大的电功率；吸收式制冷机中溶液泵与直燃机中的风机也需要电力驱动；冷却塔及各种机械循环水系统中的水泵等都需电力驱动。蒸气型或热水型溴化锂吸收式制冷机冷源系统[图1-2(b)]还需要由外部热源供应蒸气或热水，因此该制冷系统配备相应的蒸气供应及凝结水回收系统或热水供回水系统。直燃型溴化锂吸收式冷热水机组冷热源系统[图1-2(c)]有燃气或燃油供应系统和烟气排出系统，机组自带空气供应系统。冷源生产的冷量通过冷媒供给建筑冷用户（空调设备）。因此在冷源与冷用户之间需要有冷媒系统。冷媒系统附设有补水系统及相应的水处理设备。图1-2(c)中的机组也可以供热，因此该系统实质上是冷热源系统。

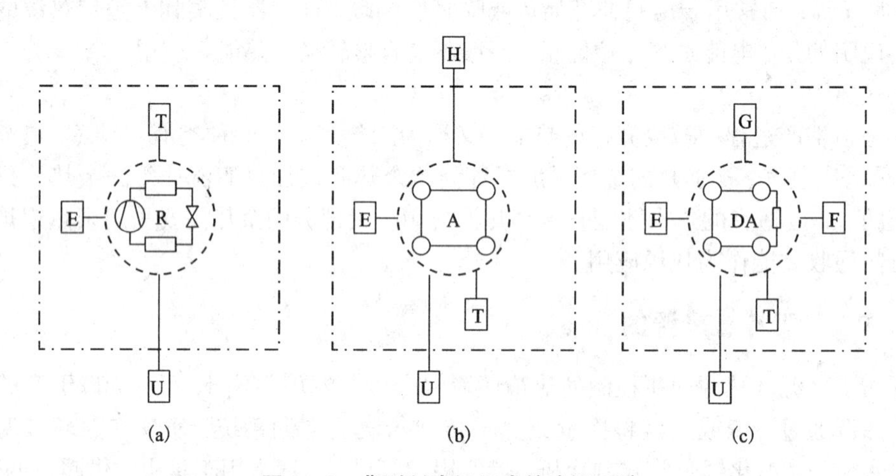

图1-2 典型制冷机组成的冷源系统

(a)电动制冷机冷源系统；(b)蒸气型或热水型溴化锂吸收式制冷机冷源系统；
(c)直燃型溴化锂吸收式冷热水机组冷热源系统
U—建筑冷热用户；R—电动制冷机；A—蒸气型或热水型溴化锂吸收式制冷机；
DA—直燃型溴化锂吸收式制冷机；E—电源；T—冷却塔；H—外部电源；G—烟气；F—燃料

1.3.2 建筑热源系统的组成

图1-3中点画线所示区域为燃煤锅炉热源系统和电动热泵热源系统。燃煤锅炉热源系统中除了虚线内部的锅炉本体外，还有燃料供给系统、燃烧用空气供应系统、排烟系统、给水系统、动力电系统、热媒系统和除灰渣系统7个子系统。有的锅炉不设空气供给系统，靠锅炉内负压吸入。给水系统是指向热水或蒸气锅炉中补充水和注入凝结水的系统，包括相应的水处理设备。以燃气、燃油锅炉为核心的热源系统没有无除灰渣的子系统且锅炉自带供应空气的系统，其他同图1-3(a)。

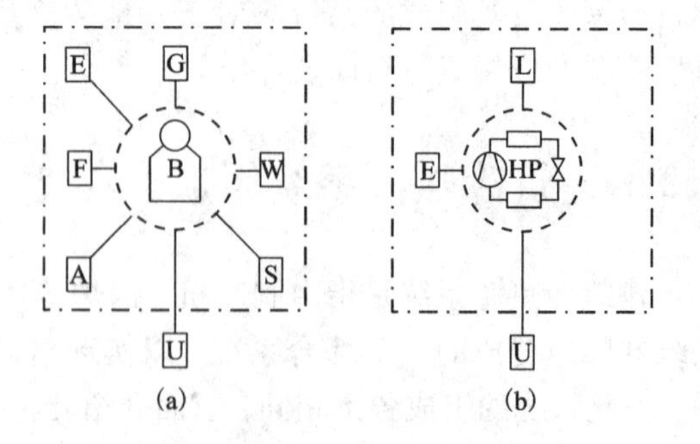

图1-3 典型热源组成的热源系统

(a)燃煤锅炉热源系统；(b)电动热泵热源系统
B—燃煤锅炉；HP—电动热泵；A—供空气；
W—给水；L—低品位热源；S—灰渣；其他符号同图1-2

图1-3(b)中虚线所围设备及系统与图1-2(a)中的电动制冷机冷源系统类似。不同点

是原排热用的冷却系统变成向用户供热的热媒系统，而原供给用户的冷媒系统现为从低品位热源(如地下水、河水、湖水、海水、空气等)取热的系统。对于以热泵为核心的热源系统，经常是在冬季供热，而在夏季供冷，这时以热泵为核心的系统实质上是冷热源系统。

以上给出的5种冷热源系统是目前经常应用的系统，其他形式的冷热源设备所组成的冷热源系统都大同小异。

1.4 建筑冷热源发展历程与应用现状

1.4.1 建筑冷源的发展历程与应用现状

公元前1000年人类就已有计划地存贮和应用天然冰，用于食品贮存和环境降温。14世纪后开始利用冰和氯化钠的混合物冷冻食品。16世纪后开始利用水蒸发来冷却空气。1890年左右，空气调节技术得到了初步发展，工艺性空调和舒适性空调相继出现。1906年出现“空气调节”名词，并产生了一个巨大的空调与制冷产业，为人类带来了舒适和方便。

自1755年Willianm Cullen发表《液体蒸发制冷》文章开始，人类进入了人造冷源时代；1824年S. Carnot发表了关于卡诺循环的论文，奠定了制冷技术的热力学基础；1834年第一台乙醚活塞制冷机问世；1844年出现空气制冷机；1859年出现吸收式制冷机；1875年出现氨蒸气压缩式制冷机；1890年制冰工业开始，从而开创了制冷空调工业；1911年Carrier提出湿空气图表；1918年自动冰箱问世；1923年发明食品快速冻结技术；1927年生产出空调器、空气源热泵；1930年汽车空调逐渐发展；1935年出现卡车自动冷藏装置、飞机发动机低温试验装置等。

此外，由于1928年制造出制冷剂氟利昂R12，人类从采用天然制冷剂迈向采用合成制冷剂的时代，R12的问世解决了人类对制冷剂的多种需求。人类迈向从采用天然冰到采用人造冰，从采用天然冷源到采用人造冷源的时代，创造出了各种人工环境，人类生活发生了重大变化。但是，此时用于创造人类生活与生产环境的空调所需要的制冷量只接近总人工制冷量的10%。直至20世纪70年代以后，随着科学技术的发展，特别是信息技术的迅猛发展，以及人们对健康舒适环境要求的不断提高，民用与工业空调所消耗的制冷量达到总人工制冷产量的60%。制冷空调技术已成为造福人类、开创未来不可或缺的技术。美国国家工程院在《20世纪最伟大的工程技术成就》一书中将“空调与制冷”技术排在第十位。

“制冷”技术的应用非常宽广，涵盖了制冷技术与设备、人工环境、冷藏与冷冻以及低温与气体工业等领域。实现人工制冷的方法有多种，按物理过程的不同可分为液体汽化法、气体膨胀法、热电法、固体绝热去磁法等。不同制冷方法适用于获取不同的温度。

空气调节用制冷技术属于普通制冷范畴，主要采用液体汽化制冷法，其中以蒸气压缩式制冷、吸收式制冷应用最多。自1852年汤姆逊(W. Thomson)发表了关于制冷机也可用于供热的论文后，应用制冷原理进行制热的热泵技术开始得到重视，特别是在1973年能源危机以后，热泵技术得到了迅猛发展，不仅出现了单独制热的热泵，也发展出了各种形式的既能制冷又能制热，以及能够同时实现制冷与制热的热泵装置或设备。目前，制冷与热泵装置已成为大型空调系统的重要冷热源设备，同时很多中小型空调系统本身就是制冷与热泵装置。

1.4.2　建筑热源的发展历程与应用现状

在3万年前的“燧人氏”时代，我们的祖先便在历史上写下了“钻木取火”的篇章。钻木取火是人类最早利用的热源。公元前1300年土耳其王族的宫殿中就有了地板辐射采暖的雏形。其后这种采暖形式见于公元前1世纪著名的古罗马浴室中的“火地”和我国明朝末年专为皇室所用的地热。近现代中国北方的火炕和日本、韩国的地炕都应用了地板辐射采暖的原理。这种以木材或煤炭燃烧提供热量的方式是早期的建筑热源。

19世纪40年代，西方资本主义国家完成了从手工业向机器大工业的过渡，进入了工业革命时代。工业革命使人类的发展进入了一个新的高度，即“水暖时代”并创造出第一代金属散热器，用锅炉生产热水，热水循环加热金属散热器，金属散热器外壳加热室内空气，成为了人类建筑热源的新方式与新选择。

20世纪50年代，人类又研发出一种以烘烤方式加热的“油汀”。金属散热器内部以油取代了水，热源方式以电代替了煤。产品使用更为便捷，重要的是以电作为新的能源形式，为建筑热源的发展和应用创造了新的空间。

21世纪，随着科技的发展，人们对居住环境的要求进一步提高，建筑热源也有了新的进展——能源结构多样化。单一的以燃煤作为供暖热源的格局已经改变，电热、燃气和燃油都有条件地作为供暖热源。电热和燃气的应用使得新的热源应运而生，太阳能供热、电暖气供热、电热膜供热、各种形式的空调装置供热以各自独特的优势发挥着作用。

①采用辐射供暖方式：包括低温地板辐射供暖、辐射供暖器和电热膜等辐射供暖形成的室内温度场分布和等效热舒适度。该方式可节约热能10%～20%。

②采用热泵制热方法：包括空气源热泵和水源热泵等。热泵制热可使制热系数达到2.0或更高，即使部分采用也能使相同供热量的耗电量有较大幅度的降低。

③电能用于供暖的方式很多，除普通的电散热器和电暖风机外，还有：可取代燃气供暖炉的电热水供暖炉；电热辐射供暖器；发热电缆地板辐射供暖；可敷设在房间顶棚或墙壁上的电热膜供暖；与夏季空调结合的空气源热泵空调机；与夏季空调结合的空气源热泵冷热水机组；与夏季空调结合的水源热泵或土壤源热泵型空调机和冷热水机组；可充分利用低谷电的、带有蓄热装置的电热锅炉。

冷热源是实现能源消耗与转换的设备。能源形式的多样化使得冷、热源设备的形式也多种多样。随着科技的进步和社会的发展，空调技术日新月异，尤其是市场经济促使暖通空调设备得到了空前的发展，各种新技术、新设备层出不穷，各种形式的暖通空调冷热源设备与系统也品种繁多，各有特色。暖通空调冷热源新进展主要体现在如下方面。

1. 分布式能源系统

分布式能源系统也称为建筑冷热电联供系统（BCHP），是以燃气轮机为动力，并与吸收式制冷机或余热锅炉配套，同时提供制冷、采暖、卫生热水和电力的系统。该系统具有能源利用率高、环境污染小、运行灵活、能量（冷、热、电）输送损失小等特点。与常规电力空调相比，该系统能实现能源的梯次利用，不会对电网造成冲击，能有效削减电力尖峰负荷；与大型热电联产系统相比，该系统能适应很宽的热电比，输送线路和管网损失极小，还可以为用户提供可靠的备用电源。由于近十年来小型涡轮发电机、吸收式制冷机、燃料电池、干燥及能源、回收系统等技术的发展，建筑冷热电联供系统正在成为一种提高能源利用效率和降低环境污染的重要手段。我国已有一些项目试用建筑冷热电联供系统，取得一定的施工和运营经验。建筑冷热电联供系统将具有很好的发展前景，值得深入研究和推广应用。

2. 可再生能源系统

(1)地源热泵技术

地源热泵是一种利用地下浅层地热资源(也称地能，包括地下水、土壤或地表水等的能量)的既可供热又可制冷的高效节能供热与空调系统。其工作原理为：夏季制冷时，大地作为排热场所，把室内热量以及压缩机耗能排入地下，通过土壤的导热和土壤中水分的迁移把热量扩散到土壤中；冬季供热时，大地作为热泵机组的低温热源，从土壤中提取热量输送到室内供热。地源热泵作为一种利用可再生能源的供热空调系统，具有节能和环保的双重效益。

(2)太阳能应用技术

利用太阳能加热热水可作为热泵的热源或直接用于辐射供暖。太阳能电池、太阳能吸收式制冷等对建筑供暖与空调具有广阔应用前景。与建筑结合起来的太阳能应用技术包括太阳能空调、太阳能采暖、太阳能热水、太阳能蓄能、地源热泵、太阳能光伏并网发电等。太阳能热水供应可采用太阳能光热技术，利用太阳能集热器向建筑物供应热水。建筑的冬季供暖和夏季用空调同样可以采用太阳能应用技术。例如，采暖季在利用太阳能的建筑内建造一个蓄热水箱，利用蓄热水箱收集太阳能集热器加热的热水，向建筑供热；夏季用空调时，通过管路切换，用太阳能集热器加热的热水，驱动吸收式太阳能制冷机制备冷冻水并储存到蓄冷水箱中，向建筑供冷。

太阳能系统

3. 蓄冷技术的应用

空调能源有一个重要特性，就是使用的间歇性，空调系统不仅随季节变换而改变运行方式，也会由于室外气温和室内人员的变化、昼夜的更替而改变运行方式。因此，这种间歇运行对电网的负荷冲击很大，严重影响电网的安全高效运行。蓄冷技术的应用，不仅可以调节电力供需，移峰填谷，平衡能量系统，而且可以节约运行费用，实现能量的有效合理利用。目前，用于空调的蓄冷方式有：水蓄冷、冰蓄冷、共晶盐蓄冷和气体水合物蓄冷。国内目前已经开展了冰蓄冷系统的实际应用和研究，不过，至今全国只有200多个冰蓄冷空调项目，转移电力负荷总量10万kW，相当于美国的1/50或日本的1/30。我们还应该在各种蓄冷技术的设备、系统技术等方面进行更全面的研究和开发。

思考题

1. 建筑物内的余热、余湿如何移到室外？
2. 简述热泵机理。
3. 简述制冷技术的概念及制冷技术的分类。
4. 目前常用的物理制冷方法有哪些？
5. 人工冷源和热源的种类有哪些？
6. 什么是建筑冷热源系统？
7. 暖通空调冷热源新进展主要体现在哪几个方面？

第2章　制冷与热泵的基本原理

2.1　制冷方法

为产生低温，需要从物体中吸收热量，使其温度低于环境温度。制冷的机理很多，有物质相变制冷、气体绝热放气制冷、气体绝热节流制冷、气体绝热膨胀制冷、气体涡流管制冷、磁制冷、热电制冷等。可用于空调的制冷方法的机理主要是利用物质相变制冷，在特殊场合也有采用气体绝热膨胀制冷的，如飞机的客舱空调系统。

物质的相变过程，如固体熔解、液体汽化、固体升华均需吸收热量，可以利用此原理来制冷。目前广泛应用的是利用液体汽化时的吸热效应制冷。

相变制冷

液体转变成蒸气称为液体汽化。汽化过程有蒸发和沸腾两种。蒸发是在液体表面发生的汽化过程，任何一种液体裸露在空气中时，液体表面分子中动能较大的分子克服表面张力的作用而逃逸到自由空间中去，这种汽化过程称为蒸发，蒸发可以在任何温度下发生，即使在温度低于该压力下的饱和温度时也可以发生蒸发现象。当液体温度等于或高于饱和温度时，不仅在液体的表面，而且在液体内部都发生汽化，这种汽化过程称为沸腾。沸腾是液体强烈的汽化过程。液体汽化需要吸收热量，1 kg液体汽化所吸收的热量称为汽化潜热，图2－1是利用液体汽化实现制冷的简单装置。在小室内放入一通大气的容器，内盛沸点较低的液体（如氨液）。由于容器是通大气的，氨液在大气压下的饱和温度（即沸点）约为－33.4℃，则温度较高的室内空气的热量传递给容器内温度较低的氨液，使氨液汽化成蒸气，氨蒸气通过排气管排出小室，同时把小室冷却下来。

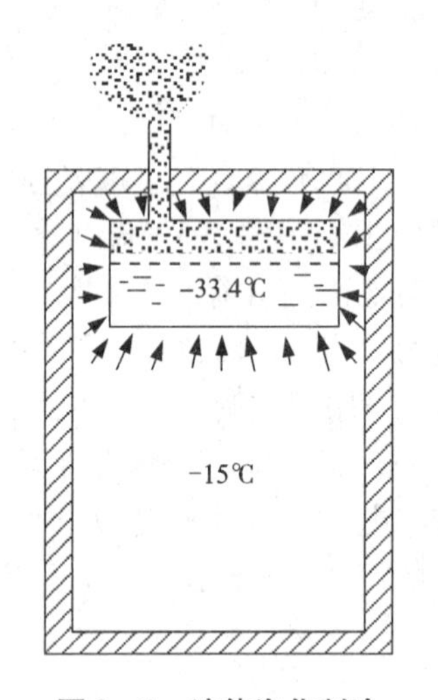

图2－1　液体汽化制冷

蒸气压缩式、吸收式、蒸气喷射式、吸附式制冷和蒸发冷却都属于液体汽化制冷。

2.1.1 蒸气压缩式制冷

蒸气压缩式制冷系统由压缩机、冷凝器、节流阀、蒸发器组成，用管道将其依次连成一个封闭的系统，其原理如图 2－2 所示。制冷剂在蒸发器内与被冷却对象换热，制冷剂吸收热量汽化，同时使被冷却对象温度降低；压缩机则不断地从蒸发器中吸收蒸发器产生的制冷剂蒸气，并将它压缩成为高温、高压状态的气体；高温高压的制冷剂气体被送往冷凝器，在冷凝器中被环境温度下的冷却介质（水或空气）冷却，凝结成高压液体；高压液体流经节流阀或其他节流装置节流，变成低压、低温的气液两相混合物；混合物进入蒸发器，其中的低压液体在蒸发器中蒸发制冷。上述过程不断重复，即组成了一个完整的蒸气压缩制冷循环。

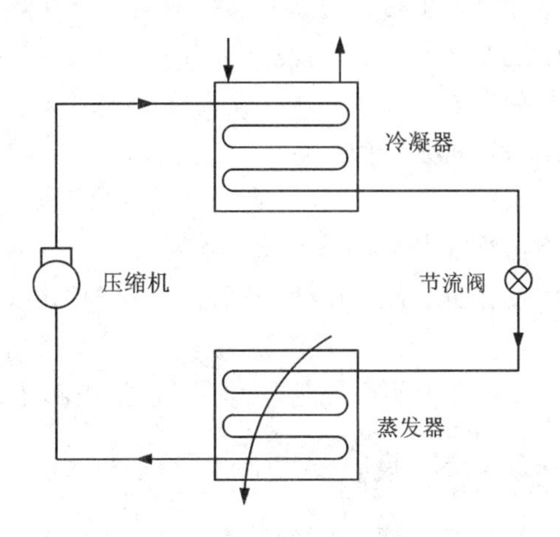

图 2－2 蒸气压缩式制冷循环系统

在整个循环中，各个部件的作用分别是：

①压缩机起着压缩制冷剂蒸气和运输制冷剂的作用，并保持蒸发器中低压和冷凝器中高压；

②节流阀或其他节流装置对冷凝器中流出的高压液体进行节流降压，同时调节进入蒸发器中的制冷剂的流量；

③蒸发器负责输出冷量，制冷剂在蒸发器中吸收被冷却对象的热量，使其温度降低，达到制冷的目的；

④冷凝器负责输出热量，从蒸发器中吸收的热量和压缩机消耗的功转化的热量在冷凝器中被冷却介质带走。

蒸气压缩式制冷循环为逆朗肯循环，系统的输入功为压缩机的消耗功 W，从低温热源（也称为热汇，温度为T_c）吸热，吸热量为Q_0；向高温热源（温度为T_a）放热，放热量为Q_k。根据热力学第一定律：

$$Q_0 + W = Q_k \tag{2-1}$$

根据热力学第二定律，在恒温热源和热汇条件下工作的可逆制冷机，一个循环的熵增等于零，即

$$Q_k/T_a = Q_0/T_c \tag{2-2}$$

将式(2－1)代入式(2－2)得

$$Q_0/T_c = (Q_0 + W)/T_a$$

即

$$T_a/T_c = 1 + W/Q_0 \tag{2-3}$$

制冷机的性能系数为从低温热源吸收的热量与输入功的比值，用 COP 表示，即

$$COP = Q_0/W \tag{2-4}$$

将式(2-3)代入式(2-4)，得到可逆制冷机的性能系数为

$$COP_c = 1/(T_a/T_c - 1) \tag{2-5}$$

通过以上推导可知：①在恒温热源和热汇间工作的可逆制冷机，其性能系数只与热源和热汇的温度有关，与使用的制冷剂无关；②COP_c的值与热源和热汇温度的接近程度有关，T_c和T_a越接近，COP_c越大，反之COP_c越小。实际制冷机的性能系数 COP 随热源温度的变化趋势与可逆机是一致的。

式(2-5)中表示的是在一定热源与热汇条件下制冷机性能系数的最高值，它是评价实际制冷机性能系数的基准值。实际制冷机循环中的不可逆损失总是存在的，其性能系数恒小于COP_c，因此，往往用热力完善度 η 来评价实际制冷循环的优劣，其定义为：

$$\eta = COP/COP_c \tag{2-6}$$

η 越大说明循环越好，不可逆损失越小；反之，η 越小，则不可逆损失越大。

2.1.2 吸收式制冷

与蒸气压缩式制冷循环一样，吸收式制冷循环也是利用液体汽化制冷，不同的是蒸气压缩式制冷以消耗机械功为代价，而吸收式制冷以热能为动力。

以氨水吸收式制冷机为例，其主要部件如图2-3所示。将其与蒸气压缩式制冷系统相比较，可看出图中的冷凝器 C、节流阀 D、蒸发器 E 的作用与蒸气压缩式制冷系统中的相应部件相同。而压缩机则被图中的发生器 A、吸收器 B、溶液泵 P 和节流阀 F 所代替。

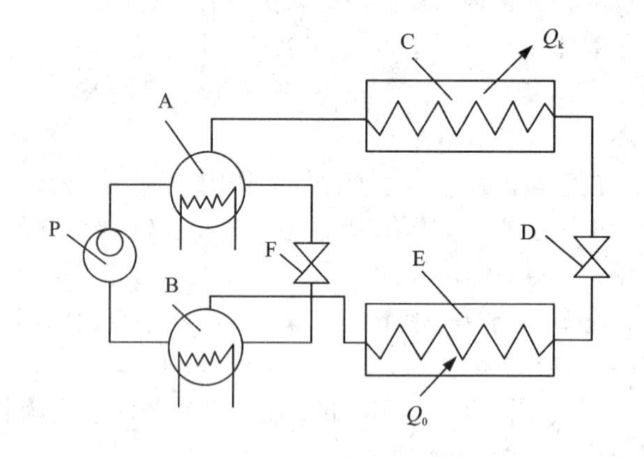

图2-3 吸收式制冷系统图

A—发生器；B—吸收器；C—冷凝器；D、F—节流阀；E—蒸发器；P—溶液泵

吸收器中的氨-氨水溶液被称为制冷剂-吸收剂工质对，因氨比水更易蒸发，且水对氨又有强烈的吸收作用，所以氨作为制冷剂，氨水溶液作为吸收剂。吸收器 B 中的氨水溶液吸收氨的过程是放热过程，因此吸收器必须被冷却，否则随着温度的升高，吸收器将丧失吸收能力。吸收器中的氨水浓溶液，用溶液泵 P 提高压力后送入发生器 A，在发生器中浓溶液被加热至沸腾，产生的氨蒸气进入冷凝器 C。发生器 A 中的高温高压的稀溶液通过节流阀 F 降压后返回吸收器 B。进入冷凝器的氨蒸气向冷却介质释放热量Q_k，冷凝成为氨液体，氨液体经过节流阀 D 降压到蒸发压力后进入蒸发器 E，在蒸发器中，吸收被冷却对象的热量Q_0，使其温度降低，氨液体蒸发后再被吸收器吸入。如此，完成制冷的循环过程。

从上述工作过程可以看出，吸收式制冷机循环包括了高压制冷剂蒸气的冷凝过程、制冷剂液体的节流过程和其在低压下的蒸发过程。这些过程与压缩式制冷机循环的相应过程完全一样。所不同的是后者是依靠压缩机将低压蒸气复原为高压蒸气，而吸收式制冷机则是依靠溶液在发生器-吸收器回路中循环来实现的。显然它们起着替代压缩机的作用，故称发生器-吸收器为热化学压缩器。

使用氨-氨水溶液工质对的机组常用于低温系统，在空调机组中用水-溴化锂水溶液作为工质对，该工质对中以水为制冷剂，溴化锂水溶液为吸收剂，称为溴化锂吸收式制冷机。

吸收式制冷机组是以热能作为驱动方式，以从驱动热源（温度为T_g）吸收的热量Q_g作为补偿，从低温热源（温度为T_c）吸热Q_0，向高温热源（温度为T_a）放热Q_k。根据热力学第一定律：

$$Q_0 + Q_g = Q_k \tag{2-7}$$

根据热力学第二定律：

$$Q_k/T_a = Q_0/T_c + Q_g/T_g \tag{2-8}$$

对于热能驱动的制冷机，性能系数定义为制冷机从低温热源吸收的热量与驱动热源向制冷机输出热量的比值，即

$$COP = Q_0/Q_g \tag{2-9}$$

以式(2-7)、式(2-8)和定义式(2-9)得热能驱动的可逆制冷机的性能系数

$$COP_c = 1/(T_a/T_c - 1) \cdot (1 - T_a/T_g) \tag{2-10}$$

吸收式制冷机的性能系数也只与驱动热源、热源和热汇的温度有关，与使用的制冷剂无关。T_g越高，T_c和T_0越接近，COP_c越大，反之COP_c越小。其热力完善度的定义与蒸气压缩式制冷机的定义一致。

2.1.3 蒸气喷射式制冷

蒸气喷射式制冷也是依靠液体汽化制冷，与蒸气压缩式制冷的不同点是从蒸发器中抽取蒸气、提高蒸气压力的方法不同。

蒸气喷射式制冷系统如图2-4所示，其构成部件包括喷射器、冷凝器、蒸发器、节流阀和泵。其中，喷射器又由喷嘴、扩压器和吸入室三部分组成。

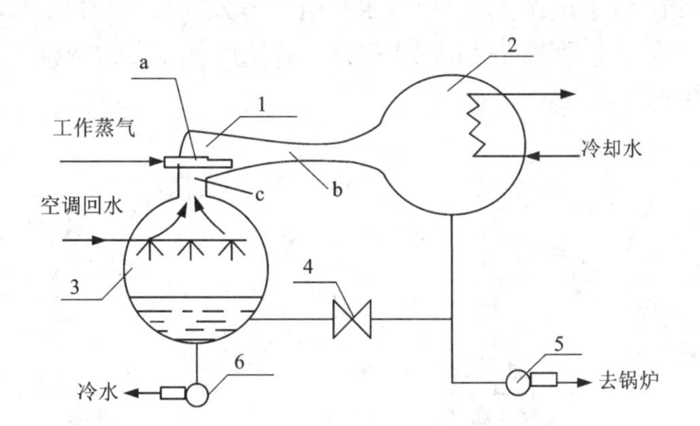

图2-4 蒸气喷射式制冷系统图

1—喷射器(a—喷嘴；b—扩压器；c—吸入室)；
2—冷凝器；3—蒸发器；4—节流阀；5、6—泵

系统工作时，蒸气锅炉产生高温高压的工作蒸气，工作蒸气进入喷嘴，膨胀并以高速射出(可达1000 m/s以上)，在喷嘴出口处形成低压，因此蒸发器中的水能在低温下汽化。水汽化时会从未汽化的水中吸收潜热，因而未汽化的水的温度便会降低。这部分低温水便可作为冷源，提供冷量。蒸发器中产生的制冷剂水蒸气与工作蒸气在喷嘴出口处混合后进入扩压

器，在扩压器中由于流速降低而使压力升高，高压蒸气在冷凝器内被外部冷却水冷却变成液态水。冷凝器中的水一部分经过节流阀降压后送回蒸发器，另一部分用泵提高压力后送往锅炉，重新加热产生工作蒸气。

蒸气喷射式制冷机除采用水作为制冷剂外，还可以使用其他物质，如果用低沸点的氟利昂，则可以获得更低的制冷剂温度。蒸气喷射式制冷机的优点是：以热能作为补偿能量形式，结构简单，加工方便，没有运动部件，使用寿命长。但因制冷剂工作蒸气的压力很高，蒸气在喷射器的流动损失也很大，因而效率较低。

2.1.4 吸附式制冷

吸附式制冷系统也是以热能为动力的能量转换系统，其原理是固体吸附剂对制冷剂气体的吸附能力随吸附剂温度的不同而变化。周期性地冷却和加热吸附剂，使之交替吸附和解吸制冷剂。吸附时，制冷剂液体蒸发吸收热量，产生制冷效应；解吸时，吸附剂释放出制冷剂气体，并使之凝为液体。

吸附制冷的工作介质称为吸附剂－制冷剂工质对，按吸附机理可分为物理吸附工质对和化学吸附工质对。常见的物理吸附工质对有：沸石－水，硅胶－水，活性炭－甲醇，金属氢化物－氢。常见的化学吸附工质对有：氯化钙－水，氯化锶－氨。

以沸石－水吸附工质对为例。沸石是一种硅铝酸盐矿物，它能够吸附水蒸气，且吸附能力的变化对温度特别敏感。利用太阳能驱动的沸石－水吸附制冷系统如图2－5所示，它用管道连接成一个封闭的系统，包括吸附床、冷凝器和蒸发器。吸附床是充满了吸附剂(沸石)的金属盒，而制冷剂液体(水)则储集在蒸发器中。白天，沸石吸收太阳能而升温，吸附能力下降，产生解吸作用，随着解吸的水蒸气增多，系统内的水蒸气压力也逐渐升高，当达到对应的饱和压力时开始凝结并释放潜热，冷凝水则进入蒸发器中。夜间，环境温度降低，沸石的温度也逐渐降低，吸附水蒸气的能力逐步提高，系统内气体压力降低，造成蒸发器中的水不断蒸发出来，产生制冷效应。

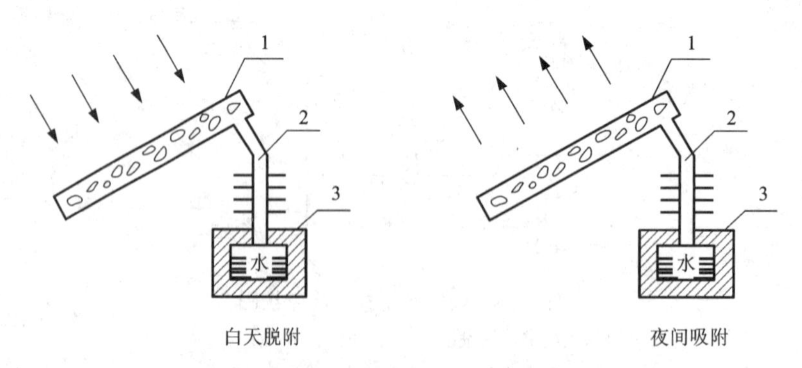

图2－5 太阳能沸石－水吸附制冷原理图

1—吸附床;2—冷凝器;3—蒸发器

由上述可知，吸附式制冷属于液体汽化制冷，与蒸气压缩式制冷机相比，吸附床与压缩机的作用相同。但上述吸附系统只能间歇制冷，吸附过程中产生冷效应，吸附结束后必须有一个解吸过程使吸附剂状态还原，届时将停止制冷。为了连续制冷，可采用多个吸附器。

2.1.5 空调用蒸发冷却技术

蒸发冷却是一种节能、环保的冷却技术，它能降低用电量、减少温室气体的排放，使用水和空气作介质，不会产生环境污染，因而受到人们的重视。

1. 直接蒸发冷却和间接蒸发冷却

(1)直接蒸发冷却

以水和空气为介质，水在隔热容器内直接和未饱和空气(称为二次空气)热质交换时，一部分水蒸发，所吸收的热量使空气和水的温度降低，产生冷却效果。此时，室内温度降低，含湿量增加。对于有些设备，如冷却塔、喷淋室，含湿量增大系工艺所需，但对于室内空调，高含湿量的空气进入室内，会产生一系列问题，这是直接蒸发冷却的不足之处。

(2)间接蒸发冷却

将水和二次空气直接接触后产生的低温空气和低温水与另一股空气(称为一次空气)换热，使其温度降低。间接蒸发冷却克服了直接蒸发冷却的不足，在空调中得到广泛应用。

2. 间接蒸发冷却系统

如图2-6所示，状态1的二次空气在水-空气热交换器a内与水进行热质交换，当温度降低至状态2时，再进入空气-空气热交换器b，冷却一次空气后(状态3)排入大气。一次空气(状态4)在空气-空气热交换器b中降温，至状态5，再进入空气-水热交换器c。在c中被来自水-空气热交换器a中的低温水冷却，温度降至状态6。

对于干燥地区，室外空气的含湿量低于室内空气，可直接用室外空气作二次空气。对于非干燥地区，夏季有相当长的时间室外空气含湿量高于室内空气，此时用室内排气作二次空气。

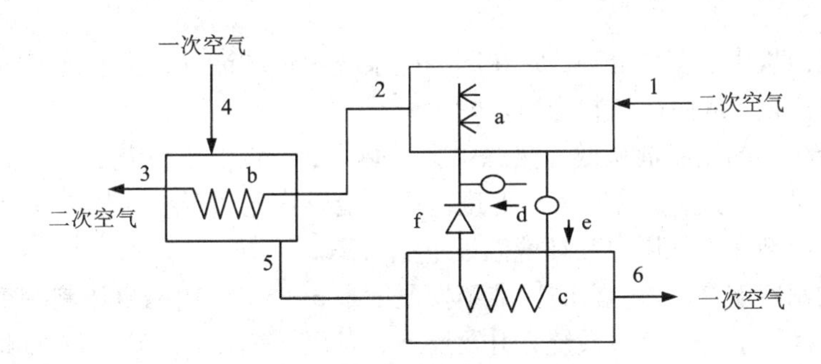

图2-6 间接蒸发冷却系统

a—水-空气热交换器；b—空气-空气热交换器；c—空气-水热交换器；d、e—水泵；f—单向阀

2.1.6 气体绝热膨胀制冷

气体绝热膨胀制冷

高压气体绝热膨胀时，对膨胀机做功，同时，气体的温度降低，和液体汽化制冷相比，气体膨胀制冷是一种没有相变的制冷方式，制冷剂可以采用空气、二氧化碳、氧气、氮气等。构成这种制冷方式的循环系统称为气体的逆向循环系统，其气体的循环形式主要有：定压循环、有回热的定压循环和定容循环。图2-7是有回热的定压循环空气制冷机，整个循环由绝热压缩过程(1′→2)、定压冷却过程(2

→3)、回热过程(3→3′和1→1′)、绝热膨胀过程(3′→4)、定压吸热过程(4→1)等组成。

最早出现的气体膨胀制冷机是空气制冷机。气体膨胀制冷机一般用于低温场合，但飞机的客舱空调系统也采用空气膨胀制冷，其工作系统如图2－8所示，它也是一种有回热的定压循环系统。

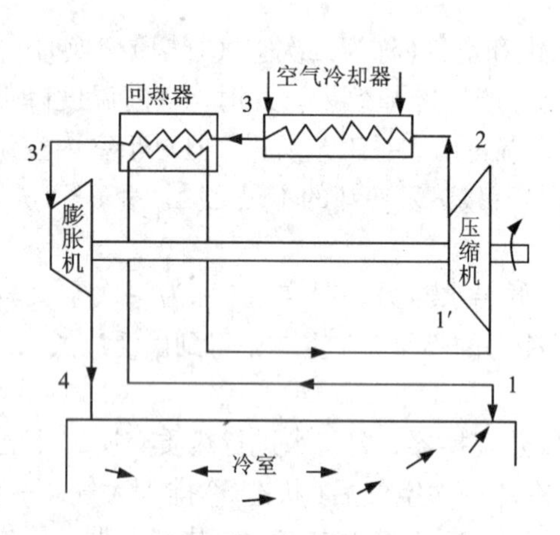

图2－7 采用定压循环的空气制冷机

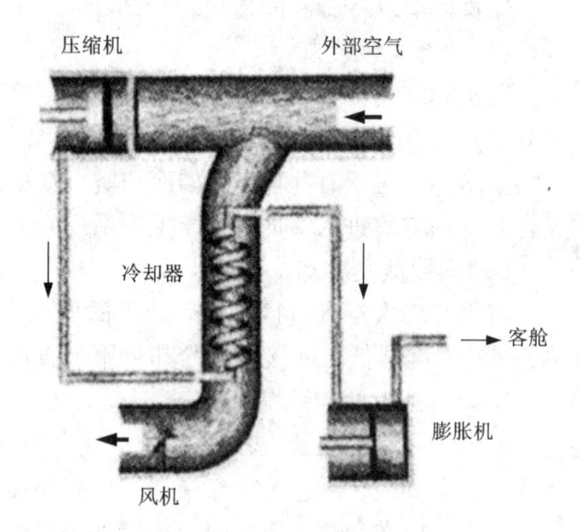

图2－8 飞机客舱空调系统

2.2 制冷剂

制冷剂是制冷机中的工作介质，它在制冷机系统中循环流动，通过自身热力状态的变化与外界发生能量交换，从而达到制冷的目的。

蒸发式制冷机中的制冷剂从低温热源中吸取热量，在低温下汽化，再在高温下凝结，向高温热源排放热量。因此，只有在工作温度范围内能够汽化和凝结的物质才有可能作为制冷剂使用。多数制冷剂在大气压力和环境温度下呈气态。

最早使用的制冷剂是乙醚，它的标准蒸发温度是34.5℃。用乙醚作制冷剂时，蒸发压力低于大气压力，容易让空气渗入系统，引发爆炸，因而，查尔斯·泰勒(Charles Tellier)用二甲基乙醚作制冷剂，其沸点为－23.6℃，蒸发压力也远高于乙醚。1866年，威德豪森(Windhausen)提出使用CO_2作为制冷剂。1870年，卡尔·林德(Carl Linde)使用NH_3作为制冷剂，此后，大型制冷机中广泛使用NH_3作为制冷剂。1874年，拉乌尔·皮克特(Raul Pictel)用SO_2作为制冷剂，之后，CO_2和SO_2一直作为主要的制冷剂被使用。因SO_2毒性大，而CO_2在使用温度下，工作压力特别高，致使机器设备笨重。1929—1930年，汤姆斯·米杰里(Thomes Midgley)首先提出使用氟利昂作为制冷剂，最早使用的是R12。不同的氟利昂物质在热力学性质上各不相同，可以适应不同的制冷温度和容量的要求，且许多物质，特别是氯氟烃在物理、化学性质上有许多优点，如无毒、无燃爆危险、不腐蚀金属、热稳定性与化学稳定性好，因此氟利昂一度被广泛用作冷冻设备和空气调节装置的制冷剂。1974年发现了大气臭氧层破坏的化学机制，到20世纪80年代，确认了氯氟烃是引起臭氧层破坏和温室效应的物质，因此，1987年各国在加拿大蒙特利尔联合国环境保护计划会议签署了《关于消耗臭氧层物质的蒙特利尔议定书》。该议定书规定限制和禁止生产对臭氧层破坏作用较大的物质，R11，R12，R113，R114，R115，R12B1，R13B1和R114B2成为首批被禁的物质，到21世纪完全停止生产，对环境破坏相对小一些的R22最终也将被完全禁止。

为实现低碳经济，从20世纪80年代后期开始，世界各国的科学家和技术专家一直致力于开发和寻找低温室效应的制冷剂。

2.2.1 制冷剂的种类

制冷剂的种类一般是根据组分和化学成分两个方面进行划分，按组分可分为单一制冷剂和混合物制冷剂；按化学成分可分为无机物、氟利昂和碳氢化合物。

为了书写和表达方便，国际上统一规定采用“R”和它后面的一组数字或字母作为制冷剂的符号。其中，字母“R”表示制冷剂(refrigerant)，后面的数字或字母则是根据制冷剂的分子组成按一定的规则编写。具体规则如下：

(1)无机物

符号为R7()，括号内填入一组数字，数字表示该无机物的相对分子质量(取整数部分)。如NH_3，H_2O，CO_2的相对分子质量的整数部分分别是17，18，44，则其符号分别是R717，R718，R744。

(2)氟利昂和烷烃类

烷烃化合物的分子通式为C_mH_{2m+2}，氟利昂的分子通式为$C_mH_nF_xCl_yBr_z$($n+x+y+z=2m+2$)。它们的简写符号为R($m-1$)($n+1$)(x)B(z)。每个括号代表一个数字，该数字数值为零时省去不写，同分异构体则在其最后加小写英文字母以示区别。常用的一些制冷剂简写符号如表2-1所示。

表2-1 部分常见制冷剂简写符号

名称	分子式	m, n, x, z的值	简写符号
一氟三氯甲烷	$CFCl_3$	$m=1$, $n=0$, $x=1$	R11
二氟二氯甲烷	CF_2Cl_2	$m=1$, $n=0$, $x=2$	R12
三氟一溴甲烷	CF_3Br	$m=1$, $n=0$, $x=3$, $z=1$	R13B1
二氟一氯甲烷	CHF_2Cl	$m=1$, $n=1$, $x=2$	R22
二氟甲烷	CH_2F_2	$m=1$, $n=2$, $x=2$	R32
甲烷	CH_4	$m=1$, $n=4$, $x=0$	R50
三氟二氯乙烷	$C_2HF_3Cl_2$	$m=2$, $n=1$, $x=3$	R123
四氟乙烷	$C_2H_2F_4$	$m=2$, $n=2$, $x=4$	R134a
乙烷	C_2H_6	$m=2$, $n=6$, $x=0$	R170
丙烷	C_3H_8	$m=3$, $n=8$, $x=0$	R290

氟利昂还有一种更直观的符号表示法：将符号中的首字母“R”换成物质分子中组成元素的符号。分子中只含氯、氟、碳的完全卤代烃写作“CFC”；分子中含氢、氯、氟、碳的不完全

卤代烃写作“HCFC”；分子中含氢、氟、碳的无氯卤代烃写作“HFC”。这样表示既从符号上使物质的元素组成一目了然，又进一步将氟利昂物质分成了三类：CFC 类、HCFC 类和 HFC 类。这三类氟利昂的符号表示方法如下：CFC 类的 R11 和 R12 也可表示为 CFC11 和 CFC12；HCFC 类的 R21 和 R22 也可表示为 HCFC21 和 HCFC22；HFC 类的 R134a 和 R152a 也可表示为 HFC134a 和 HFC152a。

(3)混合物

混合物根据在定压下相变时的热力学特征，可以分为共沸混合物和非共沸混合物。

共沸混合制冷剂的简写符号为 R5( )。括号代表一组数字，这组数字为该制冷剂命名的先后顺序号码，从 00 开始。例如最早命名的共沸制冷剂写作 R500，以后命名的按先后次序分别用 R501，R502，…，R507 表示。

非共沸混合制冷剂的简写符号为 R4( )，括号代表一组数字，这组数字为该制冷剂命名的先后顺序号码，从 00 开始。构成非共沸混合制冷剂的纯物质种类相同，但成分不同，则分别在最后加上大写英文字母以示区别。例如，最早命名的非共沸混合制冷剂写作 R400，以后命名的按先后次序分别用 R401，R402，…，R407A，R407B，R407C 等表示。

此外，其他物质的符号表示规定为：环烷烃及环烷烃的卤代物用字母“RC”开头，其后的数字排写规则与氟利昂及烷烃类符号表示中的数字排写规则相同，如八氟环烷烃(C_4F_8)的符号为 RC318；链烯烃及链烯烃的卤代物则换成以字母“R1”开头，如丙烯(C_3H_8)的符号为 R1270。

2.2.2 制冷剂的热力参数图表

蒸气压缩式制冷机的工作过程是借助循环的制冷剂状态的变化实现制冷。制冷剂在蒸发器中汽化吸热时，吸热量与制冷剂在蒸发压力下的汽化潜热有关，同理，制冷剂在冷凝器中冷凝时，释放出的热量也与制冷剂在冷凝压力下的汽化潜热有关，而压缩机消耗的功则与制冷剂在压缩机中的状态变化有关。因此，要确定制冷机的制冷量和性能系数等参数，需要先确定制冷剂的热力性质。为了便于计算，人们将制冷剂的热力性质制成图或表。在制冷循环计算中常用的有制冷剂饱和状态的热力性质表和制冷剂的压力 - 比焓图(简称压 - 焓图)。

制冷剂饱和状态下的热力性质表是在饱和状态下列出不同温度下制冷剂的饱和压力、液体比容(或密度)、蒸气比容(或密度)、液体比焓、蒸气比焓、液体比熵、蒸气比熵、液体比热和蒸气比热等参数。

制冷剂的压 - 焓图是制冷循环和热泵循环计算中应用最多的热力性质图，如图 2 - 9 为制冷剂 R22 的压 - 焓图。图中，取压力为纵坐标，比焓为横坐标，描绘出了各个点的比熵(s)、温度(T)、比体积(v)、干度(x)的相对值，相对值的基准点是 0℃时饱和液体的比焓 $h=200$ kJ/kg、比熵 $s=1.00$ kJ/(kg · K)。为更清楚地表示低压区的参数，压力坐标常用对数坐标。

该图中绘出了饱和线、等温线、等熵线、等比体积线和等干度线。其中，饱和液体线($x=0$)和饱和蒸气线($x=1$)将制冷剂的状态分为了三个区域，饱和液体线($x=0$)左边是过冷液体区，饱和蒸气线($x=1$)右边是过热蒸气区，这两者之间是两相区(湿蒸气区)。在两相区，等干度线和饱和线近似平行，等温线为水平线，即也是等压线；在过热区，等温线为接近于垂直向下的斜线，等比体积线为接近于水平向右上方的斜线，等熵线也是向右上方的斜

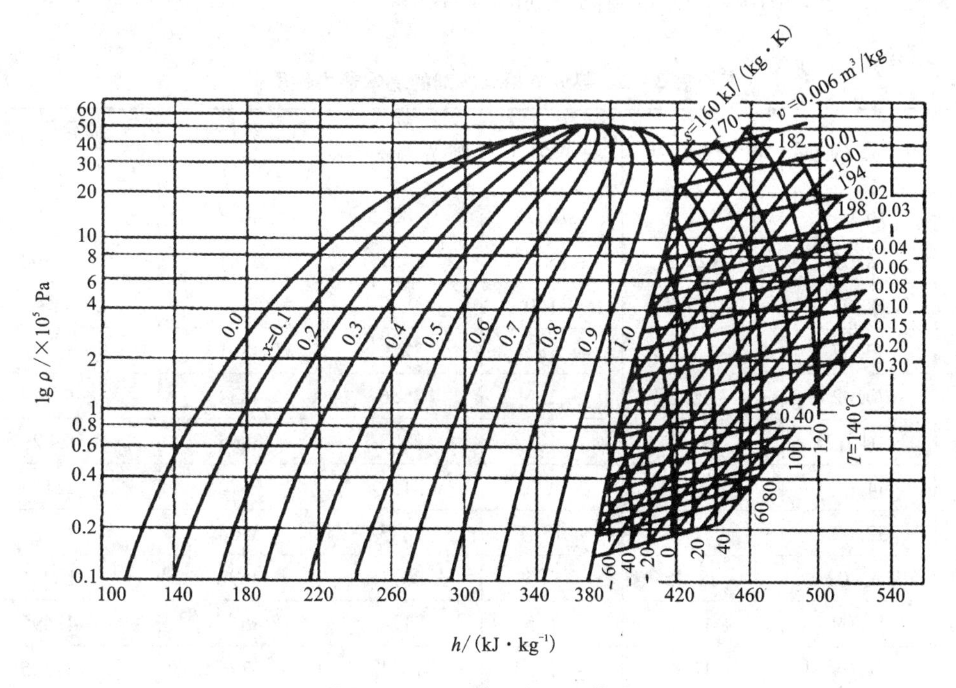

图 2－9 R22 的压力－比焓图

线，但斜率等比体积线的较大；在过冷区，等温线为与横轴接近垂直的实线。

在制冷技术中，另一个常用的图是温度－比熵图（$T-s$ 图）。$T-s$ 图在用于热工计算时并不方便，因此常用制冷剂没有可使用的 $T-s$ 图，但是从工程热力学的角度分析问题时，经常会用到 $T-s$ 图。图 2－10 示意了 $T-s$ 图中各种等参数线的走向。与压－焓图一样，$T-s$ 图中饱和液体线（$x=0$）和饱和蒸气线（$x=1$）也将工质的状态分成了三个区域：饱和液体线（$x=0$）左边是过冷液体区，饱和蒸气线（$x=1$）右边是过热蒸气区，这两者之间是两相区（湿蒸气区）。图中示意了压力、比体积、比焓和干度为常数的线。在过冷液体区，等压线可近似地认为与 $x=0$ 重合。

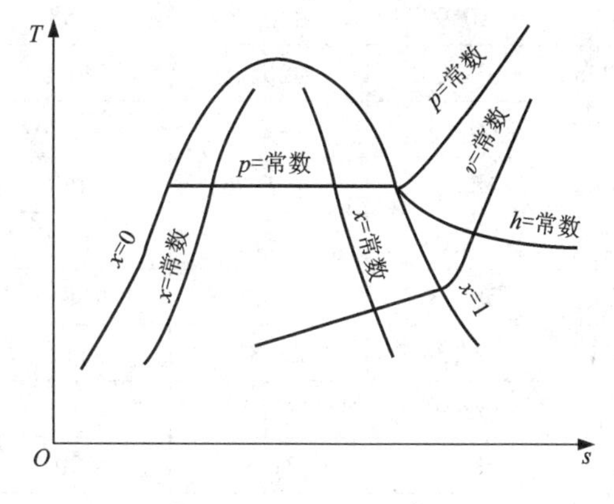

图 2－10 $T-s$ 示意图

2.2.3 制冷剂的性质

1. 热力学性质

制冷剂的常用热力学性质包括压力（p）、温度（T）、比体积（v）、比内能（u）、比焓（h）、比熵（s）、比热容（c_p）、绝热指数（k）、声速（a）等，它们都是状态参数，彼此之间存在一定的函数关系。表 2 - 2 给出了部分常用制冷剂的基本热力性质。

表 2 - 2 部分常用制冷剂的基本热力性质

制冷剂	相对分子质量	正常沸点/℃	凝固点/℃	临界温度/℃	临界压力/kPa	临界比体积/(10^{-3} · m^3 · kg^{-1})
R50	16.04	-161.5	-182.2	-82.5	4638	6.181
R14	88.01	-127.9	-184.9	-45.7	3741	1.598
R1150	28.05	-103.7	-169	9.3	5114	4.37
R170	30.07	-88.8	-183	32.2	4891	5.182
R23	70.02	-82.1	-155	25.6	4833	1.942
R13	104.47	-81.4	-181	28.8	3865	1.729
R744	44.01	-78.4	-56.6	31.1	7372	2.135
R32	52.02	-51.2	-78.4	78.3	5808	2.326
R125	120.02	-48.45	-103	60.1	3592	1.751
R1270	42.09	-47.7	-185	91.8	4618	4.495
R143a	84.04	-47.6	-111.3	73.1	3776	2.305
R290	44.1	-42.07	-187.7	96.8	4254	4.545
R22	86.48	-40.76	-160	96	4974	1.907
R717	17.03	-33.3	-77.9	133	11417	4.245
R12	120.93	-29.8	-158	112	4113	1.792
R134a	102.03	-26.26	-96.6	101.1	4067	1.81
R152a	66.05	-25	-117	113.5	4492	2.741
R600a	58.13	-11.73	-160	135	3645	4.526
RC318	200.04	-5.8	-41.4	115.3	2781	1.611
R600	58.13	-0.5	-138.5	152	3794	4.383
R11	137.38	23.82	-111	198	4406	1.804
R123	152.91	27.9	-107	184	3676	1.818
R611	60.05	31.8	-99	214	5994	2.866
R610	74.12	34.6	-116.3	194	3603	3.79
R113	187.39	47.57	-35	214.1	3437	1.736
R718	18.02	100	0	374.2	22103	3.128

(1)压力

制冷剂在标准大气压(101.32 kPa)下的沸腾温度称为标准蒸发温度或标准沸点，用 t_s 表示。制冷剂的标准蒸发温度大体上可以反映该制冷剂能达到的低温范围，标准沸点越低，能够达到的制冷温度就越低。根据标准沸点的高低可将制冷剂分为高温、中温和低温制冷剂。

在某一相同的温度下，制冷剂的标准蒸发温度越高，则其压力越低；标准蒸发温度越低，则其压力越高。选择制冷剂时，一般希望压力水平适中，蒸发压力最好稍大于大气压力，而冷凝压力最好不要太高，一般不宜超过2 MPa。

(2)临界温度

临界温度是物质在临界点的温度，用t_c表示。它是制冷剂不可以通过加压液化的最低温度。对于绝大多数物质，其临界温度与标准蒸发温度存在以下关系

$$T_s/T_c \approx 0.6 \tag{2-11}$$

这说明：低温制冷剂的临界温度也低，高温制冷剂的临界温度也高。常规的蒸发制冷循环中，冷凝温度应远离临界温度。因为冷凝温度t_k超过制冷剂的临界温度t_c时，无法凝结；t_k略低于t_c时，虽然可以凝结，但节流损失大，系统性能系数降低。因而，对于每一种制冷剂，其工作温度范围都是有限的。

(3)排气温度t_2

排气温度，也称为压缩终温，在相同的吸气温度下，制冷剂等熵压缩的终了温度t_2与其绝热指数和压力比有关。排气温度t_2是决定压缩机的运行效率与安全性的一个重要参数，若t_2太高，会导致压缩机容积效率降低，还有可能引起制冷剂在高温下分解。常用的中温制冷剂R717和R22，其排气温度较高，需要在压缩过程中采取冷却措施，以降低排气温度。在全封闭式压缩机中，使用排气温度较低的R134a和R152a会比使用R22好得多。

2. 环境影响指标

氟利昂类制冷剂中，凡分子内含有氯或溴原子的制冷剂对大气臭氧层有潜在的消耗能力。考察物质对臭氧层的危害程度用臭氧衰减指数ODP(ozone depletion potential)表示，以R11 (CFC11)为基准，其值被规定为1.0，其他物质的ODP值是相对R11的比较值。物质造成温室效应危害的程度用温室指数GWP(global warming potential)表示，以CO_2为基准，规定其值为1.0，其他物质的GWP是相对CO_2的比较值。部分ODP值与GWP值如表2-3所示。

表2-3　部分制冷剂的环境影响指标

制冷剂代号	GWP (R744为1.0)	ODP (R11为1.0)	制冷剂代号	GWP (R744为1.0)	ODP (R11为1.0)
R11	3500	1	R142b	1470	0.065
R12	7100	1	R143a	2660	0
R22	1600	0.055	R152a	105	0
R23	—	0	R290	0	0
R32	650	0	R500	6300	0.75
R123	70	0.02	R502	9300	0.23
R124	350	0.022	R600a	0	0
R125	2940	0	R717	0	0
R134a	875	0	R718	0	0

3. 对材料的腐蚀性

卤代烃类制冷剂对除镁、锌和含镁超过 2% 的铝合金外的其他金属都无腐蚀作用，但多种金属在某些条件下会不同程度地影响制冷剂的水解和热分解，某些非金属材料，如一般的橡胶、塑料等，与氟利昂制冷剂相接触时会发生溶解，而塑料等高分子化合物则会变软、膨胀和起泡。

氨系统中混有水分时，对锌、铜、青铜及除磷青铜外的其他铜合金有强腐蚀性。碳氢化合物制冷剂对所有金属都无腐蚀作用。

4. 与润滑油的溶解性

蒸气压缩式制冷机中，除离心式制冷机外，制冷剂都会与压缩机润滑油相互接触。若制冷工质与油不相溶解，可以从冷凝器或储液器将油分离出来，避免将油带入蒸发器中，降低传热效果。制冷工质与油溶解会使润滑油变稀，影响润滑作用，且油会被带入蒸发器中，影响到传热效果。许多制冷剂与润滑油呈有限溶解特性，其溶解性与温度有关，当高于某一温度时，完全溶解，制冷剂与油混合成均匀溶液。低于某一温度时，制冷剂只在一定含油范围内是溶解的，超过含油范围，油会分离出来。氨与油是典型的不相溶解，有明显的分层现象。混合物分层时，油在下层，很容易分离。氟利昂制冷剂(如 R22 和 R134a)若出现油溶性差，发生分层时，因其比油重，油浮在上面，回油困难，因此氟利昂机组中要求采用与制冷剂互溶性好的润滑油。

5. 制冷剂的溶水性

若制冷剂与水不相溶或者很难溶解，则在制冷剂中含有水分时，在节流机构中温度急剧下降(0℃以下)会使游离水结冰，形成“冰堵”，导致制冷机不能正常工作；若制冷剂与水相溶性很好，如氨，则不会出现“冰堵”的现象。氟利昂和烃类制冷剂都很难与水溶解。例如在 25℃时，水在 R134a 液体中只能溶解 0.11%（质量分数）。

6. 安全性

制冷剂的安全性包含可燃性和毒性两个方面。

可燃性的评价指标有：可燃性低限(LFL)和燃烧热(HOC)。LFL 指引起燃烧的空气中制冷剂含量的低限值，单位：kg/m^3；HOC 指单位质量制冷剂燃烧时的发热量，单位：kJ/kg。

毒性的评价指标为 TLV，指造成中毒的制冷剂气体在空气中体积限量的极限值。

综合毒性和可燃性，制冷剂的安全等级分为：A1，A2，A3 和 B1，B2，B3 六类。具体分类标准如表 2-4 所示。常见制冷剂的安全等级如表 2-5 所示。

表 2-4 制冷剂安全等级分类标准(ANSI/ASHRAE34—1992)

可燃性	低毒性 $TLV > 4 \times 10^{-4}$	高毒性 $TLV < 4 \times 10^{-4}$
无火焰传播，不可燃	A1	B1
$LFL > 0.1\ kg/m^3$，低度可燃 $HOC < 19000\ kJ/kg$	A2	B2
$LFL < 0.1\ kg/m^3$，高度可燃 $HOC > 19000\ kJ/kg$	A3	B3

表2-5 常见制冷剂的安全等级

制冷剂符号	安全等级	制冷剂符号	安全等级	制冷剂符号	安全等级
R11	A1	R124	A1	R290	A3
R12	A1	R125	A1	R500	A1
R22	A1	R134a	A1	R502	A1
R23	A1	R142b	A2	R600a	A3
R32	A2	R143a	A2	R717	B2
R123	B1	R152a	A2	R718	A1

2.2.4 常用制冷剂

1. 水

水无毒、无味、不燃、不爆且来源广，成本低，是安全便宜的制冷剂。水的标准沸点为100℃，冰点为0℃，适用于0℃以上的制冷机组。但由于制冷温度远低于其标准沸点，因此蒸发压力低，比体积大，使系统处于高真空的状态下，因而水不适宜在压缩式制冷机组中使用，只适合吸收式和蒸气喷射式制冷机组。

2. 氨

氨的标准蒸发温度为-33.4℃，凝固温度为-77.7℃，是一种应用较广的中温制冷剂。

氨具有较好的热力学性质和热物理性质，它在常温和普通低温范围内压力比较适中。单位容积制冷量大，黏性小，流动阻力小，比重小，传热性能好。此外，其价格低廉，易于获得，因而应用最广，目前仍广泛应用于大型工业制冷装置中。

氨系统中一般限制氨中的含水量不得超过0.2%。因为氨能以任意比例与水相互溶解，在形成氨水溶液的过程中会放出大量的热，使氨水溶液比纯氨溶液的蒸发温度高；同时，氨系统中有水分时会加剧对锌、铜、青铜及除磷青铜外的其他铜合金的腐蚀性，因而氨制冷系统中不允许使用铜构件，耐磨件和密封件限定使用磷青铜。

氨在矿物油中的溶解度很小(不超过1%)，因此氨制冷剂管道及换热器的传热表面上会积有油膜，影响传热效果。氨液的密度比矿物油小，所以润滑油(矿物油)会积存在储液筒、冷凝器和蒸发器的下部，需要定期排油。

另外，因氨的压缩终温较高，故压缩机气缸要冷却。

3. CO_2

CO_2作为重要的制冷剂，其安全等级为A1，因其良好的安全性能，曾在船用冷藏装置中使用了半个世纪，直到1930年后，才因CFC的广泛应用而被淘汰。目前，CFC由于对臭氧层的破坏性而被禁止使用，使CO_2又得到了重视和应用。

CO_2的ODP为0，GWP为1，被视为CFC和HCFC的重要替代物。此外，CO_2还有以下优点：制冷量大，压缩机的压力比小，传热性能好，流动时相对压力损失小，价格低，易于获得，对机器材料相容性好。但CO_2的临界温度仅为31℃，使常温冷却条件下高压侧压力很容易超过临界压力，为此，1994 年 Lorentzen 提出了 CO_2 跨临界循环和实现循环高效的措施，据此开发的汽车空调装置和冷水加热装置已获得应用。

同时，在 CO_2 与氨组成复叠式机组时，低温级采用 CO_2，可避免氨与冷冻食品直接接触。

4. 碳氢化合物

碳氢化合物制冷剂的共同特点是：凝固点低，与水不起化学反应，对金属无腐蚀性，油溶性好。共同缺点是易燃易爆。碳氢化合物通常是石油化工流程中的产物，且石油化工生产中的防火防爆要求高，因此，其主要用作石油化工制冷装置中的制冷剂。

目前常用的有烷烃类和烯烃类制冷剂，前者的化学性质不活泼，后者的化学性质较活泼。丙烯的制冷温度范围与 R22 相当，可用于两级压缩制冷装置或复叠式制冷装置的高温部分。乙烷和乙烯的制冷范围与 R13 相仿，只在复叠式系统的低温部分使用。

正丁烷、异丁烷或两者的混合物常用在家用冰箱中，其中，应用最多的是异丁烷（R600a）。R600a 的沸点为 -11.73℃，凝固点为 -160℃，在 CFC 制冷剂被禁止使用后，作为天然制冷剂的 R600a 得到重视，甚至有人提倡在制冷温度较低场合（如冰箱）用 R600a 作为 R12 的永久替代物。

碳氢化合物的毒性非常低，GWP 约为 20，安全等级为 A3，除可燃外，碳氢化合物与其他物质的化学相溶性很好，而与水的溶解性很差，对制冷系统很有利。

5. 氟利昂

氟利昂制冷剂的理化性质具有一定的规律性，含 H 原子多的，则可燃性强；含 Cl 原子多的，则有毒性；含 F 原子多的，则化学稳定性好；完全卤代烃在大气中寿命长。麦克林顿（McLinden）和迪第昂（Didion）将上述规律用三角形图形描述，如图 2－11 所示。

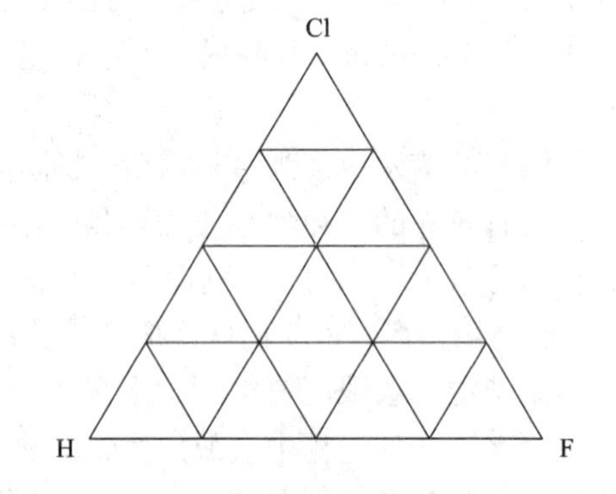

图 2－11　反映氟利昂性质规律性的三角形图

常见的几种氟利昂制冷剂的性质和使用情况如下。

（1）R22（CHF_2Cl）

R22 是目前空调中常用的一种传统制冷剂，环境指标 ODP 为 0.05，GWP 为 1810，安全等级 A1，我国到 2030 年将完全停止使用，但目前仍然是一种应用非常普遍的过渡性替代 CFC 的制冷剂。

R22 无毒、无臭、无燃爆危险、对金属无腐蚀而且化学稳定性好。其标准沸点为 -40.8℃，凝固点为 -160℃，单位容积制冷量大、排气温度较低，压力水平稍高。R22 与水很难溶解，与润滑油有限溶解，在高温侧，与油完全溶解，在低温侧，出现分层现象，上层是油，下层主要是 R22，因此要有专门的回油措施。

（2）R134a（CH_2FCF_3）

R134a 是用于替代 R12 的制冷剂，其 ODP 为 0，GWP 为 1430，安全等级为 A1。

R134a 无毒、无臭、无燃爆危险，具有良好的化学稳定性和热力性质。其标准沸点为 -26.2℃，凝固点为 -101.0℃，工作压力比较适中，排气温度低，单位容积制冷量较大（低于 R22）。R134a 与矿物油和烷基苯润滑油的溶解度极小，专门为其开发的合成油主要有：聚烯醇类油(PAG)、酯基油(Ester)和氨基油(Amides)。R134a与水的溶解度很小，系统中需使用干燥器。

(3)R123 ($CHCl_2CF_3$)

R123是R11的替代物，其ODP为0.013~0.022，GWP为70，但有毒性，安全等级为A1。其标准沸点为27.6℃，热力性质与R11很接近，且环境危害比R11要小，但因其含有氯原子，对臭氧层仍有微弱的破坏作用，因此R123仅作为R11的过渡性替代制冷剂，到2030年将停止生产。

R123的压力水平很低，蒸发压力低于大气压力，排气温度低，压缩结束在湿蒸气区，应采用回热循环。其单位容积制冷量约为R22的1/10，适用于离心式压缩机。

(4)R410A

R410A是R22的替代物，它由HFC32和HFC125混合而成(50:50)，是一种准共沸混合物。HFC32和HFC125的ODP均为0，HFC32的GWP为675，HFC125的GWP为3500。R410A外观无色，不浑浊，易挥发，分子量72.58，沸点-51.6℃，凝固点-155℃，工作压力为普通R22空调的1.6倍左右，制冷(暖)效率更高，具有稳定、无毒、不可燃、性能优越等特点。R410A是目前为止国际公认的用来替代R22最合适的冷媒，并在美国、日本等国家得到普及。

2.3 冷媒与热媒

如果建筑中需要用冷或用热的场所离制冷和制热的设备较远，一般需要通过中间介质将冷量或热量传输到使用场所，这种用于传递冷量或热量的中间介质称为冷媒或热媒，冷媒同时也称为载冷剂。几种常用的冷媒和热媒及其性质介绍如下。

(1)水

在集中式空调系统中，水是最适宜的冷媒和热媒。在夏季传递冷量时，作为冷媒，也称为冷水或冷冻水；在冬季传递热量时，作为热媒，也称为热水。

传输一定的能量时，因水的比热大，所以需要的循环流量小，管路的内径也较小；同时，水的黏度低，流动阻力小，因而传输耗能低。另外，水无毒、无燃爆危险，化学稳定性好，价格低廉，但是其冰点为0℃，只适于0℃以上的使用场合。

(2)无机盐水溶液

无机盐水溶液的凝固点较低，可以使用在低温场所。最广泛使用的是氯化钙($CaCl_2$)水溶液和氯化钠(NaCl)水溶液，前者的使用温度可低达-50℃，后者的使用温度宜在-16℃以上。盐水溶液的比重和比热都比较大，因此，传递一定的能量所需的体积循环流量比水更小。但盐水溶液有腐蚀性，尤其是略呈酸性且与空气相接触的稀盐溶液，对金属材料的腐蚀性很强，因而在空调中，很少使用盐水溶液作为冷媒。

(3)乙二醇和丙二醇水溶液

在冰蓄冷空调系统和食品冷加工等工业用途中，要求冷媒温度在0℃以下工作，此时有机水溶液是较合适的一类冷媒，如乙二醇($CH_2OH \cdot CH_2OH$)水溶液和丙二醇($CH_2OH \cdot CHOH \cdot CH_2$)水溶液。除了丙二醇的黏度比乙二醇大得多之外，两者的物理性质(密度、比热、导热系数)都很相近，它们都是无色、无味、无电解性、无燃爆性、化学性质稳定的溶液，但乙二醇略有毒性，而丙二醇无毒，因此，在工作人员有可能直接接触到水溶液或食品加工等场所，宜选用丙二醇水溶液作为冷媒，其他场合，因乙二醇的黏度更低，一般选用乙二醇水溶液作为冷媒。

纯乙二醇和丙二醇对一般金属的腐蚀性比水的更小，但是其水溶液有腐蚀性，且会随着使用而增强；另外，乙二醇和丙二醇水溶液在使用过程中若发生氧化，则会产生酸性物质。因此，在其水溶液中，可加入碱性的缓蚀剂，如硼砂，使溶液呈碱性。

当质量浓度在60%以下时，随着质量浓度的增加，乙二醇和丙二醇水溶液的凝固点会随之下降，而黏度则会随之增加；同时，随着温度的降低，它们的黏度也会随之增加。太高的黏度会导致冷媒输送时的能耗增加，换热器传热系数下降，因此，乙二醇水溶液和丙二醇水溶液的使用温度不宜太低，前者最低温度不宜低于 -23℃，后者不宜低于 -18℃。

(4)蒸气

在工业建筑中，蒸气是最常见的热媒之一。在建筑中，根据应用的蒸气压力，可分为高压蒸气(表压 >70 kPa)和低压蒸气(表压≤70 kPa)。

蒸气作为热媒的优点有：蒸气可以根据其自身的压力流动，无须设置额外的流体输送设备；蒸气的密度很小，即使用于高层建筑中传输也不会造成底层超压；管道系统中的部件直接关闭阀门即可维修或更换，无须排水、冲水等；蒸气携带大量的潜热，相同的质量下，携带的热量比热水大得多。

蒸气作为热媒的缺点有：蒸气在输运过程中，由于管路散热会使蒸气温度降低而产生凝结水，落在管道底部的凝结水可能被高速运动的蒸气掀起，形成“水塞”；凝结水在流动过程中，因压力下降导致沸点降低，部分凝结水可能会重新汽化，形成“二次蒸气”，以两相流的状态在管内流动，加大系统设计、运行的难度；系统停止时，管路内压强低于大气压，空气会进入管路系统，对于间歇运行的系统，管路内进入空气容易产生氧腐蚀。

2.4 相变储能介质

1. 固 - 液相变材料

(1)结晶水合盐

结晶水合盐种类繁多，其熔点也从几摄氏度到几百摄氏度可供选择，其通式可以表达为 $AB \cdot nH_2O$。结晶水合盐通常是中、低温贮能相变材料中重要的一类，其特点是：使用范围广，价格较便宜、导热系数较大(与有机类相变材料相比)、熔解热较大、密度较大、体积贮热密度较大、一般呈中性。但此类相变材料通常存在过冷和析出两大问题。所谓过冷是指当液态物质冷却到“凝固点”时并不结晶，而须冷却到“凝固点”以下一定温度时才开始结晶；而析出现象是指在加热过程中，结晶水融化，此时盐溶解在水中形成溶液。结晶水合盐的代表有芒硝、六水氯化钙、六水氯化镁、镁硝石等。

(2)石蜡

石蜡主要由直链烷烃混合而成，可用通式 C_nH_{2n+2} 表示，短链烷烃熔点较低，但链增长熔点开始较快增长，而后逐渐减慢。随着链的增长，烷烃的熔解热也增大，由于空间的影响，奇数和偶数碳原子的烷烃有所不同，偶数碳原子烷烃的同系物有较高的熔解热，链增长时熔解热趋于相等。C_7H_{16} 以上的奇数烷烃和 $C_{20}H_{44}$ 以上的偶数烷烃在 7 ~22℃ 范围内会产生两次相变：低温的固－固转变，它是链围绕长轴旋转形成的；高温的固－液相变，总潜热接近熔解热，它被看作贮热中可利用的热能。这样就会使石蜡具有较高的相变潜热。

石蜡作为贮热相变材料的优点是：无过冷及析出现象，性能稳定，无毒，无腐蚀性，价格便宜。缺点是导热系数小，密度小，单位体积贮热能力差。

(3)酯酸类

酯酸类也是一种有机贮热相变材料，分子通式为 $C_nH_{2n}O_n$，其性能特点与石蜡相似。

2. 固－固相变材料

典型的固－液相变贮热材料是水合盐及其低共熔物，它们虽有不少优点，但通常也有易发生相分层、过冷较严重、贮热性能衰退和容器价格高等缺点，固－固相变材料因有较高的固－固转变热、固－固转变不生成液态(故不会泄漏)、转变时体积变化小、过冷程度轻、无腐蚀、热效率高、寿命长等优点而受到人们的重视。具有技术和经济潜力的固－固相变材料目前有三类，即交联高密度乙烯、层状钙钛矿和多元醇，它们都是通过晶体有序－无序转变而可逆放热、吸热的。

3. 有机－无机混合物

带有乙酰胺的有机和无机低共熔混合物具有较为优异的特性，而乙酰胺的熔点为80℃，潜热相当大，为251.2 kJ/kg，且比较便宜。此外乙酰胺本身及其与有机酸和盐类的低共熔混合物的化学和动力学性质都很好。乙酰胺的毒性很低。但是乙酰胺对某些塑料具有溶解作用，故在容器选择上应谨慎小心，最好选用搪瓷或玻璃类容器。此类相变材料也是在日常生活用品开发中很有前途的一类。

思考题

1. 空调系统中利用的制冷方法有哪些？其工作原理是什么？
2. 蒸气压缩制冷循环系统主要由哪些部件组成？各有何作用？
3. 蒸汽喷射式制冷的动力是什么？主要组成设备有哪些？
4. 吸附式制冷的原理是什么？常用的吸附工质对有哪些？
5. 试述气体膨胀制冷的机理和热力循环过程。
6. 名词解释：制冷量、性能系数、循环效率。
7. 直接蒸发冷却和间接蒸发冷却的系统组成有何区别？各有何特点？
8. 按 ASHRAE 的规定，制冷剂是怎样分类的？
9. 常用制冷剂有哪些？试述 R22、R123、R134a 等常用制冷剂的主要性质。
10. 试写出制冷剂 R32、R22、R152a 和 R290 的化学式。
11. 常用冷媒和热媒的种类有哪些？它们的适用范围怎样？

第3章 蒸气压缩式制冷(热泵)循环与系统

3.1 单级蒸气压缩式制冷的理论循环

3.1.1 单级蒸气压缩式制冷的理论循环

为了分析蒸气压缩式制冷的实际循环过程中几个基本参数的影响，提出一种简化的循环，称为理论循环。理论循环虽与实际循环之间存在偏差，但可使问题简化，便于分析研究。理论循环建立在以下一些假设的基础上：

单级蒸气压缩式制冷理论循环

压缩过程为等熵过程，即不存在任何不可逆损失；制冷剂的冷凝温度等于冷却介质的温度，蒸发温度等于被冷却介质的温度，且冷凝温度和蒸发温度都是定值；压缩机进口为蒸发压力下的饱和蒸气，节流装置进口为冷凝压力下的饱和液体；制冷剂在管道内流动时，没有流动阻力损失，忽略动能变化，除了蒸发器和冷凝器内的管子外，制冷剂与管外介质之间无热交换；制冷剂在流过节流装置时，流速变化很小，可以忽略不计，且与外界环境没有热交换。

为了对制冷循环有一个全面的认识，通常借助压力－比焓图和温度－比熵图来进行研究。图 3－1 为上述理论循环在温度－比熵图和压力－比焓图上的表示。

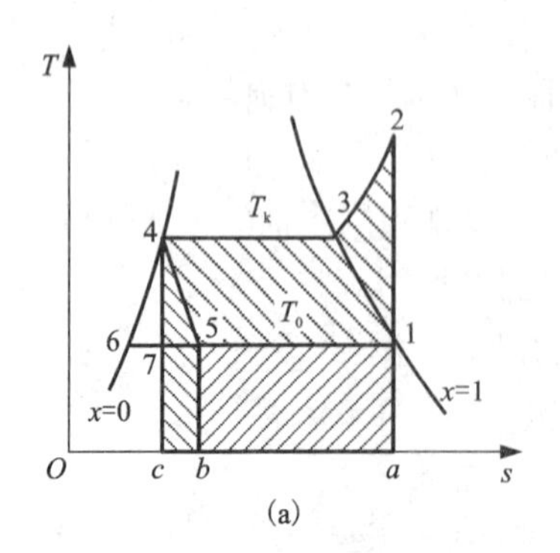

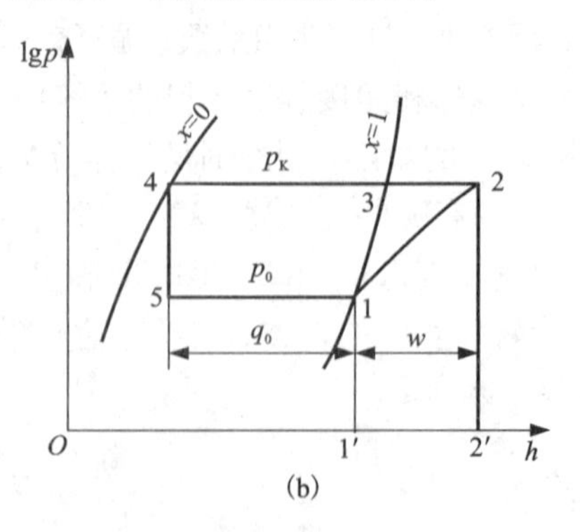

图 3－1 理论循环在 $T-s$ 图和 $\lg p-h$ 图上的表示

(a)温度－比熵图；(b)压力－比焓图

点1表示制冷剂进入压缩机的状态，为饱和蒸气(温度t_0)。点2表示制冷剂出压缩机时的状态，为过热蒸气。1→2表示制冷剂在压缩机中的等熵压缩过程，此时压力由蒸发压力p_0升高到冷凝压力p_k。点3表示制冷剂出冷凝器时的状态，为饱和液体(温度t_k)。2→3→4表示制冷剂在冷凝器中的冷却和冷凝过程，由于该过程中压力不变，进入冷凝器的过热蒸气在冷却过程2→3中首先将显热传给外界冷却介质，冷却到点3，然后在冷凝过程3→4中等温等压条件下放出潜热，最后冷凝为饱和液体(4点状态)。点5表示制冷剂出节流阀的状态。4→5表示节流过程，制冷剂在节流过程中压力和温度都降低，但焓值保持不变，且进入两相区。5→1表示制冷剂在蒸发器中的蒸发过程，制冷剂在温度t_0、饱和压力p_0保持不变的情况下蒸发，直至完全变为饱和蒸气为止，完成一个理论循环。

3.1.2 单级蒸气压缩式制冷的系统构成

单级蒸气压缩式制冷系统如图3-2所示，由压缩机、冷凝器、膨胀阀和蒸发器四大部件构成。其中压缩机起到压缩和输送制冷剂蒸气并保持蒸发器中低压力、冷凝器中高压力的作用，是整个系统的核心部件；膨胀阀对制冷剂起节流降压作用并调节进入蒸发器中的制冷剂流量；蒸发器是输出冷量的设备，制冷剂在蒸发器中吸收的热量连同压缩机消耗的功转化的热量在冷凝器中被冷却介质带走。根据热力学第二定律，压缩机所消耗的功起补偿作用，使制冷剂不断从低温物体中吸热，并向高温物体放热，完成整个制冷循环。

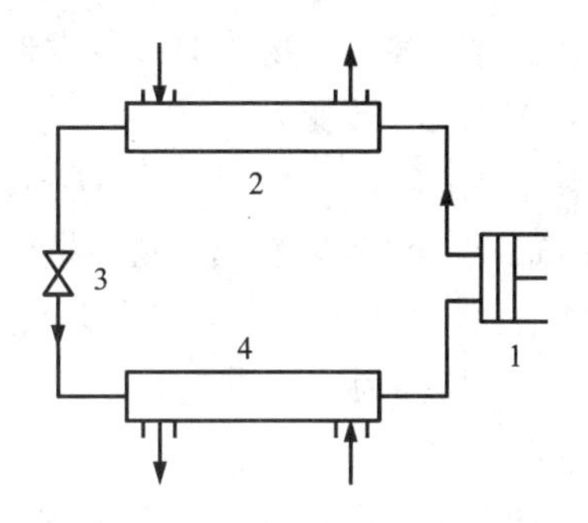

图3-2 单级蒸气压缩式制冷系统图

1—压缩机；2—冷凝器；3—膨胀阀；4—蒸发器

3.1.3 单级蒸气压缩式制冷的热力计算

根据热力学第一定律，如果忽略位能和动能的变化，稳定流动的能量方程可表示为

$$Q + P = q_m(h_2 - h_1) \tag{3-1}$$

式中：Q和P是单位时间内加给系统的热量和功；q_m是流进或流出该系统的质量流量；h是比焓，下标1和2分别表示流体流进系统和流出系统。当热量和功施加于系统时，Q和P取正值。式(3-1)适用于制冷系统中的每一台设备。下面根据图3-1(b)依次对制冷循环中的各个过程进行能量分析。

(1)膨胀过程

制冷剂液体流经膨胀阀时绝热节流，对外不做功，方程式(3-1)变为

$$\begin{aligned} 0 &= q_m(h_4 - h_5) \\ h_4 &= h_5 \end{aligned} \tag{3-2}$$

节流前后比焓值不变。膨胀阀出口处(点5)为两相混合物，它的比焓值

$$h_5 = (1 - x_5)h_{f0} + x_5 h_{g0}$$

式中：h_{f0}和h_{g0}分别为蒸发压力p_0下饱和液体和饱和蒸气的比焓值；x_5为状态5下的干度。将上式移项并整理，得到

$$x_5 = \frac{h_5 - h_{f0}}{h_{g0} - h_{f0}} \tag{3-3}$$

点 5 的比体积为

$$v_5 = (1 - x_5)v_{f0} + x_5 v_{g0} \tag{3-4}$$

式中：v_{f0}和v_{g0}分别为蒸发温度t_0下饱和液体和饱和蒸气的比体积。

(2)压缩过程

如果忽略压缩机与外界环境的热交换，则由式(3-1)得

$$P_0 = q_m(h_2 - h_1) \tag{3-5}$$

式中：$h_2 - h_1$表示压缩机每压缩并输送 1 kg 制冷剂所消耗的功，称为理论比功，用w_0表示。由于节流过程中制冷剂对外不做功，因此循环的比功与压缩机的比功相等。

(3)蒸发过程

单位时间被冷却物体通过蒸发器向制冷剂传递的热量，称为制冷量Q_0。因为蒸发器不做功，故式(3-1)转变为

$$Q_0 = q_m(h_1 - h_5) = q_m(h_1 - h_4) \tag{3-6}$$

由式(3-6)可以看出，制冷量Q_0与两个因素有关：制冷剂的质量流量q_m，制冷剂进、出蒸发器的比焓差$h_1 - h_5$。前者与压缩机的尺寸和转速有关，后者与制冷剂的种类和工作条件有关。$h_1 - h_5$称为单位质量制冷量(简称单位制冷量)，它表示 1 kg 制冷剂在蒸发器内从被冷却物体吸取的热量，用q_0表示。

单位质量流量q_m与容积流量q_v有关，即

$$q_{v1} = q_m v_1 \tag{3-7}$$

或

$$q_m = \frac{q_{v1}}{v_1} \tag{3-8}$$

式中：v_1为压缩机入口处制冷剂蒸气的比体积。

将方程式(3-8)代入方程式(3-6)，得到

$$Q_0 = q_{v1}\frac{h_1 - h_5}{v_1} \tag{3-9}$$

式中：$\frac{h_1 - h_5}{v_1}$称为单位容积制冷量，用q_{zv}表示，它表示压缩机每吸入 1 m^3制冷剂蒸气(按吸气状态计)在蒸发器中所制取的冷量。

(4)冷凝过程

制冷剂在冷凝器中向外界放出的热量为Q_k

$$Q_k = q_m(h_2 - h_4) \tag{3-10}$$

式中：$h_2 - h_4$称为单位热负荷，用q_k表示，它表示 1 kg 制冷剂蒸气在冷凝器中放出的热量。

(5)性能系数

按定义，在理论循环中，性能系数用下式表示

$$COP_0 = \frac{q_0}{w_0} = \frac{h_1 - h_5}{h_2 - h_1} \tag{3-11}$$

压缩式制冷循环的热力计算，一般需用到制冷剂热力性质表和热力性质图。一般的制冷

剂热力性质表仅给出饱和液体和饱和蒸气的热力性质参数；对于过热蒸气，往往利用制冷剂热力性质图($\lg p - h$ 图)来确定热力性质参数。利用图或表查找制冷剂的热力性质时，必须注意制图或表时采用的基准是否一致，不同的图或表可能采用不同的基准，导致热力参数数值的不同。计算时不要过早舍去数值的尾数。为了获得所希望的精度就必须保留足够的位数，从而保证比焓差和比熵差有足够的精度，否则计算结果会产生较大的误差。

目前也可以利用公式及相应商业软件计算制冷剂的热力性质参数。但是用图示的方法展示制冷循环的热力过程仍有助于对问题的了解。

【例3-1】 图3-3为单级蒸气压缩式理论循环的压-焓图，冷凝温度$t_k = 40℃$，蒸发温度$t_0 = 5℃$，制冷剂为R22，循环制冷量$Q_0 = 180$ kW，试对该循环进行热力计算。

解： 根据R22的热力性质表，查出处于饱和线上各点的有关状态参数：

$h_1 = 407.145$ kJ/kg

$v_1 = 0.040356$ m³/kg

$h_4 = h_5 = 252.879$ kJ/kg

在R22的$\lg p - h$图上由点1作等熵线，与冷凝压力线相交于点2，该点即为压缩机的出口状态，由图可知

$h_2 = 431.09$ kJ/kg

(1) 单位质量制冷量

$q_0 = h_1 - h_5 = 154.266$ kJ/kg

(2) 单位容积制冷量

$$q_{zv} = \frac{q_0}{v_1} = 3822.63 \text{ kJ/m}^3$$

(3) 制冷剂质量流量

$$q_m = \frac{Q_0}{q_0} = 1.1668 \text{ kg/s}$$

(4) 压缩机容积流量

$q_v = q_m v_1 = 0.0471$ m³/s

(5) 理论比功

$w_0 = h_2 - h_1 = 23.945$ kJ/kg

(6) 压缩机的理论功率

$P_m = q_m w_0 = 27.94$ kW

(7) 冷凝器单位热负荷

$q_k = h_2 - h_4 = 178.211$ kJ/kg

(8) 冷凝器热负荷

$Q_k = q_m q_k = 207.94$ kW

(9) 性能系数

$$COP_0 = \frac{q_0}{w_0} = 6.44$$

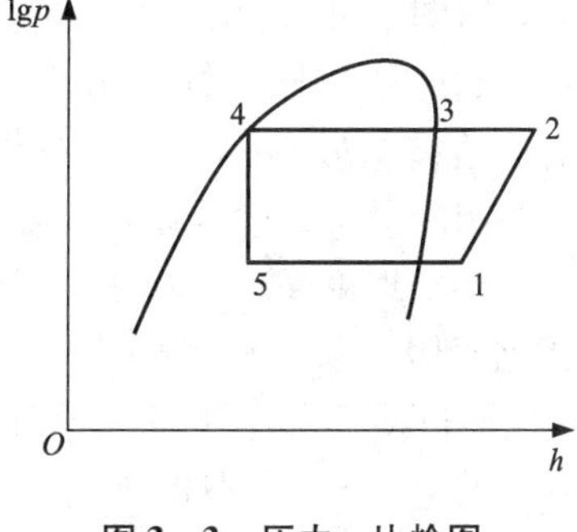

图3-3 压力-比焓图

3.2 单级蒸气压缩式制冷的实际循环

前面所讨论的循环是不考虑任何损失的理论循环，即认为除了节流过程以外，其他过程都是可逆的，但其实理论循环与实际循环是有差异的。在实际使用过程中，往往要作一些改进，以提高循环的热力完善度。这些改进主要是针对液体过冷、气体过热以及回热的，下面分别加以分析和讨论。

3.2.1 液体过冷对制冷循环性能的影响

单级蒸气压缩式制冷实际循环

制冷剂液体的温度低于同一压力下饱和状态的温度称为过冷。两者温度之差称为过冷度。带有液体过冷过程的循环，称为液体过冷循环。由制冷剂的热力状态图可知，节流前液体的过冷度越大，则节流后干度越小，循环的单位制冷量也就越大。因此实际循环中，制冷剂液体离开冷凝器进入节流阀之前往往有一定的过冷度，过冷度的大小取决于制冷系统的设计和制冷剂与冷却介质之间的温差。

图 3－4 表示了过冷循环的压－焓图，其中 1→2→3′→4′→1 表示过冷循环，1→2→3→4→1 表示理论循环。由图中可以看出，与理论循环相比，液体过冷后单位制冷量增加，增加量以线段 4′→4 表示，即两点的比焓差为$h_4 - h_{4'}$。由于单位制冷量的增加，对给定的制冷量Q_0，过冷循环所需要的制冷剂质量流量q_m将小于理论循环的质量流量。考虑到两个循环的压缩机吸入状态相同，因而压缩机的容积流量q_v同样也是过冷循环小于理论循环。由于两个循环中压缩机的进、出口状态相同，因而两个循环比功相同，这就意味着过冷循环中单位制冷量的增加使得整个循环的性能系数增加。

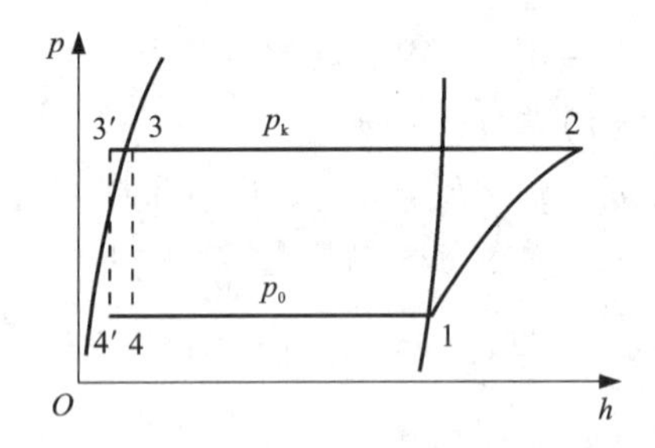

图 3－4 具有液体过冷的循环

如何实现节流前液体过冷呢？一是增加冷凝器的传热面积，但这种方法的过冷度是有一定限制的；二是增加一个单独的热交换设备，即过冷器，用于冷却过冷器的介质温度通常要比冷却冷凝器的介质温度要低，此时就需要增加冷却水或深井水设备，使费用增加。因此采用何种方法实现节流前液体过冷，需经过经济性分析才可确定。

3.2.2 气体过热对制冷循环性能的影响

制冷剂蒸气的温度高于同一压力下饱和蒸气的温度称为过热，两个温度之差称为过热度。具有吸气过热过程的循环，称为气体过热循环。为了不将液滴带入压缩机，因此实际循环中，压缩机吸入饱和状态的蒸气的情况是很少的，通常应达到过热状态。

图 3－5 表示了气体过热循环的压－焓图，其中 1′→2′→3→4→1′表示过热循环，1→2→3→4→1 表示理论循环。不难看出：过热循环的排气温度、理论比功、冷凝器的单位热负荷均比理论循环高，且过热蒸气的比体积要比饱和蒸气的比体积大，这意味着压缩每千克制冷剂而言，将需要更大的压缩机容积。

吸入过热蒸气对制冷量和性能系数的影响取决于过热过程吸收的热量是否产生有用的制冷效果以及过热度的大小。

(1)过热没有产生有用的制冷效果

制冷剂蒸气在被冷却空间以外吸取环境空气的热量而过热，这种过热称为无效过热。

这种情况下，循环的单位制冷量和运行在相同冷凝温度和蒸发温度下的理论循环的单位制冷量是相等的，但由于蒸气比体积增大，使单位容积制冷量减少，导致循环制冷量降低，循环比功增加，性能系数下降。

(2)过热本身产生有用的制冷效果

如果吸入蒸气的过热发生在蒸发器本身的后部，或者发生在安装于被冷却室内的吸气管道上，或者以上两者皆有的情况下，过热而吸收的热量就来自被冷却物，产生有用的制冷效果，这种过热称为有效过热。

有效过热使循环的单位制冷量增加，但由于吸入蒸气的比体积增加，故过热循环的单位容积制冷量可能增加，也可能减少，这与制冷剂本身的特性有关。

图3－6给出了几种制冷剂在过热区内单位容积制冷量的变化情况。该图是在蒸发温度为－15℃，冷凝温度为30℃的情况下得到的。横坐标表示循环过热度，纵坐标是过热循环单位容积制冷量与理论循环单位容积制冷量的比值，曲线反映了不同制冷剂的单位容积制冷量随过热度变化而变化的情况。

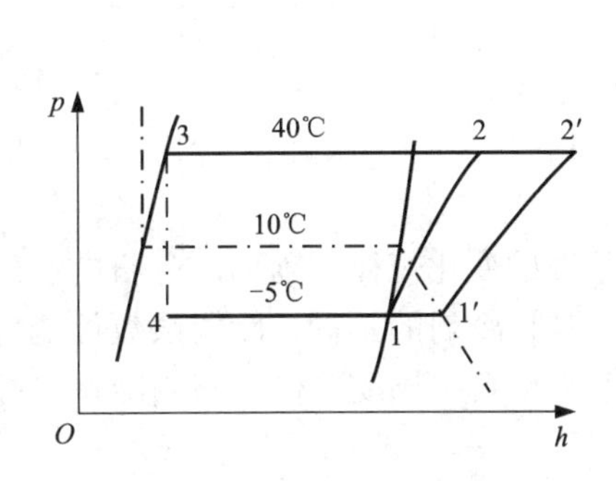

图3－5 具有气体过热的循环

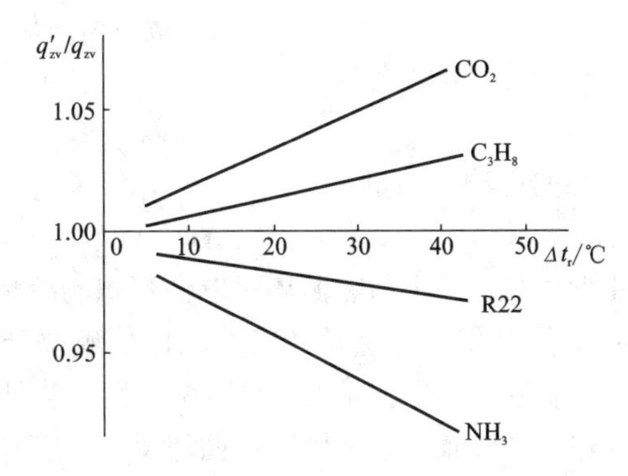

图3－6 不同制冷剂单位容积制冷量随过热度的变化

由图可以看出，氨和R22过热对单位容积制冷量是不利的。由于这两种制冷剂在理论循环下排气温度就相当高了，若吸入过热度较高的蒸气，压缩终了制冷剂的温度会进一步提高，这对压缩机运行的可靠性及寿命都是不利的，但为了防止压缩机出现液击也不可以没有过热度，因此对氨和R22不宜采用过高的过热度，通常采用5℃左右的过热度。

有效吸气过热对性能系数的影响与单位容积制冷量的变化规律一致。对氨和R22而言，吸入蒸气过热使性能系数降低；对丙烷等，过热使性能系数提高。

3.2.3 回热制冷循环的性能

利用回热器使节流前的制冷剂液体与压缩机吸入前的制冷剂蒸气进行热交换，使液体过冷、蒸气过热，称之为回热。具有回热的制冷循环，称为回热循环，其系统图及压－焓图分别如图3－7、图3－8所示。

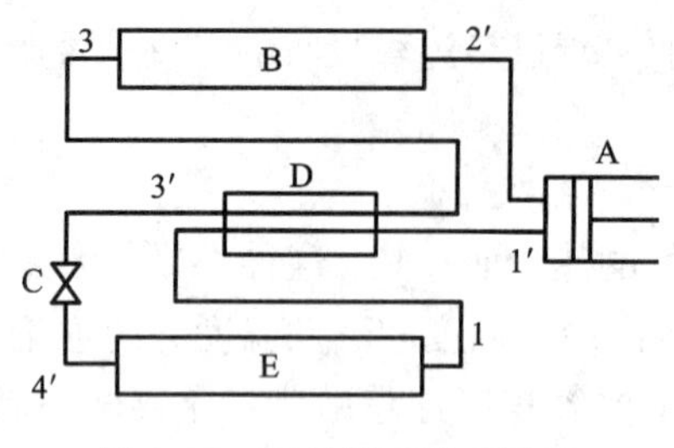

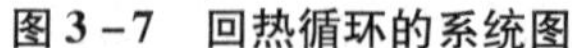
图 3－7　回热循环的系统图

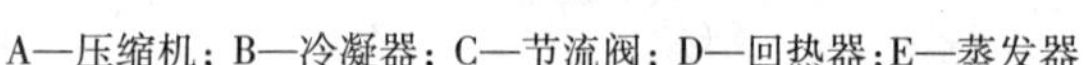
A—压缩机；B—冷凝器；C—节流阀；D—回热器；E—蒸发器

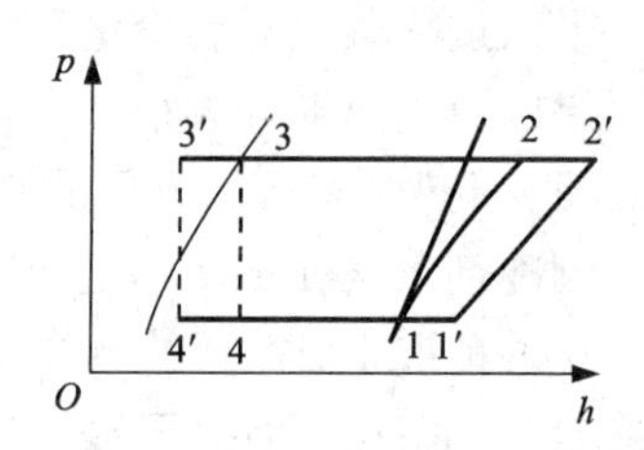

图 3－8　回热循环的 *p*－*h* 图

从图 3－7 可以看出，制冷剂液体在回热器中被低压蒸气冷却，然后经节流阀进入蒸发器。从蒸发器流出的低压蒸气进入回热器，在其中被加热后再进入压缩机压缩，压缩后的制冷剂气体进入冷凝器中冷凝。

图 3－8 中 1→2→3→4→1 表示理论循环，1→1′→2′→3→3′→4′→1 表示回热循环，其中 1→1′和 3→3′分别表示过热和过冷过程，均在回热器中完成。在没有热量损失的情况下，回热器中液体放出的热量等于蒸气吸收的热量

$$h_3 - h_{3'} = h_{1'} - h_1 \tag{3-12}$$

回热循环中的单位制冷量

$$q_0 = h_1 - h_{4'} = h_{1'} - h_4 \tag{3-13}$$

单位制冷量的增加量

$$\Delta q_0 = h_4 - h_{4'} = h_{1'} - h_1 \tag{3-14}$$

循环的比功增加量

$$\Delta w_0 = (h_{2'} - h_{1'}) - (h_2 - h_1) \tag{3-15}$$

由此可见，采用回热循环后单位容积制冷量和性能系数的变化规律与前面所分析的有效过热对单位容积制冷量及性能系数的影响规律一致，根据制冷剂的不同，性能系数可能增加，也可能减少。也就是说，对丙烷而言，采用回热循环后性能系数及单位容积制冷量均提高；对氨和 R22 而言，采用回热循环反而使上述指标降低。

在气液热交换器设备中，液体和蒸气比焓值的变化可以用它们的比热容和温度变化的乘积来表示，即

$$c_{p0}(t_{1'} - t_1) = c'(t_3 - t_{3'}) \tag{3-16}$$

或

$$c_{p0}(t_{1'} - t_0) = c'(t_k - t_{3'}) \tag{3-17}$$

式中：c_{p0}为过热蒸气的比定压热容，kJ/(kg·K)；c'为液体比热容，kJ/(kg·K)。

3.2.4　蒸气压缩式制冷的实际循环

理论循环中认为除了节流过程以外，其他过程都是可逆的。其实在实际循环中，各部件、管道中均有流动阻力、漏热等不可逆过程的发生。因此实际循环和理论循环必然是有差异的：流动过程存在阻力，有压力损失；系统中不论是高温部分还是低温部分，都与环境之间存在温差，因而不可避免地要与环境进行热交换，产生漏热。

用图3-9表示实际循环偏离理论循环的情况，其中1→2→3→4→1表示理论循环。图中4′→1表示制冷剂在蒸发器中的蒸发过程，由于热交换器中有流动损失，使制冷剂在蒸发器内有压力降，因此4′→1是一条向右下方倾斜的直线；1→1′表示蒸气在回热器(如果有的话)及吸气管道中的加热和降压过程；1′→1″表示蒸气经过压缩机的吸气阀的降压过程；1″→2s为压缩机的缩压过程，2s→2s′表示经过压缩机排气阀时的降压过程；2s′→3表示蒸气经排气管道进入冷凝器的冷却和冷凝过程，在这一过程中由于有流动阻力损失，因此压力是渐渐降低的；3→3′表示液体在回热器及管道中的降温、降压过程；3′→4′表示节流过程。

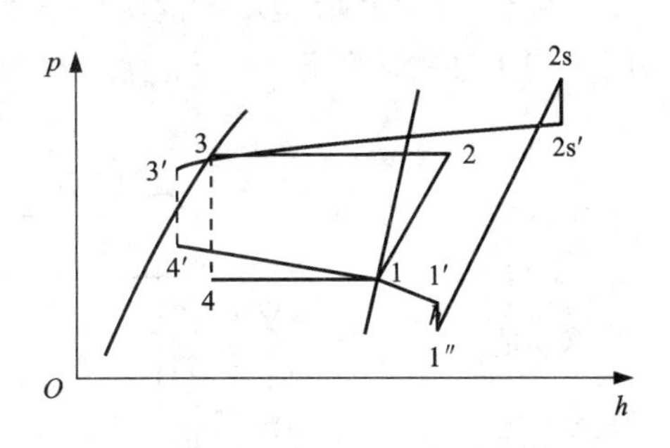

图3-9 单级压缩实际制冷循环的$p-h$图

3.3 两级蒸气压缩式制冷循环

3.3.1 压力比增加对循环性能的影响

在制冷剂确定的情况下，蒸气压缩式制冷循环中的冷凝压力和蒸发压力分别由冷凝温度和蒸发温度决定。其中冷凝温度受环境介质温度的限制，而蒸发温度由循环的实际用途来确定。由单级蒸气压缩式制冷循环特性可以知道，当冷凝温度提高或蒸发温度下降时，其循环的压力比越大，压缩机输气系数越小，制冷量也越小。当压力比提高到一定数值后，余隙容积的存在会使其容积系数降为零，制冷量也变为零。

此外，压力比增加将导致压缩机排气温度升高，效率降低，功耗增大，润滑条件恶化，甚至会引起润滑油的碳化和出现拉缸等现象。

因此，单级蒸气压缩式制冷循环的压力比一般不超过8~10。对于压力比过大的场合，此时需考虑采用两级蒸气压缩式制冷循环。

3.3.2 两级蒸气压缩式制冷循环的形式

两级蒸气压缩式制冷循环简称两级压缩制冷循环，就是指将制冷剂从蒸发压力提高到冷凝压力的过程分为两个阶段，即蒸发压力p_0下的制冷剂蒸气先经低压压缩机压缩到中间压力p_m，经过中间冷却后再进入高压压缩机进一步压缩到冷凝压力p_k。两级压缩制冷循环按其节流级数分为一级节流和两级节流，制冷剂液体由冷凝压力p_k直接节流至蒸发压力p_0，则称为一级节流循环，而二级节流循环则是将高压液体先从冷凝压力p_k节流到中间压力p_m，然后再由p_m节流降压至蒸发压力p_0。按中间冷却方式分为中间完全冷却循环与中间不完全冷却循环。所谓中间完全冷却是指将低压级排气冷却到中间压力下的饱和蒸气，若未冷到饱和蒸气状态(即过热状态)时称为中间不完全冷却。

按照不同的节流级数和冷却方式分别组合，可以形成下列四种两级压缩制冷循环：

1. 一级节流、中间完全冷却的两级压缩制冷循环

图 3－10 为一级节流、中间完全冷却的两级压缩制冷循环系统图及相应的 $p-h$ 图。

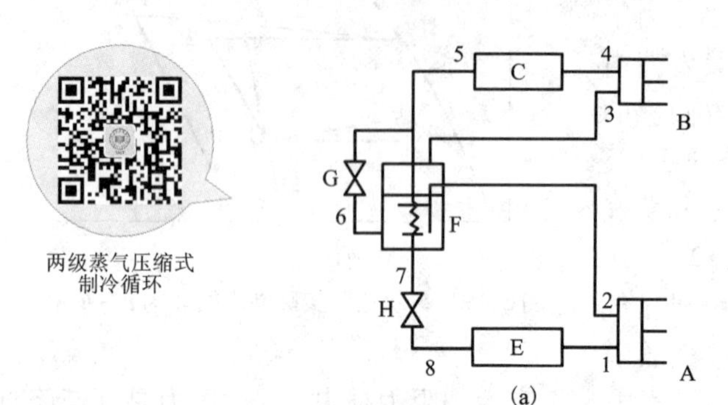

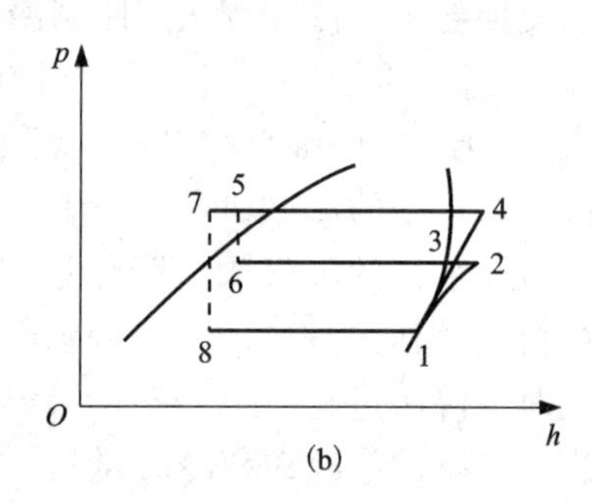

图 3－10　一级节流、中间完全冷却的两级压缩制冷循环系统图及相应的 $p-h$ 图

(a)系统图；(b)$p-h$ 图

A—低压压缩机；B—高压压缩机；C—冷凝器；E—蒸发器；F—中间冷却器；G、H—节流阀

由蒸发器 E 出来的低压蒸气(压力为p_0)由低压压缩机 A 吸入压缩至中间压力p_m(过程 1→2)后，送入中间冷却器 F，与其中的液体制冷剂进行热交换，温度降低到中间压力对应的饱和温度(过程 2→3)。然后由高压压缩机 B 压缩到冷凝压力p_k(过程 3→4)，并在冷凝器 C 中冷凝成为液体(过程 4→5)。从冷凝器 C 出来的液体分为两路：一路进入中间冷却器 F 的盘管中降低温度变成过冷液体(过程 5→7)，经节流阀 H 降压到蒸发压力p_0(过程 7→8)，而后到蒸发器 E 中蒸发制冷(过程 8→1)；另一路经节流阀 G 降压(过程 5→6)后进入中间冷却器 F 蒸发，用来冷却低压压缩机 A 排送到中间冷却器 F 的过热蒸气和盘管内的高压制冷剂(过程 6→3)，节流阀来的蒸气和液体蒸发产生的蒸气随同经冷却后的低压压缩机排气一起进入高压压缩机 B 中，压缩到冷凝压力p_k后进入冷凝器 C。循环就这样周而复始地进行。

2. 一级节流、中间不完全冷却的两级压缩制冷循环

图 3－11 为一级节流、中间不完全冷却的两级压缩制冷循环的系统图及相应的 $p-h$ 图。它的工作过程与一级节流、中间完全冷却循环的主要区别是：低压压缩机 A 的排气没有进入中间冷却器 F 中冷却，而是与中间冷却器 F 中产生的饱和蒸气在管路上混合，混合得到的过热蒸气进入高压压缩机 B 进行压缩。点 4 即为在管路中混合后的状态，也就是高压压缩机吸气状态。

3. 两级节流、中间完全冷却的两级压缩制冷循环

图 3－12 为两级节流、中间完全冷却的两级压缩制冷循环的系统图及相应的 $p-h$ 图。它的工作过程与一级节流、中间完全冷却循环的主要区别在于由冷凝器出来的液体没有分为两路，而是全部经节流阀 E 节流到中间压力 p_m，进入中间冷却器，在中间冷却器中进行气液分离。部分液体用来冷却低压压缩机 A 的排气而自身蒸发成气体，并和节流后产生的蒸气以及低压压缩机的排气一起进入高压压缩机 B；部分液体进入节流阀 G 节流后进入蒸发器蒸发，产生制冷量，蒸发出来的气体再进入低压压缩机进行压缩。

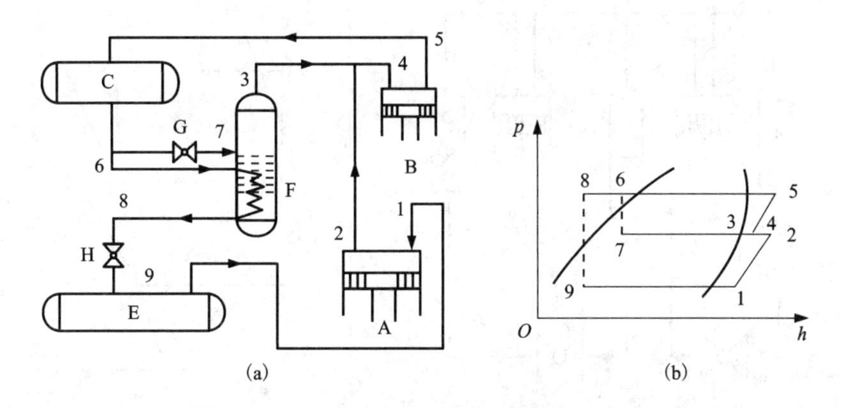

图3-11 一级节流、中间不完全冷却的两级压缩制冷循环系统图及相应的 $p-h$ 图

(a)系统图;(b)$p-h$ 图

A—低压压缩机;B—高压压缩机;C—冷凝器;E—蒸发器;F—中间冷却器;G、H—节流阀

图3-12(b)为这种循环的 $p-h$ 图。图中各状态点均与图3-12(a)相对应。过程10→4和过程10→3表示在中间冷却器中的气液分离过程。

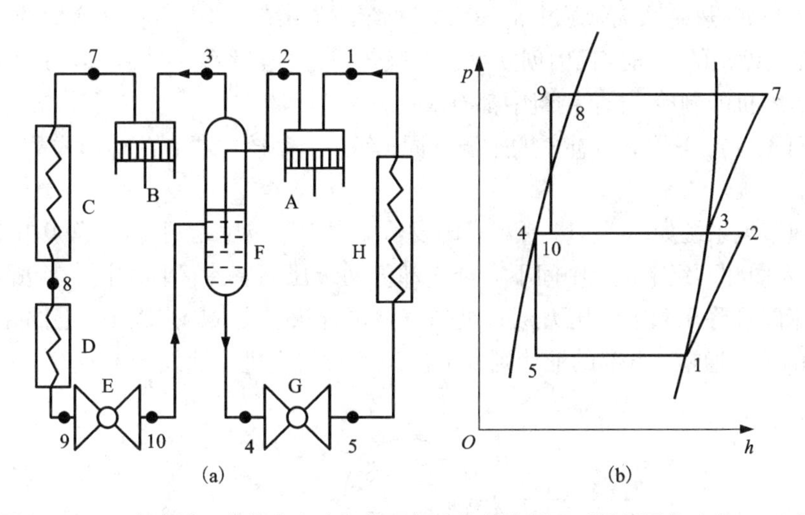

图3-12 两级节流、中间完全冷却的两级压缩制冷循环系统图及相应的 $p-h$ 图

(a)系统图;(b)$p-h$ 图

A—低压压缩机;B—高压压缩机;C—冷凝器;D—过冷器;E、G—节流阀;F—中间冷却器;H—蒸发器

4. 两级节流、中间不完全冷却的两级压缩制冷循环

图3-13为两级节流、中间不完全冷却的两级压缩制冷循环的系统图及相应的 $p-h$ 图。它的工作过程与两级节流、中间完全冷却循环的主要区别在于低压压缩机A的排气不进入中间冷却器F,而是与在中间冷却器中产生的饱和蒸气在管路中混合后进入高压压缩机B。因此,高压压缩机吸入的是中间压力 p_m 下的过热蒸气。

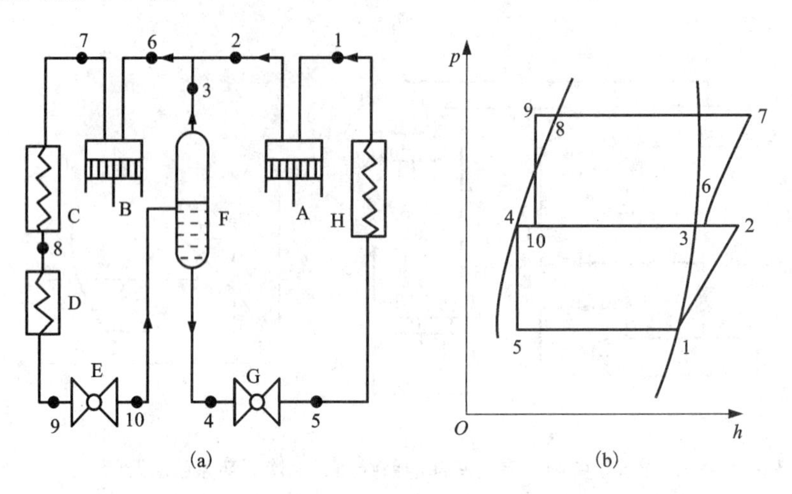

图 3－13　两级节流、中间不完全冷却的两级压缩制冷循环系统图及相应的 $p-h$ 图

(a)系统图；(b)$p-h$ 图

A—低压压缩机；B—高压压缩机；C—冷凝器；D—过冷器；E、G—节流阀；F—中间冷却器；H—蒸发器

3.3.3　中间补气增焓的热泵/制冷循环

目前中央空调/热泵系统领域中常采用一种经济器系统，即中间补气增焓的热泵/制冷循环系统，即在压缩机的压缩过程中创立第二个吸气口，这类系统在采用离心压缩机、螺杆压缩机和涡旋压缩机的制冷/热泵机组中都有应用。

根据中间压力 p_m 下压缩机补气的来源不同，经济器系统主要有两种形式：闪发器前节流系统和过冷器系统。

闪发器前节流系统如图 3－14 所示。闪发器类似于两级压缩制冷循环的中间冷却器，这种系统的 $p-h$ 图和两级节流、中间不完全冷却的两级压缩制冷循环相同。冷凝器 B 出口的制冷剂经节流阀 C 降压到中间压力 p_m 后变成气液混合状态流入闪发器 D，上部的闪发蒸气进入压缩机 A 的补气通道，下部的液体则经节流阀 E 节流后进入蒸发器 F 蒸发。

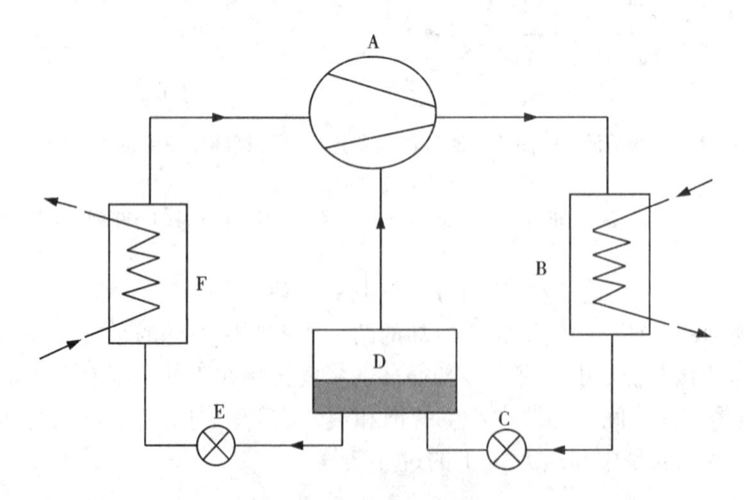

图 3－14　闪发器前节流系统

A—补气增焓压缩机；B—冷凝器；C—节流阀；D—闪发器；E—节流阀；F—蒸发器

过冷器组系统如图3－15所示。过冷器也类似于两级压缩制冷循环的中间冷却器，这种系统的$p-h$图和一级节流、中间不完全冷却的两级压缩制冷循环相同。冷凝器B出口的制冷剂液体一部分经节流阀C降压到中间压力p_m后流入过冷器D，在过冷器中冷却。冷凝器出来的另一部分制冷剂液体，自身蒸发后进入压缩机A的补气通道，还有一部分制冷剂液体则经过冷器D过冷后经节流阀E节流，然后进入蒸发器F蒸发。

增加了补气通道以后，压缩过程中由于得到中间补气的冷却，压缩机的排气温度比无补气时的排气温度低，同时，由于部分蒸气没有经过从低压到高压的完整压缩过程，而只经历了从中间压力到排气压力的压缩过程，减少了压缩机的功耗，因此补气增焓可以提高系统的制热/制冷性能系数，大约可提高7%。

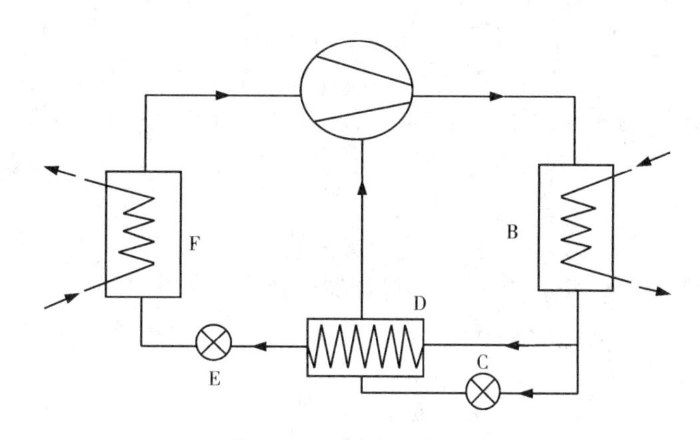

图3－15 过冷器组系统

A—补气增焓压缩机；B—冷凝器；C—节流阀；D—过冷器；E—节流阀；F—蒸发器

为了进一步提高制冷压缩机组的效率，离心压缩机组中也有采用三级节流、中间两次补气的制冷循环，其系统与循环和两级节流、中间补气的制冷循环基本类似。

3.3.4 两级蒸气压缩式制冷/热泵循环的热力计算

与单级压缩制冷循环相同，对两级压缩制冷循环进行热力计算也需要利用工作过程的$p-h$图。由前述内容可知，一级节流循环虽经济性较两级节流稍差，但其利用节流前本身的压力可实现远距离供液或高层供液，故应用较广。因此重点介绍两级制冷循环中一级节流的计算方法，两级节流的计算方法以例题的方式介绍。

1. 一级节流、中间完全冷却的两级压缩制冷循环的热力计算

一级节流、中间完全冷却的两级压缩制冷循环系统的$p-h$图如图3－10(b)所示。

(1)单位制冷量

$$q_0 = h_1 - h_8 = h_1 - h_7 \tag{3-18}$$

(2)低压压缩机单位理论功

$$w_{0d} = h_2 - h_1 \tag{3-19}$$

(3)低压压缩机的质量流量

$$q_{md} = \frac{Q_0}{q_0} = \frac{Q_0}{h_1 - h_8} = \frac{Q_0}{h_1 - h_7} \tag{3-20}$$

式中：Q_0为制冷机的制冷量，kW。

(4)低压压缩机所需轴功率

$$P_{ed}=\frac{q_{md}w_{0d}}{\eta_{kd}}=\frac{Q_0}{h_1-h_7}\frac{h_2-h_1}{\eta_{kd}} \tag{3-21}$$

式中：η_{kd}为低压压缩机的轴效率。

(5)低压压缩机的实际输气量

$$q_{Vsd}=q_{md}v_1=\frac{Q_0v_1}{h_1-h_7} \tag{3-22}$$

式中：v_1为低压压缩机吸入蒸气比体积，m^3/kg。

(6)低压压缩机的理论输气量

$$q_{Vhd}=\frac{q_{Vsd}}{\lambda_d}=\frac{Q_0}{h_1-h_7}\frac{v_1}{\lambda_d} \tag{3-23}$$

式中：λ_d为低压压缩机的输气系数，其数值可按相同压力比时单级压缩机的输气系数的90%考虑。

(7)高压压缩机单位理论功

$$w_{0g}=h_4-h_3 \tag{3-24}$$

高压压缩机的制冷剂流量q_{mg}可由中间冷却器的热平衡关系计算：

$$q_{md}h_2+q_{md}(h_5-h_7)+(q_{mg}-q_{md})h_5=q_{mg}h_3$$

(8)由热平衡关系式得到高压压缩机的质量流量

$$q_{mg}=\frac{h_2-h_7}{h_3-h_5}q_{md}=\frac{h_2-h_7}{h_3-h_5}\frac{Q_0}{h_1-h_7} \tag{3-25}$$

(9)高压压缩机所需轴功率

$$P_{eg}=\frac{q_{mg}w_{0g}}{\eta_{kg}}=\frac{h_2-h_7}{h_3-h_5}\frac{Q_0}{h_1-h_7}\frac{h_4-h_3}{\eta_{kg}} \tag{3-26}$$

式中：η_{kg}为高压压缩机的轴效率。

(10)高压压缩机的实际输气量

$$q_{Vsg}=q_{mg}v_3=\frac{Q_0}{h_1-h_7}\frac{h_2-h_7}{h_3-h_5}v_3 \tag{3-27}$$

式中：v_3为高压压缩机吸入蒸气比体积，m^3/kg。

(11)高压压缩机的理论输气量

$$q_{Vhg}=\frac{q_{Vsg}}{\lambda_g}=\frac{Q_0}{h_1-h_7}\frac{h_2-h_7}{h_3-h_5}\frac{v_3}{\lambda_g} \tag{3-28}$$

式中：λ_g为高压压缩机的输气系数，其数值与相同压力比时的单级压缩机的输气系数相同。

(12)理论循环的性能系数

$$COP_0=\frac{Q_0}{q_{mg}w_{0g}+q_{md}w_{0d}}=\frac{h_1-h_7}{\frac{h_2-h_7}{h_3-h_5}(h_4-h_3)+(h_2-h_1)} \tag{3-29}$$

(13)实际循环的性能系数

$$COP_s=\frac{Q_0}{\frac{q_{mg}w_{0g}}{\eta_{kg}}+\frac{q_{md}w_{0d}}{\eta_{kd}}}=\frac{h_1-h_7}{\frac{h_2-h_7}{h_3-h_5}\frac{(h_4-h_3)}{\eta_{kg}}+\frac{(h_2-h_1)}{\eta_{kd}}} \tag{3-30}$$

(14)冷凝器热负荷

$$Q_k = q_{mg}(h_{4s} - h_5) \tag{3-31}$$

$$h_{4s} = h_3 + \frac{h_4 - h_3}{\eta_{ig}} \tag{3-32}$$

式中：η_{ig}为高压压缩机的指示效率；h_{4s}为高压压缩机的实际排气比焓，kJ/kg。

以上计算方法适用于设计或选择压缩机时的计算，我们可根据计算出来的q_{Vhg}和q_{Vhd}去设计或选配合适的压缩机，根据Q_0和Q_k去设计或选配蒸发器和冷凝器。对于已有的两级压缩制冷机，我们可根据q_{Vhg}和q_{Vhd}数值计算出它的制冷量Q_0，即

$$Q_0 = \frac{q_{Vhd}\lambda_d}{v_1}(h_1 - h_7) \tag{3-33}$$

2. 一级节流、中间不完全冷却的两级压缩制冷循环的热力计算

一级节流、中间不完全冷却的两级压缩制冷循环的热力计算与一级节流、中间完全冷却的两级压缩制冷循环的计算基本上是一样的，其区别仅在于因为中间冷却的方式不同而引起高压级流量的公式不同而已，同时高压压缩机吸入的是过热蒸气，其状态参数要通过计算求得。一级节流、中间不完全冷却的两级压缩制冷循环系统的$p-h$图如图3-11(b)所示。

高压压缩机的制冷剂流量仍可由中间冷却器的热平衡关系求得。中间冷却器的热平衡图如图3-16所示。

$$q_{md}(h_6 - h_8) + (q_{mg} - q_{md})h_6 = (q_{mg} - q_{md})h_3$$

所以

$$q_{mg} = \frac{h_3 - h_8}{h_3 - h_6}q_{md} \tag{3-34}$$

而点4状态的蒸气比焓可由如图3-17所示的两部分蒸气混合过程的热平衡关系式求得：

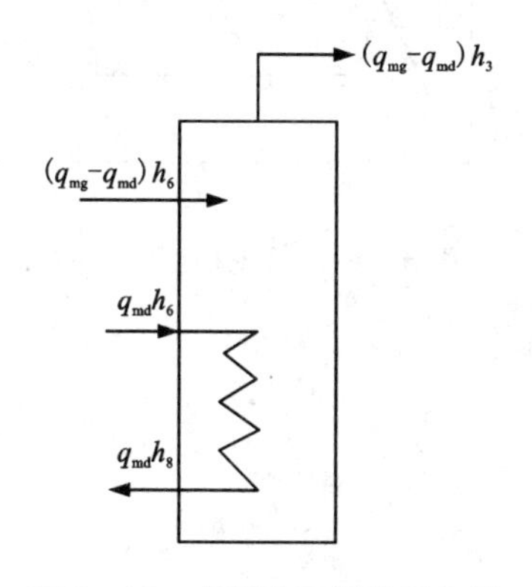

图3-16 中间冷却器热平衡图

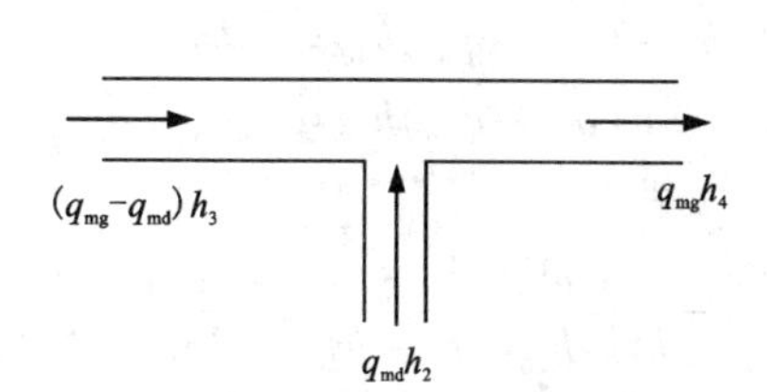

图3-17 蒸气混合过程热平衡图

$$(q_{mg} - q_{md})h_3 + q_{md}h_2 = q_{mg}h_4$$

$$h_4 = h_3 + \frac{h_3 - h_6}{h_3 - h_8}(h_2 - h_3) \tag{3-35}$$

【例3-2】 北方冬天采用空气源热泵供热的装置中，因为环境温度太低，往往采用如图3-18所示的补气增焓热泵系统，该系统类似于两级压缩制冷循环。假设系统的冷凝温度$t_k=60℃$，蒸发温度$t_0=-10℃$，中间温度为$t_m=21℃$，冷凝器出口为饱和液体，蒸发器出口为饱和蒸气，采用的制冷剂为R134a，热泵的制热量$Q_k=10$ kW。将该系统视为两级压缩制冷系统，请画出该系统的$p-h$图，并对该循环进行热力计算。

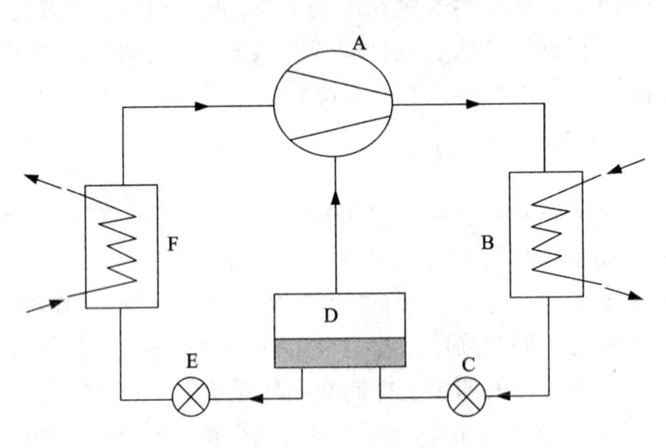

图3-18 补气增焓热泵系统图

解： 该系统的压-焓图如图3-19所示。根据R134a热力性质表，查出处于饱和线上各点的焓值为：

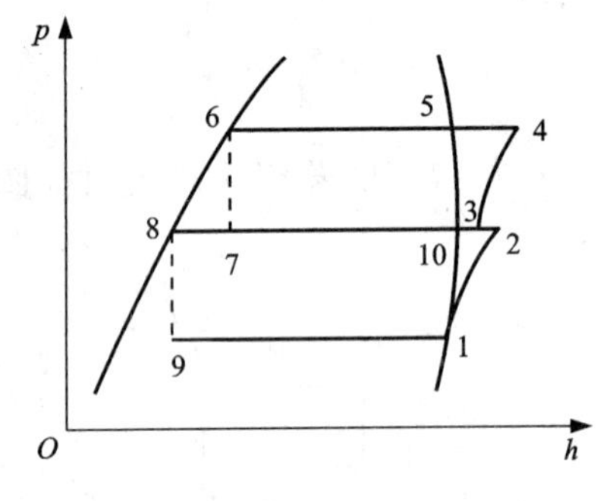

图3-19 系统相应的$p-h$图

$h_1=236$ kJ/kg

$h_2=263.6$ kJ/kg

$h_8=h_9=74.4$ kJ/kg

$h_{10}=259.1$ kJ/kg

$h_6=h_7=133.3$ kJ/kg

根据热平衡关系有：

$$q_{md}h_8+(q_{mg}-q_{md})h_{10}=q_mh_7$$

$$q_{md}h_2+(q_{mg}-q_{md})h_{10}=q_mh_3$$

联立解得

$$\frac{q_{mg}}{q_{md}}=\frac{h_2-h_{10}}{h_3-h_{10}}=\frac{h_8-h_{10}}{h_7-h_{10}}=\frac{74.4-259.1}{133.3-259.1}=1.468$$

$h_3=262.2$ kJ/kg

沿点3作等熵线，得

$h_4=281.8$ kJ/kg

(1)高压压缩机的质量流量

$$q_{mg}=\frac{Q_k}{h_4-h_6}=\frac{10}{281.8-133.3}=0.067\ \text{kg/s}$$

(2)低压压缩机的质量流量

$$q_{md}=\frac{q_{mg}}{1.468}=\frac{0.067}{1.468}=0.046\ \text{kg/s}$$

(3)蒸发器制冷量

$$Q_0=q_{md}(h_1-h_9)=0.046\times(236-74.4)=7.434\ \text{kW}$$

(4)低压压缩机的轴功率

$$P_{ed}=q_{md}(h_2-h_1)=0.046\times(263.6-236)=1.270\ \text{kW}$$

(5)高压压缩机的轴功率

$$P_{eg}=q_{mg}(h_4-h_3)=0.067\times(281.8-262.2)=1.313\ \text{kW}$$

(6)热泵的性能系数

$$COP=\frac{Q_k}{P_{ed}+P_{eg}}=\frac{10}{1.270+1.313}=3.87$$

思考题

1. 制冷剂在蒸气压缩式制冷循环中，热力状态是如何变化的？

2. 制冷剂在通过节流元件时压力降低，温度也大幅下降，可以认为节流过程近似绝热过程，那么制冷剂降温时的热量传给了谁？

3. 单级蒸气压缩式制冷理论循环有哪些假设条件？实际循环与理论循环有何区别？

4. 试画出单级蒸气压缩式制冷循环理论循环的 $p-h$ 图，并说明图中各过程线的含义。

5. 有一个单级蒸气压缩式制冷系统，高温热源温度为30℃，低温热源温度为5℃，不考虑传热温差，分别采用R22、R123为制冷剂工作时，试求其理论循环的各项性能指标。

6. 有一单级蒸气压缩式制冷循环用于空调，假定为理论制冷循环，工作条件如下：蒸发温度 $t_0=5$℃，冷凝温度 $t_k=40$℃，制冷剂R134a，空调房间需要的制冷量为3 kW，试求：该理论制冷循环的单位质量制冷量 q_0，制冷剂质量流量 q_m，理论比功 w_0，压缩机消耗的理论功率 P_0，性能系数 COP_0 和冷凝器热负荷 Q_K。

7. 比较有效过热和无效过热的区别。什么是回热循环？回热循环对制冷循环有何影响？对哪些制冷剂有利？对哪些制冷剂不利？

8. 两级蒸气压缩式制冷循环的形式有哪些？

9. 一级节流与二级节流相比有什么特点？中间不完全冷却与中间完全冷却相比又有什么特点？

第4章 压缩式制冷系统与设备

4.1 制冷压缩机

4.1.1 压缩机的种类

制冷压缩机的种类和形式很多，可根据工作原理、结构和工作的蒸发温度进行分类。

1. 按工作原理分类

制冷压缩机根据工作原理可分为容积型和速度型两类。

容积型压缩机是将一定容积的气体先吸入气缸里，继而在气缸中被强制压缩，压力升高，当达到一定压力时气体便被强制地从气缸排出。可见，容积型压缩机的吸排气过程是间歇进行的，其流动并非连续稳定的。

容积型压缩机按其压缩部件的运动特点可分为两种形式：往复活塞式(简称活塞式)和回转式。而后者又可根据其压缩机的结构特点分为滚动转子式(又称滚动活塞式)、滑片式、螺杆式(包括双螺杆式、单螺杆式)和涡旋式等。

速度型压缩机气体压力的增长是由气体的速度转化而来的，即先使气体获得一定高速，然后再将气体的动能转化为压力能。可见，速度型压缩机中压缩流程可以连续地进行，其流动是稳定的。制冷装置中应用的速度型压缩机主要是离心式制冷压缩机。

图4-1为制冷压缩机的分类及其结构示意简图。图4-2表示了目前各类制冷压缩机的应用范围及其制冷量大小。

2. 按密封结构形式分类

为了防止制冷工质向外泄漏或外界空气渗入制冷系统内，制冷压缩机与制冷剂接触的每个部件都应该对外界是密封的。从采用的密封结构方式来看，制冷压缩机可分为开启式、半封闭式和全封闭式三大类。

开启式压缩机是靠原动机来驱动伸出压缩机机壳外的轴或其他运转零件的制冷压缩机。这种压缩机在固定件和运动件之间必须设置轴封，以防泄漏。如果原动机是电动机，因它与制冷剂和润滑油不接触而不必满足耐制冷剂和耐油的要求。因此，开启式压缩机可用于以氨为工质的制冷系统中。这种压缩机的制冷量较大，主要用于大型冷库。

半封闭式压缩机是可在现场拆开维修内部机件的无轴封的制冷压缩机。由于电动机和压缩机通过共用一根主轴连成一体，并装在同一机体内，机体上的各种端盖通过垫片和螺栓拧牢压紧来防止泄漏。因电动机和压缩机在同一机体内，所以电动机所用材料必须与制冷剂和

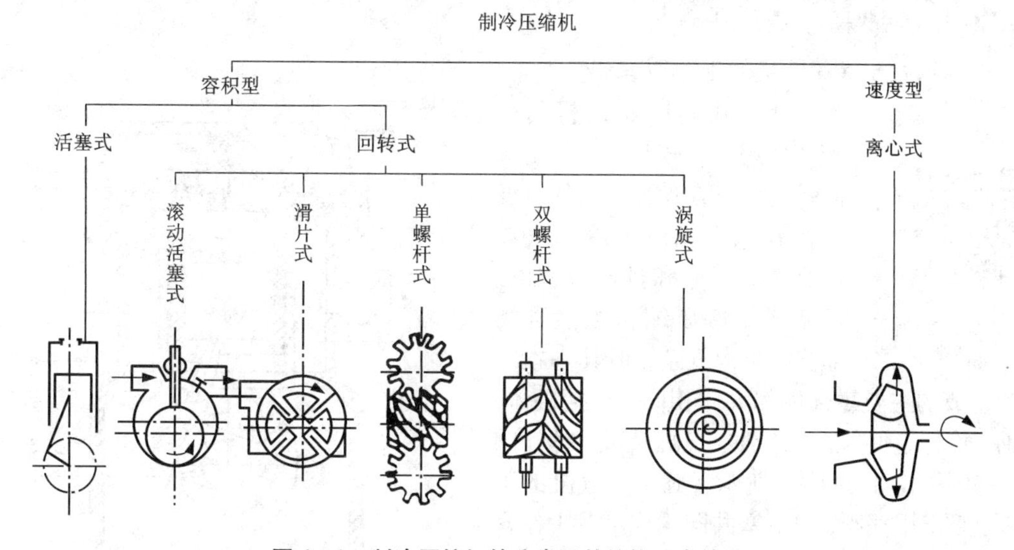

图4-1 制冷压缩机的分类及其结构示意简图

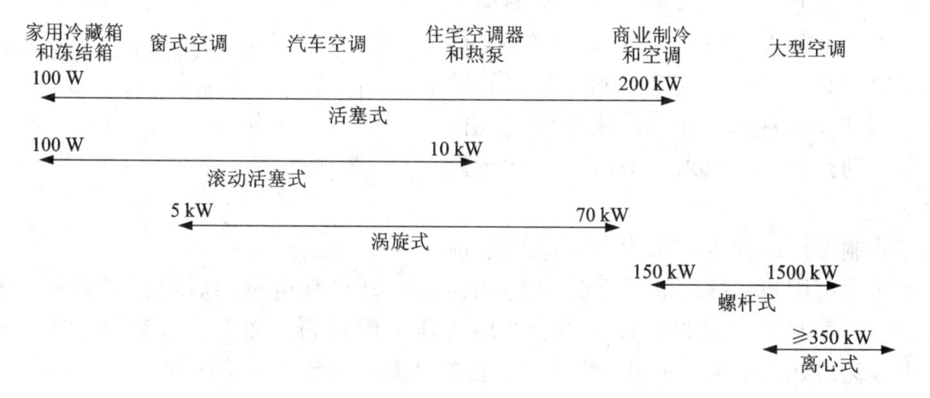

图4-2 各类制冷压缩机的应用范围及制其冷量的大小

润滑油相容共处。这类压缩机内部零部件易于拆卸、修理、更换，制冷量一般居中等水平。

封闭式压缩机是压缩机和电动机装在一个由熔焊或钎焊焊成的外壳内的制冷压缩机。它没有外伸轴或轴封，露在机壳外表的只有一些吸气管、排气管、工艺管以及其他必要的管道（如喷液管），输入电源接线柱和压缩机支架等。由于整个压缩机和电动机组是装在一个不能拆开的密封机壳中的，不易打开进行内部维修，因而要求这类压缩机的使用可靠性高、寿命长，对制冷系统的安装要求高。这种压缩机的制冷量较小。

3. 其他形式分类

如果按压缩机级数分类，可分为单级和双级。单级压缩机是指制冷剂气体由低压至高压状态只经过一次压缩；双级压缩机是指制冷剂气体在一台压缩机的不同气缸内由低压至高压状态经过两次压缩。

按压缩机转速分类，可分为高速、中速、低速三种。转速高于1000 r/min的为高速，低于300 r/min的为低速，介于两者之间的为中速。现代中小型多缸压缩机多为高速。

4.1.2 活塞式制冷压缩机

1. 活塞式制冷压缩机的工作原理和特点

活塞式制冷压缩机
工作原理

活塞式制冷压缩机的生产和使用历史较长，它是由气缸、气阀和活塞所构成的可变工作容积来完成制冷剂气体的吸入、压缩和排出过程的。活塞式制冷压缩机虽然种类繁多、结构复杂，但其基本结构和组成的主要零部件都大体相同，包括机体、曲轴、连杆组件、活塞组件、气缸及吸、排气阀等，基本结构如图 4－3 所示。圆筒形气缸的顶部设有吸、排气阀，与活塞共同构成可变工作容积。连杆的大头与曲轴的曲柄销连接，小头通过活塞销与活塞连接，当曲轴在原动机驱动下旋转时，通过曲柄销、连杆、活塞销的传动，活塞即在气缸中作往复直线运动。吸、排气阀的阀片被气阀弹簧压在阀座上，靠阀片两侧气体的压力差自动开启，控制制冷剂气体进、出气缸的通道。

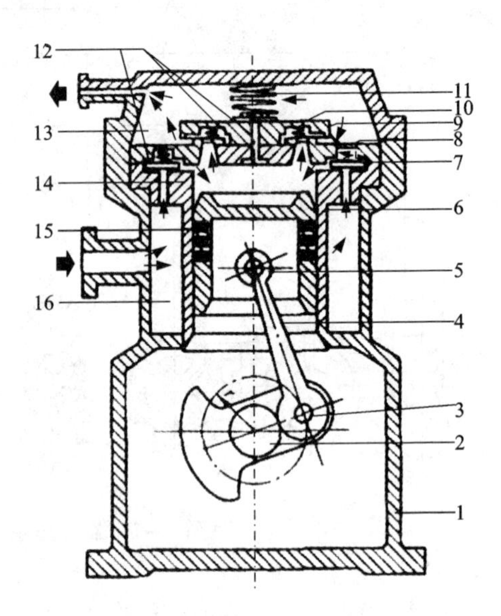

图 4－3 活塞式制冷压缩机示意图

1—机体；2—曲轴；3—曲柄销；4—连杆；
5—活塞销；6—活塞；7—吸气阀片；
8—吸气阀弹簧；9—排气阀片；10—排气阀弹簧；
11—安全弹簧；12—气阀；13—排气腔；
14—气缸；15—活塞环；16—吸气腔

活塞式制冷压缩机的主要优点：①能适应较广阔的压力范围和制冷量范围要求。②热效率高，单位耗电量相对较少，特别是偏离设计工况运行时更明显。③对材料要求低，多用普通金属材料，加工比较容易，造价较低廉。④技术上较为成熟，在生产使用中积累了丰富的经验。⑤装置系统比较简单。上述优点使活塞式制冷压缩机在中、小制冷量范围内成为制冷压缩机中应用最广、生产批量最大的机型。

其主要缺点：①因受到活塞往复式惯性力的影响，转速受到限制，不能过高，因此单机输气量大时，机器显得笨重。②结构复杂，易损件多，维修工作量大。③由于受到各种力、力矩的作用，运转时振动较大。④输气不连续，气体压力有波动。

2. 活塞式制冷压缩机的主要零部件结构

(1) 机体和气缸

机体是用来支承压缩机主要零部件并容纳润滑油的部件，包括气缸体和曲轴箱两部分。机体中上半部分为安装气缸所在的部位，是气缸体。气缸体上部与装在机体上的气缸盖共同构成排气腔，与排气管相通；气缸体其余部分与吸气管是吸气腔。机体中下半部分为曲轴箱，曲轴箱是曲轴、连杆运动的空间，也是盛装润滑油的容器，吸气腔与曲轴箱相通。在机体上还装有轴承座等零部件，因此机体是整个压缩机的支架，因而要求其有足够的强度和刚度。

(2) 曲轴连杆组件

曲轴是制冷压缩机的重要运动部件之一。它的受力情况复杂，要求有足够的强度、刚度和耐磨性。活塞式制冷压缩机曲轴的基本结构形式有曲柄轴、偏心轴和曲拐轴三种。有些曲轴内部钻有油道，从油泵出来的润滑油经油道输送到轴颈和曲柄销等部位。

连杆的作用是将活塞和曲轴连接起来，将曲轴的旋转运动转变为活塞的往复运动。它由连杆大头、连杆小头和连杆体三部分组成，连杆体断面形状有工字形、圆形、矩形等，其断面中心可以钻油孔，能使润滑油由大头经油孔送到小头。

(3)活塞组

活塞组由活塞体、活塞环及活塞销组成，典型的活塞组如图4-4所示。活塞顶部为减少余隙容积，形状应与气阀结构的形状相配合。活塞环部是安放气环和油环的部位，装油环的环槽中钻有回油孔，使油环刮下的油通过回油孔回到曲轴箱。小型活塞设有气环和油环，它们通常在活塞的外圆车削出一道或几道环槽，以起到径向密封作用。环部以下是裙部，设有活塞销座。

活塞环是一个带切口的弹性圆环，可分为气环和油环两种。气环的作用是密封气缸的工作容积，防止压缩气体通过气缸壁处间隙泄漏到曲轴箱。制冷压缩机由于气缸工作压力不太高，活塞一般用二或三道气环。转速高、缸径小和采用铝合金活塞的压缩机可以只用一道气环。同时，气环在压缩机运转时还有将润滑油带入气缸的作用。

油环一般设置在气环的下部，作用是刮去气缸壁上多余的润滑油，避免其过多进入气缸从而排出压缩机。油环同时又有布油的作用，分为斜面式油环和槽式油环。

(4)气阀组件

气阀是活塞式制冷压缩机的主要部件之一，性能的好坏直接影响到压缩机的制冷量和功率消耗，以及运行的可靠性。气阀主要由阀座、阀片、气阀弹簧和升程限制器四部分组成，如图4-5所示。

气阀的工作原理：当阀片下面的气体压力大于阀片上面的气体压力、弹簧力及阀片重力之和时，阀片2离开阀座1，上升到与升程限制器4接触为止，即阀片全开，气体便通过气阀通道。当阀片下面的气体压力小于阀片上面的气体压力、弹簧力及阀片重力之和时，气阀弹簧3的作用是迫使阀片紧贴阀座，阀片离开升程限制器向下运动，阀片紧贴在阀座的阀线上时，即关闭了气阀通道，这样就完成了一次启闭过程。弹簧在气阀开启时起缓冲作用，升程限制器4用来限制阀片开启高度(A)。

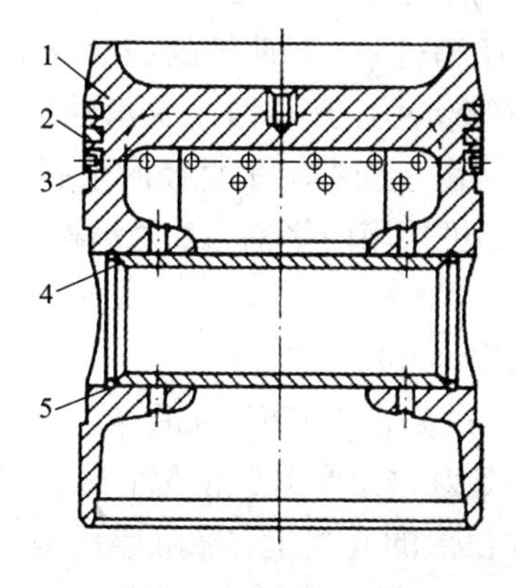

图4-4 筒形活塞组

1—活塞；2—气环；3—油环；
4—活塞销；5—弹簧挡圈

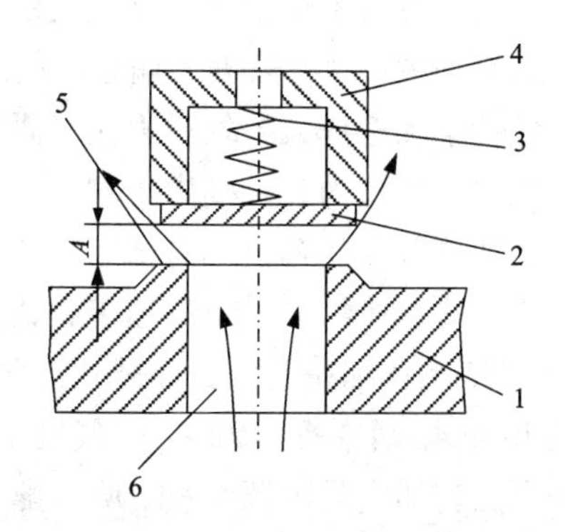

图4-5 气阀组件示意图

1—阀座；2—阀片；3—气阀弹簧；
4—升程限制器；5—阀线；6—气阀通道

气阀的结构形式也是多种多样的，最常见的有环片阀和簧片阀。环片阀多用于较大制冷量的制冷机组中。簧片阀又称舌簧阀或翼状阀，适用于小型高速制冷压缩机。

3. 压缩机的润滑

制冷压缩机运转时，各运动摩擦副表面之间存在一定的摩擦和磨损。除了零件本身采用自润滑材料之外，应在摩擦副之间加入合适的润滑油，使在摩擦面间形成一层油膜，从而降低压缩机的摩擦功和摩擦热，减少机件的磨损量。同时，润滑油可带走摩擦热量，并带走磨屑，便于将磨屑由滤清器清除，对摩擦表面起冷却和清洁作用。润滑油由于充满活塞与气缸镜面的间隙中和轴封的摩擦面之间，可增强密封效果。所以润滑油具有润滑、冷却、清洁和辅助密封的作用。

压缩机的润滑方式是多样的，可分为飞溅润滑和压力润滑两大类。

①飞溅润滑是利用连杆大头或甩油盘随着曲轴旋转把润滑油溅起甩向气缸壁面，引向连杆大小头、轴承、曲轴主轴承和轴封装置，保证摩擦表面的润滑。其无须设置液压泵和润滑油滤清器，循环油量很小，对摩擦表面的冷却效果较差。此种润滑系统设备简单，常在一些小型半封闭和小型开启式压缩机中应用。

②压力润滑系统是利用液压泵产生的油压，将润滑油通过输油管道输送到需要润滑的各摩擦表面，润滑油压力和流量可按照设定要求实现，因而油压稳定，油量充足，还能对润滑油进行滤清和冷却处理，因而在中、小型制冷压缩机系列和一些非标准的大型制冷压缩机中均广泛采用。根据液压泵的作用原理不同，压力润滑系统又分为齿轮液压泵和离心供油两种系统。

齿轮液压泵润滑系统中，曲轴箱中的润滑油通过粗过滤器后被齿轮泵吸入，提高压力后经细过滤器滤去杂质，再输送到所要润滑和密封的部位。此外，由于油压较高并且稳定，因而其进入能量调节机构，作为能量调节控制的液压动力。

为了防止润滑油的油温过高，曲轴箱中装有油冷却器。而在低的环境温度下润滑油会溶入较多的制冷剂，在压缩机启动时将发生液击，为此有的压缩机在曲轴箱内还装有油加热器，在压缩机启动前先加热，以减少溶于润滑油中的制冷剂。

离心供油润滑系统常见于立轴式的小型全封闭制冷压缩机中，是曲轴的一端或主轴延伸管浸入润滑油中，润滑油进入偏心油道。曲轴旋转时，在离心力的作用下，润滑油不断提升，并流向各轴承和连杆大头处或直接飞溅至需润滑的部位。由于受到轴颈直径的限制，液压泵的供油压力一般仅为几百到数千帕。当需要较高油压时，可采用两级偏心油道结构。

4. 活塞式制冷压缩机的总体结构与机组

空调用冷水机组多采用高速多缸机型的半封闭活塞式制冷压缩机。

B24F22 型压缩机是半封闭式、直立、两缸、单作用、逆流式压缩机，如图 4－6 所示。气缸直径 40 mm，活塞行程 22 mm，气缸呈直立布置，曲轴是两错角为 180°的偏心轴，采用整体式连杆大头。活塞是平顶结构，吸、排气阀均装在气缸顶部的阀板上，靠缸盖内隔条分开。气缸盖内又分吸、排气腔，分别与吸、排气管相连。机体底部设可拆封盖，便于装拆和检修。采用飞溅式润滑系统，不设输气量调节装置，所吸制冷剂蒸气由吸气管直接进入气缸内，电动机靠定子外面的散热肋片进行冷却，这种吸气方式有利于提高压缩机的容积效率，降低排气温度，且气体中含油量较少，但其冷却效果不佳，不适宜较大功率的压缩机。

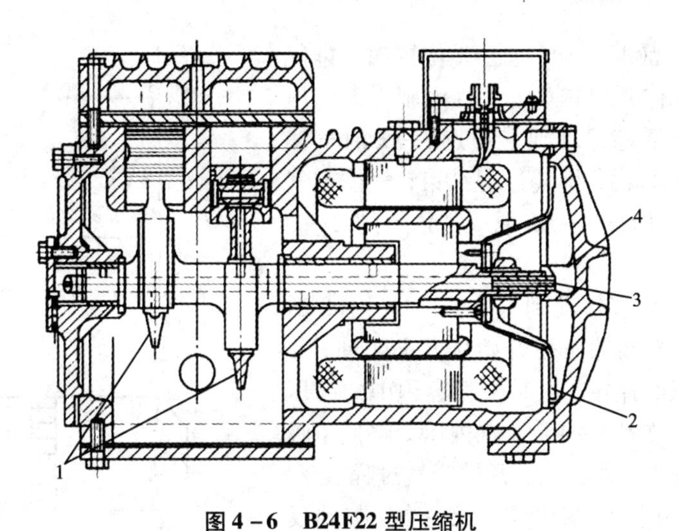

图4-6 B24F22型压缩机

1—溅油勺；2—甩油盘；3—曲轴中心油道；4—集油器

5. 活塞式制冷压缩机的性能

(1)活塞式制冷压缩机的工作过程

活塞式制冷压缩机的实际工作过程是相当复杂的，为了便于分析讨论，对压缩机的理论工作过程进行如下假设：①无制冷剂气体的任何泄漏；②吸、排气过程无压力损失；③吸、排气过程中与外界无热量传递；④气体压缩过程的过程指数为常数，通常把压缩过程看作等熵过程。

图4-7表达了一个理论工作循环的吸气、压缩、排气、膨胀四个过程。

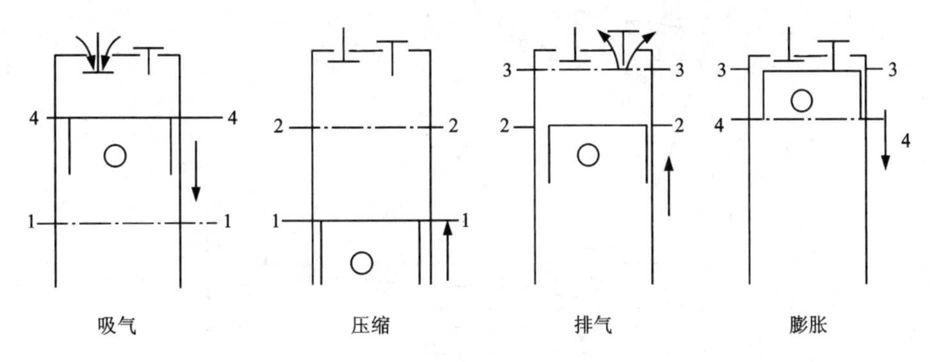

图4-7 活塞式制冷压缩机的工作过程

①吸气过程。活塞顶部由位置4-4向下运动时，吸气阀开启，低压气体从蒸发器在恒压p_1下被吸入气缸中，直到活塞到达下止点1-1的位置，气体充满整个气缸，吸气过程结束，即图4-8中$p-V$图的4→1过程。

②压缩过程。活塞在曲轴-连杆机构的带动下开始从下止点向上止点移动，此时吸气阀关闭，气缸工作容积逐渐减小，缸内气体被绝热压缩，直至缸内气体压力升高到略高于排气腔中的制冷剂压力时，排气阀开启，气体在气缸内容积由V_1压缩至V_2，压力从p_1上升至p_2，即图4-8中$p-V$图的1→2过程。

③排气过程。活塞移动到2→2位置时，排气阀开启，气缸内气体开始排气，气缸内制冷剂的压力不再升高，直至活塞运动到上止点3→3时气体在恒压p_2下被全部排出，排气过程结束，气体在气缸内的容积减小，即图4－8中$p-V$图的2→3过程。

④膨胀过程。活塞移动到上止点3→3后，活塞在曲轴－连杆机构的带动下开始从上止点向下移动，由于余隙容积的存在，这时余隙容积中的高压气体膨胀，膨胀至位置4－4时，缸内压力略低于吸气腔中压力，这时吸气阀开启，开始吸气过程。

曲轴每旋转一周，活塞往复运行一次。如此反复，便完成了将蒸发器内的低压蒸气吸入、升压、再排出工作过程。

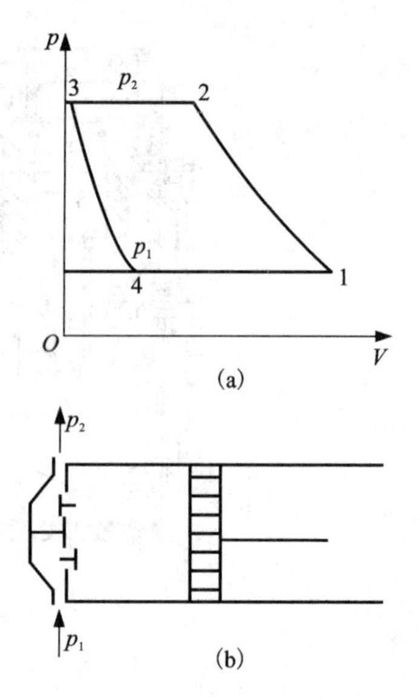

图4－8 活塞式制冷压缩机的理论工作循环

(a)$p-V$图；(b)压缩机示意图

为了解压缩机实际工作循环，一般采用示功仪来测量气缸内气体体积和压力的变化关系，如图4－9所示。图中的3′→4′表示膨胀过程，4′→1′表示吸气过程，1′→2′表示压缩过程，2′→3′表示排气过程。同图4－8相比，实际循环在吸、排气时存在有压力损失和压力波动，在整个工作过程中气体同气缸、活塞间有热量交换。同时由于气缸与活塞之间有间隙容积，则气缸与活塞之间及吸、排气阀存在气体泄漏。因此，实际压缩机的工作过程要复杂得多。

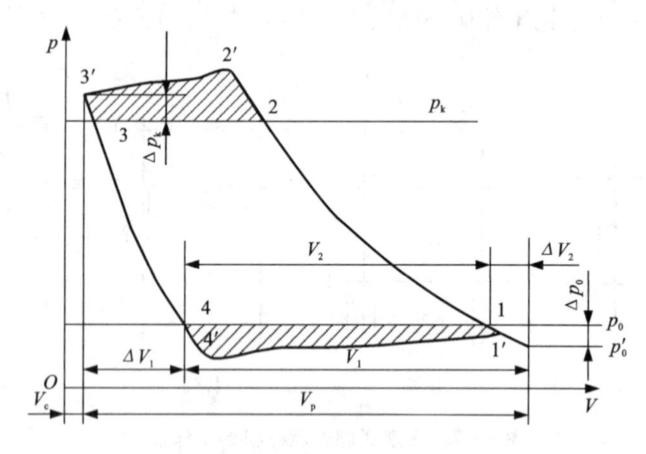

图4－9 活塞式制冷压缩机的实际工作循环

(2)性能参数及计算

压缩机在单位时间内经过压缩并输送到排气管内的气体，换算到吸气状态的容积，称为压缩机的容积输气量，简称输气量(或排量)。

①理论输气量。在理论工作循环时，压缩机的理论输气量等于单位时间内的理论吸气量。设压缩机内、外止点之间气缸工作室的容积为V_p，显然有

$$V_p=\frac{\pi}{4}D^2S \tag{4-1}$$

式中：V_p——气缸工作容积，m^3；

D——气缸直径，m；

S——活塞行程，m。

假定压缩机有 z 个气缸，转速为 n，则压缩机的理论输气量为

$$V_h = 60znV_p \tag{4-2}$$

式中：V_h——压缩机的理论输气量，m^3/h；

z——压缩机的气缸数；

n——压缩机的转速，r/min。

②实际输气量。在实际工作循环中，由于余隙容积、气阀阻力、气体热交换、泄漏损失等原因的影响，压缩机的实际输气量必定小于理论输气量。两者的比值称为压缩机的容积效率，用 η_v（$\eta_v < 1$）表示。实际输气量可表示为

$$V_s = \eta_v V_h \tag{4-3}$$

式中：V_s——压缩机的实际输气量，m^3/h。

③容积效率。容积效率 η_v 的大小反映了实际工作过程中存在的诸多因素对压缩机输气量的影响，也表示了压缩机气缸工作容积的有效利用程度，也称压缩机的输气系数。通常可用容积系数 λ_v、压力系数 λ_p、温度系数 λ_T、密封系数 λ_L 的乘积来表示，即

$$\eta_v = \lambda_v \lambda_p \lambda_T \lambda_L \tag{4-4}$$

a. 容积系数 λ_v。容积系数 λ_v反映了压缩机余隙容积的存在对压缩机输气量的影响，是表征气缸工作容积有效利用程度的系数。由于安装压缩机的气阀须留出一定空隙，活塞到达外止点时也不可能与气缸盖完全贴紧，同时在装配压缩机时，为了保证活塞在工作时因热膨胀等因素的影响，必须在气缸与活塞之间保留一定的间隙，由于这些因素的存在，便产生了余隙容积，在图4-9中余隙容积用 V_c表示。由于余隙容积的存在，工作循环中出现了膨胀过程，占据了一定的气缸工作容积，使部分活塞行程失去了吸气作用，导致压缩机吸气量的减少，即压缩机实际输气量的减少。实际吸气容积 V_1与气缸工作容积 V_p之比称容积系数。

由于气缸内高压气体膨胀时通过气缸壁与外界有热量交换，所以余隙容积内的蒸气在 $3'\to4'$膨胀过程是多变过程，即由 $3'$的压力（$p_k+\Delta p_k$）和容积（V_c）膨胀到 $4'$的压力（$p_0+\Delta p_0$）和容积。膨胀（ΔV_1）过程方程式是 pV^m = 常数。由此容积系数 λ_v可表示为

$$\lambda_v = \frac{V_h - \Delta V_1}{V_h} = 1 - c\left[\left(\frac{p_k + \Delta p_k}{p_0}\right)^{\frac{1}{m}} - 1\right] \tag{4-5}$$

式中：c——相对余隙容积，它等于余隙容积 V_c与气缸工作容积 V_p之比，即 $c = V_c/V_p$；

m——膨胀过程指数；

p_k——冷凝压力（即名义排气压力），MPa；

Δp_k——排气压力损失，MPa；

p_0——蒸发压力（即名义吸气压力），MPa。

由式（4-5）知，影响 λ_v数值的因素有相对余隙容积 c、压力比 p_k/p_0、膨胀过程指数 m 及排气压力损失 Δp_k。

相对余隙容积 c 值越大，λ_v越小，因此，在加工和运行条件许可的情况下，应尽量减少压缩机的余隙容积。采用长行程的压缩机，可减小 c 的数值。中小型活塞式制冷压缩机的 c 值范围为2%～4%，低温用制冷压缩机应取较小值。

压力比p_k/p_0越大，λ_v越小，气体排气温度升高，当压力比大到一定程度时，甚至可使λ_v为0。因此，为保证压缩机具有一定的容积效率，单级活塞式制冷压缩机的最大压力比应受到一定的限制。氟利昂压缩机的压力比不得超过10。

膨胀过程指数m的数值随制冷剂的种类和膨胀过程中气体与壁面间的热交换情况而定。一般对于氟利昂压缩机，m为0.95～1.05。

排气压力损失Δp_k与气阀结构及流动阻力有关，氟利昂压缩机的Δp_k为$(0.1\sim0.15)p_k$。

p_k对λ_v的影响较小，可以略去不计，则式(4－5)可简化为

$$\lambda_v = 1 - c\left[\left(\frac{p_k}{p_0}\right)^{\frac{1}{m}} - 1\right] \tag{4-6}$$

b. 压力系数λ_p。气态制冷剂通过进、排气阀时，断面突然缩小，气体进、出气缸需要克服流动阻力。压力系数λ_p反映了由于吸气阀阻力的存在使实际吸气压力p'_0小于吸气管中的压力p_0，从而造成吸气量减少的程度。压力系数λ_p可用下式计算：

$$\lambda_p = 1 - \left(\frac{1+c}{\lambda_v}\frac{\Delta p_0}{p_0}\right) \tag{4-7}$$

式中：Δp_0为吸气压力损失，通常氟利昂压缩机的Δp_0为$(0.05\sim0.10)p_0$。

吸气阀处于关闭状态时的弹簧力对压力系数λ_p的影响较大。弹簧力过强，会使吸气阀提前关闭，使Δp_0增大，降低λ_p；反之，弹簧力过弱，会使吸气阀延迟关闭，将吸入气缸的气体又部分地回流至吸气管内，造成λ_p下降。

c. 温度系数λ_T。温度系数λ_T表示吸气过程中气体从气缸壁等部件吸收热量造成体积膨胀，从而造成吸气量减少的程度。吸入气体与壁面的热交换是一个复杂的过程，与制冷剂的种类、压力比、气缸尺寸、压缩机转速、气缸冷却情况等因素有关。λ_T的数值通常用经验公式计算。

小型全封闭式制冷压缩机为

$$\lambda_T = \frac{T_1}{aT_k + b\theta} \tag{4-8}$$

式中：T_1——吸气温度，K；

T_k——冷凝温度，K；

θ——蒸气在吸气管中的过热度，$\theta = T_1 - T_0$，T_0为蒸发温度，K；

a——压缩机的温度随冷凝温度而变化的系数，a为1.0～1.15，随压缩机尺寸的减少而增大(根据经验，家用制冷压缩机a为1.15，商用制冷压缩机a为1.10)；

b——表示吸气量减少与压缩机对周围空气散热的关系系数，b为0.25～0.8，制冷量越大，压缩机壳体外空气作自由运动时，b取值越大。

压缩机的冷凝温度T_k下降或蒸发温度T_0上升，气缸及气缸盖冷却良好时，都能使λ_T增大，从而提高气缸容积的利用率。

d. 密封系数λ_L。密封系数λ_L反映压缩机工作过程中因泄漏而对输气量的影响。压缩机泄漏的主要原因是活塞环与气缸壁之间不严密和吸、排气阀密封面不严密或关闭不及造成制冷剂气体从高压侧泄漏到低压侧，从而引起输气量的下降。泄漏量的大小与压缩机的制造质量、磨损程度、气阀设计、压力差大小等因素有关。由于目前加工技术和产品质量的提高，压缩机的泄漏量是很小的，故λ_L值一般都很高，推荐λ_L为0.97～0.99。

一般情况下，对压缩机容积效率 η_v 影响较大的是容积系数 λ_v 和温度系数 λ_T，而压力系数 λ_p 和密封系数 λ_L，因数值较大(均接近于1)而且变化范围较小，对容积效率 η_v 的影响是比较小的。因此，可以把影响 λ_v 和 λ_T 的主要因素看作影响压缩机容积效率 η_v 的主要因素。

在压缩机的类型、结构尺寸、转速、冷却方式及制冷剂种类已确定的情况下，容积效率 η_v 主要取决于运行工况。实际运行中，压缩机的运行工况是有变动的，因而容积效率 η_v 将随之发生变化。

容积效率 η_v 的数值可在分别计算 λ_v、λ_p、λ_T、λ_L 四个系数后，再代入式(4－4)中求出。但通常为了简化计算可采用经验公式或从有关容积效率的特性曲线图中查取。

对于单级高速多缸压缩机，转速 $n>720$ r/min，相对余隙容积 c 为3%～4%，容积效率 η_v 为

$$\eta_v = 0.94 - 0.085\left[\left(\frac{p_k}{p_0}\right)^{\frac{1}{m}} - 1\right] \tag{4-9}$$

式中：p_k——冷凝压力，MPa。

p_0——蒸发压力，MPa。

m——制冷剂的压缩过程指数，对于R717，$m=6.28$；对于R22，$m=6.18$。

对于单级中速立式压缩机，转速 $n<720$ r/min，相对余隙容积 c 为4%～6%，容积效率 η_v 为

$$\eta_v = 0.94 - 0.605\left[\left(\frac{p_k}{p_0}\right)^{\frac{1}{m}} - 1\right] \tag{4-10}$$

④制冷量。制冷压缩机热力循环的性能与其工作条件有关，一台压缩机在不同的运行工况下，每小时产生的冷量是不相同的。通常压缩机铭牌上标出的制冷量是指该机名义工况下的制冷量。当制冷剂和转速不变时，对于同一台制冷压缩机，不同工况下的制冷量可在其理论输气量 V_h 等于定值的条件下，按以下方法换算。

若一台压缩机在已知工况A和B时的制冷量分别为 Q_{0A} 和 Q_{0B}，即有：

$$Q_{0A} = \frac{\eta_{vA} V_h q_{vA}}{3600};\ Q_{0B} = \frac{\eta_{vB} V_h q_{vB}}{3600} \tag{4-11}$$

联立以上两式，可得不同工况下的制冷量换算式为

$$Q_{0B} = Q_{0A}\frac{\eta_{vB} q_{vB}}{\eta_{vA} q_{vA}} \tag{4-12}$$

式中：Q_0——制冷量，kW；

V_h——压缩机的理论输气量，m^3/h。

⑤功率和效率。压缩机实际工作过程与理论工作过程的区别也影响到它的功耗。如吸、排气时的压力损失、运动机械的摩擦、压缩过程偏离等熵过程等，均使压缩机的功耗增大。

a. 指示功率和指示效率：直接用于气缸中压缩制冷工质所消耗的功称为指示功。单位时间内实际循环所消耗的指示功，称为压缩机的指示功率。理论循环中压缩1 kg制冷剂所消耗的理论比功 w_0，与实际循环中所消耗的指示比功 w_i 的比值，称为压缩机的指示效率，用 η_i 表示。

$$\eta_i = \frac{w_0}{w_i} = \frac{P_0}{P_i} \tag{4-13}$$

式中：P_0——压缩机按等熵压缩理论循环工作所需的理论功率，kW；

P_i——指示功率，kW。

制冷压缩机的指示效率 η_i，是从动力经济性角度来评价压缩机气缸内部热力过程的完善程度。开启式压缩机中的 η_i的经验计算式为

$$\eta_i = \frac{T_0}{T_k} + b(T_0 - 273) \tag{4-14}$$

式中：T_0——蒸发温度，K；

T_k——冷凝温度，K；

b——系数，氟利昂压缩机的 b 为 0.0025。

小型氟利昂压缩机 η_i为 0.65 ~ 0.80，家用全封闭式压缩机 η_i为 0.60 ~ 0.85，在压力比较大的工况下 η_i 值较低。

影响指示功率和指示效率的因素有压力比 e、相对余隙容积 c、吸气和排气过程的压力损失、吸气预热程度及制冷剂泄漏等。图 4－10 为指示效率 η_i与压力比 e 和相对余隙容积 c 的关系变化图。当 e 较低时，η_i因吸、排气压力损失较大而下降；当 e 较大时，η_i 又随吸气预热程度及制冷剂泄漏程度的增大而变小。较大的 c 值意味着相对余隙容积中气体的数量相对较多，其压缩和膨胀过程的不可逆损失也较大，因而 η_i随 c 值的增大而下降。

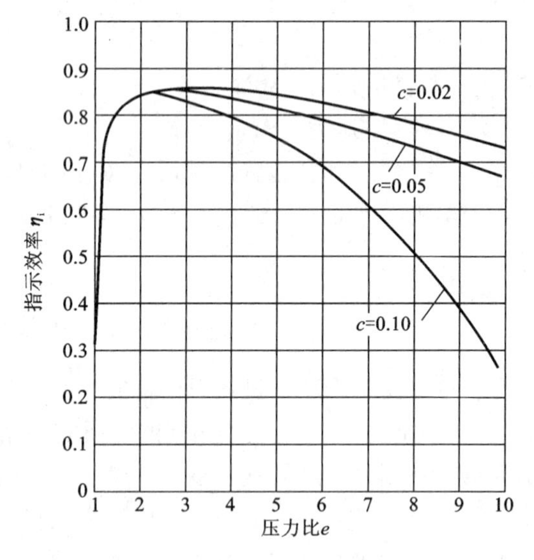

图 4－10 指示效率 η_i与压力比 e 和相对余隙容积 c 的关系变化图

b. 轴功率、摩擦功率和机械效率：由原动机传到曲轴上的功率称为轴功率，用 P_e表示。轴功率可分成两部分，一部分直接用于压缩机气体即指示功率 P_i；另一部分用于克服曲柄连杆机构等处的摩擦阻力，称为压缩机的摩擦功率，用 P_m表示。显然，压缩机的轴功率必然比指示功率大，两者之比值称为机械效率，用 η_m表示。即

$$\eta_m = \frac{P_i}{P_e} = \frac{P_i}{P_i + P_m} \tag{4-15}$$

摩擦功率主要由往复摩擦功率（活塞、活塞环与气缸壁间的摩擦损失）和旋转摩擦功率（轴承、轴封的摩擦损失及驱动润滑液压泵的功率）组成，与压缩机的结构、润滑油的温度及转速有关，几乎与压缩机的运行工况无关。

制冷压缩机的机械效率一般为 0.75 ~ 0.9。冷凝温度一定时，压缩机的机械效率 η_m随着压力比 e 的增长而下降，如图 4－11 所示，这是随着 e 增大，指示功率减少而摩擦功率几乎保持不变的缘故。

提高 η_m可从以下几方面着手：①选用合适的气缸间隙，对主轴承和连杆进行最优化设

计，适当减少活塞环数。②选用合适的润滑油，调节其温度，使润滑油在各种工况下维持正常的黏度。③增加曲轴、曲轴箱等零件的刚度，合理提高其加工和装配精度，降低摩擦表面的粗糙度等。

通常，衡量压缩机轴功率有效利用程度的指标为轴效率（又称等熵效率），用 η_e 表示，即

$$\eta_e=\frac{P_0}{P_e}=\frac{P_0}{P_i}\frac{P_i}{P_e}=\eta_i\eta_m \tag{4-16}$$

η_e 一般为0.6～0.7，它反映压缩机在某一工况下运行时的各种损失。

c. 配用电动机功率：制冷压缩机所配用的电动机功率应考虑到压缩机与电动机之间的连接方式及压缩机的类型。对于开启式压缩机，用带传动时传动效率 η_d 为0.9～0.95，联轴器直接传动时传动效率 η_d 为1。封闭式压缩机因电动机与压缩机共用一根轴，因此不必考虑传动效率问题。

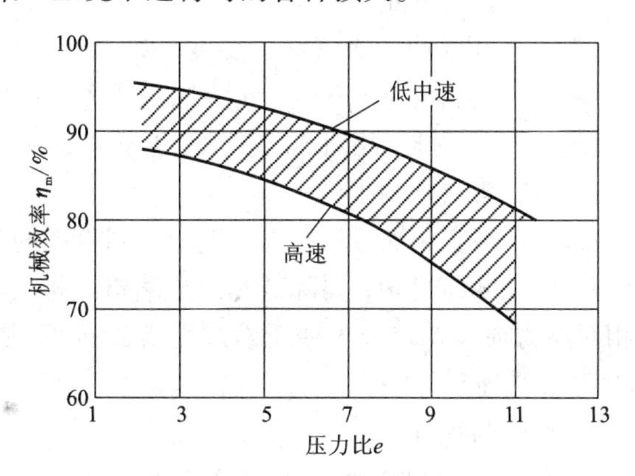

图4－11 机械效率 η_m 随压力比 e 的变化关系

制冷压缩机所需要的轴功率是随工况的变化而变化的，选配电动机功率时，应有一定的裕量以防意外超载。如果压缩机本身带有能量卸载装置，可以空载启动，则电动机选配功率 P_c 可按运行工况下压缩机的轴功率，再考虑适当裕量（10%～15%）选配。

在封闭式压缩机中，由于电动机绕组获得了较好的冷却，它的实际功率可比名义值大，因此，该电动机的名义功率，可选取比开启式压缩机的电动机功率的少30%～50%。

在封闭式压缩机中，内置电动机的转子直接装在压缩机主轴上，其动力经济性用电效率 η_{el} 衡量。电效率 η_{el} 等于轴效率 η_e 和电动机效率 η_{mo} 之乘积，即 $\eta_{el}=\eta_e\eta_{mo}$。单相和三相的内置电动机在名义工况下，其 η_{mo} 的范围一般为0.60～0.95，对大功率电动机取上限，小功率电动机取下限。单相与三相比较，单相电动机的 η_{mo} 较差。

⑥压缩机的排气温度。排气温度在压缩机运行中是一个重要参数，必须严格控制。排气温度过高的危害性主要表现在以下几个方面：

a. 排气温度过高，将使容积效率降低和轴功率增加；润滑油黏度降低，使轴承和气缸、活塞环产生异常磨损，甚至会发生轴瓦烧毁和气缸拉毛的事故。

b. 过高的压缩机排气温度促使制冷剂和润滑油在金属的催化下出现热分解，生成对压缩机有害的游离碳、酸类和水分。酸类物质会腐蚀制冷系统的各组成部分和电气绝缘材料。水分会堵住毛细管。积炭沉聚在排气阀上，既破坏了其密封性，又增加了流动阻力。积炭使活塞环卡死在环槽里，失去密封作用。剥落下来的炭渣若被带出压缩机，会堵塞毛细管、干燥器等。

c. 压缩机过热甚至会导致活塞过分膨胀而卡死在气缸内，也会引起封闭式压缩机内置电动机的烧毁。

d. 排气温度过高也会影响压缩机的寿命，因为化学反应速度随温度的升高而加剧。一般

认为，电气绝缘材料的温度上升10℃，其寿命要减少一半。这一点对全封闭式压缩机显得特别重要。

上述分析表明，必须对压缩机的排气温度加以限制。对于R22排气温度应低于145℃，对于R134a应低于130℃。

压缩机的排气温度计算式为

$$T_2 = T_1\left[e\left(1+\delta_0\right)^{\frac{m-1}{m}}\right] \tag{4-17}$$

式中：T_2——压缩机的排气温度，K；

T_1——压缩机的吸气终了温度，K；

e——压力比，$e = p_k/p_0$，p_k为冷凝压力，p_0为蒸发压力；

δ_0——吸、排气相对压力损失，$\delta_0 = \Delta p_0/p_0 + \Delta p_k/p_k$，$\Delta p_0/p_0$为吸气压力损失，$\Delta p_k/p_k$为排气压力损失；

m——多变压缩过程指数，近似取制冷剂的等熵指数。

从式(4-17)可知，要降低制冷压缩机的排气温度T_2，必须从吸气终了温度T_1、压力比e、相对压力损失δ_0以及多变压缩过程指数m等几个方面去考虑，应根据运行中的具体情况采取相应的措施。

(3)性能与工况

一台制冷压缩机转速不变，其理论输气量也是不变的。但由于工作温度的变化，使用不同制冷剂，其单位质量制冷量q_0、单位指示比功w_i及实际质量输气量M_s都要改变，因此，制冷压缩机的制冷量Q_0及轴功率P_e等性能指标就要相应地改变。因此，只有在相同的工况下，才能比较两台压缩机的制冷量和轴功率的大小。此外，压缩机的零件需要根据使用时的工况来设计和制造，电动机的功率和润滑油的牌号也需要根据工况来选择。我国国家标准《活塞式单级制冷压缩机》(GB/T 10079—2001)规定的名义工况及压缩机使用范围见表4-1、表4-2。

表4-1 压缩机名义工况 (单位：℃)

有机制冷剂

类型	吸入压力饱和温度	排出压力饱和温度	吸入温度	环境温度
高温	7.2	55.4[1]	18.3	35
	7.2	48.9[2]	18.3	35
中温	-6.7	48.9	18.3	35
低温	-31.7	40.6	18.3	35

备注：①为高冷凝压力工况；②为低冷凝压力工况；表中工况制冷剂过冷度为0℃

无机制冷剂

类型	吸入压力饱和温度	排出压力饱和温度	吸入温度	制冷剂液体温度	环境温度
中低温	-15	30	-10	25	32

表4-2 有机制冷剂压缩机使用范围

有机制冷剂				
类型	吸入压力饱和温度/℃	排出压力饱和温度/℃		压力比
		高冷凝压力	低冷凝压力	
高温	-15~12.5	25~60	25~50	≤6
中温	-25~0	25~55	25~50	≤16
低温	-40~-12.5	25~50	25~45	≤18
无机制冷剂				
类型	吸入压力饱和温度/℃	排出压力饱和温度/℃		压力比
中低温	-30~5	25~45		≤8

评价活塞式制冷压缩机消耗能量的指标有两个——制冷压缩机的性能系数(COP)和压缩机的能效比(EER)。

制冷压缩机的性能系数就是单位轴功率的制冷量，即

$$COP=\frac{Q_0}{P_e}=\frac{Q_0}{P_{th}}\eta_i\eta_m=\varepsilon_{th}\eta_i\eta_m \tag{4-18}$$

压缩机的能效比是考虑驱动电动力机的效率对制冷压缩机能耗的影响，是以单位电动机输入功率的制冷量来进行评价的，多用于全封闭制冷压缩机。活塞式制冷压缩机的能效比为：

$$EER=\frac{Q_0}{P_{in}}=\frac{Q_0}{P_{th}}\eta_i\eta_m\eta_d\eta_{mo}=\varepsilon_{th}\eta_i\eta_m\eta_d\eta_{mo} \tag{4-19}$$

4.1.3 螺杆式制冷压缩机

螺杆式制冷压缩机，是指用带有螺旋槽的一个或两个转子(螺杆)在气缸内旋转使气体压缩的制冷压缩机。螺杆式制冷压缩机属于工作容积作回转运动的容积型压缩机。按照螺杆转子数量的不同，螺杆式制冷压缩机分双螺杆与单螺杆两种，双螺杆式制冷压缩机亦简称螺杆式压缩机。

1. 双螺杆式制冷压缩机基本结构和工作原理

(1)双螺杆式制冷压缩机的基本结构

双螺杆式制冷压缩机的基本结构如图4-12所示，主要由转子、机壳(包括中部的气缸体和两端的吸、排气端座等)、轴承、轴封、平衡活塞及能量调节装置组成。两个按一定传动比反向旋转又相互啮合的转子平行地配置在“∞”字形的气缸中。转子具有特殊的螺旋齿形，凸形齿的称为阳转子，凹形齿的称为阴转子。一般阳转子为主动转子，阴转子为从动转子。

螺杆式制冷压缩机工作原理

气缸的左右有吸气端座和排气端座，一对转子支承在左右端座的轴承上。转子之间及转子和气缸、端座间留有很小的间隙。吸气端座和气缸上部设有轴向和径向吸气孔口，排气端座和滑阀上分别设有轴向和径向排气孔口。压缩机的吸、排气孔口是按其工作过程精心设计的，

可以根据需要准确地使工作容积和吸、排气腔连通或隔断。

双螺杆式压缩机的工作是依靠啮合运动的一个阳转子与一个阴转子，并借助于包围这一对转子四周的机壳内壁的空间完成的。当转子转动时，转子的齿、齿槽与机壳内壁所构成的呈V形的一对齿间容积称为基元容积，其容积大小会发生周期性的变化，同时沿着转子的轴向由吸气口侧向排气口侧移动，将制冷剂气体吸入并压缩至一定的压力后排出。

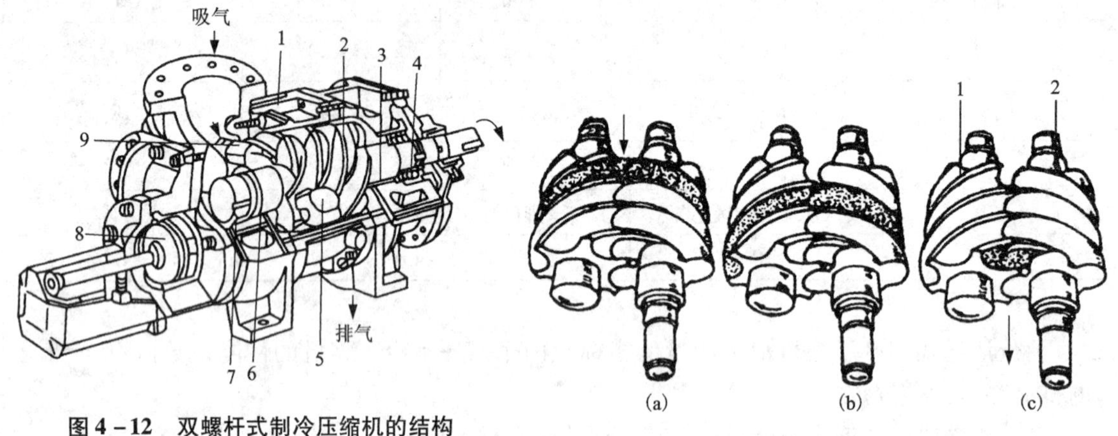

图4－12　双螺杆式制冷压缩机的结构

1—机壳；2—阳转子；3—滑动轴承；4—滚动轴承；5—调节滑阀；6—轴封；7—平衡活塞；8—调节滑阀控制活塞；9—阴转子

图4－13　双螺杆式制冷压缩机的工作过程

(a)吸气；(b)压缩；(c)排气

1—阴螺杆；2—阳螺杆

(2)双螺杆式制冷压缩机的工作过程

图4－13为双螺杆式制冷压缩机的工作过程示意图，该图呈现了具有四个凸形齿的阳转子和具有六个凹形齿的阴转子组成的双螺杆式压缩机的工作过程。

①吸气过程。齿间基元容积随着转子旋转而逐渐扩大，当与吸气端座上的吸气口相通时，气体通过吸入孔口进入齿间基元容积，称为吸气过程。当转子旋转一定角度后，齿间基元容积越过吸入孔口位置与吸入孔口断开，吸气过程结束。齿间基元容积吸满了蒸气。

②压缩过程。螺杆继续旋转，齿间基元容积随着两转子的啮合运动，基元容积逐渐缩小，实现气体的压缩过程。压缩过程直到基元容积与排出孔口相连通的瞬间为止。

③排气过程。当齿间基元容积与排出孔口相通，具有一定压力的气体被送到排气腔，进行排气过程，此过程一直延续到基元容积为0时终止。

随着转子的连续旋转，上述吸气、压缩、排气过程循环进行，各基元容积依次陆续工作，构成了螺杆式制冷压缩机的工作循环。

由上可知，双螺杆式压缩机的压缩过程中，基元容积的缩小是在与吸入孔口、排气孔口相隔绝的状态下进行的，这种压缩称为内压缩。此外，两转子转向相迎合的一面，气体受压缩，称为高压力区；另一面，转子彼此脱离，齿间基元容积吸入气体，称为低压力区。高压力区与低压力区被两个转子齿面间的接触线所隔开。另外，由于吸气基元容积的气体随着转子回转，由吸气端向排气端做螺旋运动，因此，双螺杆式制冷压缩机的吸、排气孔口都是呈对角线布置的。

(3)内容积比及附加功损失

①内容积比。基元容积吸气终了的最大容积为 V_1，相应的气体压力为吸气压力 p_1，内压缩终了的容积为 V_2，相应的气体压力为内压缩终了压力 p_2。V_1与 V_2的比值，称为双螺杆式制冷压缩机的内容积比 e_V，即

$$e_V = \frac{V_1}{V_2} \tag{4-20}$$

双螺杆式制冷压缩机是无气阀的容积式压缩机，吸排气孔口的启闭完全由结构形式所定。由于其结构已定，具有固定的内容积比，这与活塞式制冷压缩机有很大区别。因此，双螺杆式制冷压缩机内压缩终了压力 p_2与转子几何形状、排气孔口位置、吸气压力 p_1及气体种类有关，而与排气腔内气体压力 p_d无关，内压缩终了压力 p_2与吸气压力 p_1之比称为内压力比 e_i，即

$$e_i = \frac{p_2}{p_1} = \left(\frac{V_1}{V_2}\right)^m = e_V^m \tag{4-21}$$

式中：m 为压缩过程的多变指数。

排气腔内气体压力(背压力)p_d称为外压力，它与吸气压力 p_1之比称为外压力比 e，即 $e = \frac{p_d}{p_1}$。

双螺杆式制冷压缩机的外压力比与内压力比可以相等，也可以不等，这取决于压缩机的运行工况与设计工况是否相同。内压力比取决于孔口的位置，而外压力比则取决于运行工况。一般应力求内压力比与外压力比相等或接近，以使压缩机获得较高效率。

②附加功损失。当内压缩终了压力 p_2与排气腔内气体压力 p_d不等时，基元容积与排气孔口连通时，基元容积中的气体将进行定容压缩或定容膨胀，使气体压力与排气腔压力 p_d趋于平衡，从而产生附加功损失。下面分三种情况讨论。

当 $p_2 > p_d$，基元容积与排气口相通时，基元容积中的气体会发生突然的等容膨胀过程，其多消耗的压缩功相当于图 4-14(a)中的阴影面积，此为过压缩现象。

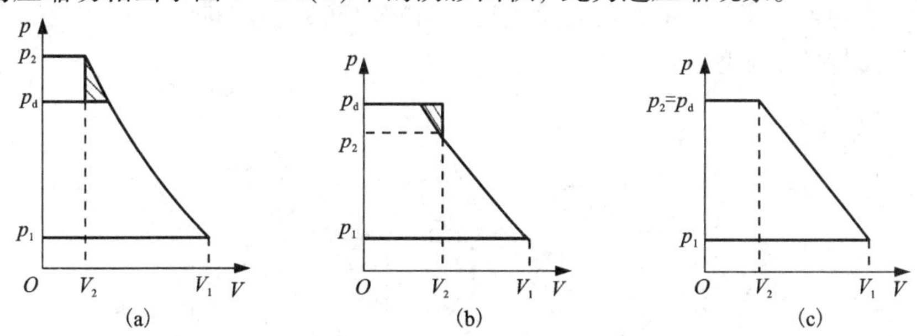

图 4-14 螺杆式压缩机压缩过程 $p-V$ 图

(a)$p_2 > p_d$；(b)$p_2 < p_d$；(c)$p_2 = p_d$

当 $p_2 < p_d$，基元容积与排气口相通时，排气腔中的气体会倒流入基元容积，在基元容积中的气体被等容压缩，使气体压力骤然升到 p_d，然后进行排气过程，其多消耗的压缩功相当于图 4-14(b)中的阴影面积，此为欠压缩现象。

当 $p_2 = p_d$时，压缩机无额外功消耗，运行的效率最高，如图 4-14(c)所示。因此，为了使运行效率最高，必须使内容积比能自动调节，使 p_2与 p_d始终相等。

2. 双螺杆式制冷压缩机的特点

双螺杆式制冷压缩机属于容积式压缩机，但由于转子的运动形式与离心式制冷压缩机的一样作高速旋转运动，所以螺杆式制冷压缩机兼有二者的特点。

主要优点是：①与活塞式制冷压缩机相比，螺杆式制冷压缩机的转速较高（通常在3000 r/min以上），具有质量轻、体积小、占地面积小等一系列优点，经济性较好。②没有往复质量惯性力，动力平衡性能好。③简单紧凑，易损件少，所以运行周期长，维修简单，使用可靠，有利于实现操作自动化。④对进液不敏感，可采用喷油或喷液冷却，故在相同的压力比下，排气温度比活塞式制冷压缩机低得多，因此单级压力比高。⑤与离心式制冷压缩机相比，螺杆式制冷压缩机具有强制输气的特点，即输气量几乎不受排气压力的影响。在较宽的工况范围内，仍可保持较高的效率。

主要缺点是：①由于气体周期性地高速通过吸、排气孔口，及通过缝隙的泄漏等原因，使压缩机产生很大的噪声。②螺旋状转子要求加工精度较高。③由于间隙密封和转子刚度等的限制，还无法像活塞式制冷压缩机那样获得较高的终了压力。④由于螺杆式制冷压缩机采用喷油冷却和润滑方式，需要喷入大量油，因而必须配置相应的辅助设备，从而使整个机组的体积和质量加大。

3. 双螺杆式制冷压缩机的主要零部件

双螺杆式制冷压缩机的主要零部件包括机壳、转子、轴承、平衡活塞及能量调节装置等。

(1)机壳

如图4－15所示，机体是连接各零部件的中心部件，其端面形状为“∞”形，机体内腔上部靠近吸气端有径向吸气孔口，机体内腔下部留有安装移动滑阀的位置，还铸有能量调节旁通口。吸气端座上部铸有吸气腔，与其内侧的轴向吸气孔口连通，装配时轴向吸气孔口与机体的径向吸气孔口连通。吸气端座中部有安置后主轴承的轴承座孔和平衡活塞座孔，下部铸有能量调节用的液压缸，其外侧面与吸气端盖连接。排气端座中部有安置阴、阳转子的前主轴承及推力轴承的轴承座孔，下部铸有排气腔，与其内侧的轴向排气孔口连通。装配时，排气端座的外侧面与排气端盖连接。

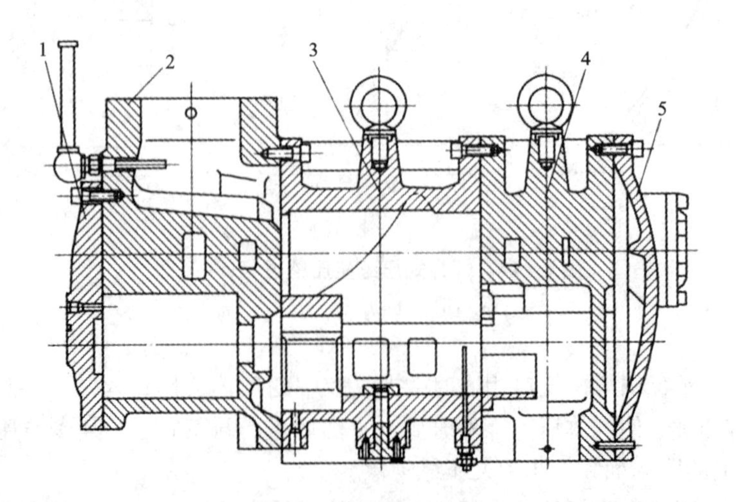

图4－15　机壳部件图

1—吸气端盖；2—吸气端座；3—机体；4—排气端座；5—排气端盖

(2)转子

转子是将螺杆与轴做成一体的整体结构。主动转子和从动转子的齿面均为型面，是空间曲面。当转子相互啮合时，其接触线是基元容积的活动边界，它把齿间容积分成两个不同的压力区，起到隔离基元容积的作用。两转子啮合旋转时，其齿形曲线在啮合处始终相切，并保持一定的瞬时传动比。转子的齿形影响转子有效工作容积的比率和啮合状况，因此对制冷压缩机的性能有很大的影响。

①齿形、齿数比和扭转角。

在双螺杆式制冷压缩机中，现在应用较为广泛的是不对称齿形，有SRM双边不对称齿形、X齿形、Sigma齿形和CF齿形等(图4-16)，阴阳转子齿数比采用6∶5、7∶5或7∶6。转子扭转角是指转子上的一个齿在转子两端端平面上投影的夹角，转子的扭转角的大小会影响泄漏量、型面轴向力和吸、排气的阻力损失。阳转子较多采用的扭转角为270°、300°，与之相啮合的阴转子的扭转角则为180°、200°。

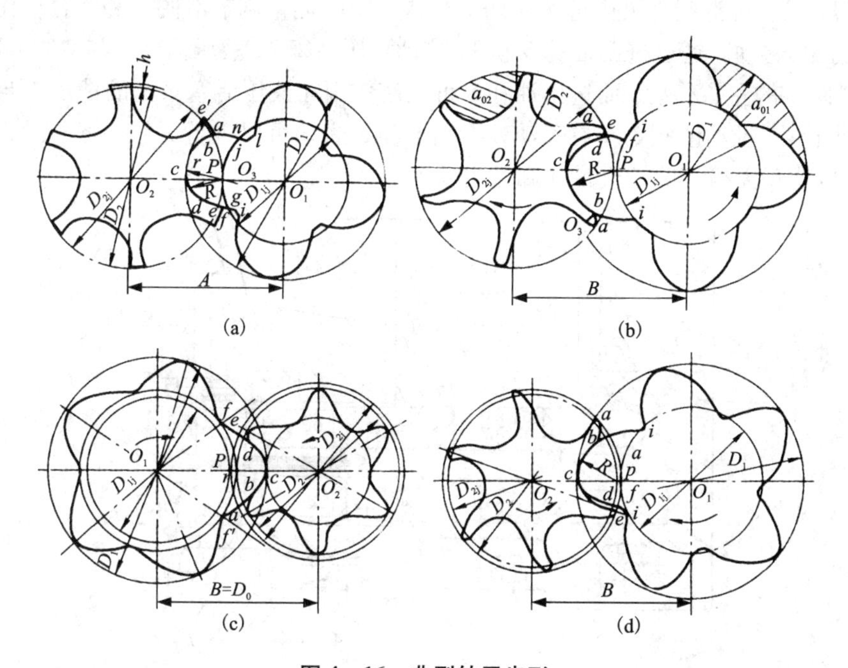

图4-16 典型转子齿形

(a)SRM双边不对称齿形；(b)X齿形；(c)Sigma齿形；(d)CF齿形

②圆周速度和转速。

转子齿间圆周速度是影响压缩机尺寸、质量、效率及传动方式的一个重要因素，常用阳转子齿顶圆周速度值来表示。当制冷剂的种类、吸气温度、压力比以及转子啮合间隙一定时，都有一个最佳圆周速度以及相应的主动转子转速，其使得压缩机间隙的相对泄漏量较少，又不致使气体在吸、排气孔口及齿间内的流动阻力损失相应增加。喷油螺杆式压缩机若采用不对称齿形时，通常主动转子转速范围为730~4400 r/min。小直径的转子可选用较高的转速，甚至最高转速达到9100 r/min。为适用较广的输气量使用范围，一般转子的公称直径为100~500 mm。

(3)轴承与平衡活塞

在双螺杆式压缩机的转子上，作用有轴向力和径向力。径向力是由于转子两侧所受压力不同而产生的，排气端的径向力要比吸气端大，阴转子的径向力比阳转子大。由于转子一端是吸气压力，另一端是排气压力，再加上内压缩过程的影响，以及一个转子驱动另一转子等因素，便产生了轴向力。阳转子所受轴向力大约是阴转子的 4 倍。

为确保转子可靠运行，保证阴、阳转子的精确定位及平衡轴向力和径向力，对于轴向力，会采用平衡活塞来平衡部分或全部的轴向力，同时采用角接触球轴承作为推力轴承，而径向力采用圆柱滚子轴承承担。平衡活塞位于阳转子吸气端的主轴颈尾部，利用高压油注入活塞顶部的油腔内产生与轴向力相反的压力。

4. 内容积比调节机构

内容积比的调节机构种类很多，对于工况变化范围大的机组，如一年中夏天制冷、冬天供暖的热泵机组，一般会采用内容积比随工况变化的无级自动调节办法。

图 4 - 17 是一种滑阀无级内容积比调节机构。图中能量调节滑阀 1 和内容积比调节滑阀 3 都能左右独立移动。通过进出油孔 6 和 8，移动液压活塞 7，液压活塞 7 与滑阀 1 连成一体，从而实现滑阀 1 的左右移动；而进出油孔 5 可以使作用在液压活塞 4 上的油压力与弹簧 2 的弹簧力共同作用，推动滑阀 3 左右移动。滑阀 1 和 3 联动可以进行无级内容积比调节，滑阀 1 的移动可以实现无级调节输气量和卸载启动。

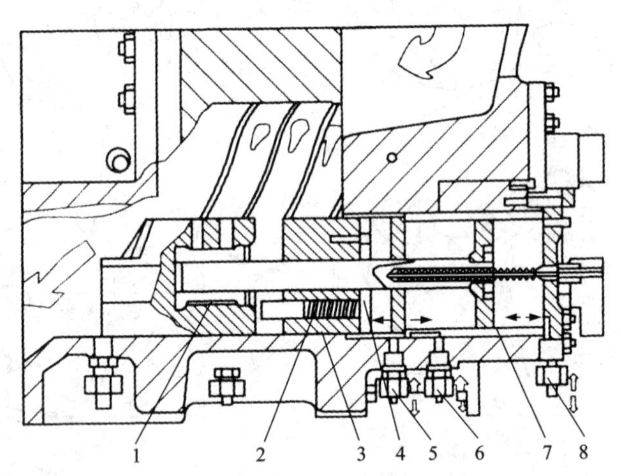

图 4 - 17 滑阀无级内容积比调节机构

1—能量调节滑阀；2—弹簧；3—内容积比调节滑阀；4、7—液压活塞；5、6、8—进出油孔

5. 润滑系统

螺杆式制冷压缩机大多采用喷油结构。如图 4 - 18 所示的机组，与转子相贴合的滑阀上部开有喷油小孔，其开口方向与气体泄漏方向相反，压力油从喷油管进入滑阀内部，经滑阀上部的喷油孔，以射流形式不断地向一对转子的啮合处喷射大量冷却润滑油。喷油量(体积分数)宜为输气量的 0.8% ~1%。喷入的油具有润滑轴承、增速齿轮、阴阳转子等运动部件，以及密封工作容积和冷却压缩气体与运动部件的作用。

根据油路系统是否配有液压泵，润滑系统分为三种类型：带液压泵油循环系统、不带液压泵油循环系统及混合油循环系统。

带液压泵油循环系统是常用的油循环系统。每次开机前，首先启动预润滑液压泵，建立一定的油压后压缩机才能正常启动。当机组工作稳定后，系统油压可以由液压泵一直供给或由冷凝器压力提供，此时预润滑液压泵可以关闭。

图4－18是典型的带液压泵油循环系统，其贮存在油分离器5内的较高温度的冷冻油，经过截止阀6、粗过滤器8，被液压泵9吸入，排至油冷却器11。在油冷却器中，油被水冷却后进入精过滤器12，随后进入油分配总管13，将油分别送至滑阀喷油孔、前后主轴承、平衡活塞、四通换向电磁阀A1、B1、A2、B2和能量调节装置的液压缸14等处。

送入前后主轴承、四通换向电磁阀的油，经机体内的油孔返回到低压侧。部分油与蒸气混合后，由压缩机排至油分离器。一次油分离器内的油经循环再次使用，二次油分离器内的低压油一般定期放回压缩机低压侧。在一次油分离器与油冷却器之间，通常设置油压调节阀10，目的是保持供油压力较排气压力高100～300 kPa，多余的油返回一次油分离器出油管。

压差控制器G控制系统高低压力，温度控制器H控制排气温度，压差控制器E控制过滤器压差，压力控制器F控制油压。

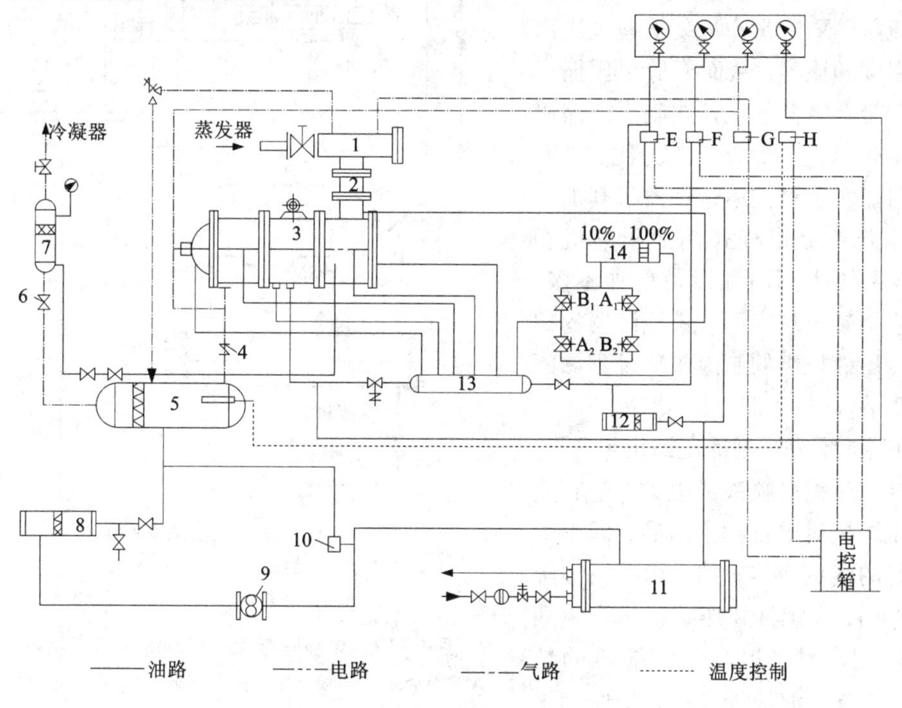

图4－18 带液压泵油循环系统

1—吸气过滤器；2—吸气单向阀；3—螺杆式制冷压缩机；4—排气单向阀；
5— 一次油分离器；6—截止阀；7—二次油分离器；8—粗过滤器；9—液压泵；
10—油压调节阀；11—油冷却器；12—精过滤器；13—油分配总管；14—液压缸

当压缩机采用对润滑条件不敏感的滚动轴承以及压缩机转速较低时，机组常依靠机组运行时建立的排气压力来完成油的循环，即采用不带液压泵油循环系统。另外，不少机组在低压工况下运行时，由液压泵供给足够的油，而在高压运行时，靠压力差供给，即联合使用上述两种系统。

6. 螺杆式制冷压缩机机组和结构

(1)螺杆式制冷压缩机组的构成

为了保证螺杆式制冷压缩机的正常运转，必须配置相应的辅助机构，如润滑系统、能量调节的控制装置、安全保护装置和监控仪表等。通常，生产厂多将压缩机、驱动电动机及上述辅助机构组装成机组的形式，称为螺杆式制冷压缩机组。

图4－19是国产单级开启螺杆式制冷压缩机组系统图。如图所示，由蒸发器来的制冷剂气体，经吸气截止阀4、吸气过滤器、吸气单向阀1进入螺杆式制冷压缩机的吸入口，压缩机在气体压缩过程中，油在滑阀或机体的适当位置喷入，油气混合物经过压缩后，由排气口排出，进入油分离器。油气分离后，制冷剂气体通过排气单向阀18、排气截止阀19，送入冷凝器。

(2)带经济器的螺杆式制冷压缩机组

带经济器的螺杆式制冷压缩机采用了两级制冷循环，既减少了一级压缩的制冷剂流量，又降低了两级压缩机进口的蒸发温度和比容，从而降低了压缩机的功耗。带经济器的螺杆式制冷压缩机有较宽的运行范围，单级压力比大，卸载运行时能实现最佳运行。由于其加工过程基本与单级螺杆式制冷压缩机相同，制冷系统中阀门和设备增加不多，故目前应用越来越广泛。带经济器的螺杆式制冷压缩机组的制冷循环过程参阅第3.3.3节。

(3)喷液螺杆式制冷压缩机组

螺杆式压缩机喷液或喷油，是利用螺杆式压缩机对湿行程不敏感，即不怕带液运行的优点而实施的。由于油的降温密封作用，在螺杆式压缩机运行中喷入大量的润滑油，提高了压缩机的性能。然而，对于油的处理上，却增加了油分离器和油冷却器等设备，使得机组笨重庞大。因此在压缩机压缩过程中常用喷射制冷剂液体代替喷油，以省去油冷却器，缩小油分离器。此外，喷液冷却能使排气温度下降，防止封闭式压缩机电动机因排气温度过高引起保护装置动作而停机。

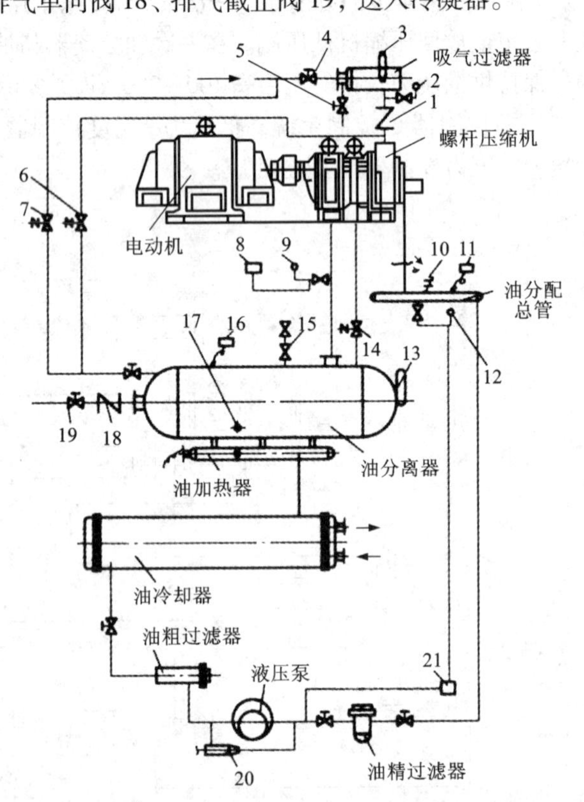

图4－19 单级开启螺杆式制冷压缩机组系统图

1—吸气单向阀；2—吸气压力计；3—吸气温度计；4—吸气截止阀；5—加油阀；6—启动旁通电磁阀；7—旁通电磁阀；8—排气压力高保护继电器；9—排气压力；10—油温度计；11—油温度高保护继电器；12—油压计；13—排气温度计；14—回油电磁阀；15—溢流阀；16—排气温度高保护继电器；17—油面镜；18—排气单向阀；19—排气截止阀；20—油压调节阀；21—精滤器前后压差保护

图4－20是螺杆式制冷压缩机喷液系统原理图。在压缩机气缸中间开设孔口，将制冷剂液体与润滑油混合后一起喷入压缩机转子中，液体制冷剂吸收压缩热并冷却润滑油。喷液不影响螺杆式制冷压缩机在蒸发压力下吸入的气体量，虽然有极小部分制冷剂未参与制冷，但制冷量的降低却很小，轴功率增加也甚微，与不喷液相比可大大改善系统的性能。由于油有

一定黏度，密封效果好，所以目前常把制冷剂液体和油混合后喷射进去。

(4)螺杆式制冷压缩机总体结构

螺杆式制冷压缩机可分为开启式、半封闭式和全封闭式。

开启螺杆式制冷压缩机适用于低、中、高工况下运行，使用领域广泛。

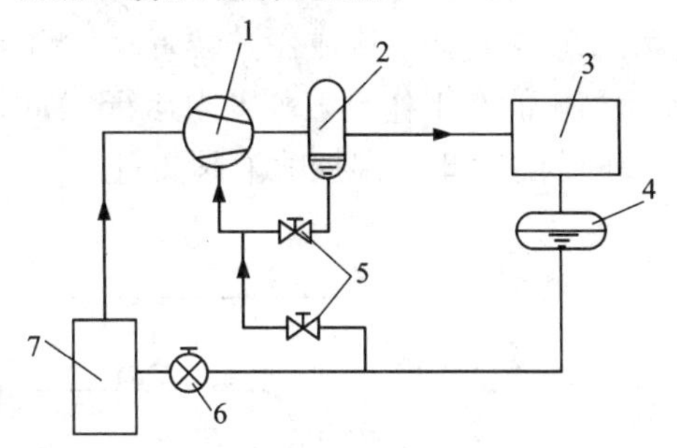

图4-20 螺杆式制冷压缩机喷液系统原理图

1—压缩机；2—分离器；3—冷凝器；4—储液器；5—调节阀；6—节流阀；7—蒸发器

半封闭螺杆式制冷压缩机的额定功率一般为10～100 kW，在使用R134a工质时，其冷凝温度可达70℃，使用R404A或R407C工质时，单级蒸发温度最低可达-45℃。因此，即使它的冷凝压力和排气温度很高，哪怕是在压力差很大的苛刻工况下也能安全可靠地运行。因为螺杆式制冷压缩机在中小冷量具有良好的热力性能和很好的冷量调节性能，因此空调冷水机组及风冷热泵机组的压缩机较多地采用半封闭甚至全封闭螺杆式制冷压缩机。

如图4-21所示的半封闭螺杆式制冷压缩机中，油分离器与主机一体化，使得机组装置紧凑。低压制冷剂气体进入过滤网，经过内置电动机再到压缩机吸气孔口，电动机经制冷剂气体冷却而使电机效率大大提高。由于采用了滚动轴承，在压缩机启动时可利用存在于轴承内的油给以润滑，故不设液压泵，而利用排气压力和轴承处压力的差值来供油，简化了润滑供油系统。压缩机使用新开发的合成润滑油，即使在较高排气温度下(例如100℃)也能维持润滑和密封所要求的黏度，无须油冷却器。采用移动滑阀进行能量无级或有级调节，微型半封闭螺杆式制冷压缩机应用变频器调节能量，并且大多数设置了内容积比有级调节机构。

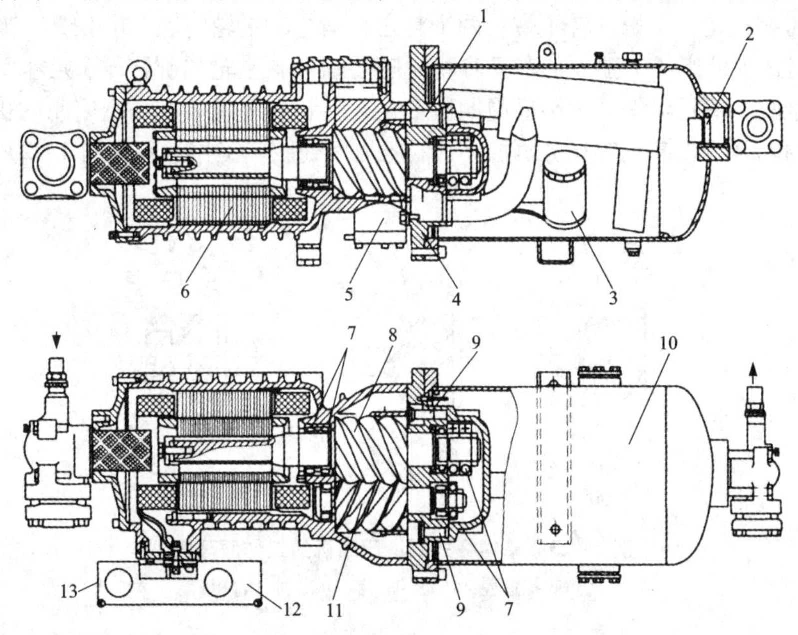

图4-21 半封闭螺杆式制冷压缩机结构图

1—压差阀；2—单向阀；3—油过滤器；4—排温控制探头；5—内容积比调节机构；6—电动机；7—滚动轴承；8—阳转子；9—输气量控制器；10—油分离器；11—阴转子；12—电动机保护装置；13—接线盒

对于风冷及热泵机组，由于使用工况较恶劣，当压力比高时，排气和润滑油温度或内置电动机温度会过高，造成保护装置动作引起停机。通过喷射液体制冷剂进行冷却降温，可以保证压缩机能在工作界限范围内运行。如图 4－22 所示，当排气温度传感器 1 传来的信号达到最高限制温度时，温控喷液阀 2 打开，液体制冷剂从喷油口 5 喷入，降低了排气温度。

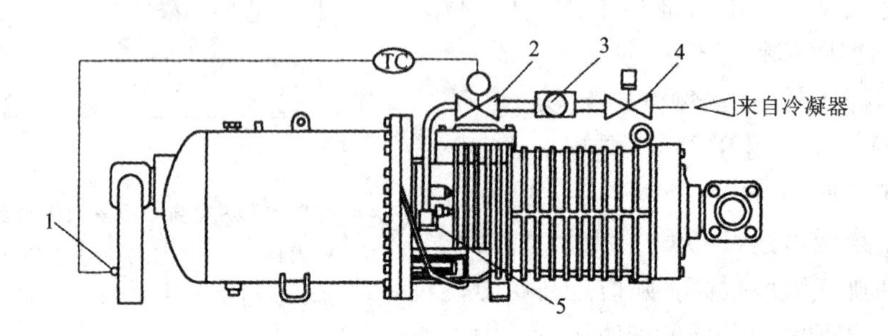

图 4－22　半封闭螺杆式制冷压缩机的喷液冷却

1—排气温度传感器；2—温控喷液阀；3—视镜；4—电磁阀；5—喷油口

4.1.4　单螺杆式制冷压缩机

单螺杆式压缩机是利用形似蜗轮断面的星轮与蜗杆转子（又称螺杆转子）相啮合的压缩机，故又称蜗杆压缩机，也属于容积型回转式压缩机。由于其结构简单、零部件少、重量轻、效率高、振动小和噪声低等优点，常在中小型制冷空调和泵装置上得到应用。目前该压缩机有开启式和半封闭式两种，电动机匹配功率为 20～1000 kW。

1. 单螺杆式制冷压缩机的工作原理

单螺杆压缩机是一个螺杆转子带动两个与之相啮合的星轮转动，并由螺杆转子的齿间凹槽、星轮和气缸内壁组成一独立的基元容积。随着螺杆与星轮的旋转，基元容积被星轮齿片不断地填塞推移，基元容积的大小呈周期性变化。转子和星轮装在一个密闭的机壳中，转子与星轮齿片的啮合线将基元容积分隔成高、低压力区气腔。工作过程见图 4－23。

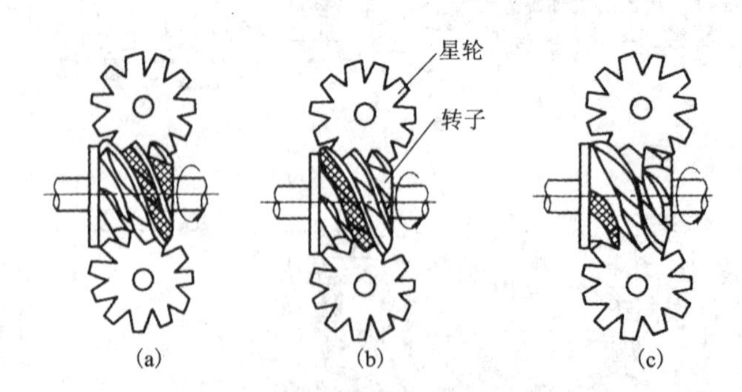

图 4－23　单螺杆式制冷压缩机的工作原理图

（a）吸气过程；（b）压缩过程；（c）排气过程

①吸气过程。气体吸入螺杆齿槽，制冷剂气体已充满基元容积。当星轮的齿片切入螺杆齿槽，并旋转至齿槽容积与吸气腔隔开，吸气结束，见图 4－23（a）。

②压缩过程。吸气终了，螺杆继续旋转，基元容积做旋转运动，并被星轮的齿片相对地往排气端推移，基元容积连续地缩小，制冷剂气体压力不断升高，直至齿槽内的气体与排气口刚要接通，即气体压缩结束，见图 4－23(b)。

③排气过程。当齿槽与排气口连通时，即开始排气，直至星轮全部扫过螺杆齿槽，槽内气体全部排出，见图 4－23(c)。

随着转子和星轮不断地移动，基元容积的大小发生周期性的变化，便完成了吸气、压缩、排气的不断循环过程。

单螺杆式和双螺杆式压缩机相同之处为都没有吸、排气阀，内压缩终了的压力 p_2 都往往小于或大于排气压力 p_d。而单螺杆式压缩机与双螺杆式压缩机不同的是，在单螺杆式压缩机的转子两侧对称配置的星轮分别构成双工作腔，各自完成吸气、压缩和排气工作过程，所以单螺杆式压缩机的一个基元容积在旋转一周内完成了两次吸气、压缩和排气循环。

2. 单螺杆式压缩机及机组的结构

螺杆转子齿数与相匹配的星轮齿片数之比一般为 6∶11，这样减少了排气脉动，从而使排气平稳，加上左右两个星轮，造成交替啮合，有效地排除了正弦波，与双螺杆式压缩机相比，降低了噪声和气体通过管道系统传递的振动。

单螺杆式压缩机具有一个转子和左右对称布置的两个星轮，由图 4－24(a)可见，转子两端受到大小几乎相等方向相反的轴向力，省去了转子平衡活塞；由图 4－24(b)又可见，单螺杆式压缩机转子两侧的星轮使转子的径向力处于相互平衡，这样几乎消除了轴承的磨损，避免了双螺杆式压缩机转子由于受到较大的轴向力和径向力，造成转子端面磨损和轴承磨损的现象。

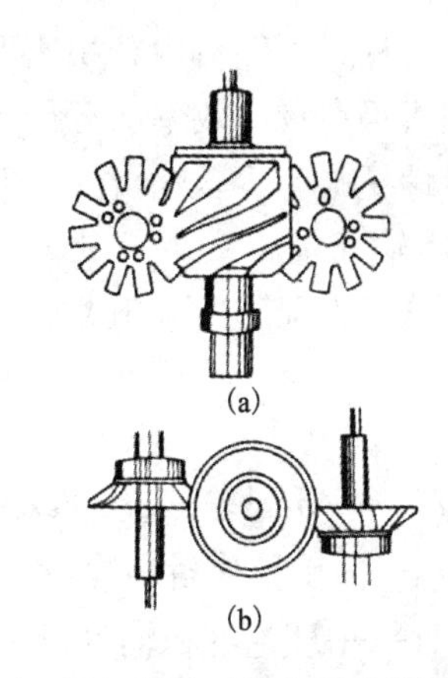

图 4－24 星轮对称布置在转子两侧

星轮齿片与转子齿槽相互啮合，不受气体压力引起的传递动力作用，因此齿片可用密封性和润滑性好的树脂材料。通过优化设计，星轮齿片与转子齿槽啮合间隙甚至接近零，减少了压缩过程泄漏。同时，螺杆转子旋转一周可完成两次压缩过程，压缩速度快，泄漏时间短，提高了容积效率。

单螺杆式压缩机一样需要在压缩过程中喷油来达到降温、润滑和密封。为简化结构，半封闭式单螺杆压缩机亦可采用喷液冷却方式。在压缩过程中能进行中间补气，所以也能设置经济器系统。

3. 输气量和内容积比调节

单螺杆式压缩机输气量调节基本有两种方法：第一种方法是转环块调节机构(图 4－25)。在压缩机排气端体上安装调速转环块 A，它与螺杆转子主轴同心，并可沿圆周改变其周向位置。图 4－25(a)表示压缩机全负荷时的位置；图 4－25(b)表示部分负荷时调整转环块 A 的位置，此时，基元容积部分气体通过通道口 B 流向吸气腔，输气量减少。第二种方法是与双螺杆式压缩机一样，采用滑阀结构调节输气量，此种方法比调整转环简单可靠，而且调节上便于实现自动或半自动。

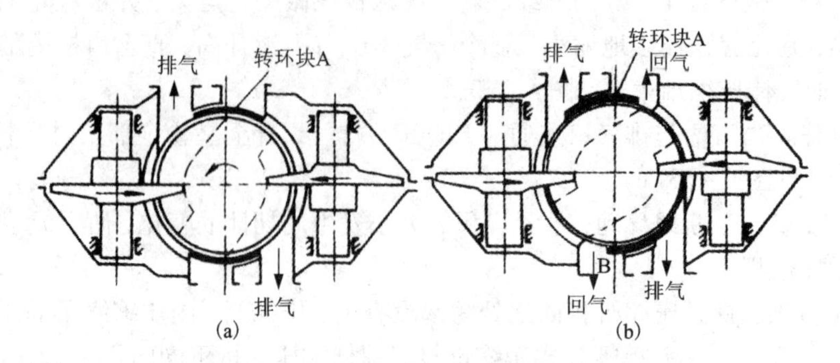

图4-25 转环调节输气量原理图

(a)转环块A全负荷位置;(b)转环块A部分负荷位置

单螺杆式压缩机内容积比可单独进行,从而在实现了输气量调节的同时,使工况变化时的压缩机仍在较高效率下运行。

4. 螺杆式制冷压缩机的热力性能

(1)输气量

在给定工况下,螺杆式制冷压缩机的制冷量 Q_o 由下式计算:

$$Q_o = \frac{q_m q_0}{3600} = \frac{\eta_v V_h q_v}{3600} \tag{4-22}$$

式中:q_m——质量输气量,kg/h;

q_0——单位质量制冷量,kJ/kg;

V_h——理论容积输气量,m^3/h;

η_v——容积效率;

q_v——单位容积制冷量,kJ/m^3。

螺杆式制冷压缩机输气量的概念与活塞式制冷压缩机相同,也是指压缩机在单位时间内排出的气体换算到吸气状态下的容积。

对于双螺杆式制冷压缩机,其理论输气量为单位时间内阴、阳转子转过的齿间容积之和。即

$$V_h = 60 C_n C_f n_1 L D_0^2 \tag{4-23}$$

式中:V_h——理论输气量,m^3/h;

C_n——面积利用系数,是由转子齿形和齿数所决定的常数;

C_f——扭角系数(转子扭转角对吸气容积的影响程度);

D_0——转子的公称直径,m;

n_1——阳转子的转速,r/min;

L——转子的螺旋部分长度,m。

面积利用系数 C_n 与转子的齿间面积有关系。几种齿形的面积利用系数见表4-3。

当转子的扭转角大到某一数值时,啮合两转子的某基元容积对在吸气端与吸气孔口隔断时,其齿在排气端并未完全脱离,致使转子的齿间容积不能完全充气。考虑这一因素对压缩机输气量的影响,用扭角系数 C_f 表征。表4-4列出了阳转子扭转角 f_1 与 C_f 的对应关系。扭

角系数是计算输气量、容积效率的基本数据，也是吸、排气孔口设计的基本依据。

表 4－3 几种齿形的面积利用系数

齿形名称	SRM 对称齿形	SRM 不对称齿形	单边不对称齿形	X 齿形	Sigma 齿形	CF 齿形
阴阳转子齿数比（z_1∶z_2）	6∶4	6∶4	18.36∶4	6∶4	6∶5	6∶5
面积利用系数 C_n	0.472	0.52	0.521	0.56	0.417	0.595

表 4－4 阳转子扭转角 f_1 与 C_f 的对应值

扭转角 f_1/(°)	240	270	300
扭角系数 C_f	0.999	0.989	0.971

对于单螺杆式制冷压缩机，其理论容积输气量 V_h 由下式计算：

$$V_h = 120nz_1V_g \tag{4-24}$$

式中：V_g——星轮齿片刚封闭转子一齿槽时的基元容积值，m^3；

n——螺杆转子转速，r/min；

z_1——螺杆齿槽数。

（2）容积效率

螺杆式制冷压缩机的容积效率 λ_v 一般为 0.75～0.9，小输气量、高压力比的压缩机取小值，大输气量、低压力比则取大值。由于螺杆式制冷压缩机没有进排气阀和余隙容积，再加上新齿形的应用、喷油的密封和冷却作用的大大改进，其容积效率 λ_v 比其他的容积型制冷压缩机均要高。此外，容积效率随压力比的增大并无很大的下降，这对热泵而言十分有利。

影响螺杆式制冷压缩机容积效率 λ_v 的主要因素如下：

①泄漏。气体通过间隙的泄漏分为外泄漏和内泄漏两种，前者是指基元容积中压力升高的气体向吸气通道或正在吸气的基元容积中泄漏；后者是指高压力区内基元容积之间的泄漏。外泄漏影响容积效率，内泄漏仅影响压缩机的功耗。

②吸气压力损失。气体通过压缩机吸气管道和吸气孔口时，产生气体流动损失，吸气压力降低，比容增大，相应地减少了压缩机的吸气量，降低了压缩机的容积效率。

③预热损失。转子与机壳因受到压缩气体的加热而温度升高。在吸气过程中，气体受到吸气管道、转子和机壳的加热而膨胀，相应地减少了气体的吸入量，降低了压缩机的容积效率。

上述几种损失的大小与压缩机的尺寸、结构、转速，制冷工质的种类，气缸喷油量和油温，机体加工制造的精度、磨损程度及运行工况等因素有关。因此，在输气量大（全负荷时）、转速较高、转子外圆圆周速度适宜、压力比小、喷油量适宜、油温低的情况下压缩机的容积效率较高。

图 4－26 表示了不同内容积比时采用 R22 的单螺杆式制冷压缩机效率曲线图。

（3）功率和效率

螺杆式制冷压缩机功率和效率的概念与活塞式制冷压缩机基本相同。指示效率 η_i 一般为0.8左右，其主要影响因素有：气体的流动损失、泄漏损失、内外压力比不等时的附加损失。螺杆式制冷压缩机的机械效率 η_m 通常为0.95～0.98；η_d 传动效率一般为0.85～0.95；电动机通常要有10%～15%的储备功率，故实际选配电机的功率 P_c 为 $P_c=(1.10\sim1.15)P_e$。而单螺杆式制冷压缩机的轴效率一般取0.72～0.85。

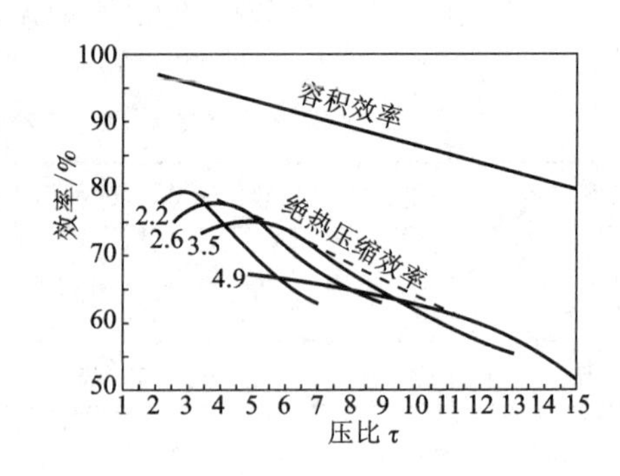

图4－26 R22的单螺杆式制冷压缩机效率曲线图

——固定内容积比 - - - - -可调内容积比

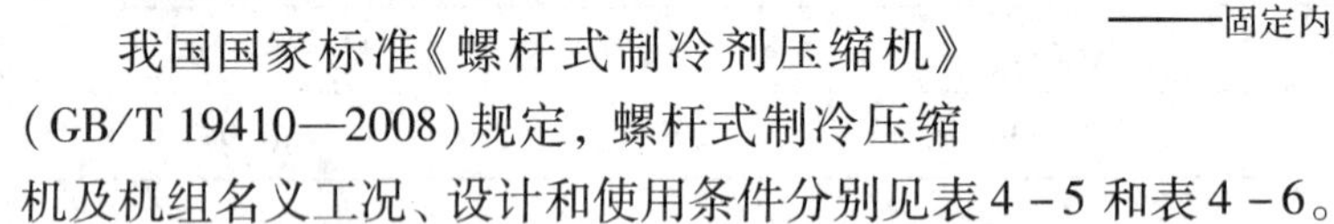

我国国家标准《螺杆式制冷剂压缩机》(GB/T 19410—2008)规定，螺杆式制冷压缩机及机组名义工况、设计和使用条件分别见表4－5和表4－6。

表4－5 压缩机及机组名义工况 （单位：℃）

类 型	吸气饱和(蒸发)温度	排气饱和(冷凝)温度	吸气温度
高温(高冷凝压力)	5	50	20
高温(低冷凝压力)	5	40	20
中温	-10	45	—
中温(低冷凝压力)	-10	40	—
低温	-35	40	—

表4－6 设计和使用条件 （单位：℃）

类型	吸气饱和(蒸发)温度	排气饱和(冷凝)温度	
		高冷凝压力	低冷凝压力
高温(热泵)	-15～12	25～60	25～45
高温(制冷)	-5～12	25～60	25～45
中温	-25～0	25～55	25～45
低温	-50～-20	20～50	20～45

4.1.5 离心式制冷压缩机

离心式制冷压缩机属于速度型压缩机，它是靠高速旋转的叶轮对气体做功，以提高气体的压力。为了产生有效的能量转换，这种压缩机的转速必须很高，离心式制冷压缩机的吸气量为0.03～15 m^3/s，转速为1800～90000 r/min，通常用于制冷量较大的场合，压力比在2到30之间。几乎所有制冷剂都可采用，目前主要的制冷剂是R22、R123和R134a等。350～7000 kW范围内采用封闭离心式制冷压缩机，7000～35000 kW范围内多采用开启离心式制冷压缩机。

1. 离心式制冷压缩机的工作原理与结构

离心式制冷压缩机有单级、双级和多级等多种结构形式。单级压缩机主要由吸气室、叶轮、扩压器、蜗壳等组成，如图4－27所示，压缩机叶轮4旋转时，制冷剂气体由吸气室1进入叶轮流道，在叶轮叶片8的推动下气体随着叶轮一起旋转。由于离心力的作用，气体沿着叶轮流道径向流动并离开叶轮，同时，叶轮进口处形成低压，气体由吸气管不断吸入。由于叶轮对气体做功，使其动能和压力能增加，气体的压力和流速得到提高。接着，气体以高速进入断面逐渐扩大的扩压器5和蜗壳6，流速逐渐下降，大部分气体动能转变为压力能，压力进一步提高，然后再引出压缩机外。图4－28是单级离心式制冷压缩机示意图。

离心式制冷压缩机工作原理

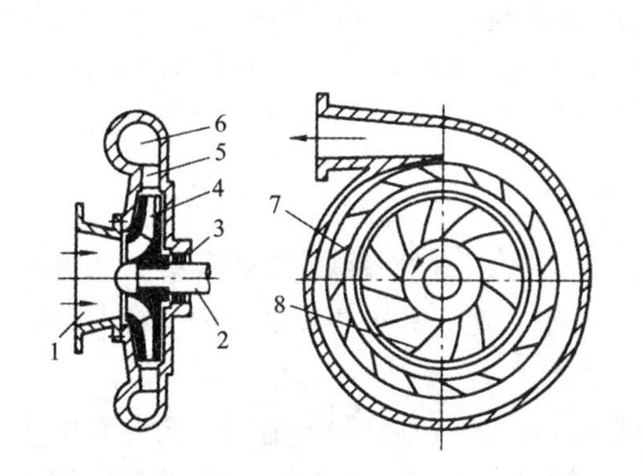

图4－27　单级离心式制冷压缩机简图

1—吸气室；2—主轴；3—轴封；4—叶轮；5—扩压器；6—蜗壳；7—扩压器叶片；8—叶轮叶片

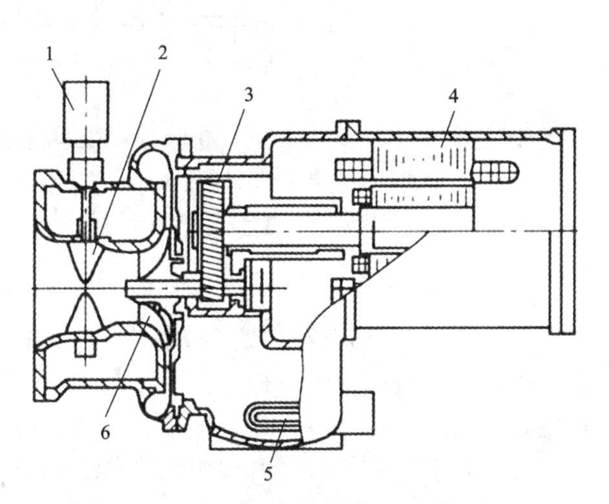

图4－28　单级离心式制冷压缩机示意图

1—导叶电动机；2—进口导叶；3—增速齿轮；4—电动机；5—油加热器；6—叶轮

由于单级离心式制冷压缩机不可能获得很大的压力比，为改善离心式制冷压缩机的低温工况性能，在低温机组中常采用多级离心式压缩机。图4－29是一种四级离心式制冷压缩机的剖视图。由蒸发器来的制冷剂蒸气由吸入口8吸入，流经进口导叶7进入第一级叶轮18，经无叶扩压器17、弯道16、回流器15再进入第二级叶轮14，以此类推，最后经蜗壳11把气体排至冷凝器。由此可见多级离心式制冷压缩机的主轴上是几个叶轮串联工作的。为了节省压缩功耗和不使排气温度过高，级数较多的离心式制冷压缩机可分为几段，每段包括一到几级。低压段的排气须经中间冷却后再输往高压段。

磁悬浮离心式压缩机的核心技术是采用磁悬浮轴承替代机械轴承，磁悬浮轴承是利用磁力作用将转子悬浮于空中，使转子与定子之间没有机械接触。与传统的轴承相比，磁悬浮轴承不存在机械接触，转子可以运行到很高的转速，具有机械磨损小、噪声小、寿命长、无须润滑、无油污染等优点，特别适用于高速场合。

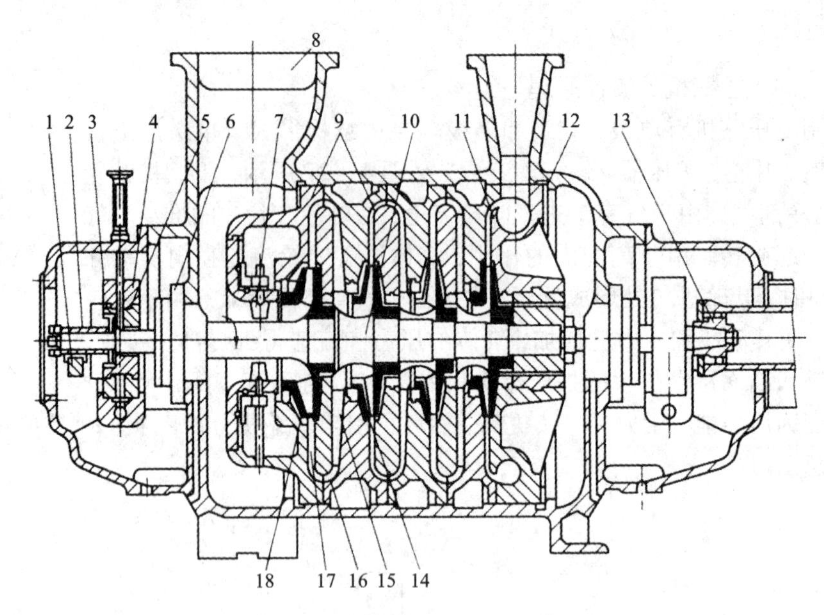

图 4-29 四级离心式制冷压缩机

1—顶轴器；2—套筒；3—推力轴承；4—轴承；5—调整块；6—轴封；7—进口导叶；8—吸入口；9—隔板；10—轴；11—蜗壳；12—调整环；13—联轴器；14—第二级叶轮；15—回流器；16—弯道；17—无叶扩压器；18—第一级叶轮

2. 主要零部件

由于使用场合的蒸发温度和制冷剂不同，离心式制冷压缩机的缸数、段数和级数相差很大，总体结构上也有差异，但其基本组成零部件不会改变。现将其主要零部件的结构与作用简述如下。

吸气室(图 4-30)的作用是将从蒸发器或级间冷却器来的气体，均匀地引导至叶轮的进口。为减少气流的扰动和分离损失，吸气室沿气体流动方向的断面一般做成渐缩形，使气流略有加速。对于压缩机放在蒸发器和冷凝器之上的组装式空调机组，常用径向进气肘管式吸气室[图 4-30(b)]。

在压缩机第一级叶轮进口前的机壳上安装进口导流叶片，可用来调节制冷量。当导流叶片旋转时，便改变了进入叶轮的气流流动方向和气体流量的大小。

叶轮也称工作轮，是压缩机中对气体做功的唯一部件。叶轮通常采用闭式和半开式两种，如图 4-31 所示。空调中使用的离心压缩机大多采用闭式叶轮，它由轮盖、叶片和轮盘组成，而半开式叶轮没有轮盖。闭式叶轮能减少内漏气损失，但叶轮的圆周速度不能太大，限制了单级压力比的提高。而半开式则相反，钢制半开式叶轮圆周速度目前可达 450 ~ 540 m/s，单级压力比可达 6.5。

空调用压缩机的单级叶轮形状多采用形状既弯曲又扭曲的三元叶片，加工比较复杂，精度要求高。当使用氟利昂制冷剂时，通常采用铸铝叶轮，可降低加工要求。

气体从叶轮流出时流动速度可达 200 ~ 300 m/s，为了将这部分动能充分地转变为压力能，同时使气体在进入下一级时有较低的合理的流动速度，在叶轮后面设置了扩压器。扩压器内环形通道断面是逐渐扩大的，当气体流过时，速度逐渐降低，压力逐渐升高。扩压器通常是由两个和叶轮轴相垂直的平行壁面组成，在空调离心式制冷压缩机中，为了适应其较宽的工况范围，一般采用无冲击损失的无叶扩压器，低温机组多级压缩机常用叶片扩压器。

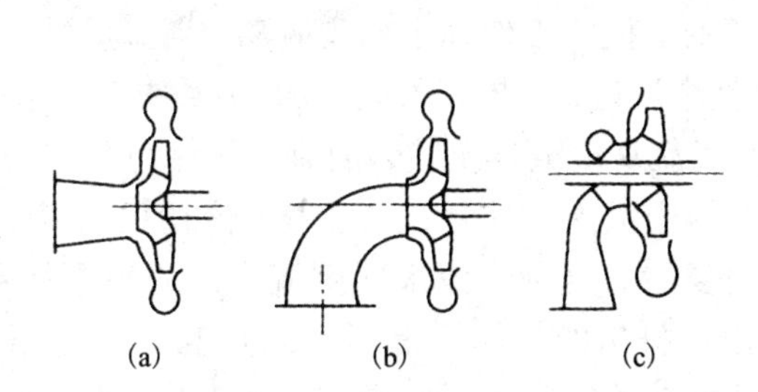

图4-30 吸气室

(a)轴向进气吸气室；(b)径向进气肘管式吸气室；(c)径向进气半蜗壳式吸气室

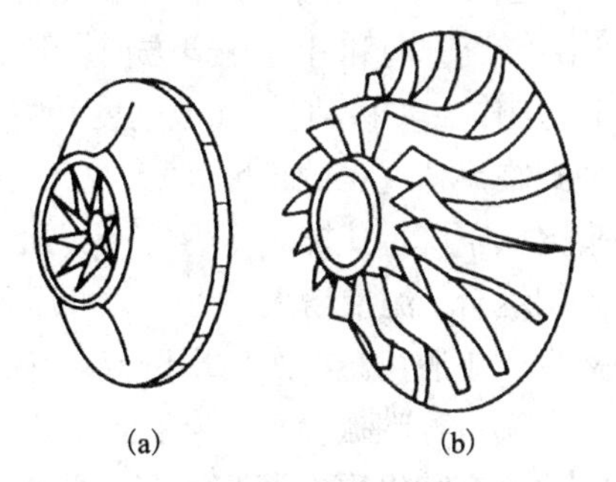

图4-31 离心式制冷压缩机叶轮

(a)闭式；(b)半开式

压缩机中蜗壳的流通断面是沿叶轮转向(即进入气流的旋转方向)逐渐增大的，以适应流量沿圆周不均匀的情况，同时也起到使气流减速和扩压的作用。

在多级离心式制冷压缩机中，弯道和回流器是为了把由扩压器流出的气体引导至下一级叶轮。弯道的作用是将扩压器出口的气流引导至回流器进口，使气流从离心方向变为向心方向。回流器则是把气流均匀地导向下一级叶轮的进口，为此，在回流器流道中设有叶片，使气体按叶片弯曲方向流动，沿轴向进入下一级叶轮。

在采用多级节流中间补气制冷循环中，段与段之间有中间加气，因此，在离心式制冷压缩机的回流器中，还有级间加气的结构。

除上述主要零部件外，离心式制冷压缩机还有其他一些零部件。如轮盖密封、轴套密封、推力轴承、径向轴承等。为了使压缩机持续、安全、高效地运行，还需设置一些辅助设备和系统，如增速器、润滑系统、冷却系统、自动控制和监测及安全保护系统等。

3. 润滑系统

离心式制冷压缩机一般是在高转速下运行的，其叶轮与机壳无直接接触摩擦，无须润滑。但其他运动摩擦部位即使短暂缺油，也将导致烧坏，因此，离心式制冷机组必须带有润滑系统。开启式机组的润滑系统为独立的装置，半封闭式则放在压缩机机组内。图4-32所示为一个半封闭离心式制冷压缩机的润滑系统。润滑油通过油冷却器2冷却后，经油过滤器5吸入液压泵1；液压泵加压后，经油压调节阀3调整到规定压力(一般比蒸发压力高0.15～0.2 MPa)，进入磁力塞6，油中的金属微粒被磁力吸附，使润滑油进一步净化；然后一部分油送往电动机9末端轴承，另一部分送往径向轴承15、推力轴承16及增速器齿轮和轴承；然后流回贮油箱供循环使用。

油箱中设有带恒温装置的油加热器，在压缩机启动前或停机期间通电工作，以加热润滑油，降低润滑油黏度，以利于高速轴承的润滑，另外在较高的温度下易使溶解在润滑油中的制冷剂蒸发，以保持润滑油原有的性能。

为了保证压缩机润滑良好，液压泵在压缩机启动前30 s先启动，在压缩机停机后40 s内仍连续运转。当油压差小于69 kPa时，低油压保护开关使压缩机停机。

4. 防喘振调节

图4－33为离心式制冷压缩机工况变化时的特性曲线，若压缩机在设计工况A点下工作时，气流方向和叶片流道方向一致，不会出现边界层脱离现象，效率达到最高。当流量减小时(工作点A移动)，气流速度和方向均发生变化，使非工作面上出现脱离，当流量进一步减少到临界值时(工作点A_1)，脱离现象扩展到整个流道，使损失大大增加，压缩机产生的能量头突然下降，其排气压力比冷凝压力低，致使气流从冷凝器倒流，倒流的气体与吸进来的气体相混合，流量增大，叶轮又可压送气体。但由于吸入气体量没有变化，流量仍然很小，故又将产生脱离，再次出现倒流现象，如此周而复始。这种气流来回倒流撞击的现象称喘振，临界流量称喘振流量。喘振时，由于压缩机出口排出的气体反复倒灌、吐出，来回撞击，使电动机交替出现空载和满载，机器产生剧烈的振动并伴随刺耳的噪声，并且由于高温气体的倒流引起机壳和轴承温度上升，在这种情况下连续运转会损坏压缩机叶片甚至整个机组。

当压缩机运行的流量增大，直至流道最小截面处的气体速度达到声速时，流量就不能再增加，这时的流量称堵塞流量(工作点A_2)。或者气体虽未达到声速，但叶轮对气体所做的功全部用来克服流动损失，压力并不升高，这时也出现堵塞工况。喘振与堵塞工况之间的区域称为压缩机的稳定工况区。

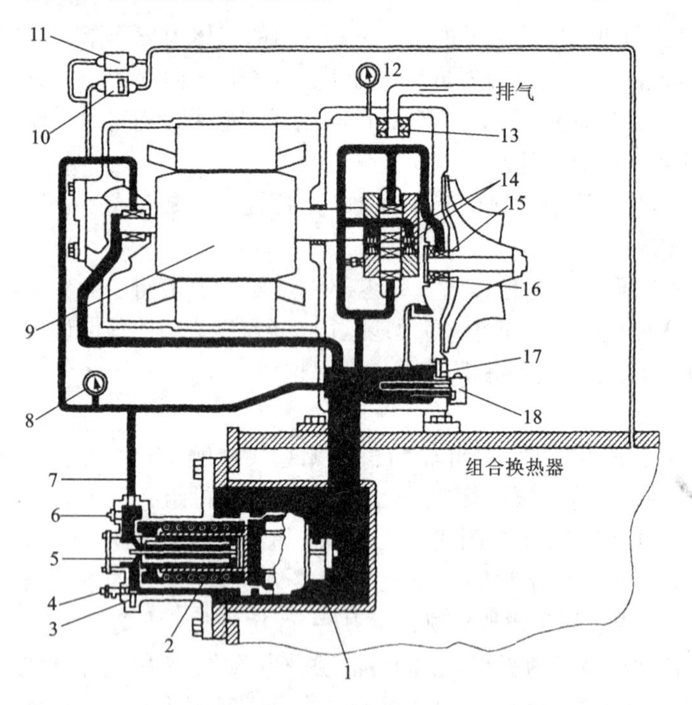

图4－32 半封闭离心式制冷压缩机的润滑系统

1—液压泵；2—油冷却器；3—油压调节阀；4—注油阀；5—油过滤器；6—磁力塞；7—供油管；8—油压计；9—电动机；10—低油压断路器；11—关闭导叶的油开关；12—油箱压力计；13—除雾器；14—小齿轮轴承；15—径向轴承；16—推力轴承；17—喷油嘴视镜；18—油加热器的恒温控制器与指示灯

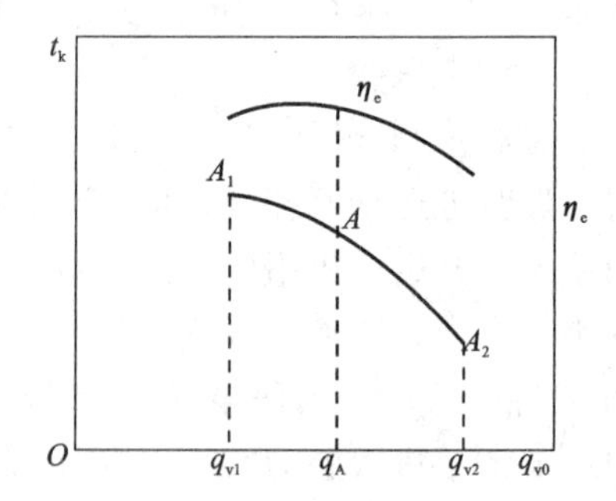

图4－33 压缩机工况变化时的特性曲线

产生喘振的主要原因是压力比过大或负荷过小，也可能是大量空气进入系统所致。当压力比大到某一极限点时或负荷小到某一极限点时，便发生喘振。离心式制冷机组工作时一旦进入喘振工况，应立即采取调节措施，一般可采用热气旁通来进行喘振防护，如图4－34所示。它是通过喘振保护线来控制热气旁通阀的开启或关闭，使机组远离喘振点，达到保护的目的。从冷凝器到蒸发器用一根连接管连接，当运行点到达喘振保护点而未能到达喘振点时，通过控制系统打开热气旁通电磁阀，经连接管使冷凝器的热气排到蒸发器，降低了压力比，同时提高了流量，从而避免了喘振的发生。

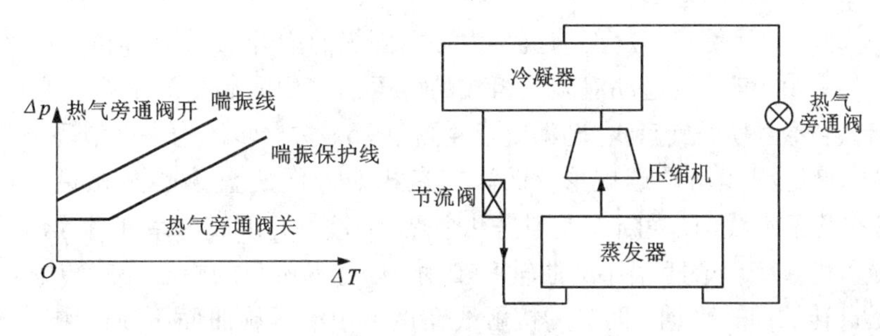

图4－34 热气旁通喘振保护

由于经热气旁通阀从冷凝器抽出的制冷剂并没有起到制冷作用，所以这种调节方法是不经济的。目前一些机组采用三级或两级压缩，以减少每级的负荷，或者采用高精度的进口导流叶片调节，以减少喘振的发生。空调用离心制冷机大部分采用进口导流叶片调节方法，再配合回流调节可使制冷机正常运转。

5. 离心式制冷压缩机的特点

因压缩机的工作原理不同，离心式制冷压缩机与活塞式制冷压缩机相比，具有以下特点：

①在相同制冷量时，外形尺寸小、质量轻、占地面积小。相同的制冷工况及制冷量下，活塞式制冷压缩机比离心式制冷压缩机(包括齿轮增速器)重5～8倍，占地面积多1倍左右。

②无往复运动部件，动平衡特性好，振动小，基础要求简单。中小型组装式机组的压缩机可直接装在单筒式的蒸发－冷凝器上，无须另外设计基础，安装方便。

③磨损部件少，连续运行周期长，维修费用低，使用寿命长。

④润滑油与制冷剂基本上不接触，提高了蒸发器和冷凝器的传热性能。

⑤易于实现多级压缩和节流，实现同一台制冷机多种蒸发温度的操作运行。

⑥能够经济地进行无级调节。可以利用进口导流叶片自动进行能量调节，调节范围广，节能效果较好。

⑦转速较高，用电动机驱动的压缩机一般需要设置增速器，而且对轴端密封要求高，这些均增加了结构上的复杂性和制造上的难度。

⑧当冷凝压力较高或制冷负荷太低时，压缩机组会发生喘振而不能正常工作。

⑨制冷量较小时，效率较低。

⑩对大型制冷机，若用经济性高的工业汽轮机直接带动，可实现变转速调节，对有废热蒸气的工业企业，能实现能量回收。

⑪对于单级离心式制冷压缩机，其结构决定了它不可能获得很大的压力比，因此，单级

离心式压缩机多用于冷水机组中。

4.1.6 涡旋式制冷压缩机

涡旋式制冷压缩机
工作原理

涡旋式制冷压缩机是20世纪80年代发展起来的一种新型容积式压缩机，它以其效率高、体积小、质量轻、噪声低、结构简单且运转平稳等特点，被广泛用于空调和制冷机组中。

1. 基本结构

涡旋式制冷压缩机是由一个固定的渐开线涡旋盘和一个呈偏心回转平动的渐开线运动涡旋盘组成的可压缩容积的制冷压缩机。它的基本结构如图4－35所示，主要由静涡旋盘3、动涡旋盘4、机座5、防自转机构十字滑环7及曲轴8等组成。动、静涡旋盘的型线均是螺旋形，动涡旋盘相对静涡旋盘偏心并相错180°对置安装。动、静涡旋盘在几条直线(在横断面上则是几个点)上接触并形成一系列月牙形空间，即基元容积。动涡旋盘由一个偏心距很小的曲轴8带动，以静涡旋盘的中心为旋转中心并以一定的旋转半径作无自转的回转平动，两者的接触线在运转中沿涡旋曲面不断向中心移动，它们之间的相对位置由安装在动、静涡旋盘之间的十字滑环7来保证。该环的上部和下部十字交叉的突肋分别与动涡旋盘下端面键槽及机座上的键槽配合并在其间滑动。吸气口1设在静涡旋盘的外侧面，并在顶部端面中心部位开有排气口2，压缩机工作时，制冷剂气体从吸气口进入动、静涡旋盘间最外圈的月牙形空间，随着动涡旋盘的运动，气体被逐渐推向中心空间，其容积不断缩小而压力不断升高，直至与中心排气口相通，高压气体被排出压缩机。

2. 工作过程

涡旋式制冷压缩机的工作原理是利用动涡旋盘和静涡旋盘的啮合，形成多个压缩腔，随着动涡旋盘的回转平动，使各压缩腔的容积不断变化来压缩气体。其工作过程如图4－36所示。在图4－36(a)所示位置，动涡旋盘中心O_2位于静涡旋盘中心O_1的右侧，涡旋密封接触线在左右两侧，涡旋外圈部分刚好封闭，此时最外圈两个月牙形空间充满了气体，完成了吸气过程(阴影部分)。随着动涡旋盘的运动，外圈两个月牙形空间中的气体不断向中心推移，容积不断缩小，压力逐渐升高，开始压缩过程，图4－36(b)～(f)呈现了曲轴转角q每间隔120°的压缩过程。当两个月牙形空间汇合成一个中心腔室并与排气口相通时[图4－36(g)]，压缩过程结束，排气过程开始，直至中心腔室的空间消失，则排气过程结束[图4－36(j)]。

图4－36中所示的涡旋圈数为三圈，最外圈两个封闭的月牙形工作腔完成一次压缩及排气的过程，曲轴旋转了三周(即曲轴转角q变为了1080°)；涡旋盘外圈分别开启和闭合三次，即完成了三次吸气过程，也就是每当最外圈形成了两个封闭的月牙形空间并开始向中心推移成为内工作腔时，另一个新的吸气过程同时开始形成。因此，在涡旋式制冷压缩机中，吸气、压缩、排气等过程是同时和相继在不同的月牙形空间中进行的，外侧空间与吸气口相通，始终进行吸气过程，中心部位与排气孔相通，始终进行排气过程。所以，涡旋式制冷压缩机基本上是连续地吸气和排气，并且从吸气开始至排气结束需经动涡旋盘的多次回转平动才能完成。

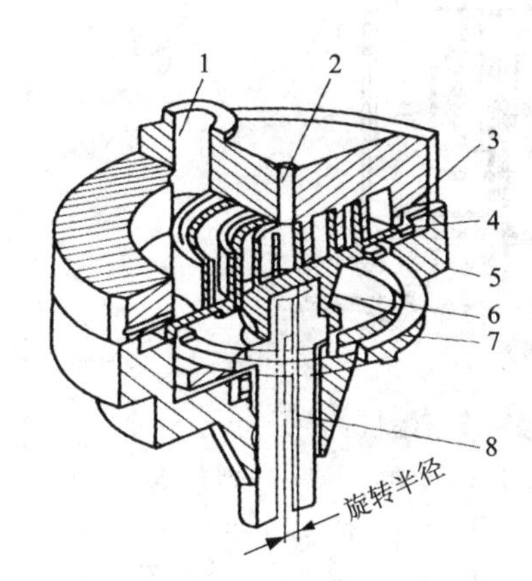

图4-35 涡旋式制冷压缩机结构简图

1—吸气口；2—排气口；3—静涡旋盘；4—动涡旋盘；5—机座；6—背压腔；7—十字滑环；8—曲轴

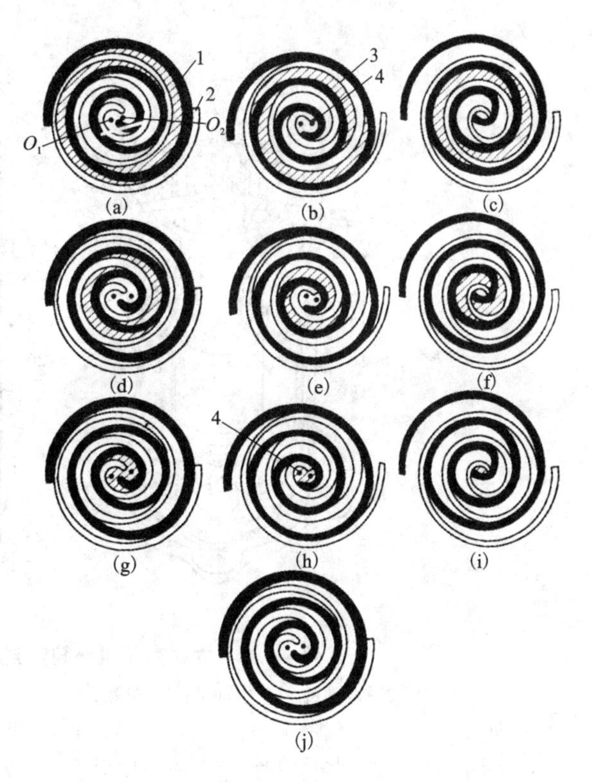

图4-36 涡旋式制冷压缩机工作过程示意图

(a)$q=0°$；(b)$q=120°$；(c)$q=240°$；(d)$q=360°$；(e)$q=480°$；(f)$q=600°$；(g)$q=720°$；(h)$q=840°$；(i)$q=960°$；(j)$q=1080°$

1—动涡旋盘；2—静涡旋盘；3—压缩腔；4—排气口

3. 主要结构形式

(1)立式全封闭涡旋式制冷压缩机

如图4-37所示为功率为3.75 kW在空调器中使用的立式全封闭涡旋式制冷压缩机。低压制冷剂气体从机壳顶部吸气管13进入吸气腔14。吸气腔封闭时成为压缩腔，经压缩的高压气体(其中混有润滑油)由静涡旋盘9的中心排气口12进入排气腔10(也称高压缓冲腔)，再经静涡旋盘、机座4上的排气通道8及筒体上的导流板，流向贴在筒体内壁面上的油过滤网，被过滤下来的润滑油落入机壳下部的贮油槽1中，而高压气体被导入机壳下部去冷却电动机2，然后由排气管15排出压缩机。采用排气冷却电动机的结构减少了吸气过热度，提高了压缩机的效率。另外，机壳内是高压排出气体，使得排气压力脉动很小，因此振动和噪声都很小。为了平衡动涡旋盘上承受的轴向气体作用力，在机座4与动涡旋盘7之间设有背压腔6，由动涡旋盘上的背压孔17与中间压缩腔相通，引入的气体使背压腔处于吸、排气压力之间的中间压力。由背压腔内气体压力形成的轴向力和力矩作用于动涡旋盘的底部，以平衡各月牙形空间内气体对动涡旋盘所施加的轴向力和力矩，使涡旋盘端部维持着最小的摩擦力和最小磨损的轴向密封。在曲轴曲柄销上的偏心调节块26使径向间隙得以可靠密封，以保持背压腔与机壳间的密封，是一种典型的柔性密封机构。

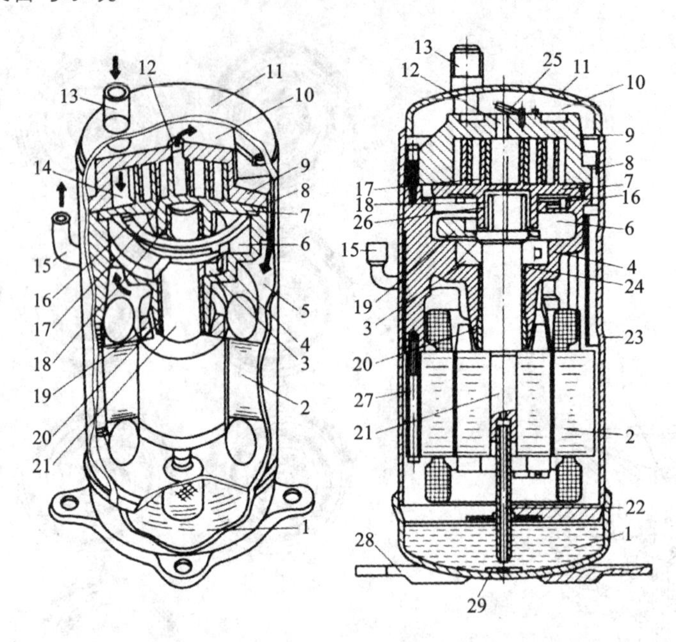

图 4-37　立式高压机壳腔全封闭涡旋式制冷压缩机

1—贮油槽；2—电动机；3—主轴承；4—机座；5—机壳腔；6—背压腔；7—动涡旋盘；8—排气通道；9—静涡旋盘；10—排气腔；11—封头；12—排气口；13—吸气管；14—吸气腔；15—排气管；16—十字滑环；17—背压孔；18、20—轴承；19—大平衡块；21—曲轴；22—吸油管；23—机壳；24—轴向挡圈；25—单向阀；26—偏心调节块；27—电动机螺钉；28—底座；29—磁环

该机的润滑系统是利用排气压力与背压腔中气体压力的压差来供油的。贮油槽 1 中的润滑油经吸油管 22 沿曲轴 21 上的中心油道进入背压腔，并通过背压孔 17 进入压缩腔中，压缩腔中的润滑油起到了润滑、密封及导热作用，并随高压气体经静涡旋盘上的排气口 12 排到封闭的机壳中，润滑了涡旋型面、轴承 18 和 20 及十字滑环 16 等，冷却了电动机。润滑油经过油气分离后流回贮油槽。因为润滑油与气体的分离是在机壳中进行的，其分离效果好，而压差供油又与压缩机的转速无关，使润滑及密封更加可靠。

静涡旋盘 9 的中心线与机座 4 的中心线在理论上应该是重合的。为了保证静涡旋盘与机座间的定位精度和装配质量，常用销钉定位，由螺钉连接。电动机定子与机座由螺钉 27 连接，曲轴(连同电动机转子)由安装在机座上的主轴承 3(可以是滚动轴承)及滑动轴承 20 支承。这样，动涡旋盘、静涡旋盘、机座、曲轴以及电动机就构成了一个整体，依靠机座的外圆被压在机壳 23 的内表面上。

有些涡旋式制冷压缩机的壳内压力为吸气低压，这在空调系统中有着广泛的应用。最明显的优点是电动机的环境温度较低，有利于提高电动机的工作效率。当吸气管道中的气体带有液滴时，不会直接导致压缩腔液击。压缩机高度受到限制的机组可以采用卧式全封闭涡旋式制冷压缩机。

(2)数码涡旋式制冷压缩机

数码涡旋式制冷压缩机是一种新型涡旋式压缩机，其优势在于能量调节的简单性。常规的美国谷轮公司生产的涡旋制冷压缩机具有“轴向柔性”这一基本特征。“轴向柔性”允许静涡旋盘在轴向可以移动非常小的距离，确保涡旋盘始终以最小的力进行工作。该力使得两个涡旋盘在任何运行环境下均能紧密结合在一起，保证压缩机有很高的能效比。数码涡旋式制冷压缩机的运行正是基于这一原理。

数码涡旋式制冷压缩机在运行时，顶上的静涡旋盘允许向上移动大约 1 mm。升起顶上的静涡旋盘使其无法产生压缩，从而使压缩机无制冷剂气体通过。这就是压缩机输气量为 0 的时期，称为压缩机的“卸载状态”。“负载状态”就是像普通涡旋压缩机运行时的状态，其输气量为 100%。数码涡旋式制冷压缩机结构示意图如图 4－38 所示。一活塞提升组件 5 安装于顶部静涡旋盘 7 处，确保活塞上移时静涡旋盘也上移。在活塞的顶部有一能量调节腔 4，它通过0.6 mm直径的排气孔 2 和排气压力相连通。压缩机外部的电磁阀 1 和连接管 3，将能量调节腔与吸气侧压力相连。当电磁阀处于图 4－38(a)所示的常闭位置时，能量调节腔具有排气压力和弹簧力，确保了两个涡旋盘处于负载状态。当电磁阀通电导通后[图 4－38(b)]，能量调节腔内的排气被释放至低压吸气管 10。这导致活塞上移，顶部静涡旋盘也随之上移，从而使两涡旋盘分隔开，压缩机处于卸载状态。当外接电磁阀再次断电，压缩机又负载，处于 100% 负荷状态。应注意，在整个运行过程中没有气体的旁通。

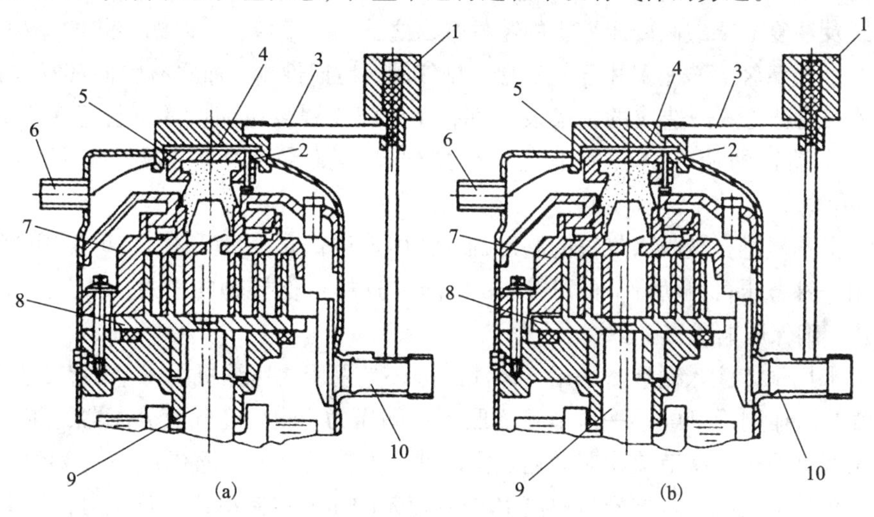

图 4－38　数码涡旋式制冷压缩机结构示意图

(a)负载状态；(b)卸载状态

1—电磁阀；2—排气孔；3—连接管；4—能量调节腔；5—活塞提升组件；
6—气管；7—静涡旋盘；8—动涡旋盘；9—曲轴；10—吸气管

数码涡旋式压缩机实现能量调节的原理是不断地变换顶部静涡旋盘升起和啮合，其工作过程的一个周期时间由负载状态时间和卸载状态时间组成。两个时间段长短的不同决定了压缩机的能量调节量。例如，一个 20 s 的周期时间，如果负载时间是 10 s，卸载时间也是 10 s，则压缩机能量调节量为 50%；若负载时间是 15 s，卸载时间是 5 s，则压缩机调节量为 75%。通过改变负载状态时间和卸载状态时间，可实现压缩机从 10% 到 100% 的能量调节。

数码涡旋式制冷压缩机主要应用于单蒸发器多联机系统、冷水机组系统及机房空调系统。

另外，开启式涡旋式制冷压缩机常用在汽车空调中，由汽车的主发动机通过带轮驱动压缩机运转，并以卧式布置。

4. 涡旋式制冷压缩机的特点

从工作过程及结构来看，涡旋式制冷压缩机有如下特点：

①效率高。涡旋式制冷压缩机的吸气、压缩、排气过程是连续单向进行的，因而吸入气体的有害过热小；相邻工作腔间的压差小，气体泄漏少；没有余隙容积中气体的膨胀过程，容积效率高，可达0.9～0.98；动涡旋盘上的所有点均以几毫米的回转半径作同步转动，所以运动速度低、摩擦损失小；没有吸、排气阀，所以气流的流动损失小。同往复活塞式制冷压缩机相比，其效率约高10%，而且在较宽的频率范围内(30～120 Hz)均有较高的容积效率与绝热效率，适合采用变频调速技术，可进一步降低能耗，提高舒适性。

②力矩变化小、振动小、噪声低。涡旋式制冷压缩机压缩过程较慢，而且一对涡旋盘中几个月牙形空间可同时进行压缩过程，故使曲轴转动力矩变化小，压缩机运转平稳；其次，涡旋式压缩机吸气、压缩、排气基本上是连续进行的，所以吸、排气的压力脉动很小，于是振动和噪声都小，噪声比往复活塞式制冷压缩机低5dB。

③结构简单、体积小、质量轻、可靠性高。涡旋式制冷压缩机构成压缩室的零件数目与滚动活塞式及往复活塞式制冷压缩机的零件数目之比为1:3:7，所以涡旋式的体积比往复活塞式小40%，质量轻15%；又由于没有吸、排气阀，易损件少，加之有轴向和径向间隙可调的柔性机构，能避免液击造成的损失及破坏，故涡旋式制冷压缩机的运行可靠性高，因此，涡旋式制冷压缩机即使在高转速下运行也能保持高效率和高可靠性，其最高转速可达13000 r/min。

④对液击不敏感。被吸入气缸的制冷剂气体中允许带有少量液体，故可采用喷液循环。

⑤采用一种背压可自动调节的可控推力机构，这样可保持轴向密封，减少机械损失，防止异常高压，确保压缩机安全。

⑥便于采用气体注入循环。采用气体注入循环是涡旋式压缩机的一个特点，其循环原理是：冷凝后的液体制冷剂经第一次节流膨胀到中间压力，然后经气液分离器，再分两路，一路是液态制冷剂经第二次节流膨胀并通过室内热交换器后进入压缩机；另一路是气态制冷剂经注入回路被压缩机吸入。这样可提高10%～15%的压缩机制冷或供暖能力，而且还可以根据负荷变化启闭注入回路进行能量调节，从而可提高节电效果，同时又可减少压缩机开、停频率，减少室温变化。

⑦需要高精度的加工设备及方法制造，并要求有精确的调心装配技术，制造成本较高。

4.1.7 滚动活塞式制冷压缩机

滚动活塞式制冷压缩机也称滚动转子式制冷压缩机，是一种容积型回转式压缩机。它是依靠偏心安设在气缸内的滚动转子在圆柱形气缸内作滚动运动，另外还有一个与滚动转子相接触的滑板作往复运动，来实现气体的压缩。

1. 基本结构

滚动活塞式制冷压缩机主要由气缸、滚动转子、滑板、排气阀等组成，如图4－39所示。圆筒形气缸1内偏心配置着圆柱形的滚动转子2(也称滚动活塞)，转子沿气缸内壁滚动，与气缸间形成一个月牙形的工作腔，滑板6靠弹簧5的作用力使其端部与转子紧密接触，将月牙形工作腔分隔为两部分，滑板随转子的滚动在圆柱形导向器7内作往复运动。紧靠滑板两侧的气缸壁上沿径向开设有不带吸气阀的吸气口8和带有排气阀3的排气口4。端盖被安置在气缸两端，与气缸内壁、转子外壁及滑板构成封闭的气缸容积，即基元容积，其容积大小随转子的转动周期性变化，容积内气体的压力则随基元容积的大小而改变，从而完成压缩机的工作过程。

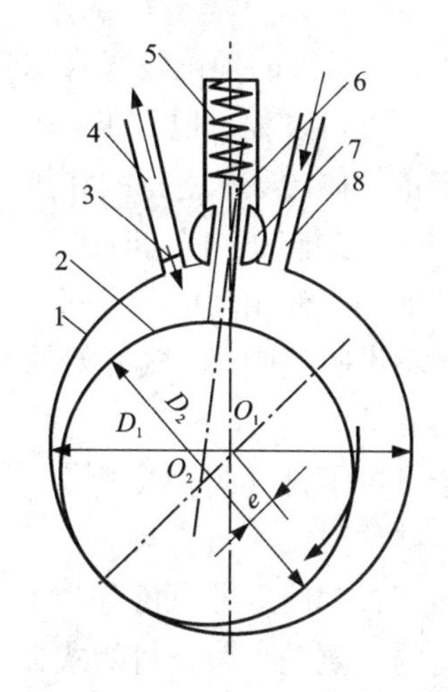

图4－39　滚动活塞式制冷压缩机主要结构示意图

1—气缸；2—滚动转子；3—排气阀；4—排气口；5—弹簧；6—滑板；7—圆柱形导向器；8—吸气口

2. 工作过程

滚动活塞式制冷压缩机的工作过程如图4－40所示。图4－40(a)所示为压缩过程开始时的状态。此时，转子和气缸壁之间的密封线刚移过吸气口，滑板左侧已充满进气的空间容积开始缩小，其右侧的容积则开始下一工作循环的吸气过程。

如图4－40(b)所示为压缩过程结束、排气过程开始时的状态。此时，滑板左侧空间容积的缩小已使制冷剂气体的压力升高到一定程度，从而顶开排气阀开始了排气过程。同时，滑板右侧的空间容积仍在不断增大，处于吸气过程之中。

滚动转子式制冷压缩机工作原理

如图4－40(c)所示为排气过程结束时的状态。此时，气缸和转子之间的密封线刚移过排气口，滑板左侧的空间容积已缩小为一个很小的“死隙”(实际上“死隙”中几乎充满了润滑油)，排气过程结束。滑板右侧的空间容积仍在继续进气。

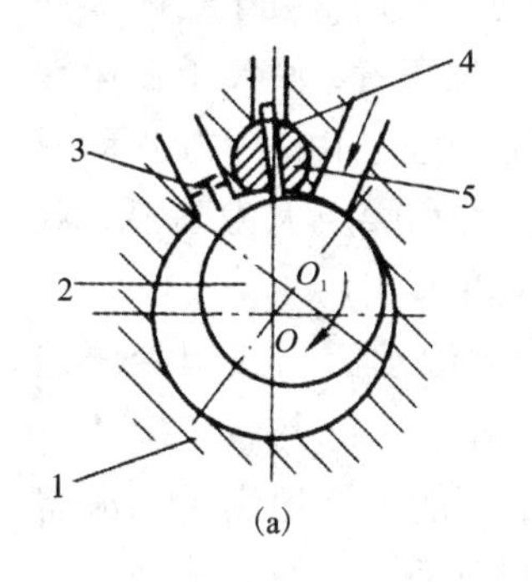

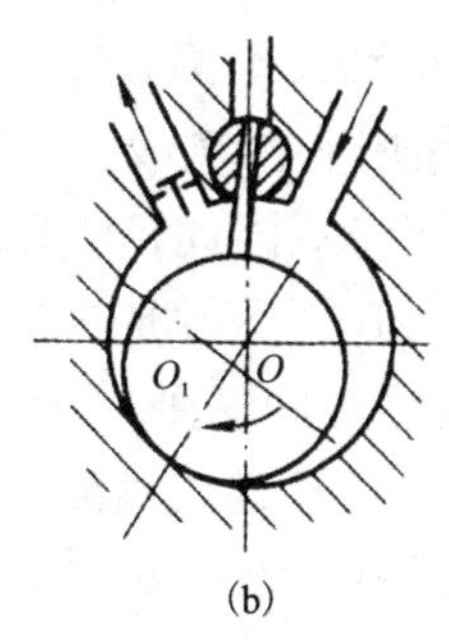

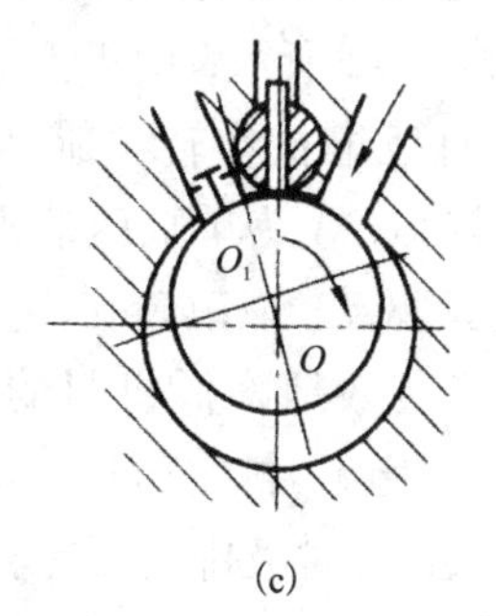

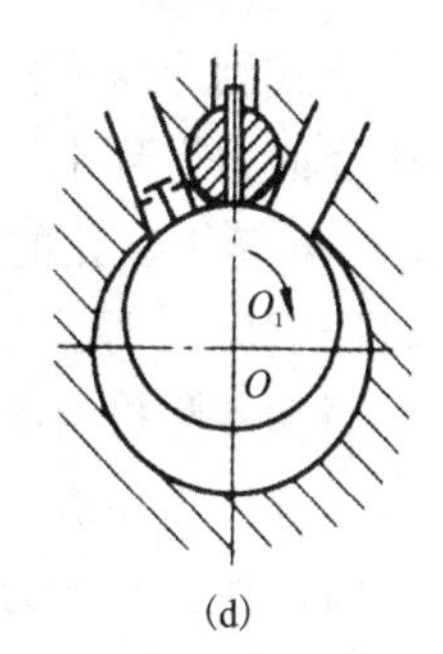

图4－40　滚动活塞式制冷压缩机工作过程示意图

1—气缸；2—滚动转子；3—排气阀；4—滑板；5—圆柱形导向器

当转子继续旋转，达到图4－40(d)所示的位置时，转子与气缸的密封线和滑板与转子的密封线重合，达到理论最大吸入容积，下一循环吸气结束(实际上排出口至滑板间的“死隙”被润滑油占据，不能进气)。

转子再转过一个很小的角度即回到图4－40(a)所示的位置，工作过程将重复进行。在这段过程中，转子又扫过了滑板与吸入口之间的“死隙”，将已吸入气缸的一小部分气体又从吸入口排出，使气缸的理论输气容积变小。

由上述的工作过程可以看出：

①一定量气体的吸入、压缩和排出过程是在转子的两转中完成的，但在转子与滑板的两侧，吸气、压缩与排气过程同时进行。即转子旋转一周，将完成上一工作循环的压缩过程和排气过程及下一工作循环的吸气过程。

②由于不设吸气阀，吸气开始的时机和气缸上吸气孔口位置有严格的对应关系，不随工况的变化而变动。

③由于设置了排气阀，压缩终了的时机将随排气管中压力的变化而变动。

3. 主要结构形式

滚动活塞式制冷压缩机可分为中等容量的开启式压缩机和小容量的全封闭式压缩机。目前广泛使用的主要是小型全封闭式，一般标准制冷量多为 3 kW 以下，通常有卧式和立式两种，前者多用于冰箱，后者在空调器中常见。

如图 4 -41 所示是一台较典型的立式全封闭滚动活塞式制冷压缩机结构示意图。压缩机气缸 7 位于电动机的下方，制冷剂气体由进气管 1 进入储液器 2，然后由机壳 13 下部的吸入管 3 直接吸入气缸，以减少吸气的有害过热。储液器起气液分离、储存制冷剂液体和润滑油及缓冲吸气压力脉动的作用，经压缩后的高压气体由排气阀、排气消声器 8 排入机壳内，再经电动机转子 12 和定子 10 间的气隙从机壳的顶部排气管 15 排出，并起到了冷却电动机的作用。润滑油贮存在机壳的底部。在偏心轴 11 的下端设有油泵，靠旋转时离心力的作用，将润滑油沿偏心轴油道压送至各润滑点。气缸与机壳焊接在一起使之结构紧凑，平衡块 4、14 用于消除不平衡的惯性力。

电动机定子与机壳紧密配合，使机壳成为电动机的散热面。但同时，由于电动机与机壳的刚性配合，压缩机的振动直接传递给机壳，使压缩机的壳体振动加剧。因此，对于高转速压缩机（变频压缩机），可采用双缸滚动活塞式制冷压缩机减小其振动。立式双缸全封闭滚动活塞式制冷压缩机如图 4 -42 所示，由于上下两滚动转子偏心方向相反布置，使转子在运转中径向力得到平衡。而且压缩机在转子旋转一周内有两次吸、排气，使气体的压力波动减小，其转矩变化的幅度较小，仅为单缸压缩机的 30%，因此，它的振动和噪声大为改善。双缸压缩机特别适用于变频驱动，以改善在高频高转速下运行时的振动和噪声。

在一些机组中，为了有效地降低机组的高度，发展了卧式全封闭滚动活塞式制冷压缩机。卧式压缩机一般可利用吸、排气压差供油及排气输送式供油。但在空调、热泵工况下运转时，由于工况变化较大，有时吸排气压差较小或制冷剂流量较小，不能很好地满足润滑需要，因此，利用滑板背部腔室容积变化巧妙地设计成滑片形柱塞泵供油系统，使它几乎不随吸排气压差、排气流量的影响而实现稳定地供油润滑。

4. 特点

从结构及工作过程来看，小型滚动活塞式制冷压缩机具有如下优点：①结构简单，零部件几何形状简单，便于加工及流水线生产。②体积小、质量轻、零部件少，与相同制冷量的往复活塞式制冷压缩机相比，体积减少 40% ~50%，质量减少 40% ~50%，零件数减少 40% 左右。③易损件少、运转可靠。④效率高，因为没有吸气阀，故流动阻力小，且吸气过热小，所以在制冷量为 3 kW 以下的场合使用尤为合适。

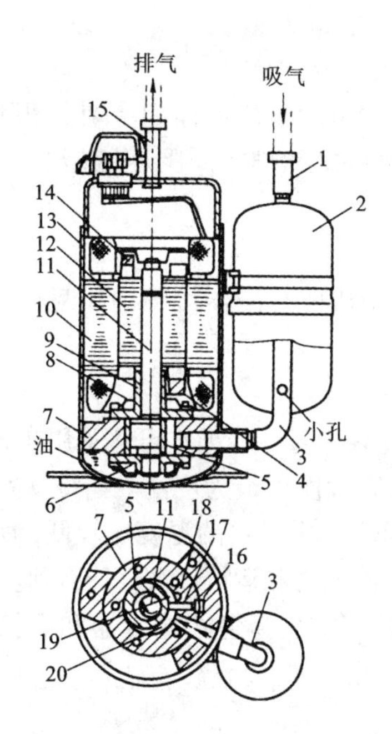

图4-41 立式全封闭滚动活塞式制冷压缩机

1—进气管；2—储液器；3—吸入管；4、14—平衡块；5—滚动转子；6—副轴承；7—气缸；8—排气消声器；9—主轴承；10—电动机定子；11—偏心轴；12—电动机转子；13—机壳；15—排气管；16—弹簧；17—滑板；18—排气口；19—压缩室；20—吸入室

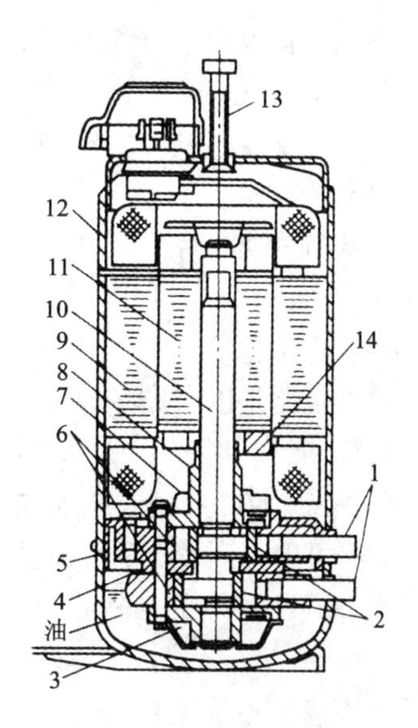

图4-42 立式双缸全封闭滚动活塞式制冷压缩机

1—吸入管；2—上、下转子；3—副轴承；4—隔板；5—机座；6—上、下气缸；7—排气消声器；8—主轴承；9—电动机定子；10—偏心轴；11—电动机转子；12—机壳；13—排气管；14—平衡块

滚动活塞式制冷压缩机也有其缺点：因为只利用了气缸的月牙形空间，使得气缸容积利用率低。另外，转子加工精度要求高，否则难以保证和气缸的间隙而导致压缩机的可靠性和效率的显著降低。此外，用于热泵运转时其制热量小。但是，由于优点十分突出，小型全封闭滚动活塞式制冷压缩机的应用仍然非常广泛。

4.2 冷凝器

冷凝器和蒸发器等换热设备在制冷系统中具有重要的作用，制冷装置的换热设备与其他热力装置中的换热设备相比，压力、温度变化范围比较窄，介质之间的传热温差较小以及要与压缩机匹配等，因此冷凝器、蒸发器不仅考虑传热系数、流动阻力、单位制冷量的材料耗量和外形体积等，还要考虑与压缩机所耗功率等特点。而换热设备的选用又与其用途、传热介质的类型、流动方式和传热特性有关，同时不同形式制冷装置使用的换热器又多种多样。本节着重介绍空气调节用制冷装置涉及的几种典型冷凝器和蒸发器的结构形式、工作特点和选择计算方法。

4.2.1 冷凝器的种类及结构

冷凝器的功能是把由压缩机排出的高温高压气态制冷剂冷凝成液体制冷剂，把制冷剂在蒸发器中吸收的热量(制冷量)与压缩机耗功率相当的热量之和排入周围环境(水或空气等)之中。因此，冷凝器是制冷装置的放热设备。

1.冷凝器的种类

根据冷却剂种类的不同，空气调节用制冷装置主要使用的冷凝器可归纳为两类，即水冷式和风冷式。

(1)水冷式冷凝器

水冷式冷凝器是以水作冷却介质，靠水的温升带走冷凝热量。冷却水可以采用自来水、江河水、湖水等。冷却水可以一次使用，也可以循环使用，后者使用最为广泛。当冷却水循环使用时，系统中需设有冷却塔或凉水池。相对于室外空气而言，由于水的温度比较低，所以采用水冷式冷凝器可以得到较低的冷凝温度，对制冷系统的制冷能力和运行经济性均有利。

根据水冷式冷凝器的结构形式可分为卧式壳管式冷凝器、套管式冷凝器和焊接板式冷凝器。

①卧式壳管式冷凝器。

卧式管壳式冷凝器结构如图4－43所示，由筒体(外壳)、管板和管束(传热面)等组成。筒体是用钢板卷成的圆筒，圆筒的两端用管板封住，在板间胀接或焊接许多根小口径的无缝钢管，组成管束。管束是壳管式冷凝器的传热面，管内走冷却水。为了提高换热能力，卧式管壳式冷凝器筒体两端管板的外面用带有隔板的封盖封闭，从而把全部管束按一定数量和流向分隔成几个管组(也称几个流程)，使冷却水按一定的流向在管内一次流过。为便于冷却水的进出管安装在同一端盖上，通常采用偶数流程。冷却水从端盖的下部流入，按照已隔成的管束流程顺序在换热管内流动，吸收制冷剂放出的热量使制冷剂冷凝，冷却水最后从端盖的上部流出；高压的制冷剂蒸气则从筒体的上部进入，在筒体和换热管外壁之间的壳程流动，向管簇放热，冷凝为液态后积聚在筒体下部，从下部的出液口流出。

氟利昂冷凝器不装安全阀，而是在筒体上部装一个易熔塞，当冷凝器内部或外部温度达70℃以上时，易熔塞熔化释放出制冷剂，可防止发生筒体爆炸事故。氟利昂卧式壳管冷凝器多采用管束外径为ϕ16～25 mm的外肋铜管，肋高0.9～0.5 mm，肋间距0.64～1.33 mm，肋化系数(外表面总面积与管壁内表面积之比)≥3.5，以强化氟利昂侧的冷凝换热；制冷剂R22在水流速为1.6～2.8 m/s时传热系数可达1200～1600 W/(m^2·K)。近20多年来，用于强化冷凝的高效冷凝管也得到了广泛的发展，已应用于大中型氟利昂制冷装置的冷凝器中。

卧式壳管式冷凝器的优点是传热系数较高，冷却水进出口温差大，一般为4～8℃，因而冷却水量较小。由于放置在室内，操作管理方便。但是也存在对冷却水的水质要求较高，不易清洗管内水垢和铁锈、需停机清洗，渗漏不易发现，流动阻力较大等缺点。

②套管式冷凝器。

小型氟利昂立柜式空调机组中常用套管式冷凝器，其结构如图4－44所示。套管式冷凝器的结构是用一根大直径的金属管(一般为无缝钢管)，内装一根或几根小直径铜管(光管或低肋铜管)，再盘成圆形或椭圆形。冷却水在小管内流动，其流动方向是自下而上，而制冷剂在大管内小管外的空间中流动。制冷剂由上部进入，凝结后的制冷剂液体从下面流出，与冷却水的流动方向相反，呈逆流换热，以增强传热效果。

套管式冷凝器的优点是结构简单，易于制造，体积小，紧凑，占地少，传热性能好。缺点是冷却水流动阻力大，供水水压不足时会降低冷却水量，引起冷凝压力上升；水垢不易清除；由于冷凝后的液体存在大管的下部，因此管子的传热面积得不到充分利用；金属消耗量大。

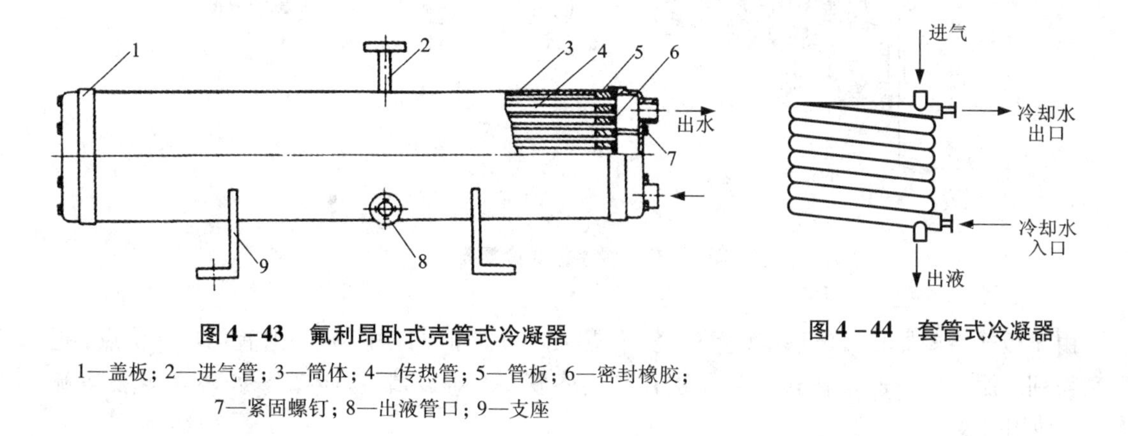

图4-43 氟利昂卧式壳管式冷凝器

1—盖板；2—进气管；3—筒体；4—传热管；5—管板；6—密封橡胶；
7—紧固螺钉；8—出液管口；9—支座

图4-44 套管式冷凝器

③焊接板式冷凝器。

板式换热器是由一组不锈钢波纹金属板叠装焊接而成，焊接板式冷凝器通常有两类，一是半焊接板式冷凝器，二是全焊接板式冷凝器。

半焊接板式冷凝器的结构是每两张波纹板片用激光焊接在一起，构成完全密封的板组，然后将它们组合在一起，彼此之间用密封垫片进行密封。这种半焊接板式冷凝器是由焊接形成的板间通道和由密封垫片密封的板间通道交替组合而成的。高压的制冷剂走焊接的板间通道，而水走密封垫片密封的板间通道。

全焊接板式冷凝器的结构是将板片钎焊在一起，故又称钎焊板式冷凝器。由于采用焊接结构，可使其工作压力最高达3.0 MPa，而工作温度高达400℃。

为了提高板片的耐腐蚀能力，常用不锈钢或钛作板片材料。图4-45是焊接板式冷凝器的结构图及其板片形式。冷凝器板上的四孔分别为冷热两流体的进出口。在板四周的焊接线内，形成传热板两侧的冷、热流体通道，在流动过程中通过板壁进行热交换，两种流体在流道内呈逆流流动；而板片表面制成的点支撑形、波纹形、人字形等各种形状，有利于破坏流体的层流边界层，在低流速下产生众多旋涡，形成旺盛紊流，强化了传热。由于板式冷凝器板片间形成许多支撑点，承压约3 MPa的冷凝器板片的厚度仅为0.5 mm左右(板距一般为2~5 mm)。

在图4-45所示的三种板片形状中，点支撑形板片是在板上冲压出交错排列的一些半球形或平头形凸状，流体在板间流道内呈网状流动，流动阻力较小，其传热系数 K 可达4650 W/(m^2·K)；水平平直波纹形板片，其断面呈梯形，传热系数可达5800 W/(m^2·K)；人字形板片属典型网状流板片，它将波纹布置成人字形，不仅刚性好，且传热性能良好，其传热系数可达5800 W/(m^2·K)。板式冷凝器在使用过程也会产生水侧结垢和制冷剂侧油垢现象，而使传热系数下降，所以在板式冷凝器选型时传热系数推荐采用2100~3000 W/(m^2·K)。这样，在相同的换热负荷情况下，板式冷凝器的体积仅为壳管式冷凝器的1/6~1/3且重量只有壳管式的1/5～1/2，所需的制冷剂充注量约为壳管式的1/7。

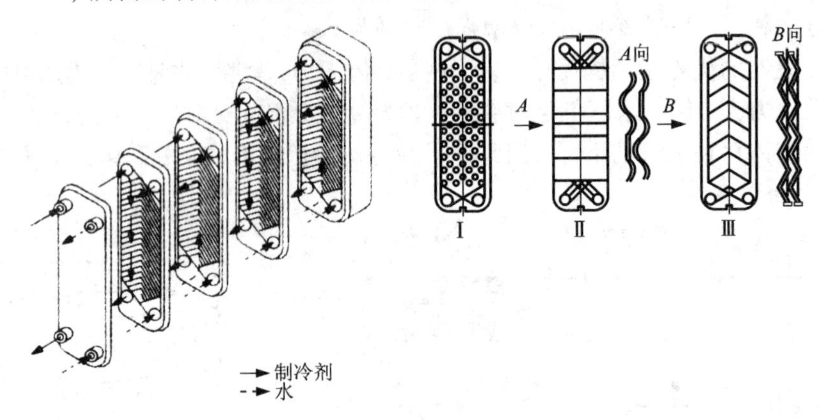

图4－45 焊接板式冷凝器

由于板式冷凝器具有体积小、重量轻、传热效率高、可靠性好、加工过程简单等优点，近年来得到广泛应用。但是板式冷凝器也存在内容积小、难以清洗、内部渗漏不易修复等缺点，在使用时要加以注意。

板式冷凝器，冷却水下进上出，制冷剂蒸气从上面进入，冷凝后的液态制冷剂从下面流出。当制冷系统中存在不凝性气体时，由于含有不凝性气体的制冷剂蒸气在板式冷凝器表面冷凝时，不凝性气体将会积聚在表面附近，阻挡蒸气接近冷凝表面，因此在板式冷凝器中，即使存在很少量不凝性气体，也会使得传热系数大大降低，所以采用板式冷凝器的制冷系统更要注意排除不凝性气体。为了及时排除不凝性气体，应将冷凝后的制冷剂液体及时排出，降低冷凝液位，使冷凝液和不凝气体能从同一出口管嘴排出。

此外，板式冷凝器的内容积很小，冷凝后的制冷剂液体应该及时排出，否则冷凝液将会淹没一部分传热面积，因此系统中必须装设高压储液器。再者，冷凝器工作温度较高，如果水质不好，就容易产生结垢、堵塞问题，所以采用板式冷凝器一定要提高冷却水水质。

(2)风冷式冷凝器

风冷式冷凝器又称空冷式冷凝器，利用空气使气体制冷剂冷凝。

制冷剂在风冷式冷凝器中的传热过程和在水冷式冷凝器中相似，制冷剂蒸气经历了冷却过热、冷凝和再冷三个阶段。图4－46给出了R22气态制冷剂通过风冷式冷凝器的状态变化，以及冷却用空气的温度变化。从图中可以看出，约90%的传热负荷用于制冷剂冷凝，在冷凝阶段制冷剂由于流过冷凝器时具有流动阻力，所以制冷剂温度稍有降低。

根据空气流动的方式，风冷冷凝器可分为自然对流式和强迫对流式。自然对流式冷却的风冷式冷凝器传热效果差，只应用在电冰箱或微型制冷机中。

强迫对流式的风冷式冷凝器一般装有轴流风机，结构如图4－47所示。制冷剂蒸气从上部的分配集管进入蛇形管内，冷凝液从下部流出，而空气则在管外横向掠过，吸收管内制冷剂放出的热量。

由于管外空气侧的表面传热系数比管内制冷剂的凝结表面传热系数小得多，故通常在管外加肋片，以增加空气侧的传热面积。肋管通常采用铜管铝片，也有采用钢管钢片或铜管铜片的；传热铜管有光管和内螺纹管两种；肋片多为连续整片，肋片根部用二次翻边与基管外壁接触，经机械或液压胀管后，两者紧密接触以减少其传热热阻。风冷式冷凝器的常见传热管、肋片规格尺寸见表4-7。

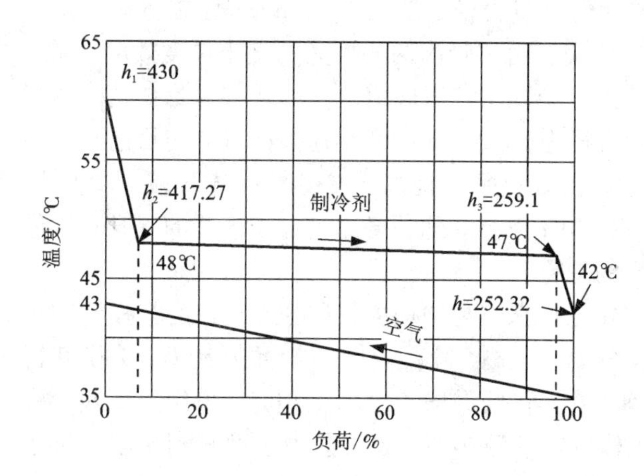

图4-46 风冷式冷凝器的换热状况

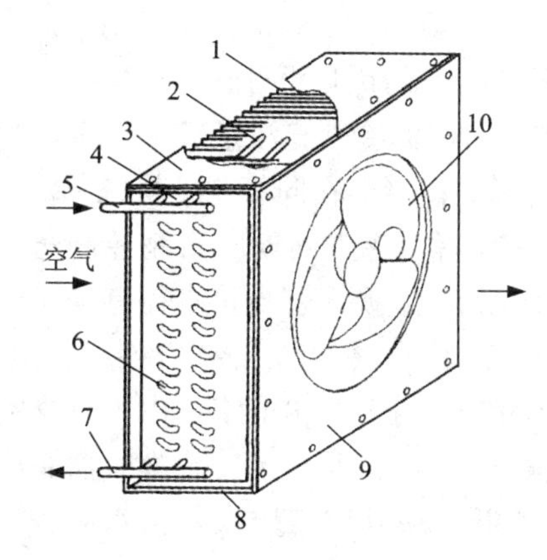

图4-47 强迫对流式的风冷式冷凝器

1—肋片；2—传热管；3—上封板；4—左端板；5—进气集管；6—弯头；7—出液集管；8—下封板；9—前封板；10—通风机

表4-7 风冷式冷凝器的结构参数

传热管规格/mm×mm	肋片厚度/mm	肋片间距/mm
ϕ7×0.35	0.12～0.15	1.5～2.2
ϕ9.52×0.35	0.12～0.15	1.8～2.2
ϕ12.7×0.5	0.15～0.2	2.2～3.0
ϕ15.8×0.75	0.15～0.2	2.2～3.5

风冷式冷凝器肋管的回路设计极为重要。一般来自制冷压缩机的高压气态制冷剂从上部分几路进入各个肋管，形成多通路；气态制冷剂在肋管中冷凝到一定程度后，可合并、减少通路路数；最后，集中为少数几个通路，布于空气进口侧，构成再冷段，直至出液。这样，可以保证制冷剂在肋管内有较高的流动速度，又不至于造成较大的流动阻力，以达到良好的传热效果，使液态制冷剂有适当的再冷度。

风冷式冷凝器的管簇排列有顺排和叉排两种。空气流过叉排管簇时，所受的扰动大于顺排管簇。试验表明，风冷式冷凝器管簇采用叉排时受到空气扰动而使其传热系数比采用顺排时的高10%以上。

沿空气流动方向的管排数越多，单位迎风面积的传热面积越大，但后面排管因受前排阻挡，传热量越小。为提高换热面积的利用率，管排数取2～6排为好。对于冷凝负荷较大的风冷式冷凝器，其外形除如图4-67所示一面进风外，还可以布置成为V形或U形，因空气从机组多面进风，所以在保证迎风面积的情况下，制冷机组可设计得更紧凑。

风冷式冷凝器的迎面风速一般取2～3 m/s，此时风冷式冷凝器的传热系数(以外表面积为准)为25～40 W/(m^2·K)，且随风速的变化而变化，其平均传热温差通常取10～15℃，以免需要的传热面积过大。

近年来，为了满足提高能效、减少体积和重量、铜材替代、减少制冷剂充注量等需求，微小通道风冷式冷凝器得到了快速发展。5 mm 管径铜管已应用于家用空调器换热器中。平行流冷凝器采用的铝合金挤压多孔扁管，其换热管当量直径一般为 1 ~ 2 mm，已在汽车空调中得到广泛应用，目前正在向家用空调器推广应用。由于管内两相换热的微小尺度效应，加之管外空气侧的优化设计，使得微小通道风冷式冷凝器比常规通道冷凝器传热系数提高，体积重量减小，制冷剂充注量减少。换热管当量直径为 1 ~ 2 mm 的微小通道冷凝器与目前常规通道管片式冷凝器在同等制冷量条件下，其系统能效比平均提高 30% 以上，体积减少 30% 以上，材料重量减少约 50%，制冷剂充注量减少 30% 以上。随着微通道加工工艺的提升和制作成本的降低，换热管当量直径有进一步减小的趋势。

风冷式冷凝器与水冷式冷凝器相比较，在冷却水充足的地方，水冷式设备的初投资和运行费用均低于风冷式设备；由于夏季室外空气温度较高，冷凝温度一般可达 50℃，为了获得同样的制冷量，采用风冷式冷凝器制冷压缩机的容量约需增大 15%。但是，采用风冷式冷凝器的制冷系统组成简单，不需水源，并易于构成空气源热泵，故目前中小型氟利昂制冷机组多采用风冷式冷凝器。

4.2.2　冷凝器的传热分析

冷凝器传热量的大小与传热面积(A)、对数平均温差(Δt_m)、传热系数(K)等因素有关。在已选定的冷凝器中，其传热面积是一定的，因而要提高它的传热量，除了提高对数平均温差外，还要提高传热系数。

冷凝器中的传热过程包括制冷剂的冷凝换热，通过金属壁、垢层的导热以及冷却剂的换热过程。冷凝器传热系数的大小，取决于冷凝器的结构、管内和管外的表面传热系数、管内和管外的污垢热阻、肋片与管子间的接触热阻等。

1. 制冷剂的冷凝放热

当蒸气与低于其饱和温度的冷壁面接触时，蒸气会发生凝结现象。通常的凝结过程按换热方式的不同可分为膜状凝结和珠状凝结等。制冷剂在冷凝器中的凝结一般是膜状冷凝，即冷凝时在冷壁面上形成一层连续流动的液膜。液膜形成后，蒸气的凝结在液膜表面上发生，凝结时制冷剂蒸气放出的热量必须通过液膜才能传到冷壁面。

影响冷凝换热的影响因素有很多，以下着重分析液膜厚度、不凝性气体、制冷剂的润滑油的影响作用。

(1)液膜厚度

制冷剂的冷凝换热系数主要取决于液膜的热阻，当液膜越厚，其冷凝换热系数越大。影响液膜厚度的主要因素有：

①与制冷剂的物理性质有关，如制冷剂的导热系数、动力黏滞系数、密度、汽化潜热等因素。

②与冷凝器的型式有关。由于表面形成的液膜一般是靠重力排除的，所以竖立的管子比水平的管子易排除，竖管外凝结时，管下膜层逐渐变厚，并由层流转为湍流；在水平管束外侧凝结时，管束中高处的管子形成的凝结液会滴落在低处的管子上，使低处的管子表面液膜变厚，水平管束在上下重叠的排数越多，这种影响就越大。立式壳管式冷凝器传热系数较小的原因之一便是其立管下部积有较厚的液膜层。

③与制冷剂蒸气的流速和流动方向有关。如在风冷冷凝器水平管内凝结时，当蒸气进口速度较低、冷凝热负荷较小时，管内凝结的流动结构是带有层流膜状凝结的气液分层流。当蒸气进口速度相当高，且凝结热负荷又比较大时，液膜被中间的蒸气流排挤到管的四周，出现两相环状流动，处于湍流状态，使冷凝换热系数增大。

如果冷凝液膜的流动方向与气流流动方向一致时，可使液膜迅速地流过换热表面，冷凝液体与传热面的分离较快，因此，液膜变薄，冷凝换热系数增大。反之，当液膜的流动方向与气流流动方向相反时，液膜层会变厚，换热系数就降低。

考虑到制冷剂蒸气的流速和流向对失热的影响，立式壳管式冷凝器的蒸气进口一般设在冷凝器高度三分之二处的筒体侧面，以避免冷凝液膜过厚而影响放热。

④与传热壁面粗糙度有关。传热壁面的粗糙度对冷凝液膜的厚度有很大影响。当壁面很粗糙或有氧化皮时，液膜流动阻增加并且液膜增厚，从而使换热系数降低。实验表明，传热壁面严重粗糙时，可使制冷剂冷凝换热系数下降20%～30%。所以，冷凝管表面应保持光滑和清洁，以保证有较大的冷凝换热系数。

目前强化凝结放热的方法主要是应用低肋铜管来提高管外膜状凝结的换热系数。因为在低肋管的肋片上，形成的凝结液膜较薄，其冷凝换热系数比光管高75%～100%。同时，其表面面积也比光管大得多，因此使冷凝器的体积显著缩小。在空调用的风冷冷凝器中常用内肋管来改善水平管内凝结放热过程。实验表明，由于内肋管改变了制冷剂的流动形式，强化了管内凝结换热，使得以肋管全部表面计算的冷凝换热系数比光管增加20%～40%。如果只按管内表面面积计算（不计肋的表面积），则换热系数比光管提高1～2倍。

（2）空气或其他不凝性气体

在制冷系统中，总会有一些空气或其他不凝性气体存在，这些气体随制冷剂蒸气进入冷凝器，在热流密度较小时，会显著降低冷凝换热系数。这是因为制冷剂蒸气凝结后，这些不凝性气体将附着在凝结液膜附近。在液膜表面上，不凝性气体的分压力增加，因而使得制冷剂蒸气的分压力降低。蒸气分压力的减小会大大影响制冷剂蒸气的冷凝换热，此外，气态制冷剂必须经过此膜层才能向冷却表面传热，从而使冷凝换热系数显著降低。实验证明，如在单位热负荷 $q<1163\ W/m^2$ 以下，当氨蒸气中含有2.5%的空气时，冷凝换热系数将由8140 $W/(m^2 \cdot K)$ 降到4070 $W/(m^2 \cdot K)$。但是，热流密度比较大时，气态制冷剂流速提高，带动不凝性气体膜层向冷凝器末端移动，从而对大部分冷凝表面影响不大。

为了降低不凝性气体对换热性能的影响，氟利昂系统由于空气与制冷剂分离较困难，所以在高压设备如冷凝器或高压储液器上直接设有放空气阀。

（3）蒸气含油

制冷剂蒸气中含油对凝结传热系数的影响与油在制冷剂中的溶解度有关。由于氨与油基本不相溶，润滑油会附着在制冷剂传热表面上形成油膜，造成附加热阻。由于氟利昂与油容易相溶，制冷剂含油将致使一定压力下的饱和温度提高，影响传热效果，所以，制冷剂的油质量分数宜小于5%。在制冷系统的设计中，通过设置高效的油分离器，以减少制冷剂蒸气的含油量。

2. 冷却剂的对流换热

冷凝器的冷却介质主要有水和空气。影响冷却剂侧的对流换热因素主要是冷却介质的性质，如水的传热系数比空气的大得多。

冷却介质的流速增大，将提高该侧的对流换热系数，使冷凝器的传热系数有所提高。但是由于冷却水流速增大，其流动阻力也将增加，并加速了水对管子的腐蚀，所以冷却水的流速不能无限增加，水冷式冷凝器的水流速限度如表4－8所示。一般从传热角度考虑，光管水流速的最小值一般取1 m/s，肋片管取1.5 m/s。使用海水冷却的钢管冷凝器的水流速小于0.7 m/s。对于氟利昂冷凝器，由于采用了低肋铜管，为强化换热，水流速度一般为1.7～2.5 m/s。

表4－8 水冷式冷凝器的水流速限度

使用时间/($h \cdot a^{-1}$)	1500	2000	3000	4000	6000	8000
水流速/($m \cdot s^{-1}$)	3.0	2.9	2.7	2.4	2.1	1.8

对于水冷式冷凝器，除了在限度内增加冷却水流速外，还可以采用肋管来提高表面传热系数。而风冷式冷凝器，由于空气侧的表面传热系数相对管内制冷剂凝结表面传热系数来说很小，提高冷凝器的传热系数主要在于提高空气侧的表面传热系数。影响表面传热系数大小的因素主要是其结构及形式。

①整体铝肋片形式的影响。波形片空气侧的表面传热系数比平片提高20%，条缝片比平片提高80%。

②传热管排列密度的影响。目前在空调器的肋片管换热器中管间距与管子外径之比大约为2.5。若增加管子的排列密度，即缩小管间距S_1，由于管子排列密度增加，促进了气流的扰动，缩小管束后空气滞留区，同时，肋效率η_f也提高了，所以使表面传热系数提高。实验证明，在管径、排列、肋片间距及实验条件等均不变的情况下，当S_1由25.4 mm变为20.4 mm时，其表面传热系数增加了34%。所以在空调用的风冷式冷凝器中，缩小管距是很有效的强化表面传热系数的措施之一。

③换热管形式的影响。扁椭圆管代替圆管将会提高表面传热系数。由22 mm×5 mm扁椭圆管和片厚0.3 mm开窗形翅片组成的椭圆管换热器（图4－48）进行的试验表明，在空气质量流速为5～10 kg/($m^2 \cdot s$)范围内，这种换热器空气侧换热系数表面传热系数比肋片管换热器（铝管外径10～12 mm，铝肋片厚0.2～0.3 mm）高18%～25%。目前已生产出扁椭圆管和板翅或肋片组成的风冷式冷凝器，如图4－49所示。

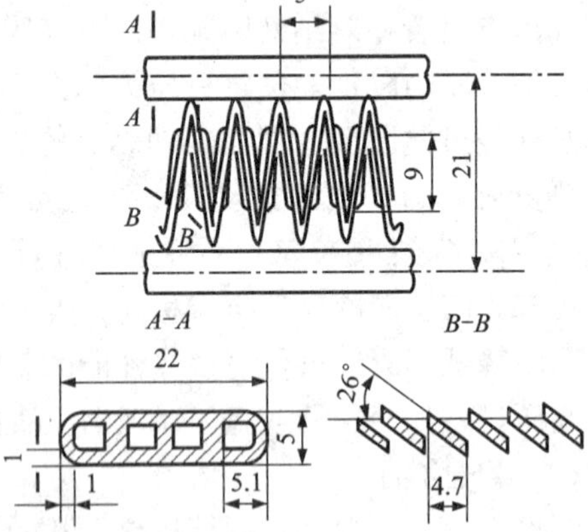

图4－48 椭圆管换热元件（单位：mm）

3. 污垢热阻

在水冷式冷凝器中，实际使用的冷却水不免含有某些矿物质和泥沙之类的物质，经长时间的使用后，在冷凝器的水侧换热面上会附着一层水垢。水垢层的厚度取决于冷却水质的好坏、冷凝器使用时间的长短及设备的操作管理情况等。

空气式冷凝器的空气侧换热表面在长期使用后，会被灰尘覆盖，或被锈蚀或沾上油污，这都会使冷凝器的传热情况恶化。

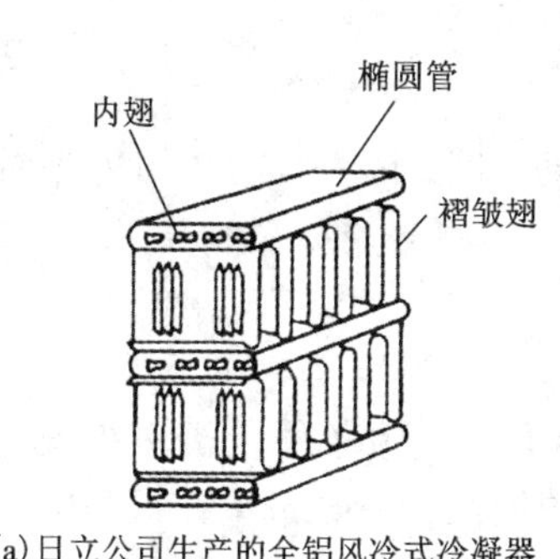

(a)日立公司生产的全铝风冷式冷凝器

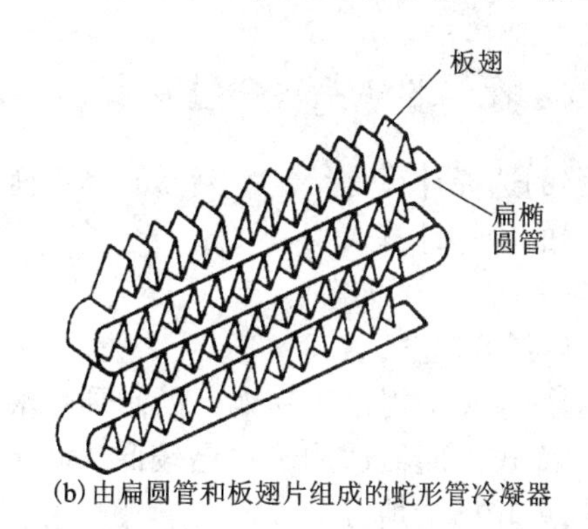

(b)由扁圆管和板翅片组成的蛇形管冷凝器

图4-49 扁椭圆管风冷式冷凝器

水垢、锈蚀以及其他污垢造成的附加热阻称污垢热阻 R_{fou}。设计和选用冷凝器时，应予以充分考虑。一般污垢热阻为 $0.44\times10^{-4}\sim0.86\times10^{-4}$ (m²·K)/W，如果是易蚀管材，污垢热阻要加倍。空气侧的热阻为 $0.1\times10^{-3}\sim0.3\times10^{-3}$ (m²·K)/W。各种冷却水的水侧污垢热阻数值可参照表4-9。

冷凝器中的污垢热阻 R_{fou} 对冷水机组性能的影响可参见图4-50。图中设计选用污垢热阻为 0.44×10^{-3} (m²·K)/W，ε_ϕ 为冷水机组实际制冷量与设计制冷量之比，ε_p 为冷水机组实际耗功率与设计耗功率之比，t_k 为冷凝温度。可以看出冷水机组制冷量随污垢热阻增加而呈线性降低，压缩机耗功率和冷凝温度随污垢热阻增加呈线性上升。

4. 管壁接触热阻

对于铜管，由于其导热系数大，可不考虑管壁接触热阻 R_p；对于钢管，则应考虑。

在肋片管冷凝器中，管壁接触热阻 R_c 的大小取决于两个因素。一是胀管率的大小，当胀管率减小时，接触热阻增加很快，一般胀管率控制为0.025～0.05 mm；二是肋片的翻边形式，一次翻边时，其接触热阻大于两次翻边的。铜管的接触热阻约占总热阻的10%，若肋片与基管接触不严，其接触热阻可取 0.86×10^{-3} (m²·K)/W。

表4-9 冷却水侧的污垢热阻 R_{fou}

[单位：**10^{-3}**(m²·K)/W]

冷却水的种类	水流速≤1 m/s	水流速≥1 m/s
海水	0.1	0.1
冷却塔循环水（经处理）	0.2	0.2
冷却塔循环水（未经处理）	0.5	0.5
沉淀后的河水	0.3	0.2
污浊的河水	0.5	0.3
自来水	0.2	0.2

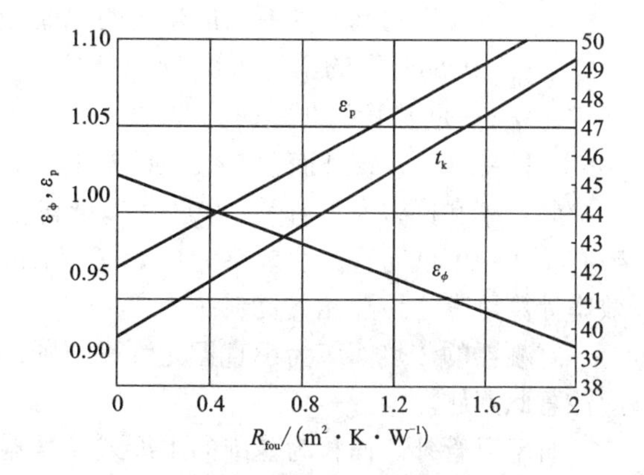

图4-50 污垢热阻与冷水机组性能

（蒸发器出口水温6.7℃，冷凝器进口水温29.4℃）

4.2.3 冷凝器的选择计算

冷凝器的选择计算是给定冷凝器的热负荷及工况条件，计算所需要的传热面积和结构尺寸。冷凝器的传热计算式为

$$Q_k = K_k A \Delta t_m \tag{4-25}$$

1. 冷凝器的选型

冷凝器的选型应考虑工程地区的水质、水温、水量、气象条件及机房布置等情况，一般原则为：水冷式冷凝器适用于水温较低、水质较好的地区，一般布置在机房内；风冷式冷凝器布置在通风较好的地方。

2. 传热系数

传热系数 K 可按传热学的基本公式进行计算。对于采用光管的冷凝器，以外表面为基准的传热系数为

$$K_k = \left[\frac{1}{h_o} + \frac{\delta_p}{\lambda_p} \cdot \frac{A_o}{A_m} + R_{of} + \left(R_{if} + \frac{1}{h_i}\right)\frac{A_o}{A_i}\right]^{-1} \tag{4-26}$$

式中：h_o、h_i——管外、管内的表面传热系数，W/(m^2 · K)；

δ_p——管子的厚度，m；

λ_p——管子导热系数，W/(m · K)；

R_{of}、R_{if}——管外、管内的污垢热阻，(m^2 · K)/ W；

A_o、A_i、A_m——管外面积、管内面积及管内外表面积的平均值，m^2。

对于肋片管束(如风冷式冷凝器)，应考虑肋效率。这样，若以基管表面温度为准，基管对流换热系数为 η_o时，作为冷凝器(只有干工况情况)肋片管外的对流换热系数，即上式管外表面传热系数应为

$$\eta_{fb} h_o = \frac{\eta_f A_f + A_p}{h_o A_{of}} \text{ W/(m}^2 \cdot \text{K)} \tag{4-27}$$

式中：η_{fb}——肋片管效率，表征肋片管与光管之间的温度效应，也就是考虑肋片热阻后的整个换热表面的效率；

η_f——肋效率，表征肋片散热的有效程度的参量，即实际散热量与假设整个肋表面处于肋基温度下的散热量的比值，为一个小于 1 的数；

A_p——肋片管的基管面积，m^2；

A_f——肋片管的肋片面积，m^2；

A_{of}——肋管管外面积，$A_{of} = A_p + A_f$，m^2。

肋效率和许多参数有关，如肋片当量高度、肋片的形状参数，而这两个参数又与多个参数有关。一般低肋管的肋效率为 0.7 ~ 0.8，低螺纹的紫铜管的肋效率约为 1。各种肋片的肋效率计算可参考传热相关资料。

冷凝器的传热面多为小直径光管或肋管，内外两侧传热面积相差较大，计算传热系数时应注意此问题。

对于以管外表面积为基准的水冷式冷凝器，光管时

$$K_k = \left[\left(\frac{1}{h_z} + R_{oil}\right) + R_p \cdot \frac{A_o}{A_m} + \left(R_{fou} + \frac{1}{h_W}\right)\frac{A_o}{A_i}\right]^{-1} \tag{4-28}$$

肋管时

$$K_k = \left[\left(\frac{1}{h_{cfz}} + R_{oil} \right) + R_p \cdot \frac{A_o}{A_m} + \left(R_{fou} + \frac{1}{h_W} \right) \frac{A_o}{A} \right]^{-1} \tag{4-29}$$

式中：h_z——制冷剂在光管管束外的冷凝表面传热系数，W/(m² · K)；

h_{cfz}——制冷剂在肋管管束外的冷凝表面传热系数，W/(m² · K)；

h_W——冷却水在管内的对流表面传热系数，W/(m² · K)；

R_p——管壁热阻，(m² · K)/W；

R_{oil}——油膜热阻，(m² · K)/W；

R_{fou}——污垢热阻，(m² · K)/W。

对于以外表面积为基准的风冷式冷凝器

$$K_k = \left[\frac{1}{h_a} + (R_c + R_p) \cdot \frac{A_o}{A_m} + \frac{\tau}{h_{cn}} \right]^{-1} \tag{4-30}$$

式中：h_a——空气的对流表面传热系数，W/(m² · K)；

h_{cn}——制冷剂水平管内的冷凝表面传热系数，W/(m² · K)；

R_c——接触热阻，(m² · K)/W；

τ——肋化系数，即肋片管总外表面积与内表面积之比。

对于以外表面积为基准的水平蛇形盘管蒸发式冷凝器，当忽略水膜热阻时

$$K_k = \left[\frac{A_o}{A_i h_{cnf}} + \frac{A_o R_{oil}}{A_i} + R_p \frac{A_o}{A_m} + R_{fou} + \frac{1}{h_{ow}} + \frac{1}{h_j} \right]^{-1} \tag{4-31}$$

式中：h_{ow}——管外表面与水膜的对流换热系数，W/(m² · K)；

h_j——管外空气当量对流换热系数，W/(m² · K)。

在一般的选择计算中，通常直接用工厂提供的传热系数或热流密度。表4-10是各种冷凝器的热力性能推荐值。

表4-10 各种冷凝器的热力性能

冷凝器形式	制冷剂种类	传热系数 K_k/(W · m⁻² · K⁻¹)	热流密度 ψ /(W · m⁻²)	平均传热温差 Δt_m/℃	使用条件
卧式壳管式	氟利昂(低肋管)	700～900	3500～5000	5～7	水流速1.7～2.5 m/s
	氟利昂(高效管)	1000～1500	5000～7000	5～7	
套管式	氨、氟利昂	1000～1200	4000～6000	4～6	水流速1～2 m/s
蒸发式	氨	600～750	1800～2800	3～4	单位面积循环水量0.12～0.16 m³/(m² · h)，单位面积通风量300～340 m³/(m² · h)
	氟利昂	500～700	1500～2600	3～4	
空气冷却式(强制对流)	氨、氟利昂	25～35	250～350	8～12	空气迎面风速2～3 m/s
板式换热器	氨	1800～2500			水流速0.2～0.6 m/s
	氟利昂	1650～2300			

4.3 蒸发器

4.3.1 蒸发器的种类及特点

在制冷循环中，来自冷凝器的液态制冷剂经节流后在蒸发器中汽化吸热，使被冷却介质的温度降低，达到制冷的目的。因此蒸发器是制冷系统中的一种热交换设备，具有制取和输出冷量的作用。

1. 按被冷却介质分类

按被冷却介质分类，有冷却液体载冷剂的蒸发器和冷却空气的蒸发器。

2. 按制冷剂供液方式分类

按制冷剂供液方式分类，有满液式蒸发器和干式蒸发器。满液式如图 4－51(a)所示，制冷剂经节流阀节流，再经过气液分离后，液体制冷剂进入蒸发器内。这种蒸发器内充满液态制冷剂，液态制冷剂和传热面充分接触，沸腾换热系数高，所以满液式蒸发器的传热效果好。但是需充入大量制冷剂，液柱对蒸发温度将会有一定影响。而且当采用与润滑油相溶的制冷剂时，润滑油难以返回压缩机。

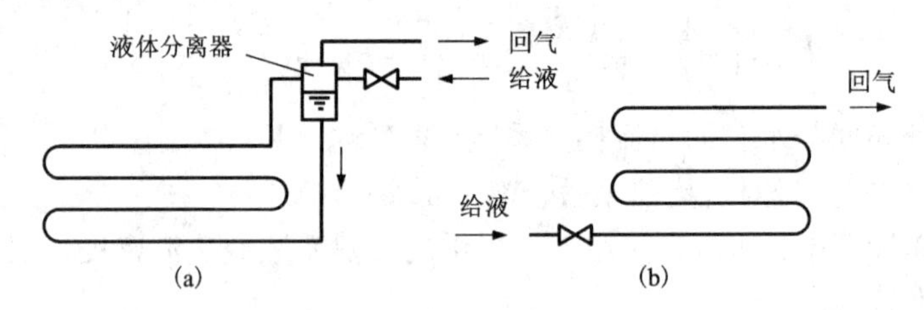

图 4－51　蒸发器的形式

(a)满液式；(b)干式

干式如图 4－51(b)所示，制冷剂经节流阀节流后直接进入蒸发器内，制冷剂呈气、液两相，随着制冷剂在蒸发器管内的流动，并不断吸收管外载冷剂的热量而汽化，蒸发器内气相制冷剂增多。由于一部分传热面积与气相制冷剂相接触，因此干式蒸发器的传热系数比满液式蒸发器差。但这种蒸发器克服了满液式蒸发器的回油、液柱问题，另外，它的制冷剂充注量只是满液式的 1/3～1/2 甚至更少。属于这类蒸发器的有干式壳管式蒸发器、直接蒸发式空气冷却器和冷却排管等。

空调用制冷装置主要采用满液式蒸发器和干式蒸发器。

4.3.2 蒸发器的结构

1. 冷却液体载冷剂的蒸发器

冷却液体载冷剂的蒸发器主要采用壳管式蒸发器和板式蒸发器，壳管式蒸发器与卧式壳管式冷凝器的结构相似，即一平放的圆筒，内置传热管束，主要有满液式蒸发器、干式蒸发器和降膜式蒸发器三种。

(1)满液式蒸发器

满液式蒸发器的筒体由钢板卷板后焊制而成，筒体两端焊有管板，多根水平传热管穿过管板后，通过胀接或焊接的方式与管板连接。两端管板外侧装有带分程隔板的封盖，靠隔板将水平管束分为几个管组（流程）。载冷剂由端盖下部接口管进入蒸发器的水平管束，按顺序流过各管组，这样的设计有利于提高管中的液体流速，增强传热。被冷却的载冷剂再由端盖上部接口管流出。载冷剂在管内流速要求为1～2 m/s。经膨胀阀降压的液态制冷剂由筒体下部进入蒸发器，淹没传热管束，在管外蒸发。为了防止液体为压缩机所吸入，在蒸发器上部设有液体分离器（回气包），以分离蒸气中夹带的液体。

满液式卧式管壳式蒸发器中制冷剂充满高度应适中。充满高度过高，由于蒸发器内制冷剂沸腾形成大量泡沫而可能造成回汽中夹带有液体；反之，制冷剂不足，使部分传热面不与制冷剂接触，而降低了蒸发器的传热能力。因此，对于氟利昂蒸发器，由于氟利昂产生泡沫现象比较严重，充满高度为筒径的55%～65%，对于氨蒸发器，充满高度一般为筒径的70%～80%。

满液式蒸发器制冷剂充注量大，且有回油问题，以前多用在价格较低廉且难与润滑油相溶的氨制冷系统中。近年来，出于提高制冷机组性能系数的需要，氟利昂制冷剂冷水机组采用满液卧式壳管蒸发器逐渐增多。

氟利昂卧式壳管满液式蒸发器如图4－52所示，由于氟利昂和润滑油在蒸发温度部分互溶，且润滑油密度小于氟利昂，故在氟利昂卧式壳管满液式蒸发器液态制冷剂上部液体中存在一个集油层。回油措施有：①在蒸发器液位附近水平方向开几个回油口，利用压缩机的高压排气，把蒸发器内含油浓度较高的液体连续引射回压缩机；②在蒸发器液体附近水平方向开几个回油口，利用压缩机吸气管中高速气流把含油浓度较高的液体带回压缩机；③在蒸发器液位附近上下方向开两个回油口，利用高度差，使含油浓度较高的液体落入集油容器，利用压缩机高压排气把这些液体压回压缩机；④蒸发器液位附近开一个回油口，利用高度差，使含油浓度高的液体流入热交换器。在热交换器中，混合液体的液体制冷剂吸收从冷凝器来的高温液体的热量而蒸发，剩余的油被压缩机高压排气压回压缩机。

卧式壳管蒸发器结构紧凑，传热性能好，制造工艺简单。为了强化氟利昂侧的沸腾换热，其卧式壳管蒸发器采用低肋铜管。但是这种蒸发器存在两个缺点：其一，使用时需注意蒸发压力的变化，避免蒸发压力过低导致冷冻水冻结，胀裂传热管。当冷却普通淡水时，其出水温度应控制在3℃以上。其二，蒸发器水容量小，运行过程的热稳定性差，水温易发生较大变化。

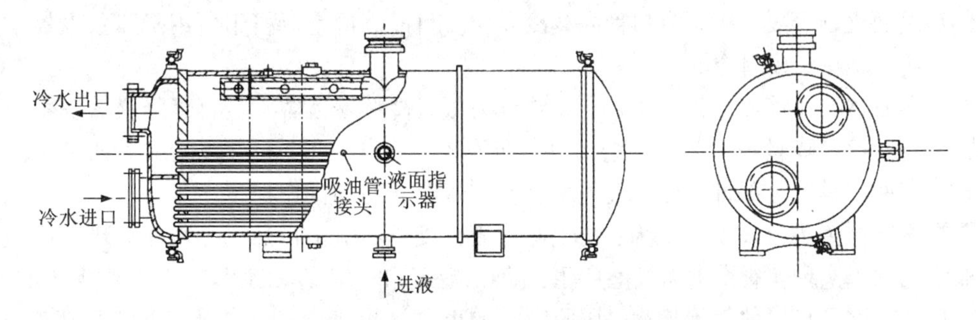

图4－52　氟利昂卧式壳管满液式蒸发器

（2）干式蒸发器

干式壳管蒸发器的构造与满液式壳管蒸发器相似，它与满液式壳管蒸发器的主要不同点在于：制冷剂在管内流动，而被冷却液体在管束外部空间流动，筒体内横跨管束装有若干块隔板，以增加液体横掠管束的流速。

液态制冷剂经膨胀阀降压，从下部进入管组，随着在管内流动不断吸收热量，逐渐汽化，直至完全变成饱和蒸气或过热蒸气，从上部接管流出，返回压缩机。由于蒸发器的传热面几乎全部与不同干度的湿蒸气接触，故属于非满液式蒸发器，其充液量只为管内容积的40%左右，而且管内制冷剂流速大于一定数值(约4 m/s)即可保证润滑油随气态制冷剂顺利返回压缩机。此外，由于被冷却液体在管外，故冷量损失少，还可以缓解冻结危险。

干式壳管蒸发器按照管组的排列方式不同可分为直管式和U形管式两种，见图4-53。

直管式干式壳管蒸发器可以采用光管或具有多股螺旋形微内肋的高效蒸发管作为传热管。由于载冷剂侧的对流换热系数较高，所以一般不用外肋管。因为随着制冷剂沿管程流动，其蒸气含量逐渐增加，所以后一流程的管数应多于前一流程，以满足蒸发管内制冷剂湿蒸气比容逐渐增大的要求。

U形管式干式壳管蒸发器的传热管为U形管，从而构成制冷剂为二流程的壳管式结构。U形管式结构可以消除由管材热胀冷缩而引起的内应力，且可以抽出来清除管外的污垢。再者，制冷剂在蒸发器中始终沿着同一管道流动，而不相互混合，因而传热效果较好。

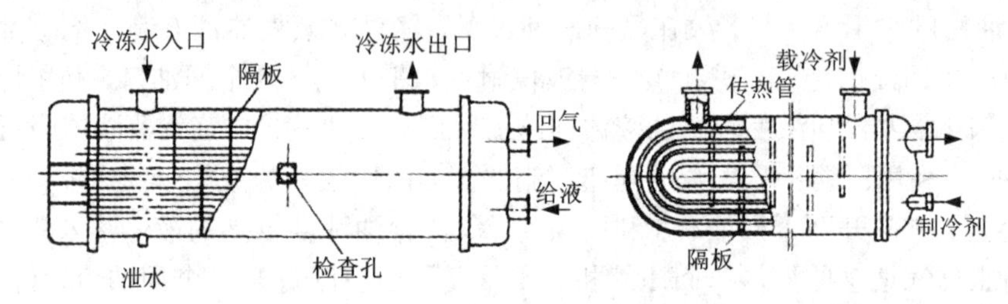

图4-53 干式壳管蒸发器

(a)直管式；(b)U形管式

(3)降膜式蒸发器

降膜式蒸发器是一种高效的蒸发设备，具有温差小、滞留时间短、工作寿命长、结构紧凑、效数(单效或多效)不受限制等优点。它的主要传热方式是降膜蒸发，制冷工质从蒸发器顶端经布液器后均匀分布到蒸发管上，重力作用下在蒸发管外绕流并形成一层液膜，吸收管内流体热量而逐渐蒸发，从而冷却管内载冷介质。目前制冷空调机组所用降膜蒸发器工质主要为水、氨水以及少数制冷剂。

降膜蒸发器按布液器的形式不同，主要分为板式降膜蒸发器、竖直管降膜蒸发器及水平管降膜蒸发器等。降膜蒸发器主要结构包括布液器、蒸发元件、排气系统等，如图4-54所示。其中布液器是关键部件，在很大程度上影响传热性能和操作稳定。

降膜蒸发器传热分段模型认为：在较低热流密度下，由于传热温差较小，热量传递主要依靠液膜流动来实现，液膜中无气泡产生，随热流密度的增大，在管壁处会产生少量的气泡，此时的热流密度不足以使气泡增大、摆脱液膜的束缚溢出表面，但由于气泡的存在，多少对液膜起到一定的扰动作用，对流换热也相应部分加强，该过程称为表面蒸发阶段，如图4-55所示。此时，管外换热系数 h_0 主要与流体的流动参数 R_e、P_r 等有关，在一定程度上，也与热流密度有关；随着热流密度的进一步增大，管外更多的凹穴成为汽化核心，液膜内开始产生大量的气泡，液膜的沸腾现象明显，波动性增强，降膜蒸发过程处于沸腾蒸发阶段，热量传

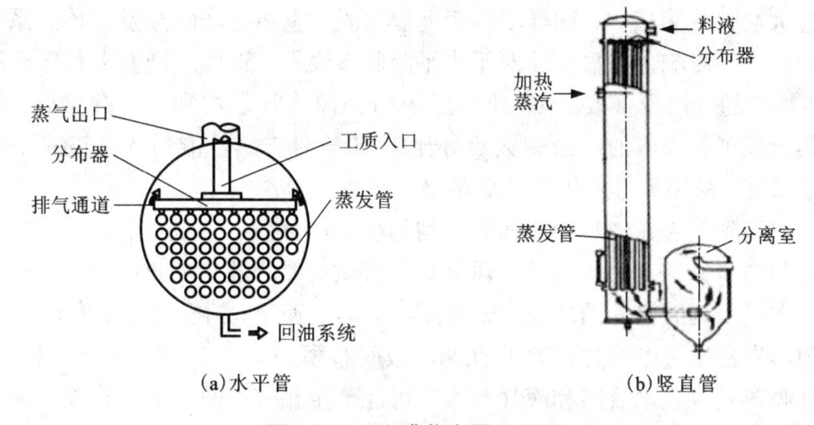

图4-54 降膜蒸发器原理图

递主要依靠气泡来实现，此时，管外换热系数 h_0 主要与壁面特性如表面粗糙度 R_p 和液体临界参数 T_{cr}、p_{cr} 等有关。当热流密度继续增大时，在液膜比较薄的区域就会由于蒸发较快而产生干斑，局部壁面温度急剧增大，使换热效果恶化，这种情况应尽量避免。

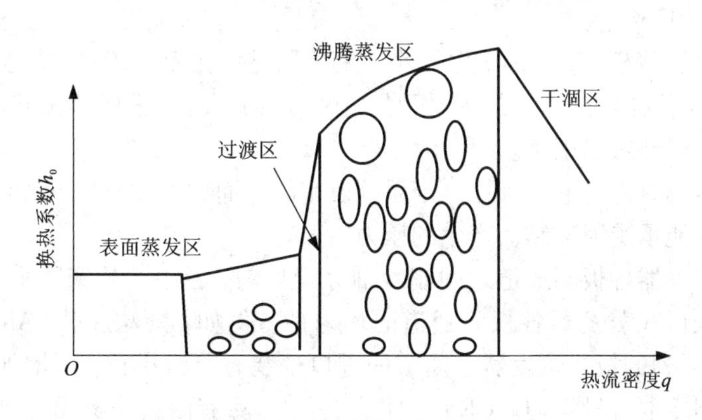

图4-55 水平管降膜蒸发的特性曲线

降膜蒸发器流动与传热性能的影响因素，除上所述的热流密度外，还有制冷剂质量流量、温度、喷淋密度、几何参数等。

降膜蒸发器液膜很薄且处于层流状态时，传热过程是薄膜导热；随着质量流量的增加，液膜处于波动状态，传热机理是自然对流，在较大温差下，同时也有核态沸腾发生。因此，由于工况的不同，传热机理也不尽相同，质量流量对降膜蒸发器性能的影响大小是有差异的。

温度是降膜蒸发器传热性能的一个非常重要的因素。试验研究发现：在不同试验条件下总传热系数随蒸发温度的升高而增大；传热温差的增大对传热系数影响降低；提高加热壁初温可以强化蒸发；低过热度时，湍动易形成漩涡阻碍薄膜导热，但有利于对流传热；过热度大于 30 K 后，开始核态沸腾，此时湍流有利于气泡的扰动从而强化换热，使传热系数明显升高。由此可见，大温差并不一定会提高薄膜蒸发的传热性能，小温差传热使降膜蒸发器具有无可比拟的优越性。

喷淋密度对降膜蒸发器获得高传热系数很重要，因为喷淋密度太小管壁会产生“干斑”，而喷淋密度过大会使热阻增大，同样不利于薄膜蒸发。此外，降膜蒸发器传热系数受加热元件形状和表面状况等影响也很显著。对于水平降膜蒸发器，管程下进上出布置且浸没管数较少时，整体传热会随其浸没管数增多而增大，不过当浸没管数达到一定数量后，传热性能保持不变。有实验发现满液区的浸液管数百分比为40%时传热性能最优。正三角形布管比矩形布管传热效果好，采用叉排式传热性能最好。

布膜好坏关系到是否在加热壁表面形成均匀稳定的液膜，避免干涸，亦是有效传热的必要条件。新型的布膜方法有：利用毛吸现象对竖直微沟槽降膜结构进行布膜，通过马兰戈尼效应增加液体在微结构腔内的循环流，显著提高了蒸发速率，避免干涸；利用电磁流体动力学原理使降膜蒸发器通过电磁力(EHD)在两电极间布膜。

由于在降膜蒸发过程中液固和液气界面都可能产生相变换热，所以其传热系数很高。再加上满液式蒸发器虽具有较高的传热系数，但制冷介质的充注量较大，所以制冷介质充注量可明显减少的降膜蒸发传热技术逐渐引起关注。

(4)板式蒸发器

它与焊接板式冷凝器的结构相似，仍分为两种结构形式，即半焊接板式蒸发器和全焊接板式蒸发器。焊接板式蒸发器除了具有结构紧凑性高、传热性能好、板片间隙窄和内容积小等特点外，还具有如下特点：

①与壳管式蒸发器相比，冻结危险性小。其原因是水在板式蒸发器的板间通道里形成强烈的紊流，使板式蒸发器的冻结可能性相对变小。同时，由于板式蒸发器的传热性能良好，水与制冷剂的传热温差可以很小。

②板式蒸发器具有高度的抗冻性。当系统发生故障而使蒸发器出现冻结时，板式换热器较传统的蒸发器更能承受因冻结而产生的压力。

为了使板式蒸发器各板间通道之间制冷剂分配均匀，各生产厂家常采取一些技术措施，以保证制冷剂进入板式蒸发器各板间通道的均匀性。例如，阿法拉伐(Alfa - Laval)公司在CB51、CB75两个系列的板式蒸发器各通道的进口处装有节流小孔，用增加局部阻力的办法来保证各通道的制冷剂流量均匀。GEA技术设备(上海)有限公司提出一种雾化器专利。在板数较多时(一般片数多于30片时)，必须安装GEA雾化器。雾化器是一块非常致密的圆形铜丝网，安装在制冷剂进口处，如图4-56所示。它将制冷剂雾化成为微小液滴，这种均匀的雾状流伴随气态制冷剂均匀地流入各板间通道，以充分利用板式蒸发器的换热面积。

表4-11对以上介绍的冷却液体载冷剂的蒸发器的特点进行了比较。

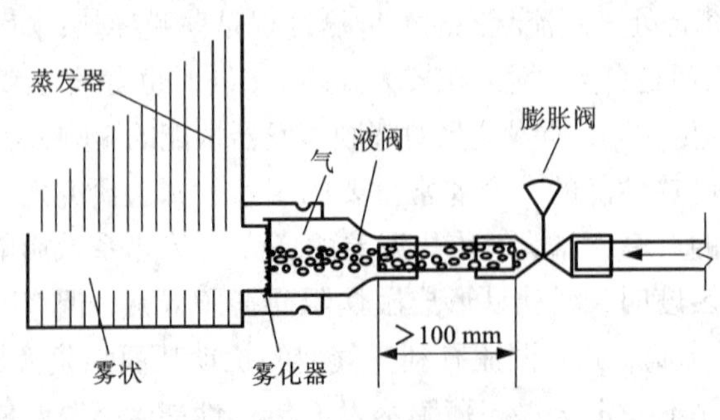

图4-56 雾化器安装位置

表4-11 冷却液体载冷剂的蒸发器的特点

项目	水箱式蒸发器	卧式壳管蒸发器	干式蒸发器	板式蒸发器
水容量	水容量大	水容量小	水容量较小	水容量小
冻结危险性	无冻结危险	有冻结危险	冻结危险性较小	冻结危险性小
结构	结构较庞大	结构紧凑	结构紧凑	结构紧凑
腐蚀性	易腐蚀	腐蚀缓慢	腐蚀缓慢	耐腐蚀
适用性	只适用于开式水系统	适用于开式和闭式水系统	适用于开式和闭式水系统	适用于开式和闭式水系统

2. 冷却空气用干式蒸发器

这类蒸发器的制冷剂在蒸发器的管程内流动，并与在管程外流动的空气进行热交换，按空气流动的原因，冷却空气的蒸发器可分为自然对流式和强迫对流式两种。自然对流式冷却空气的蒸发器常应用在空气流动空间不大的冷库和冰箱等小型制冷装置中，它依靠自然对流换热方式使空间内空气冷却，管内的制冷剂流动并蒸发，从而吸收被冷却物的热量。

这种蒸发器结构简单、制作方便，由于管外空气侧的对流换热系数较小，所以传热系数较低，面积大，消耗金属多。由此，一般在管外加设肋片，增加空气侧的换热面积，以强化换热，强化程度与管束的排列、肋片形式有关。

空调系统中采用的直接蒸发式空气冷却器是强迫对流式冷却空气的蒸发器。由几排带肋片的盘管和风机组成，依靠风机的强制作用，使被冷却房间的空气以1～3 m/s的流动速度（迎面风速）从盘管组的肋片间流过。管内制冷剂吸热汽化，管外空气冷却降温后送入房间。这种蒸发器的传热系数约为自然对流翅片管的3～5倍。因此，具有结构紧凑、能适应负荷的变化、易于实现自动控制等优点。

肋管的形式较多，有绕片管、轧片管、缠丝管、套片管等。肋片有圆肋片、正方形肋片、矩形肋片、正六边形肋片以及连续整体肋片，见图4-57；连续整体肋片又有平肋片、波纹肋片和冲缝肋片，见图4-58。

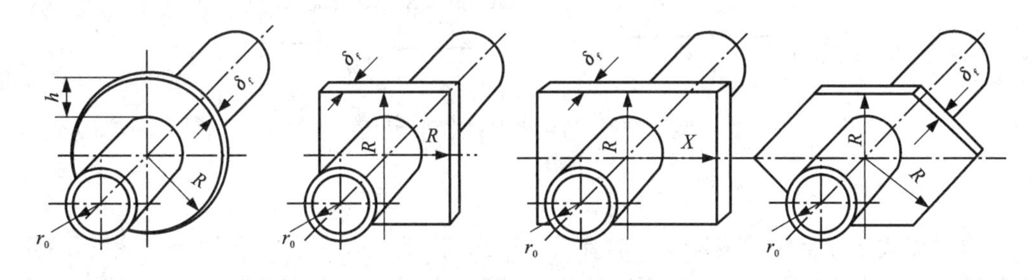

图4-57 肋片形式

(a)圆肋片；(b)正方形肋片；(c)矩形肋片；(d)正六边形肋片

一般肋片厚度为0.12～0.25 mm，节距为1.5～4 mm（冷却空气温度低于-10℃时，节距增大至5～6 mm或更大），肋高为(0.6～0.7)d_o（基管外径）。而基管多为铜管，管径为10～16 mm，壁厚为0.35～0.75 mm，必要时可达1.0 mm。

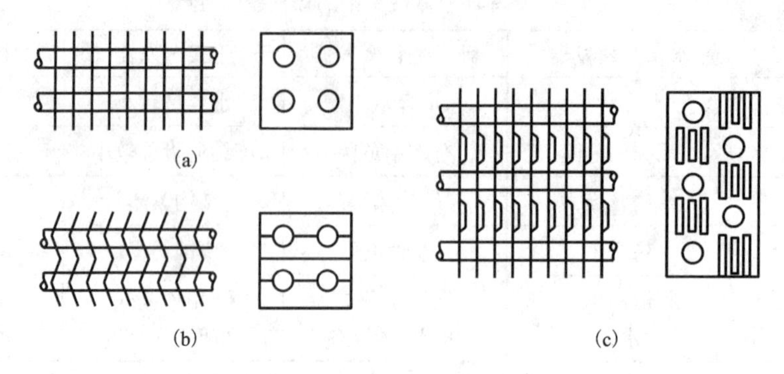

图4-58 连续整体肋片

(a)平肋片；(b)波纹肋片；(c)冲缝肋片

肋片管束蒸发器的片距，根据用途不同有宽有窄。片距愈窄，蒸发器的紧凑性指标愈大，但空气流动阻力大，空气通路容易堵塞。供空调工程用的蒸发器片距通常为2~3 mm；当蒸发器除湿量大时，为了避免凝结水堵塞，以3.0 mm为宜。供除湿机用的蒸发器，由于在肋片间有很多凝结水，阻止空气流通，片距一般为4~6 mm。温度低于0℃的蒸发器，由于存在结霜问题，则它的片距应更大一些，一般为6~12 mm。

蒸发器的排深一般为3~8排，仅在特殊情况(如要求大焓降)时可多于8排。常见的管束排列有顺排和叉排两种，如图4-59所示。蒸发器的迎面风速为2~3 m/s，一般取2.5 m/s。当迎面风速过高时，肋片间的凝结水容易被风吹出。

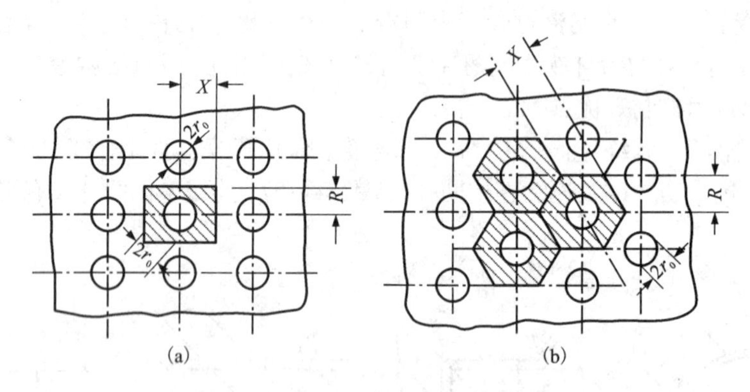

图4-59 肋片管束的排列示意图

(a)顺排；(b)叉排

强迫对流式冷却空气的蒸发器一般有很多制冷剂通路。为了保证各通道供液量和制冷剂干度相同，节流后的气液混合物必须经过分液器和毛细管再进入蒸发器的每一通路。分液器保证了制冷剂气液比相同，而毛细管内径很小，有较大的流动阻力，从而保证了制冷剂分配时供液量均匀。

目前常见的几种分液器结构形式如图4-60所示。其中(a)所示的是离心式分液器，来自节流阀的制冷剂沿切线方向进入小室，经充分混合的气液混合物从小室顶部沿径向分送到各通路。(b)、(c)为碰撞式分液器，来自节流阀的制冷剂以高速进入分液器后，首先与壁面碰撞使之成为均匀的气液混合物，然后再进入各通路。(d)、(e)为降压式分液器，其中(d)是文氏管型，其压力损失较小。这种类型的分液器是使制冷剂首先通过缩口，增加流速以达到气液充分混合、克服重力影响的目的，从而保证制冷剂均匀地分配给各通路。这些分液器可水平安装，也可垂直安装，但多为垂直安装。

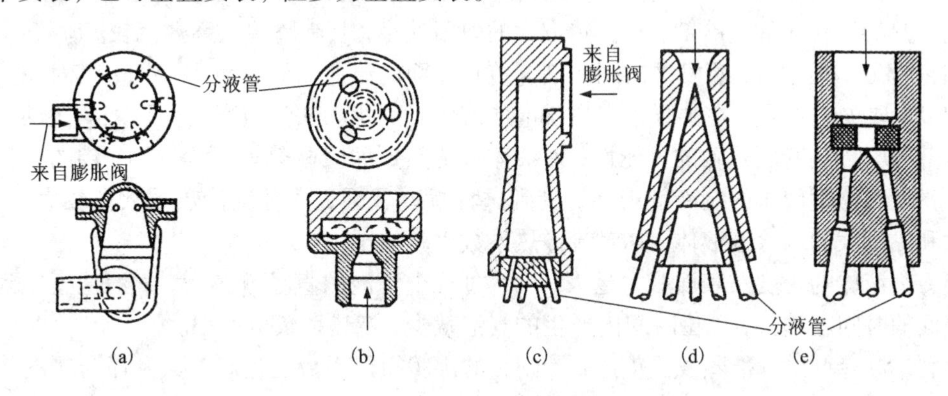

图4-60 典型的分液器示意图

(a)离心式分液器；(b)碰撞式分液器；(c)碰撞式分液器；(d)降压式分液器；(e)降压式分液器

4.3.3 蒸发器的传热分析

蒸发器是制冷装置中的换热设备之一。其传热过程包括制冷剂侧的沸腾换热，被冷却介质(空气、水或盐水)侧的对流换热以及管壁与管壁附着物的导热。因此，蒸发器传热效果的好与坏，也像冷凝器一样，取决于管外和管内的换热系数、管壁与管壁附着物热阻的大小。而不同的只是制冷剂的沸腾换热系数与制冷剂冷凝时的表面传热系数不同。

本节主要讨论制冷剂在蒸发器内的沸腾换热问题和沸腾换热系数的主要影响因素。

液体内部进行的汽化过程，称为“沸腾”；在液体表面进行的汽化过程称之为“蒸发”。在制冷装置中，虽然将制冷剂汽化产生和输出冷量的设备称为蒸发器，但是制冷剂液体在蒸发器内的热力过程却是低温下的沸腾过程。也就是说，蒸气压缩式制冷装置利用制冷剂液体在低温下沸腾吸热的特性来实现制冷。因此，分析制冷剂液体沸腾换热过程是十分重要的。

由传热学可知，制冷剂在蒸发器管束的粗糙不平、黏附污垢及有泡沫的地方首先生成气泡，热量不断地传入气泡，使气泡增大。当气泡大到一定尺寸时，就脱离壁面上升，上升中，气泡沿程吸热，使气泡继续变大，最后逸出液面。制冷剂的沸腾就是这样不断地进行的。因此，液体的沸腾换热系数与液体的物性、管表面粗糙度、液体对管束表面的润湿能力、热流密度、蒸发压力(蒸发温度)和蒸发器结构形式等因素有关。

制冷剂在干式壳管蒸发器、直接蒸发式空气冷却器、蛇管水箱式蒸发器、顶排管等蒸发器内的沸腾换热是典型的制冷剂在管内的沸腾换热。节流后的制冷剂进入蒸发器管内，马上形成管内沸腾。制冷剂在管内流动沸腾与大空间内沸腾不同，管壁上产生气泡，变大后脱离壁面并加入液体中，和液体一起在管内流动，形成气-液两相流动。故管内沸腾换热涉及管内两相流的流动问题。随着汽化过程的进行，沿管长的含气量逐渐增加。这时沸腾换热强度不仅与汽化过程本身有关，同时也与气液两相流动状态有关。因此，制冷剂在管内的沸腾换热系数取决于制冷剂液体物性、蒸发压力、热流密度、管内流体的流速、管径、管长、流体的流向以及管子的位置等因素。

下面分析影响沸腾换热的主要因素。

(1)制冷剂液体物理性质的影响

制冷剂液体的热导率、密度、黏度和表面张力等有关物理性质对沸腾传热系数有着直接的影响。热导率较大的制冷剂，在传热方面的热阻就小，其沸腾传热系数就较大。

在正常工作条件下，蒸发器内制冷剂与传热壁面的温差一般仅为2~5℃，其对流换热的强烈程度，取决于制冷剂在沸腾过程中气泡使液体受到扰动的强烈程度。强烈的扰动增加了液体各部分与传热壁面接触的可能性，使液体从传热壁面吸收热量更为容易，沸腾过程更为迅速。密度和黏度较小的制冷剂液体，受到这种扰动较强，其对流传热系数便较大。反之，密度大和黏度大的制冷剂液体，其对流传热系数也就较小。

制冷剂液体的密度及表面张力越大，汽化过程中气泡的直径就较大，气泡从生成到离开传热壁面的时间就越长，单位时间内产生的气泡就少，传热系数也就小。

氟利昂制冷剂的标准蒸发温度越低，则它的沸腾换热系数也越高。氟利昂与氨的物理性质有着显著的差别，一般来说，氟利昂的热导率比氨的小，密度、黏度和表面张力都比氨的大，氨比氟利昂的沸腾表面传热系数要大。

(2)制冷剂液体润湿能力的影响

如果制冷剂液体对传热表面的润湿能力强，则沸腾过程中生成的气泡具有细小的根部，能迅速从传热表面脱离，传热系数也就较大。反之，沸腾中生成的气泡根部很大，减少了气泡核心的数目，甚至沿传热表面形成气膜，使表面传热系数显著降低。

(3)制冷剂沸腾温度的影响

制冷剂液体沸腾过程中，蒸发器传热壁面上单位时间生成的气泡数目越多，则沸腾传热系数越大。而单位时间内生成的气泡数目与气泡从生成到离开传热壁面的时间长短有关，时间越短，则单位时间内生成气泡数目越多，反之亦然。此外，如果气泡离开壁面的直径越小，则气泡从生成到离开的时间越短。气泡离开壁面时，其直径的大小是由气泡的浮力及液体表面张力的平衡来决定的。浮力促使气泡离开壁面，而液体表面张力则阻止气泡离开。气泡的浮力和液体表面张力又受饱和温度下液体和蒸气的密度差的影响。气泡的浮力和密度差成正比，而液体的表面张力与密度差的四次方成正比。因此，随着密度差的增大，液体表面张力的增大速度比气泡浮力增大的速度快得多，这时气泡只能依靠体积的膨胀来维持平衡，因此气泡离开壁面时的直径就大。相反，密度差越小，气泡离开壁面的直径就越小，而密度差的大小与沸腾温度有关，沸腾温度越高，饱和温度下的液体与蒸气的密度差越小，汽化过程就会越迅速，传热系数就越大。

(4)制冷剂的管内流速或质量流速的影响

制冷剂的管内流速或质量流速越大，管内沸腾换热系数越高。因此可以减小传热温差，提高蒸发温度；然而，流速的加大，必将引起传热管内制冷剂压力降的增加，致使蒸发器出口处制冷剂压力低于进口处压力，相应的蒸发温度 t_{02} 低于 t_{01}，致使压缩机吸气压力降低，压缩机制冷能力下降，能耗增加。因此，必然存在最优质量流速，如图4-61所示。

(5)蒸发压力和热流密度的影响

例如R22在卧式壳管蒸发器的管束上沸腾时，管束平均表面传热系数随着蒸发压力的升高而增加，随着热流密度的增大而增加。氟利昂在低肋管上沸腾时，蒸发压力和热流密度以及管排数对沸腾表面传热系数的影响要比光管管束小。

制冷剂在管内沸腾换热时，其换热系数随着蒸发温度的降低而降低。例如，当蒸发温度度由10℃降至－10℃时，R22、R142的h_i降低了15%～17%。

热流密度对制冷剂在管内沸腾换热的影响情况，如图4－62所示，它给出了R22沸腾换热系数与热流密度、质量流量的实验关系。由图4－62可看出：

①当热流密度较小时，h仅与制冷剂在管内的流量q_m有关，而与热流密度ψ几乎无关。这是因为热流密度很小时，产生的气泡很少，此时管壁对氟利昂制冷剂的放热主要依靠液态制冷剂的对流。因此，此区称为“对流换热区”或“非泡状沸腾区”。

②当热流密度超过一定数值时，h不仅与制冷剂流量q_m有关，而且还与热流密度ψ有关。这是因为超过一定数值后，管壁上产生大量气泡，此区称为“泡状沸腾区”。

但应注意到，由“对流换热区”向“泡状沸腾区”过渡时的热流密度ψ，随制冷剂的种类、蒸发温度和制冷剂在管内的流量不同而有差别。

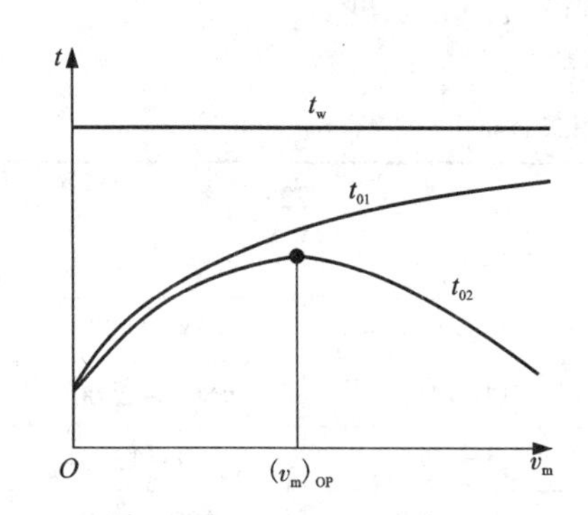

图4－61 蒸发温度与质量流速的关系

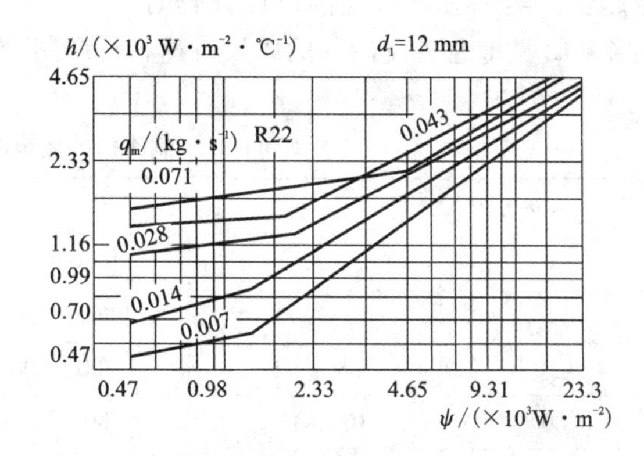

图4－62 R22沸腾换热系数h与热流密度ψ、质量流量q_m的实验关系

(6)蒸发器构造的影响

①肋管上的沸腾换热大于光管。

这是因为肋管上的气泡核心数比光管多，而且气泡增大速度的降低，使得气泡又容易脱离壁面。使用内肋管后，由于制冷剂一侧的换热面积增加，可以使管内表面的相应换热系数大大提高。

②管束上的沸腾换热系数大于单管。

这是因为管束作为加热面，一方面对制冷剂不断加热，使之沸腾换热；另一方面，管束下面排管上产生的气泡向上浮升时，引起液体强烈扰动，增强对管束的对流放热。

③制冷剂在卧式壳管蒸发器的管束上的沸腾换热系数取决于蒸发压力、热流密度、管束几何尺寸及管排间距等因素。

④管长对制冷剂管内沸腾换热的影响。

制冷剂在管内沸腾时，其局部沸腾换热系数 h 沿管长不断变化。这是因为制冷剂在管内沸腾时，形成气液两相，随着汽化过程的进行，沿管长的含汽量逐渐增加。实验表明，在含汽量较小（干度 $x<0.3$）时，h 变化很小；当含汽量在 $0.3<x<0.7$ 范围时，h 随管长的增长急剧增加；当 $x>0.7$ 时，由于沸腾换热系数小，使其又沿管长急剧下降。图 4－63 表示了水平管内沸腾换热系数的变化情况。因此，对于干式蒸发器，如果制冷剂出口是过热蒸气，则过热度越大，沸腾换热系数越低。实际进行蒸发器设计计算时，可按表 4－12 选取管内制冷剂的质量流速和每个制冷剂通程的传热管长度。

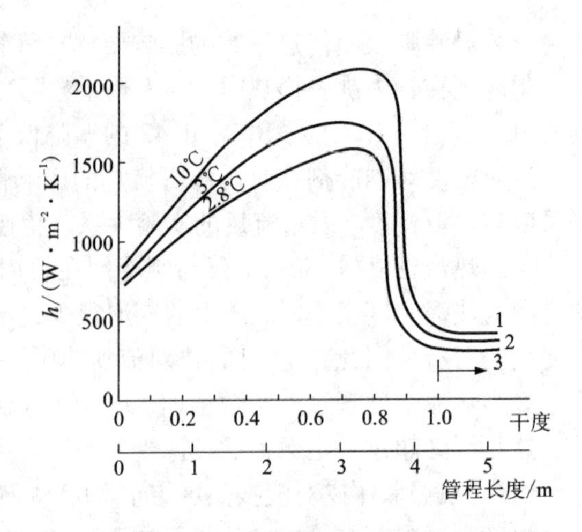

图 4－63 水平管内沸腾换热系数的典型变化

表 4－12 制冷剂的质量流速等相关参数

热流密度 ψ /(W·m⁻²)	R134a		R22	
	v_m/(kg·m⁻²·s⁻¹)	l/d_i	v_m/(kg·m⁻²·s⁻¹)	l/d_i
1160	75～95	2500～3200	85～120	3200～4300
2320	85～115	1500～2000	100～140	1800～2500
5800	105～150	800～1100	120～180	900～1300
11600	120～190	450～700	140～220	500～800

⑤微细内肋管对沸腾传热的影响。

近年来微细肋管在小型制冷装置的蒸发器中被广泛采用。图 4－64 为微细内肋管的剖面图，管内的微肋数目一般为 60～70 个，肋高为 0.1～0.2 mm，螺旋角为 10°～30°，其中对传热性能和流动阻力影响最大的为肋高。与其他形式管内强化管相比，微细内肋管有两个突出的优点：一是与光管相比它可以使管内蒸发表面传热系数增加 2～3 倍，而压降的增加却只有 1～2 倍，即传热的增强明显大于压降的增加；二是微细内肋管与光管相比，单位长度的重量增加得很少，因而这种强化管的成本低，微细内肋管除在表面式蒸发器中被广泛采用，在壳管式蒸发器中也被大量应用。设计时可先计算

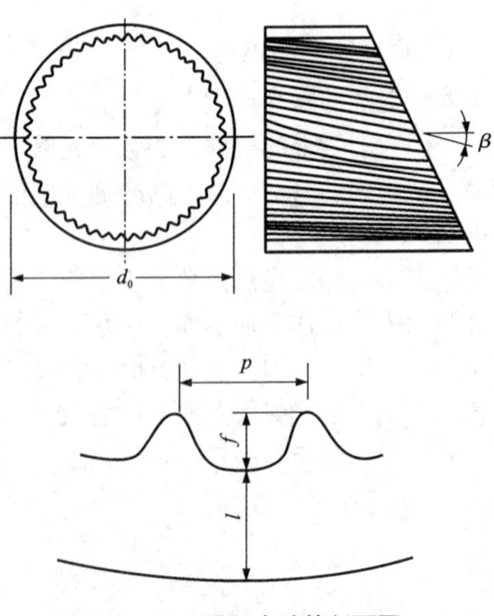

图 4－64 微细内肋管剖面图

出光管内的表面传热系数(与管径有关)，再乘以增强因子即得微细内肋管内的表面传热系数。增强因子可从相关文献上查得，一般为1.6~1.9。

另外，蒸发器的结构应该保证制冷剂蒸气能很快地脱离传热表面。为了有效地利用传热面，应将液体制冷剂节流后产生的蒸气在进入蒸发器前就从液体中分离出来，而且在操作管理中，蒸发器应该保持合理的制冷剂液体流量，否则也会影响蒸发器的传热效果。

4.3.4 蒸发器的选择计算

一般用户为制冷系统配置蒸发器时，都是选用系列产品。其选择计算的主要任务是根据已知条件决定所需要的传热面积，选择定型结构的蒸发器，并计算载冷剂通过蒸发器的流动阻力。计算方法与冷凝器的选择计算基本相似。

蒸发器的热交换基本公式为

$$Q_o = KA\Delta t_m \tag{4-32}$$

因此，蒸发器的传热面积用下式计算：

$$A = \frac{Q_o}{K\Delta t_m} = \frac{Q_o}{\psi_o} \tag{4-33}$$

式中：Q_o——蒸发器的热负荷，W；

K——蒸发器的传热系数，W/(m²·K)，可参见表4-13；

A——蒸发器的传热面积，m²；

Δt_m——蒸发器平均传热温差，℃；

ψ_o——蒸发器的热流密度，W/m²。

在进行蒸发器的选择计算时，蒸发器的热负荷是根据制冷用户的要求确定的。

表4-13 蒸发器传热系数概略值

蒸发器形式			传热系数 /(W·m⁻²·K⁻¹)	热流密度 /(W·m⁻²)	备注
满液式	卧式壳管	氟利昂-水	350~450	1800~2500	Δt_m为5~6℃ v_w为1~1.5 m/s
干式	干式壳管	氟利昂-水	500~550	2500~3000	Δt_m为5~6℃
	直接蒸发式空气冷却器	氟利昂-空气	30~40	450~500	以外肋面积为准， Δt_m为15~17℃， 风速v_a为2~3 m/s

1. 蒸发器的选型

(1)载冷剂、制冷剂的种类和空气处理设备的形式的影响

空气处理设备采用水冷式表面冷却器，以R22为制冷剂时，宜采用干式蒸发器。

(2)液面高度对蒸发温度的影响

由于制冷剂液柱高度的影响，在满液式蒸发器底部的蒸发温度要高于液面的蒸发温度。不同的制冷剂受液柱高度的影响不同，大气压力下沸点越高的制冷剂，受液柱高度的影响越

大。无论对于哪一种制冷剂，液面蒸发温度越低，液柱高度对蒸发温度的影响也就越大，即液柱高度使蒸发温度升高得越多。液柱高度对蒸发温度的影响可参见表4－14。因此，只有在蒸发压力较高时，可以忽略液柱高度对蒸发温度的影响，当蒸发压力较低时，就不能予以忽略。由此，对于低温蒸发器和制冷剂蒸发压力很低的满液式壳管蒸发器和水箱式蒸发器来说，必须设计成具有较低的液柱高度，甚至使其不受液柱高度的影响；否则，为了保持传热温差不变，将造成制冷压缩机吸气压力降低，制冷能力下降。或者，通过加大蒸发器传热面积，以补偿由于平均蒸发温度升高所造成的影响。

表4－14　液柱高度对蒸发温度的影响

液面蒸发温度/℃	1 m深处的蒸发温度/℃		
	R123	R134a	R22
－10	2.23	－8.34	－8.97
－30	－7.73	－26.70	－28.06
－50	—	－43.23	－45.94
－70	—	－54.57	－61.16

(3)载冷剂冻结的可能性

如果蒸发器中的制冷剂温度低于载冷剂的凝固温度，则载冷剂就有冻结的可能性。在载冷剂的最后一个流程中，载冷剂的温度最低，其冻结的可能性最大。在以水作为载冷剂时，从理论上来说，管内壁温度可以低到0℃。但为了安全起见，通常使最后一个流程出口端的管内壁温度保持在0.5℃以上。

(4)制冷剂在蒸发器中的压力损失

对于非满液式蒸发器，如干式壳管式蒸发器和直接蒸发式空气冷却器，管内制冷剂的质量流速将影响管内制冷剂的压力降。制冷剂流速越大，压力降越大，蒸发器出口处的制冷剂的压力P_2低于入口处的压力P_1，相应的蒸发温度t_2小于t_1，降低了压缩机的吸气压力，致使压缩机的制冷能力下降，能耗增加。

2. 平均传热温度Δt_m

对于冷却水或空气的蒸发器，若设水或空气进出口温度为t_1、t_2，进入蒸发器的制冷剂是节流后的湿蒸气，在蒸发器中吸热汽化，依次变为饱和蒸气、过热蒸气，其温度变化如图4－65所示。由于蒸发器中过热度很小，吸收的热量也很少，故通常认为制冷剂的温度等于蒸发温度t_o。这样，蒸发器内制冷剂与水或空气之间的平均对数传热温差为

$$\Delta t_m = \frac{t_1 - t_2}{\ln \frac{t_1 - t_o}{t_2 - t_o}} \qquad (4-34)$$

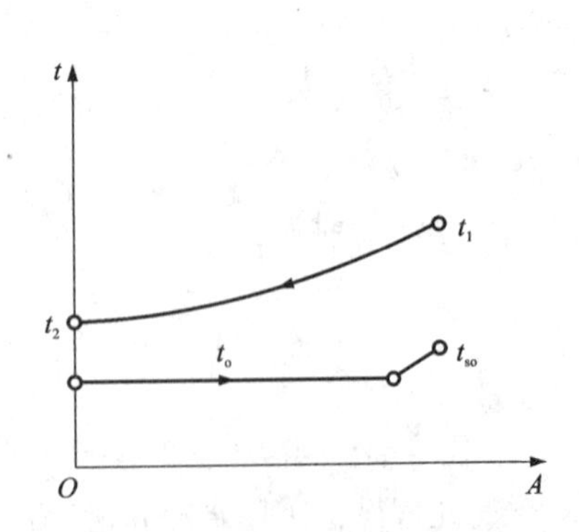

图4－65　蒸发器中制冷剂和被冷却介质温度的变化

t_1、t_2往往是由空调确定的。若t_o选得过低，压力比增大，吸气比容变大，将使得制冷系

统运行的经济性变差和制冷量下降(即制冷系数和热力完善度均下降),或需增加压缩机的容量;而从传热学观点分析,t_o过低将使传热温差Δt_m变大,制冷循环的外部不可逆损失加大,制冷系统的运行经济性恶化,但在同样的制冷量时,可选择传热面积小的蒸发器,可减少换热设备的初投资。反之,t_o选得过高,则蒸发器面积大,但制冷系统运行的经济性提高和制冷量增加,可以选用较小的压缩机。

但是,实际上由于受静液高度和流动阻力影响,蒸发温度并非定值。由于管内制冷剂流动沸腾(或冷凝)为两相流动状态,计算压力降时除考虑摩擦阻力和局部阻力以外,还应计入由于相态变化而引起的动能变化。沸腾(或冷凝)状态下管内压力降可按式(4-35)近似计算

$$\Delta p = \left[f\frac{l}{d_i} + n(\zeta_1 + \zeta_2) + \frac{2(x_2 - x_1)}{x} \right] \frac{\bar{v} \cdot v_m^2}{2} \tag{4-35}$$

式中:f——两相流动的阻力系数,含油小于6%时,$f = 0.037\left(\frac{K'}{Re}\right)^{0.25}$,其中$K'$为沸腾准则数,$K' = \frac{4\psi}{d_i v_m g}$;$Re$为雷诺数,$Re = \frac{v_m d_i}{\mu}$;$\psi$为热流密度,W/ m²;$v_m$为质量流速,kg/(m²·s);$\mu$为蒸发温度下制冷剂饱和液的动力黏度,N·s/m²;g为重力加速度,m /s²;

x_1、x_2、x——进口、出口和平均制冷剂干度;

l——传热管直管段长度,m;

d_i——传热管内径,m;

ζ_1——弯头的局部阻力系数,无油时为0.8~1.0;

ζ_2——弯头的摩擦阻力系数,无油时,$\zeta_2 = 0.094\frac{R}{d_i}$,$R$是曲率半径;

n——弯头数目。

根据热流密度,按表4-12选取的最佳质量流速及合适的l/d_i范围,将使得制冷剂的压力降处于经济合理的范围内。对于空调的制冷系统,R134a在蒸发管内的压力降应不大于40 kPa,R22则应不大于60 kPa。

载冷剂的温度降$t_1 - t_2$取值大小也涉及经济问题。加大$t_1 - t_2$,制冷循环的外部不可逆损失加大,但是可以减小管道尺寸或降低水泵(风机)的耗功。

所以,在实际设计中,通常水或空气进口温度受环境温度的影响,以选取载冷剂出口温度与蒸发温度之差($t_2 - t_o$)合理为准则。

用于冷却水的蒸发器:$t_1 - t_2 = 4 \sim 8$℃,$t_o < t_2 - (2 \sim 3)$℃,即$\Delta t_m = 5 \sim 7$℃。

直接蒸发式空气蒸发器:$t_o < t_2 - (3 \sim 6)$℃,$\Delta t_m = 11 \sim 13$℃。

3. 传热系数

冷却液体载冷剂的蒸发器,其传热系数的计算与冷凝器基本相同,按传热面的外表面为基准的蒸发器传热系数可用下式计算:

$$K = \left(\frac{1}{h_o} + \sum\frac{\delta}{\lambda} + \frac{\tau}{A_i}\right)^{-1}$$

$$K = \left[\frac{1}{h_o} + \frac{\delta_p}{\lambda_p}\cdot\frac{A_o}{A_m} + R_{of} + \left(R_{if} + \frac{1}{h_i}\right)\frac{A_o}{A_i}\right]^{-1} \tag{4-36}$$

式中:h_o、h_i—— 管外、管内的表面传热系数,即一侧为制冷剂的沸腾换热系数,另一侧为载

冷剂的对流换热系数，W/(m^2·K)；

$\sum \frac{\delta}{\lambda}$—— 管壁及管壁附着物热阻，(m^2·K)/W；

τ—— 肋化系数，管外面积与管内面积之比。

当估算蒸发器面积时，推荐采用表4－13给出的蒸发器传热系数概略值。

4.4 节流机构

节流装置是制冷装置中的重要部件之一，其作用为：①对高压液态制冷剂进行节流降压，保证冷凝器与蒸发器之间的压力差，使得蒸发器中的液态制冷剂在所要求的低压下蒸发吸热，达到制冷降温的目的；同时使冷凝器中的气态制冷剂，在给定的高压下放热冷凝。②根据负荷的变化，调节进入蒸发器制冷剂的流量，避免因部分制冷剂在蒸发器中未及汽化而进入制冷压缩机，引起湿压缩甚至冲缸事故，或因供液不足，致使蒸发器的传热面积未充分利用，引起制冷压缩机吸气压力降低，制冷能力下降，压缩机的排气温度升高，影响压缩机的正常润滑。

常用的节流装置有浮球膨胀阀、热力膨胀阀、电子膨胀阀、毛细管和节流短管等。

4.4.1 浮球膨胀阀

浮球膨胀阀是一种自动膨胀阀，主要用于满液式蒸发器。它根据满液式蒸发器液面的变化来控制供液量，同时对制冷剂起节流降压的作用。

根据供给蒸发器的液体制冷剂是否通过浮球室，浮球膨胀阀分为直通式和非直通式两种，如图4－66所示。这两种浮球式膨胀阀的工作原理都是依靠浮球室中的浮球因液面的降低或升高，来控制阀门的开启或关闭。浮球室装在蒸发器一侧，上、下用平衡管与蒸发器相通，使蒸发器和浮球室两者液面高度一致。

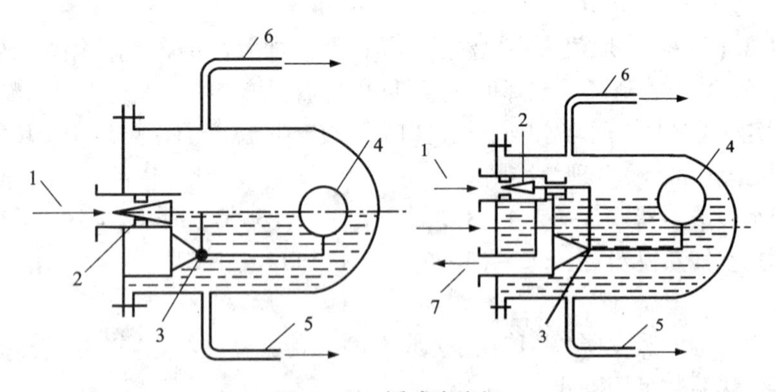

图4－66 浮球膨胀阀

(a)直通式浮球膨胀阀；(b)非直通式浮球膨胀阀

1—液体进口；2—浮球膨胀阀；3—手动膨胀阀；4—液体过滤器；

5—液体连通阀；6—气体连通管；7—节流后液体出口

这两种浮球膨胀阀的区别在于：直通式浮球膨胀阀供给的液体是通过浮球室和下部液体

平衡管流入蒸发器，构造简单，但由于浮球室液面波动大，浮球传递给阀芯的冲击力也大，故容易损坏。而非直通式浮球膨胀阀阀门机构在浮球室外部，节流后的制冷剂不通过浮球室而直接流入蒸发器，因此浮球室液面稳定，但结构和安装要比直通式浮球膨胀阀复杂一些，目前应用比较广泛。在浮球膨胀阀的旁通管上还设有手动膨胀阀，以备浮球膨胀阀损坏或维修时使用。

4.4.2 热力膨胀阀

热力膨胀阀也是一种自动膨胀阀，它靠蒸发器出口汽态制冷剂的过热度来控制阀门的开启度，以自动调节供给蒸发器的制冷剂流量，并同时起节流作用。热力膨胀阀又称恒温膨胀阀，普遍用于氟利昂制冷系统中，与非满液式蒸发器联合使用，可分为内平衡式和外平衡式两种。

1. 内平衡式热力膨胀阀

内平衡式热力膨胀阀如图4-67所示，由阀体、推杆、阀针、感温包、感应膜片等部件组成。金属膜片有着良好的受力弹性变形性能。阀座上装有阀针，随着与金属膜片相接触的传动杆的上下移动，阀针也一起移动，从而开大或关小阀孔，调节制冷剂流量。感温包内充注液态或气态制冷剂，用来感受蒸发器出口的过热温度。毛细管是密封盖与感温包的连接管，感温包内的压力通过它传递给金属膜片上部。

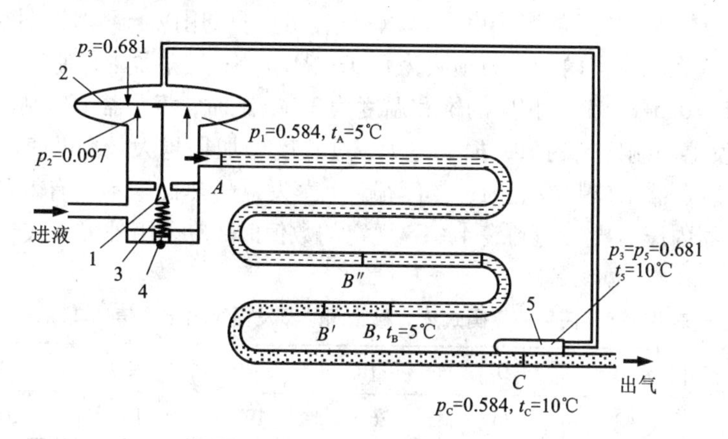

图4-67 内平衡式热力膨胀阀的工作原理图

1—阀芯；2—弹性金属膜片；3—弹簧；4—调整螺钉；5—感温包

以常用的同工质充液式热力膨胀阀进行分析，工作原理如图4-67所示，弹性金属膜片受三种力的作用(忽略膜片的弹性力)：

p_1——阀后制冷剂的压力，作用在膜片下部，使阀门向关闭方向移动；

p_2——弹簧作用力，也施加于膜片下方，使阀门向关闭方向移动，其作用力大小可通过调整螺丝予以调整；

p_3——感温包内制冷剂的压力，作用在膜片上部，使阀门向开启方向移动，其大小取决于感温包内制冷剂的性质和感温包感受的温度。

对于任一运行工况，此三种作用力均会达到平衡，即$p_1+p_2=p_3$，此时，膜片不动，阀芯位置不动，阀门开度一定。

图4-67中，感温包内定量充注与制冷系统相同的液态制冷剂R22，若进入蒸发器的液

态制冷剂的蒸发温度为5℃，相应的饱和压力等于0.584 MPa，如果不考虑蒸发器内制冷剂的压力损失，蒸发器内各部位的压力均为0.584 MPa；在蒸发器内，液态制冷剂吸热沸腾，变成气态，直至图中B点时全部汽化，呈饱和状态。自B点开始制冷剂继续吸热，呈过热状态；如果至蒸发器出口感温包处的C点，温度升高5℃，达到10℃，当达到热平衡时，感温包内液态制冷剂的温度也为10℃，即$t_5=10$℃，相应的饱和压力等于0.681 MPa，作用在膜片上部的压力$p_3=p_5=0.681$ MPa。如果将弹簧作用力调整至相当于膜片下部受到0.097 MPa的压力，则$p_1+p_2=p_3=0.681$ MPa，膜片处于平衡位置，阀门有一定开度，保证蒸发器出口制冷剂的过热度为5℃。

当外界条件发生变化使蒸发器的负荷减小时，蒸发器内液态制冷剂沸腾减弱，制冷剂达到饱和状态点的位置后移至B'，此时感温包处的温度将低于10℃，致使$p_1+p_2>p_3$，阀门稍微关小，制冷剂供应量有所减少。反之，当外界条件改变使蒸发器的负荷增加时，蒸发器内液态制冷剂沸腾加强，制冷剂达到饱和状态点的位置前移至B''，此时感温包处的温度将高于5℃，致使$p_1+p_2<p_3$，阀门稍微开大，制冷剂流量增加。这样便可根据蒸发器出口制冷剂蒸气过热度的大小来调节流量。

2. 外平衡式热力膨胀阀

蒸发盘管较细或相对较长，或者分液器并联而多根盘管共用一个热力膨胀阀，制冷剂通过时，因流动阻力较大，压差的影响就不可以忽略。这可以用以下数据说明。还是以图4－67为例，若制冷剂在蒸发器内的压力损失为0.036 MPa，则蒸发器出口制冷剂的蒸发压力等于0.584－0.036＝0.548 MPa，相应的饱和温度为3℃，此时，蒸发器出口制冷剂的过热度则增加至7℃；蒸发器内制冷剂的阻力损失越大，过热度增加得越大，若仍使用内平衡式热力膨胀阀，将导致蒸发器出口制冷剂的过热度很大，蒸发器传热面积不能有效利用。一般情况下，当R22蒸发器内压力损失达到表4－15规定的数值时，应采用外平衡式热力膨胀阀。

表4－15　使用外平衡式热力膨胀阀的蒸发器阻力损失值(R22)

蒸发温度/℃	10	0	－10	－20	－30	－40	－50
阻力损失/kPa	42	33	26	19	14	10	7

为了克服上述缺点，对于流动阻力影响不能忽视的蒸发器一般采用外平衡式膨胀阀。外平衡式热力膨胀阀工作原理如图4－68所示，它是在膜片的下方做一个空腔，并用一平衡管同蒸发器出口接通，这样，膜片下部承受的是蒸发器出口的压力，因而消除了压差对膨胀阀特性的影响。

以上分析可见，热力膨胀阀是使用制冷剂蒸气的过热度来调节阀门开度的，只用在允许有较大过热度的非满液式蒸发器中，属于比例调节。阀的工作能力还受阀前制冷剂过冷度的影响，其影响程度与过冷度大小及制冷剂种类有关。

另外，根据制冷系统所用制冷剂的种类和蒸发温度不同，热力膨胀阀感温包内充注的工质和方式分为液体充注式、气体充注式、交叉充注式、混合充注式和吸附充注式。不同充注方式的调节特性也不相同，各种充注均有一定的优缺点和使用限制。

除应用场所有所约束外，热力膨胀阀还有以下不足之处：

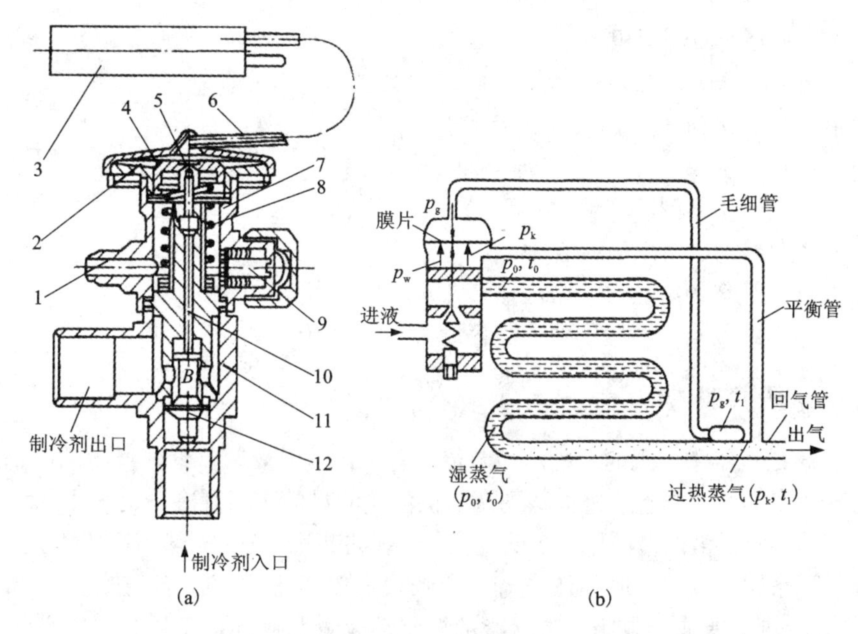

图4-68 外平衡式热力膨胀阀

(a)外平衡式热力膨胀阀结构；(b)膨胀阀的安装与工作原理

1—平衡管接头；2—薄膜外室；3—感温包；4—薄膜内室；5—膜片；6—毛细管；

7—上阀体；8—弹簧；9—调节杆；10—阀体；11—下阀体；12—阀芯

①信号的反馈有较大的滞后。蒸发器处的高温气体首先要加热感温包外壳，再由外壳对感温包内工质加热。感温包外壳有较大的热惯性，使得反应滞后，而外壳对工质的加热，令得滞后进一步加大，信号反馈的滞后导致被调参数出现周期性振荡。

②控制精度较低。感温包中的工质通过薄膜将压力传递给阀针。因膜片的加工精度及安装均影响它受压产生的变形以及变形的灵敏度，故难以达到较高的控制精度。

③调节范围有限。因薄膜变形有限，使阀针的开启度变化范围较小，故流量的调节范围较小。在要求较大的流量调节能力时，如使用变频压缩机，热力膨胀阀无法满足要求。

3. 热力膨胀阀的选配

在为制冷系统选配热力膨胀阀时，应考虑到制冷剂种类和蒸发温度范围，且使膨胀阀的容量与蒸发器的负荷相匹配。

在某一蒸发温度和压力差情况下，处于一定开度的膨胀阀的制冷剂流量称为该膨胀阀在此压差和蒸发温度下的膨胀阀容量。在一定的阀开度以及膨胀阀进出口制冷剂状态的情况下，通过膨胀阀的制冷剂流量 q_m 为

$$q_m = C_D A_v \sqrt{2(p_{vi} - p_{vo})/v_{vi}} \tag{4-37}$$

$$C_D = 0.02005\sqrt{p_{vi}} + 6.34 v_{vo}$$

式中：p_{vi}——膨胀阀进口压力，Pa；

p_{vo}——膨胀阀出口压力，Pa；

v_{vi}——膨胀阀进口制冷剂比容，m^3/kg；

v_{vo}——膨胀阀出口制冷剂比容，m^3/kg；

A_v——膨胀阀的通道面积，m^2；

C_D——流量系数。

热力膨胀阀的容量为

$$\psi_0 = q_m(h_{eo} - h_{ei}) \tag{4-38}$$

式中：h_{eo}——蒸发器出口制冷剂焓值，kJ/kg；

h_{ei}——蒸发器进口制冷剂焓值，kJ/kg。

除以上通过计算来选配热力膨胀阀外，也可以按厂家提供的膨胀阀容量性能表选择，选择时一般要求热力膨胀阀的容量比蒸发器容量大20%～30%。

4.4.3　电子膨胀阀

电子膨胀阀是近年来出现的一种新型节流装置，它利用被调节参数产生的电信号，控制施加于膨胀阀上的电压或电流，进而达到调节供液量的目的。当制冷系统采用无级变容量制冷剂供液时，其要求供液调节范围宽、反应快，传统的节流装置（如热力膨胀阀）将难以满足要求，而电子膨胀阀可以很好地胜任。电子膨胀阀由传感器、控制器和执行器三部分构成，传感器通常采用热电偶或热电阻，执行器可控驱动装置和阀体，控制器的核心硬件为单片机。按照驱动方式的不同电子膨胀阀分为电磁式和电动式两类。

1. 电磁式电子膨胀阀

电磁式电子膨胀阀的结构如图4－69（a）所示，它是依靠电磁线圈的磁力驱动针阀。当电磁线圈通电前，针阀处于全开位置。通电后，受磁力作用，柱塞将移动，同时带动阀针移动，其位置量的大小取决于线圈吸引力的大小，吸引力的大小基本上与外加电流大小呈正比。当线圈上外加电流减小时，阀针在柱塞弹簧力的作用下，阀逐渐关闭。如图4－69（b）所示，电压越高，开度越小，反之越大。因此，通过控制线圈电流的大小来控制阀针的位移量，以达到控制制冷剂流量和节流的目的。

电磁式电子膨胀阀的结构简单，动作响应快，但是在制冷系统工作时，需要一直提供控制电压。

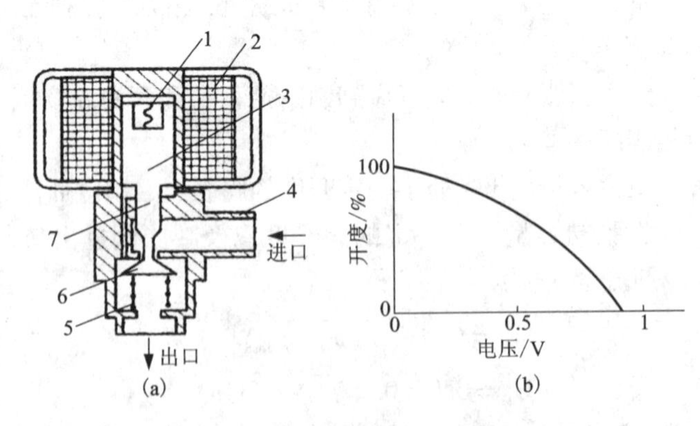

图4－69　电磁式电子膨胀阀

（a）结构图；（b）开度－电压关系图

1—柱塞弹簧；2—线圈；3—柱塞；4—阀座；5—弹簧；6 —针阀；7—阀杆

2. 电动式电子膨胀阀

电动式电子膨胀阀是依靠步进电机驱动针阀，步进电机转动时，转子带动阀针一起转动，使阀芯产生连续位移，从而改变阀的流通面积的大小。转子的旋转角度同阀针的位移量与输入脉冲数呈正比。一般电动式电子膨胀阀从全开到全关，步进电机的脉冲数在300个左右。每个脉冲对应一个控制位置，因此，电动式电子膨胀阀有很高的控制精度和良好的控制特性。这种膨胀阀分直动型和减速型两种。

直动型电动式电子膨胀阀的结构见图4－70(a)。该膨胀阀是用脉冲步进电机直接驱动针阀。当控制电路的脉冲电压按照一定的逻辑关系作用到电机定子的各相线圈上时，永久磁铁制成的电机转子受磁力矩作用产生旋转运动，通过螺纹的传递，使针阀上升或下降，调节阀的流量。直动型电动式电子膨胀阀的工作特性见图4－70（b)。

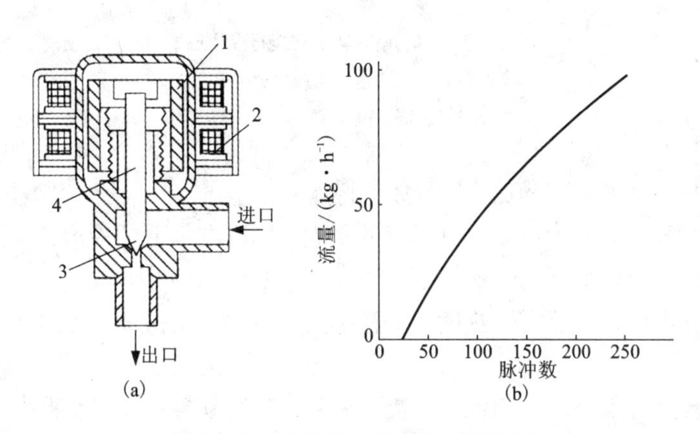

图4－70 直动型电动式电子膨胀阀

(a)结构图；(b)流量－脉冲数关系图

1—转子；2—线圈；3—针阀；4—阀杆

直动型电动式电子膨胀阀驱动针阀的力矩直接来自定子线圈的磁力矩，限于电机尺寸，这个力矩较小。为了获得较大的力矩，开发了减速型电动式电子膨胀阀。

减速型电动式电子膨胀阀的结构见图4－71(a)。该膨胀阀内装有减速齿轮组。步进电机通过减速齿轮组将其磁力矩传递给针阀，减速齿轮组放大了磁力矩的作用，因而该步进电机易与不同规格的阀体配合，满足不同调节范围的需要。节流阀口径多为1.6 mm，减速型电动式电子膨胀阀工作特性见图4－71(b)。

采用电子膨胀阀对蒸发器出口制冷剂过热度进行调节时，可以通过设置在蒸发器出口的温度传感器和压力传感器(或同时在蒸发器中部两相区处设置温度传感器采集蒸发温度)来采集过热度信号，采用反馈调节来控制膨胀阀的开度；也可以采用前馈加反馈复合调节，消除因蒸发器管壁与传感器热容造成的过热度控制滞后，改善系统调节品质，满足在很宽的蒸发温度区域内使过热度控制在目标范围内的要求。

除了对过热度进行控制外，通过指定的调节程序还可以将电子膨胀阀的控制功能扩展，如用于热泵机组除霜、压缩机排气温度控制等。此外，电子膨胀阀也可以根据制冷剂液位进行工作，所以其除用于干式蒸发器外，还可用于满液式蒸发器。

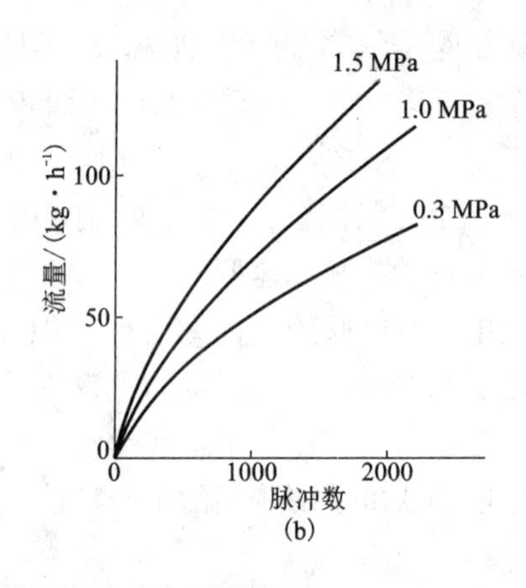

图4－71 减速型电动式电子膨胀阀

(a)结构图;(b)流量－脉冲数关系图

1—转子;2—线圈;3—针阀;4—减速齿轮组

电子膨胀阀与热力膨胀阀相比，具有如下特点：

①由于电子膨胀阀的开度不受冷凝温度的影响，可以在很低的冷凝压力下工作，这大大提高了制冷装置在部分负荷下的性能系数。

②电子膨胀阀可以在接近零过热度下平稳运行，不会产生振荡，从而充分发挥蒸发器的传热效率。

③电子膨胀阀具有很好的双向流通性能，两个流向的流量系数相差很小，偏差小于4%。

因此，电子膨胀阀特别适用于系统制冷剂循环量变化很大的空调机、多联机系统和热泵机组等。

4.4.4 毛细管

毛细管是最简单的节流装置，常用于小型制冷装置中，如冰箱、家用空调器、干燥器等。毛细管是一根内径为0.5～2.5 mm、长度为0.5～5 m、细而长的紫铜管，连接在蒸发器与冷凝器之间，对制冷系统起到节流降压和控制制冷剂流量的作用。

1. 毛细管的工作特点

毛细管的工作原理是“液体比气体更容易过”。当具有一定过冷度的液体制冷剂进入毛细管后，沿管长方向的压力及温度变化如图4－72所示。1—2段为液相段，液态制冷剂在此阶段流动时压力降呈线性逐渐降低，但压力降不大，同时其温度是定值，这一过程为等温降压过程。当制冷剂流至点2处时，压力降到相当于制冷剂入口温度的饱和压力以下，管中开始出现第一个气泡，称该点为发泡点。2—3为两相段，制冷剂为湿蒸气，其温度相当于该压力下的饱和温度，过程的压力线与温度线重合。由于该段饱和蒸气的百分比(即干度)逐步增加，因此，压力降为非线性变化，且越接近毛细管末端，单位长度的压力降越大。当制冷剂从毛细管末端进入蒸发器时，温度仍有一个降落，如图中所示的3—4过程。点4为制冷剂在蒸发器中的状态。

毛细管的供液能力主要取决于细管入口处制冷剂的状态，如进口压力、进口制冷剂的过冷度和干度，以及毛细管的几何尺寸，而蒸发压力在通常情况下对供液能力的影响较小或根

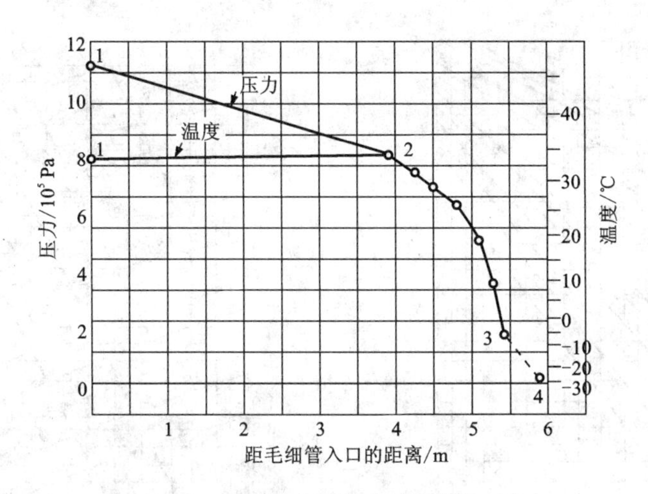

图 4-72 毛细管中的制冷剂压力温度分布

本没有。这是因为蒸气在等截面毛细管内流动时，会出现临界流动现象。当毛细管出口的背压(即蒸发压力)等于临界压力，通过毛细管的流量最高；当毛细管出口的背压低于临界压力，管出口截面的压力等于临界压力时，通过毛细管的流量保持不变，其压力的进一步降低将在毛细管外进行；只有当毛细管出口的背压高于临界压力，管出口截面的压力才等于蒸发压力，这时通过毛细管的流量随出口压力的降低而增加。

毛细管的几何尺寸与其供液能力有关。长度增加、内径缩小都将导致供液能力减少。

毛细管的优点是制造简单，成本低廉，没有运动部件，工作可靠，并且在压缩机停止运行后，制冷系统内的高压侧压力和低压侧压力可迅速得到平衡，再次启动运转时，制冷压缩机的电动机启动负荷较小，不必使用启动转矩大的电动机，这一点对封闭和全封闭式制冷压缩机而言尤为重要。因此，毛细管广泛地用于由全封闭压缩机组成的空调器和冰箱中。

毛细管的主要缺点是它的调节性能差，因此，毛细管宜用于蒸发温度变化范围不大、负荷比较稳定的场合。

2. 毛细管尺寸的确定

根据制冷系统的制冷剂流量和毛细管入口制冷剂的状态(压力和过冷度)确定毛细管的尺寸。影响毛细管流量的因素众多，通常确定毛细管尺寸的方法是：首先通过大量理论和实验建立计算图线，依此对毛细管尺寸进行初选，然后通过装置运行实验将毛细管尺寸调整到最佳值。

例如：根据毛细管入口制冷剂状态(压力 p_1 或冷凝温度 t_k，过冷度 Δt_o)，通过图4-73确定标准毛细管流量 q_m，然后利用式(4-39)计算相对流量系数 ψ，再根据 ψ 查图4-74确定初选毛细管的长度和内径。另外，也可以根据给定毛细管尺寸确定它的流量初算值。

$$\psi = \frac{q_m}{q_a} \tag{4-39}$$

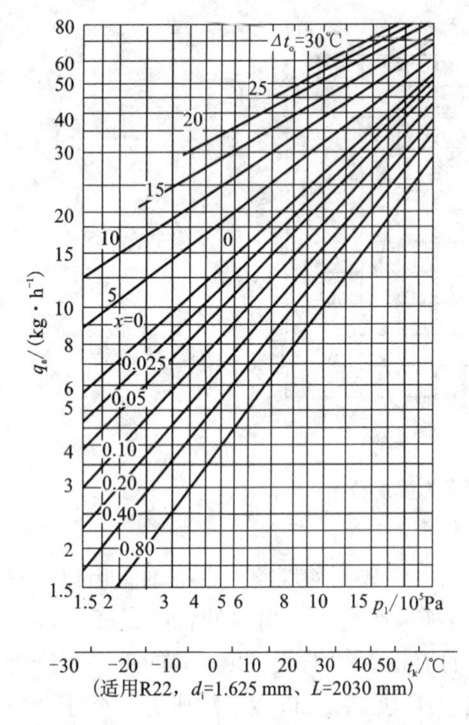

图 4-73 标准毛细管进口状态与流量关系图

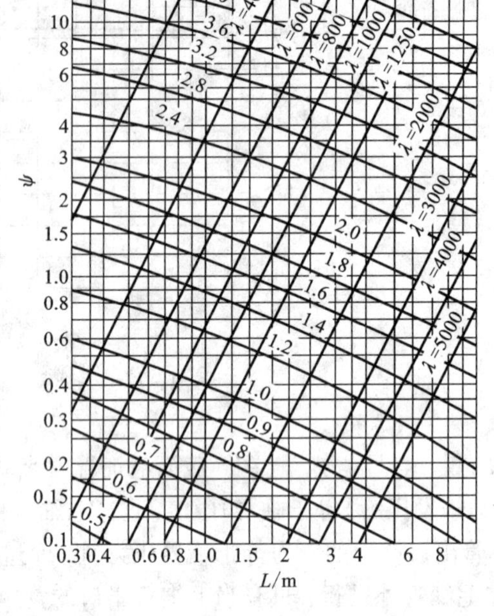

图 4-74 毛细管相对流量系数 y 与几何尺寸关系图

4.4.5 节流短管

节流短管是一种定截面节流孔口的节流装置，已应用于部分汽车空调、少量冷水机组和热泵机组中。应用于汽车空调的节流短管通常采用长径为 3~20 mm 的细铜管段，将其安入一根塑料套管内。在套管上有一或两个 O 形密封圈，铜管外是滤网，结构如图 4-75 所示。来自冷凝器的制冷剂在 O 形密封圈的隔离下，只能通过细小的节流孔经过节流后进入蒸发器，滤网的作用是阻挡杂质进入铜管。

采用节流短管的制冷系统需在蒸发器后设置气液分离器，以防压缩机发生湿压缩。短管的优点是价格低廉、制造简单、可靠性好、便于安装，具有良好的互换性和自平衡能力。

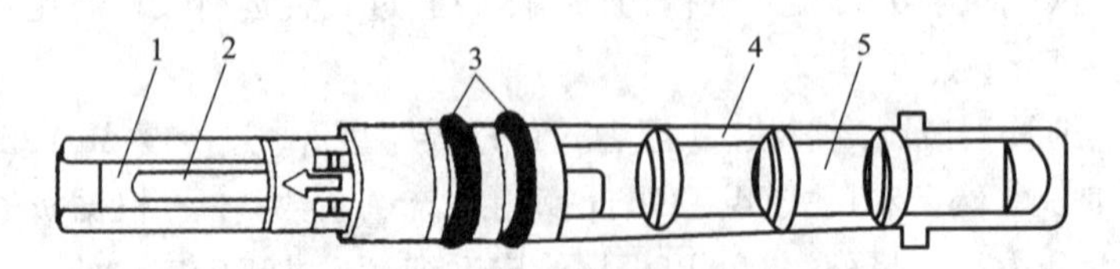

图 4-75 节流短管的结构示意图

1—出口滤网；2—节流孔；3—密封圈；4—塑料外壳；5—进口滤网

4.5 辅助设备

在制冷系统中，制冷设备可以分成两类，一类是完成制冷循环所必不可少的设备，如冷凝器、蒸发器、节流装置等；另一类是改善和提高制冷机的工作条件或提高制冷机的经济性及安全性的辅助设备，又可称制冷系统元件，如分离与贮存设备、安全防护设备、阀件等。

4.5.1 油分离器

制冷压缩机工作时，总有少量滴状润滑油被高压气态制冷剂携带进入排气管，并可能进入冷凝器和蒸发器。如果在排气管上不装设油分离器，对于氟利昂制冷装置来说，如果回油不良或管路过长，蒸发器内可能积存较多的润滑油，致使系统的制冷能力大为降低；蒸发温度越低，其影响越大，严重时还会导致压缩机缺油损毁。

当活塞式制冷压缩机压缩制冷剂气体时，由于气缸内壁面、曲轴轴颈、活塞销等处都需要油来润滑，故在压缩过程中，压缩机气缸内一部分润滑油因受高温的影响也随之汽化，混在制冷剂的气体中排出，一方面容易使压缩机失去润滑油；另一方面润滑油进入冷凝器和蒸发器，在氟利昂制冷系统会使给定蒸发压力下的饱和蒸发温度升高，降低制冷能力。因此，制冷剂气体中的润滑油应当在压缩之后设法排回压缩机，而油分离器起的正是这个作用。

多数润滑油都可与氟利昂以任何比例混溶。制冷剂温度较高时会把较多润滑油从压缩机排气口和储液器带入蒸发器，制冷剂蒸发后使润滑油聚积于蒸发器底部，导致蒸发器积油而降低传热能力。对于大中型氟利昂制冷机，除在压缩机排气管上安装油分离器外，还在满液式蒸发器上安装集油器，使润滑油流入集油器并得到排放，小型氟利昂制冷系统中不设油分离器，管道中即使有少量润滑油，也因能与氟利昂互溶而被带走。

油分离器的种类较多，用于氟利昂制冷系统的有过滤式油分离器和填料式油分离器，其工作的基本原理如下：

①利用油的重度与制冷剂气体重度的不同，进行沉降分离。

②利用扩大通道断面降低气体流速（一般为0.8～1 m/s），使轻与重的物质易分离。

③迫使气体流动方向改变，使重的油与轻的气进行分离。

④气体流动撞击器壁，由于黏度不同、质量不同，产生的反向速度也不同，促使油沉降分离。

过滤式或填料式油分离器通常用于小型氟利昂制冷系统中，其结构如图4－76所示。过滤式或填料式油分离器为钢制压力容器，上部有进、出气管接口，下部有手动回油阀和浮球阀。浮球阀自动控制回油阀与压缩机曲轴箱连通。油分离器内的进气管四周或筒体的上部设置滤油层或填料层，排气中的油滴依靠气流速度的降低、转向及滤油层的过滤作用而分离。

工作时，压缩机排气从过滤式或填料式油分离器顶部的进气管进入筒体内，由于流通断面突然扩大，流速减慢，再经过几层过滤网过滤，制冷剂蒸气不断受阻反复折流，将蒸气中的润滑油分离出来，滴落到容器底部，制冷剂蒸气由上部出气管排出。分离出的润滑油积聚于油分离器底部，达到一定高度后由浮球阀自动控制或手动回油阀在压缩机吸、排气压力差作用下送入压缩机的曲轴箱中。

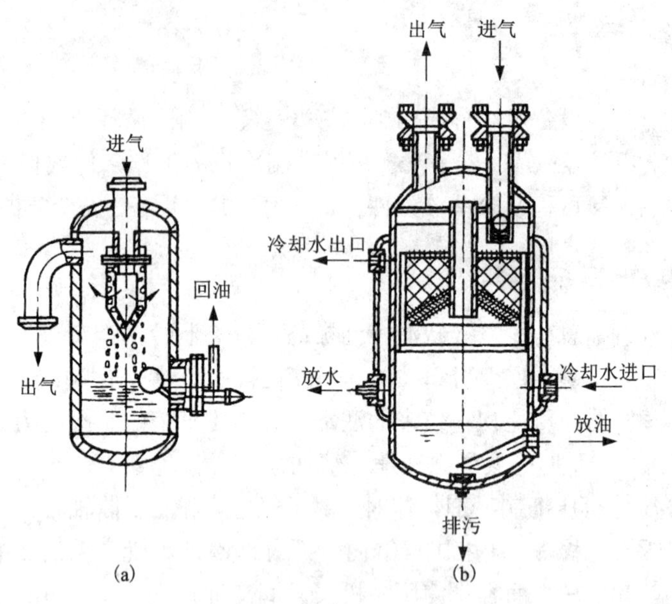

图4-76 过滤式或填料式油分离器

(a)过滤式；(b)填料式

过滤式或填料式油分离器的结构简单，制作方便，分离润滑油效果较好，应用较广。

4.5.2 气液分离器

在氟利昂制冷系统中，虽然大部分蒸发器的供液量是根据吸气的过热度控制的，表面上看压缩机的回液可能性很少，但蒸发器的垂直位置高于压缩机时，停止运转时制冷剂通过毛细管进入压缩机，热泵机组制冷循环转换或制冷机组进行热气除霜时，系统充注制冷剂过多、节流装置选择不当等原因，都可能导致压缩机液击现象。为了防止液滴与气体一起进入压缩机，在压缩机的吸气管道上安装气液分离器。其分离原理主要是利用气体和液体的密度不同，通过扩大管路通径减小气体进入的速度以及改变速度的方向，使气体和液体分离。

在大中型氟利昂制冷系统中，气液分离器结构如图4-77所示，在其中设了一挡液板。

在小型制冷装置中采用U形管式气液分离器，如图4-78所示，管子的截面一般与回气管相同，管中的流速小于0.5 m/s，在U形管上开有一小孔，为限流孔，使适量的液滴和油随同回气返回压缩机。为使通过小孔的液体能在回气管中全部汽化，小孔的孔径由回气管的长度和压缩机的制冷量所确定。制冷系统中的气液分离设备，是把蒸发器出来的蒸气中的液滴分离掉，以提高压缩机运转的安全性；它也用在储液器后面，用来分离因节流降压而产生的闪发气体，不让其进入蒸发器，以提高蒸发器工作效率。

氟利昂制冷系统中的气液分离器经常与回热交换器结合在一起，以促使回气中夹带的液滴迅速汽化。

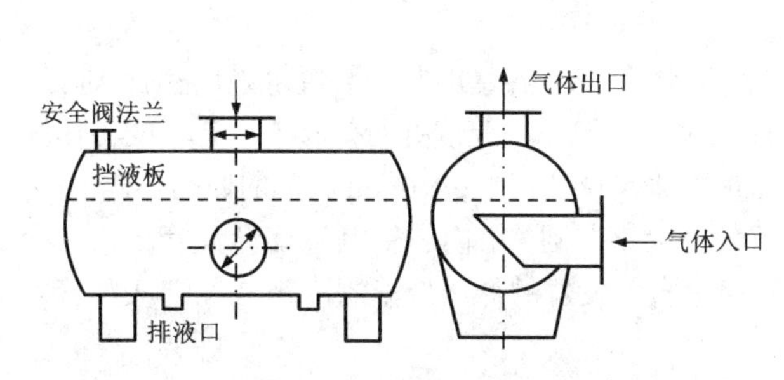

图4-77 采用挡液板的气液分离器

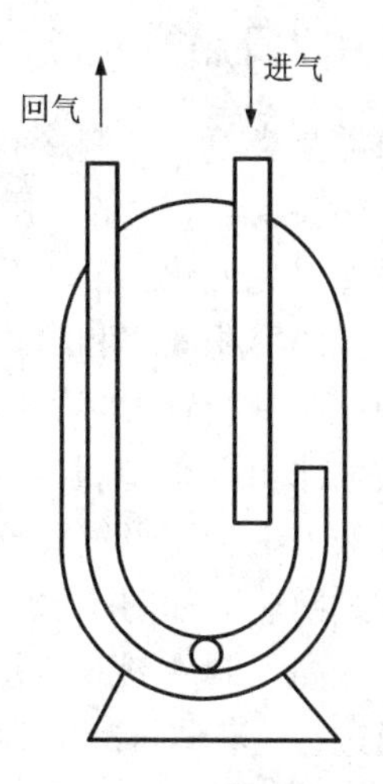

图4-78 U形管式气液分离器

4.5.3 储液器

制冷系统中储存设备的功用是储存制冷剂和调节制冷剂的循环量，根据蒸发器热负荷的变化调节制冷剂的用液量。储存高压制冷剂的储液器一般位于冷凝器之后，它的作用是：贮存冷凝器流出的制冷剂液体，使冷凝器的传热面积充分发挥作用；保证供应和调节制冷系统中有关设备需要的制冷剂液体循环量；起到液封作用，即防止高压制冷剂蒸气窜至低压系统管路中去。

氟利昂高压储液器的基本结构如图4-79所示。它是用钢板卷焊制成的筒体、两端焊有封头的压力容器。在筒体上部开有进液管、平衡管、压力计、安全阀、出液管和放空气管等接口，其中出液管伸入筒体内接近底部，另外还有排污管接口。

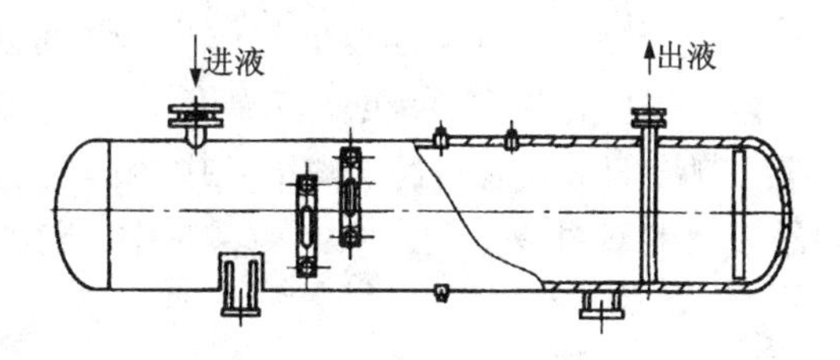

图4-79 氟利昂储液器

高压储液器上的进液管、平衡管分别与冷凝器的出液管、平衡管相连接。平衡管可使两个容器中的压力平衡，利用两者的液位差，使得冷凝器中的液体能流进高压储液器内。高压储液器储存的制冷剂液体最大允许容量为高压储液器本身容积的70%～80%：储液量过高，易发生危险和难以保证冷凝器中液体流量；存液量过少，则不能满足制冷系统正常供液需要，甚至破坏液封，发生高低压互窜事故。

4.5.4 回热器

回热器是指氟利昂制冷装置中使节流装置前制冷剂液体与蒸发器出口制冷剂蒸气进行换热的气液热交换器，它的作用是：通过回热提高制冷装置的制冷系数；使得节流装置前制冷剂液体再冷以免汽化，保证正常节流；使蒸发器出口制冷剂蒸气中夹带的液体汽化，以提高制冷压缩机的容积效率和防止压缩机液击。

大中型制冷装置中多采用盘管式回热器，0.5～15 kW容量的制冷装置可采用套管式和绕管式。对电冰箱等小型制冷装置，将供液管和吸气管绑在一起或并行焊接在一起，或将作为节流装置的毛细管同吸气管绑在一起，或者直接插入吸气管中，构成最简单的回热器。

盘管式回热器如图4－80所示。回热器外壳为钢制圆筒，内装铜制螺旋形盘管。来自冷凝器的高压高温制冷剂液体在盘管内流动，而来自蒸发器的低压低温制冷剂蒸气则从盘管外部空间通过，使液体再冷却。

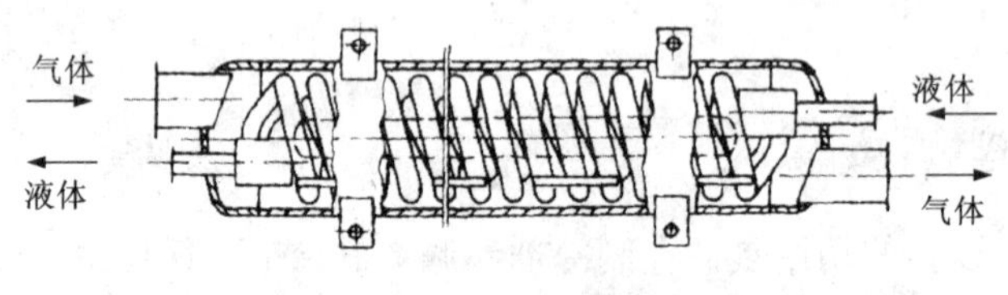

图4－80 盘管式回热器

为了防止润滑油沉积在回热器的壳体内，制冷剂蒸气在回热器最窄截面上的流速取8～10 m/s；设计时，制冷剂液体在管内的流速可取0.8～1.0 m/s，这时回热器的传热系数为240～300 W/(m^2·K)。制冷剂蒸气的干度对回热器的换热影响很大，饱和蒸气的传热系数比干度χ为0.86～0.88的湿蒸气低三分之一。

4.5.5 中间冷却器和经济器

中间冷却器是用以冷却两个压缩级之间被压缩的气体或蒸气的设备。制冷系统的中间冷却器能降低低压级压缩机的排气温度（即高压级的吸气温度），以避免高压级压缩机的排气温度过高；还能使进入蒸发器的制冷剂液得到过冷，减少管中的闪发气体，从而提高压缩机的制冷能力。它应用在氟利昂或氨的双级或多级压缩制冷系统中，连接在低压级的排气管和高压级的吸气管之间。

氟利昂制冷系统在两级压缩时大都采用一次节流中间不完全冷却循环，低压级排出的高温气体在管道中间与中间冷却器蒸发汽化的低温饱和气体混合后，再被高压级吸入高压机（缸），因此氟利昂制冷系统使用的中间冷却器比较简单，如图4－81所示。除此之外，氟利昂制冷系统中还有板式换热式的中间冷却器。

中间冷却器的供液是由热力膨胀阀自动控制的，压力一般为0.2～0.3 MPa，靠热力膨胀阀调节，在保证不造成湿冲程的前提下，为供液提供适量的湿饱和蒸气。高压液体经膨胀阀降压节流后，进入中间冷却器，吸收了蛇形盘管及中间冷却器器壁的热量而汽化，通过出气管进入低压级与高压级连接的管道里与低压级排出的高温气体混合，达到冷却低压排气的效果。而高压常温液体通过蛇形盘管向外散热也降低了温度，实现了过冷，过冷度一般在3～

5℃之间，然后经节流降压进入蒸发器，因为该液体有一定的过冷度，所以提高了制冷效果。空调用离心式、螺杆式或涡旋式冷水机组的中间冷却器又称为经济器。

4.5.6 过滤器和干燥过滤器

过滤器是从液体或气体中除去固体杂质的设备，在制冷装置中应用于制冷剂循环系统、润滑油系统和空调器中。制冷剂循环系统使用的过滤器，滤芯采用金属丝网或加入过滤填料，安装在压缩机的回气管上，防止污物进入压缩机气缸里。另外，在电磁阀和热力膨胀阀之前也装过滤器，防止自控阀件堵塞，维持系统正常运转。

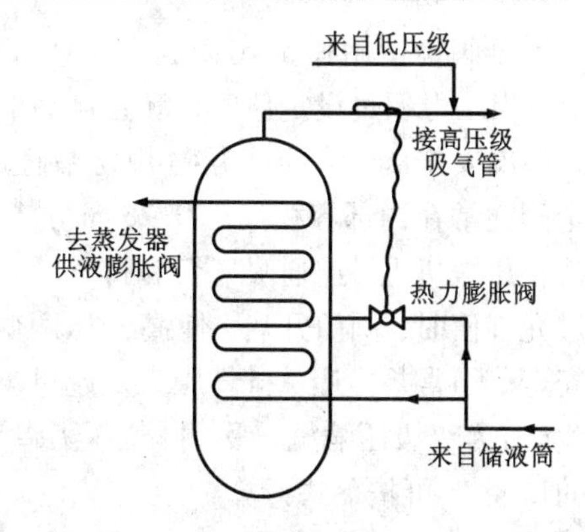

图4-81 氟利昂制冷系统的中间冷却器

制冷系统中设置过滤器，可滤除混入制冷剂中的金属屑、氧化皮、尘埃、污物等杂质，防止系统管路脏堵；防止压缩机、阀件的磨损和破坏气密性。独立过滤器由壳体和滤网组成。氟利昂过滤器采用网孔为0.2 mm(滤气)或0.1 mm(滤液)的铜丝网；氨过滤器采用网孔为0.4 mm的2~3层钢丝网。

干燥器与过滤器组装在一起时，称为干燥过滤器，是从液体或气体中既除去水分，又除去固体杂质的设备。它将干燥剂和滤芯组合在一个壳体内，干燥过滤器属于安全防护设备。在氟利昂制冷系统中，一般装在冷凝器至热力膨胀阀(或毛细管)之间的管道上，用来清除制冷剂液体中的水分和固体杂质，保证系统的正常运行。

干燥过滤器常装于氟利昂制冷系统中膨胀阀前的液体管路上，用于吸附系统中的残留水分并过滤杂质，其结构有直角式和直通式等，如图4-82所示。常用干燥剂有硅胶和分子筛。分子筛的吸湿性很强，暴露在空气中24 h即可接近其饱和水平，因此一旦拆封应在20 min内安装完毕。当制冷系统出现冰堵、脏堵故障或正常维修保养设备时，均应更换干燥过滤器。

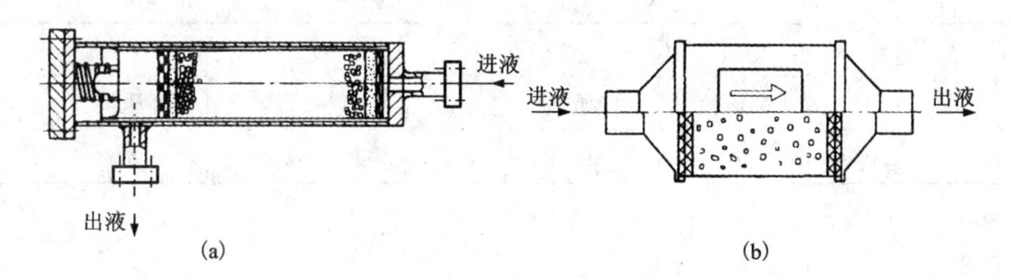

图4-82 干燥过滤器

(a)直角式；(b)直通式

4.5.7 安全装置

制冷系统中的压缩机、换热设备、管道、阀门等部件在不同压力下工作。操作不当或机器故障都有可能导致系统内压力异常，有可能引发事故，因此在制冷系统运转中，除了严格遵守操作规程，还必须有完善的安全设备加以保护。安全设备的自动预防故障能力越强，发生事故的可能性越小，所以完善的安全设备是非常必要的。常用的安全设备有安全阀和熔塞等。

1. 安全阀

安全阀是指用弹簧或其他方法使其保持关闭的压力驱动阀，当压力超过设定值时，就会自动泄压。图 4－83 为微启式弹簧安全阀，当压力超过规定数值时，阀门自动开启。安全阀通常在内部容积大于0.28 m^3的容器中使用。安全阀可装在压缩机上，连通吸气管和排气管。当压缩机排气压力超过允许值时，阀门开启，使高低压两侧串通，保证压缩机的安全。通常规定吸、排气压力差超过1.6 MPa 时，应自动启跳(若为双级压缩机，吸、排气压力差为0.6 MPa)。安全阀的口径 D_g可按下式计算

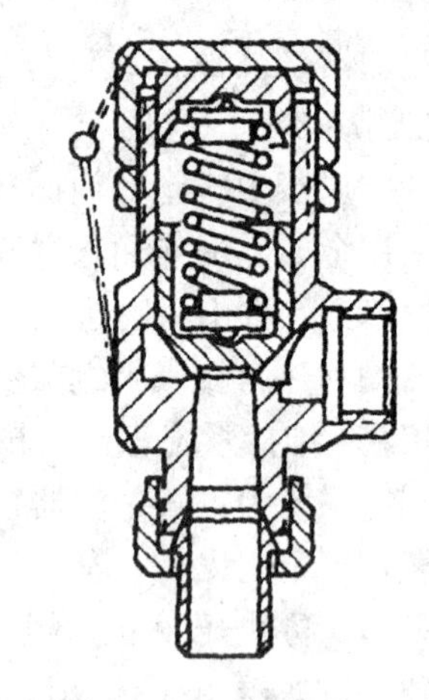

图 4－83　微启式弹簧安全阀

$$D_g = C_1\sqrt{V} \tag{4-40}$$

式中：V——压缩机排气量，m^3/h；

C_1——计算系数，见表 4－16。

安全阀也常安装在冷凝器、储液器和蒸发器等容器上，其目的是防止环境温度过高(如火灾)时，容器内的压力超过允许值而发生爆炸。此时，安全阀的口径 D_g可按下式计算

$$D_g = C_2\sqrt{DL} \tag{4-41}$$

式中：D——容器的直径，m；

L——容器的长度，m；

C_2——计算系数，见表 4－16。

表 4－16　安全阀的计算系数

制冷剂	C_1	C_2		制冷剂	C_1	C_2	
		高压侧	低压侧			高压侧	低压侧
R22	1.6	8	11	R717	0.9	8	11

2. 熔塞

熔塞是采用在预定温度下会熔化的合金构件来释放压力的一种安全装置，通常用于直径小于152 mm、内部净容积小于0.085 m^3的容器中。一旦压力容器发生意外事故，容器内压力骤然升高，温度也随之升高；而当温度升高到一定值时，熔塞中的低熔点合金即熔化，容器中的制冷剂排入大气，从而达到保护设备及人身安全的目的。合金成分不同，熔化温度也不相同，可以根据所要控制的压力选用不同成分的低熔点合金。采用不可燃制冷剂(如氟利昂)时，对于小容量的制冷系统或不满 1 m^3的压力容器构造，其中低熔点合金的熔化温度一般在75℃以下。值得注意的是，熔塞禁止用于可燃、易爆或有毒的制冷剂系统中。

思考题

1. 简述活塞式制冷压缩机的基本结构、工作过程和特点。
2. 活塞式制冷压缩机的主要结构形式有哪些?
3. 何为容积系数? 影响活塞式制冷压缩机容积系统的主要因素有哪些? 影响规律如何?
4. 简述螺杆式制冷压缩机的工作原理及工作过程。
5. 简要分析螺杆式制冷压缩机为何会产生附加功损失。
6. 螺杆式制冷压缩机的优缺点主要有哪些?
7. 简述滑阀调节输气量的工作原理。
8. 螺杆式制冷压缩机输气量的大小与哪些因素有关? 影响容积效率的主要因素有哪些?
9. 简述离心式制冷压缩机的工作原理、特点及应用范围。
10. 什么是离心式制冷机组的喘振? 它有什么危害? 如何防止喘振发生?
11. 简述涡旋式制冷压缩机的基本结构、工作过程及其特点。
12. 数码涡旋式制冷压缩机是如何进行能量调节的?
13. 说明冷凝器的作用和分类。冷凝器的选型原则是什么?
14. 水冷式冷凝器有哪几种形式? 试比较它们的优缺点和使用场所。
15. 影响冷凝器换热的主要影响因素有哪些?
16. 说明蒸发器的作用和如何分类。
17. 影响蒸发器传热的主要影响因素有哪些?
18. 比较干式壳管式蒸发器和满液式壳管式蒸发器, 它们各自的优点是什么?
19. 板式换热器有什么突出的优点?
20. 热力膨胀阀是怎样根据热负荷变化实现制冷量自动调节的?
21. 分析内平衡式热力膨胀阀的优缺点。
22. 毛细管有什么优缺点? 使用毛细管节流的制冷系统设计时要注意什么?
23. 油分离器是如何实现制冷剂与油分离的?
24. 干燥过滤器的作用是什么? 安装在什么位置?
25. 现有一台 V 型 R22 活塞式制冷压缩机, 中温工况(蒸发温度 $t_0 = -7$℃, 冷凝温度 $t_k = 35$℃, 过冷度 $\Delta t = 5$℃, 压缩机吸气温度 $t_1 = 18$℃, 制冷量为 30 kW。这台制冷压缩机在高温空调工况($t_0 = 7$℃, $t_k = 43$℃, 过冷度 $\Delta t = 5$℃, $t_1 = 18$℃)下的制冷量是多少? 如某空调系统需制冷量 54 kW, 这台制冷压缩机对此空调系统是否适用? 在高温空调工况下, 该压缩机的轴功率和单位轴功率制冷量为多大?
26. 已知制冷量为 210 kW 的冷水机组, 制冷剂为 R134a, 采用干式壳管式蒸发器, 冷冻水入口温度为 $t_1 = 13$℃, 试确定出水温度和蒸发温度, 并估算蒸发器面积(传热系数可在表 4-13 查得)。
27. 有一将 15℃的水冷却至 7℃的蒸发器, 制冷剂的蒸发温度为 5℃, 经过一段时间使用后, 其蒸发温度降至 0℃才能保证出水温度为 7℃。请问蒸发器的传热系数降低了多少?

第 5 章　吸收式制冷循环与系统

吸收式制冷和压缩式制冷一样属于液体汽化制冷方法，同样通过制冷剂汽化吸热达到对外制冷的目的，不同的地方在于吸收式制冷是借助制冷剂在吸收剂中不同温度下具有不同溶解度，通过消耗热能，从而完成整个循环的。

5.1　吸收式制冷机的基本原理

5.1.1　吸收式制冷机的工作过程

吸收式制冷系统由蒸发器、冷凝器、吸收器、发生器、溶液泵、膨胀阀等设备组成，如图 5－1 所示。其中，吸收器吸收制冷剂蒸气；发生器加热、释放制冷剂；溶液热交换器利用内部能量，以提高效率；溶液泵起加压作用。整个系统的工质为两种可以相互吸收的液体形成的溶液即二元溶液组成的工质对，吸收式制冷系统包括制冷剂循环和溶液循环两个工质循环过程。

单效溴化锂吸收式制冷机工作原理

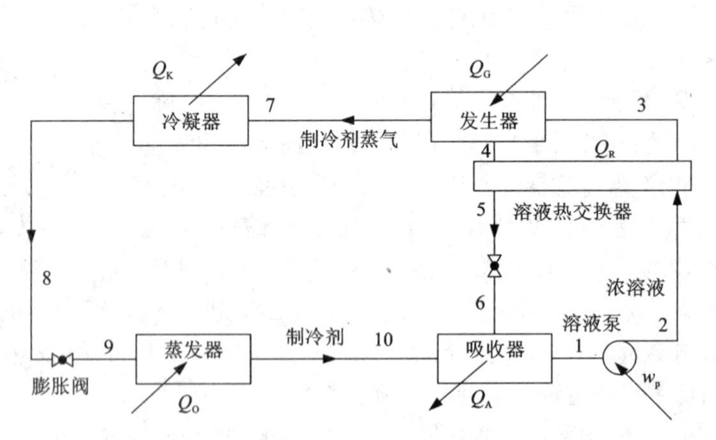

图 5－1　吸收式制冷系统示意图

工作热源在发生器中加热由溶液泵从吸收器输送来的具有一定浓度的溶液，并使溶液中的大部分低沸点制冷剂蒸发出来。制冷剂蒸气依次进入冷凝器中，又被冷却介质冷凝成制冷剂液体，再经节流阀降压到蒸发压力。制冷剂经节流进入蒸发器中，吸收被冷却系统中的热量而变成蒸发压力下的制冷剂蒸气。在发生器中经发生过程后的溶液（高沸点的吸收剂以及少量未蒸发的制冷剂）经吸收剂节流阀降到蒸发压力后进入吸收器中，与从蒸发器出来的低压制冷剂蒸气相混合，并吸收低压制冷剂蒸气并恢复到原来的浓度。吸收过程往往是一个放热过程，故需在吸收器中用冷却水来冷却混合溶液。在吸收器中恢复了浓度的溶液又经溶液泵升压后送入发生器中继续循环，由此完成了整个循环。

吸收式制冷常用工质对有溴化锂水溶液－水和氨－氨水溶液。吸收式制冷系统和压缩式制冷有明显的不同，如表5－1所示。

表5－1 吸收式制冷系统与压缩式制冷系统的比较

比较项目	压缩式制冷系统	吸收式制冷系统
结构	压缩机	吸收器、液泵、发生器
耗能类型	机械能	热能（蒸气、燃油、燃气、废热、余热）
工况特点	冷凝压力高	冷凝压力低
制冷工质	制冷剂（氨、氟利昂）	工质对：吸收剂－制冷剂 （溴化锂水溶液－水、氨－氨水溶液）

吸收式制冷的优点：工质环保；以热能为动力，节电效果明显；可以利用余热废热。

吸收式制冷的缺点：价格无优势；耗能大，机组笨重；利用热能，加快全球变暖。

5.1.2 溴化锂水溶液的性质图

在溴化锂吸收式制冷机中，以水作为制冷剂，产生冷效应，以溴化锂水溶液作为吸收剂，用来吸收产生冷效应后的制冷剂蒸气。因此，水与溴化锂水溶液组成制冷机的工质对。

吸收式制冷机的工质一般是一种二元溶液，由沸点不同的两种物质组成。所谓二元溶液，是两种互不起化学作用的物质组成的均匀混合物。这种均匀混合物其内部各物理量的性质（如压力、温度、浓度、密度等）在整个混合物中一致，不能利用纯机械的沉淀法或离心法将它们分离。

1. 溴化锂溶液特性

（1）溴化锂溶液的基本特性

溴化锂水溶液是由固体的溴化锂在水中溶解而形成。由于在常压下水的沸点为100℃，而溴化锂的沸点为1265℃，两者相差1165℃，因此溶液在沸腾时产生的蒸气成分几乎都是水，而不会带有溴化锂，不用进行蒸馏就可得到纯的制冷剂蒸气。

以水作为制冷剂具有许多优点，如价格低廉，取用方便，汽化潜热大、无毒、无味、不燃不爆等。其缺点是在常压下蒸发温度高，如果蒸发温度降低，蒸发压力也很低，蒸气的比容又很大。此外，水在0℃就会结冰，所以只能用于制取温度在0℃以上的空调工程。

（2）溴化锂二元溶液的物理特性

①溶解度。

一般溶质的溶解度大小与溶质和溶剂的特性及温度有关。一般物质的溶解度随温度的升高而增大，当温度降低时，由于溶解度减小，会有溶质从溶液中分离出来而形成结晶。图5－2为溴化锂溶液的结晶曲线。纵轴为结晶温度（溴化锂晶体的溶液加热至某一温度时，其晶体全部消失，这一温度即为该浓度溴化锂溶液的结晶温度），横轴为溶液的浓度，曲线上的点表示溶液处于饱和状态，在曲线的左上方不会有晶体存在，而在曲线右下方则有固体的溴化锂存在。即在某浓度下如果降低溶液的温度，就会有溴化锂晶体析出，如果析出的晶体数量达到一定程度，就会变成固体，这点在溴化锂吸收式制冷机的运行中是非常重要的。因为溴化锂吸收式制冷机结晶将导致机组无法正常运行。

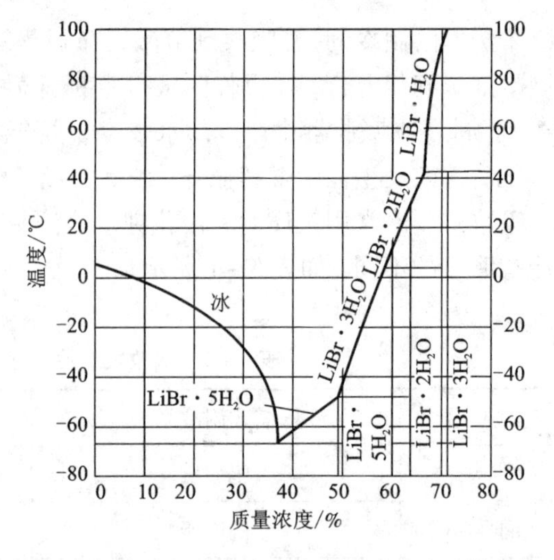

图5－2　溴化锂溶液结晶温度随溶液浓度的变化

②浓度。

浓度是表示溶液特性的重要参数之一，在吸收式制冷机中，一般用重量百分比浓度（溴化锂占溶液重量的百分比数）表示。溴化锂溶液的重量百分比浓度用ξ表示。

③密度。

只要用比重计和温度计测得溶液的密度和温度，即可确定溶液浓度，这对于溴化锂制冷机在运行中的调整、维护都是很重要的。因为只有随时掌握溴化锂溶液的浓度，才能更好发挥制冷机的性能。溴化锂制冷机使用的溶液浓度一般为60%左右，其室温下的密度约为1.7 g/m^3。

④比热。

一般常用定压比热表示溴化锂的比热。溴化锂的比热很小，这样有利于提高制冷机的效率，因为在发生过程中所需加给溶液的热量较小，而吸收过程中必须从溶液中带走的热量也较小。

⑤饱和蒸气压。

溴化锂溶液的饱和蒸气压很小，其对水吸收性强。因此溴化锂溶液具有吸收温度比它低得多的水蒸气的能力。这对于吸收式制冷机的运行特别有利。

⑥腐蚀性。

溴化锂溶液对普通金属有腐蚀作用，尤其在有氧气存在的情况下更为严重。这对溴化锂吸收式制冷机来讲，将会极大地缩短机组的使用寿命，更主要的是产生不凝性气体，无法保证机组内部的真空度，从而影响制冷效果。为了防止其对金属的腐蚀作用，一方面要保持机组的高真空度，同时在停机期间要进行充氮保养，另一方面要在溶液中加入有效的缓蚀剂。

2. 溴化锂溶液的比焓－浓度图

吸收式制冷机中，常计算溶液的焓差，例如：以溴化锂水溶液－水作工质的吸收式制冷机，在蒸气产生过程中，需加入热量，在吸收过程中，要放出热量，由于这些过程在等压下进行，加入或放出的热量可用焓差求得，因此建立起两组分体系的 $h-\xi$ 图，如图5－3所示，是十分有用的。

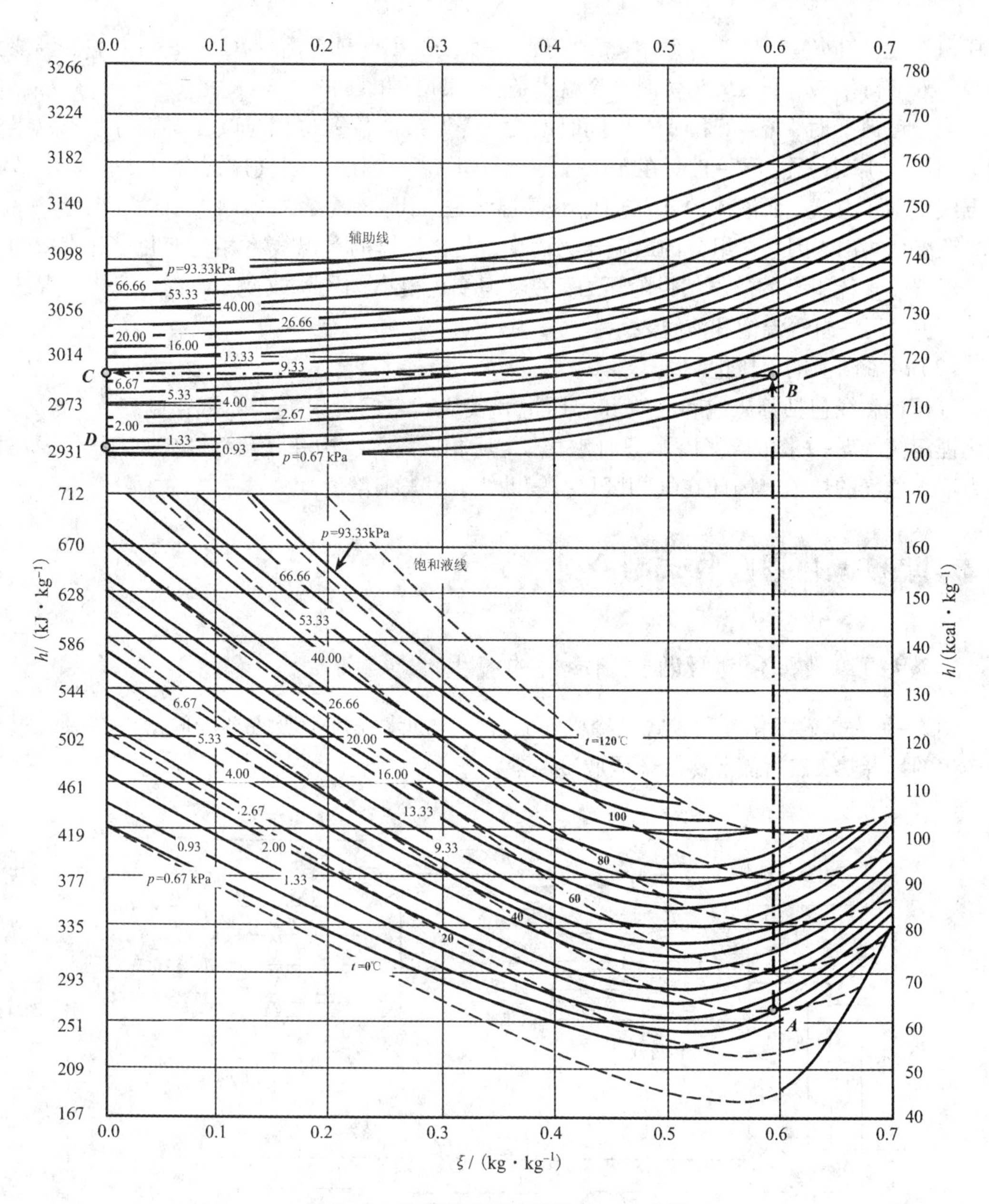

图 5－3　溴化锂水溶液的比焓－浓度图

(1)$h-\xi$ 图上的等温线

物质等温混合时，产生热效应，混合后的焓等于混合前各纯组分的焓加上混合时产生的热效应。在等温混合时，

$$H_{混合物} = \sum h_i + \Delta H_T$$

式中：$H_{混合物}$ 为混合物的焓；$\sum h_i$ 为各纯组分焓之和；ΔH_T 为等温混合时的热效应。

对于两种组分混合成的理想溶液，因 $\Delta H_T = 0$，得到

$$h_{溶液} = h_1\xi + h_2(1-\xi) \tag{5-1}$$

式中：$h_{溶液}$ 为单位质量的焓；h_1 和 h_2 分别为第一种组分和第二种组分的比焓；ξ 为第一种组分

的质量浓度。在 $h-\xi$ 上，式(5－1)相当于一条直线。因此理想溶液在 $h-\xi$ 图上的等温线为直线。对实际溶液，当 ΔH_T 为负时，等温线是一下凹的曲线。

当温度改变时，h_1、h_2 和 ΔH_T 将同时改变，等温线的位置也相应改变，从而形成一组曲线。当压力不变、温度改变时，在 $h-\xi$ 图上形成许多等温线。因气体混合时 $\Delta H_T \approx 0$，故其等温线近似于直线，而液体的 $\Delta H_T \neq 0$，其等温线是一组曲线。

改变压力时，因气体组分的焓随压力而变，混合气体的等温线将相应变化，形成新的一组等温线。液体组分的焓虽然也随压力而变，但变化很小，因此 改变压力时，液体等温线簇几乎不变，用一组等温饱和液线表示。

(2) $h-\xi$ 图上的等压饱和线

等压饱和线包括等压饱和液线和等压饱和气线。它们可根据实际数据画在 $h-\xi$ 图上。溴化锂溶液的 $h-\xi$ 图的气相区，只有水蒸气，所相区的等压饱和线与浓度无关，只代表在该压力下水蒸气的焓值。因此在气相区只有辅助线，用来求焓值。

5.2 单效溴化锂吸收式制冷机

5.2.1 单效溴化锂吸收式制冷机的流程

图 5－4 为单效溴化锂吸收式制冷机的流程。冷却水先流经吸收器吸收溶液在吸收过程中产生的稀释热，然后流经冷凝器吸收冷凝热。

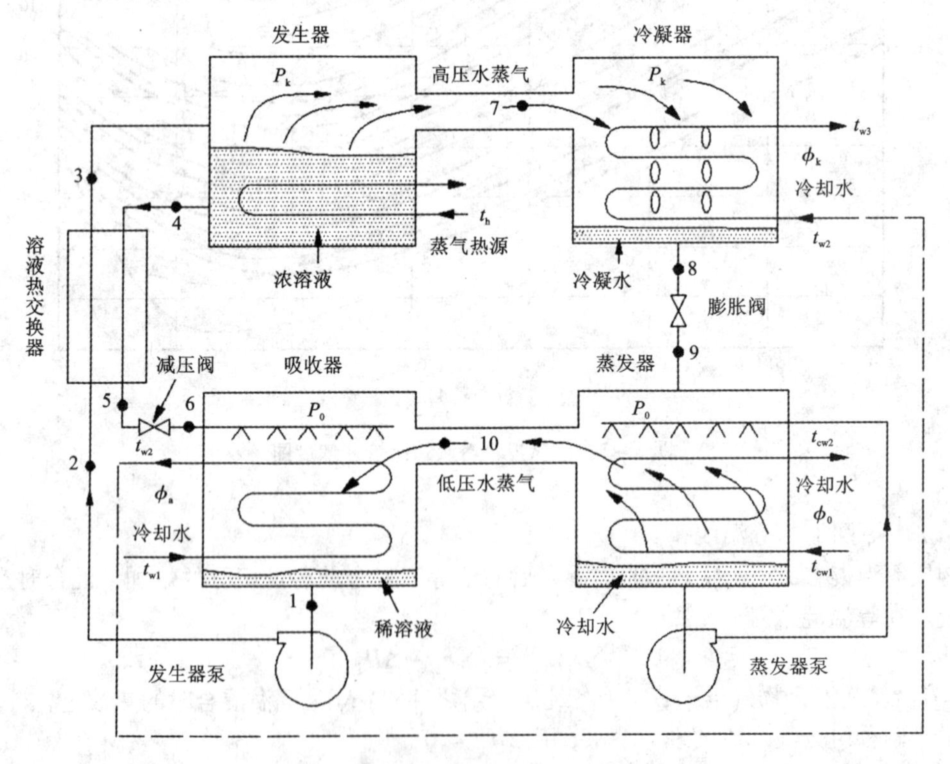

图 5－4 单效溴化锂吸收式制冷机的流程

5.2.2 单效溴化锂吸收式制冷机的热力计算

为了便于分析，做如下假设：工质流动时无损失，发生过程和吸收过程终了的溶液状态、冷凝过程和蒸发过程终了的冷剂状态均为饱和状态。

把图5－4的循环表示在浓度－比焓图上，如图5－5所示。溴化锂水溶液的浓度－比焓图只有液相区，气态为纯水蒸气，由于平衡时气液同温，则蒸气的温度可由与之平衡的液态溶液温度得知，平衡态溶液面上的蒸气为过热蒸气。为了便于得到气态工质的比焓，在浓度－比焓图的上部为气态平衡等压辅助线，通过某等压辅助线与某等浓度线的交点即可得出该状态下气态工质的比焓。

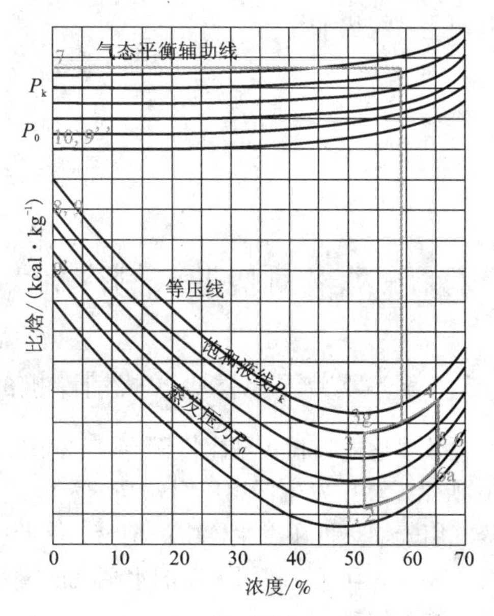

图5－5 吸收式制冷循环浓度－比焓图

循环过程各参数确定方法如下。

①冷却水温度 t_w：吸收器入口温度 t_{w1} 一般为32℃左右，吸收器出口温度 t_{w2} 一般为37℃左右，冷凝器出口温度 t_{w3} 一般为40℃左右；

②冷凝温度 t_k：比冷却水出口温度 t_{w3} 高3～5℃，对应的饱和压力为冷凝压力 P_k；

③冷媒水温度 t_{cw}：入口温度 t_{cw1} 一般为12℃左右，出口温度 t_{cw2} 一般为5～7℃；

④蒸发温度 t_0：比冷媒水出口温度 t_{cw2} 低2～5℃，对应的压力为蒸发压力 P_0；

⑤吸收器溶液出口温度 t_2：比吸收器冷却水出口温度 t_{w2} 高3～8℃；

⑥发生器溶液出口温度 t_4：比热媒温度 t_h 低10～40℃；

⑦稀溶液浓度 ξ_w：由蒸发压力和吸收器温度确定，一般 ξ_w 为56%～60%；

⑧浓溶液浓度 ξ_s：由冷凝温度和发生器温度确定，一般 ξ_s 为60%～64%；

⑨放气范围 $\Delta\xi$：指浓溶液和稀溶液的浓度差，一般 $\Delta\xi$ 为4%～5%；

⑩溶液循环倍率 f：发生器产生1 kg冷剂水蒸气所需的稀溶液循环量。

$$f=\frac{\xi_s}{\xi_s-\xi_w}$$

各设备热负荷如下。

发生器单位热负荷：

$$q_g=(f-1)h_4+h_7-fh_3 \tag{5-2}$$

冷凝器单位热负荷：

$$q_k=h_7-h_8 \tag{5-3}$$

蒸发器单位热负荷：

$$q_0=h_{10}-h_9 \tag{5-4}$$

吸收器单位热负荷：

$$q_a=(f-1)h_6+h_{10}-fh_1 \tag{5-5}$$

溶液热交换单位热负荷：

$$q_r = (f-1)(h_4 - h_5) = f(h_3 - h_2) \tag{5-6}$$

制冷系统热平衡：

$$q_g + q_0 = q_a + q_k \tag{5-7}$$

热力系数：

$$\xi = \frac{q_0}{q_g} \tag{5-8}$$

5.3 双效溴化锂吸收式制冷机

5.3.1 双效溴化锂吸收式制冷机的流程

双效溴化锂吸收式制冷机设有高、低压两级发生器和高、低温两级溶液热交换器，如图5-6所示。高压发生器用压力较高的蒸气或燃气、燃油等高温热源加热，产生的高温制冷剂水蒸气用于加热低压发生器中的溶液，使低压发生器中的溴化锂溶液产生温度更低的冷剂水蒸气，这样不但有效利用了冷剂水蒸气的潜热，提高了吸收式制冷机的性能系数，而且可以降低冷凝器的热负荷。

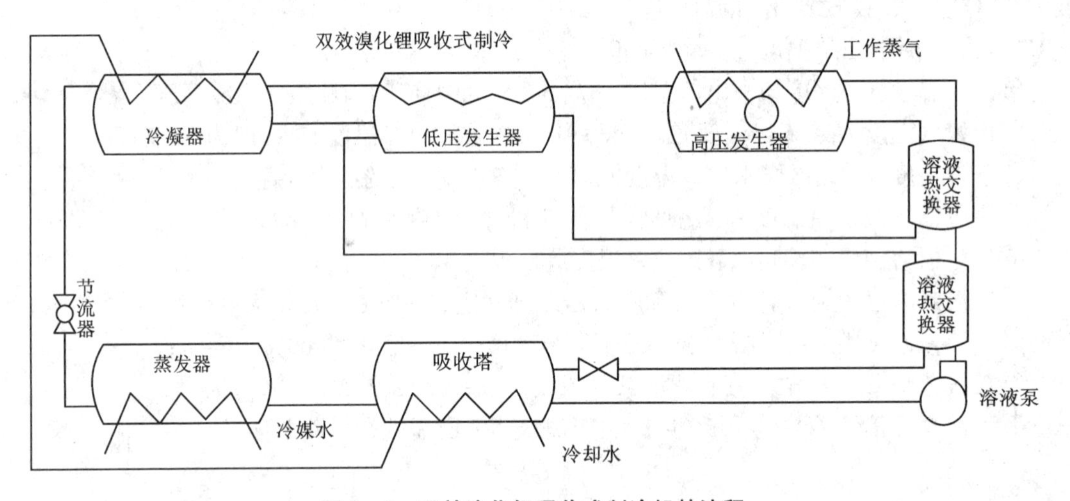

图5-6 双效溴化锂吸收式制冷机的流程

5.3.2 双效溴化锂吸收式制冷循环

双效溴化锂吸收式制冷机分为两类：串联流程吸收式制冷机和并联流程吸收式制冷机。

1. 串联流程吸收式制冷机

串联流程吸收式制冷机如图5-7所示。从吸收器5底部引出的稀溶液经泵10输送到溶液热交换器7和6中，在热交换器中吸收浓溶液放出的热量后，进入高压发生器1，在高压发生器中加热沸腾，产生高温水蒸气和较浓的溶液，此溶液经高温热交换器6进入低压发生器2，在发生器2中被来自高压发生器的高温蒸气加热，再一次产生水蒸气后成为浓溶液。浓溶液经热交换器 7 与来自吸收器的稀溶液混合后，进入吸收器 5，在吸收器中吸收水蒸气，成为稀溶液。

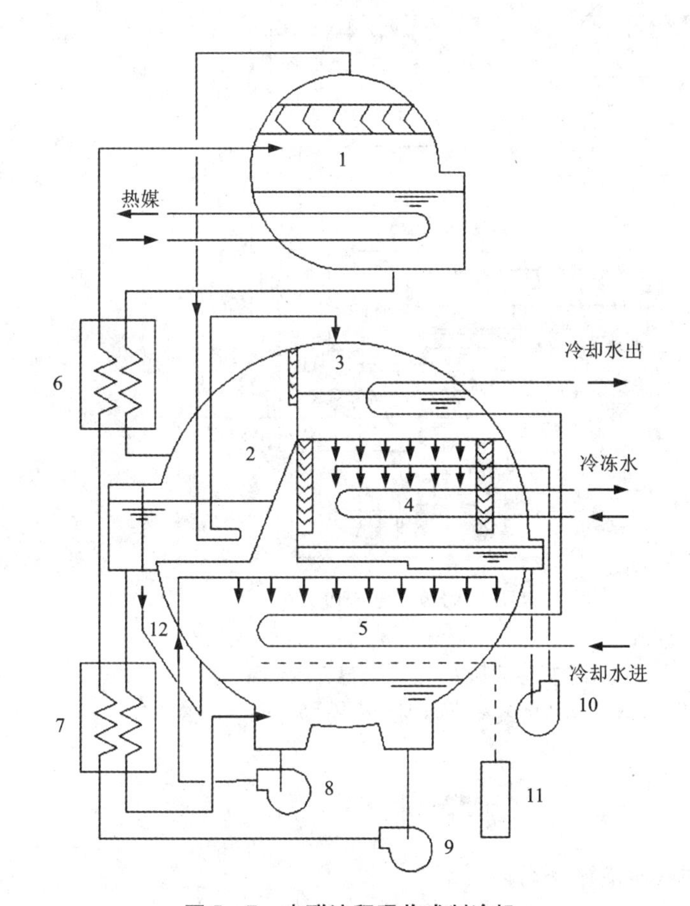

双效溴化锂吸收式制冷机工作原理

图 5－7　串联流程吸收式制冷机

1—高压发生器；2—低压发生器；3—冷凝器；4—蒸发器；5—吸收器；6—高温热交换器；7—低温热交换器；8—吸收器泵；9—发生器泵；10—蒸发器泵；11—抽气装置；12—防晶管

在高压发生器 1 中产生的高温水蒸气先进入低压发生器 2，放出热量后凝结成水，它与低压发生器产生水蒸气混合，在冷凝器中冷凝，再通过喷淋孔进入蒸发器 4。水在蒸发器中制冷后成为蒸气，蒸气排入吸收器，被混合后的溶液吸收。

2. 并联流程吸收式制冷机

并联流程吸收式制冷机如图 5－8 所示。从吸收器 5 的底部引出的稀溶液经发生器泵 10 升压后分成两股。一股经高温热交换器 6 进入高压发生器 1。在高压发生器中被高温蒸气加热，产生蒸气。浓溶液在高温热交换器 6 内放热后与吸收器 5 中的部分稀溶液及来自低温热交换器 8 的浓溶液混合，经吸收器泵 9 输送至喷淋器。另一股稀溶液在低温热交换器 8 和凝水回热器 7 中吸热后进入低压发生器 2，在低压发生器 2 中被来自高压发生器 1 的水蒸气加热，产生水蒸气及浓溶液。此溶液在低温热交换器 8 中放热后，与吸收器中的部分稀溶液及来自高压发生器 1 的浓溶液混合后，输送至吸收器 5 的喷淋器。

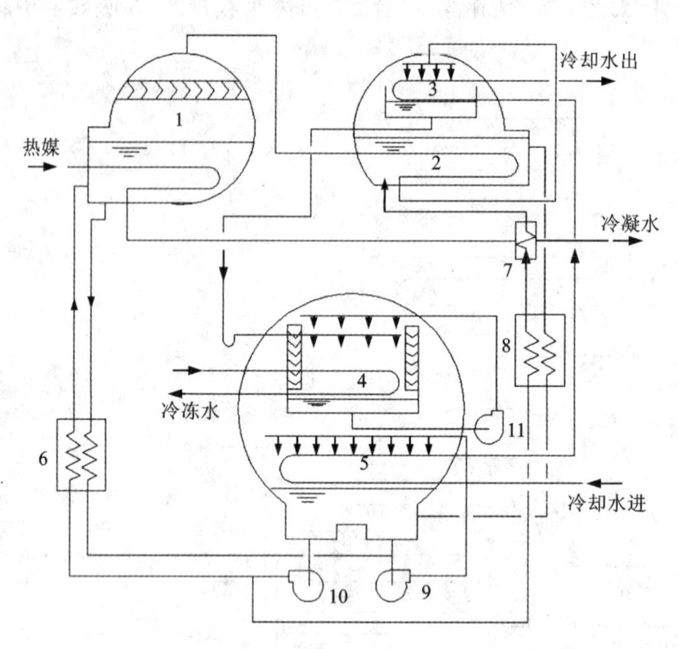

图 5-8 并联流程吸收式制冷机

1—高压发生器；2—低压发生器；3—冷凝器；4—蒸发器；5—吸收器；
6—高温热交换器；7—凝水回热器；8—低温热交换器；
9—吸收器泵；10—发生器泵；11—蒸发器泵

思考题

1. 吸收式制冷循环和压缩式制冷循环有何区别?

2. 吸收式制冷循环中工质对的物性对系统性能有哪些影响?

3. 双效溴化锂吸收式制冷循环有哪些类型？各有何特点?

4. 吸收式制冷系统的热力系数受哪些参数的影响?

5. 单效、双效吸收式制冷循环在结构、参数、性能上有何区别?

6. 吸收式制冷循环对于吸收剂有哪些要求?

7. 溴化锂吸收式制冷机与氨水吸收式制冷机有哪些区别?

8. 简述吸收式制冷循环中发生过程、冷凝过程、节流过程、蒸发过程、吸收过程中工质参数及状态的变化过程。

第6章　制冷机组和热泵机组

6.1　蒸气压缩式制冷机组和热泵机组的分类

空调冷水机组工作流程

6.1.1　冷水机组

这是国内目前应用最广的一种空调系统冷源，水冷冷水机组有往复式、螺杆式、离心式、涡旋式等不同的形式。在工程项目中常见的冷水机组只有一种制冷运行模式，在水系统中央空调领域，蒸气压缩式制冷机组在空调系统中主要用于提供冷冻水，冷水机组按照冷凝器的冷却方式可以分为风冷机组和水冷机组。风冷机组由于换热器的换热系数较低，传热温差较大，其额定 *COP* 值通常低于水冷机组。

1. 离心式冷水机组

离心式冷水机组采用离心式压缩机，通常简称为离心机。如图6－1为离心式压缩机的蜗壳效果图，图6－2为离心式压缩机叶轮以及进口导叶效果图。

图6－1　离心式压缩机的蜗壳效果图

图6－2　离心式压缩机叶轮以及进口导叶效果图

离心式压缩机由于叶轮转速非常高，会产生较大的噪声。为了降低噪声，除了优化系统设计、提高制造精度之外，还可以采用两级压缩或者三级压缩的方式。采用两级或者三级压缩，能够减少单个压缩机的压力比，从而降低叶轮转速，除了降低噪声之外，还可以减少叶轮应力，提升压缩机的可靠性。除此之外，在两级压缩或者三级压缩系统中，可以较好地设置经济器，提升压缩机的效率。

在两级压缩的离心式压缩机中，两级叶轮的布置方式有并列式和水平对置式两种形式。如图6－3所示，采用叶轮并列式布置方式时，两个叶轮的进气方向相同，压缩机的吸气会对叶轮产生水平推力，从而使转轴产生水平应力，较大的水平推力会带来止推轴承的磨损。而采用水平对置方式布置两个叶轮时，两个叶轮的水平推力能够在很大程度上互相抵消，从而大幅度减少传动轴的应力，降低机械磨损。

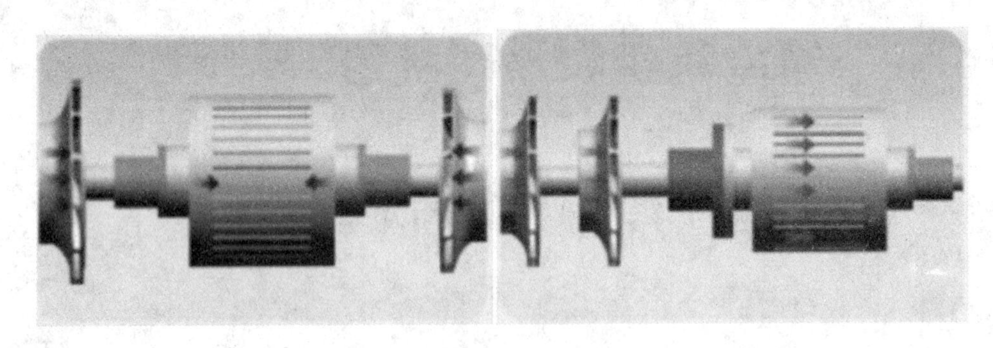

图6－3 采用叶轮并列式布置方式时两个叶轮的进气方向

此外，采用水平对置方式布置叶轮时，一级压缩排气口与两级压缩吸气口之间的间距大幅度提升，从而得以设计较大转弯半径的气流通道，能够有效降低冷媒的流动损失，也可以提升压缩机的效率。

离心式压缩机叶轮的驱动方式分为增速齿轮驱动和直联驱动两种。通过增速齿轮驱动的离心式压缩机，其电动机通常为三相异步电机，转速约为2950 r/min，为了达到压缩机的压缩及流量要求，需要通过增速齿轮箱将叶轮的转速提升至15000 r/min以上。增速齿轮箱的作用是传递动力，提升转速，同时也会带来能量的损耗，并且导致额外的噪声。除此之外，增速齿轮箱在长期运转之后，会因为磨损等原因导致机械故障，增加设备维护工作量。

近年来不少企业都开发了直联驱动离心式变频压缩机，其典型应用有变频直驱离心式压缩机（图6－4）以及磁悬浮离心式压缩机（图6－5）等。直驱离心式压缩机要采用高速电机（上述两种类型的压缩机均为两级压缩，并采用高速变频电机），由于所采用的电动机为高转速电机，不需要增速即可以满足叶轮的转速需求，所以不需要增速齿轮箱。取消增速齿轮箱之后，可以提高传动效率，降低压缩机噪声，减少设备维护工作量，因此可以提高冷水机组的效率和稳定性。

磁悬浮压缩机的电机与叶轮之间采用磁悬浮轴承，磁悬浮轴承是通过电磁力托举传动轴，轴承与转轴之间的接触介质为空气，所以摩擦损失几乎为零。此外，磁悬浮轴承不需要润滑油，所以冷媒当中也不含润滑油，无须设置润滑系统和油分离系统，能够提升系统的可靠性。

离心式压缩机的主要特点是转速高、排气量大、等熵效率比较高；压缩机的吸、排气压力差（压力比）与吸气量有密切关系。低负荷运行时，离心式压缩机有可能出现喘振。喘振现象就是气流在流道内来回撞击而不能正常输出，这将对机器产生冲击负荷，影响机器寿命。低负荷工况下，压缩机的排气量减少，引起压力比下降，可能会出现冷凝器压力高于压缩机排气压力的情况，从而导致气流倒灌（逆流从排气口进入压缩机内部），进而增加压缩机内部冷媒流量，提升排气压力，直到压缩机排气压力高于冷凝器压力，并正常向冷凝器排气。压缩机气流倒灌的过程，将会产生异常的振动和噪声，对压缩机造成很大的损坏。所以离心式压缩机的负荷调节范围受到喘振区的限制，常规离心式压缩机的负荷调节性能相对较差。近年来，随着控制水平的升级，以及变频调节等技术不断成熟完善，离心式压缩机稳定运行的负荷调节范围在不断扩大。

离心机的单机制冷量大（最大可达3000RT），能效比高（国标工况 *COP* 值最高可达7.11），在大型冷水机组（单机制冷量1500 kW以上）领域，离心机一直占统治地位，因为这种容量范围内，离心机的能效比是其他机种无法与之竞争的。此外，在大中型制冷机房中，制冷机组的台数通常在三台或者三台以上，对单台制冷机组冷量调节范围的要求相对较低。

在常规离心机中，随着单机冷量的下降，压缩机高效率的优势不再明显。此外，在小冷量领域，压缩机排气量较低，使得离心式压缩机的压力比受到影响，对压缩机的设计制造带来更多的限制。所以在单机冷量350RT（1230 kW）以下，很少有离心机的应用。最近几年，随着磁悬浮离心机和变频直驱离心机的量产上市，使得离心机的冷量范围得到很大的扩展，变频直驱离心机的最低单机制冷量为250RT（879 kW），磁悬浮离心机的最低单机制冷量为130RT（457 kW），并且它们的国标工况 *COP* 值大部分都能满足2017年最新能效标识的一级能效标准。国产变频直驱离心机虽然采用的是有油轴承，但应用了压缩机叶轮水平对置技术和全降膜式蒸发器，其稳定性和能效比都非常良好；由于其核心部件是具有完全自主知识产权的变频直驱压缩机，其价格与磁悬浮离心机相比具有较大的优势。

磁悬浮离心机的压缩机排气量比较小，所以单机制冷量都比较小，大部分产品都是采用双机头和多机头的形式，将两个或者多个压缩机并联到一个制冷系统当中。磁悬浮离心式压缩机的体积小，控制集成度高。磁悬浮压缩机的推广应用，打破了离心式冷水机组的技术门槛，目前国内大部分冷水机组制造厂家都在生产销售磁悬浮离心机。由于磁悬浮离心式压缩机的体积小，制冷量也比较小，所以磁悬浮离心机通常采取两器垂直叠放的结构方式。这种结构方式可以有效减少主机的占地面积，不足之处就是给冷水水管和冷却水管的安装、布置带来不便，在做制冷机房设计的时候需要注意。

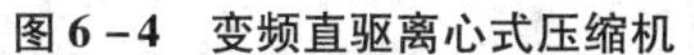

图6-4 变频直驱离心式压缩机

图6-5 磁悬浮离心式压缩机

离心式压缩机的流量与压力比是互相关联、制约的两个参数，所以对于工况变化的适应能力相对较低，大多数产品均为单工况冷水机组，离心热泵产品的应用目前还不多。

离心机的单机制冷量比较大，都是水冷式机组，其冷凝器都是采用循环水冷却。即使是离心热泵，其蒸发器和冷凝器的换热介质也都是水或者溶液。随着磁悬浮离心式压缩机的成熟应用，离心式压缩机的容量已经与螺杆式压缩机重合度很高，在不久的将来，可能会有离心式风冷热泵机组上市。

2. 螺杆式冷水机组

螺杆式压缩机属于容积型压缩机，其原理就是通过改变压缩腔的体积来提升冷媒的压力。螺杆式压缩机分为单螺杆和双螺杆两种，其中应用得比较普遍的为双螺杆式压缩机（图6－6）。双螺杆压缩机在工作过程中通过阴阳螺杆的啮合形成压缩腔，随着螺杆的旋转，压缩腔由敞开到封闭，并且体积不断缩小，从而达到压缩冷媒的目的。

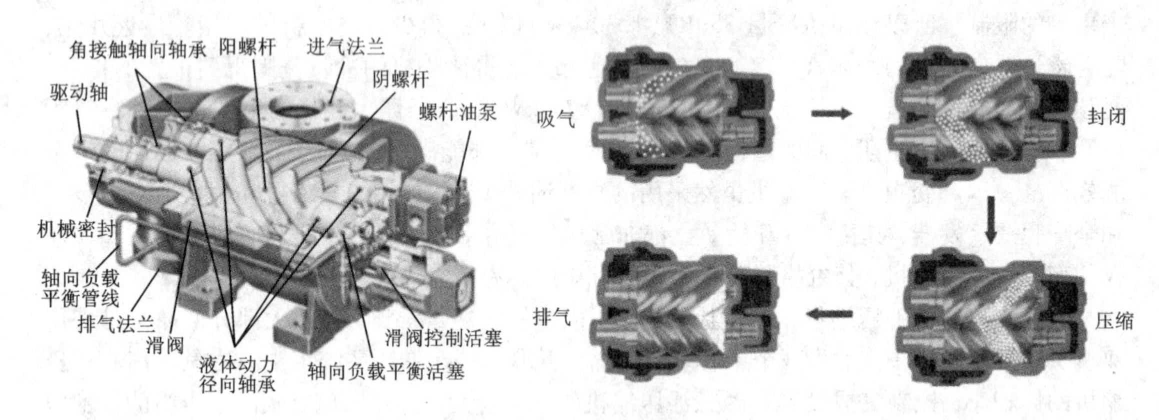

图6－6 双螺杆式压缩机

螺杆式压缩机主要通过滑环调节排气量，负荷调节性能较好，但是等熵效率不如离心式压缩机，排气量也比离心式压缩机小。

采用螺杆式压缩机的冷水机组称为螺杆式冷水机组（图6－7），简称螺杆机。螺杆机具有冷量调节方便的特点，主要用于中型制冷机房，或者在大型制冷机房中与离心机配合使用。单机头螺杆机的制冷量通常为100～1700 kW，双机头螺杆机的制冷量可以达到2000 kW以上。在冷水机组领域，随着小冷量高能效磁悬浮离心机和变频直驱离心机的推广应用，螺杆机的市场在不断受到侵袭。此外，在舒适性空调领域，多联机的应用越来越广泛，也占领了一部分螺杆机的市场。近年来，螺杆机的市场容量在呈下降趋势。

图6－7 螺杆式冷水机组

螺杆机是水系统中央空调中产品线最丰富的一类产品，在水－水冷热水机组中，按照冷媒种类可以分为R22机组和R134a机组；按照蒸发器类型可以分为干式螺杆机、满液式螺杆机和降膜式螺杆机；根据运行工况的差异可以分为单冷式冷水机组（包括不同出水温度的工况）、冷凝热回收式冷水机组（包括全热回收机组和部分热回收机组）、地源热泵机组、水源热泵机组、双工况螺杆机组，此外还有空气源水－水热泵机组。

R22冷媒的使用年限受到严格限制，在2020年之后，新投产的空调设备不允许再使用R22冷媒。目前R22冷媒的产品销量呈迅速下降的态势，离心机和多联机领域已经基本完成了R22冷媒的替代过程，分别使用R134a冷媒和R410a冷媒。螺杆机领域还有部分R22冷媒的产品在销售，大部分产品均采用R134a冷媒。

单冷式水冷螺杆机是螺杆机中占比最大的一个品类，其中最多的就是出水温度为7℃的常规水冷螺杆机。除此之外还有蓄冰工况的螺杆机，工业冷冻中的低温机组和温湿度独立控制系统中的高温螺杆机。

3. 涡旋式冷水机组

采用涡旋式压缩机的冷水机组称为涡旋式冷水机组。涡旋式压缩机也属于容积式压缩机，与螺杆式压缩机不同的是，涡旋式压缩机采用形状不同的定涡盘和动涡盘来形成密闭空腔，并通过动涡盘的旋转来改变密闭空腔的体积，从而对冷媒进行压缩，达到提高冷媒压力的目的。

涡旋式压缩机的排气量比离心式和螺杆式的都小，往往一台冷水机组中就要设置数台压缩机，而且其制冷量还不如一台中型的螺杆式冷水机组。所以很多制造厂家都把涡旋式冷水机组设计成模块式的产品，可以多台进行并联组合以扩大系统制冷量。在工程应用中常常像搭积木一样，根据项目需求选择模块数量来满足负荷需求。近年来随着磁悬浮离心机的推广，一些企业开始把小冷量的磁悬浮离心机也做成模块式的产品，以解决产品运输和安装空间的问题。

4. 往复活塞式冷水机组

往复活塞式制冷压缩机有开启式、半封闭式、封闭式几种形式，根据气缸数不同又有单缸和多缸之分。以活塞式制冷压缩机组成的冷水机组称为活塞式冷水机组，如图6－8所示。

图6－8 高速多缸活塞式冷水机组

活塞冷水机组因其热效率高、单位耗电量少、系统比较简单而得到一定应用。但其压力比低、单机制冷量小，单机头部分负荷下调节性能差、不能无级调节，属上下往复运动、振动较大等缺点限制了其在大型空调系统中的应用。

6.1.2 热泵机组

空气源热泵系统

热泵机组主要用于提供空调热水。热泵机组的工作原理和冷水机组相同，只是运行工况有差异。热泵机组通常有制冷和供热两种运行模式，也叫作冷热水机组。热泵根据冷凝器的冷却方式不同可以分为风冷热泵和水冷热泵，工作原理如图6－9所示。

热泵机组跟冷水机组相比，主要的差别就是制热工况下冷凝器的出水温度由37℃提高到了45℃。

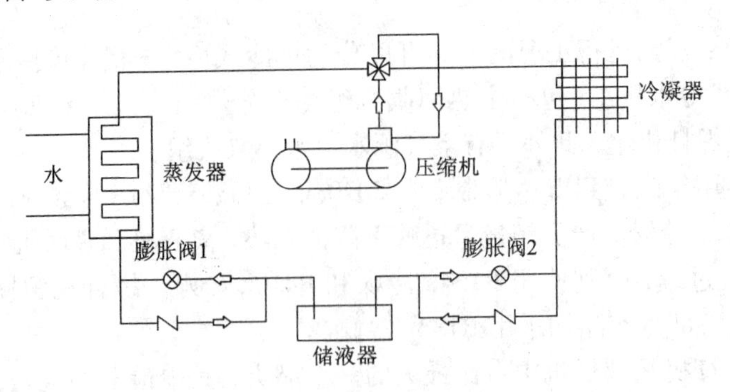

图6－9 热泵机组原理图

6.1.3 空调机(器)和热泵型空调机(器)

空气源热泵风系统机组原理图

空气源热泵水系统机组原理图

除了水系统中央空调以外，单元式房间空调器和多联机空调系统大部分均属于分体式空调，其蒸发器和冷凝器分别处于建筑室内外两侧，压缩机通常处于室外。风冷型房间空调器主要是家用空调器，大多数都带有四通阀，具有制冷和供热两种运行模式，少数在两广以及海南地区销售和使用的家用空调器为单冷型。

水冷型单元式房间空调器的主要形式为水环热泵。图6－10为分体式水环热泵，其本质就是家用空调器的室外机风冷式换热器改成水冷式换热器。在实际应用中，大部分都是分体式热泵机组(整体式水环热泵机组由于压缩机噪声影响比较大，实际应用得比较少)，每一组设备都具备制冷制热两种运行模式。水环热泵的优点是每一组设备都可以单独控制，而且可以自由选择制冷制热模式。在一些单层建筑面积较大、分成内外区域的建筑，或者不同房间设备发热量相差很大的建筑，可能在同一个时间段有的房间需要制冷、有的房间需要制热。应用水环热泵机组不但可以满足单独控制的需求，还可以通过水系统在不同房间实现冷热量的转移，达到热量回收的目的。所以水环热泵的水系统中除

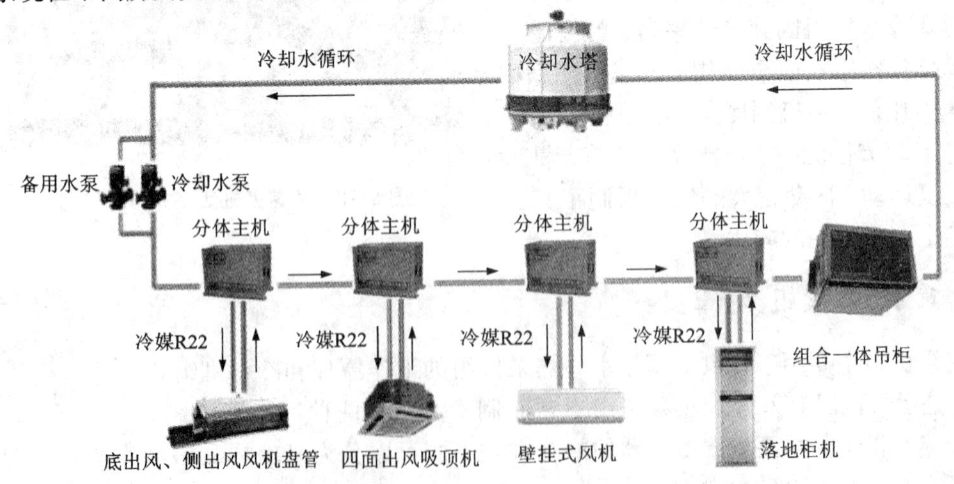

图6－10 分体式水环热泵

了设置冷却塔之外，通常还要设置加热设备，以满足整个系统不同运行状态的需要。

6.2 水－水冷热水机组

水－水冷热水机组的蒸发器、冷凝器的传热介质均为水，根据压缩机形式的不同，可以分为离心机、螺杆机和涡旋机。

6.2.1 水冷式冷水机组

水冷式冷水机组主要由压缩机、壳管式冷凝器、干燥过滤器、膨胀阀、壳管式蒸发器以及电器控制部分等组成，如图6－11所示。机组制冷时，压缩机将蒸发器内低温低压制冷剂吸入气缸，经过压缩机做功，制冷剂蒸气被压缩成高温高压气体，经排气管道进入冷凝器内。高温高压的制冷剂气体在冷凝器内与冷却水进行热交换，把热量传递给冷却水带走，而制冷剂气体则凝结为高压液体。从冷凝器出来的高压液体经膨胀阀节流降压后进入蒸发器。在蒸发器内，低压液体制冷剂吸收冷冻水的热量而汽化，使冷冻水降温冷却，成为所需要的低温用水。汽化后的制冷剂气体重新被压缩机吸入进行压缩，排入冷凝器，这样周而复始，不断循环，从而实现对冷冻水的冷却。从机组出来的冷冻水，进入室内的风机盘管、变风量空气调节机等末端装置，在室内与对流空气发生热交换，在此过程中，水由于吸收室内空气的热量（向室内空气散热）而温度上升，而室内空气经过室内换热器后温度下降，在风机的带动下，送入室内，从而降低室内的空气温度，而温度上升后的冷冻水在水泵的作用下重新进入机组，如此循环，从而达到连续制冷的目的。

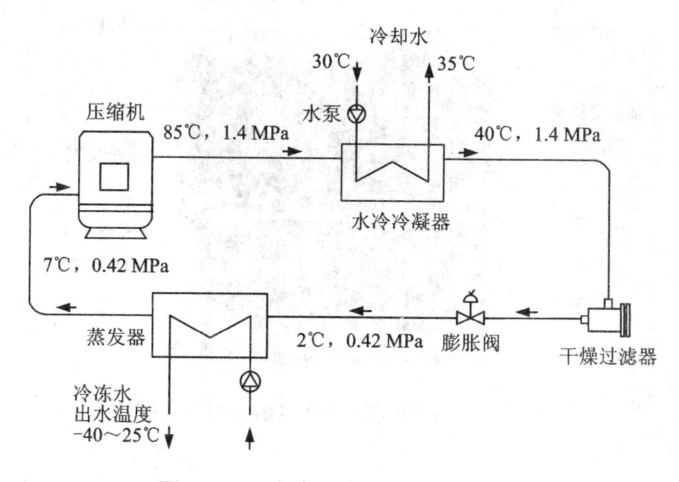

图6－11 水冷式冷水机组工作流程

6.2.2 水－水热泵机组

水－水热泵机组是以水为热源的可进行制冷/制热循环的一种热泵型整体式水－水式空调装置，制热时以水为热源而在制冷时以水为排热源，如图6－12所示。其为采用循环流动的水为冷（热）源制取冷（热）水的设备，包括使用侧换热设备、压缩机、热源侧换热设备，具有制冷兼制热功能。

制热时水泵将水送入热泵机组，热泵机组中的液态制冷剂在蒸发器中吸收水的低品位热能后，蒸发成低温低压的气态制冷剂，被压缩机压缩成高温高压的气态制冷剂后送入冷凝器。在冷凝器中的高温高压的气态制冷剂经过换热将热量传给建筑物的循环水（地热或暖气散热片），给建筑物放热后，冷凝成液态后重新回到蒸发器中，重复吸热、换热的过程。

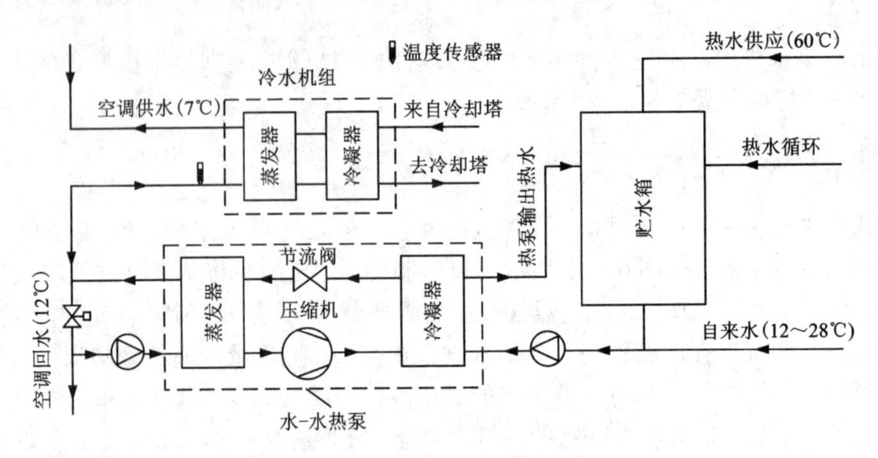

图 6－12　水－水热泵机组系统图

6.2.3　模块式冷热水机组

模块式冷热水机组是各个独立的冷热水机组组合在一起使用，其每个机组彼此独立，互为备用，如图 6－13 所示。任何一个机组发生异常情况都不会影响其他机组的正常运行，机组的制冷、制热量保持相对稳定。

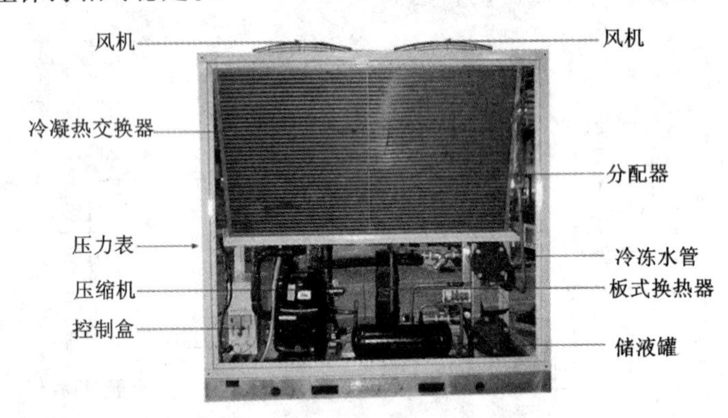

图 6－13　模块式冷热水机组结构示意图

模块式冷热水机组按机组与环境的换热介质不同可分为风冷式和水冷式，按用途分为单冷型和热泵型。风冷模块式冷热水机组与水冷模块式冷热水机组相比，因省略了冷却塔、水泵、锅炉及相应管道系统等许多辅件，系统结构简单，安装空间小，维护管理方便且节约能源，故应用最为广泛，可把夏季降温和冬季供热结合为一体多用机组。因此，风冷模块式冷热水机组通常适用于既无供热锅炉，又无供热管网或其他稳定可靠热源，却又要求全年空调的暖通工程，是设计中优先选用的方案。风冷冷热水机组与风机盘管、柜式空气处理机、吊顶式空气处理机、组合式空气处理机、新风机组、空调箱等末端装置所组成的集中式、半集中式中央空调系统具有布置灵活、控制方式多样等特点，尤其适用于商场、医院、宾馆、工厂、办公大楼等场合使用。

风冷模块机组比水冷式机组一次性投入要稍高，但是全年运转费用要低于水冷式冷水机组，机房建筑费用在各种空调冷热源系统中最少，维护保养费用约为水冷式或者锅炉的一半，是目前冷(热)水空调设备产品中保养、维修最经济、简单的机种。该机组可以直接放置在屋顶、裙楼平台或水平地面上，无须建造机房、锅炉房，安全而清洁，制热时的热量直接取自室外空气，可节省能量。

模块式冷热水机组可以根据负荷情况改变模块单元机组的数量或允许在使用过程中再增加机组，在模块式冷热水机组每个模块均有相同口径的进出水管，模块之间只需将水管对接即可，安装非常方便。但由于模块机这种特殊的形式，模块机组的进出水管的流速不确定，给模块机组的水流控制带来了一定的难度。确保每个模块得到合适的水流量是模块机组可靠工作的必要保证，不适当的水流量可能导致某个模块单元机组蒸发器结冰、冷凝压力高、压缩机“咬缸”等故障。

6.3 空气－水冷热水机组

6.3.1 风冷式冷水机组

风冷式冷水机组由压缩机吸入蒸发制冷后的低温低压制冷剂气体，然后压缩成高温高压气体送冷凝器；高压高温气体经冷凝器冷却后使气体冷凝变为常温高压液体；当常温高压液体流入热力膨胀阀，经节流成低温低压的湿蒸气，流入壳管蒸发器，吸收蒸发器内的冷冻水的热量使水温度下降；蒸发后的制冷剂再吸回到压缩机中，又重复下一个制冷循环，从而实现制冷目的，如图6－14所示。

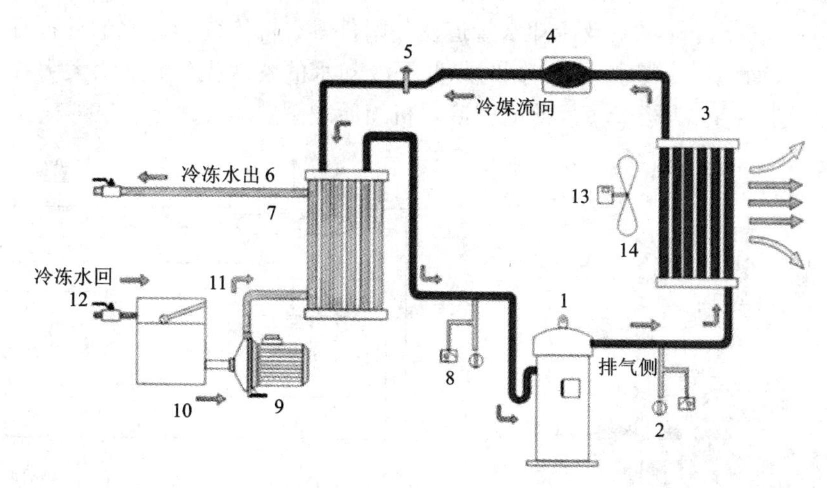

图6－14 风冷式冷水机组流程图

1—压缩机；2—高压控制器；3—冷凝器；4—干燥过滤器；5—膨胀阀；6—防冻开关；7—蒸发器；8—低压控制器；9—水泵；10—水箱；11—浮球开关；12—球心阀；13—电机；14—风扇

风冷式冷水机组的冷凝温度取决于室外空气的干球温度，且水冷式比风冷式冷水机能效比要高；在价格方面，水冷式则要比风冷式低得多；在安装方面，水冷式须纳入冷却塔方可使用，风冷式冷水机组则可移动，无须其他辅助，但风冷式冷水机组只凭风扇散热，对环境有所要求，例如通风、一定的湿度、温度不能高于40℃、空气酸碱值适宜等。

6.3.2 蒸发式冷水机组

蒸发式冷水机组根据系统蒸发换热形式不同分为蒸发冷却式冷水机组和蒸发冷凝式冷水机组。

图6－15为蒸发式冷水机组，是一种高温冷源形式机组。随着温湿度独立控制系统技术的发展，这种机组不断得到推广应用。蒸发式冷水机组充分利用外界自然环境的冷却能力，其冷凝温度取决于室外空气的湿球温度。蒸发冷却冷水机组能耗小，但受室外空气参数影响大。

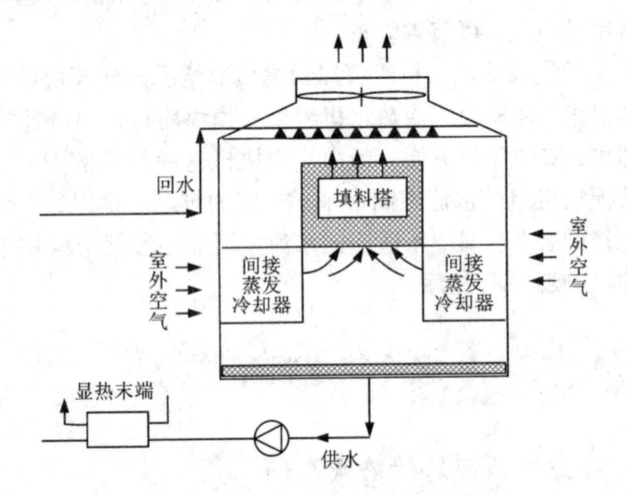

图6－15 蒸发式冷水机组示意图

蒸发冷凝式冷水机组由压缩机、平衡管、蒸发式冷凝器(图6－16)、储液器、节流装置、蒸发器、电器控制箱、变频系统等构成，是将冷却水系统与制冷主机的冷凝器集成合并设置。蒸发式冷凝器主要是利用冷却水蒸发时吸收潜热而使制冷剂蒸气凝结，制冷剂蒸气在管内凝结时放出热量，再通过油膜、管壁及污垢传给管外的水膜，再通过水的蒸发将热量传递给空气，蒸发时产生的水蒸气由空气带走。采用蒸发式冷凝器，取消了制冷主机外配的冷却塔、冷却水泵及冷却水管道及其附件等，将传统冷却水的外循环方式改为内循环方式，大大简化了冷却水系统，同时降低了冷却水的飘水损失，从而大大提高了空调系统的能效比，图6－17为板管蒸发冷凝式冷水机组原理图。

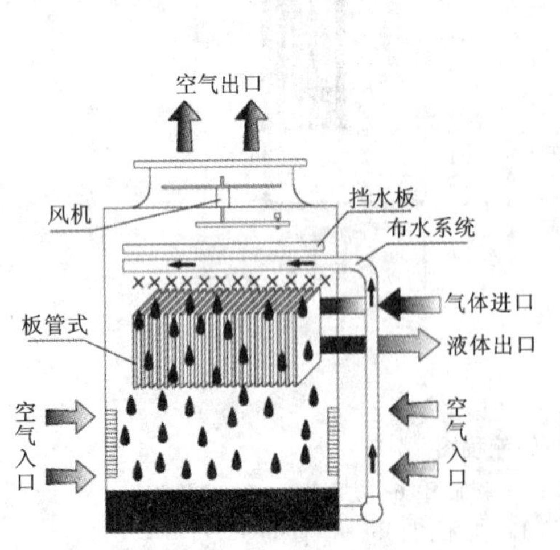

图6－16 蒸发式冷凝器示意图

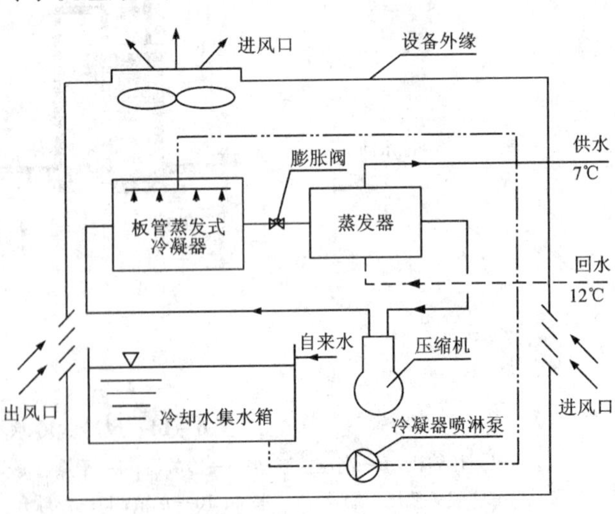

图6－17 板管蒸发冷凝式制冷机制冷原理图

6.3.3 空气-水热泵机组

空气-水热泵是空气源热泵型冷水机组常见的另一种形式，又称风冷热泵冷热水机组或风冷式冷热水机组，如图6-18所示。在该类热泵中，热源(制冷运行时为冷却介质)和用作供热(冷)的介质分别为空气和水。在该系统中，一个换热盘管作为蒸发器而另一个作为冷凝器。在制热循环时，被调的热水流过冷凝器而室外空气流过蒸发器；制冷剂流向改变后则成了制冷循环，被调的冷冻水流过蒸发器而室外空气流过冷凝器。冬季按制热循环运行，供热水作为空调采暖，也可以和太阳能热水器联合使用，产生热水。夏季按制冷循环运行，供冷冻水作为空调用。制热与制冷循环的切换通过换向阀改变热泵制冷剂的流向来实现。

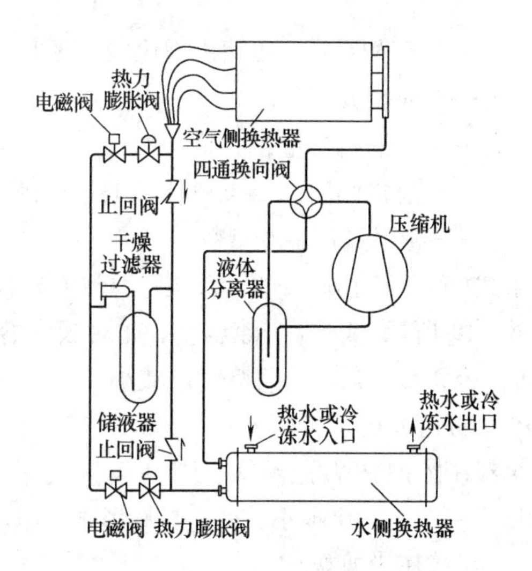

图6-18 空气-水热泵流程图

6.4 蒸气压缩式制冷机组和热泵机组的能量调节

由于受环境温度的变化影响，压缩机对系统所需的负荷也会相应变化，这就需要对压缩机进行输气量调节。蒸气压缩式制冷机组和热泵机组的能量调节主要包括压缩机、蒸发器、冷凝器以及节流装置的容量调节、制冷剂流量调节以及安全保护控制。

6.4.1 往复式压缩制冷机组

1. 变工况对压缩机工况的影响

(1)吸气压力变化

制冷机组负荷及运行工况的改变均会引起吸气压力的改变，导致压缩机工况改变。

①单级压缩机。

$$\varepsilon = \frac{p_2}{p_1} \tag{6-1}$$

式中：ε——压缩机压力比；

p_2——排气压力；

p_1——吸气压力。

由式(6－1)可知，若 p_2 不变，p_1 下降，则 ε 增大。

$$\lambda_V=\frac{V_s}{V_h}=1-\alpha(\varepsilon^{\frac{1}{m}}-1)^{\frac{1}{2}} \tag{6-2}$$

式中：λ_V——容积系数，压缩机理论吸气量与压缩机排量之比；

V_s——理论吸气量；

V_h——压缩机排量；

α——余隙容积比，$\alpha=V_c/V_h$，V_c 为余隙容积；

m——膨胀过程多变指数。

由式(6－2)可知，ε 增大，必然导致 λ_V 减小。如图 6－19 所示，V_c 为余隙容积，此时吸入容积为 V_s，吸入容积减小后，压缩机气量减小。

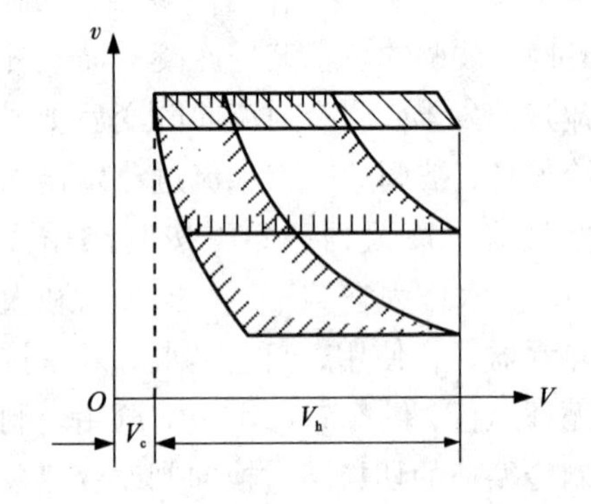

图 6－19　不同吸气压力的指示图

②多级压缩机。

多级压缩时压力比增大，则一级排气量减小，级数越多压力比变化越小，对排气量影响也越小。

(2)排气压力改变

如吸气压力恒定，而排气压力增大，则压力比升高，容积系数减小，排气量减小，功率增加。

2. 排气量调节

压缩机是根据最大需要气量来选配的。压缩机调节往往是指当需气量减小时通过调节使压缩机在低于额定气量工况下运行。

调节依据：

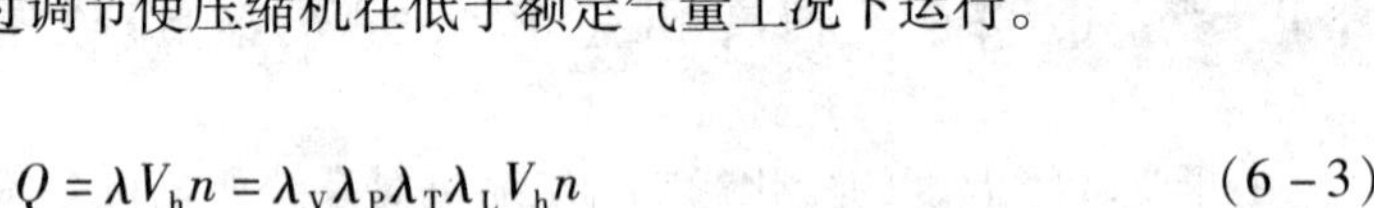

$$Q=\lambda V_h n=\lambda_V\lambda_P\lambda_T\lambda_L V_h n \tag{6-3}$$

式中：λ_P——压力系数；

λ_T——温度系数；

λ_L——泄漏系数；

n——压缩级数。

调节形式：连续调节使排气量连续改变；间歇调节只有排气和不排气两种方式；分级调节是在如 100%，75%，50%，…，0 等挡位之间调节。

调节形式要求结构简单、工作可靠、经济性好。

(1)改变转速和间隙停车

①采用可变速驱动机如直流电机、汽轮机、柴油机等连续改变转速。

②使用不变速驱动机如异步电机，可用运行、暂停间隙停车省功，但这种方式启停频繁，使得工作条件变坏、电网波动，一般用于微型压缩机。

③改变转速、改造压缩机。不改变压缩机原有结构的情况下，一定范围内增加转速，排气量会有所增加，但功率的增加速度大大超过气量增加速度，因此不够经济。

(2)切断进气调节

此方法是利用减荷装置来调节排气量的，如图6－20所示。当压力超过规定值时，调节阀动作，气体进入减荷阀活塞下部小气缸，推动蝶形阀，关闭通道，无气排出，如图6－21所示。罐中压力下降到一定值时调节阀关闭，动作反向进行。

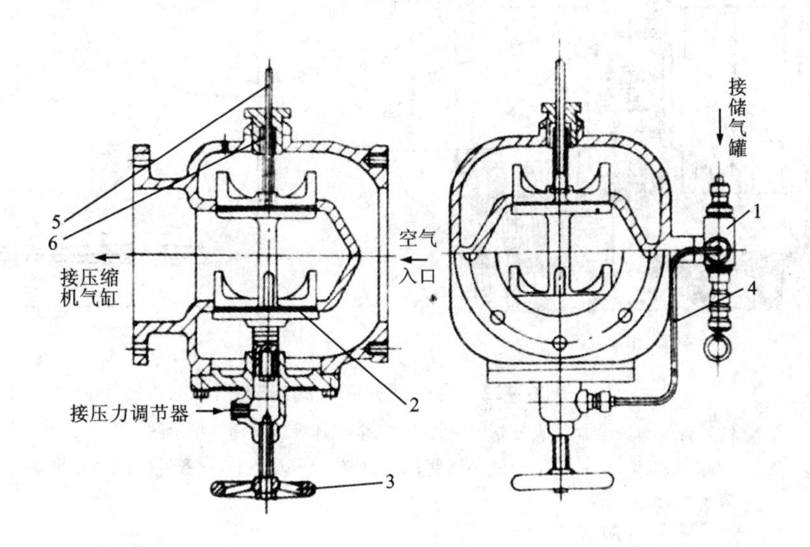

图6－20 减荷阀

1—压力调节器；2—蝶形阀；3—手轮；4—连接管；5—导杆；6—弹簧

(3)旁路调节

旁路调节是把排出管与吸入管连通，引回一级吸入口或本级吸入口。其中自由连通是旁路阀全开，排出气体全部回流进气管，不向外输出气体。这种方法一般用于大型压缩机启动时，其功耗主要用于克服气阀及管路损失。而节流连通是旁路阀部分开启，部分气体回流，可以连续调节，一般用于短期或调节幅度不大的场合。

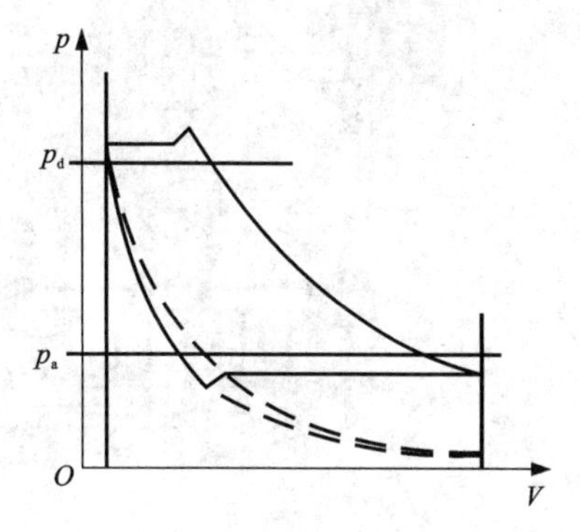

图6－21 切断进气调节的指示图

——全排气量循环

－－－－切断进气循环

旁路调节可实现连续调节，简单方便，但浪费能量，作为空载启动的手段，可调节各级压力比。

(4)顶开吸气阀调节

该方法是强制顶开吸气阀，使吸入气缸内的气体未经压缩而全部或部分返回吸入管道，主要有完全顶开吸气阀(图6－22)、部分行程顶开吸气阀(图6－23)两种形式。本方法简单方便，但阀片寿命会降低。

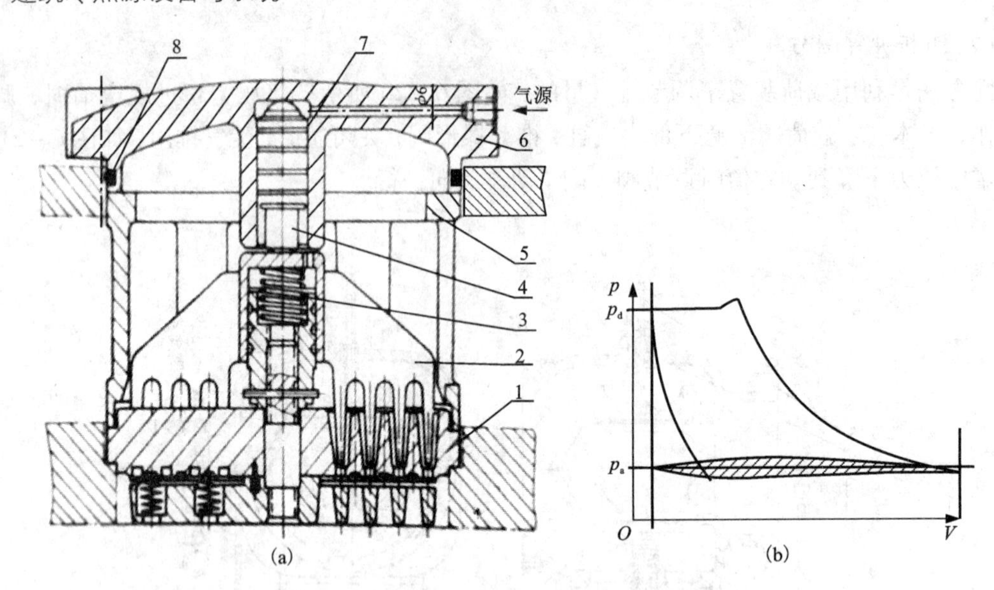

图 6－22 完全顶开吸气阀调节

(a)完全顶开吸气阀装置；(b)完全顶开吸气阀调节指示图

1—阀座；2—压叉；3—弹簧；4—小活塞；5—压罩；6—压盖；7—密封槽；8—O 形圈

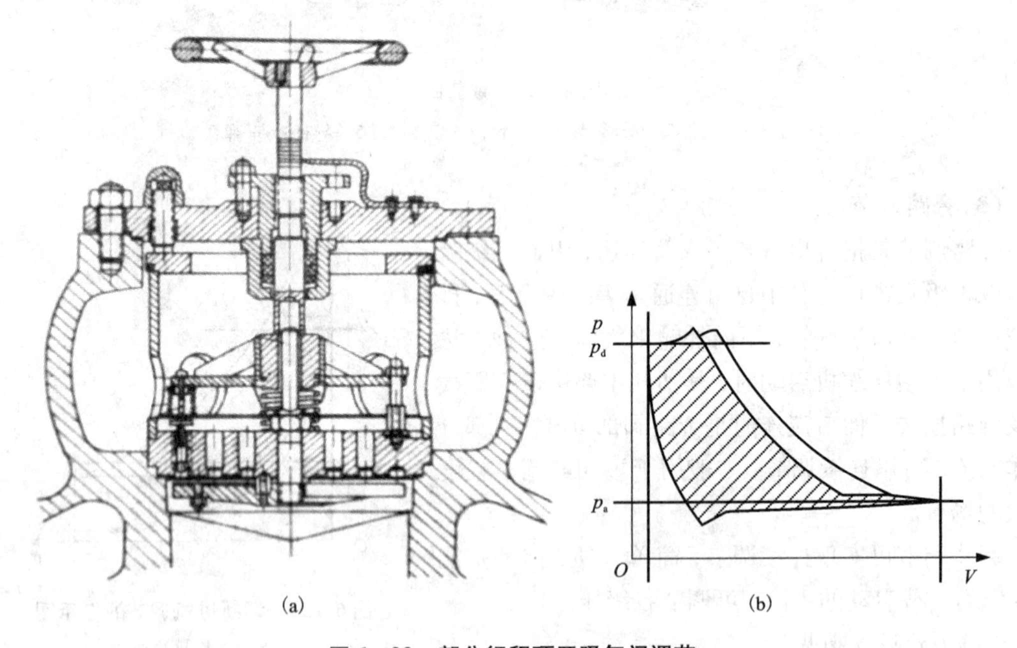

图 6－23 部分行程顶开吸气阀调节

(a)部分行程顶开吸气阀装置；(b)部分行程顶开吸气阀调节指示图

(5)连通补充余隙容积调节

该方法是利用余隙容积比的变化来改变余隙系数从而改变排气量的，如图 6－24 所示。主要有固定补充容积余隙结构和变容积结构两类。固定补充容积余隙结构是一个阀连一个容积，变容积结构是小活塞位置不一样，则余隙容积比不同，以此来调节出输气排量。

此方法较经济，不影响阀片寿命，但结构笨重，常用于大型压缩机上。

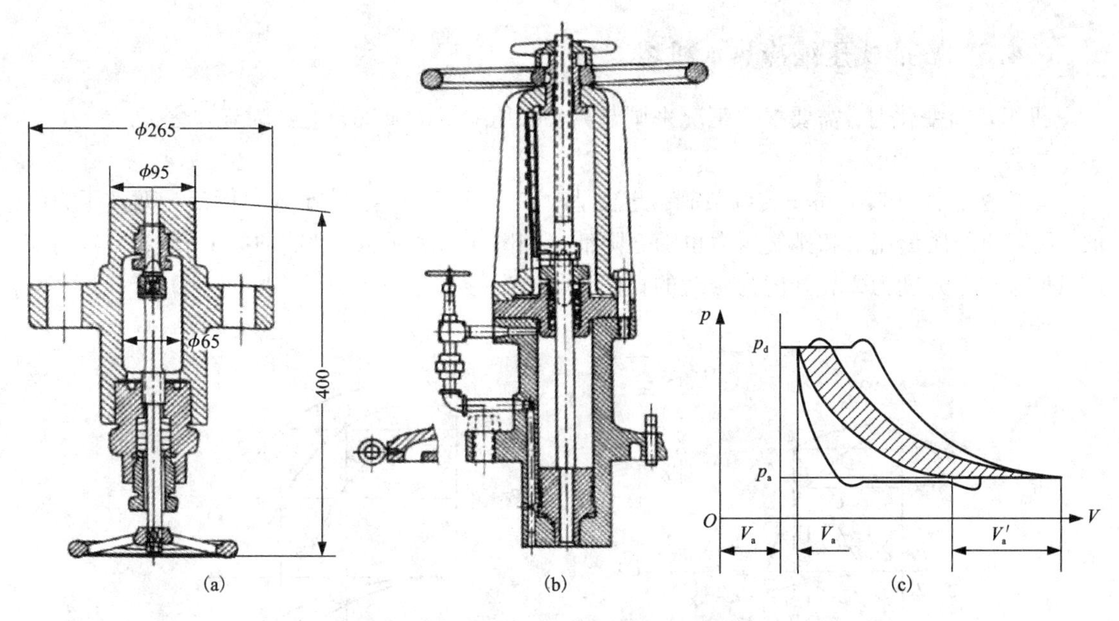

图 6-24 连通补充余隙的结构及指示图

(a)固定补充余隙结构；(b)可调补充余隙结构；(c)增加补充余隙容积的指示图

6.4.2 螺杆式压缩冷热水机组

螺杆制冷压缩机采用滑阀式能量调节，它是在两转子之间装设一个可以轴向移动的滑阀，如图6-25所示。移动滑阀改变了转子的有效工作长度，起到调节能量的作用。

图6-26表示滑阀的移动与能量调节的关系。图6-26(a)为全负荷时(100%)滑阀的位置，这时齿槽容积对 V_c 中的气体全部排出；图6-26(b)为部分负荷时滑阀的位置，这时滑阀向排气端移动，吸气口即开成旁通口，吸进的气体部分通过旁通口不经过压缩而返回吸气侧，转子的有效工作长度减短，仅排出齿槽容积对 V_p 中的气体。滑阀连续移动时能量在10%~100%的范围内达到无级调节。滑阀的位置可通过电动或液压控制，一般根据吸气压力或温度的变化实现自动能量调节，也有由手轮调节的。

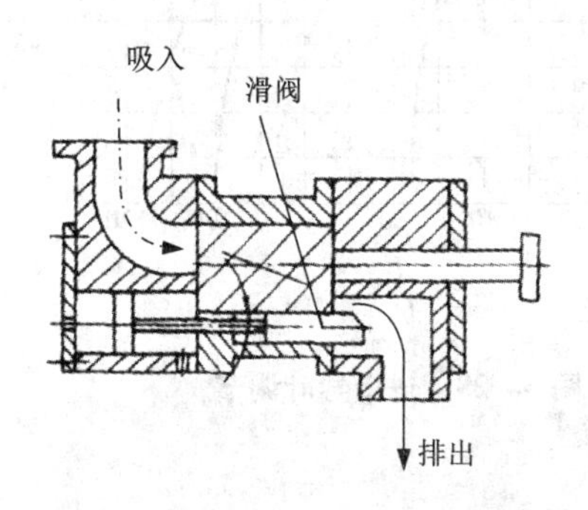

图 6-25 滑阀式能量调节示意图

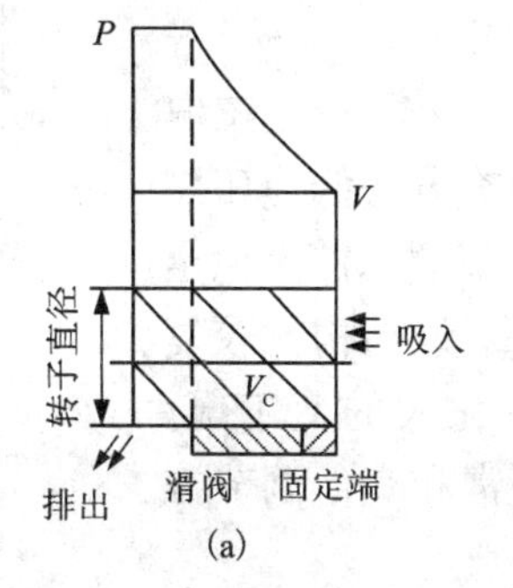

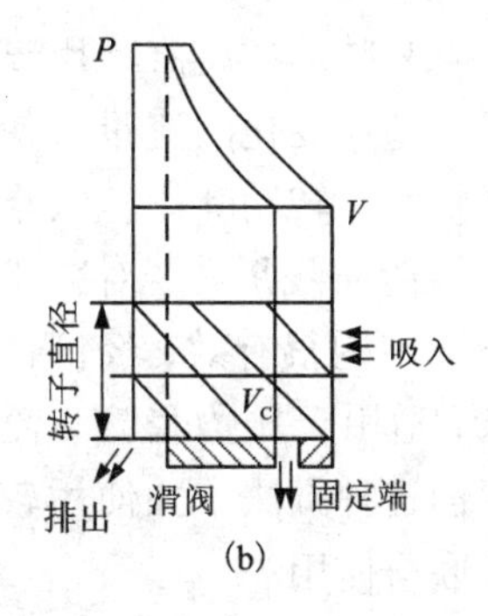

图 6-26 滑阀的移动与能量调节的关系

(a)全负荷；(b)部分负荷

6.4.3 离心式压缩冷热水机组

机组负荷变化时，需要根据工况来调节离心式压缩机的工况，主要调节方法有：

1. 入口节流调节

该方法是在进口管路安装调节阀，此法是改变压缩机特性，关小入口阀后，吸入压力降低，压缩机的质量流量和排气压力也随之降低。如图 6－27 所示，性能曲线 1、3、5 分别对应进气阀全开、开度为 2 和开度为 4 时的特性变化情况。

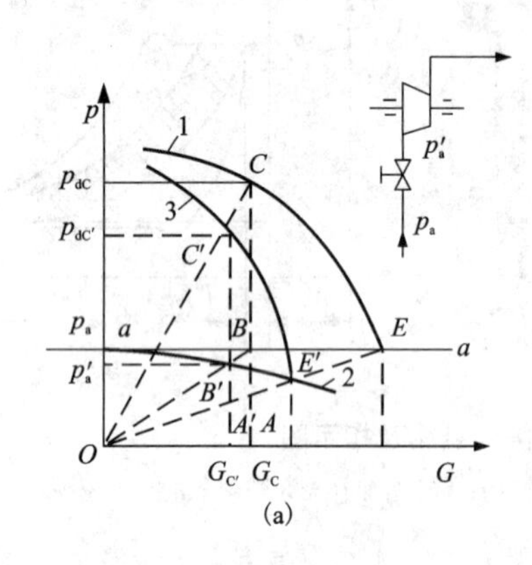

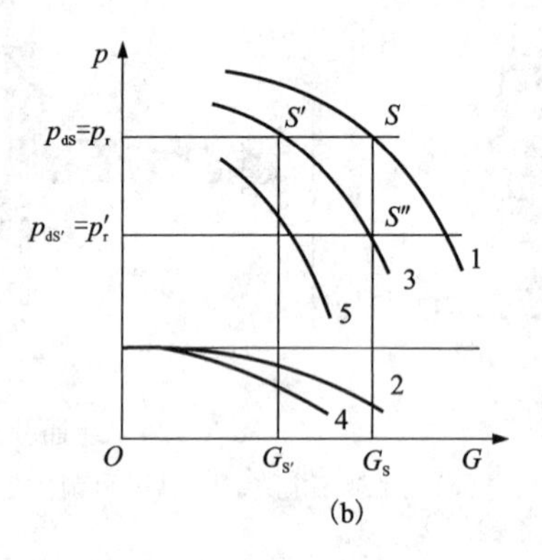

图 6－27 进气节流调节

此方法简单，经济性较好，并具有一定的调节范围，目前转速固定的离心式压缩机经常采用此法。

2. 转动可调进口导叶调节

本方法是在叶轮入口设置可调节的进口导向叶片，使进口速度三角形改变，以改变压缩机工况，如图 6－28 所示。

此方法调节范围较宽，经济性也好，但结构比较复杂。

3. 转动扩压器叶片调节

适应变化的流量可使冲角减小，稳定工况区扩大。转动叶片扩压器的调节方法能使压缩机性能曲线平移，对减小喘振流量、扩大稳定工况范围很有效，经济性也好，但结构比较复杂，适用于压力稳定、流量变化大的变工况。目前这种方法单独使用较少，常和其他调节方法联合使用。

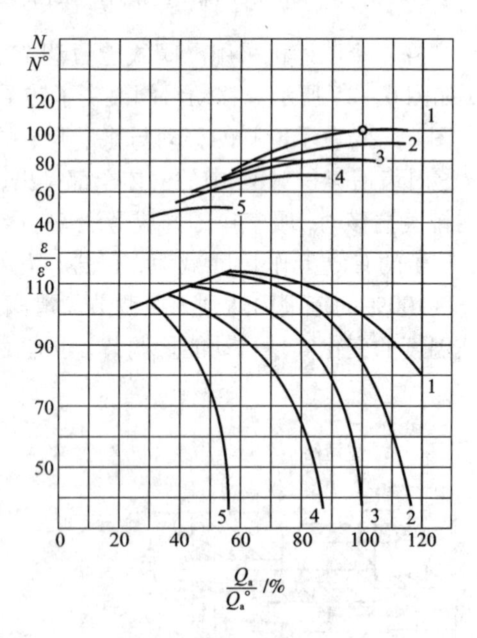

图 6－28 进口导叶调节

4. 循环管线调节

利用离心式压气站上装设的站内循环管线（原本是为机组启停时使用的）在管道气量减小时，可使部分气体在站内循环，这是离心式压缩机经常使用的临时调节方法，因为它非常简单易行，在自动化程度非常高的压气站还可以根据确定的参数自动打开循环阀，也是一种机组的保护措施，可防止喘振的发生。

6.4.4 冷凝压力调节

在制冷机组与热泵运行中，冷凝压力对系统性能有很大影响。当冷凝压力(或冷凝温度)偏高时，压力比增大，容积效率减小，制冷量减小，耗功率增大，排气温度升高。冷凝压力越高，其不利影响程度越大。冷凝压力偏高的现象主要出现在夏季，这时应尽可能降低冷凝压力，以保证系统运行的经济性和可靠性。但是，对于全年运行的制冷装置，在冬季运行时又可能出现冷凝压力过低的现象。冷凝压力过低时，膨胀阀前后压差太小，膨胀阀容量减小导致供液能力不足，蒸发器缺液，系统制冷量大幅度下降。因此，必须将冷凝压力控制在合理范围内，才能充分保证制冷装置的性能。

不同的冷凝器，其冷凝压力调节方法也不尽相同，其实质是通过调节冷凝器容量(即热交换能力)实现的。增大冷凝器容量，冷凝压力将降低；减小冷凝器容量，冷凝压力将升高。冷凝器的冷却剂主要有水和空气，调节其温度是改变冷凝压力的有效方法，但因冷却剂温度取决于环境，往往不能作为调节手段。冷凝器的传热系数主要取决于冷却剂流量，因此，调节冷却剂流量和冷凝器传热面积是调节冷凝压力的主要方法。

1. 冷却剂流量的调节方法

在水冷式冷凝器中，常采用水流量调节阀调节冷凝压力，水流量调节阀有压力控制型和温度控制型两类。压力控制型水流量调节阀以冷凝压力为信号对冷却水的流量进行比例调节：冷凝压力越高，阀开度越大；冷凝压力越低，阀开度越小；当开度减小到阀的开启压力以下时，阀门自动关闭，切断冷却水的供应，此后冷凝压力将会上升，当其上升至高于阀的开启压力时，阀门又自动打开。温度控制型水流量调节阀的工作原理与压力控制型相同，所不同的是，它以感温包检测冷却水出口的温度变化，将温度信号转变成感温包内的压力信号，调节冷却水的流量。温度控制型水量调节阀不如压力控制型水量调节阀的动作响应快，但工作平稳，传感器安装简单、便捷。

对于风冷式冷凝器，改变风量的调节方法有：采用变转速风扇电机、调节冷凝风扇的运转台数，以及在冷凝器进风口或出风口设置风量调节阀。这些调节方法均可以冷凝压力（冷凝温度)或环境温度为信号进行风量调节。

2. 冷凝器传热面积的调节方法

具有多组冷凝器时，可以利用串联在各组冷凝器通道上的电磁阀的开/闭状态，开启或截断冷凝器通路，以改变冷凝器的传热面积。这种方法在多联机中使用较多，以保证压缩机大范围容量调节时冷凝压力能够稳定在要求范围内。

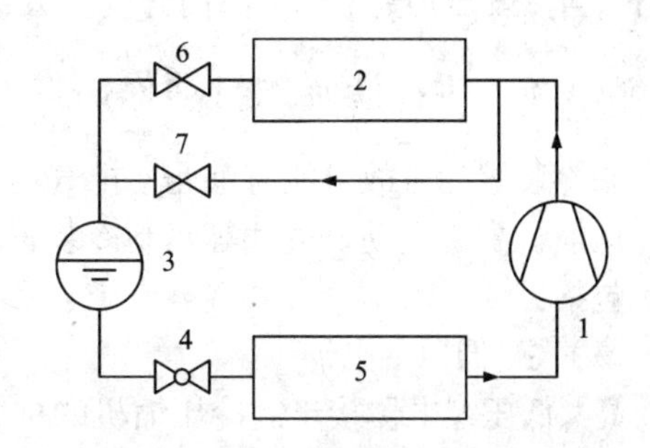

图 6-29 冷凝压力调节阀的工作原理

1—压缩机；2—冷凝器；3—高压储液器；4—膨胀阀；5—蒸发器；6—高压调节阀；7—差压调节阀

冷凝压力调节阀常用于全年制冷运行的制冷装置中。在冷凝器出口液体管上安装一只高压调节阀，并在压缩机出口与高压储液器之间跨接一只差压调节阀，利用两只阀的配合动作实现冷凝压力的调节，如图 6-29 所示。高压调节阀 6 是受阀前冷凝压力控制的比例型调节阀，其开度与阀前和冷凝压力设定值之差成正比，当阀前压力低于设定值时，阀关闭；达到设定值时，阀开启，正常运行时，阀全开。差压调节阀7是受阀前后压差(冷凝器和高压调节阀的压降之和)控制的调节阀：压差增大，开度增大；压差减小，开度减小；当压差减小到设定值时，阀门关闭。这样，当冷凝压力很低时(如冬季)，高压调节阀6关闭，压缩机排出的制冷剂在冷凝器中冷凝，集液使冷凝器传热面积减少，冷凝压力逐渐升高；当压差调节阀7前后建立起压差后，阀门打开，压缩机排气直接进入高压储液器顶部，使高压储液器内的压力升高，以保证膨胀阀前具有稳定的压力。当冷凝压力升高至设定值以上时，高压调节阀6全开，局部阻力减小，使差压调节阀7前后的压差降低至设定压差以下，差压调节阀关闭。因此，当冷凝压力在设定值以上正常运行时，高压调节阀全开，差压调节阀关闭。

将高压调节阀与差压调节阀集成为一体，则构成冷凝压力调节阀。使用冷凝压力调节阀的制冷装置必须在系统中设置容量足够大的高压储液器，且制冷剂的充灌必须保证在冷凝器出现最大可能的集液时，高压储液器内仍然有液体，以保证高压储液器的液封作用，否则将导致膨胀阀不能正常工作。

6.4.5 蒸发压力调节

外界条件变化和负荷变化时，会引起制冷装置蒸发压力(蒸发温度)变化。蒸发压力的波动，会使被控对象的控温精度降低。蒸发温度过低，不仅导致系统能效降低，而且会导致食品干耗、蒸发器结霜、冷冻水冻结等故障；蒸发温度过高，又会出现压缩机过载、除湿功能降低等现象。因此需根据工艺要求，调节系统的蒸发压力。对于多蒸发器制冷系统，通过控制每台蒸发器的蒸发压力来保证压缩机制冷系统的多蒸发温度运行。

蒸发压力的调节，实质上是调节蒸发器的容量，这一点与冷凝压力调节原理相似，增大被冷却介质流量(如风量、水量)与蒸发器传热面积，系统的蒸发压力将升高；反之，蒸发压力将降低。

蒸发压力控制还可以采用蒸发压力调节阀来实现，它是根据蒸发压力高低自动调节阀门开度，控制从蒸发器中流出的制冷剂质量流量，以维持蒸发压力的恒定。在单蒸发器系统中，蒸发压力调节阀安装在蒸发器出口即可；在多蒸发器系统中，在蒸发温度最低的蒸发器出口设置单向阀(以防止停机后，高温蒸发器内制冷剂继续蒸发后进入低温蒸发器，冷凝放热而导致低温库升温)。而其余蒸发器出口均需安装蒸发压力调节阀，以保证各个蒸发器内的蒸发压力。当蒸发压力降低时，减小阀开度，蒸发器流出的制冷剂流量减少，使蒸发压力回升；当蒸发压力升高时，阀门开度变大，制冷剂流出量增加，抑制蒸发压力的升高。

6.4.6 制冷装置的自动保护

制冷装置的事故可能有液击、排气压力过高、润滑油供应不足、蒸发器内载冷剂冻结、制冷压缩机配用电动机过载等。制冷装置均应针对具体情况设置一定的保护装置，自动保护系统包括：

(1)高、低压继电器

高、低压继电器接于制冷压缩机的排气管和吸气管，防止压缩机排气压力过高和吸气压力过低。

(2)油压差继电器

油压差继电器与制冷压缩机吸气管及油泵出油管相接，用于防止油压过低，压缩机润滑不良。

(3)温度继电器

温度继电器安装在壳管式蒸发器的冷冻水管路上，防止冷冻水冻结。在电子控制系统中，温度继电器可以用水温传感器代替。压缩机排气温度过高会使润滑条件恶化、润滑油碳化，影响压缩机寿命。因此在压缩机排气腔内或排气管上设置温度继电器或温度传感器，当压缩机排气温度过高时，指令压缩机停机，当温度过低后，再恢复压缩机的运行。

(4)水流量继电器

水流量继电器分别安装在蒸发器和冷凝器的进、出水管之间，当冷冻水量或冷却水量过低时可自动停机，以防蒸发器冻结或冷凝压力过高。

(5)吸气压力调节阀

为避免压缩机在高吸气压力下运行，在压缩机吸气管上装有吸气压力调节阀。因为制冷装置在正常低温条件下工作时，压缩机耗功率较小，但在启动降温初期或蒸发器除霜结束重新返回制冷运行时，压缩机吸气压力较高，引起压缩机耗功率显著超高，长期运行将导致电机烧毁。因此，在压缩机吸气管上设置吸气压力调节阀，通过吸气节流，增大吸气比容，减小制冷剂循环量。当吸气压力低于设定值时，阀体开启；当吸气压力高于设定值时，阀体开度减小。开度大小和吸气压力与设定值的偏差有关，吸气压力越高，开度越小。此种保护装置一般用于低温制冷系统，分为直动式、导阀与主阀组合式两种形式。

表6－1给出了以R22为制冷剂，当冷凝温度为30℃时，吸气压力与功率的对应关系。

表6－1 吸气压力与功率的对应关系

吸气压力/kPa	吸气比容/($L \cdot kg^{-1}$)	制冷剂流量/($kg \cdot h^{-1}$)	单位功/($kJ \cdot kg^{-1}$)	理论功率/W
163(－30℃)	135	74	51	3774
193(－26℃)	116	86	47	4042
245(－20℃)	93	108	42	4536
285(－16℃)	80	125	37	4625
354(－10℃)	65	154	30	4620
498(0℃)	47	213	21	4473

此外，膨胀阀前的给液管上装有电磁阀，它的电路与制冷压缩机的电路联动。制冷压缩机启动时，待压缩机运转后，电磁阀的线圈才通电，开启阀门向蒸发器供液。反之，停机时，首先切断电磁阀线圈的电源，关闭阀门停止向蒸发器供液后再切断制冷压缩机的电源。这样可以防止压缩机停机后高压侧液体进入蒸发器，同时可以防止压缩机启动时过载。

6.5 溴化锂吸收式冷热水机组

6.5.1 直燃型溴化锂吸收式冷热水机组

工作蒸气型溴化锂吸收式制冷机工作示意图

用驱动热源的蒸气加热吸收式制冷机需要配置锅炉房。直燃型溴化锂吸收式冷热水机组高压发生器采用锅筒式火管锅炉，由燃气或燃油直接加热稀溶液，制取高温水蒸气，无须设置锅炉房，大幅降低了机组的配置空间。直燃型溴化锂吸收式冷热水机组将制冷与供热功能结合在一起，构成了冷热水机组。与燃煤蒸气锅炉比，直燃型溴化锂吸收式冷热水机组对环境的污染低，加热量调节简单、易操作。

直燃型溴化锂吸收式冷热水机组多采用串联流程结构。根据热水制取方式不同，分为三类：①将冷却水回路切换成热水回路；②在高压发生器上设置一台热水器；③将冷冻水回路切换成热水回路。

1. 将冷却水回路切换成热水回路的冷热水机组

图6－30为将冷却水切换成热水回路的冷热水机组工作原理图。机组以制冷模式运行时，关闭阀门A，开启阀门B，此时为一串联流程吸收式制冷机。机组以制热模式运行时，开启阀门A，关闭阀门B，将冷却水回路切换成热水回路，吸收器泵9和发生器泵10开启，蒸发器泵8关闭。来自吸收器5的稀溶液，在高压发生器1中吸收燃料的化学热，产生高温蒸气，溶液得以浓缩，然后经高温热交换器6进入低压发生器2加热溶液，产生制冷剂蒸气，并流入冷凝器3，加热热水。低压发生器中的凝水和冷凝器中的凝水经阀门A进入低压发生器，稀释来自高压发生器的浓溶液。稀溶液流经低温热交换器7进入吸收器，喷淋在吸收器冷却盘管上，提升管内水温，吸收器底部的稀溶液由发生器泵10送入高压发生器，升温后的热水进入冷凝器中，水温进一步得以提升，从而获得了高温热水。

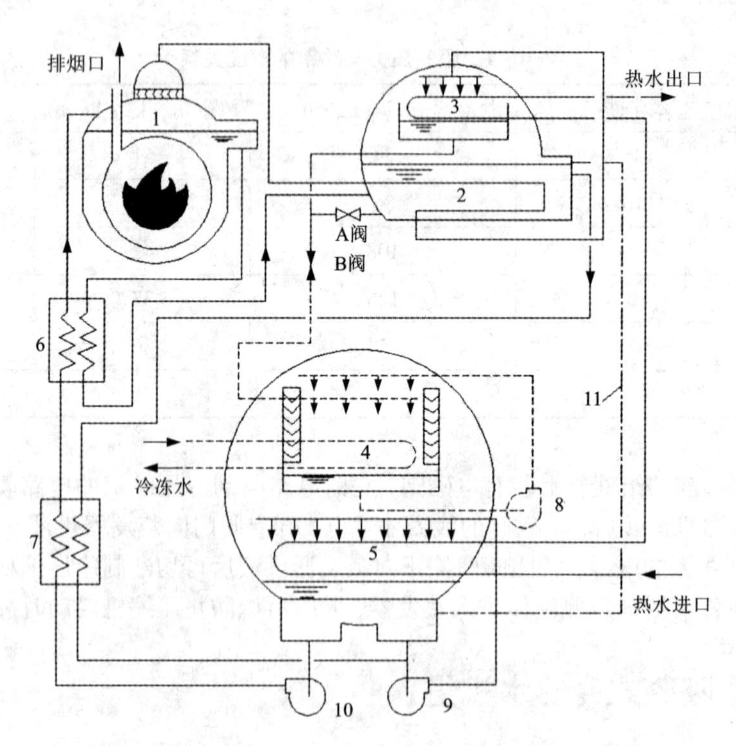

图6－30 将冷却水回路切换成热水回路的冷热水机组

1—高压发生器；2—低压发生器；3—冷凝器；4—蒸发器；5—吸收器；6—高温热交换器；7—低温热交换器；8—蒸发器泵；9—吸收器泵；10—发生器泵；11—防晶管

2. 热水器与高压发生器相连的吸收式冷热水机组

图6－31为热水器与高压发生器相连的吸收式冷热水机组工作原理图。在高压发生器1上设置一个热水器，利用高压发生器1中产生的水蒸气加热热水器12中的热水。当以制热模式运行时，与高压发生器1相连管路上的阀门A、B、C均关闭，热水器12借助高压发生器1中产生的高温蒸气的凝结热加热管内热水，凝水回流至高压发生器1。当以制冷模式运行时，与高压发生器1相连管路上的阀门A、B、C均开启，此时系统以串联流程吸收式制冷机的工作原理制取冷冻水，同时还可以制取生活热水。

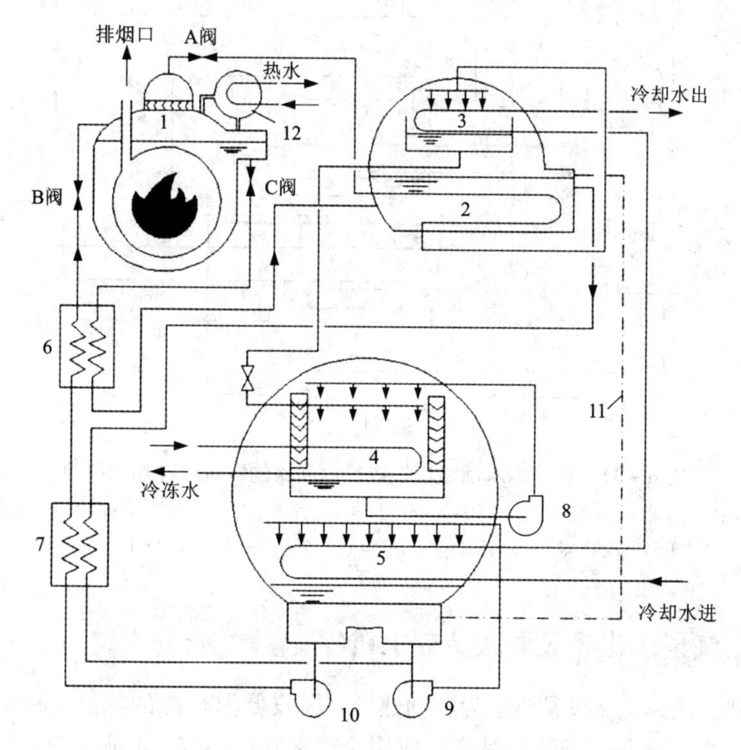

图6－31 热水器与高压发生器相连的吸收式冷热水机组

1—高压发生器；2—低压发生器；3—冷凝器；4—蒸发器；5—吸收器；6—高温热交换器；7—低温热交换器；8—蒸发器泵；9—吸收器泵；10—发生器泵；11—防晶管；12—热水器

3. 将冷冻水回路切换成热水回路的吸收式冷热水机组

图6－32为将冷冻水回路切换成热水回路的吸收式冷热水机组工作原理图。以制热模式运行时，同时开启阀门A、B，冷冻水回路切换成热水回路，此时冷却水回路及冷冻水回路停止运行。稀溶液由发生器泵10送往高压发生器1，加热后产生制冷剂蒸气，经阀门A进入蒸发器4；此时，浓溶液经阀门B进入吸收器5产生闪发蒸气，也流入蒸发器4，两股蒸气凝结释放热量，加热热水，得到高温热水。凝结水回流至吸收器5与浓溶液混合变成稀溶液，再由发生器泵10送往高压发生器1加热。以制冷模式运行时，阀门A、B同时关闭，此时以串联流程吸收式制冷机的流程运行。

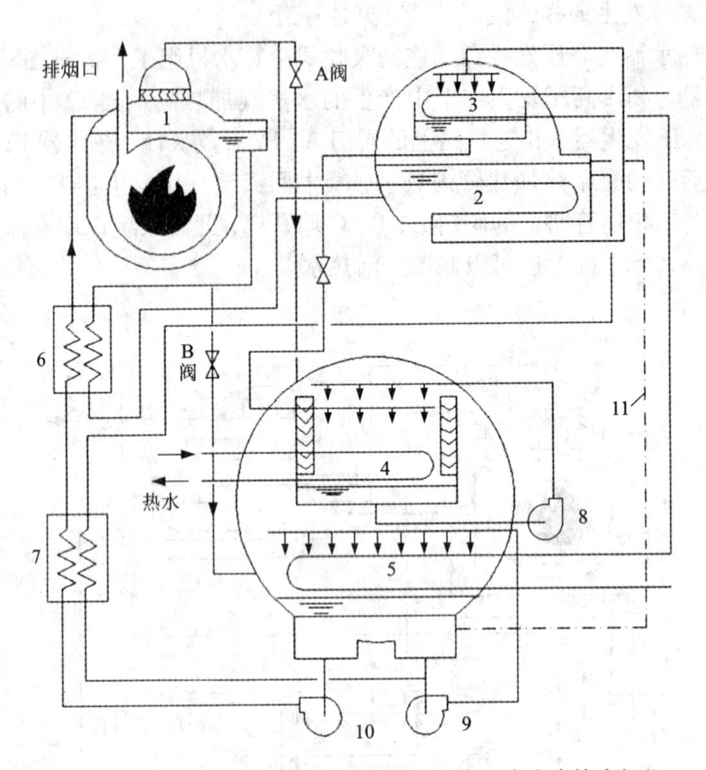

图6－32 将冷冻水回路切换成热水回路的吸收式冷热水机组

1—高压发生器；2—低压发生器；3—冷凝器；4—蒸发器；5—吸收器；6—高温热交换器；
7—低温热交换器；8—蒸发器泵；9—吸收器泵；10—发生器泵；11—防晶管

6.5.2 烟气型溴化锂吸收式冷热水机组

该机组以燃气、蒸气或高温热水为驱动热源，回收低温热源的热能，制取工艺或采暖用高温热媒，*COP* 可达 1.7～2.3。产品广泛应用于热电联产系统、工业窑炉、烟气余热利用系统等，可提高能源利用效率，减少碳化物和有害气体的排放。

烟气型溴化锂吸收式冷热水机组是以发电机组等外部装置排放的高温烟气为主要驱动热源的空调用冷热水机组，包括烟气型、烟气补燃型和烟气热水型以及烟气热水补燃型等几种形式。烟气型系列机组的驱动热源为高温烟气，主要用于以燃气轮机（包括微燃机）为发电机组的热电冷联供系统，也适用于同时具有高温烟气排放（如工业窑炉）和空调需求的场所。烟气热水型系列机组的驱动热源为高温烟气和热水，主要用于以内燃机为发电机组的热电冷联供系统，也适用于同时具有高温烟气及热水余热排放和空调需求的场所。当发电机组等装置排放的烟气（或烟气和热水）余热制冷量（供热量）不能满足空调需求时，可在热电冷联供系统（或余热利用系统）中配套烟气补燃型或烟气热水补燃型溴化锂吸收式冷热水机组，以满足空调系统的舒适性或工艺性要求。各种形式分别如图6－33～图6－36所示。

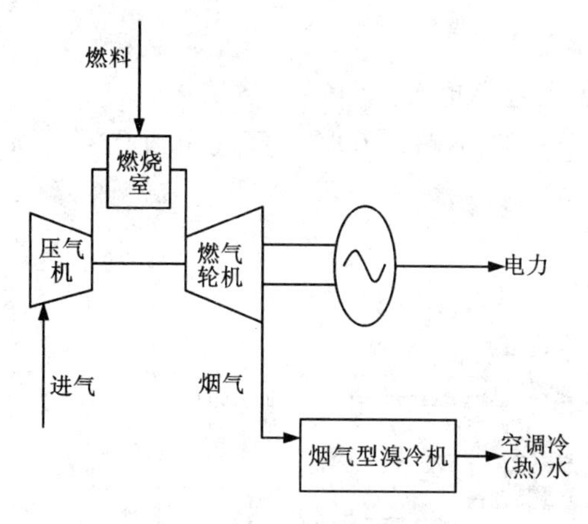

图6-33 烟气型机组系统

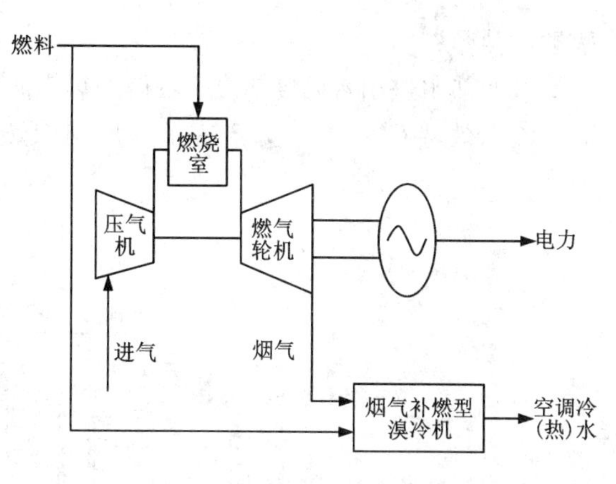

图6-34 烟气补燃型机组系统

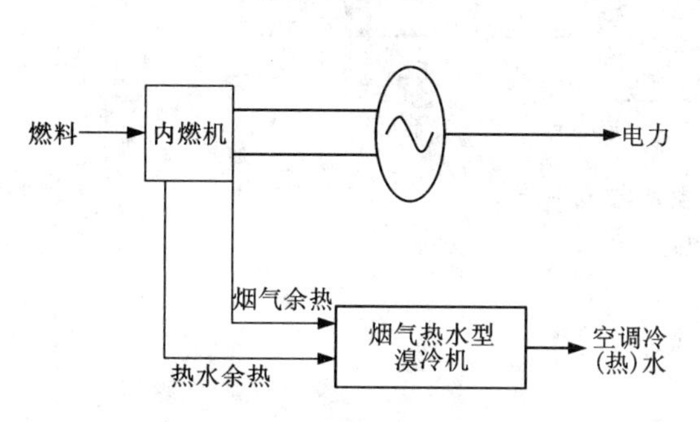

图6-35 烟气热水型机组系统

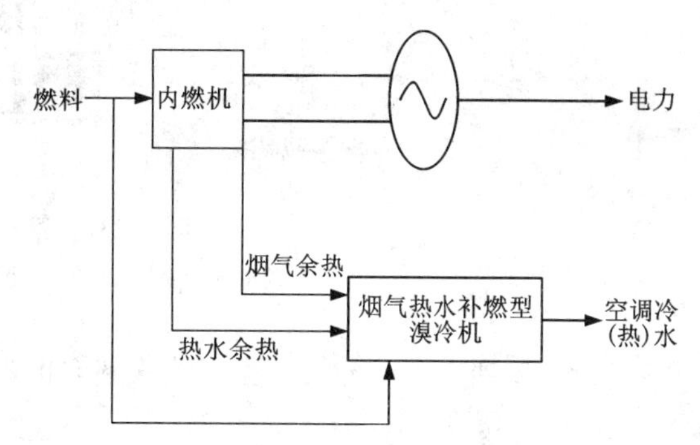

图6-36 烟气热水补燃型机组系统

6.5.3 溴化锂吸收式热泵冷热机组

溴化锂吸收式热泵通过回收工业余热、生产过程中的废热等制取高温热水。吸收式热泵可分为两种：第一类吸收式热泵和第二类吸收式热泵。

1. 第一类吸收式热泵

第一类吸收式热泵是利用工质的吸收循环实现热泵功能的一种装置，以少量的高温热源(蒸气、燃气)为驱动热源，溴化锂溶液为吸收剂，水为制冷剂，回收利用低温热源(废热水)的热能，制取所需的工艺或采暖用高温热媒，实现从低温向高温输送热能的设备。

第一类吸收式热泵也称增热型热泵，是利用少量的高温热源，提取低温热源的热量，产生大量能被利用的中温热能。即利用高温热能驱动，把低温热源的热能提高到中温，从而提高了热能的利用效率，如图6-37所示。

第一类吸收式热泵的性质：

①可利用的废热：一般可以使用温度为13~70℃的废热水、单组分或多组分气体或液体；

②可提供的热媒：可获得比废热源温度高40℃左右、不超过100℃的热媒；

③驱动热源：0.1~0.8 MPa蒸气、燃气或高温烟气；

④制热*COP*为1.6~1.8：就是利用1 MW的驱动热源可以得到1.8 MW左右的生产生活

需要的热量；

⑤废热水进出水温度越高，获得的热媒温度越高，效率越高；

⑥双效型 *COP* 可达 2.3 左右，但制取热水温度一般不超过 60℃，蒸气压力 0.4 MPa 以上。

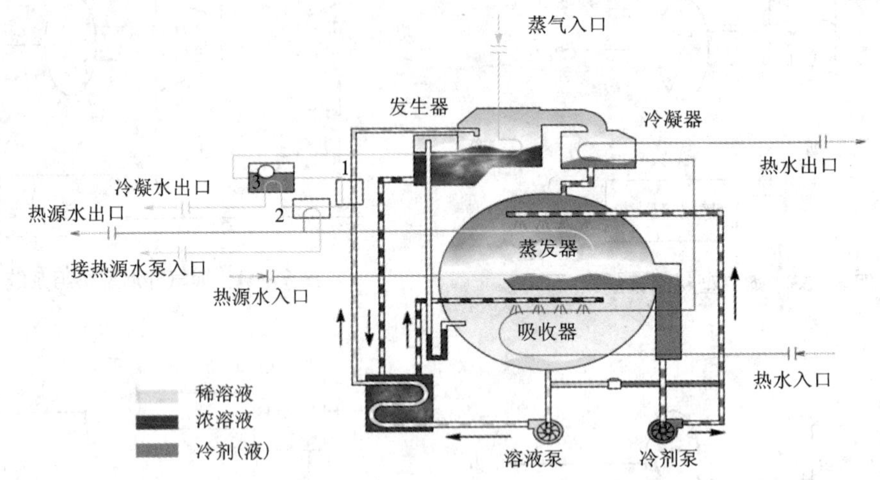

图 6－37　第一类吸收式热泵

1—凝水热交换器 1；2—凝水热交换器 2；3—阻气排水阀

表 6－2 列出了部分第一类吸收式热泵的参数。

表 6－2　部分第一类吸收式热泵的参数

机型	乏汽型	蒸气双效型	直燃双效型		热水型	
	RHP260	RGW150S	RGD015	RGD036	RCH085YT	
台数	1	1	1	1	1	
制热量/MW	19.189	9.362	1.05	2.8	1.2	1.5
废热温度/℃	41.5～7.0	20～32	20～37	30～35	8～13	15～20
热水温度/℃	55～82.5	32～55	35～45	40～50	35～42	35～44
驱动热源	0.2 MPa 蒸气	0.5 MPa 蒸气	天然气	天然气	95～85℃热水	95～82℃热水
COP	1.7	2.5	2.3	2.5	1.64	1.71

2. 第二类吸收式热泵

第二类吸收式热泵是以低温热源(废热水)为驱动热源，在采用冷却水的条件下，制取比低温热源温度更高的高温热媒(高温热水或蒸气)，实现从低温向高温输送热能的设备。

第二类吸收式热泵也称升温型热泵，可利用大量的中温热源产生少量能被利用的高温热能。即利用中温热能驱动，在采用低温冷却水的条件下，制取热量少于但温度高于中温热源的热量，将部分中温热能转移到更高温位，从而提高了热源的利用品位。其不需要更高温度的热源来驱动，但需要较低温度的冷却水，如图 6－38 所示。

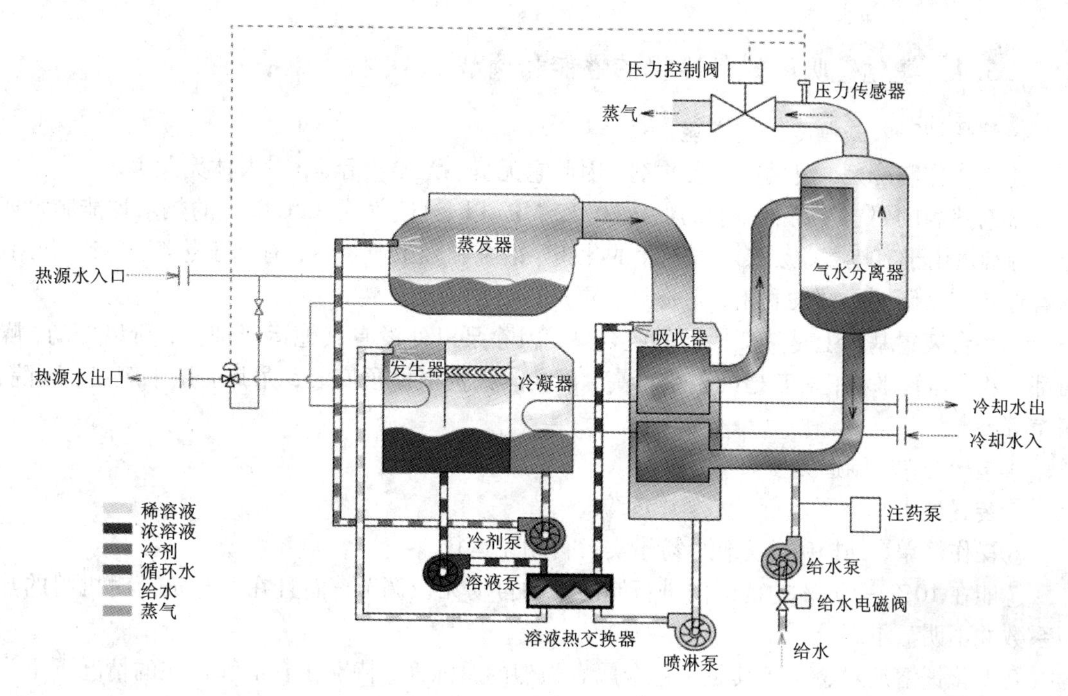

图6-38 第二类吸收式热泵

第二类吸收式热泵的性质：

①可利用的废热：一般可以使用温度在80℃以上的废热水、乏汽、单组分或多组分气体或液体；

②可提供的热媒：可获得比废热源温度高40～80℃（二级升温）、不超过175℃的热媒或蒸气；

③冷却水源：冷却塔冷却循环水、工艺系统冷却水等；

④制热 *COP* 在0.5以下。

表6-3列出了部分第二类吸收式热泵的参数。

表6-3 部分第二类吸收式热泵的参数

机组型号		RSH010Y	RSH020Y	RSH030Y	RSH040Y	RSH050Y	RSH060Y	RSH080Y	RSH100Y
制取蒸气	压力/MPa	0.2	0.2	0.2	0.2	0.2	0.2	0.2	0.2
	流量/($kg \cdot h^{-1}$)	988	1975	2963	3951	4944	5932	7908	9884
给水温度/℃		80							
热源水	进出口温度/℃	105→90							
	流量/($m^3 \cdot h^{-1}$)	83.4	167	250	334	417	500	667	834
冷却水	进出口温度/℃	32→37							
	流量/($m^3 \cdot h^{-1}$)	138	276	414	552	690	828	1104	1380

6.5.4 溴化锂吸收式制冷机的性能和调节

1. 溴化锂吸收式制冷机的性能

①以水作制冷剂，溴化锂作吸收剂，因此它无臭、无味、无毒，对人体无危害。

②对热源的要求不高。一般的低压(0.12 MPa 以上)蒸气或75℃以上的热水均能满足要求，特别适用于有废气、废热水可利用的化工、冶金和轻工业企业，有利于热源的综合利用。随着地热和太阳能的开发利用，它将具有更加广泛的前途。

③整台装置基本上是热交换器的组合体，因除泵以外没有其他运行部件，所以振动、噪声都很小，运转平稳，对基建的要求不高，可在露天甚至楼顶安装，尤其适用于舰艇、医院、宾馆等。

④结构简单，制造方便。

⑤装置处于真空下运行，无爆炸危险。

⑥操作简单，维护保养方便，易于实行自动化运行。

⑦能在10%～100%的范围内进行制冷量的自动无级调节，而且在部分负荷时机组的热力系数并不明显下降。

⑧溴化锂溶液对金属尤其是黑色金属有强烈的腐蚀性，特别在有空气存在的情况下更为严重，因而机组应很好地密封。

⑨由于系统以热能作为补偿，加上溴化锂溶液的吸收过程是放热过程，故对外界的排热量大(通常比活塞式制冷机大一倍)，冷却水消耗量大，但它允许有较高的冷却水温度升高。冷却水可采用串联流动方式，以减少冷却水的消耗量。

⑩因用水作制冷剂，故一般只能制取5℃以上的冷水，多用于空气调节及一些生产工艺用冷冻水。

⑪热力系数较低。

⑫溴化锂价格较贵，机组充灌量大，初投资较高。

2. 影响溴化锂吸收式制冷机性能的主要因素

(1)不凝性气体对制冷机性能的影响

溴化锂吸收式制冷机是在高真空状态下工作的制冷设备，有些机组的制冷性能不稳定或达不到设计能力的一个主要原因就是机组真空问题没有解决好。对于溴化锂吸收式制冷机来讲，真空度的高低实质上是机组内不凝性气体被抽除多少的反映。

机组系统内不凝性气体的来源：机组启动时，机组内空气未完全抽尽；空气通过管路连接处、焊缝、阀门等泄漏到机组内；在机组内，由于溴化锂溶液对金属材料的腐蚀而产生的氢气。机组内存在不凝性气体，主要影响吸收过程，使传热、传质减弱。外部漏入制冷机的空气与制冷机内因金属表面腐蚀所释放的氢气等均属不凝性气体。这些气体都不能凝结，也不会被溴化锂溶液吸收。当它们附着于冷凝器的传热管表面时，增加了传热热阻，提高了冷凝压力，使发生器压力随之增大，减小了发生器的产气量，使制冷机的制冷量下降。不凝性气体存在于吸收器中时，减少了吸收过程中水蒸气被吸收的传质推动力，使传质系数减小，传质过程恶化，制冷量明显下降。不凝性气体积聚越多，制冷量下降越厉害，有时甚至会达到不能制冷的地步。

(2)溶液循环量对制冷机性能的影响

溶液循环量的多少对机组的经济运转非常重要。对于额定的加热蒸气压力、冷却水温度和冷媒水出口温度，溴化锂吸收式制冷机有与之对应的溶液循环倍率，若调整不当，会出现以下两种情况：

①稀溶液量过大。

若进入发生器的稀溶液量过大，则发生器里加热蒸气的热量大部分用来提高稀溶液的温度，产气量降低，从而使发生器中溶液的平衡浓度下降，同时使通向吸收器的浓溶液流量增大，加大了吸收器的放热量，提高了喷淋溶液的温度，降低了喷淋溶液的浓度，使喷淋溶液的吸收效果恶化，吸收能力下降。产气量降低使制冷量下降，浓溶液浓度降低使性能系数下降。

②稀溶液量过小。

若进入发生器的稀溶液量过小，其结果与上述情况相反。浓溶液出口浓度的增加，将会导致出现浓溶液结晶的危险。一旦发生结晶，吸收器吸收效果将恶化，蒸发器不可能发挥其制冷效果，使制冷机处在局部负荷下运行，这是很不利的。因此，溶液循环量的调节是否合适，对溴化锂吸收式制冷机的经济运行是十分重要的。另外，吸收器喷淋量加大可以适当地改善吸收器的吸收效果，但却增加了吸收器泵的电耗；反之，若吸收器喷淋量太小，则会影响吸收效果。所以必须将喷淋量调整到一个合适的值。蒸发器喷淋量的影响结果与吸收器喷淋量的影响结果相类似。

(3)冷剂水中溴化锂的含量对制冷机性能的影响

溴化锂吸收式制冷机因发生器容气空间的垂直高度偏小，冷剂蒸气的流速太高或挡液板结构不良，或者由于加热蒸气压力突然升高，稀溶液浓度较低，溶液的pH偏大，冷却水温度太低等原因而造成发生器中溶液强烈沸腾，使发生器中的溴化锂液滴被冷剂蒸气带入冷凝器；吸收器溴化锂液滴也有可能溅入蒸发器，造成冷剂水污染。冷剂水被污染后，随着机组运行时间的增长，冷剂水中溴化锂的含量会越来越多，试验表明，当冷剂水的密度大于1.1时，制冷量将明显下降。这是因为冷剂水含溴化锂后会呈现稀溶液状态。根据拉乌尔定律可知：同一温度下溴化锂水溶液的饱和蒸气压力总是低于纯水的蒸气压力，由于溶液周围冷剂蒸气压力的下降，使吸收器中传质推动力减小，吸收过程减弱，造成冷媒水出口温度上升，制冷机的制冷量下降。

(4)表面活性剂对制冷机性能的影响

为了提高溴化锂吸收式制冷机中传热、传质效果，提高制冷机的性能，目前广泛地添加一定的有机物质——表面活性剂，在溴化锂溶液中添加0.1%的辛醇，可以使制冷量提高10%~15%。在溴化锂溶液中常用的表面活性剂有异辛醇或正辛醇，它们在常压下均为无色有刺激性气味的油状液体，几乎不能溶解于溴化锂溶液。在加热蒸气压力较高的双效溴化锂吸收式制冷机中，由于加热温度较高，辛醇在较高温度下要分解，可改用氟化醇。

(5)水侧污垢系数对制冷机性能的影响

溴化锂吸收式制冷机运行一段时间后，由于各种因素的影响，传热管内壁上逐渐生成一层水垢，增加了传热热阻，使传热恶化。这时冷凝器压力和吸收器压力都增加，从而降低了浓度差，加大了溶液的循环倍率，导致制冷量下降。污垢系数是表示这种污垢所引起的热阻大小的参数，污垢系数越大，热阻越大，传热效果越差，制冷量越小。

3. 溴化锂吸收式制冷机冷量的调节及其他安全保护措施

(1)溴化锂吸收式制冷机冷量的调节

溴化锂吸收式制冷机冷量的调节指根据外界负荷的变化，自动地调节机组的制冷量，使蒸发器中冷媒水的出口温度基本保持恒定，以保证生产工艺或空调对水温的需求，并使机组在较高的热效率下正常运行。

溴化锂吸收式制冷机冷量调节的方法很多，通过对影响溴化锂吸收式制冷机性能的各种因素的分析，目前采用这几种方法调节冷量：

加热蒸气量调节法；加热蒸气压力调节法；加热蒸气凝结水量调节法；冷却水量调节法；溶液循环量调节法；溶液循环量与蒸气量组合调节法；溶液循环量与加热蒸气凝结水量组合调节法；加热蒸气与溶液旁通的组合调节。

(2)安全保护措施

为保证机组正常运行，预防意外事故的发生，机组中往往采用下列安全保护措施。

1)防止溴化锂溶液结晶的措施

由溴化锂溶液的性质可知，当溶液的浓度过高或温度过低时，会产生结晶，堵塞管道，破坏机组的正常运行。为防止溴化锂溶液结晶，通常采取下列措施：

①设置自动溶晶管。在发生器出口处溢流箱的上部连接一条J形管，J形管的另一端通入吸收器。机器正常运行时，浓溶液由溢流箱的底部流出，经溶液热交换器降温后流入吸收器。如果浓溶液在溶液热交换器出口处因温度过低而结晶将管道堵塞，则溢流箱内的液位将因溶液不再流通而升高，当液位高于J形管的上端位置时，高温的浓溶液便通过J形管直接流入吸收器，使出吸收器的稀溶液温度升高，这样便提高了溶液热交换器中浓溶液出口处的温度，使结晶的溴化锂自动溶解(因而J形管又称自动溶晶管)。结晶消除后，发生器中浓溶液又重新从正常的回流管流入吸收器。

自动溶晶管只能消除结晶，并不能防止结晶产生。为此机组必须配备一定的自控元件来预防结晶的产生。

②在发生器出口浓溶液管道上设温度继电器，用它控制加热蒸气阀门的开启度，预防溶液因温度过高而导致浓度过高，从而防止浓溶液在热交换器出口处结晶。

③在蒸发器液囊中装设液位控制器，使冷剂水旁通到吸收器中，从而防止溶液因浓度过高而结晶。

④装设溶液泵和蒸发器泵延时继电器，使机组在关闭加热蒸气阀门后，两泵能继续运行10 min左右，使吸收器中的稀溶液和发生器中的浓溶液充分混合，也可使蒸发器中的冷剂水能被喷淋溶液充分吸收，溶液得到稀释，就能防止停车后溶液因温度降低而结晶。

⑤加设手动阀门控制的冷剂水旁通管。如果运行时突然停电，打开手动阀门，使蒸发器中的冷剂水旁通到吸收器中，溶液被稀释，从而防止了结晶的产生。

2)预防蒸发器中冷媒水或冷剂水冻结的措施

如果外界负荷突然降低或冷媒水泵发生故障，均会使蒸发器中冷剂水或冷媒水温度下降，严重时会冻裂冷媒水管。为防止上述现象发生，可在冷剂水管道上装设温度继电器，在冷媒水管道上装设压力继电器或压差继电器。

3)屏蔽泵的保护

由于整个制冷系统是在高真空下工作的，在输送制冷剂和吸收剂过程中不允许有空气渗入，因此除冷却水和冷媒水泵外，其余泵均采用屏蔽泵。为保证屏蔽泵安全运行，采取下列措施：

①在蒸发器和吸收器液囊中装设液位控制器，保证屏蔽泵有足够的吸入高度，这样可以有效地防止气蚀现象的产生并使轴承润滑液有足够的压力。

②在屏蔽泵电路中装设过负荷继电器，对电机和叶轮等起保护作用。

③在屏蔽泵出口管道上装设温度继电器，以防润滑液温度过高使轴承受到损坏。

4）预防冷剂水污染的措施

当冷却水温度过低时（如机组在冬天运行），由于冷凝压力过低使得发生过程剧烈进行，有可能将溴化锂溶液溅入冷凝器中，使冷剂水受到污染，影响机组的性能。因此，在冷却水进口处装设水量调节阀，通过减少冷却水量的办法提高冷却水进冷凝器的温度及冷凝压力，从而预防冷剂水的污染。

6.6 热泵机组的低温热源

热泵机组低温热源的形式主要有空气、土壤、地表水、地下水、污水、海水等。

6.6.1 空气

空气是最常见的热源和热汇，其优点是无处不在、应用方便，所以成为最常见的低温热源形式。常见的家用分体式空调器、商用多联机、风冷热泵模块机、风冷热泵螺杆机、空气能热水器都是以空气作为低温热源。但空气作为低温热源也有很多不足之处，比如：换热系数小，密度小，比热小，气温变化幅度大，在北方地区冬季温度可能低至无法使用。因此，以空气作为低温热源的热泵机组，其能效比一般不高。此外，当空气温度在 -5 ~5℃时，空气源热泵机组的蒸发器很容易结霜，这会严重影响热泵机组的能效比，并且在除霜过程中要消耗系统的热量，从而进一步降低能效比。

从理论上来说，空气中的水蒸气凝华为相同温度的冰，所释放的热量等于汽化潜热与熔化热之和；而冰再次融化成相同温度的水，所吸收的热量为熔化热。所以，如果仅仅从热量的角度分析，当空气中含湿量较大并且有结霜和除霜的情况下，热泵机组蒸发器的吸热量会大于空气中含湿量较低而没有结霜的情况。而实际的情况是，蒸发器表面从无霜到有霜再到霜层加厚的过程中，蒸发器的传热效率会不断下降；除霜过程中系统所消耗的热量也远远大于霜层的熔化热量。所以结霜与除霜现象的存在降低了热泵机组的制热效果，增大了耗电量。

在空气源热泵机组中，除霜效果的好坏是影响设备制热工况综合能效比的重要指标。评价除霜效果好坏的指标有三个，分别是除霜时机判断的准确度、除霜的速度以及除霜的彻底性。除霜时机的判断，需要做到无霜以及霜层厚度不大的时候正常制热，霜层达到一定厚度，对蒸发器的换热系数产生较大影响时能够及时启动除霜，避免误除霜或者不除霜。其次，就是除霜的速度，在最短的时间内，消耗最少的热量除掉霜层。而除掉霜层，并不意味着一定要把冰霜全部融化成水，只要想办法让冰霜离开蒸发器即可。最理想的办法，就是让冰霜与蒸发器翅片（包括铜管）在相连接的界面分离（融化），然后在重力（或者其他外力）下脱落并与蒸发器分离。所谓除霜的彻底性，就是每一次除霜，都能够将冰霜清除得干干净净，不留残余。而这其中最关键的问题，就是在确保除霜彻底性的同时，还要保证除霜的同步性，避免为了清除局部位置的冰霜，让整个蒸发器长时间处于加热除霜状态，从而浪费大量的热能。

6.6.2 土壤

与空气相比，土壤的蓄热量大、温度变化较小，以土壤作为热泵的低温热源，可以获得较高的*COP*值。从土壤中吸收热量通常是通过地埋管来实现的，地埋管系统的施工难度和造价受地质条件的影响很大。此外，场地条件对地埋管的施工也有很大的影响。所以，土壤源热泵系统的应用受到很多限制，并且存在较多的不确定性。除了系统能效比的优势之外，土壤源热泵系统不会向环境中排放废热，有利于降低城市热岛效应。

土壤的温度在夏季比空气低，在冬季比空气高，但是热泵系统长时间运行之后，持续地从土壤中吸取热量，会导致土壤温度持续降低，从而影响热泵系统的*COP*值。如果土壤中有地下水流动，就可以带走土壤中的冷量或者热量。所以土壤中的地下水位高度以及地下水流动性对土壤源热泵系统的运行能耗会产生较大的影响。如果直接利用地下水作为热源，则可以获得更好的效果。但是大量抽取地下水会导致地表沉陷等问题，所以必须对利用过的地下水进行回灌。地下水流经热泵机组换热器的时候，会产生一定程度的污染，再回灌到土壤中以后，也可能污染土壤层，而且地下水是不断流动的，污染范围就有可能持续扩大。所以，地下水水源热泵系统的应用一定要慎之又慎。

6.6.3 地表水

相对于地下水而言，利用地表水的环境风险要小很多。但是地表水中的杂质特别是泥沙比较多，要采取必要的沉沙、过滤等处理措施。地表水的温度随着季节变化，冬季温度可能会低于热泵机组的安全工作温度，在工程设计中必须要做好调研工作，掌握充分的资料。在利用湖水作为热源的时候，一定要核算冬季供热的可靠性。特别是利用中小型人工湖的项目，冬季供热的可靠性是项目成功的关键。为了保证冬季空调效果，必须确保冬季低温热源的温度，常见的办法是增加辅助热源。在污水处理厂中，水处理的过程中会产生一定的热量，使得冬季排水温度明显高于地表水温度。所以水处理厂的排水也可以作为冬季空调的低温热源，在实际应用中，必须要采取措施应对水质较差带来的不利影响。

通常情况下，地表水的深度较浅，水温受空气温度的影响较大，导致冬季温度较低、夏季温度较高，影响主机*COP*值。而大型湖泊和海水的深度则比较大，深层水的温度比较稳定，与空气相比，夏季温度低、冬季温度高。因此，在有条件的项目中，应用深层湖水和海水作为热源，这样空调主机不论在冬季和夏季都能获得较高的*COP*值。但是要特别注意海水对设备和管道的腐蚀性。

6.7 空调机(器)和热泵型空调机(器)

6.7.1 水－空气热泵空调机或水冷式空调机

与大型空调机组相对应的是小型空调机和房间空调器。图6－39为水－空气热泵空调机原理图，室内换热器作为冷凝器运行，就可以实现为房间制热；调整四通阀，改变冷媒流向，室内换热器作为蒸发器运行，就可以实现为房间制冷。该热泵空调机同时配置有水侧换热器和空气侧换热器。

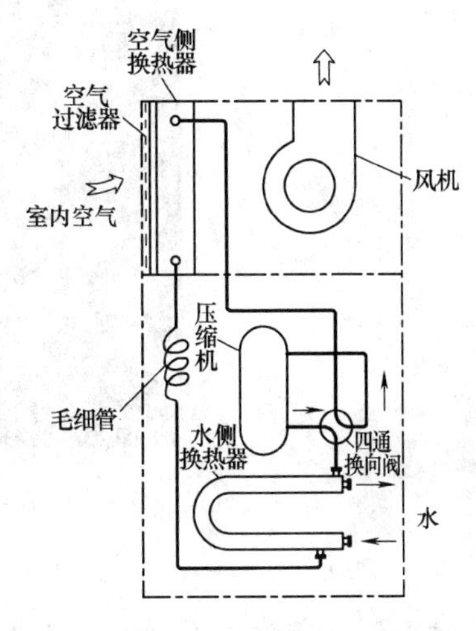

图6－39 水－空气热泵空调机原理图

在医药仓库等一些场所，只有制冷需求，没有制热需求，可以采用单冷模式的空调器，同时将室外机和室内机合并在一起成为整体式设备，并把冷凝器换成水冷式换热器，这就成了水冷式空调机。水冷式空调机的冷凝器为水冷式，直接与冷却塔连接，运行时供应冷却水进行散热即可。其蒸发器为风冷式换热器，运行时直接吹冷风。水冷式空调机的制冷量通常比家用空调柜机要大，循环风量也比较大，所以在安装时通常都要接风管，如图6－40所示。冷却塔只能向空气散热，不能从空气中吸热，正好可以配合水冷柜机单冷运行工况的特性，能够达到较高的*COP*值。

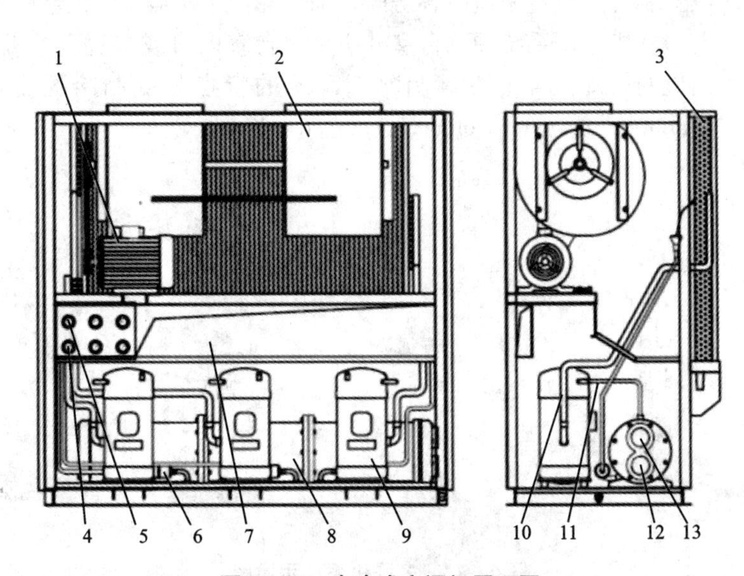

图6－40 水冷式空调机原理图

1—电机；2—双吸离心风机；3—蒸发器；4—低压表；5—高压表；6—干燥过滤器；7—电控柜；8—冷凝器；9—涡旋系列压缩机；10—低压回气管；11—高压排气管；12—冷却水进口；13—冷却水出口

水冷式空调机的设备集成度比较高，系统简单，安装方便，维护管理简单易行，并且具有较高的能效比，如图6－41所示。其缺点主要是压缩机和噪声对室内环境的影响比较大，并且无法制热，主要用于常年只需降温、除湿的厂房、仓库等场所。

图6－41　水冷式空调机安装示意图

6.7.2　多联式(热泵)空调机

一拖多空调系统示意图

房间空调器基本都是一个室外机带一个室内机，室外机包含压缩机、冷凝器(夏季制冷工况)、节流阀和四通阀等零部件，室内机主要是蒸发器和节流阀。如果让一个室外机连接多个室内机，并且采用变频压缩机通过改变制冷剂流量来适应各房间负荷变化，这就是多联机空调系统。

联机空调系统中1台室外机带多台室内机或多台室外机合带几十台室内机的风冷式空调机，制冷剂系统的特点是变制冷剂流量，简称VRV(variable refrigerant volume)，如图6－42所示。

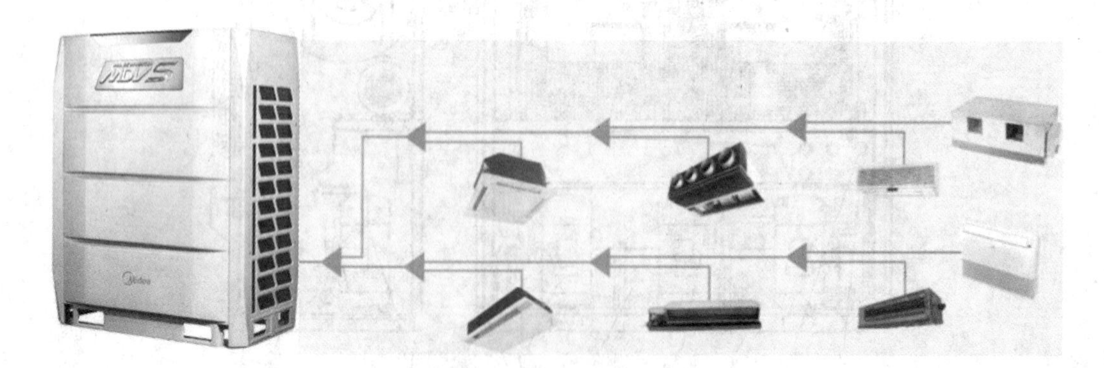

图6－42　多联机系统示意图

多联机一般采用涡旋式压缩机，也有少数产品采用转子式压缩机，室外机和室内机之间通过铜管连接，铜管的主管和支管之间要使用专用的分歧器。多联机的智能化程度比较高，控制方式有遥控、线控和集中控制等不同形式。当室内机开启时，室外机会自动运行(室内机送风模式除外)，并且会根据室内机的实际运行负荷、台数来调节压缩机的转速以及运行台数。多联机还具备分户计费功能，能够满足写字楼等场所的电费计量需求。

多联机空调系统具有操作简单、管理方便等特点，受到了很多中央空调用户的欢迎，目前在写字楼、办公楼以及中小型建筑中得到了广泛的应用。多联机属于直接膨胀式空调器，室内机的蒸发温度比风机盘管内冷冻水平均温度要低。大部分多联机室内机单位冷量的循环风量比风机盘管略低。导致多联机室内机制冷量当中显热制冷量的占比普遍比风机盘管低，与普通空调房间(以办公室为例)冷负荷中显热冷负荷占比的偏差就更大。换而言之，多联机的除湿能力过强。

多联机系统的除湿能力比较强，但是普通办公建筑的空调湿负荷却没有这么大，所以在多联机的选型计算过程中，必须要将空调室内机的处理过程线与房间冷负荷的热湿比线对比进行校核计算；或者将室内机制冷量拆分成显热制冷量和潜热制冷量，并分别与空调房间冷负荷中的显热冷负荷以及潜热冷负荷进行对比，校核显热制冷量是否大于显热冷负荷(通常情况下，室内机潜热制冷量都会大于空调房间潜热冷负荷)。否则，在夏季工况运行时很容易出现房间温度达不到设计值的情况。夏热冬冷地区的多联机系统设计，还要校核设备在冬季设计工况下的实际制热能力。此外，夏季制冷工况下，每个空调房间的最大冷负荷出现时刻不一致，整个系统的综合冷负荷也会比每个空调房间冷负荷的代数和要低一些，多联机系统的室外机制冷量常常会比室内机制冷量之和要低。但是，在冬季制热工况下，每个空调房间的最大冷负荷出现时刻基本一致，或者非常接近，所以在酒店客房、医院病房、住宅等场所应用多联机系统时，要严格控制室内机的超配率。值得注意的是，多联机系统选项计算过程中的设备容量修正系数比较多，包括温度修正系数、管长修正系数、风量修正系数、换热器脏堵修正系数、融霜修正系数等。

关于室内机的超配率，各主流设备厂家均要求不超过130%。对于超配率不能超过这一极限的根本原因，各厂家的公开资料均没有非常严谨的说明。由于缺乏严谨的理论依据，导致设计人员在系统设计时不好把握合理的度，对于多联机系统的合理应用产生一定的影响。

常规多联机的室外机采用的是翅片式换热器，保证冷媒与室外空气的良好换热。如果将翅片式换热器替换成套管式换热器或者板式换热器，就可以让冷媒与水进行换热，从而实现应用水地源热泵的目的，这就是水源多联机。这种系统同时具备应用可再生能源、冬季制热不会结霜、换热效率高以及多联机系统管理方便、控制简单的多重优点，同时也有受地质条件影响大、工期长、工程风险较高等不利因素，要根据项目具体条件因地制宜地选用。

思考题

1. 蒸气压缩式制冷机组和热泵机组主要有哪些类型?
2. 简述离心式冷水机组的特性。
3. 比较螺杆式冷水机组、涡旋式冷水机组、往复活塞式冷水机组的异同。
4. 空调机(器)和热泵型空调机(器)主要有哪些形式?
5. 简述水－水冷热水机组和水－水热泵机组的流程。

6. 简述空气－水冷热水机组和空气－水热泵机组的流程。
7. 详述蒸发式冷水机组的结构和特点。
8. 影响压缩机工况的参数主要有哪些?
9. 往复式压缩制冷机组排气量调节的方法有哪些?
10. 离心式压缩冷热水机组调节方法有哪些?
11. 制冷装置的自动保护装置有哪些? 各自的作用分别是什么?
12. 直燃型溴化锂吸收式冷热水机有哪些结构形式?
13. 比较第一类吸收式热泵和第二类吸收式热泵的异同。
14. 影响溴化锂吸收式制冷机性能的主要因素有哪些?
15. 溴化锂吸收式制冷机冷量的调节方法有哪些?
16. 溴化锂吸收式制冷机有哪些安全保护措施? 各自有何作用?
17. 简述多联式(热泵)空调机的特点。

第7章　供热锅炉

7.1　供热锅炉基本知识

锅炉是供热之源，其任务在于安全可靠、经济有效地把燃料的化学能转化为热能，进而将热能传递给水，以生产热水或蒸气。

7.1.1　锅炉的分类及型号表示

1. 锅炉的分类

锅炉种类很多，可分别按照锅炉用途、供热介质、结构形式、燃烧方式、出厂形式等进行分类。

按照用途不同，可分为动力（电站）锅炉和供热（工业）锅炉。

按照供热介质不同，可分为蒸气锅炉和热水锅炉。其中蒸气锅炉包括饱和蒸气锅炉和过热蒸气锅炉，按出口介质压力分为低压（$P\leqslant 2.5$ MPa）、中压（2.5 MPa $<P\leqslant 5.9$ MPa）、高压（$P\geqslant 9.8$ MPa）等；热水锅炉包括自然循环锅炉和强制循环锅炉，按出口介质温度分为高温水锅炉（$t>100$℃）和低温水锅炉（$t\leqslant 100$℃）。

按照结构形式不同，可分为烟火管锅炉（锅壳锅炉）、水管锅炉和烟水管锅炉。其中，烟火管锅炉的烟气流程有一回程、两回程、三回程、四回程等。

按照燃烧方式不同，可分为层燃锅炉、流化床锅炉（沸腾炉）和室燃锅炉。其中，层燃锅炉有链条炉排锅炉、固定炉排锅炉、机械－风力抛煤锅炉、往复推炉排锅炉、振动炉排锅炉、下饲炉排锅炉等；流化床锅炉有鼓泡流化床锅炉和循环流化床锅炉；室燃锅炉有煤粉锅炉、燃油锅炉和燃气锅炉。

按照出厂形式不同，锅炉可分为快装锅炉、组装锅炉和散装锅炉。

2. 常用供热锅炉的型号表示

常用供热锅炉的型号由三部分组成，各部分间用短横线相连，如图7－1所示。

第一部分分别用两个大写汉语拼音字母（表7－1）、一个大写汉语拼音字母（表7－2）、阿拉伯数字表示锅炉本体形式、燃烧设备形式和锅炉容量。蒸气锅炉容量为额定蒸发量（t/h），热水锅炉容量为额定热功率（MW）。

第二部分表示介质参数。饱和蒸气锅炉为一段，用阿拉伯数字表示额定蒸气压力（MPa）；过热蒸气锅炉有两段，中间以斜线相隔，分别用阿拉伯数字表示额定蒸气压力（MPa）和过热蒸气温度（℃）；热水锅炉有三段，中间以斜线相隔，分别用阿拉伯数字表示额

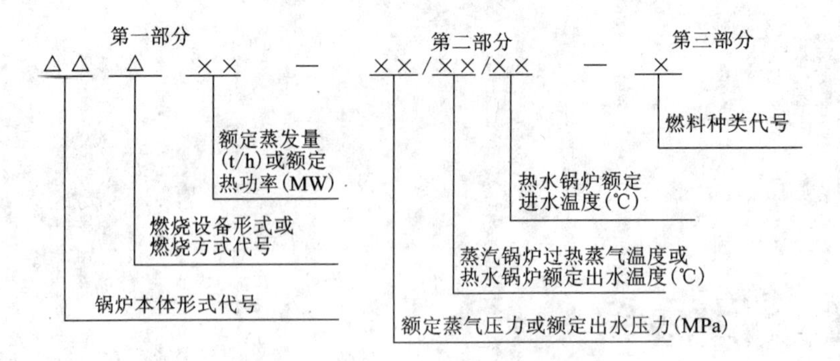

图 7-1　常用供热锅炉型号表示

定出水压力(MPa)、额定出水温度(℃)和额定进水温度(℃)。

第三部分表示设计燃料种类。用大写汉语拼音字母和罗马数字组合代表燃料品种，其含义见表 7-3。如同时使用几种燃料，主要燃料放在前面，中间以顿号隔开。

表 7-1　锅炉本体形式代号

锅炉类别	锅炉本体形式	代号	锅炉类别	锅炉本体形式	代号
锅壳锅炉	立式水管	LS	水管锅炉	单锅筒立式	DL
	立式火管	LH		单锅筒纵置式	DZ
	立式无管	LW		单锅筒横置式	DH
				双锅筒纵置式	SZ
	卧式外燃	WW		双锅筒横置式	SH
	卧式内燃	WN		强制循环式	QX

注：烟水管混合锅炉，以主要受热面形式是锅壳锅炉或水管锅炉本体形式采用相应代号，但在锅炉名称中应写明“烟水管”字样。

表 7-2　燃烧设备形式或燃烧方式代号

燃烧设备	代号	燃烧设备	代号
固定炉排	G	下饲炉排	A
固定双层炉排	C	抛煤机	P
链条炉排	L	鼓泡流化床燃烧	F
往复炉排	W	循环流化床燃烧	X
滚动炉排	D	室燃炉	S

注：抽板顶升采用下饲炉排的代号。

表 7-3　燃料种类代号

燃料种类	代号	燃料种类	代号
Ⅱ类无烟煤	WⅡ	型煤	X
Ⅲ类无烟煤	WⅢ	水煤浆	J
Ⅰ类烟煤	AⅠ	木柴	M

续表7-3

燃料种类	代号	燃料种类	代号
Ⅱ类烟煤	AⅡ	稻壳	D
Ⅲ类烟煤	AⅢ	甘蔗渣	G
褐煤	H	油	Y
贫煤	P	气	Q

对于电加热锅炉，其产品型号由两部分组成，与前述锅炉型号编制方法相仿。第一部分表示锅炉本体放置方式、电加热锅炉代号(DR)和锅炉容量。第二部分表示锅炉的介质参数。

例1：型号为SHL10-1.25/350-WⅡ的锅炉，表示为双锅筒横置式链条炉排蒸气锅炉，额定蒸发量为10 t/h，额定工作压力为1.25 MPa，出口过热蒸气温度为350℃，燃用Ⅱ类无烟煤的蒸气锅炉。

例2：型号为QXW2.8-1.25/95/70-AⅡ的锅炉，表示为强制循环往复炉排锅炉，额定热功率为2.8 MW，额定出水压力为1.25 MPa，额定出水温度为95℃，额定进水温度为70℃，燃用Ⅱ类烟煤的热水锅炉。

SHL型锅炉的动态展示

例3：型号为LDR0.5-0.4的锅炉，表示为立式电加热锅炉，额定蒸发量为0.5 t/h，额定工作压力为0.4 MPa的蒸气锅炉。

7.1.2 锅炉的基本构造及工作原理

锅炉最基本的组成部件是锅和炉。燃料在炉子里燃烧，化学能转化为热能，高温燃烧产物——烟气通过气锅受热面把热量传递给气锅中温度较低的水，水被加热进而生成蒸气。锅炉构造会因类型不同而稍有不同。如图7-2所示为一台双锅筒横置式链条炉排蒸气锅炉(SHL)。

1. 锅炉的基本构造

气锅是一个封闭的气水系统，基本构造包括锅筒、管束、水冷壁、集箱和下降管等。炉子是燃烧设备，包括煤斗、炉排、炉膛、除渣板、送风装置等。

此外，为保证锅炉的正常工作和安全，蒸气锅炉还须装设安全阀、水位表、压力表、高低水位警报器、主气阀、排污阀、止回阀，以及为消除受热面上积灰以利传热的吹灰器等。

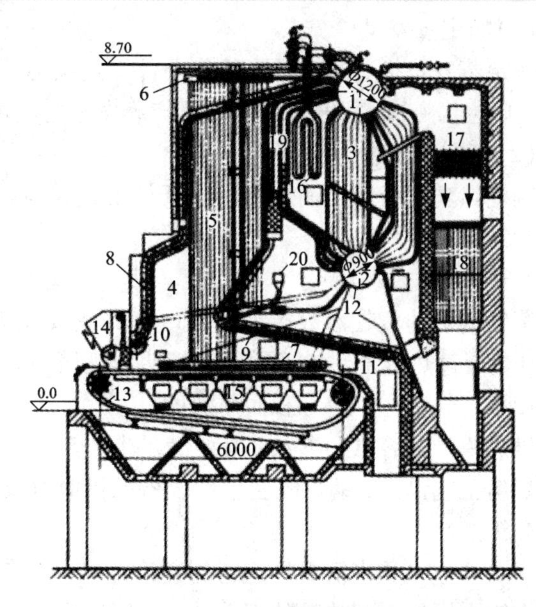

图7-2 SHL型锅炉

1—上锅筒；2—下锅筒；3—对流管束；4—炉膛；5—侧墙水冷壁；6—侧水冷壁上集箱；7—侧水冷壁下集箱；8—前墙水冷壁；9—后墙水冷壁；10—前水冷壁下集箱；11—后水冷壁下集箱；12—下降管；13—链条炉排；14—加煤斗；15—风仓；16—蒸气过热器；17—省煤器；18—空气预热器；19—烟窗及防渣管；20—二次风管

2. 锅炉的工作原理

锅炉的工作包括燃料燃烧、烟气向水的传热和水的受热及汽化三个过程。

(1)燃料燃烧过程

燃料随炉排进入炉膛，燃烧所需的空气通过风道、风仓送入炉膛，与燃料混合燃烧，形成的灰渣通过除渣装置排出，产生的高温烟气进入炉内传热过程。对于固体燃料，此过程习惯上划分为三个阶段，即燃烧准备阶段、燃烧阶段和燃烬阶段。

(2)烟气向水的传热过程

高温烟气与布置于炉膛四周墙面上的水冷壁进行强烈的辐射换热，将热量传递给管内工质，然后烟气依次经炉膛出口冲刷蒸气过热器、对流管束、省煤器，与管内工质进行换热。

(3)水的受热及汽化过程

锅炉工作时，锅炉给水由给水泵加压，经省煤器预热后进入锅筒。锅水流经水冷壁和对流管束吸热后形成气水混合物汇集于锅筒。借助上锅筒内装设的气水分离装置，分离出的饱和蒸气进入蒸气过热器成为过热蒸气。

7.1.3 锅炉基本特性

基本特性用于锅炉间的区分和比较，包括锅炉容量、蒸气参数、锅炉热效率、金属耗率和耗电率等。

1. 锅炉容量

锅炉容量又称锅炉出力，蒸气锅炉用额定蒸发量表示，热水锅炉用额定热功率表示。

(1)额定蒸发量

额定蒸发量指蒸气锅炉在额定条件下连续运行时，单位时间内产生的最大蒸气量，以 D 表示，单位为 t/h。蒸气锅炉热功率与蒸发量之间可进行换算。

(2)额定热功率

额定热功率指热水锅炉在额定条件下连续运行时，单位时间的最大供热量，以 Q 表示，单位为 MW。

2. 蒸气(或热水)参数

蒸气锅炉的蒸气参数指锅炉出口处的蒸气压力(MPa)和温度(℃)。饱和蒸气锅炉只需标注压力；过热蒸气锅炉必须同时标明蒸气压力和温度。热水锅炉的热水参数指锅炉出水压力(MPa)、出水温度(℃)和回水温度(℃)。

供热锅炉的容量和参数，既要满足生产工艺、供暖空调和生活等方面用热需要，又要便于锅炉房工艺设计、锅炉配套辅助设备的供应以及锅炉自身的标准化和系列化。

3. 锅炉热效率

锅炉热效率是表征锅炉运行的经济性指标，指锅炉每小时有效利用于生产热水或蒸气的热量占输入锅炉全部热量的百分数，常用符号 η_{gl} 表示。

锅炉热效率高，说明锅炉在燃用 1 kg 相同燃料时，能生产更多参数相同的热水或蒸气，节约燃料。目前我国生产的燃煤供热锅炉，热效率为 60% ~85%，燃油、燃气的锅炉，热效率为 85% ~92%。

4. 金属耗率和耗电率

锅炉不仅要求热效率高，而且也要求金属材料耗量低，运行时耗电量少，但是，这三方面常是相互制约的。因此，衡量锅炉房总的经济性应从这三方面综合考虑，切忌片面性。金属耗率指相应于锅炉每吨蒸发量所耗用的金属材料的重量(t)，目前供热锅炉的指标为2～6 t/t。耗电率则为产生1 t蒸气耗用电的度数(kWh/t)。耗电率计算时，除了锅炉本体配套的辅机外，还涉及破碎机、筛煤机等辅助设备的耗电量，一般为10 kWh/t左右。

7.1.4 锅炉房设备组成

供热锅炉房是供热之源，工作时，燃料被送进锅炉燃烧放热，燃烧产物则被排除出锅炉；锅炉生产的热介质(蒸气或热水)源源不断地供应用户，放热后的介质(冷凝水或回水)全部或部分回到锅炉房，与水处理后的补水一起再次进入锅炉继续受热、汽化，如此循环往复。为此，锅炉房除锅炉本体以外，还须配备水泵、风机、水处理等辅助设备，以保证锅炉房的生产过程能继续不断地正常运行，实现安全可靠、经济有效地供热。

锅炉本体和它的辅助设备，总称为锅炉房设备。图7－3为装置有一台双锅筒横置式链条炉排蒸气锅炉的锅炉房设备简图。

锅炉房设备展示

1. 锅炉本体

锅炉本体除锅和炉两个基本组成部分外，还包括蒸气过热器、省煤器和空气预热器三个附加受热面，其中省煤器和空气预热器又称为锅炉尾部附加受热面。

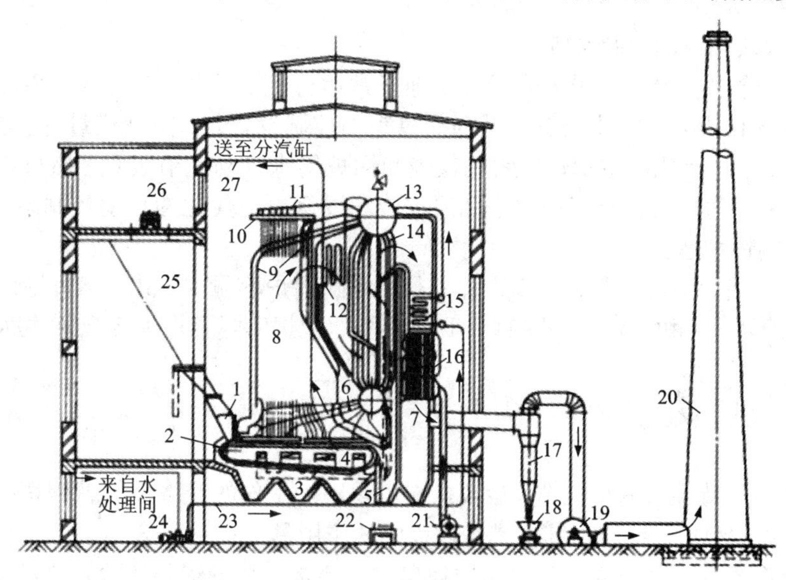

图7－3 锅炉房设备简图

1—煤斗；2—链条炉排；3—风室；4—侧水冷壁下集箱；5—灰渣斗；6—下降管；7—下锅筒；8—炉膛；9—水冷壁管；10—侧水冷壁上集箱；11—汽水引出管；12—蒸气过热器；13—上锅筒；14—对流管束；15—省煤器；16—空气预热器；17—除尘器；18—灰车；19—引风机；20—烟囱；21—送风机；22—灰渣输送机；23—给水管；24—给水泵；25—储煤斗；26—皮带输煤机；27—主蒸气管

2. 锅炉房的辅助系统

为了保证锅炉正常、安全和经济运行，除锅炉本体外，锅炉房还需设置辅助设备，主要包括给水设备、通风设备、燃料供应和排渣除尘设备、气水管道及附件以及监测仪表和自动控制设备。

(1)水 - 气系统

蒸汽锅炉房的水 - 气系统通常分为凝结水回收系统、锅炉给水系统、补给水系统等，其中水处理系统用于除去水中杂质如钙镁离子、氧等，避免气锅内壁结垢和腐蚀，以保证锅炉给水品质。经过处理的锅炉给水，由给水泵提升压力后流经省煤器 15 送入上锅筒 13。热水锅炉房的水 - 气系统通常包括循环系统、补水系统和定压系统等。

(2)燃料供应及除渣系统

燃料供应及除渣系统用于给锅炉输送燃料、排除灰渣和净化烟气，如图中的皮带输煤机 26、灰渣输送机 22、灰车 18 以及除尘器 17 等。如需要将燃料预先进行加工的锅炉，还应包括筛选、破碎、磨煤等燃料制备设备。此外，装设在锅炉尾部烟道中的除尘器 17 或烟气脱硫脱氮装置，是为减少烟尘污染和保护环境所不可缺少的辅助设备。燃油、燃气锅炉无须除渣系统。

(3)送引风及除尘系统

通风系统包括送风机 21、引风机 19 和烟囱 20，其作用是为给锅炉送入燃料燃烧所需的空气和从锅炉引出燃烧产物——烟气，保证燃烧正常进行，并使烟气以必需的流速冲刷受热面，强化传热。最后，由具有一定高度的烟囱将烟气排于大气，以减少烟尘污染和改善环境卫生。目前供热锅炉房设置除尘器的主要目的是去除燃煤烟气中的固体颗粒产物，燃油、燃气锅炉无须除尘系统。

(4)监测仪表和自动控制系统

为监督、调节和控制锅炉设备安全经济地正常运行，除了水位表、压力表和安全阀等锅炉本体上装有的仪表外，常装设有一系列的仪表和控制设备，如蒸气流量计、水量表、烟温计、风压计、排烟二氧化碳指示仪等常用仪表和锅炉给水自动调节装置、燃料燃烧自动控制设备等，有的锅炉房还装设有工业电视和遥控装置以至更现代化的自动控制系统，以更加科学地监督、控制锅炉运行。

以上介绍的锅炉辅助设备，并非千篇一律，应随锅炉容量、形式、燃料特性和燃烧方式以及水质特点等多方面的因素因地制宜、因时制宜，根据实际要求和客观条件进行配置。

7.2 锅炉燃料及热平衡

燃料及其燃烧特性与锅炉构造、运行操作以及锅炉工作的经济性有着密切的关系。了解锅炉燃料的分类、组成、特性及其在燃烧过程中的作用具有重要意义。

锅炉热平衡是基于能量和质量守恒定律研究在稳定工况下锅炉的输入热量及各输出热量间的关系。目的在于掌握和弄清楚锅炉燃料的热量在锅炉中的利用情况，得到锅炉的燃料消耗量和热效率，并寻求提高锅炉热效率的途径。

7.2.1 燃料成分及特性

1. 燃料的化学成分

燃料是多种物质组成的混合物，主要元素成分有碳、氢、氧、氮等。其中碳(C)是燃料的主要可燃成分，完全燃烧可放出 32866 kJ/kg 的热量；氢(H)完全燃烧可放出 120370 kJ/kg 的热量，含量越多，越容易着火；硫(S)完全燃烧可放出 9050 kJ/kg 的热量，是燃料中的有害元素；氧(O)和氮(N)是不可燃成分；灰分(A)是燃料中不可燃矿物质的总和；水分(M)直接降低燃料热量，使燃烧温度降低，增大排烟热损失，包括外水分和内水分，其中外水分含量易随开采、运输、储存等条件变化而变化。

2. 燃料成分的分析基准

由于燃料中的灰分和水分含量易随着开采、运输和储存条件的不同而变化，同一燃料各种成分的质量分数也随之变化。为了更准确地评价燃料的种类和特性，表示燃料在不同状态下各种成分的含量，通常采用4种分析基准对燃料进行分析，即收到基、空气干燥基、干燥基和干燥无灰基。

收到基成分是以炉前准备燃烧的燃料总量为基准进行分析得出各成分含量，用下角标“ar”表示，其组成为：

$$C_{ar}+H_{ar}+O_{ar}+S_{ar}+N_{ar}+M_{ar}+A_{ar}=100\% \tag{7-1}$$

空气干燥基成分是以经过自然风干除去外水分的燃料总量为基准分析得出各成分含量，用下角标“ad”表示，其组成为：

$$C_{ad}+H_{ad}+O_{ad}+S_{ad}+N_{ad}+M_{ad}+A_{ad}=100\% \tag{7-2}$$

干燥基成分是以除去水分的燃料总量为基准进行分析得出各成分含量，用下角标“d”表示，其组成为：

$$C_{d}+H_{d}+O_{d}+S_{d}+N_{d}+M_{d}+A_{d}=100\% \tag{7-3}$$

干燥无灰基成分是以除去水分和灰分的燃料总量为基准进行分析得出各成分含量，用下角标“daf”表示，其组成为：

$$C_{daf}+H_{daf}+O_{daf}+S_{daf}+N_{daf}+M_{daf}+A_{daf}=100\% \tag{7-4}$$

以上4种分析基准应根据不同情况加以选用。锅炉进行热工计算和热平衡实验时，采用收到基成分；实验室中进行燃料分析时采用空气干燥基成分；为了真实地反映不受水分变化影响下的灰分含量，需要用干燥基成分；为了表明燃料的燃烧特性和对煤进行分类，常采用比较稳定的干燥无灰基成分。

在风干过程中外逸的水分(外水分)称为风干水分，其收到基成分与折合为收到基的空气干燥基水分之和即为收到基水分。

$$M_{ar}=M_{ar}^{f}+M_{ad}(1-M_{ar}^{f}) \tag{7-5}$$

燃料的不同基准成分可以互相换算。由一种基准成分换算成另一种基准成分时乘以换算系数即可，即欲求基成分 = 已知基成分 × 换算系数，换算系数如表7-4。

表7-4 燃料不同基成分换算系数

	收到基	空气干燥基	干燥基	干燥无灰基
收到基	1	$\frac{1-M_{ad}}{1-M_{ar}}$	$\frac{1}{1-M_{ar}}$	$\frac{1}{1-M_{ar}-A_{ar}}$
空气干燥基	$\frac{1-M_{ar}}{1-M_{ad}}$	1	$\frac{1}{1-M_{ad}}$	$\frac{1}{1-M_{ad}-A_{ad}}$
干燥基	$1-M_{ar}$	$1-M_{ad}$	1	$\frac{1}{1-A_{d}}$
干燥无灰基	$1-M_{ar}-A_{ar}$	$1-M_{ad}-A_{ad}$	$1-A_{d}$	1

【例7－1】 已知山西阳泉无烟煤的干燥无灰基成分 $C_{daf}=90.49\%$、$H_{daf}=3.72\%$、$S_{daf}=0.48\%$、$O_{daf}=3.86\%$，干燥基灰分 $A_d=20.93\%$，$M_{ar}=8.18\%$，求该煤的收到基成分。

解： 煤的干燥无灰基氮成分为

$N_{daf}=1-C_{daf}-H_{daf}-S_{daf}-O_{daf}=1.45\%$

从表7－4中查出由干燥基换算到收到基的换算系数，即

$K_{d-ar}=1-M_{ar}=1-8.18\%=0.9182$

煤的收到基灰分：

$A_{ar}=K_{d-ar}A_d=0.9182\times20.93=19.22\%$

从表7－4中查出由干燥无灰基换算到收到基的换算系数为

$K_{d-ar}=1-(M_{ar}+A_{ar})=1-(8.18\%+19.22\%)=0.726$

则煤的收到基组成成分为

$C_{ar}=K_{d-ar}C_{daf}=0.726\times90.49\%=65.70\%$

$H_{ar}=K_{d-ar}H_{daf}=0.726\times3.72\%=2.70\%$

$S_{ar}=K_{d-ar}S_{daf}=0.726\times0.48\%=0.35\%$

$O_{ar}=K_{d-ar}O_{daf}=0.726\times3.86\%=2.80\%$

$N_{ar}=K_{d-ar}N_{daf}=0.726\times1.45\%=1.05\%$

3. 燃料的燃烧特性

燃烧特性主要指发热量，煤质燃料的燃烧特性还包括挥发分、焦结性和灰熔点，它们是选择锅炉燃烧设备、制订运行操作制度和进行节能改造等工作的重要依据。

(1)发热量

发热量指单位质量(体积)的燃料完全燃烧时所放出的热量(Q)，固体和液体燃料发热量的单位是 kJ/kg，气体燃料发热量的单位是 kJ/m^3。发热量有高位发热量 Q_{gr} 和低位发热量 Q_{net} 两种。高位发热量指 1 kg(1 m^3)燃料完全燃烧后所产生的热量，它包括燃料燃烧时所生成的水蒸气的汽化潜热。高位发热量扣除全部水蒸气的汽化潜热后的发热量，称为低位发热量。通常锅炉排烟温度较高(150～200℃)，以致水蒸气仍处于蒸气状态，其吸收的汽化潜热未被利用，故低位发热量更接近锅炉运行的实际情况。锅炉设计、热工试验等计算中均以燃料低位发热量作为计算依据。

(2)挥发物

失去水分的干燥煤样置于隔绝空气的环境中加热至一定温度时，煤中有机质分解而析出的气态物质称为挥发物，其百分数含量即为挥发分(V)，包括碳氢化合物、氢、一氧化碳、硫化氢等可燃气体和少量的氧、二氧化碳及氮等不可燃气体。一方面，挥发分含量高的煤，不但着火迅速，燃烧稳定，而且也易于燃烧完全。另一方面，挥发物是气态可燃物质，它的燃烧主要在炉膛空间进行。对于高挥发分的煤，需要有较大的炉膛空间以保证挥发分的完全燃烧；对于低挥发分的煤，燃烧过程几乎集中在炉排上，温度很高，则又需要加强炉排的冷却。一般说来，煤的挥发分随煤化程度的加深而减少。

(3)焦炭

煤在隔绝空气加热时，水分蒸发、挥发分析出后的固体残余物是焦炭，它由固定碳和灰

分组成。焦炭的焦结性状，称为煤的焦结性，分粉状、黏结、弱黏结、不熔融黏结、不膨胀熔融黏结、微膨胀熔融黏结、膨胀熔融黏结和强膨胀熔融黏结八类。焦结性对煤在炉内的燃烧过程和燃烧效率有着很大影响。层燃炉一般不宜燃用不黏结或强黏结的煤。

(4)灰熔点

当焦炭中的可燃物——固定碳燃烧殆尽，残留下来的便是煤的灰分。灰分的熔融性，习惯上称作煤的灰熔点。常用四个特征温度表示，即变形温度、软化温度、半球温度和流动温度，其值通常由角锥法试验测得。工业上一般以软化温度作为衡量其熔融性的主要指标。对固态排渣煤粉炉，为避免炉膛出口结渣，出口烟温要比软化温度低100℃。

7.2.2 锅炉燃料

1. 煤

目前，煤炭依然是我国锅炉的主要燃料。我国幅员广大，燃料特性差异很大。供热锅炉燃料需要量大，分布面广，必须因地制宜，就地取材，充分利用各地的燃料资源，特别是应该就近利用低质煤资源。

煤的煤化程度随着煤的形成年代逐年加深，所含水分和挥发物随之减少，而碳含量则相应增大。为了便于判断煤的类别对锅炉工作的影响，常按干燥无灰基挥发分的多少将煤划分为褐煤、烟煤、贫煤和无烟煤四类。此外，我国用作锅炉燃料的还有油页岩、泥煤、煤矸石和石煤等。

2. 油及其物理特性

液体燃料指燃料油，为石油经过诸如蒸馏、裂化等一系列加工处理后的部分产品，如汽油、煤油、柴油和重油等。目前，我国锅炉常用的燃料油有柴油和重油两大类。柴油一般用于中 小型供热锅炉、生活锅炉以及大型锅炉的点火和稳定燃烧；重油则大多用于中、大型锅炉。

(1)锅炉燃油种类

①柴油是一种密度较小的燃料油，黏度小，流动性好，雾化不用预热，可用直接点火方式启动锅炉。柴油的含硫量不大，对环境污染也小，但容易挥发，发生火灾的可能性和危险性较大。

按馏分的组成和用途不同，柴油分为轻柴油和重柴油两种。目前，小型锅炉多燃用0号轻柴油。

②重油是石油炼制加工工艺中提取汽油、煤油和柴油等轻质馏分后的重质馏分和残渣的总称，是燃料油中密度最大的一种油品。重油的成分与煤一样，也是由碳、氢、氧、氮、硫和灰分、水分组成。但主要元素成分是碳和氢，而灰分、水分的含量很少，其发热量高而稳定，极易着火与燃烧，对环境污染小，而且可以实现管道输送，便于运行调节，贮存和管理都较简便。

由于重油的灰含量甚低，与燃煤锅炉相比，锅炉受热面很少积灰和腐蚀。但是，由于重油中氢含量高，燃烧后会生成大量水蒸气，容易在尾部受热面的低温部位凝结，导致重油中所含硫分要比煤中含等量硫分对锅炉受热面的低温腐蚀更为有害。此外，在贮存和燃用重油时，还必须重视防火、防爆，避免意外事故。

重油一般按其在50℃时的恩氏黏度分为20、60、100和200四个牌号。

③渣油是蒸馏塔底的残留物，也称直馏油，如不经处理直接作为燃料，则习惯上称为渣油。广义地说它是重油的一个油品，主要成分为高分子烃类和胶状物质。原油经蒸馏后，所含的硫分集中在渣油中，因此渣油的含硫量相对较高。渣油的黏度和流动性能主要取决于原油自身的特性及其含蜡量。除了用作燃料，渣油也用作再加工(如裂化)的原料油。

(2)锅炉燃油的物理特性

作为锅炉燃料，燃料油的特性，如热物性、流动性、着火及爆炸特性等，直接影响它的输运、贮存和燃烧使用的正常和安全。

①燃料油的密度以20℃时燃料油的密度与4℃时的纯水密度之比值为基准密度，用符号ρ_4^{20}表示。当燃料油的温度不是20℃时，其密度随温度t的变化，可用下式换算：

$$\rho_4^t = \rho_4^{20} - \alpha(t-20) \tag{7-6}$$

式中：α——燃料油的温度修正系数，1/℃。

一般来说，燃料油的密度越小，其含氢量越多，含碳量越小，相应的发热量则越高。对于柴油，相对密度ρ_4^{20}为0.831～0.862；对于重油，相对密度ρ_4^{20}为0.94～0.98。

②黏度是流体黏性的度量，表示燃料油的易流动性、易泵送性和易雾化性的好坏。目前国内较常用的是40℃运动黏度(对馏分型燃料油)和100℃运动黏度(对残渣型燃料油)。

恩氏黏度是200 mL试验燃料油在温度为t℃时从恩氏黏度计标准容器中流出的时间τ_1与200 mL温度为20℃的蒸馏水从同一黏度计标准容器中流出时间τ_{20}之比值，常用符号°E表示。

燃料油的黏度与它的成分、温度和压力有关。燃料油的相对分子质量越小，沸点越低，黏度相应就越小。燃料油加热温度越高，其黏度越小。所以，燃料油在运输、装卸和燃用时都需要预热。通常，要求油喷嘴前的油温应在100℃以上，恩氏黏度不大于4。

③凝点也称凝固点，是指燃料油由液态变为固态时的温度。测定凝点的标准方法是，将某一温度的试样油放在一定的试管中冷却，并将它倾斜45°，如试管中的油面经过5～10 s保持不变，此时的油温即为油的凝点。

燃料油的凝点高低与所含的石蜡含量有关，含蜡高的油凝点高。凝点高低关系着燃油在低温下的流动性能，在低温下输送凝点高的油时，油管内会析出粒状固体物，引起阻塞不通，必须采取加热或防冻措施。燃料油中，柴油的凝点相对较高，为-30～-50℃，重油凝点最高，一般为15～36℃或更高。

④比热容指1 kg燃料油温度升高1℃所需要的热量，单位为kJ/(kg·℃)。燃料油的比热容与温度有关，随温度的升高而有所增高，通常可以按下列经验公式计算：

$$C_t = 1.73 + 0.002t \tag{7-7}$$

式中，t为燃料油温度，℃。

在20～100℃的温度范围内，重油的平均比热容可近似取值为1.8～2.1 kJ/(kg·℃)，黏度大的重油取高值。

⑤闪点和燃点。燃料油在温度升高时，油面蒸发的油气会增多。当油气和空气的混合物与明火接触时，发生短暂的闪光(一闪即灭)，此时的油温称为闪点。当油面上的油气与空气的混合物遇明火能着火并持续燃烧(持续时间不少于5 s)，此时的油温称为油的燃点。显然，燃点高于闪点，重油的闪点为80～130℃，燃点比闪点高10～30℃。

闪点是燃料油在使用、贮运中防止发生火灾的一个重要指标，因此燃料油的预热温度必须低于闪点。对于敞口容器中的油温至少应比闪点低10℃；对于封闭的压力容器和管道内的油温则可不受此限。

⑥爆炸极限。当空气中含有的燃料油蒸气达到一定浓度，并遇上明火时就会发生爆炸。引发爆炸时空气中含有燃料油蒸气的体积分数或浓度，称为爆炸极限。在空气中所含可能引起爆炸的最小和最大的油品蒸气体积分数或浓度，称为该油品的爆炸上限和爆炸下限。爆炸上下限油气混合物的体积分数或浓度之间的区域，即为该油品的爆炸范围。显而易见，只要设法让油品蒸气和空气混合物的浓度处在爆炸范围以外，就不会发生爆炸。

一般来说，轻质燃料油的爆炸范围较小，重质燃料油的爆炸范围较大，也即其爆炸危险性大。在锅炉运行时，无论是燃油锅炉还是燃用煤粉的锅炉，在贮运和使用过程中都要特别注意和重视燃料的爆炸特性，防患于未然，采取积极有效的防范措施，避免事故的发生。

3. 燃气及其特性

气体燃料是由多种可燃和不可燃的单一气体成分组成的混合气体。通常，可燃成分有碳氢化合物、氢气和一氧化碳等，不可燃气体有氧气、氮气和二氧化碳等，并含有水蒸气、焦油和灰尘等杂质。气体燃料的组成一般按体积分数，所有计算都是对1 m^3干气体而言，杂质含量用g/m^3(干气体)表示。

(1)气体燃料的特点

与固体燃料和液体燃料相比，气体燃料有其明显的优越性：基本无公害，利于保护环境；输运方便，使用性能优良；易于燃烧调节。

气体燃料的主要缺点是其中一些组分具有毒性，一旦泄漏，特别是一氧化碳含量高的燃气，严重时可以使人头痛、眩晕，甚至死亡。另外，如果泄漏量在空气中达到一定浓度(处于爆炸范围)，还会引起爆炸，后果不堪设想。因此，气体燃料在使用安全方面有着较高要求，必须采取相应的防范措施，避免发生事故。

(2)气体燃料的分类

气体燃料通常按获得的方式分类，有天然气体燃料和人工气体燃料两大类。

1)天然气体燃料

天然气体燃料是由自然界中直接开采和收集的、不需加工即可燃用的气体燃料，有气田气、油田气和煤田气三种。

①气田气是纯气田开采出的可燃气，通常称为天然气。其主要成分是甲烷CH_4，标准状态下的低位发热量为36000～42000 kJ/m^3；另外还有少量的乙烷、丙烷、丁烷和非烃等气体。其中所含的硫化氢具有毒性，且有强腐蚀作用；所含的水分在一定的压力和温度下能和烃生成水化物，当寒冷季节来临或温度低于露点时，使气体输运受阻。因此，当它们含量高时，应进行脱硫、脱水等相应处理。

②油田气，也称油田伴生气。它与原油共存，是在石油开采过程中因压力降低而析出的气体燃料。它的组成成分是甲烷和其他一些烃类，标准状态下的低位发热量为39000～44000 kJ/m^3，高于气田气。

③煤田气俗称矿井瓦斯，也称矿井气，是煤矿在采煤过程中从煤层或岩层中释放出来的一种气体燃料。它的主要可燃成分也是甲烷，但最高体积分数可达80%，最低仅有百分之几，其余是氢、氧和二氧化碳等。矿井气不仅对人有窒息作用，更严重的是存在极大的爆炸危险性，一旦煤矿瓦斯爆炸事故发生，场面十分惨烈。所以，煤矿在采掘过程中必须要有完

善、可靠的通风措施。

2)人工气体燃料

人工气体燃料是以煤、石油或各种有机物为原料，经过各种加工而得到的气体燃料，主要有焦炉煤气、汽化炉煤气、高炉煤气、油制气、液化石油气和沼气等。

①焦炉煤气是煤在炼焦过程中的副产品，含有大量的氢和甲烷，也含有少量的氮、二氧化碳和诸如焦油雾等其他杂质，标态下的低位发热量为 15000 ~ 17200 kJ/m^3，是一种优质燃料。

②汽化炉煤气和发生炉煤气是以煤或焦炭为原料，空气、水蒸气或混合物为汽化剂制成的。因其中可燃成分一氧化碳、氢和少量甲烷的体积分数仅约 40%，大部分为氮气和二氧化碳，热值很低，标准状态下低位发热量才 5000 ~ 5900 kJ/m^3。

③高炉煤气是炼铁高炉的副产品，产量很大。它的主要可燃成分是一氧化碳和氢气，发热量很低。

④油制气，是以石油及其加工制品如石脑油、柴油、重油做原料，经由加热裂解等制气工艺获得的燃料气，其中热裂解气的主要可燃成分是甲烷、乙烯和氢气，其余的为一氧化碳和丙烯、乙烷等烃类，标态下的低位发热量为 35900 ~ 39700 kJ/m^3，可用作城市天然气供应的调峰气源。

⑤液化石油气可燃成分主要是丙烷、丁烷、丙烯和丁烯。液态的液化石油气体积缩小为约 1/270，标态下的燃气密度为 2.0 kg/m^3，低位发热量 90000 ~ 120000 kJ/m^3。其爆炸下限低至 2%。

⑥沼气为生物质能源，以植物秸秆枝叶、动物残骸、人畜粪便、城市有机垃圾和工业有机废水为原料，在厌氧环境中经发酵、分解得到的气体燃料。它的主要可燃成分是甲烷，还有少量一氧化碳和硫化氢等，标态下低位发热量约为 23000 kJ/m^3。

不管是天然气还是人工气，在设计锅炉、选用燃烧设备、燃气锅炉和进行有关计算时，应尽可能地收集有关气源的详细资料，并结合实际情况取舍。

7.2.3 锅炉热平衡及热效率

热平衡研究不但可以求出锅炉的热效率和燃料消耗量，更重要的是可以寻求提高锅炉热效率的途径。

锅炉热平衡示意图

1. 热平衡的组成

以 1 kg 固体燃料或液体燃料(气体燃料以 1 m^3)为基准，对正常稳定运行工况下的锅炉建立热量的收、支平衡关系，称为“热平衡”。对应 1 kg 燃料，输入锅炉的热量和锅炉有效利用热量及损失热量之间的关系如式(7-8)和图 7-4 所示。

$$Q_r = Q_1 + Q_2 + Q_3 + Q_4 + Q_5 + Q_6 \tag{7-8}$$

式中：Q_r——锅炉的输入热量，kJ/kg；

Q_1——锅炉的有效利用热量，kJ/kg；

Q_2——排烟热损失，即排出烟气带走的热量，kJ/kg；

Q_3——气体不完全燃烧热损失，是未燃烧完全的那部分可燃气体损失掉的热量，kJ/kg；

Q_4——固体不完全燃烧热损失，是未燃烧完全的那部分固体燃料损失掉的热量，kJ/kg；

Q_5——散热热损失，由炉体和管道等热表面散热损失掉的热量，kJ/kg；

Q_6——灰渣物理热损失和其他热损失，kJ/kg。

图7-4中预热空气用循环热量在计算锅炉热量平衡时未被考虑的原因是由于空气在预热器中接受的热量在炉膛中成为烟气焓的一部分，随后在空气预热器中又由烟气放热给空气，如此循环不已。

输入锅炉的热量 Q_r，不包括锅炉内循环的热量，通常包括燃料收到基低位发热量 $Q_{net,ar}$，燃料的物理显热 i_r，喷入锅炉的蒸气带入的热量 Q_{zq}，外来热源加热空气带入的热量 Q_{wl} 等。

如果式(7-8)中 i_r 可忽略不计，且 $Q_{zq}+Q_{wl}$ 为零时，则锅炉的输入热量等于燃料收到基低位发热量，即

$$Q_r = Q_{net,ar} \tag{7-9}$$

如果在式(7-8)两边分别除以 Q_r，则锅炉热平衡方程就可以热量分数的形式来表示，即

$$q_1+q_2+q_3+q_4+q_5+q_6=1 \tag{7-10}$$

而锅炉效率 η_{gl}

$$\eta_{gl}=q_1=1-(q_2+q_3+q_4+q_5+q_6) \tag{7-11}$$

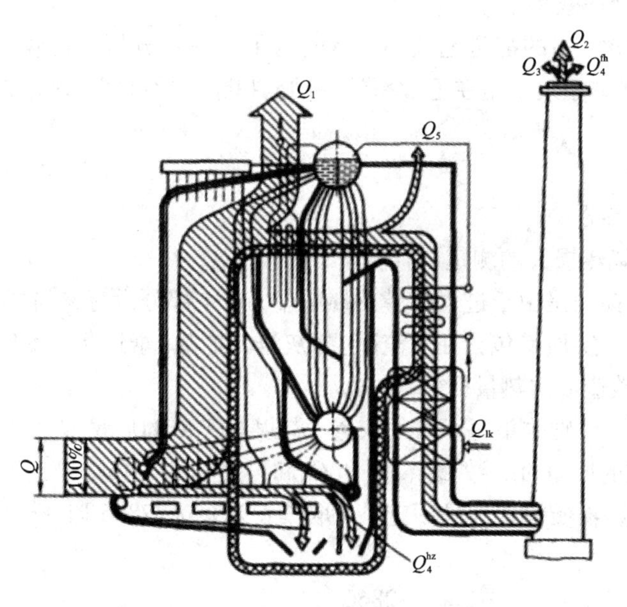

图7-4　锅炉热平衡示意

2. 热效率

为了全面评定锅炉的工作状况，对锅炉热量的收支关系进行的测试试验称为锅炉的热平衡(或热效率)试验，有正平衡试验和反平衡试验两种。热平衡试验是锅炉一项最基本的热工特性试验，在锅炉新产品鉴定、锅炉运行调整和比较设备改进或检修前后的经济效果等情况下，都需对锅炉进行热平衡试验。

(1)正平衡法

按式(7－12)进行的热平衡实验称为正平衡试验，即锅炉效率为有效利用热量占燃料输入锅炉热量的份额，即

$$\eta_{gl} = q_1 = \frac{Q_1}{Q_r} \tag{7-12}$$

对应于1 kg燃料的有效利用热量 Q_1，可按下式计算：

$$Q_1 = \frac{Q_{gl}}{B} \tag{7-13}$$

式中：Q_{gl}——锅炉每小时有效吸热量，kJ/h；

B——每小时燃料消耗量，kg/h。

对于电加热锅炉输出蒸气或热水时，只要测得其每小时的耗电量，同样可以很方便地算出锅炉热效率。

(2)反平衡法

正平衡法只能求得锅炉的热效率，不能据此研究和分析影响锅炉热效率的种种因素，以寻求提高热效率的途径。因此，在实际试验过程中，往往测出锅炉的各项热损失，应用式(7－11)来计算锅炉的热效率，这种方法称为反平衡法。

(3)锅炉的毛效率及净效率

通常所说的锅炉效率，指的都是毛效率。有时为了进一步分析及比较锅炉的经济性能，要用净效率 η_j 表示。锅炉净效率是在毛效率的基础上扣除锅炉自用汽和电能消耗后的效率。

7.2.4 热损失

1. 固体不完全燃烧热损失

(1)固体不完全燃烧热损失的测定与计算

固体不完全燃烧热损失是由于进入炉膛的燃料中，有一部分没有参与燃烧或未燃尽而被排出炉外引起的热损失。实质是包含在灰渣(包括灰渣、漏煤、烟道灰、飞灰以及溢流灰、冷灰渣等)中的未燃尽的碳造成的热量损失。

对于运行中的锅炉，分别收集每小时的灰渣、漏煤和飞灰的质量 G_{hz}、G_{lm}和 G_{fh}，同时分析出它们所含可燃物质的质量百分数 C_{hz}、C_{lm}和 C_{fh}和可燃物的发热量 Q_{hz}、Q_{lm}和 Q_{fh}，通常灰渣、漏煤和飞灰中的可燃物质被认为是固定碳，取其发热量为32866 kJ/kg，固体不完全燃烧热损失可按下式计算：

$$Q_4 = Q_4^{hz} + Q_4^{lm} + Q_4^{fh} = \frac{32866}{100B}(G_{hz}C_{hz} + G_{lm}C_{lm} + G_{fh}C_{fh}) \tag{7-14}$$

$$q_4 = \frac{Q_4}{Q_r} = q_4^{hz} + q_4^{lm} + q_4^{fh} \tag{7-15}$$

在热平衡试验中，飞灰量难以直接准确地测定，因此飞灰量一般是通过灰平衡法求得。所谓灰平衡，就是进入炉内燃料的总灰量应等于灰渣、漏煤及飞灰中的灰量之和，即

$$BA_{ar} = G_{hz}(1 - C_{hz}) + G_{lm}(1 - C_{lm}) + G_{fh}(1 - C_{fh}) \tag{7-16}$$

将上式两边分别乘以$\frac{1}{BA_{ar}}$，并将右边三项分别以 a_{hz}、a_{lm}及 a_{fh}表示，则：

$$1 = a_{hz} + a_{lm} + a_{fh} \tag{7-17}$$

式中：a_{hz}、a_{lm}及a_{fh}分别表示灰渣、漏煤及飞灰中灰量占燃料总灰量的份额。

当锅炉设计进行热平衡计算时，根据不同燃料特性及燃烧方式，固体不完全燃烧热损失可按相关参考文献进行选取。

(2)计算燃料消耗量

计算燃料消耗量是扣除固体不完全燃烧热损失后的锅炉燃料消耗量，即炉内实际参与燃烧反应的燃料消耗量。在锅炉热力计算中，燃料所需空气量和燃烧生成的烟气量均按计算燃料消耗量计算。计算燃料消耗量B_j可用下式表示。

$$B_j = B(1 - q_4) \tag{7-18}$$

(3)固体不完全燃烧热损失的影响因素

固体不完全燃烧热损失的影响因素有燃料特性、燃烧方式、炉膛结构及运行情况等。对于气体和液体燃料，在正常燃烧情况下可认为$q_4 = 0$。

燃料特性对q_4的影响：当燃用灰分含量高和灰分熔点低的煤时，固态可燃物被灰包裹，难以燃尽，灰渣损失就大。当燃用挥发物低而焦结性强的煤时，燃烧过程主要集中在炉排上，燃烧层温度高，较易形成熔渣，阻碍通风，既加重饲炉拨火的工作量，又增加灰渣损失。当燃用水分低、焦结性弱而细末又多的煤时，特别是在提高燃烧强度而增强通风的情况下，飞灰损失就增加。

燃烧方式对q_4的影响：不同燃烧方式的q_4数值差别很大，如机械或风力抛煤机炉的飞灰损失就较链条炉大。煤粉炉没有漏煤损失，但它的飞灰损失却比层燃炉大得多。沸腾炉在燃用石煤或煤矸石时，飞灰损失将更大。

炉子结构对q_4的影响：层燃炉的炉拱、二次风以及炉排的大小、长短和通风孔隙的大小等对燃烧都有影响。如炉排的通风孔隙较大而又燃用细末多的燃料时，漏煤损失就会有较大的增加。煤粉炉炉膛的高低、燃烧器布置的位置等也对燃烧有影响。如炉膛尺寸过小，烟气在炉内的停留时间过短，燃料来不及燃尽而被烟气带走，使飞灰损失增大。

锅炉运行工况对q_4的影响：运行时锅炉负荷增加，相应地穿过燃料层和炉膛的气流速度迅速增加，以致飞灰损失也加大。此外，层燃炉运行时的煤层厚度、链条炉炉排速度以及风量分配，煤粉炉运行时的煤粉细度及配风操作等对q_4也有影响。过量空气系数a''_l对q_4也有影响，如a''_l太低，q_4会增加，而随a''_l稍增，则q_4会有所降低。

2. 排烟热损失

(1)排烟热损失的测定和计算

由于技术经济条件的限制，烟气离开锅炉排入大气时，烟气温度比进入锅炉的空气温度要高很多，排烟所带走的热量损失简称为排烟热损失。由于固体不完全燃烧热损失的存在，对1 kg燃料所生成的烟气体积需进行修正。

$$q_2 = Q_2/Q_r = [I_{py} - \alpha_{py} V_k^0 (ct)_{lk}](1 - q_4)/Q_r \tag{7-19}$$

式中：I_{py}——排烟的焓，kJ/kg；

α_{py}——排烟处的过量空气系数；

V_k^0——1 kg燃料完全燃烧时所需的理论空气量，m^3/kg；

$(ct)_{lk}$——1 m^3干空气连同其带入的10 g水蒸气在温度为t℃时的焓，kJ/m^3；

t_{lk}——冷空气温度，一般可取 20～30℃。

通常排烟热损失是锅炉热损失中较大的一项，装有省煤器的水管锅炉，q_2为 6%～12%；不装省煤器时，可高达 20% 以上。

(2) 排烟热损失的影响因素

影响排烟热损失的主要因素是排烟温度和排烟体积。

一般排烟温度每提高 12～15℃，q_2将增加 1%。但因尾部受热面处于低温烟道，烟气与工质的传热温差小，传热较弱，换热所需金属受热面增加。此外，为避免尾部受热面的腐蚀，排烟温度也不宜过低。当燃用含硫分较高的燃料时，排烟温度应适当保持高一些。近代大型电站锅炉的排烟温度为 110～160℃；带尾部受热面的供热锅炉，排烟温度应控制为 160～200℃。对于运行中的锅炉，受热面积灰或结渣将使排烟温度升高。所以在运行时，应注意及时吹灰、打渣，设法保持受热面的清洁，以减少 q_2损失。

排烟体积的影响因素有炉膛出口过量空气系数 α_1''，烟道各处的漏风量及燃料所含水分。炉膛出口过量空气系数 α_1''的大小不仅与 q_2有关，还与 q_3、q_4有关。减小 α_1''，q_2可以降低，但会引起 q_3、q_4增大。

3. 气体不完全燃烧热损失

气体不完全燃烧热损失是由于排烟气中残留有诸如 CO、H_2、CH_4等可燃气体成分所造成的热损失。实际烟气中含 H_2、CH_4等气体很少，为简化计算，可认为气体不完全燃烧产物只存在有 CO，同时，由于存在固体不完全燃烧热损失，故应对生成的干烟气体积进行修正。

$$q_3 = Q_3/Q_r = 125.01 CO V_{gy}(1 - q_4)/Q_r \tag{7-20}$$

式中：125.01—— 一氧化碳的体积发热量，kJ/m³；

CO——干烟气中 CO 的体积分数，%，可通过烟气分析仪测得；

V_{gy}——1 kg 燃料燃烧后生成的实际干烟气体积，m³/kg。

气体不完全燃烧热损失的大小与炉子结构、燃料特性、运行工况等因素有关。在锅炉设计计算中进行热平衡计算时，根据不同燃料及不同燃烧方式，q_3可按相关参考文献进行选取。

4. 散热损失

在锅炉运行中，炉墙、金属构架及锅炉范围的气水管道、集箱和烟风道等的表面温度均较周围环境的空气温度为高，形成锅炉的散热损失。其大小主要决定于锅炉散热表面积、表面温度及周围空气温度等因素，它与水冷壁和炉墙的结构、保温层的性能和厚度有关。

锅炉的散热损失通常根据大量的经验数据而得。锅炉容量越大，燃料消耗量也大致成比例增加。但由于锅炉外表面积并不随锅炉容量的增大而成正比地增大，即对应于 1 kg 燃料的炉墙外表面积反而变小了，所以散热损失随锅炉容量的增大而降低。

$$q_5 = Q_5/Q_r = 3600\alpha F\Delta t/B \tag{7-21}$$

式中：α——炉墙外表面对流换热系数，kW/(m²·℃)；

F——炉墙外表面积，m²；

Δt——炉墙外表面与环境空气温差，℃。

5. 灰渣物理热损失及其他热损失

灰渣物理热损失是由于锅炉中排出炉膛的灰渣及漏煤的温度一般在 600～800℃或以上而造成的热损失。对于层燃炉或沸腾炉，这项损失较大，必须考虑。对于固态排渣煤粉炉，只有燃料中灰分相当多时，才予考虑。冷却热损失是由于锅炉的炉膛或其他部位的某些部件采用了水冷却，而此冷却水又未接入锅炉气水循环系统，被它吸收了锅炉的一部分热量并带出炉外，从而造成了热量损失。

灰渣物理热损失可按下式计算：

$$q_6 = Q_6/Q_r = (G_{hz} + G_{lm})(c\vartheta)_{hz}/Q_r \tag{7-22}$$

式中：$(c\vartheta)_{hz}$——1 kg 灰渣的焓，kJ/kg。

7.3 燃烧设备及锅炉

气锅和炉子是锅炉的两大基本组成部分，作为燃烧设备，炉子为燃料燃烧提供和创造良好的物理、化学条件，使其化学能最大限度地转化为热能。燃料有固体、液体和气体之分，与之相应，燃烧设备有多种形式。按照燃烧方式的不同，可分为如下三类：

①层燃炉。燃料被层铺在炉排上进行燃烧的炉子，也叫火床炉。包括手烧炉、风力－机械抛煤机炉、链条炉排炉以及往复炉排炉和振动炉排炉等形式。

②流化床炉。燃料在炉室中完全被空气流所“流化”，形成一种类似于液体沸腾状态燃烧的炉子，又名沸腾炉。

③室燃炉。燃料随空气流入炉室并燃烧的炉子，又名悬燃炉，如煤粉炉、燃油炉和燃气炉。

供热锅炉以链条炉排炉作为代表形式；容量大、参数高的电站锅炉通常配置煤粉炉；随着我国城市建设的需要和环境保护要求的提高，中、小型燃油燃气锅炉日益增多。

7.3.1 室燃炉

燃气炉、燃油炉和煤粉炉统称为室燃炉。与层燃炉相比，室燃炉在结构、燃烧方式等方面具有以下特点：第一，没有炉排，燃料随空气流进入炉内，燃料燃烧的各个阶段都是在悬浮状态下进行的，其容量的提高不再受炉排的限制。第二，燃料的燃烧反应面积大，与空气混合良好，可以采用较小的过量空气系数，燃烧速度和效率比层燃炉高。第三，由于燃料在室燃炉中停留时间很短，为保证燃烧充分完全，炉膛体积较大。第四，燃料适应性广，可以燃用固体、液体和气体燃料。第五，燃烧调节和运行、管理易于实现机械化和自动化。

1. 燃气炉

气体燃料是一种优质的清洁燃料，同时具有可以管道输送、使用性好以及便于调节、易实现自动化和智能化控制等优点。燃气锅炉设备比较简单、操作方便。但在燃烧时如缺氧，将会分解析出炭黑，造成不完全燃烧热损失，而且与一定量的空气混合时也具有爆炸性，操作管理上应有可靠的安全措施。

（1）燃气燃烧器的要求与分类

不同用户对燃气燃烧的温度、火焰形状以及过量空气系数等有不同的要求，因此需要不同类型的燃气燃烧器，以满足相应的使用要求。

燃烧器是组织燃气燃烧过程并将化学能转变为热能的装置，性能质量的优劣将直接影响燃气炉（窑）等设备工作的可靠和安全。因此，在选用或设计燃烧器时，必须满足以下要求：

①满足加热设备所需的热量和燃烧热强度，即具有一定的热负荷能力；

②符合加热工艺要求，具有所需的火焰特性(火焰形状、尺寸以及发光强度、燃烧温度)和炉内气氛特性(氧化性、还原性或中性)；

③燃烧稳定，在燃气压力、热值波动和负荷调节的正常范围内，不发生脱火和回火现象；

④燃烧效率高，热量得以充分利用，经济性好；

⑤燃烧器应配备有必要的自动调节和自动安全保护装置；

⑥燃烧产物中的有害成分如 NO_x 和 CO 含量低，同时燃烧器工作时噪声小，有利于保护环境。

此外，燃气燃烧器工作的好坏，除了自身的结构和性能外，与其安装和操作使用技术亦有关，有时人为因素的影响也至关重要。

(2)常用燃气燃烧器

燃气燃烧器类型很多，有多种分类方法，通常可按燃烧方式、空气供应方式和燃气压力进行分类。

1)自然引风式扩散燃烧器

家庭用的煤气灶是最典型最简单的一种自然引风式扩散燃烧器，常用于燃气锅炉。这类燃烧器通常用钢管制作成矩形管排或环管，其上开若干直径为 1.0 ~5 mm 的小孔，孔间距取 0.6 ~1.0 倍小管管径。这种燃气燃烧器的燃气压力分布较均匀，火焰高度大体整齐一致，燃烧稳定。但它的燃烧速度低、热负荷小、所需炉膛体积大，无法满足容量较大锅炉的燃烧需要。

2)鼓风式扩散燃烧器

鼓风式扩散燃烧器是工业炉窑中常用的燃烧器，燃烧所需的空气与燃气没有预混而是在炉膛空间进行的，点燃后形成拉长的扩散火焰。这样，它因排除了回火的可能性而具有极大的负荷调节范围，空气和燃气的预热温度也可得以进一步提高，而且由于混合过程不在燃烧器内部进行，可使尺寸大大缩小。此外，它可便捷地改换使用不同热值的燃气，甚至改燃气为燃油，而且在燃气热值和空气、燃气预热温度波动的情况下稳定工作。通常有套管式燃烧器和旋流式燃烧器。

3)引射式预混燃烧器

引射式预混燃烧器又称大气式燃烧器，是应用十分广泛的一种燃烧设备。燃气以一定压力和流速从喷嘴喷出，靠引射作用将一次空气从一次空气入口吸入并使其与燃气在引射器内均匀混合，然后由分布于头部的火孔中喷出而着火燃烧。这种燃烧器的一次空气系数 a_1 通常控制为 0.45 ~0.75，根据燃烧室工作状况的不同，过量空气系数控制为 1.3 ~1.8。此型燃烧器的多火孔式广泛用于家庭和公共事业中的燃气用具，单火孔式在中小型锅炉和工业炉窑中应用甚多。

4)完全预混式燃烧器

完全预混式燃烧器是在它的内部将燃气和燃气燃烧所需的全部空气进行混合而成可燃混合物，然后在燃烧器喷头内部或在其出口处进行燃烧，形成短而急的高温火焰。其中，引射式完全预混燃烧器被广泛应用。

(3)改善燃气炉燃烧的措施

通过改善燃气和空气的混合比、预热气体等可以改善和强化燃气炉的燃烧，提高炉膛的容积热负荷和降低不完全燃烧热损失，具体技术措施主要有改善气流相遇的条件、加强混合、扰动、预热燃气和空气、旋转和循环气流、烟气再循环等。

2. 燃油炉

锅炉燃油由油泵加压送至炉前燃烧器，然后通过油喷嘴喷入炉内并雾化、吸热蒸发为蒸气，再与喷入炉中的空气混合，吸热升温达到着火条件(一定的温度和浓度)时即着火、燃烧。保证燃油炉良好燃烧的决定条件是良好的雾化质量和合理配风，其关键设备是燃烧器中的油喷嘴和调风器(也称配风器)。

(1)油的雾化

油喷嘴也叫油雾化器，它的作用是把油雾化成雾状粒子，并使油雾保持一定的雾化角和流量密度，促使其与空气混合，以强化燃烧过程，提高燃烧效率。

喷嘴结构示意图

油喷嘴的形式很多，按消耗能量来源以及雾化方法分为两类，如机械离心式雾化油喷嘴和转杯式雾化油喷嘴。

(2)调风器的形式与原理

调风器的作用是为雾化的燃料油提供燃烧所需的空气，并形成有利的空气动力场，使油雾与空气充分混合，促成着火容易、火焰稳定和燃烧良好的运行工况。按照出口气流的流动工况，调风器可分旋流式和直流式两大类。

油滴蒸发成的油气在高温(>700℃)、缺氧的情况下，会使碳氢化合物热分解生成炭黑粒子，造成不完全燃烧损失。为此，调风器首先要使一部分空气和油雾预先混合，以避免产生热分解。这部分空气称为一次风，因需从油雾根部送入，又称根部风，其风量为总风量的15% ~30%，风速为25 ~40 m/s。其次，为使油雾及时着火和燃烧稳定，调风器应能在燃烧器出口造成一个适当的高温烟气回流区，以提供着火所需的热量和稳定火焰。但回流区的尺寸和旋转气流强度不需太大，因为油比煤粉易于着火和稳定燃烧。再则，因为油的燃烧速度主要取决于氧的扩散速度，油雾和空气混合要强烈，因此强化油雾和空气的混合就成为提高燃烧效率的关键，即调风器必须使二次风具有较高的流速，在燃烧器出口瞬即与油雾混合，并使气流有强烈的扰动，强化整个燃烧过程。此外，各燃烧器间的油和空气的分布应均匀。

(3)改善燃油炉燃烧的措施

燃油炉的排烟中含灰很少，污染环境的主要有害物是SO_2和一部分SO_3以及氮氧化物NO_x。通过诸如低氧燃烧、分级燃烧等燃烧改善的方式，可抑制和减少它们的形成。

3. 煤粉炉

煤粉炉主要由煤粉制备设备、燃烧器和炉膛组成。煤磨成煤粉，然后随空气喷入炉内呈悬浮状燃烧的炉子。煤被磨成煤粉后，与空气的接触面大为增加，这不仅改善了着火条件，也强化了燃烧，使煤粉炉的煤种适应范围较广，而且燃烧也较完全，锅炉热效率高达90%以上。同时，煤粉燃烧的热惰性较小，燃烧调节方便，适应负荷变化快。因此，其被广泛地应用于中、大容量的锅炉，如热电厂。

机械风力抛煤机结构示意图

煤粉炉通常四壁布置有水冷壁受热面，当锅炉负荷降低时，送进炉子的煤粉量减少，而水冷壁吸热量减少的幅度不大，因此对应于1 kg煤的水冷壁吸热量有所增加，这就使炉膛平均温度降低，影响煤粉的稳定着火。如果负荷继续降低，将会导致熄火。可见，煤粉炉适应负荷变化的能力较差，通常负荷调节范围只能在70% ~100%的区间变化，更谈不上有压火的可能性。

燃烧器是煤粉炉的重要组成部分，其作用是将煤粉和空气送入炉膛，并使它们良好地混合，迅速而稳定地着火燃烧和尽可能地充满整个炉膛空间。目前，在小型煤粉炉上用得较多的燃烧器有蜗壳式和旋流式两种。

原煤需先经碎煤率不高的碎煤机打碎，然后再在磨煤机中磨制成煤粉。磨煤机种类很多，常用的有竖井式磨煤机、风扇式磨煤机和筒式磨煤机（又名球磨机）。供热锅炉容量不大，通常采用结构简单、电耗及金属耗量都较低的竖井式磨煤机或风扇式磨煤机。

7.3.2 层燃炉

加煤、拨火和除渣三项主要或全部操作部分由机械代替人工操作的层燃炉，统称机械化层燃炉，其形式有机械 - 风力抛煤机炉、链条炉排炉、往复炉排炉、振动炉排炉和下饲燃料式炉等多种。

1. 燃烧设备的任务

为了便于分析研究，习惯上将煤的燃烧过程划分为三个阶段，即着火前的热力准备阶段、挥发物与焦炭的燃烧阶段和灰渣形成阶段。

为使燃烧过程顺利进行和尽可能完善，必须根据燃料特性创造有利燃烧的必需条件：第一，保持一定的高温环境；第二，供应燃料在燃烧所需充足而适量的空气；第三，保证空气与燃料很好地接触、混合，并提供燃烧所需的时间和空间；第四，及时排出燃烧产物——烟气和灰渣。燃烧设备的任务就是为燃料的良好燃烧创造这些客观条件，以使燃料尽可能烧好燃尽。此外，燃烧设备本身还应充分考虑到运行的安全可靠、结构简单、合理，操作、检修方便以及造价和运行费用低廉等方面的要求。

2. 链条炉排炉

按照加煤、拨火和除渣三项主要操作是否由人力完成，层燃炉分为人工操作层燃炉和机械化层燃炉，其中链条炉排炉简称链条炉，结构比较完善，至今已有百余年的历史，它的加煤、清渣、除灰等项主要操作都实现了机械化，运行可靠稳定，广泛应用于中、小型锅炉中。

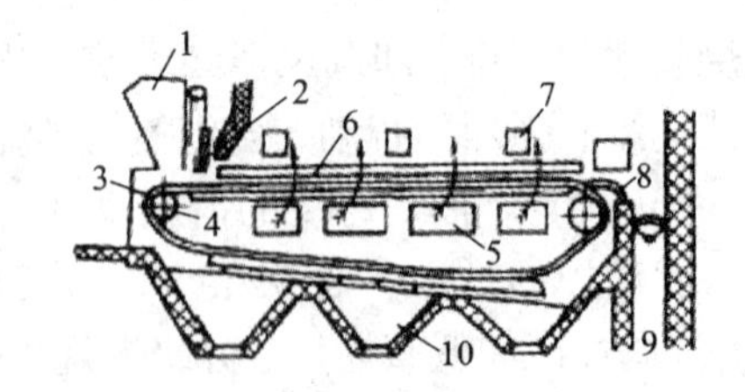

图7－5　链条炉结构简图

1—煤斗；2—煤闸门；3—炉排；4—主动链轮；5—分区送风仓；6—防渣箱；7—看火孔及检查门；8—除渣板（老鹰铁）；9—渣斗；10—灰斗

（1）链条炉的构造

链条炉是典型的前饲式炉子，图7－5为其结构简图。煤靠自重由炉前煤斗落于链条炉排上，通过煤闸门调节所需煤层厚度。携带燃煤的链条炉排由前部主动链轮带动，由前向后徐徐运动进入炉内，依次完成预热干燥、挥发物析出、燃烧和燃烬各阶段，形成的灰渣由炉排末端的除渣板铲落渣斗。除渣板俗称老鹰铁，使灰渣在炉排上略有停滞而延长它在炉内停留的时间，同时减少炉排后端的漏风。在炉膛的两侧分别装置有纵向防渣箱，它一半嵌入炉墙，一半贴近运动着的炉排而敞露于炉膛，通常是以侧水冷壁下集箱兼作防渣箱。防渣箱的作用，一是保护炉墙不受高温燃烧层的侵蚀和磨损，二是防止侧墙黏结渣瘤，确保炉排上的煤横向均匀满布，避免炉排两侧严重漏风而影响正常燃烧。在链条炉排的腹中框架里，设置有几个能单独调节送风的风仓，燃烧所需的空气穿过炉排的通风孔隙进入燃烧层，参与燃烧反应。此外，不论哪一种形式的链条炉排，必须在炉排两侧的间隙部位装设侧密封装置。

链条炉排的结构形式有多种，目前我国供热锅炉常用的是鳞片式链条炉排和链带式链条炉排，其中鳞片式链条炉排通常配置于10～75 t/h的蒸气锅炉和7～58 MW的热水锅炉，而链带式炉排普遍配置于较小容量的供热锅炉。

煤闸门至除渣板的距离称为炉排有效长度，约占链条总长的40%；有效长度与炉排宽度的乘积即为链条炉的燃烧面积，其余部分则为空行程，炉排在空行程中得到冷却。

(2)链条炉的燃烧过程

煤在冷炉排上进入炉子后，主要依靠来自炉膛的高温辐射，自上而下地着火、燃烧，是一种“单面引火”的炉子，着火条件差，燃烧层本身也无自行扰动的作用。因此，它的煤种适应范围较窄，对煤质的变化十分敏感，煤质成分、特性等会直接影响它的工作和燃烧过程。

链条炉的第二个特点是燃烧过程的区段性。由于煤与炉排没有相对运动，链条炉自上向下的燃烧过程受到炉排运动的影响，使燃烧的各个阶段分界面均与水平成一倾角。图7-6形象地显示了这一情况，燃烧层被划分为新煤区、挥发物析出和燃烧区、焦炭燃烧区、灰渣形成区四个区域。

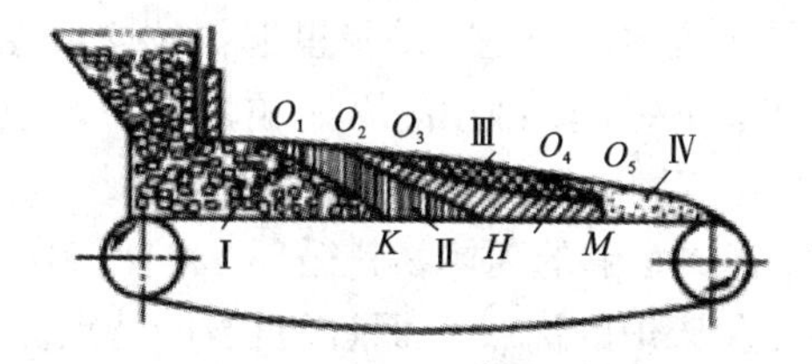

图7-6 链条炉燃烧过程与烟气成分

Ⅰ—新煤区；Ⅱ—挥发物析出、燃烧区；
$Ⅲ_a$—焦炭燃烧氧化区；
$Ⅲ_b$—焦炭燃烧还原区；Ⅳ—灰渣形成区

(3)链条炉的燃烧调节和改善措施

链条炉在运行中的调节，主要是指风量和给煤量的调节，使之合理配合，以保证燃烧工况的正常与稳定。因此，当锅炉负荷变动时，通常总是先调节风量，而后才改变给煤量，即调整炉排速度与之匹配，协同跟踪负荷的变化。

为改善链条炉的燃烧以提高燃烧的经济性，目前链条炉在空气供应、炉膛结构及炉内气流组织等方面采取了相应的技术措施，如分区送风、设置炉拱以及送二次风，获得了很好的效果。这些措施不单适用于链条炉，在其他类似燃烧过程的炉型中，也可按燃料及燃烧上的要求，恰当地采用上述全部措施或个别措施，以提高燃烧的经济性。

7.3.3 流化床炉

循环流化床炉结构示意图

固体粒子燃料流化用于燃烧，即为沸腾燃烧，其炉子称为沸腾炉或流化床炉。流化床炉的形式有鼓泡流化床炉和循环流化床炉两种。

流化床燃烧是一种介于层状燃烧与悬浮燃烧之间的燃烧方式。给煤装置将预先破碎成一定大小颗粒的煤送置于布风板上，厚度约500 mm，空气则通过布风板由下向上吹送，当气流速度增大并达到某一值时，气流对煤粒的推力恰好等于煤粒的重力，煤粒开始飘浮移动，如气流速度继续增大，煤粒间隙加大，料层膨胀增高，所有的煤粒、灰渣纷乱混杂，上下翻腾，颗粒和气流之间的相对运动十分强烈。

(1)鼓泡流化床炉及其特点

鼓泡流化床炉是流化床炉的主要炉型，因进入流化床的空气部分以气泡形态穿过料层而得名。图7-7为此型炉子的结构示意图。由于独特的燃烧方式，鼓泡流化床炉具有燃料适应性广、燃烧反应强烈、强化传热、有利于保护环境等优点。此外，鼓泡流化床炉因密相区气固混合充分，可以减少给煤点，而且燃料供给系统比较简单。

但是，鼓泡流化床炉的密相区必须布置埋管受热面以降低床温，埋管的磨损较为严重。而且，它的未燃尽细粒的排放量大，固体不完全燃烧热损失增大，即便有的采用飞灰再循环，因其返回时温度较低，加之稀相区气固混合程度差，影响了燃烧反应速度和燃烧效率。另外，用石灰石脱硫时，石灰石在炉内停留时间短暂，脱硫效率也不理想。再则，鼓泡流化床炉的截面热负荷较低，难以实现流化床的大型化发展。

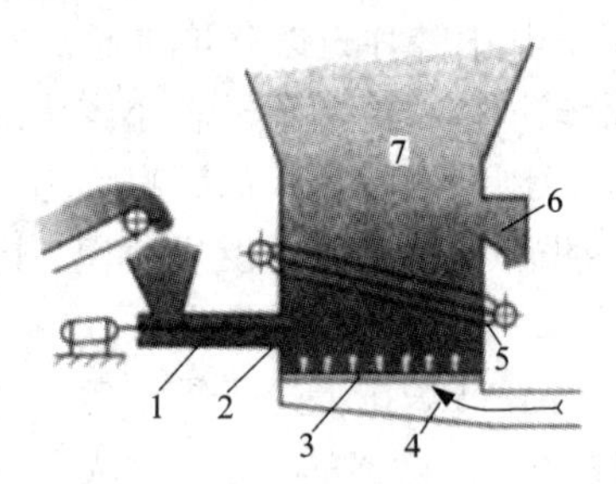

图7-7 流化床炉结构示意

1—给煤机；2—料层；
3—风帽式炉排(布风板)；
4—风室；5—沉浸受热面；
6—灰渣溢流口；7—悬浮段

(2)循环流化床炉及其特点

循环流化床炉是在炉膛里把颗粒燃料控制在特殊的流化状态下燃烧，细小的固体颗粒以一定速度携带出炉膛，再由气固分离器分离后在距布风板一定高度处送回炉膛，形成足够的固体物料循环，并保持比较均匀的炉膛温度。循环流化床炉不仅具有上述鼓泡流化床炉的优点，而且因自身的特点克服了鼓泡流化床炉所固有的缺点。

循环流化床炉是一种接近于气力输送的炉子，炉内气流速度较高，因此，床内气、固两相混合十分强烈，传热传质良好，整个床内能达到均匀的温度分布(850℃左右)和快速燃烧反应。由于飞灰及未燃尽的物料颗粒多次循环燃烧，燃烧效率可达99%以上，完全可以与目前电站广泛采用的煤粉炉相比。循环流化床炉中加入石灰石等脱硫剂，因与煤一起在床内多次循环，利用率高；由于烟气与脱硫剂接触时间长，脱硫效果显著，即便在钙硫比较低(1.5左右)的条件下，脱硫率也可获得80%以上。循环流化床炉采用分级送风和低温燃烧，炉温比煤粉炉低，仅850℃左右，可有效地抑制 NO_x 的产生和排放，满足环保要求。

循环流化床炉虽然也存在结构、系统复杂，体积庞大，投资和运行费用较高等缺点，但由于在发展为大容量时具有明显的优越性，尤为重要的是它具有达到煤的清洁燃烧和高效率的特点，因而受到世界各国的普遍重视。

7.3.4 供热锅炉发展

随着蒸气机的发明，18世纪末出现了工业用的圆筒形蒸气锅炉。由于当时社会生产力的迅猛发展，对锅炉提出了扩大容量和提高参数的要求，于是，在圆筒形蒸气锅炉的基础上，从增加受热面入手，锅炉经历了一系列的研究和技术变革。图7-8形象地展示了锅炉循着两个方向发展的过程和结构形式的演变。

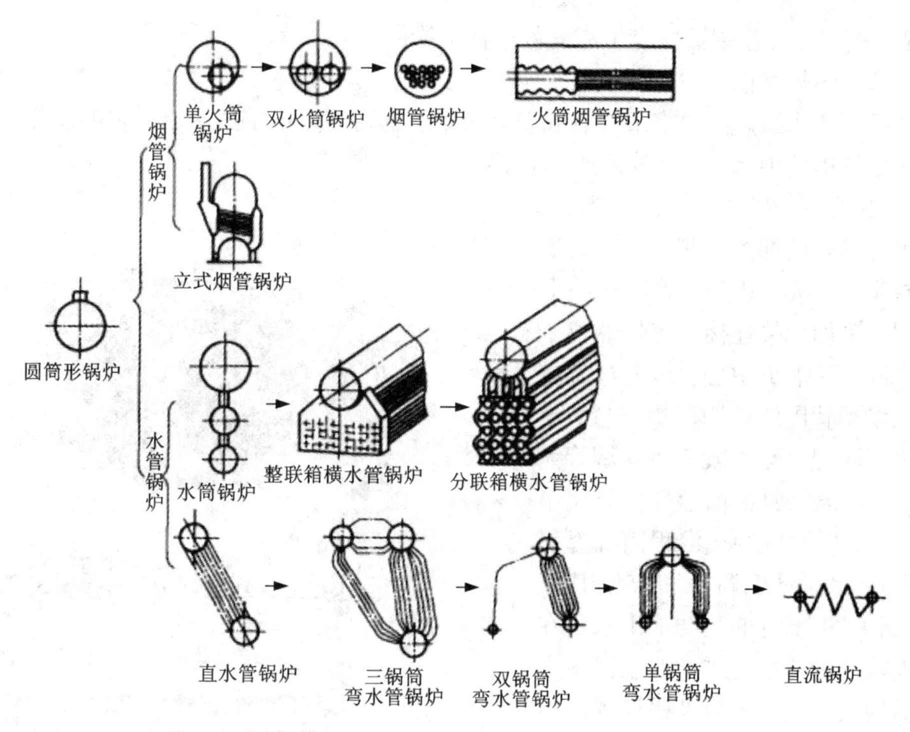

图7－8 锅炉的发展过程和结构形式演变

7.3.5 热水锅炉

热水锅炉
结构示意图

热水锅炉可配置层燃炉、室燃炉和沸腾炉，其结构形式有烟管式(锅壳式)、水管式和烟管、水管组合式三类。按燃料不同，可分为燃气锅炉、燃油锅炉和燃煤锅炉。按生产热水的温度，可分低温热水锅炉(出水不高于95℃)和高温热水锅炉(出水高于100℃)两类。按热水在锅内的流动方式，热水锅炉又可分强制流动(直流式)和自然循环两类。

与蒸气锅炉相比，热水锅炉锅内介质不发生相变，其出口水温通常控制在比工作压力下的饱和温度低25℃左右。无须蒸发受热面和气水分离装置，一般也不设置水位表，有的连锅筒也没有，结构比较简单。其次，传热温差大，受热面一般不结水垢，热阻小，传热情况良好、热效率高，既节约燃料，又节省钢材，钢耗量比同容量的蒸气锅炉可降低约30%。再则，对水质要求较低(但须除氧)，一般不会发生因结水垢而烧损受热面的事故；受压元件工作温度较低，又无须监视水位，安全可靠性较好，操作也较简便。

同时，热水供暖比蒸气供暖具有节约燃料、易于调温、运行安全和供暖房间温度波动小等优点，国家为此作了政策性规定。因此，热水锅炉得到了迅速发展。

1. 强制循环热水锅炉

强制循环热水锅炉是靠循环水泵提供动力，使水在锅炉各受热面中作一次性通过的强制流动。这类锅炉甚至不设置锅筒，受热面由多组管排和集箱组合而成，结构紧凑，制造、安装方便，钢耗量少。

强制循环热水锅炉水容积小，必须进行水动力计算，以保证锅炉受热面布置合理和工作安全可靠。另外，此型锅炉应有可靠的停电保护措施。

2. 自然循环热水锅炉

自然循环热水锅炉主要靠下降管和上升管中水的密度差产生压头驱动水的循环流动。压头远小于蒸气锅炉中水、气密度差产生的驱动力。

图 7－9 为一台卧式烟管热水锅炉。此型锅炉的锅壳前端为平板封头，后端为凸形封头，管板与锅壳、炉胆和凸形封头之间均采用焊接连接。燃烧器位于炉前，炉膛位于锅炉中心，作为对流受热面的众多烟管围绕炉胆四周布置，烟气流程为三回程。与一般三回程烟管锅炉不同的是，第二回程烟管直径要比第三回程的大，以适应烟气沿程因温降引起的体积变化，便于调整和控制其流速。回(进)水口设于前上方，出水口在热水温度较高的后端上方。低温回水进入锅炉后即被安装在入口处锅筒内的引射装置喷射，迅速提高温度，再次融入锅内的自然水循环中，继续均匀受热变成高温水，经由热水出口离开锅炉。

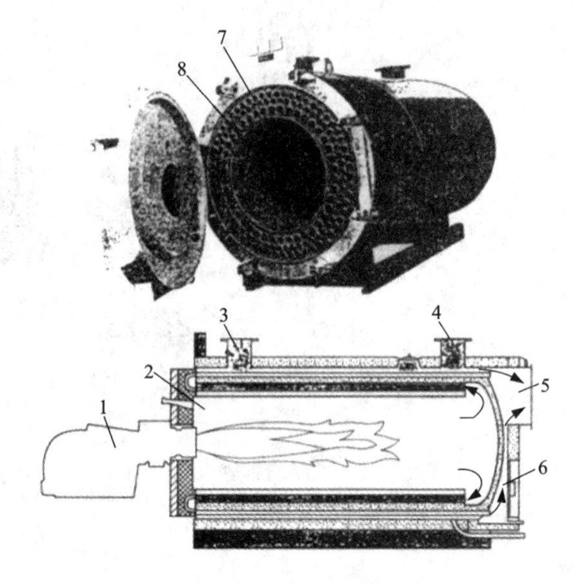

图 7－9　卧式烟管热水锅炉

1—燃烧器；2—炉膛；3—回(进)水口管；4—热水出口管；5—烟气出口；6—凸形封头；7—烟管管束；8—炉胆

此型锅炉结构紧凑，受热面设计和布置合理，自动化程度高，运行安全可靠，不足的是它为全焊结构，承受热胀冷缩等变化的力学性能较差。

自然循环热水锅炉的另一种形式是半自然循环型，即辐射受热面为自然循环，对流受热面则采用强制流动方式工作，对流受热面采用蛇形管结构，相当于蒸气锅炉中的钢管省煤器。

7.3.6　蒸气锅炉

蒸汽锅炉结构示意图

1. 烟管锅炉

烟管锅炉，也称火管锅炉，容量一般较小，目前，广泛用于蒸气需要量不大的用户。按照锅筒放置方式，分为立式和卧式。根据炉膛所在位置，卧式烟管锅炉分内燃式和外燃式两种。目前国产的多数为内燃式，配置有链条炉、燃油炉和燃气炉等多种燃烧设备。它们在结构上的共同特点是有一个大直径的锅筒和众多笔直的烟管，高温烟气在火筒或烟管内流动放热，水在火筒或烟管外吸热、升温和汽化。炉膛一般都比较矮小，炉膛四周又被筒壁所包围，炉内温度低，燃烧条件差；而且，烟气纵向冲刷壁面，传热效果也差，排烟温度高，热效率低。此外，锅筒直径大，既不宜提高蒸气压力，又增加钢耗量，蒸发量也受到了限制。这类锅炉也有一定的优点，如结构简单、维修方便，水容积大、能较好适应负荷变化，水质要求低等，因此，有的结构形式至今仍被广泛应用。

如图7－10所示为一配置燃油炉或燃气炉的此型锅炉，燃烧和运行工况较为良好。火筒后部采用波形结构以减少刚性。为强化传热，烟管采用ϕ51 mm×3 mm无缝钢管碾压而成的双面螺纹管。据试验资料，当烟速为35 m/s时，双面螺纹管的传热系数为光管的1.42倍，阻力为光管的1.9倍。炉膛内为微正压燃烧(约2000 Pa)，锅炉可以不用引风机。

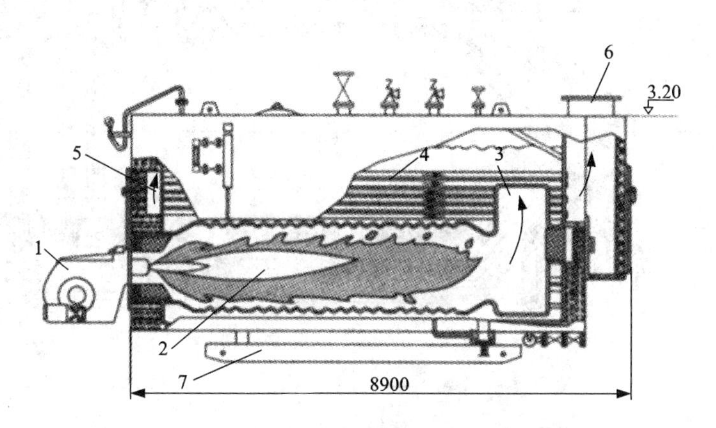

图7－10 WNS10－1.25－Y(Q)型锅炉

1—燃烧器；2—炉膛；3—后烟箱；4—火管管束；
5—前烟箱；6—烟囱；7—锅炉底座

2. 水管锅炉

与烟管锅炉相比，水管锅炉在结构上没有大直径的锅筒，富有弹性的弯水管替代了笔直的烟管，不但节约了金属，更为提高容量和蒸气参数创造了条件。在燃烧方面，可以根据燃用燃料的特性自如处置，从而改善了燃烧条件，使热效率有了较大的提高；可以尽量阻止烟气对水管受热面作横向冲刷，传热系数比纵向冲刷的烟管要高；此外，因有良好的水循环，水质经严格处理，即便在受热面蒸发率很高的条件下，金属壁也不致过热而损坏；加上水管锅炉受热面的布置简便，清垢除灰等条件也比烟管锅炉好，因此在近百年中得到了迅速的发展。

水管锅炉形式繁多，构造各异。按锅筒数目有单锅筒和双锅筒之分，根据锅筒放置方式则又可分为立置式、纵置式和横置式等。

(1)单锅筒纵置式水管锅炉

如图7－11所示为DZD20－2.5/400－A型抛煤机倒转链条炉排锅炉。锅筒位于炉膛的正上方，两组对流管束对称地设置于炉膛两侧，构成了“人”字形布置形式，也称人字形锅炉。炉内四壁均布水冷壁，前墙水冷壁的下降管直接由锅筒引下，后墙及两侧墙水冷壁的下降管则由对流管束的下集箱引出；两侧水冷壁下集箱又兼作链条炉排的防渣箱。炉内高温烟气经靠近前墙的左右两侧狭长烟窗进入对流烟道，由前向后流动，横向冲刷对流管束。蒸气过热器布置在右侧前半部对流烟道中，吸收烟气的对流放热。在炉后的顶部，左右两侧的烟气汇合折转90°向下，依次流过铸铁省煤器和空气预热器，经除尘器后排入烟囱。

为了保证足够大的炉膛体积和流经对流管束的烟速，同时也便于运行的侧面窥视和操作，锅炉的对流管束短、水冷壁管长；由于高温的炉膛被对流管束包围，不但减少了散热损失，而且为配置较薄的轻质炉墙提供了可能。

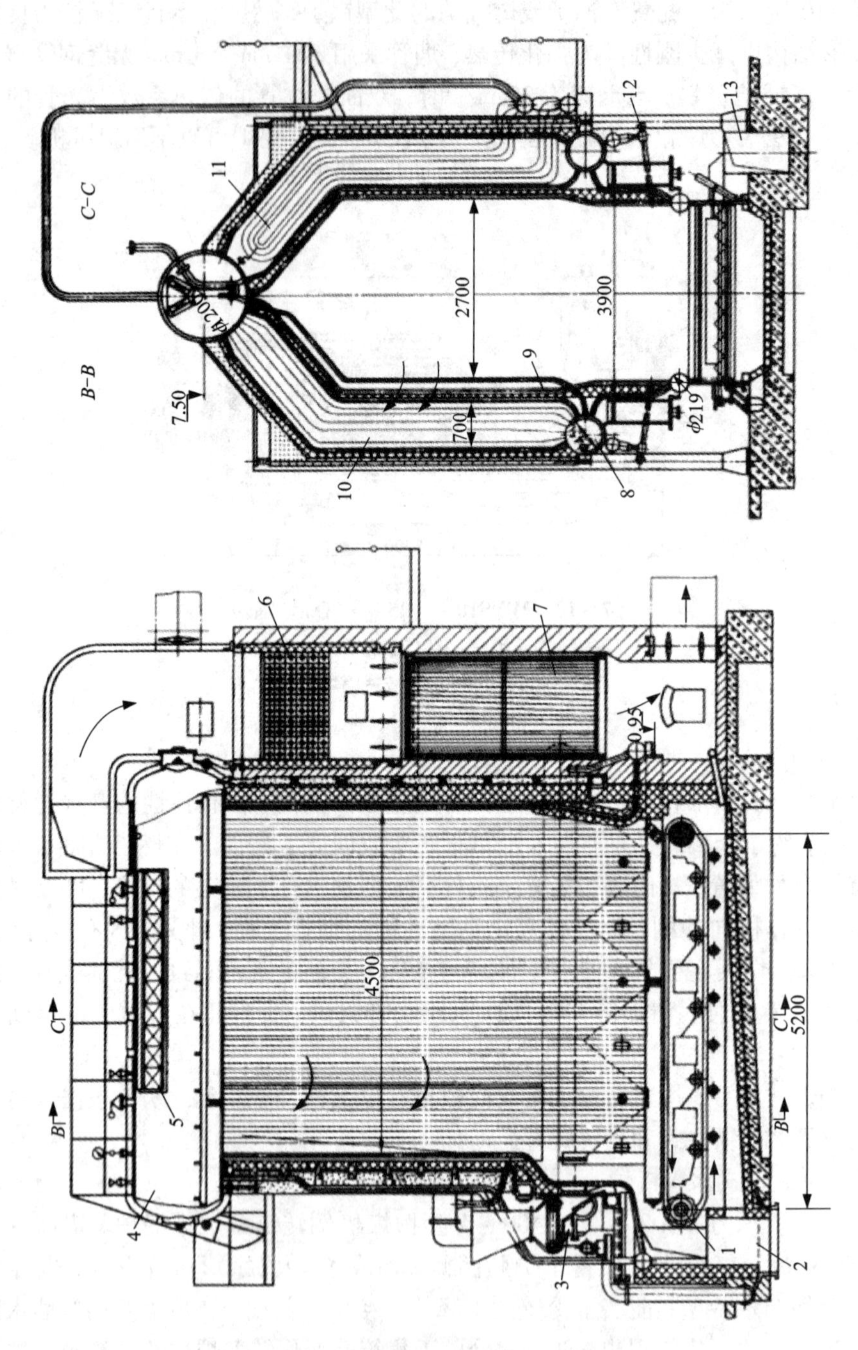

图 7 – 11 DZD20 – 2.5/400 – A 型锅炉

1—倒转链条炉排；2—灰渣槽；3—机械 – 风力抛煤机；4—锅筒；5—钢丝网气水分离器；6—铸铁省煤器；7—空气预热器；8—对流管束下集箱；9—水冷壁管；10—对流管束；11—蒸气过热器；12—飞灰回收再燃装置；13—风道

此型锅炉采用了抛煤机，炉内不设置前、后拱，由于燃烧在抛洒过程中就已受热焦化，燃料着火条件并不明显变坏。相反，在抛煤机的风力作用下，部分细屑燃料悬浮于炉膛空间燃烧，从而可以提高炉排可见热强度，即可减缩炉排面积，但这种细屑的粒径较大，燃烧条件远不及煤粉炉优越，往往未及燃尽就飞离炉膛；在对流烟道底部虽设置了飞灰回收再燃装置，可把沉降于烟道里的含碳量较高的飞灰重新吹入炉内燃烧，但飞灰不完全燃烧热损失仍旧较大。因此，此型锅炉要求配置有高效除尘装置，不然将会对周围环境造成较为严重的烟尘污染。

(2)双锅筒纵置式“D”形锅炉

双锅筒纵置式“D”形锅炉的炉膛与纵置双锅筒和胀接其间的管束所组成的对流受热面烟道平行设置，各居一侧。炉膛四壁一般均布水冷壁管，其中一侧水冷壁管直接引入上锅筒，封盖了炉顶，犹如“D”字。在对流烟道中设置折烟隔板，以组织烟气流对管束的横向冲刷。折烟隔板有垂直和水平微倾布置两种，后者多数用于少灰的燃油锅炉。

采用双锅筒“D”形布置，除了具有水容量大的优点外，对流管束的布置也较方便，只要采用改变上下锅筒之间距离、横向管排数目和管间距等方法，即可把烟速调整在较为经济合理的范围内，节约燃料和金属。此外，“D”形锅炉的炉膛可以狭长布置，利于采用机械化炉排和燃油炉、燃气炉。

如图7－12所示为一台配置链条炉的锅炉。炉膛偏置一侧，燃烧条件较为优越，在炉膛的后上部专门设置了一个基本上不布置受热面的烟道空间－卧式旋风燃尽室，为从炉膛出来的烟气创造了具备一定温度和逗留时间的空间环境，使烟气中夹带残存的可燃物质在此得以继续燃烧，降低不完全燃烧损失。由图可见，燃尽室的后墙是一圆弧形壁面，高温烟气一出炉膛就沿切线方向高速进入燃尽室，既改善了烟气对后墙管排的冲刷，强化了传热，又因离心力的作用，烟气携带的飞灰粒子沿后墙边缘被甩到燃尽室下部，经出灰缝隙漏落于链条炉排的灰渣斗。如此，燃尽室在供部分未燃尽可燃物燃尽的同时，巧妙地完成了炉内的一次旋风除尘，使炉子出口的烟气含尘浓度大为降低，从而减轻了烟尘对环境的污染和危害。对流管束，在前端折回又横向冲刷第二对流管束至锅炉出口，烟气从省煤器上方进入，绕U形烟道后又从上方引出至除尘器，后经引风机和烟囱排于大气。此型锅炉受热面布置较为富裕，能保证出力，热效率可达78%～80%。

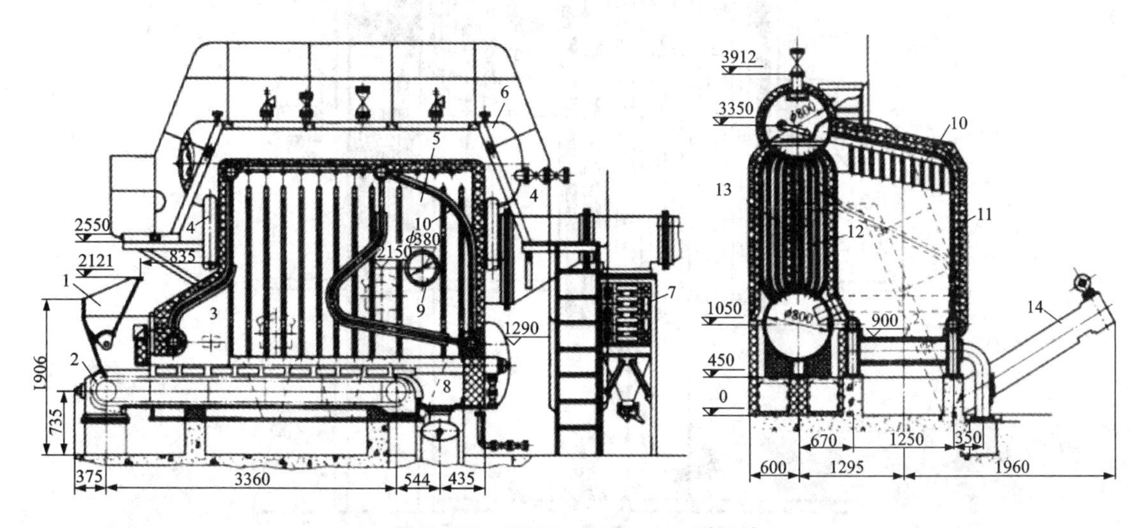

图7－12 SZL2－1.25－AⅡ型锅炉

1—煤斗；2—链条炉排；3—炉膛；4—右侧水冷壁的下降管；5—燃尽室；6—上锅筒；7—铸铁省煤器；8—灰渣斗；9—燃尽室烟气出口；10—后墙管排；11—右侧水冷壁；12—第一对流管束；13—第二对流管束；14—螺旋出渣机

(3)双锅筒纵置式“O”形锅炉

此型锅炉的炉膛在前，对流管束在后。在正面看，居中的纵置双锅筒间的对流管束，恰呈“O”字形状。锅筒呈“人”字形连接；当上锅筒为短锅筒时，则两侧水冷壁分别设置上集箱，再由引出管将上集箱和锅筒沟通。水冷壁下端分别接有下集箱，借下降管构成水的循环流动。

(4)横置式水管锅炉

这种形式的水管锅炉国内产品很多，应用甚广，在配置燃烧设备方面，它不单限于层燃炉，也适宜配置室燃炉。

图7-13为SHS20-2.5/400-A型锅炉，配置以煤粉炉。如果从烟气在锅炉内部的整个流程来看，锅炉本体恰被布置成“M”形，所以这种锅炉也称“M”形水管锅炉。锅炉的前墙上并排布置着两个煤粉喷燃器。炉膛的内壁全布满了水冷壁管——全水冷式，以充分利用辐射换热。炉膛后墙上部的烟气出口烟窗，水冷壁管被拉稀，形成防渣管。炉底由前、后墙水冷壁管延伸弯制成冷灰斗。

煤粉经喷燃器喷入炉膛燃烧。高温烟气穿过后墙上方的防渣管进入蒸气过热器，转180°再冲刷对流管束。尔后经钢管式省煤器、空气预热器离开锅炉本体。炉内烟气中的灰粒，经冷灰斗粒化后借自重滑落入渣室，用水力冲渣器除去。

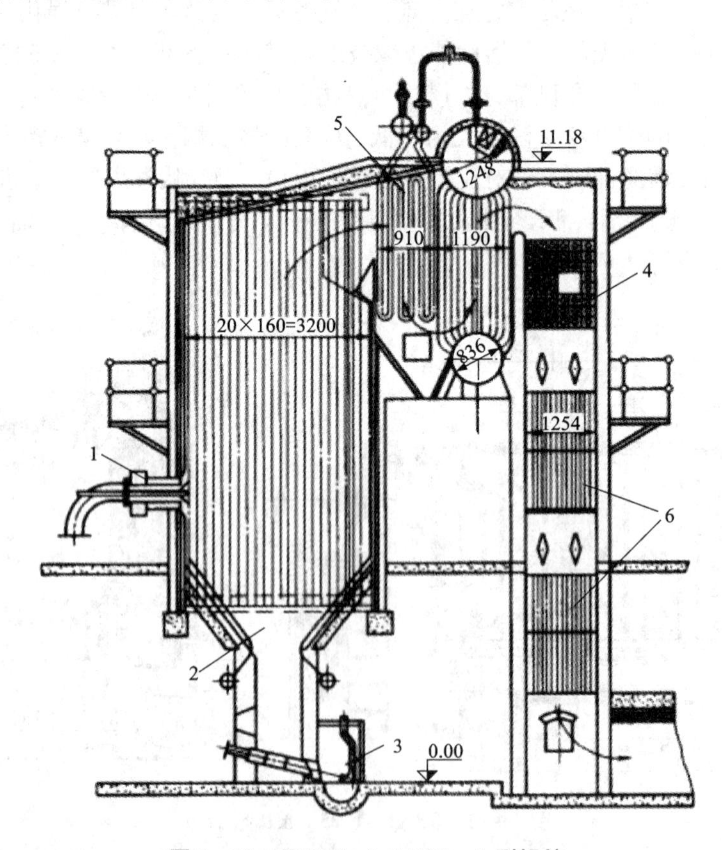

图7-13　SHS20-2.5/400-A型锅炉

1—煤粉燃烧器；2—冷炉斗；3—水力冲渣器；4—省煤器；5—蒸气过热器；6—空气预热器

双锅筒“M”形水管锅炉，配置煤粉炉是较合适的。因为煤粉呈悬浮燃烧需要有较大的炉膛空间，采用“M”形布置时可不受对流管束的牵制。当然，同样适合燃油、烧气炉。

7.3.7 水煤浆锅炉

水煤浆锅炉集传统燃油锅炉与燃煤锅炉的优势于一体，既有燃油锅炉燃烧控制自动化、即开即停、场所洁净、环保排放的优点，又保持了燃煤锅炉的低成本运行的特点。它采用了类似燃油锅炉的雾化喷燃技术，大大提高了水煤浆燃料的燃烧效率和燃尽率，热效率一般稳定在83%左右，燃尽率可高达98%以上，避免了燃煤锅炉加煤时低温燃烧不充分的重污染过程，也避免了燃油锅炉高温(1300℃)燃烧产生的大量氮氧化物污染。在烟气含尘量、含二氧化硫量等环保排放指标上，均优于国家标准。

水煤浆锅炉系统除了具有和燃油、燃气锅炉系统相同的系统(供油系统或供气系统、水处理系统、蒸气或热水系统、排烟系统)外，还增加了供浆系统(包括储浆罐、输浆泵、供浆泵、在线过滤器等)、雾化介质系统(空气压缩机、储气罐或蒸气)、清洗水系统、除灰系统(除渣机、沉淀池)、烟气处理系统(省煤器、带文丘里管的湿式脱硫除尘器、引风机)。水煤浆锅炉系统流程为：水煤浆由供浆泵送入燃烧器，经压缩空气(或蒸气)雾化，在一定条件下，水煤浆在炉膛内稳定燃烧。

水煤浆锅炉的运行特点主要有以下几点：

①水煤浆含有30%～35%的水分，燃烧前有一个水分蒸发过程，因此，具有较大的水煤浆着火热。

②水煤浆是以入口速度很高的喷雾方式被喷入炉内燃烧区域的，其入口速度一般要求为100～200 m/s。

③水煤浆的雾化与油的雾化也有区别，水煤浆是高黏度的液固两相流体，其黏度是重油的几十倍，本身就难以雾化，况且水煤浆的雾化是在加热蒸发和挥发分析的过程中进行的，其雾化条件比油差，并且燃烧器易于堵塞和磨损。

④燃用水煤浆锅炉的炉室容积热强度与燃油锅炉不同，燃烧产生同样的热量，燃用水煤浆需要的炉室容积比燃油大。

⑤水煤浆进入炉内的入口速度很高，水煤浆的雾炬具有很高的动能，因此必须注意使其热量能充满炉膛。

7.3.8 余热、废热锅炉

在现代工业中，可供回收的废热量十分可观。譬如，用于冶金的工业炉窑，可资利用的废热约相当于燃料总消耗量的1/3；在玻璃、建筑材料、机械及石油加工等工业部门，可利用的废热也在15%以上。因此，在能源紧缺和环保容量日少的当今，不但我国，世界上其他工业发达的国家，对废热的回收利用也都给予了极大重视。

按照物态，废热源可分固体废热(如刚从炉子排出的焦炭、水泥熟料和烧结矿料等)、液体废热(如高温冷却水、化工厂中用于调节反应温度的有机或无机介质和熔融金属或熔渣等)和气体废热(如加热炉烟道气、熔炼炉及反应炉排气以及化工厂工艺气体等)三大类。回收废热的方法很多，目前广为采用的方法是装设废热锅炉，也称余热锅炉。它既可利用高温烟气和可燃废气的余热，也可利用化学反应余热，甚至还可利用高温产品的余热。

废热锅炉其根据结构特点，可分为管壳式和烟道式两类。前者常用于石油化工生产中回收余热，主要利用高温流体(余热源)与冷却介质(水)间接换热以产生蒸气。烟道式废热锅炉与普通蒸气锅炉的形式相近，高温烟气(或气体)冲刷锅炉管束进行换热而获得蒸气。按照水循环系统的工作特性，废热锅炉又可分自然循环式和强制循环式两类。

7.3.9 辅助受热面

除气锅和炉子两大基本部件外，锅炉本体还包括辅助受热面——蒸气过热器、省煤器和空气预热器。各辅助受热面视具体情况，按实际需要选择增设。除动力锅炉或生产工艺要求外，供热锅炉较少设置蒸气过热器，而空气预热器通常设置于20 t及以上的锅炉，省煤器则已作为节能装置被普遍采用。

1. 蒸气过热器

蒸气过热器是为把自锅筒引出的饱和蒸气加热成为具有一定温度的过热蒸气的装置，同时在锅炉允许的负荷波动范围内以及工况变化时保持过热蒸气温度正常，并处在允许的波动范围之内。它由蛇形无缝钢管管束和进、出口及中间集箱等组成。由气锅生产的饱和蒸气引入过热器进口集箱，而后分配经各并联蛇形管受热升温至额定值，最后汇集于出口集箱，由主蒸气管送出。

根据布置位置和传热方式，过热器可分为对流式、半辐射式和辐射式三种形式。对流式过热器位于对流烟道，吸收对流放热；半辐射式(屏式)过热器位于炉膛出口，呈挂屏型，吸收对流放热和辐射放热；辐射式(墙式)过热器位于炉膛墙上，吸收辐射放热。供热锅炉采用的都为对流式过热器。

对流式过热器按蛇形管的放置形式可分立式和卧式两种。国内目前以采用立式放置的居多，它支吊比较简便、可靠，也不易积灰或结渣，但疏水和排气性差，停炉时易积水腐蚀管壁，启动时管内空气积滞易烧坏管子。卧式过热器则正好相反。如果按管子排列方式，过热器分顺列和错列两种，顺列布置传热系数小于错列布置，错列布置管壁磨损比顺列严重。如果按照蒸气与烟气的流动方向，过热器又有顺流、逆流和混合流等多种形式，其中以逆流布置的传热温差最大，但因出口管段所处的烟温和内侧气温都最高而工作条件较差；顺流式传热温差最小，又使金属耗量增大。所以，一般常采用混合流的形式。

由于蒸气过热器内侧流过的是过热蒸气，它不单是锅炉各受热面中温度最高的工质，而且放热系数也最小，其工作条件最差。为改善过热器金属材料的工作条件，避免使用昂贵的合金管材，过热器不应布置在烟温很高的区域。同时又应兼顾到保持有合理的传热温差，供热锅炉的过热器一般布置在烟温为850～950℃的烟道中。

铸铁省煤器结构示意图

2. 省煤器

省煤器是给水的预热设备。它装置在锅炉的尾部烟道，吸收烟气的对流换热，有效地降低排烟温度，提高热效率，节约燃料。同时，由于提高了给水温度，还可减小因温差而引起的锅筒壁的热应力，有利于延长锅筒的使用寿命。再则，对于供热锅炉，省煤器一般用铸铁制造，可降低锅炉造价。

省煤器按制造材料的不同，可分为铸铁省煤器和钢管省煤器；按给水被预热的程度，则又可分沸腾式和非沸腾式两种。在供热锅炉中普遍使用的是铸铁省煤器，它由一根根外侧带有方形鳍片的铸铁管通过180°弯头串接而成。铸铁省煤器因铸铁性脆，承受冲击能力差而只能用作非沸腾式省煤器，其出口水温至少应比相应压力下的饱和温度低30℃，以保证工作的安全可靠。铸铁省煤器管壁较厚，体积和重量都大，鳍片间毛糙，容易积灰、堵灰且难于清除。此外，它的所有铸铁管全靠法兰弯头连接，不仅安装工作繁重，又易渗水漏水。但是，铸铁省煤器对管内水中溶解氧和管外烟气中的硫氧化物等腐蚀性气体有较好的抗蚀能力，对高速灰粒也有较强的耐磨性能。

水在受热的过程中，为了能及时将水中气体析出形成的气泡带出，非沸腾式省煤器中水流速一般不得低于0.3 m/s；对于沸腾式省煤器，水流速不宜低于1 m/s。当省煤器一路进水时，如流速过大，可连接两个或更多的进水口，组成并联进水管路，将水流速调整到合理值。

为了保证、监督铸铁省煤器的安全运行，在其进口处应装置压力表、安全阀及温度计；在出口处应设安全阀、温度计及放气阀，如图7－14所示。进口安全阀能够减弱给水管路中可能发生水击的影响；出口安全阀能在省煤器汽化、超压等运行不正常时泄压，以保护省煤器；放气阀则用以排出启动时省煤器中的大量空气。

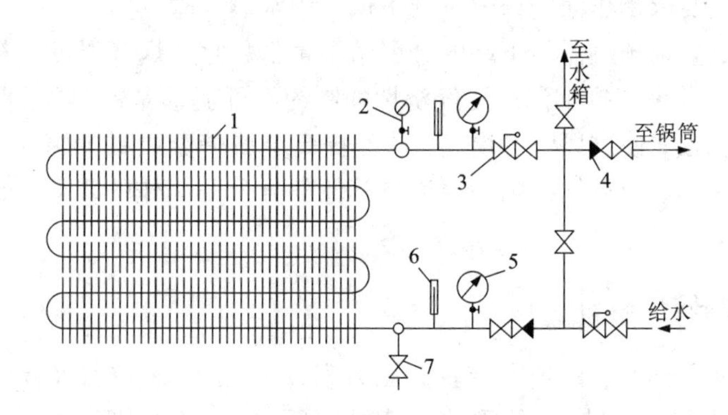

图7－14　铸铁省煤器附件及管路

1—省煤器管；2—放气阀；3—安全阀；4—止回阀；5—压力表；6—温度计；7—排污阀

为保护省煤器从锅炉升火到送出蒸气这段时间内不致过热而损坏，供热锅炉通常采用让烟气从旁通烟道绕过省煤器或从省煤器出口接一再循环管，将省煤器出水送回给水箱。当省煤器损坏、漏水而锅炉又不能马上停炉时，省煤器应能和气锅切断隔绝，给水则改由另设的旁路直接送往锅筒，确保给水的供应。

在容量较大的供热锅炉上，采用给水热力除氧处理或给水温度较高时，铸铁省煤器加热温度就受到了限制。另外，给水除氧解决了金属腐蚀问题，因此可采用钢管省煤器，其优点是工作可靠、体积小、重量轻。

3. 空气预热器

空气预热器，简称空预器，是一利用锅炉尾部烟气的热量加热燃料燃烧所需空气的换热设备。按传热方式可分导热式和再生式两类。导热式空预器，烟气和空气各有自己的通道，热量通过传热壁面连续地由烟气传给空气。导热式空预器有板式和管式两种，供热锅炉大多采用的是管式空气预热器。

空气预热器结构示意图

管式空气预热器有立式和卧式之分。立式空气预热器由许多竖列的有缝薄壁钢管和管板组成。管子上、下端与管板焊接，形成方形管箱结构。烟气在管内自上而下流动，空气则在管外作横向冲刷流动。如果空气需要做多次交叉流动，则可在管箱中间设置相应数目的中间管板作为间隔。

4. 低温受热面烟气侧腐蚀

当烟气进入尾部烟道遇到低温受热面——省煤器和空气预热器时，含有的水蒸气和硫酸蒸气可能发生冷凝而引起腐蚀，称为低温腐蚀。低温腐蚀的程度与燃料成分、燃烧方式、受热面布置以及工质参数等多种因素有关。

锅炉低温受热面腐蚀的根本原因是烟气中存在SO_3气体，发生腐蚀的条件是金属壁温低于烟气露点温度。因此，必须采取技术措施，如进行燃料脱硫，控制燃烧以减少产生SO_3，使用添加剂(如石灰石、白云石等)加以吸收或中和烟气中SO_3以及提高金属壁温，避免结露，都可有效地减轻和防止低温腐蚀与堵灰。但由于技术和经济的原因，目前国内采用最多的办法是提高壁温，即相应提高排烟温度。严格地讲，如要避免受热面金属腐蚀，壁温应比烟气露点高出10℃左右。这样，排烟温度将大为提高，显然是不经济的。因此，目前为了减轻尾部受热面腐蚀，只能要求受热面的壁温不低于烟气中水蒸气露点。

在供热锅炉中，空气预热器最下端的金属壁温最低，此处烟气温度为排烟温度，入口空气温度是冷空气温度。由于排烟温度受经济性的制约不可随意提高，常采取把空气预热器进风口高置于炉顶的做法，使进风温度增高，从而提高金属壁温以减少腐蚀。此外，也有将空气预热器的最底下一节，即空气的第一通道与其他部分分开制作的，便于受腐蚀后修补或调换更新。

7.3.10 锅炉安全附件

为保证锅炉的正常运行，锅炉上装置有压力表、安全阀、水位表及高低水位警报器、超温警报器以及诸如止回阀和排污阀等附件。其中，压力表、安全阀和水位表是保证锅炉安全运行的基本附件，统称蒸气锅炉三大安全附件。

1. 压力表

压力表是用以测量和显示锅炉气、水系统工作压力的仪表。锅炉常用的压力表为弹簧管式压力表，它构造简单、准确可靠，安装和使用也很方便。

2. 安全阀

安全阀是一种自动泄压报警装置。安全阀有静重式、杠杆式、弹簧式和脉冲式安全阀等多种形式。按其阀芯在开启时的提升高度，又可分为全启式安全阀和微启式安全阀两种。其中，杠杆式安全阀和弹簧式安全阀为供热锅炉最常用。弹簧式安全阀结构紧凑，灵敏轻便，可在任意位置安装，能承受振动而不泄漏。但由于弹簧的弹性会随时间和温度的变化而改变，其可靠性较差。

3. 水位表

水位表是用以显示锅炉水位的一种安全附件。操作人员通过水位表监视锅炉水位，控制和调节锅炉进水，或凭此调整和校验锅炉给水自控系统的工作，避免发生缺水和满水事故。

常见的水位表有玻璃管和平板式两种。玻璃管水位表由气、水连接管，气、水旋塞，玻璃管及放水旋塞等部件组成。它结构简单，价格低廉，但容易破裂，因此必须加装安全防护罩，以免万一玻璃管破裂时气、水伤人。玻璃板式水位表是由金属框盒，玻璃板，气、水旋塞以及排水旋塞组成。这种玻璃板具有耐热、耐碱腐蚀的性能，而且在内外温差较大情况下，能承受其弯曲应力，加之在玻璃板观察区域的平面上又制作有几条纵向槽纹，形成加强筋肋，所以不易横向断裂，比较安全可靠，不再需要装设防护罩。

锅炉安全附件的装置、使用、校验和维护等应符合国家劳动监察、计量等部门的规定。

7.4 锅炉水循环、气水分离及排污

7.4.1 锅炉水循环

锅炉给水进入气锅后按一定的路线循环流动，称为锅炉的水循环。在循环流动过程中，水被加热，产生热水或蒸气；金属受热面则依靠水循环及时将高温烟气传给的热量带走，保证蒸发受热面能长期可靠地工作。利用工质间密度差所产生的循环流动，叫作自然循环；借助水泵压头使工质循环流动，称为强制循环。在供热锅炉中，蒸气锅炉几乎都采用自然循环。

1. 自然循环的基本概念

蒸气锅炉的自然循环回路由锅筒、集箱、下降管和上升管（水冷壁管）组成。水自锅筒进入不受热的下降管，然后经下集箱进入布置于锅炉内的上升管；水在上升管中受热并部分汽化，汽水混合物向上流动输送回锅筒，如此形成了水的自然循环流动。任何一台蒸气锅炉的蒸发受热面，都是由这样的若干个自然循环回路所组成。

自然循环回路示意图

自然循环回路的推动力来自下降管和上升管中工质密度差引起的压头差，称为水循环的运动压头。增大循环回路的高度，含气区段高度也增加；上升管吸热越多，含气率越高，这些都会使运动压头增高。当锅炉压力增高时，水、气密度差减小，组织稳定的自然循环就趋困难，所以高压锅炉总是设法提高循环回路的高度或采用强制循环，以便获得必要的运动压头。

自然循环的运动压头，扣除上升管系统阻力后的剩余部分，称为循环回路的有效压头，用来克服下降管系统的阻力。自然循环回路的有效压头愈大，工质循环的流速和水量愈大，水循环愈强烈和安全。

2. 水循环的可靠性指标

锅炉水循环的可靠性是要求所有受热的上升管得到足够的冷却。具体地说，必须保证上升管管内有连续的水膜冲刷管壁，并保持一定的循环流速，以防止管壁超温和结盐。

①循环流速指的是循环回路中水进入上升管时的速度。循环流速的大小直接反映管内流动的水将管外传入的热量和管内产生的蒸气泡带走的能力。循环流速愈大，工质放热系数愈大，带走的热量愈多，也即管壁的冷却条件愈好，管壁金属就不会超温。

②为了保证在上升管中有足够的水来冷却管壁，在每一循环回路中由下降管进入上升管的水流量常常是几倍甚至上百倍地大于同一时间内在上升管中产生的蒸气量，两者之比称为循环回路的循环倍率。循环倍率愈大，上升管出口处气水混合物中水的份额愈大，冷却条件愈好，水循环愈安全。蒸气锅炉的自然循环倍率都大于1。

对于自然循环热水锅炉的受热面，循环倍率指受热面在吸热量和锅炉的循环水流量及

供、回水温度相同的工作条件下，按自然循环工作时通过受热面的流量与按直流工作时通过的流量之比。热水锅炉的循环倍率有可能大于1，也有可能小于1。

3. 自然循环锅炉的水循环故障

自然循环的动力源于循环回路的运动压头。当回路高度一定时，锅炉压力愈低，运动压头愈大，有利于自然水循环。供热锅炉压力并不高，按道理容易保证良好的水循环，但在实际运行中，水循环故障的发生却不乏其例，常见的除上升管产生循环停滞、倒流和气水分层之外，还有下降管带气，它们都将会严重影响锅炉工作的安全和正常运行。

在自然循环锅炉水循环回路的布置时，应以改善各上升管受热均匀性，提高循环回路运动压力，降低上升管、下降管和气水引出管阻力以及防止气水分层等为原则，采取相应的必要措施，以保证循环流动的良好、可靠。显然，这些都与锅炉结构和运行条件有关。

7.4.2 蒸气锅炉气水分离

蒸气锅炉各蒸发受热面的气水混合物汇集于锅筒，在锅筒蒸气空间借重力或机械分离后，引出蒸气。如果气水分离效果不佳，蒸气将严重带水，导致蒸气过热器内壁沉积盐垢，恶化传热以至过热而被烧损。对于饱和蒸气锅炉，蒸气带水过多也难以满足用户需要，还会引起供气管网的水击和腐蚀。

1. 蒸气带水的原因

蒸气携带水滴的来源有以下几种：上升管引入锅筒水空间时，蒸气泡上升溢出水面，破裂并形成飞溅的水滴；当上升管引入锅筒气空间时，向锅筒中心汇集的气水流冲击水面或几股平行的气水互相撞击而形成水滴；锅筒水位波动、振荡也会激起水滴，这些水滴，如果颗粒较大，由于自身重力的作用而重新下落到锅水中，那些细小水滴则被具有一定流速的引出蒸气带走，造成蒸气带水。蒸气带水的主要影响因素是锅炉负荷、蒸气压力、蒸气空间高度和锅水含盐量。

2. 气水分离装置

从锅水的汽化过程及水循环中可以清楚地知道，各蒸发受热面产生的蒸气是以气水混合物的形态连续汇集于锅筒的，要引出蒸气，尚需要有一个使蒸气和水彼此分离的过程，锅筒中蒸气空间及气水分离装置的任务，就是使饱和蒸气中携带的水滴有效地分离出来，提高蒸气干度，以保证锅炉运行的可靠和满足用户的需要。

气水分离装置形式很多，按其分离的原理可分为自然分离和机械分离，自然分离是利用气水的密度差，在重力作用下使水、气得以分离；机械分离则是依靠惯性力、离心力和附着力等原理使水滴从蒸气中分离出来。目前，供热锅炉常用的气水分离装置有水下孔板、挡板、匀气孔板、集气管、蜗壳分离器、波纹板及钢丝网分离器等装置。

7.4.3 锅炉排污

锅炉运行中应定期排除一些聚集于锅筒、集箱等受热面底部松散的水垢、水渣及其他沉淀物。此外，蒸气锅炉随着锅水的浓缩，当其中的含盐量或碱度超过水质标准的规定值时，必须进行排污，同时补充给水，以避免锅内产生泡沫或气水共腾，影响蒸气品质和锅炉的正常运行。

1. 锅炉排污

锅炉的排污方式有连续排污和定期排污两种。

连续排污用于排除蒸气锅水中的盐分杂质。由于上锅筒蒸发面附近的盐分浓度较高，所以连续排污管设置在低水位下面，习惯上也称表面排污。为了减少因排污而损失的锅水和热量，一般将连续排污水引到排污扩容器。排污水进入扩容器因压力的骤降而蒸发，这部分由排污水汽化而产生的蒸气可被送往大气式热力除氧器加热待除氧处理的软水。剩下的排污水，则可通过表面式热交换器将其热量用于加热给水，冷却后的排污水排至地沟。

定期排污主要是排除蒸气或热水锅水中的水渣——松散状的沉淀物，同时也可以排除盐分杂质。所以，定期排污管是装设在下锅筒的底部或下集箱的底部。在每一根定期排污管上都必须装有两个排污阀。排污时，先慢慢开启紧靠锅炉的阀门，称为慢开阀；而后再快速开启离锅炉较远那一只快开阀，瞬即排污。排污结束时，注意要先关快开阀，后关慢开阀，以保护慢开阀不致损坏，更换快开阀而不必停炉。

2. 锅炉排污率的计算

给水的品质直接关系蒸气锅炉连续排污量的大小。给水的碱度及含盐量越大，锅炉所需的排污量愈多，一般供热锅炉的排污率应控制在10%以下(最好为5%)。如若超过此排污率，则应改进水处理工艺或另选水处理方法，以提高锅炉给水水质，降低排污率。

锅炉排污量的大小通常以排污率来表示，即排污水量占锅炉蒸发量的百分数。若锅炉没有回水，按含碱量的平衡关系，排污率可由下式而得：

$$(D + D_{ps})A_{gs} = D_{ps}A_g + DA_q \tag{7-23}$$

式中：D——锅炉的蒸发量，t/h；

D_{ps}——锅炉的排污水量，t/h；

A_g——锅水允许的碱度，mmol/L；

A_q——蒸气的碱度，mmol/L；

A_{gs}——给水的碱度，mmol/L。

因蒸气中的含碱量极小，通常可以忽略(即认为 $A \approx 0$)。如此，按碱度计算的排污率 P_1 为

$$P_1 = \frac{D_{ps}}{D} = \frac{A_{gs}}{A_s - A_{gs}} \times 100\% \tag{7-24}$$

同样，排污率也可按含盐量的平衡关系式来计算，即

$$P_2 = \frac{S_{gs}}{S_g - S_{gs}} \times 100\% \tag{7-25}$$

式中：P_2——按含盐量计算的排污率，%；

S_{gs}——给水的含盐量，mg/L；

S_g——锅水的含盐量，mg/L。

如此，在排污率 P_1 和 P_2 分别求出后，取其中较大的数值作为运行操作的依据。通常 A_g (S_g)选用锅炉水质标准中规定的锅水允许碱度(含盐量)的最高数值。

在供热系统中应尽可能将凝结水回收送回锅炉房，既减少热损失，节约能源，又减轻锅炉房给水处理的费用。如忽略凝结水含盐量，按给水含盐量计算排污率得：

$$P_2 = \frac{S_b(1-k)}{S_g - S_b} \times 100\% \tag{7-26}$$

式中：S_b——补给水的含盐量，mg/L；

k——凝结水回收率，即凝结水回收量与额定蒸发量的比值。

同样，按碱度和含盐量分别求出排污率后，取其中较大的数值作为运行操作的依据。

思考题

1. 锅炉与锅炉房设备有何区别？

2. 外在水分、内在水分、风干水分、空气干燥基水分、全水分有什么差别？

3. 已知煤的空气干燥基成分：$C_{ad}=68.6\%$，$H_{ad}=3.66\%$，$S_{ad}=4.84\%$，$O_{ad}=3.22\%$，$N_{ad}=0.83\%$，$A_{ad}=17.35\%$，空气干燥基发热量 $Q_{net,ad}=27528$ kJ/kg 和收到基水分 $M_{ar}=2.67\%$，求煤的收到基成分、干燥无灰基挥发物及收到基低位发热量。

4. 供热锅炉一般采用什么方法测定锅炉热效率？为什么？

5. 为什么在计算 q_2 及 q_3 的公式中要乘上 $(1-q_4)$？

6. 一台蒸发量 $D=4$ t/h 的锅炉，过热蒸气绝对压力 $P=1.37$ MPa，过热蒸气温度 $t=350$℃及给水温度 $t_{gs}=50$℃。在没有装省煤器时测得 $q_2=15\%$，$B=950$ kg/h，$Q_{net,ar}=18841$ kJ/kg，加装省煤器后测得 $q_2=8.5\%$，问装省煤器后每小时节煤量为多少？

7. 可采取什么措施减少燃油、燃气锅炉烟气中有害物的含量？

8. 按组织燃烧过程的基本原理和特点，燃烧设备可分为哪几类？各自主要特点是什么？

9. 在锅炉形式的发展过程中，为什么水管锅炉逐渐替代了火管或烟管锅炉？但一些小型锅炉仍在采用烟管或烟水管组合锅炉？

10. 自然循环锅炉中水冷壁及对流管束是上升管还是下降管？

11. 蒸气锅炉和热水锅炉各自采用什么排污方式？

第8章　冷热源系统设计

冷热源是中央空调系统的重要组成部件，在集中式空调系统中被称为主机，是空调系统的心脏，其系统设计合理与否，直接影响到空调系统的使用效果及运行的经济性。冷热源系统设计要解决的主要问题是如何选择合理的冷热源形式、冷热源设备及设计合理的冷热媒输送系统，使整个空调系统满足经济、安全、可靠的设计要求。

8.1　冷热源的设计依据和方法

1. 冷热源的设计依据

冷热源系统设计过程中要综合考虑的因素很多，如国家、地方的能源政策及设计规范，当地的能源特点，建筑物的功能及其冷热负荷等。冷热源系统设计之初要考虑的主要设计依据如下：

①用户需求。用户需求包括用户需要的冷量、热量及其变化情况，供冷供热方式，冷热媒水的供回水温度，以及用户使用场所及安装方面的要求。

②水源资料。水源资料是指冷热源机房附近地表水和地下水的水量、水温、水质等情况。

③气象资料。气象资料指当地的最高和最低气温、大气相对湿度、土壤冻结深度、全年主导风向和当地大气压力等。

④能源条件。能源条件指当地的天然气、油料、原煤、电力等能源的使用价格。

⑤地质资料。地质资料包括冷热源机房所在地区土壤等级、承压能力、地下水位和地震烈度等。

⑥发展规划。设计冷热源机房时，应了解冷热源机房的近期和远期发展规划，以便在设计中考虑其后期的扩建与增容。

2. 冷热源设计方法和步骤

冷热源系统的设计一般采用如下步骤：

①计算冷热负荷。建筑的冷热负荷可通过前期收集的建筑信息、气象资料间接地计算得出，也可直接根据用户需求给出。但为了获得较为准确的建筑冷热负荷，通常都是采用前者来计算得到建筑的冷热负荷。

计算冷热负荷的方法主要有逐时冷热负荷计算法与冷热指标计算法。前者虽然比后者的计算过程复杂，但获得的计算结果却相对准确，因此冷热负荷计算推荐采用逐时冷热负荷计算法。冷热指标计算法由于其计算过程简单、省时，主要应用于方案设计初期建筑冷热负荷的估算。

②确定冷热源方案。冷热源方案是在已知冷热负荷的基础上，结合建筑项目所在区域的水源资料、能源条件等选取制冷供热的方式，并初步选择制冷制热的设备、水处理设备及冷热源机房的辅助设备。比如建筑项目所在区域附近有良好的水源资源，可考虑使用水源热泵系统。有时一个建筑项目可采用多种方案进行制冷与制热，因此就需要在设计之初将各方案进行反复论证比较，找出最优方案。

冷热源方案比较常采用的方法有经济评价法、价值分析法、AHP 层次分析法、灰色(模糊)优选法及多目标决策法。其中经济评价法是目前常采用的方法，它通过比较各个方案的经济成本(包括初投资成本与运行成本)，找出最为节省的方案，这也集中体现了建设方对成本控制的要求。随着人们对环境保护意识的增强，在方案比较时也引入对环境保护的要求。

③绘制设计图纸。为把冷热源方案变成实际的施工图纸，就需要根据方案来选定制冷与供热的设备，并设计管网对制取的冷热量进行输送，这一步可认为是将方案可视化的关键一步。只有通过绘制图纸，才能更加具体地了解冷热源方案应用于实际施工中可能存在的问题。比如在确定冷热源方案时，并没有考虑冷热源机房是否可以容纳所选定的机房设备，也没有考虑管网的布置，而绘制图纸后就可以使这些问题一目了然。

8.2 冷热源机房设计

冷热源机房位置的选择应符合建筑设计防火规范、采暖通风与空气调节设计规范、燃油燃气供应规范及锅炉安全技术监察规程等，并应综合考虑以下要求：

①冷热源机房应尽可能地设置在建筑物底层或地下层，在技术合理的基础上尽可能能减少管道的输送距离。

②冷热源机房应便于引出热力管道，有利于凝结水的回收，如有室外管道，应按室外管道的要求进行保温。

③冷热源机房应位于交通便利的地方，如采用锅炉作为热源，就应考虑燃料的储存运输等问题，并宜使人车分流。

④冷热源机房的位置应尽量靠近水源和电源，以节省管线。

⑤冷热源机房应有较好的朝向，有利于自然通风和采光。

8.2.1 冷水机组和热泵机房设计

1. 机房设计的一般原则

根据《民用建筑供暖通风与空气调节设计规范》与《实用供热空调设计手册》的规定，机房设计时应符合下列要求：

①机房的位置应根据工程项目的实际情况确定，宜设置在空气调节负荷的中心机房；若建筑物有地下室，宜设置在地下室，对于超高层建筑，可设置在设备层或屋顶；

②机房宜设置辅助的值班室或控制室，根据使用需求也可设置必要的维修及工具间；

③机房内应有良好的通风设施，地下层机房应设置机械通风，必要时设置事故通风，值班室或控制室内的参数宜按照办公室的要求考虑；

④机房应考虑预留安装孔、洞及运输通道；最好在机房上部预留起吊最大部件的吊钩或设置电动起吊设备；

⑤机组制冷剂安全阀泄压管应接至室外安全处；

⑥机房应设电话及事故照明装置，照度不宜小于100 Lx，测量仪表集中处应设置局部照明；

⑦机房内的地面和设备机座应采用易于清洗的面层；机房内应设置给排水设施，满足水系统冲洗、排污等要求；

⑧冬季当机房内设备和管道中的存水不能保证完全放空时，机房内应采取供热措施，保证房间温度达到8℃以上；

⑨机房的净高(地面到梁底)应根据机组的种类和型号而定，活塞式冷水机组、小型螺杆式冷水机组3.0~4.5 m，离心式冷水机组、大中型螺杆式冷水机组4.5~5.0 m。

2. 设备布置的一般原则

对于机房内设备的布置，《民用建筑供暖通风与空气调节设计规范》给出了以下规定：

①机组与墙之间的净距不小于1 m，与配电柜的距离不小于1.5 m；

②机组与机组或其他设备之间的净距不小于1.2 m；

③留有不小于蒸发器、冷凝器或低温发生器长度的维修距离；

④机组与其上方管道或电缆桥架的净距不小于1 m；

⑤机房主要通道的宽度不小于1.5 m；

⑥机组突出部分到配电盘的通道宽度不应小于1.5 m；

⑦布置机组时，温度计、压力表及其他测量仪表应设置在便于观察的地方，阀门高度一般离地1.2~1.5 m，高于此高度，应设工作平台。

8.2.2 燃油燃气锅炉房设计

1. 燃油锅炉房设计

(1)燃油的选择

燃油锅炉可采用重油或轻油作为燃料，但民用建筑的燃油锅炉房宜使用轻柴油。如果使用重油，则须在油罐储存期间，加热保持一定温度，去除水分并分离机械杂质，降低其黏度。

(2)燃油锅炉房的油管系统

民用锅炉房燃油系统宜采用以下工艺流程：来油经铁路油罐车运输、汽车油罐车运输、油船运输、管道输送等4种运输方式输送至用油单位，通过自流或卸油泵(油槽车配带)卸至室外贮油罐，然后用输油泵将油送至日用油箱，再通过供油管道接至燃烧器内的加压泵，加压泵出口的油一部分通过燃油喷嘴喷入炉膛燃烧，一部分返回日用油箱。

油管系统设计应遵循如下原则：

锅炉房的供油管道一般采用单母管，但常年不间断运行的锅炉房供油系统宜用双母管，每根母管的流量按锅炉房最大计算耗油量与回油量之和的75%计算。回油母管应采用单母管。

供油管道的计算流量应按锅炉房最大计算耗油量与回油量之和考虑，回油量和回油管路应满足下列要求：喷油嘴的回油量应根据锅炉制造厂的技术规定取值，一般为喷油嘴额定出力的15%~50%。

确定回油量时，在热负荷变化范围内应保证锅炉油系统和燃烧系统能安全、经济运行；回油管路应设置调节阀，根据锅炉热负荷变化调节回油量。

输油管路宜采用输送流体的无缝钢管，并应符合国家标准《流体输送用无缝钢管》GB/

T8163 的有关规定。除设备、附件等连接处需要法兰连接外，其余采用氩弧焊打底的焊接连接。法兰连接时，宜设有防止漏油事故的集油措施。管内平均流速：泵吸入管≤1.5 m/s，泵压出管≤2.5 m/s。

每台锅炉的供油干管上，应设关闭阀和快速切断阀。每个燃烧器前的燃油支管上，应设关闭阀。

接入锅炉房的室外油管道，宜采用地下敷设。当采用地沟敷设时，地沟与建筑物的外墙连接处应填砂或用耐火材料隔断。

供油管道宜顺坡敷设，管道坡度不应小于 0.3%。与蒸气管道上下平行布置的燃油管道应位于蒸气管道的上方。

燃油管道垂直穿越建筑物楼层时，应设置在管道井内，并应靠外墙敷设；管道井的检修应采用丙级防火门；燃油管道穿越每层楼板处，应设置相当于楼板耐火极限的防火隔断；管道井底部应设深度为 300 mm 的填砂集油坑。

燃油管道穿越楼板、隔墙时应敷设在套管内，套管的内径与油管的外径四周间隙不应小于 20 mm，套管内管段不得有接头，管道与套管之间的空隙应用麻丝填实，并采用不燃材料封口。管道穿越楼板的套管，上端应高出楼板 60 ~ 80 mm，套管下端与楼板底面(吊顶底面)平齐。

(3)贮油罐

锅炉房贮油罐的总容量应根据油的运输方式和供油周期等因素确定。对于火车或船舶运输一般等于 20 ~ 30 天的锅炉房最大计算耗油量，对于汽车油槽车运输一般等于 3 ~ 7 天锅炉房最大计算耗油量，对于油管输送一般等于 3 ~ 5 天锅炉房最大计算耗油量。轻油罐不宜少于 2 个。对于黏度较大的重油，须对油罐进行加热，降低油的黏度，确保重油输送畅通，但加热温度不应超过 90℃。

油罐区布置及与其他建筑物、构筑物的防火间距应符合《建筑设计防火规范》(GB 50016—2014)、《高层民用建筑设计防火规范》[GB 50045—95(2005 年版)]、《汽车加油气站设计与施工规范》(GB 50156—2002)、《石油库设计规范》(GB 50074—2014)等的规定。设置轻油罐的场所，宜设有防止轻油流失的设施。

(4)油泵

1)输油泵

为把燃油从储油罐输送至日用油箱，需设输油泵，输油泵通常采用螺杆泵或齿轮泵，也可选用蒸气往复式泵或离心泵。油泵不宜少于 2 台，其中 1 台备用，油泵的布置应考虑泵的吸程。

输油泵的容量不应小于锅炉房小时最大计算耗油量的 110%。在输油泵的进口母管上应装设油过滤器 2 台，其中 1 台备用。油过滤器滤网孔宜为 8 ~ 12 目/cm，滤网流通截面积宜为其进口管截面积的 8 ~ 12 倍。

2)加压油泵

加压油泵用于往锅炉中直接供应一定压力的燃料油。一般要求流量小，压力高，油压稳定。在中小型锅炉中通常选用齿轮泵或螺杆泵作为加压油泵。加压油泵的流量与锅炉的额定出力、锅炉台数、锅炉房热负荷的变化幅度及喷油嘴的形式有关。

现在生产的全自动燃油锅炉燃烧器本身带有加压油泵，因而一般不再单独设加压油泵，只要日用油箱安装高度满足燃烧的要求即可。

(5)日用油箱

在燃油锅炉房设计中，若室外油罐离锅炉房较远，或锅炉需经常启动、停炉，应在锅炉房内或就近设置日用油箱。燃油自贮油罐输入日用油箱，再从日用油箱直接供给锅炉燃烧。

日用油箱的总容量一般应不大于锅炉房一昼夜的需用量。

当日用油箱设置在锅炉房内时，其容量对于重油不超过5 m^3，对于轻油不超过1 m^3，且室内油箱应安装在单独的房间内。室内油箱应采用闭式，油箱上应装设直通室外的通气管，通气管上应装设阻火器和防雨设施，通气口应高出屋面1 m以上，与门窗之间的距离不得小于3.5 m。箱上的液位计，宜采用可就地显示和远控连锁的电子式液位计，不得使用玻璃管液位计。

油箱的布置高度，宜使供油泵有足够的灌注头。日用油箱的进油管和回油管宜从顶部插入，出口均应位于油箱液位以下。

室内油箱应装设将油排放到室外的紧急排放管，日用油箱上的溢油管和紧急排放管应接至室外事故油罐或室外地下贮油罐的底部。室外事故油罐的容积应大于等于室内油箱的容积，且宜埋地安装。

(6)燃油过滤器

燃油在运输及装卸过程中，不可避免地要混入一些杂质。另外，燃油在加热过程中会析出沥青胶质和碳化物。这些杂质须及时清除，以免对管道、泵及燃油喷嘴产生堵塞和磨损，一般应在输油泵的进口母管上装设油过滤器2台，其中1台备用。过滤器的选择原则如下：过滤精度应满足所选油泵、油喷嘴的要求；过滤能力应比实际容量大，泵前过滤器的过滤能力应为泵容量的2倍以上；滤芯应有足够的强度，不会因油的压力而破坏；在一定的工作温度下，有足够的耐久性；结构简单，易清洗和更换滤芯；油过滤器的滤网孔宜为8～12目/cm，滤网流通截面积宜为其进口管截面积的8～12倍；锅炉配置机械雾化燃烧器(不包括转杯式)时，在日用油箱与燃烧器之间的管段上应设置油过滤器。

过滤器按其结构形式，分为网状过滤器和片状过滤器。

网状过滤器的网是用铜丝或合金丝编成，结构简单，通油能力大，常用作泵前过滤器。片状过滤器可以在运行过程中清除杂质，强度大，不易损坏，一般装在喷油嘴前，当作细过滤设备使用。

一般情况下，油泵前常采用网状过滤器，燃烧器前宜采用片状过滤器，根据燃油中杂质和燃烧器的使用效果也可选用细过滤器。

此外，燃油系统附件严禁采用能被燃油腐蚀或溶解的材料。燃油锅炉房的油罐区、日用油箱间、油泵间的所有电力设备和电气设施，如油泵、事故排风机、电气仪表、电气电磁阀门、灯具、电气插座等都应符合《爆炸和火灾危险环境电力装置设计规范》的规定，正确安装布置。室内油箱间、油泵间、锅炉间等处应设置可燃气体报警系统，该系统应和事故排风机连锁。

2. 燃气锅炉房设计

(1)燃气的选择

民用燃气锅炉使用的燃料主要有天然气、焦炉煤气、液化石油气等。选择何种燃气作为锅炉房的燃气燃料，应根据用户所在地的燃气供应来源、用户所需燃气压力和用量、燃气价格等因素确定。

(2)燃气锅炉房的管道系统设计

燃气锅炉房供气管道系统的设计是否合理，不仅关系到锅炉的安全运行，而且对供气系统的投资和运行经济性也有很大影响。锅炉房供气系统一般由调压系统、供气管道进口装置、锅炉房内配管系统以及吹扫放散管道等组成。

1)燃气管道供气压力确定

在燃气锅炉房供气系统中，从安全角度考虑，宜采用次中压($0.005\ \text{MPa} < p \leqslant 0.2\ \text{MPa}$)或低压($p \leqslant 0.005\ \text{MPa}$)系统。燃气锅炉房供气压力主要是根据锅炉类型及其燃烧器对燃气压力的要求来确定。当锅炉类型及燃烧器的形式已确定时，供气压力可按式(8－1)确定：

$$p = p_r + \Delta p \tag{8-1}$$

式中：p——锅炉房燃气进口压力；

p_r——燃烧器前所需要的燃气压力(由锅炉制造厂家提供)；

Δp——管道阻力损失。

2)供气管道进口装置设计要求

由调压站至锅炉房的燃气管道，除有特殊要求外一律采用单管供气，锅炉房引入管进口处应装设总关闭阀，按燃气流动方向，阀前应装设放散管，并在放散管上装设取样口，阀后应装设吹扫管接头。

3)锅炉房内燃气配管系统设计要求

为保证锅炉安全可靠地运行，要求供气管路和附件的连接要严密可靠，能承受最高使用压力。在设计配管系统时应考虑便于管道的检修维护。管道及附件不得装设在高温或有危险的地方。配管系统使用的阀门应选用明杆阀或阀杆带有刻度的阀门，以便使操作人员能识别阀门的开关状态。当锅炉房安装锅炉台数较多时，供气干管可按需要采用阀门分隔成数段，每段供应2～3台锅炉。在通向每台锅炉的支管上，应装有关闭阀、快速切断阀(可根据情况采用电磁阀或手动阀)、流量调节阀和压力表。在支管至燃烧器前的配管上应装关闭阀，阀后串联2只切断阀(手动阀或电磁阀)，并应在两阀之间设置放散管(放散阀可采用手动阀或电磁阀)。

4)吹扫放散管道系统设计

燃气管道在停运检修时，为检修工作安全，需要把管道内的燃气吹扫干净；系统在较长时间停止工作后再投入运行前，为防止燃气空气混合物进入炉膛引起爆炸，亦需进行吹扫，将可燃混合气体排入大气。因此，在锅炉房供气系统设计中，应设置吹扫和放散管道。

燃气系统下列部位应设置吹扫点：锅炉房进气管总关闭阀后面(顺气流方向)；在燃气管道系统以阀门隔开的管段上需要考虑分段吹扫的适当地点。

吹扫方案应根据用户的实际情况确定，可以考虑设置专用的惰性气体吹扫管道，用氮气、二氧化碳或蒸气进行吹扫；也可不设专用吹扫管道，在系统投入运行前用燃气吹扫，停运检修时用压缩空气进行吹扫。

燃气系统在下列部位应设置放散管道：锅炉房进气管总切断阀的前面(顺气流方向)；燃气干管的末端，管道、设备的最高点；燃烧器前两切断阀之间的管段；系统中其他需要考虑放散的适当点。

放散管可根据具体布置情况分别引至室外或集中引至室外，放散管出口应安装在适当的位置，使放散出去的气体不致被吸入室内或通风装置内。放散管出口应高出屋脊2 m以上。

放散管的管径根据吹扫管段的容积和吹扫时间确定。一般按吹扫时间为15～20 min，排气量为吹扫段容积的10～20倍作为放散管管径的计算依据。表8－1列举了锅炉房内燃气管道系统的放散管管径参考数据。

表8-1 锅炉燃气系统放散管管径选用表

燃气管管径	DN25 ~ DN50	DN65 ~ DN80	DN100	DN125 ~ DN150	DN200 ~ DN250	DN300 ~ DN350
放散管管径	DN25	DN32	DN40	DN50	DN65	DN80

(3)锅炉常用燃气供应系统

1)一般手动控制供气系统

以前使用的一些小型燃气锅炉是由人工控制的，燃烧系统比较简单。燃气管道由外网或调压站进入锅炉房后，在管道入口处装一个总切断阀，顺气流方向在总切断阀前设置放散管，阀后设吹扫点。由干管至每台锅炉引出支管上，安装一个关闭阀，阀后串联安装切断阀和调节阀，切断阀和调节阀之间设有放散管。在切断阀前引出点火管路供点火使用。调节阀后安装压力表。手动控制系统一般都不设吹扫管路，放散管根据布置情况单独引出或集中引出屋面，其流程如图8-1所示。

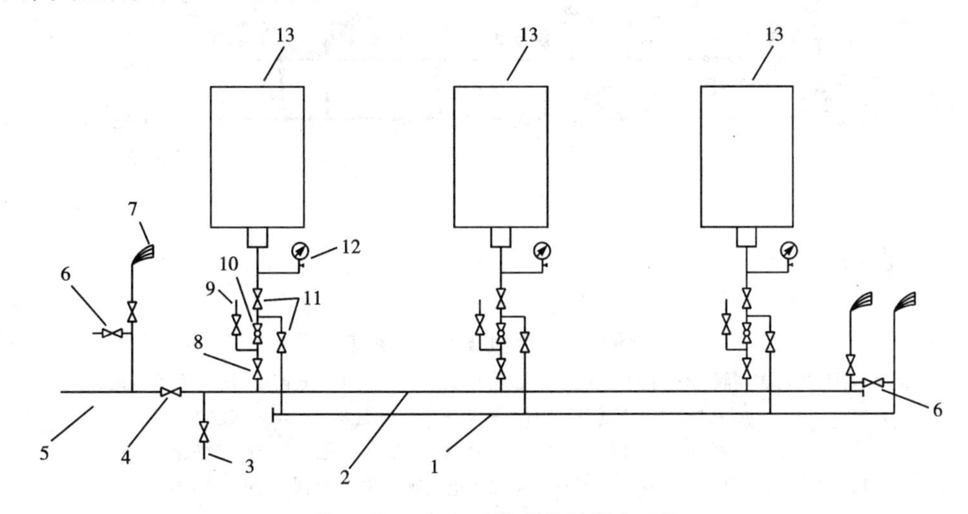

图8-1 一般手动控制燃气供应系统

1—放散母管；2—供气干管；3—吹扫入口；4—燃气入口总切断阀；5—燃气引入管；6—取样口；7—放散管；8—关闭阀；9—点火管；10—调节阀；11—切断阀；12—压力表；13—锅炉

2)强制鼓风供气系统

随着燃气锅炉技术的发展，供气系统的设计也在不断改进，近年出现的一些燃气锅炉，自动控制和自动保护程度较高，实行程序控制，要求供气系统配备相应自控装置和报警设施。因此，供气系统的设计也在向自控方向发展，在我国新设计的一些燃气锅炉房中，供气系统已在不同程度上采用了一些自动切断、自动调节和自动报警装置。

如图8-2所示为强制鼓风供气系统，该系统装设自力式压力调节阀和流量调节阀，能保持进气压力和燃气流量的稳定。在燃烧器前的配管上装有安全切断电磁阀，电磁阀与风机、锅炉熄火保护装置、燃气和空气压力监测装置等连锁动作，当鼓风机、引风机发生故障(停电或机械故障)、燃气压力或空气压力出现异常、炉膛熄火等情况发生时迅速可切断气源。

强制鼓风供气系统能在较低压力下工作，由于装有机械鼓风设备，调节方便，可在较大范围内改变负荷而燃烧相对稳定。因此，大中型采暖和生产的燃气锅炉中经常采用这种供气系统。

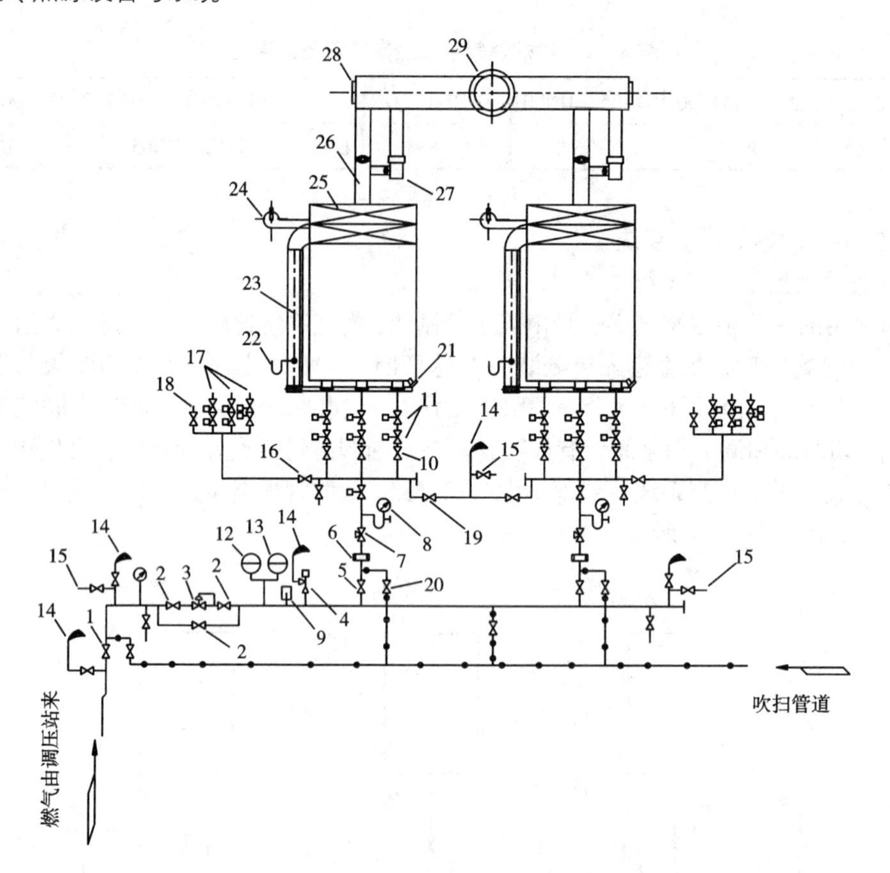

图 8-2 强制鼓风供气系统

1—锅炉房总关闭阀；2—手动闸阀；3—自力式压力调节阀；4—安全阀；5—手动切断阀；
6—流量孔板；7—流量调节阀；8—压力表；9—温度计；10—手动阀；
11—安全切断电磁阀；12—压力上限开关；13—压力下限开关；14—放散阀；
15—取样短管；16—手动阀门；17—自动点火电磁阀；18—手动点火阀；19—放散管；
20—吹扫阀；21—火焰监测装置；22—风压计；23—风管；24—鼓风机；
25—空气预热器；26—烟道；27—引风机；28—防爆门；29—烟囱

(4)燃气调压系统

为了保证燃气锅炉安全稳定地燃烧，对于供给燃烧器的气体燃料，应根据燃烧设备的设计要求保持一定的压力。在一般情况下，从气源经城市燃气管网供给用户的燃气，如果直接供锅炉使用，往往压力偏高或压力波动太大，不能保证燃烧稳定。当压力偏高时，会引起脱火和发出很大的噪声；当压力波动太大时，可能引起回火或脱火，甚至引起锅炉爆炸。因此，对于供给锅炉使用的燃气，必须经过调压。

调压站是燃气供应系统进行降压和稳压的设施。站内除布置主体设备调压器之外，往往还有燃气净化设备和其他辅助设施。为了使调压后的气压不再受外部因素的干扰，锅炉房宜设置专用的调压站，如果用户除锅炉房之外还有其他燃气设备，宜将供锅炉房用的调压系统和供其他用气设备的调压系统分开，以确保锅炉用气压力稳定。调压站设计应根据气源(或城市燃气管网)供气和用气设备的具体情况，确定站房的位置和形式，选择系统的工艺流程和设备，并进行合理布置。

1)几种常用的调压系统

采用何种方式的调压系统要根据调压器的容量和锅炉房运行负荷的变化情况来考虑。确定方案的基本原则是：一方面要使通过每台调压器的流量在其铭牌出力的10% ~90%的范围内，超出了这个范围则难以保持燃气压力的稳定；另一方面，调压系统应能适应锅炉房负荷的变化，保证供气压力的稳定性。因此，当锅炉台数较多或锅炉房运行的最高负荷和最低负荷相差很大时，应考虑采用多路调压系统，以满足上述两方面的要求。此外，常年运行的锅炉房应设置备用调压器，备用调压器和运行调压器并联安装，组成多路调压系统。

按调压系统按调压器的多少和布置形式不同，可分为单路调压系统和多路调压系统。按燃气在系统内的降压过程(次数)不同，可分为一级调压系统和二级调压系统。

单路调压系统是指只安装1台调压器或串联安装2台调压器的单管路系统(图8-3)。

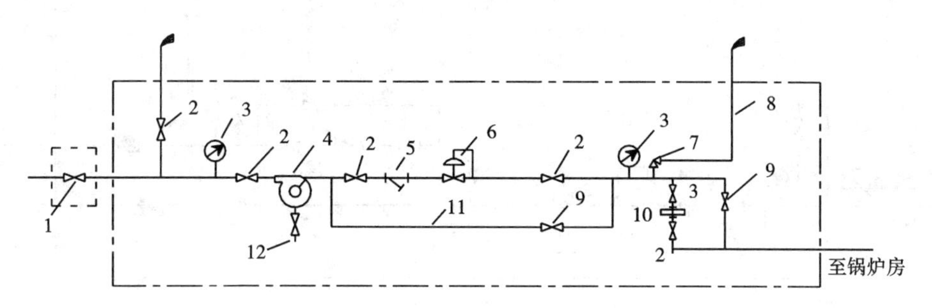

图8-3 单路一级调压系统

1—气源总切断阀；2—切断阀；3—压力表；4—油气分离器；5—过滤器；6—调压器；7—安全阀；8—放散管；9—截止阀；10—罗茨流量计；11—旁通管；12—放水管

多路调压系统是指并联安装几台调压器，燃气在经过各并联的调压器之后又汇合在一起向外输送的多管路系统(图8-4)。

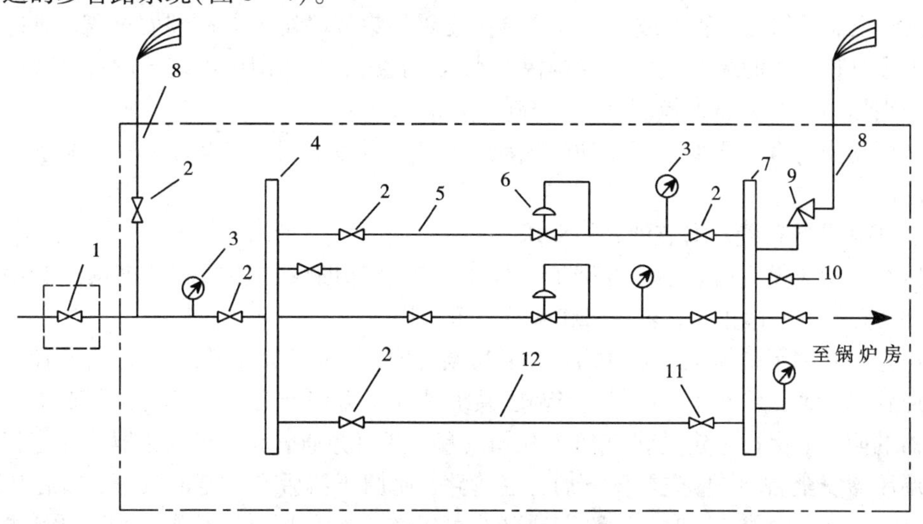

图8-4 多路一级调压系统

1—气源总切断阀；2—切断阀；3—压力表；4—分气缸；5—过滤器；6—调压器；7—集气缸；8—放散管；9—安全阀；10—排污管；11—调节阀；12—旁通管

每种调压器都只能适用一定的压力范围，只有当调压器前的进气压力和其后的供气压力之差在该范围以内时，才能保证调压器工作的灵敏性和稳定性。压差过大或过小都将使灵敏度和稳定性降低，压差过大还易使阀芯损坏。因此，当调压站进气压力和所要求的调压后的供气压力相差很大时，可考虑采用两级调压系统。两级调压就是在系统中串联安装 2 台适当的调压器，经过 2 次降压达到调压要求。一般当调压系统进出口压差不超过 1.0 MPa，调压比不超过 20 时，采用一级调压系统(图 8－3、图 8－4)，当调压系统要供给 2 种气压不同的燃烧器时，也可采用一部分两级调压系统，将经过一级调压器后的一部分燃气直接送到要求较高气压的燃烧器使用，另一部分燃气再经过第二级调压器降压后送至要求气压较低的燃烧器使用(图 8－5)。

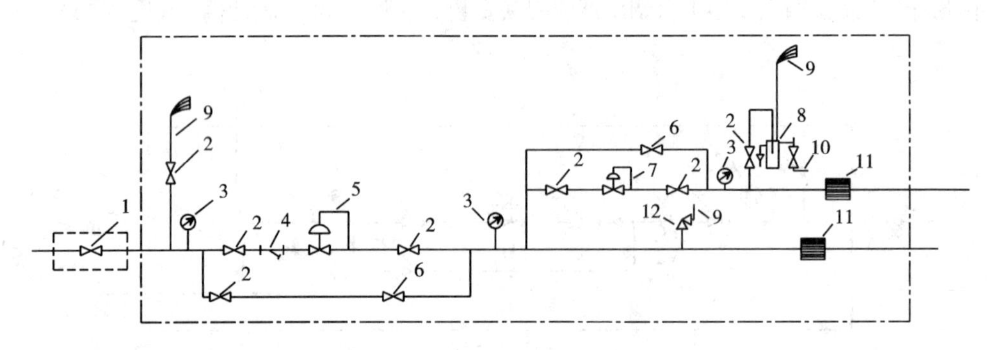

图 8－5　部分二级调压系统

1—气源总切断阀；2—切断阀；3—压力表；4—过滤器；5— 一级调压器；6—截止阀；7—二级调压器；8—安全水封；9—放散管；10—自来水管；11—流量孔板；12—安全阀

为了保证调压系统安全可靠地运行，还需要设置下列辅助配件：在系统的入口段(调压器前)设置放散管、压力表；在每个调压支路的前后安装切断阀；每台调压器的后面应安装压力表；在调压器后的输气管上或多路并联调压支路的集气联箱上应安装安全阀，或设置安全水封；在管道和设备的最低点应设置排污放水点。此外，有的调压系统还设置有吹扫管路和供高低极限压力报警的压力控制器(即控制开关)。

当调压站安装有以压缩空气驱动的气动设备或气动仪表时，应设置供应压缩空气的设备和管道。

2)调压站设备布置及安装的一般要求

调压系统均应设置旁通管，在旁通管路上应安装切断阀和调节阀。当系统为中、低压时，有时只安装一个截止阀，起关闭和调节双重作用。

旁通管只是在下列情况下才开启使用：当调压器、过滤器发生故障，或进行清洗检修时，开启旁通管路，保证系统连续供气；当调压系统进气压力偏低时，为了减少气流通过过滤器和调压器的阻力、保持一定的供气压力和输气量，开启旁通管路；当调压器投入运行时，为了保护调压器安全启动，应先微微开启旁通管路，使调压器后有一定的气压，然后开启调压器；当高压系统为自动控制时，设置旁通管路可以在必要时将自动控制切换成手动控制(此时旁通管路上应装手动阀)。

旁通管上的切断阀一般安装在气流的进口侧，而调节阀则应安装在靠近低压侧的压力表处，操作时便于观察和调节。

调压系统在安装好后(或检修后)需要进行吹扫，以清除管道或设备内的泥渣、铁锈和其他杂质；在检修之前(切断气源后)需要进行吹扫，以排净管内的燃气，保证检修工作安全。另外，系统长期停用重新投入运行时，先要吹扫置换管道内的空气，防止运行时形成爆炸性的燃气混合物。因此，在调压系统应设置吹扫管(或吹扫点)和放散管。

吹扫点应设在系统中容易聚集杂质的设备、附件或弯头附近。放散管应引至室外，其排出口应高出屋脊2 m以上。露天布置的调压站放散管应接至离周围建(构)筑物较远的安全地点，一般均应高出地面4 m以上。放散管排出的气体不应窜入邻近的建筑内或被吸入通风装置内。

8.2.3 燃煤锅炉房设计

锅炉房设计必须贯彻国家有关方针政策，符合安全规定，节约能源和保护环境，使设计符合安全生产、技术先进和经济合理的要求。

锅炉房设计除应遵守《锅炉房设计规范》外，也应符合现行有关法规和标准的规定，如《蒸气锅炉安全技术监察规程》《热水锅炉安全技术监察规程》《工业锅炉水质标准》《建筑设计防火规范》《锅炉大气污染物排放标准》和《工业企业设计卫生标准》等。

1. 锅炉房设计原则和方法

锅炉房的整体设计，包括工艺设计、建筑设计、结构设计和自动控制及仪表设计等多个方面。一个完整的锅炉房设计必须依靠总体规划、建筑结构、给排水、采暖通风、供电、自控及测量仪表等各专业的密切配合，通力协作，而且通常也仅限于为供应采暖通风及生活用热而设置的锅炉。

初步设计应根据批准的设计计划任务书和可靠的设计基础资料进行。设计基础资料主要有燃料资料、水质资料、热负荷资料、气象地质资料、设备材料资料和建筑物的总平面布置图及地形图等。锅炉房初步设计的内容包括：

①热负荷计算、锅炉选型及台数的确定；

②供热系统、热源参数及热力管道系统的确定；

③供水及凝结回水系统的确定；

④锅炉给水的处理方案及系统的确定；

⑤锅炉排污及热回收系统的确定；

⑥烟气净化措施及烟囱高度的确定；

⑦燃料消耗量、卸装设施、储存量、煤场及输送方式的确定；

⑧干灰渣量、灰渣的利用、渣场及除灰方式的确定；

⑨综合消耗指标(水、电、气及燃料消耗)；

⑩图表、图纸。有设备平面布置图、热力系统图和水处理系统图，主要材料估算表以及经济计算，并按此编制订货清单。

初步设计经有关主管部门批准后，即可进行施工设计，这一阶段的设计工作主要是绘制施工图，故又名施工图设计。

经验表明，锅炉房设计一般可按如下程序进行：

①调查研究，了解采暖通风和生活用热对供热介质的种类和负荷的要求；

②尽可能详细、全面地搜集与工程设计有关的各项基础资料；

③拟订设计方案，进行技术经济的分析比较，选定可行的最佳方案；

④在方案既定、设备落实的基础上，进行设计计算及绘制施工图。

2. 燃煤锅炉房工艺布置

锅炉房工艺布置，应力求工艺流程合理，系统简单，管路顺畅，用材节约，以达到建筑结构紧凑、安装检修方便、运行操作安全可靠和经济实用的目的。

因此在进行锅炉房布置时，需要遵循以下要求：

①要考虑将来运行的安全可靠和操作的方便灵活。如锅炉房内主要设备的布置，除应保证正常运行时操作的方便外，还要创造在处理事故时易于接近的条件；管道穿过通道时，与地坪的净距不应小于2 m；蒸气管和水管尽可能不布置在电气设备附近等。

②设备的布置，应尽量顺其工艺流程，使蒸气、给水、空气、烟气等介质和燃料、灰渣等物料的流程简短、畅通，减少流动阻力和动力消耗，便于运输。

③布置时要为安装、检修创造良好的条件。如布置快装锅炉，要为烟管、火管留有足够空间，为检修链条炉排留有宽敞的炉前场地。在重量较大的附属设备顶部，应设置有安装如手动葫芦吊等起吊设备的条件。在风机间、水处理间和除氧间等房间的相应位置预埋起吊钩环。

④应注重改善劳动、卫生条件，尽量减少环境污染。如在布置风机、除尘器时，为减少噪声、散热和灰尘对操作人员的危害，宜设置风机间与锅炉隔离；为防止出灰渣时尘埃飞扬，应设置除灰小室和淋水管。

⑤要重视和落实安全设施，保证安全生产，防止重大事故发生。如在锅炉的后部烟道上应装设防爆门。防爆门的位置应有利于泄压，当爆炸气体有可能危及操作人员时，防爆门上应装设泄压导向管。

⑥在建筑结构中，工艺布置时应尽量参照建筑模数和其他有关规定，以降低土建费用，缩短施工工期，使建筑面积和空间既能发挥最大效能，结构紧凑实用，又有良好的自然采光和通风条件。如采用允许的最低限度的建筑物高度，尽量减少建筑物层数，以及将庞大沉重和需防振的设备布置在底层地面或装置在较低的标高上等。

此外，当锅炉采用露天布置时，应按露天气候条件因地制宜地采取有效的防冻、防雨、防风和防腐等措施。如北方因气候寒冷要以防冻为主；南方多雨潮湿，则应以防雨为主；沿海和大风地区，又应着重考虑防风。经验表明，锅炉房的风机、水箱、除氧装置、除尘设备和水处理软化装置等采用露天布置后，只要防护措施落实可靠，又考虑了操作和检修的必要条件，安全运行是有保障的。

8.2.4 换热站设计

换热站是指城市集中供热系统中热网与用户的连接站。其作用是根据热网工况和用户的不同条件，采用不同的连接方式，将热网输送的供热介质加以调节、转换，向用户系统分配，以满足用户需要，并集中计量、检测供热介质的数量和参数。换热站按供热形式可分为直供站与间供站。前者是电厂直接供应用户，温度高，控制难，热损大；后者是热源侧热媒通过换热设备与一次侧热媒进行换热，间接供应热量的换热站。

《民用建筑供暖通风与空气调节设计规范》规定采用城市热网或区域锅炉房热源（蒸气、热水）供热的空气调节系统，宜设热力站，用换热器进行间接供热。

1. 换热站的规模和设计原则

换热站的位置宜选在负荷中心区域，供热半径不宜大于500 m，供热规模不宜大于20万m^2(供热面积)，单个供热系统的供热规模不宜大于10万m^2(供热面积)。换热站的站房可以是独立建筑，也可设置在锅炉房附属用房或其他建筑物内，条件允许的情况下应优先考虑设置在地上建筑物内。

换热站应考虑预留设备出入口，当换热站的热源为蒸气或水—水换热站的长度超过12 m时，应设置两个外开的门，且门的间距应大于换热站长度的1/2。

换热站净空高度和平面布置应能满足设备安装、检修、操作、更换的要求，净空高度一般不宜小于3 m。

2. 换热站热负荷的计算原则

采暖、通风和空调系统的热负荷，宜采用经核实的建筑物设计热负荷。当缺乏建筑物设计热负荷数据时，应按照《城市热力网设计规范》(CJJ 34—2002)第3.1节的要求，并根据建筑物围护结构的实际情况进行估算。生活热水热负荷应根据系统的卫生器具数量、类别和使用要求，结合换热设备的特性进行计算后确定。当生活热水换热设备采用快速换热器时，设计热负荷应按卫生器具的秒流量计算。换热站的总热负荷，应在各系统设计热负荷累计后根据用户的用热性质和要求乘以0.6～1.0的同时使用系数。

3. 换热站工艺设计原则

(1)工艺设计的总体要求

工艺设计时应优先选用换热机组，当采暖用户二次系统有不同的用热温度要求时，宜分别设置换热系统。当用热系统所用压头差别较大时，可考虑采用二次泵系统。对于水－水换热站，当采暖系统一次回水温度高于60℃时，在合理及经济的前提下，可考虑利用温度梯度对低温水系统进行预热，以充分利用一次管网输送的热能。

(2)加热介质侧的设备设置要求

根据用户的要求装设热量计量装置。对于需要设增压泵或混水泵的水－水换热站，水泵应根据外网水力工况分析的结果来设置，原则上要求不影响其他用户的水力工况。当用户系统有2个或2个以上时，宜设置分水器或分气缸。当加热介质为蒸气时，站内主蒸气管上应设自动切断阀和安全阀，每组换热器的蒸气入口须设切断阀和调节装置。加热介质的调节装置和计量装置前均应设置过滤器，以防止水中的杂质堵塞装置。当加热介质为蒸气或高温水时，加热母管和分支阀门宜选用焊接阀门。汽－水换热站应设置凝结水回收系统。当采用管壳式换热器进行换热时，换热器上还应安装安全阀门。

(3)被加热水侧设备设置要求

当换热站单个供热系统有多个循环回路时，应设置集分水器，并在每个回水分支上装设流量调节装置或水力平衡装置。循环水泵前回水母管上应设置除污器，当站内条件不允许时，也可在循环水泵进口设置扩散式除污器，除污器前后应安装压力表及旁通阀。循环水泵进出口侧母管之间应设置连通管。另外，连通管上应安装止回阀，止回阀的水流方向是从泵进口至泵出口，以防止突然停泵时发生水锤现象。对于闭式循环系统，循环水泵前回水母管上须安装安全阀，且安全阀应安装在水流稳定的直管段上。生活热水系统安全阀的设置，需符合《城市热力网设计规范》CJJ 34—2002第10.3.11条第4项的要求，同时对于日用热水量大于10 m^3的热水供应系统应设置压力式膨胀罐。

4. 换热站水处理系统要求

采暖、空调系统的被加热水、补给水一般应进行软化处理，宜选用离子交换软化水设备；对于原水水质较好、供热系统较小、用热设备对水质要求不高的系统，也可采用化学水处理。与热源间接连接的二次水供暖系统的水质也应达到相关的水质标准。非循环使用的热水加热系统，当直接使用的原水硬度很高时，容易在换热设备和管道中严重结垢，可采用电磁水处理或加药处理措施，适当降低原水硬度。采暖设备或用户对循环水的含氧量有较高要求时，补给水系统应设置除氧设备，可采用解析除氧或还原除氧、真空除氧等方式。换热站的主要设备应根据下列原则设置与选择：

(1)换热器选型

首先应根据热源介质的类别、设计参数和用热性质合理选择换热器的类型，再按换热站总设计供热负荷及其调节的要求，设计单台换热器的出力以及确定配置台数的最佳组合。

换热器选型时应优先选用结构紧凑、传热效率高的设备。其水侧阻力应在设备选型计算时加以控制，一般不宜大于7 m。换热器的耐腐蚀能力、承压能力和耐温能力均应满足系统设计要求。

汽－水换热站宜选用换热后凝结水出水温度在80℃以下的换热设备，当选用的汽－水换热器凝结水温度达不到这一要求时，应设凝水换热器，使二次水系统的回水首先通过凝水换热器对凝结水冷却，然后再进入蒸气换热器。

(2)循环水泵的选型

对于每个独立的采暖系统，其循环水泵均应设置一台备用泵。循环水泵的并联使用台数应能满足系统运行调节的需要，并联使用台数一般不应超过3台，且应选用型号相同的水泵。循环水泵的总流量应大于设计流量的5%～10%。对于循环水泵的动力消耗，设计时应加以控制，使其耗电输热比 EHR 值符合式(8－2)、式(8－3)的要求：

$$EHR = N/Q\eta \tag{8-2}$$

$$EHR \leqslant A(20.4 + \alpha \sum L)/\Delta t \tag{8-3}$$

式中：EHR——设计条件下输送单位热量的耗电量，无因次。

N——水泵在设计工况点的轴功率，kW。

Q——建筑供热负荷，kW。

η——考虑电机和传动部分的效率，%，按表8－2选取。

Δt——设计供回水温度差，℃，按照设计要求选取。

A——所热负荷有关的计算系数，按表8－2选取。

$\sum L$——室外管网主干线(包括供回水管)总长度，m。

α——与 $\sum L$ 有关的计算系数，按如下选取或计算：

当 $\sum L \leqslant 400$ m时，$\alpha = 0.0115$；

当 $400\ \text{m} < \sum L \leqslant 1000$ m时，$\alpha = 0.003833 + 3.067/\sum L$；

当 $\sum L > 1000$ m时，$\alpha = 0.0069$。

表8-2 电机和传动效率及EHR计算系数

热负荷 Q/kW		<2000	≥2000
电机和传动部分的效率 η	直联方式	0.87	0.89
	联轴器连接方式	0.85	0.87
计算系数 A		0.0062	0.0054

从节能及安全的角度考虑，循环水泵宜选用变频调速控制。当循环水泵采用变频调速运行时，应选择一用一备的设计模式。循环水泵的承压和耐温能力应能满足系统设计要求。

5. 换热站自控系统设计

对于由城市热力网或区域锅炉房提供热源的水-水换热站应根据热力网总调度要求在一次回水总管上设置流量控制或压差控制装置。采暖系统加热介质分支上应装设带气候补偿器的调节装置，以便根据室外温度的变化调节采暖供水温度。

汽-水换热站主蒸气管上应设置自动切断阀，并根据一定的设计约束条件设定连锁控制。汽-水换热站每台换热器蒸气入口处应设置电动调节阀。对于立式管壳式换热器，也可在凝结水出口处设置电动调节阀，通过被加热介质的出水温度控制电动调节阀的开度。

换热站的控制方式应根据用户的要求和针对不同系统采用不同的控制方式。住宅采暖采用分户计量的供热系统、地板采暖系统、空调系统的循环水泵宜采用变频调速控制。水泵频率一般由被加热水供回水压差控制，取压点优先选在末端建筑的入口，条件不允许时可用换热站被加热水总供回水管压差来控制。公共建筑采暖系统循环水泵的频率应按照用户的使用要求进行分时控制。空调系统、地板采暖系统、生活热水系统等设计时应在加热介质上设置温度调节装置，并通过被加热介质的出水温度控制温度调节装置的开度。生活热水系统的循环水泵应根据设定的回水温度下限值和上限值进行水泵的启停控制。

供热系统采用补水泵变频定压补水时，补水泵的频率由循环水系统上的电接点压力表控制。供热系统二次水补水泵的启停应与软化水箱的液位进行连锁控制。凝结水泵的启停应由凝结水箱的液位进行控制。

6. 换热站安全保护、环保设计

换热站值班室位置应邻近出入口，以便于值班人员在紧急情况下逃生。对于常年有人值班的换热站应设置通风装置。对于设置于住宅、办公用房或公共建筑附近的换热站，在设计时应考虑设置如下减振降噪装置：

①水泵基础上应设置减振器，水泵进出水管道上应设置软接头；

②蒸气管道和容易引起振动的热水管道应设置带阻尼装置的支吊架；

③蒸气管道及其调节阀应采用有隔声效果的保温材料；

④换热站的墙壁和顶棚应安装吸声板；

⑤换热站的门窗应采用隔声门窗；

⑥换热站的通风口应设置消声装置。

换热站蒸气系统的安全阀应采用全启式弹簧安全阀，水路系统的安全阀应采用微启式弹簧安全阀。换热站应设置如下报警装置：加热介质超温超压报警；被加热介质超温超压报警；水泵故障报警；水箱超低、超高水位报警；换热站环境温度超高报警。

8.3 冷热源容量及设备选型

8.3.1 冷热源形式选择的一般原则

冷热源形式的选择是冷热源系统工艺设计的重要内容，选择合理的冷热源形式不仅可以减少建设的初期投资，还能节约冷热源系统在后期的运行维护费用，使整个冷热源系统长期处于高效运行状态。

冷热源形式的选择所遵循的主要原则就是在尽可能减少整个冷热源系统初投资与运行费用的同时，达到冷热源系统的高效运行，并同时满足整个建筑的制冷供热要求。目前市场上供应的冷热源形式各异、种类繁多，除冰蓄冷和集中热源外，冷(热)水机组是中央空调最常用的冷热源。按照制冷原理的不同，冷(热)水机组可以分为蒸气压缩式冷(热)水机组和吸收式冷(热)水机组，前者以电能为驱动力，分为单冷型冷水机组和热泵型冷(热)水机组；后者以热能为驱动力。

冷热源形式的选择必须综合考虑国家、地方的能源政策，当地的能源特点、价格、建筑物功能及冷热负荷特点，遵循《采暖通风与空气调节设计规范》GB 50019—2003、《民用建筑热工设计规范》GB 50176—2016、《公共建筑节能设计标准》GB 50189—2015 等，因此，这是一个技术、经济之间的综合比较工程。

在具体选择与论证冷热源时，遵循的原则和规范有：

(1)热源应优先采用城市、区域供热或工厂余热。高度集中的热源能效高，便于管理，也有利于环保，为国家能源政策所鼓励。

(2)具有城市燃气供应的地区，尤其是在实行分季计价、价格低廉的地区，可以采用燃气锅炉、燃气冷(热)水机组进行供热、供冷。利用直燃型溴化锂吸收式冷温水机组能调节燃气的季节负荷，均衡电力负荷峰谷，改善环境质量。

(3)当无上述热源和气源时，可以采用燃煤、燃油锅炉供热，电动压缩式冷水机组供冷，或燃油溴化锂吸收式冷水机组供冷，或燃油溴化锂吸收式冷(热)水机组供冷、供热。

(4)具备多种能源的大型建筑，可采用复合能源供冷、供热。在影响能源价格因素较多，很难确定某种能源最经济时，配置不同能源的机组是最稳妥的方案，尤其针对一些智能化建筑。

(5)夏热冬冷地区、干旱缺水地区的中小型建筑，可以采用空气源热泵或地下埋管式地源热泵冷(热)水机组供冷、供热。

(6)当有天然水资源可利用时，可采用水源热泵冷(热)水机组供冷、供热。

(7)在执行分时电价、峰谷电价差较大的地区，利用低谷电价时段蓄冷(热)能明显节省运行费用时，可采用蓄冷(热)系统供冷(热)。

8.3.2 冷源机房容量及主机选择

1. 冷源机房容量计算

冷源设备的选择计算主要是根据工艺的要求和系统总耗冷量来确定的。由于冷源设备是冷热源系统的核心部分，因此其选择恰当与否，将会影响到整个冷源装置的运行特性、经济性能指标以及运行管理工作。在已知耗冷量的基础上，按如下步骤进行设计。

(1)确定制冷系统的总制冷量

制冷系统的总制冷量，应包括用户实际所需要的制冷量，以及制冷系统本身的供冷系统的冷损失，可按式(8－4)计算：

$$Q_0=(1+A)Q=\sum K_i Q_i \tag{8-4}$$

式中：Q_0——制冷系统的总制冷量；

Q——用户实际所需要的制冷量；

A——冷损失附加系数；

Q_i——各个用户所需最大制冷量；

K_i——各个用户同时使用系数，$K_i \leqslant 1$。

一般对于间接供冷系统，当空调工况制冷量小于174 kW时，A取0.15～0.20；当空调工况制冷量为174～1744 kW时，A取0.10～0.15；当空调工况制冷量大于1744 kW时，A取0.05～0.07；对于直接供冷系统，A取0.05～0.07。

(2)确定制冷剂种类、系统形式及供冷方式

制冷剂种类、制冷系统形式以及供冷方式，一般根据系统总制冷量、冷媒水量、水温以及使用条件来确定。

一般来说，对于空调工况制冷量大于350 kW以上的间接供冷系统，或对卫生和安全没有特殊要求时，均宜采用氨为制冷剂。对于空调工况制冷量小于350 kW，而且对卫生和安全要求较高的系统或直接供冷系统，均应采用对大气环境无公害或低公害的氟利昂类及其替代物。当然，在热源条件合适或有余热可供利用的情况下，也可考虑采用吸收式或蒸气喷射式制冷系统。

所谓制冷系统形式，是指使用多台制冷压缩机时，采用并联系统还是单机系统。制冷系统形式除与使用条件和使用要求有关外，还与整个系统的能量调节及自动控制方案有关，应同时考虑，一并确定。一般来说，对于制冷量较大、连续供冷时间较长、自动化程度要求较高的系统，均应采用多机组并联系统。

供冷方式包括直接供冷和间接供冷，一般根据工程的实际需要来确定。大中型集中式空调系统宜采用间接供冷方式，而冷藏库的冷排管，则多采用直接供冷方式。

根据供冷方式和使用冷媒的种类，初步确定蒸发器的形式。此外，应根据总制冷量的大小、当地的气候条件及水源情况，初步确定冷凝器的形式及其冷却方式。

(3)确定制冷系统的设计工况

制冷系统的设计工况包括蒸发温度、冷凝温度、压缩机吸气温度和过冷温度。

1)冷凝温度t_c

冷凝温度即制冷剂在冷凝器中凝结时的温度，其值与冷却介质的性质及冷凝器的形式有关。

采用水冷式冷凝器时，冷凝温度可按式(8－5)计算：

$$t_c=\frac{t_{s1}+t_{s2}}{2}+(5\sim7)℃ \tag{8-5}$$

式中：t_c——冷凝温度；

t_{s1}——冷却水进冷凝器的温度；

t_{s2}——冷却水出冷凝器的温度。

冷却水进冷凝器的温度应根据冷却水的使用情况来确定。对于使用冷却塔的循环水系统，冷却水进水温度可按式(8－6)计算：

$$t_{s1}=t_s+\Delta t_s \tag{8-6}$$

式中：t_s——当地夏季室外平均每年不保证50 h的湿球温度。

Δt_s——安全值。对于自然通风冷却塔或冷却水喷水池，Δt_s取5～7℃；对机械通风冷却塔，Δt_s取3～4℃。

直流式冷却水系统的冷却水进水温度则由水源温度来确定。

冷却水出冷凝器的温度与冷却水进冷凝器的温度以及冷凝器的形式有关，一般不超过35℃。可按下式确定：

立式壳管式冷凝器 $t_{s2}=t_{s1}+(2\sim4)$℃

卧式或组合式冷凝器 $t_{s2}=t_{s1}+(4\sim8)$℃

淋激式冷凝器 $t_{s2}=t_{s1}+(2\sim3)$℃

一般来说，当冷却水进水温度较低时，冷却水温差取上限值；进水温度较高时，取下限值。

采用风冷式冷凝器或蒸发式冷凝器时，冷凝温度可用式(8－7)计算：

$$t_c=t_s+(5\sim10)℃ \tag{8-7}$$

2)蒸发温度 t_e

蒸发温度即制冷剂在蒸发器中沸腾时的温度，其值与所采用的冷媒种类及蒸发器的形式有关。

以淡水或盐水为冷媒水，采用螺旋管或直立管水箱式蒸发器时，蒸发温度一般比冷媒水出口温度低4～6℃，即：

$$t_e=t_{12}-(4\sim6)℃ \tag{8-8a}$$

式中：t_e——制冷剂的蒸发温度；

t_{12}——冷媒水出蒸发器的温度，根据用户实际要求确定。

当采用卧式壳管式蒸发器时，蒸发温度一般比冷媒水出口温度低2～4℃，即：

$$t_e=t_{12}-(2\sim4)℃ \tag{8-8b}$$

采用直接蒸发式空气冷却器时，蒸发温度一般比送风温度低8～12℃，即：

$$t_e=t_2'-(8\sim12)℃ \tag{8-8c}$$

式中：t_2'——空气冷却器出口空气的干球温度，即送风温度。

冷藏库用冷排管，其蒸发温度一般比库温低5～10℃，即：

$$t_e=t-(5\sim10)℃ \tag{8-8d}$$

式中：t——冷库温度，库温越低，温差越小。

2. 主机型号及台数选择

机组的选择计算，主要是根据制冷系统总制冷量及设定工况，确定机组的台数、型号、制冷量以及配用电动机的功率。

常用的制冷机组有活塞式、螺杆式和离心式三种形式，对于一般小型冷藏库的设计，多采用活塞式与螺杆式；对于大、中型空调系统的设计，一般采用离心式和螺杆式。

制冷机组台数的选择应根据式(8－9)来确定：

$$m = \frac{Q_0}{Q_{0g}} \tag{8-9}$$

式中：m——机组台数；

Q_{0g}——每台机组在设计工况下的制冷量。

台数一般不宜过多，除全年连续使用的以外，通常不考虑备用，对于制冷量大于1744 kW的大、中型制冷装置，机组不应少于两台，而且宜选择相同系列的压缩机组。这样可以使压缩机的备件通用，也便于维护管理。

压缩机级数的选择应根据设计工况的压力比来确定。一般若以氨为制冷剂，当压力比小于等于 8 时，应采用单级压力机；当压力比大于 8 时，则应采用两级压缩机。若以 R22 或 R134a 为制冷剂时，当压力比小于等于 10 时，应采用单级压缩机；当压力比大于 10 时，则应采用两级压缩机。

8.3.3 热源机房容量及主机选择

热源机房的容量计算主要是指设计锅炉的供热能力，锅炉房的热负荷可分为最大计算热负荷、平均热负荷、采暖季热负荷、非采暖季热负荷和全年热负荷。其中，最大计算热负荷是选择锅炉容量的依据，所以也称设计热负荷，而后四项热负荷是计算锅炉房各个时期和全年耗煤量的依据，并以此确定贮煤场各个时期的进煤量。

锅炉房的最大计算热负荷和平均热负荷应根据热网的热负荷曲线，并考虑管网的热损失及锅炉房自用热负荷来确定。若无法取得热负荷曲线图，则以热负荷资料进行计算。

1. 最大计算热负荷

锅炉房最大计算热负荷是选择锅炉的主要依据，其确定方法有以下两种：

(1)图线确定法

根据各热用户(用热设备)每小时用热负荷的变化规律，绘制出各热用户热负荷变化曲线，然后将各曲线叠加后即可求出总热负荷变化曲线。总热负荷变化曲线上的最大值乘以管网热损失系数及漏损系数即可得到最大计算热负荷。

这种方法适用于热用户热负荷变化具有规律性的锅炉房。

(2)计算确定法

在实际工程中，由于热用户的热负荷变化没有固定的规律，因而很难用上述方法确定。在这种情况下，可根据各项原始热负荷、同时使用系数、锅炉房自耗热和管网热损失系数求得，即

$$D_{max} = K_0(K_1D_1 + K_2D_2 + K_3D_3 + K_4D_4) + K_5D_5 \tag{8-10}$$

式中：D_{max}——最大计算热负荷(t/h)；

D_1、D_2、D_3、D_4——采暖、通风、生产和生活最大热负荷(t/h)，由设计资料提供；

D_5——锅炉房自用热最大计算热负荷(t/h)；

K_1、K_2、K_3、K_4——采暖、通风、生产和生活负荷同时使用系数，应根据原始资料来确定各热用户的同时使用系数，如果没有资料，建议采取如下值：K_1为 1.0，K_2为 0.8～1.0，K_3为 0.7～1.0，K_4为 0.5，若生产与生活用热使用时间完全错开，生活负荷同时使用系数，一般取 0；

K_5——自用热负荷同时使用系数，一般取 0.8～1.0；

K_0——室外管网散热损失和漏损系数，见表 8-3。

表8-3 室外管网散热损失和漏损系数

管道种类	架空	地沟
蒸气管网	1.1~1.15	1.08~1.12
热水管网	1.07~1.1	1.05~1.08

锅炉房自耗热量包括锅炉房采暖、浴室、锅炉吹灰、设备散热、介质漏失和热力除氧器的排汽损失等，这部分热量占输出负荷的2%~3%。

热网热损失包括散热和介质漏失，与输送介质的种类、热网敷设方式、保温完善程度和管理水平有关，一般为输送负荷的10%~15%。

如果有余热可以利用，则应通过技术经济比较，尽量设法利用。这时应从总热负荷中减去可利用的这部分热量，求出最大计算热负荷。

设计资料给出(由生产工艺设计提供)的生产用热是各生产设备的铭牌耗热量之和。生活用热主要是指浴室、开水房、食堂等方面耗热量，对于有热水设施的住宅，则主要是热水供应用热。由于用热设备不一定同时启用，而且使用中各设备的最大热负荷也不一定同时出现，因此，需乘以同时使用系数，这样可使选用的锅炉既能满足实际负荷的要求，又不致容量过大。

对于用气负荷流动很大的锅炉房，应考虑装设蓄热器。

采暖通风热负荷由相关的设计提供。如果无法取得，也可按建筑物体积或面积的热指标进行计算确定。

2. 热源型号及台数选择

锅炉型号和台数根据锅炉房热负荷、介质、介质参数和燃料种类等因素确定，并应考虑技术经济方面的合理性，使锅炉房在冬、夏季均能经济可靠运行。

(1)锅炉容量

根据计算热负荷的大小和燃料特性决定锅炉型号，并考虑符合热负荷变化和锅炉房发展的需要。

选用锅炉的总容量必须满足计算热负荷的要求，即选用锅炉的额定容量之和不应小于锅炉房计算热负荷，以保证用热的需要。否则，锅炉将在超负荷下运行，严重影响到锅炉运行的安全性和经济性，甚至产生重大事故，但也不应使选用锅炉的总容量超过计算负荷太多而造成浪费，锅炉应经常在70%~95%的负荷范围下工作，避免长期在低负荷下运行。锅炉的容量还应适应锅炉房负荷变化的需要，特别是某些季节性锅炉房。

(2)锅炉参数

锅炉供热参数一般以整个供热系数中最高用户要求的参数为依据，同时还应考虑到供热介质在输送过程中温度和压力的损失，以满足整个系统中各用户的要求。

锅炉的工作压力比最高用户的需求压力加上热网损失压力高0.1~0.2 MPa即可。选择锅炉时，锅炉的额定工作压力应接近实际工作压力，两者相差不要太大，否则，由于锅炉运行压力低于设计(额定)压力，使蒸气品质变坏、出力不足、效率下降、能源消耗增大，严重地影响到锅炉运行的经济性和可靠性。

对于蒸气供热系统来说，绝大多数用户要求饱和蒸气，此时锅炉出口的蒸气温度为锅炉工作压力下饱和蒸气的温度。当热用户中有要求供应过热蒸气时，锅炉出口处的蒸气温度按要求最高的热用户温度加上热网损失的温度后富余5~10℃来确定。如果这一温度比个别用户要求的温度高得多，而这些用户要求又较严格时，可在局部采用减压降温装置加以调节。

(3)锅炉台数

选用锅炉的台数应考虑对负荷变化和意外事故的适应性、投资成本和运行的经济性。一般来说，单机容量较大的锅炉效率较高，锅炉房占地面积小，运行人员少，经济性好，但台数不宜过少，否则适应负荷变化的能力和备用性就差。《锅炉房设计规范》规定：当锅炉房内最大一台锅炉检修时，其余锅炉应能满足工艺连续生产所需的热负荷和采暖通风及生活用热所允许的最低热负荷。

锅炉房的锅炉台数一般不宜少于2台。当选用1台锅炉能满足热负荷和检修需要时，也可只装置1台。对于新建锅炉房，锅炉台数不宜超过5台，扩建和改建时，不宜超过7台。

(4)燃烧设备

选用锅炉的燃烧设备应能适应所使用的燃料，对热负荷的变化有较好的适应性，具有较好的压火性能，对消烟除尘设备的要求较低，运行操作的劳动强度较低，电动机的安装容量较小，金属耗量较少，便于燃烧调节和满足环境保护的要求。

8.4 冷热源水系统及设计

8.4.1 冷冻水系统及设备选择

1. 冷冻水系统形式

冷冻水系统根据配管形式、水泵配置、调节方式等的不同，可以设计成不同的系统类型。按照系统水压特征，可以分为开式系统和闭式系统；按照冷、热管道的设置方式，可以分为两管制、三管制、四管制和分区两管制水系统；按照空调末端设备的水流程，可分为同程式系统和异程式系统；按照空调末端用户侧水流量的特征，可分为定流量系统和变流量系统；按照系统中循环泵的配置方式，可分为单级泵系统和双级泵系统。

(1)开式系统和闭式系统

如图8-6所示，开式系统的管路与大气相通，而闭式系统的管路与大气不相通或仅在膨胀水箱处局部与大气有接触。凡采用淋水室(AHU)处理空气或空调回水直接进入水箱，再经冷水机组(cool)处理的水系统均属于开式系统。开式系统中的水质易脏，管路和设备易被腐蚀，且为了克服系统静水压头，水泵的能耗大，因此空调冷冻水系统很少采用开式系统。

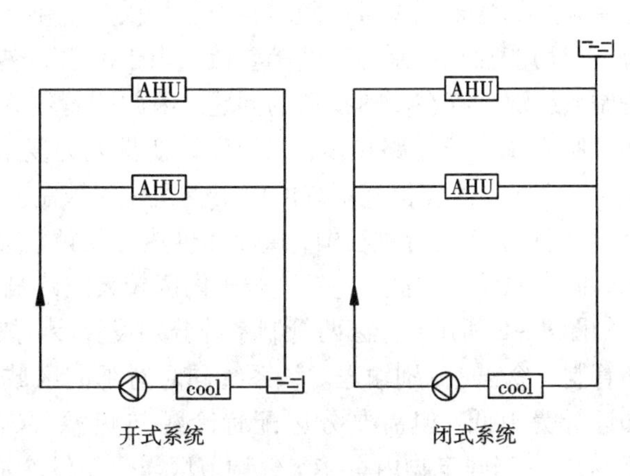

图8-6 开式系统和闭式系统

与开式系统相比，闭式系统水泵能耗小，系统中的管路和设备不易产生污垢和腐蚀。闭式系统最高点通常设置膨胀水箱，以便定压和容纳水因温度变化而引起膨胀水量。空调冷冻水系统宜采用闭式循环。当必须采用开式循环时，应设置蓄水箱，蓄水箱的蓄水量宜按系统循环水量的5% ~10% 确定。

(2)两管制、三管制、四管制和分区两管制水系统

如图8 -7 所示，两管制系统只有一供一回两根水管，供冷和供热采用同一管网系统，随季节的变化而进行转换。两管制水系统施工方便，但是不能用于同时需要供冷和供热的场所。《民用建筑供暖通风与空气调节设计规范》(GB 50736—2012)指出："全年运行的空气调节系统，仅要求按季节进行供冷与供热转换时，应采用两管制水系统。"我国高层建筑特别是高层旅馆建筑大量建设的实践表明，从我国的国情出发，两管制系统能满足绝大部分旅馆的空调要求，同时也是多层或高层民用建筑广泛采用的空调水系统方式。

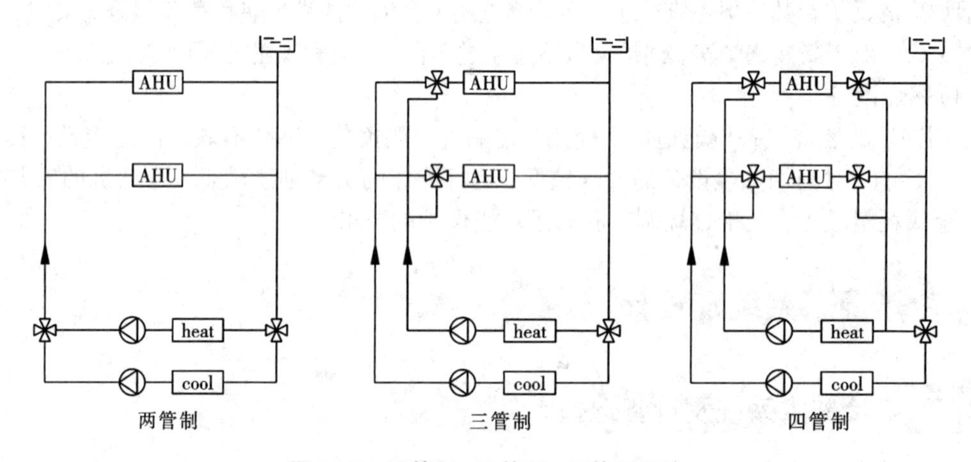

图8 -7　两管制、三管制、四管制系统

三管制系统分别设置供冷管、供热管、回水管三根水管，其冷水与热水的回水管共用。三管制系统能够同时满足供冷和供热的要求，管路系统较四管制简单，但是比两管制复杂，投资也比较高，且存在冷、热回水的混合损失。

四管制系统的冷水和热水完全单独设置供水管和回水管，可以满足高质量环境的要求。四管制系统的各末端设备可随时自由选择供热或供冷的运行模式，相互没有干扰，所服务的空调区域均能独立控制温湿度等参数。由于冷水和热水在管路和末端设备中完全分离，不像三管制系统那样存在冷热抵消的问题，因此四管制系统有助于系统的稳定运行和节省能源。但四管制系统由于管路较多，系统设计变得尤为复杂，管道占用空间较大，投资高，运行管理复杂，这些缺点使得该系统的使用受到一些限制。《公共建筑节能设计标准》(GB 50189—2015)规定：全年运行过程中，供冷和供热工况频繁交替转换或需同时使用的空调系统，宜采用四管制水系统。因此，它较适合于内区较大或建筑空调使用标准高且投资允许的建筑。

如图8 -8 所示，分区两管制系统分别设置冷、热源并同时进行供冷与供热，但输送管路为两管制，冷、热分别输送。该系统同时对不同区域进行供冷和供热；管路系统简单，初投资和运行费用低，但需要分区配置冷源与热源。《公共建筑节能设计标准》(GB 50189—2015)规定：当建筑物内有些空气调节区需全年供冷水，有些空气调节区则冷、热水定期交替供应时，宜采用分区两管制系统。分区两管制系统设计的关键在于合理分区，如分区得当，可较好地满足不同区域的空气调节要求，其调节性能可接近四管制系统。关于分区数量，分

区越多，可实现独立控制的区域的数量就越多，但管路系统也就越复杂，不仅投资相应增多，管理起来也复杂了。因此设计时要认真分析负荷变化特点，一般情况下分2个区就可满足需要了。当建筑内、外区负荷差异较明显时，可考虑3个区。

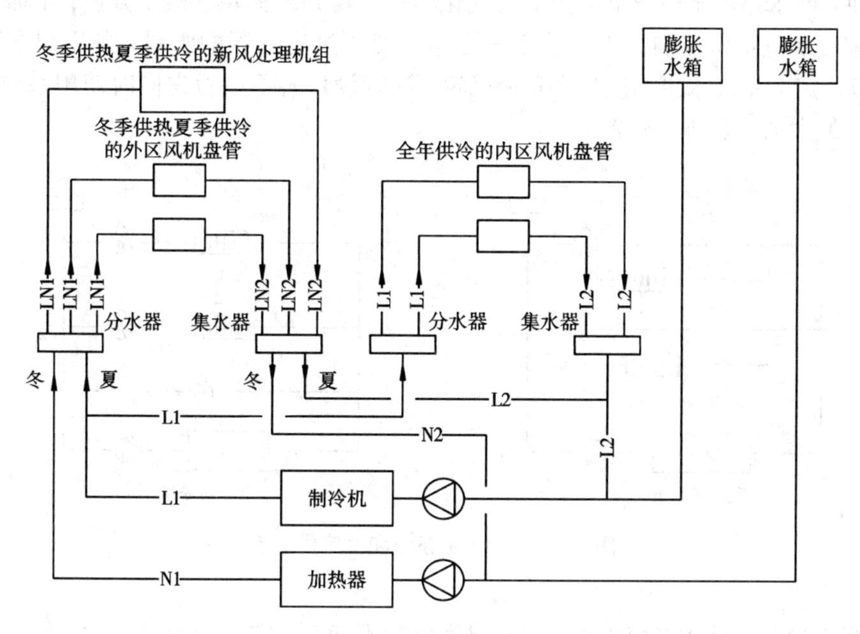

图8-8 分区两管制系统

全年运行的空调系统，仅要求按季节进行供冷和供热转换时，应采用两管制系统。当建筑物内一些区域需要全年供冷时，宜采用冷热源同时使用的分区两管制系统。当供冷和供热工况交替频繁时，可采用四管制系统。

(3)同程式系统和异程式系统

如图8-9所示，水流通过各末端设备时的路程都相同(或基本相同)的系统称为同程式系统。同程式系统各末端环路的流动阻力较为接近，有利于水力平衡，因此系统的水力稳定性好，流量分配均匀。但这种系统管路布置较为复杂，管路长，初投资相对较大。一般来说，当末端设备支环路的阻力较小，而负荷侧干管环路较长，且阻力所占比例较大时，应采用同程式系统。

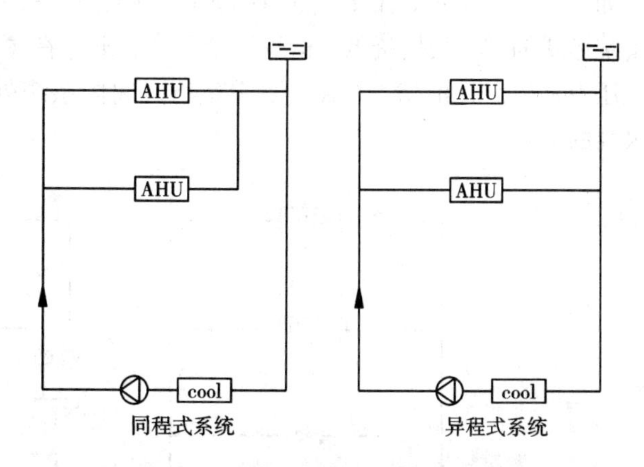

图8-9 同程式系统和异程式系统

异程式系统中，水流经每个末端设备的路程是不相同的。采用这种系统的主要优点是管路配置简单、管路长度短、初投资低。由于各环路的管路总长度不相等，故各环路的阻力不平衡，从而导致流量分配不均匀。

在支管上安装流量调节装置，改变并联支管的阻力，可使流量分配不均匀的程度得以改善。

(4)定流量系统和变流量系统

如图8－10所示，定流量系统中循环水量为定值，或夏季和冬季分别采用不同的定水量，通过改变供、回水温度来适应空调负荷的变化。定水量系统简单，操作方便，不需要复杂的自控设备和变水量定压控制。用户采用三通阀改变通过表冷器的水量，各用户之间互不干扰，运行较稳定。系统水量均按最大负荷确定，配管设计时不用考虑同时使用系数，输送能耗始终处于最大值，不利于节能。

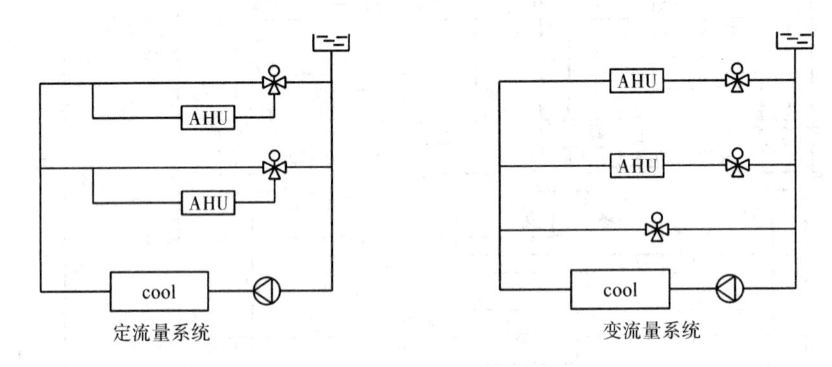

图8－10 定流量系统和变流量系统

所谓变流量系统是指系统中供、回水温度保持不变，当空调负荷变化时，通过改变供水量来适应。变水量系统的水泵能耗随负荷减少而降低，在配管设计时可考虑同时使用系数，管径可相应减少，降低水泵和管道系统的初投资，但是需要采用供、回水压差进行流量控制，自控系统较复杂。

(5)单级泵系统和双级泵系统

如图8－11所示，在冷、热源侧和负荷侧合用一组循环泵的系统称为单级泵系统。单级泵系统形式简单，初投资低，运行安全可靠，不存在蒸发器冻结的危险。但该系统不能适应各区压力损失悬殊的情况，在大部分运行时间内系统处于大流量、小温差的状态，不利于节约水泵的能耗。

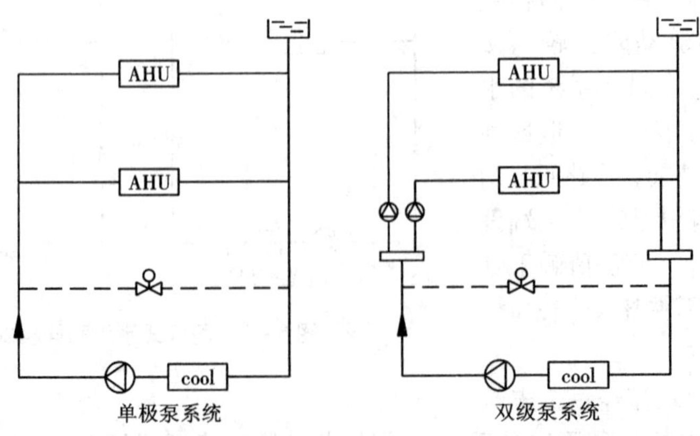

图8－11 单级泵系统和双级泵系统

在冷、热源侧和负荷侧分别配置循环泵的系统称为双级泵系统。冷、热源侧与负荷侧分成两个环路，冷源侧配置定流量循环泵即一次泵，负荷侧配置变流量循环泵即二次泵。二次泵系统能适应各区压力损失悬殊的情况，能根据负荷侧的需求调节流量，节省一部分水泵能耗；一次泵定流量循环可使流过蒸发器的流量不变，能有效地防止蒸发器发生冻结事故，确保冷水机组出水温度恒定。但该系统自控复杂，初投资高。

中小型工程宜采用单级泵系统。当系统较大、阻力较高，且各环路负荷特性或阻力相差悬殊时，宜在冷热源侧和负荷侧分别设一次泵和二次泵。

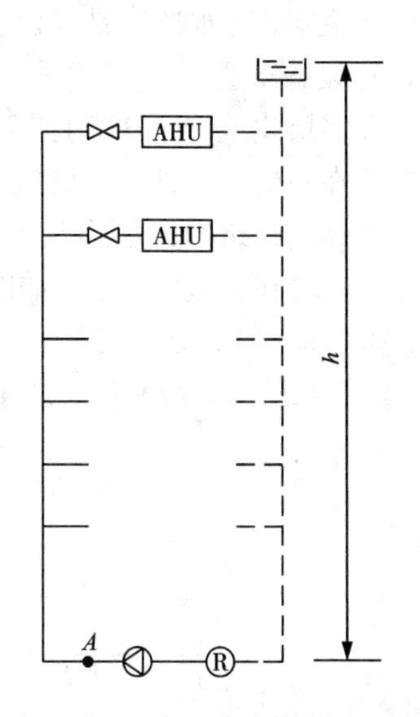

图8-12 水系统的静水压力图

2. 冷冻水系统设计

(1)水系统的承压、竖向分区及设备布置

1)水系统的承压

水系统的最高压力点一般位于水泵出口处的 A 点，如图8-12所示。通常情况下，水系统运行有三种状态：

系统停止运行时：系统的最高压力 p_A 等于系统的静水压力，即

$$p_A=\rho gh \quad (8-11)$$

系统开始运行的瞬间：水泵刚启动的瞬间，由于动压尚未形成，出口压力 p_A 等于该点静水压力与水泵全压 p 之和，即：

$$p_A=\rho gh+p \quad (8-12)$$

系统正常运行时出口压力等于该点静水压力与水泵静压之和，即

$$p_A=\rho gh+p-p_d \quad (8-13)$$

$$p_d=\rho v^2/2$$

式中：ρ——水的密度，kg/m^3；

g——重力加速度，m/s^2；

h——水箱液面至叶轮中心的垂直距离，m；

p_d——水泵出口处的动压，Pa；

v——水泵出口处的流速，m/s。

冷冻水系统由冷、热源机组，末端装置，管道及其附件组成，这些设备及部件有各自的承压限制。比如，普通型冷水机组的额定工作压力为1.0 MPa，加强型冷水机组的额定工作压力为1.7 MPa，焊接钢管的额定工作压力为1.0 MPa，无缝钢管的额定工作压力为1.6 MPa。因此，在高层建筑中，当水系统超过一定高度时就必须进行竖向分区，避免设备及部件超压。

2)竖向分区

水系统的竖向分区应根据设备、管道及附件等的承压能力确定。分区的目的是为了避免压力过大造成系统泄漏。如果制冷空调设备、管道及附件等的承压能力处在允许范围内就不应分区，以免造成浪费。

系统静水压力 $p_s\leqslant 1.0$ MPa时，冷水机组可集中设于地下室，水系统竖向可不分区。

系统静水压力 $p_s\geqslant 1.0$ MPa时，应进行竖向分区。一般宜采用中间设备层布置热交换器

的供水模式，冷水换热温差宜取1～1.5℃，热水换热温差宜取2～3℃。

3)设备布置

在多层建筑中，习惯上将冷、热源设备都布置在地下室的设备用房内，若没有地下层，则布置在一层或室外专用的机房内。

在高层建筑中，为了减少设备及附件的承压，冷、热源通常有以下几种布置方式：

①布置在裙楼的顶层，如图8－13所示；②布置在塔楼中间的技术设备层(或防火层)内，如图8－14所示，当竖向各分区采用同一冷热源设备时，在技术设备层布置水－水交换器，使静水压力分段承受；③布置在塔楼顶层，如图8－15所示。

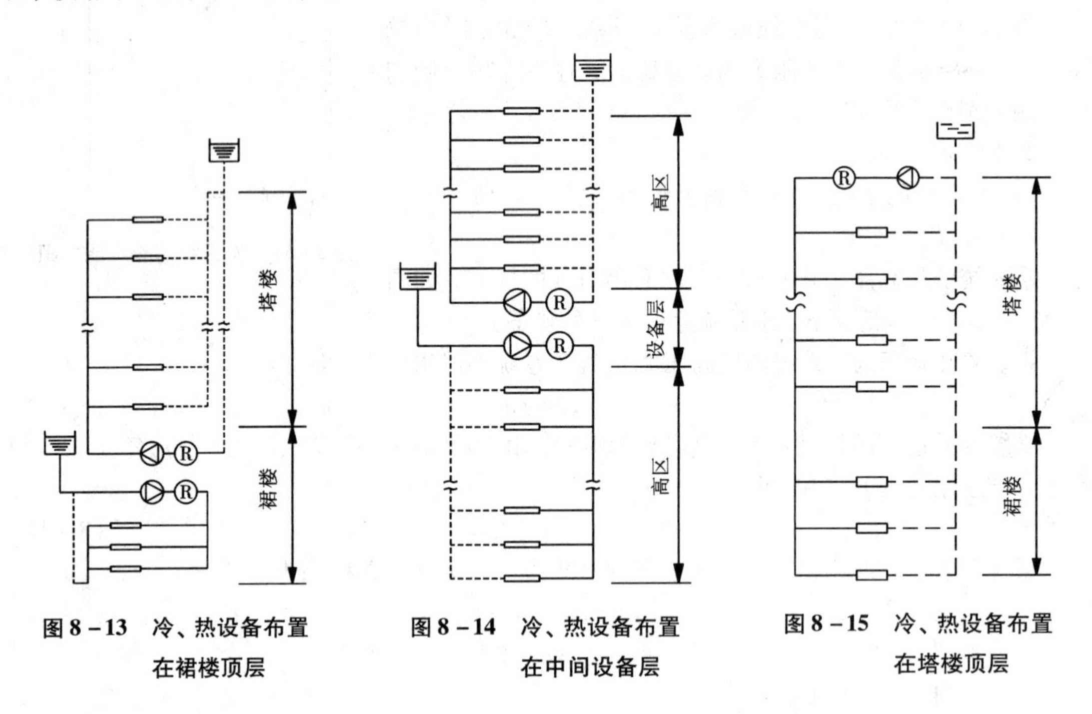

图8－13　冷、热设备布置在裙楼顶层

图8－14　冷、热设备布置在中间设备层

图8－15　冷、热设备布置在塔楼顶层

(2)水系统的水温

一般舒适性空调水系统的冷、热水温度可按下列推荐值采用。

冷冻水供水温度：5～9℃，一般取7℃；

冷冻水供回水温差：5～10℃，一般取5℃；

热水供应温度：40～65℃，一般取60℃；

热水供回水温差：4.2～15℃，一般取10℃。

3. 水系统的水力计算

(1)冷冻水系统阻力的组成

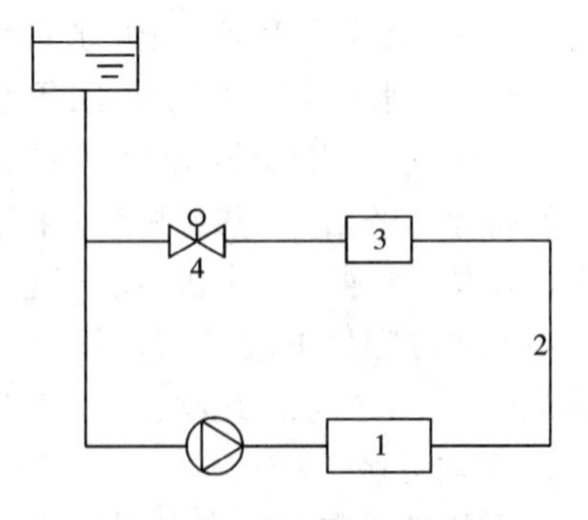

图8－16　典型冷冻水系统

1—冷水机组阻力；2—管路阻力；3—空调末端设备阻力；4—阀门阻力

图8－16为最常用的闭式冷冻水系统，其主要阻力组成如图所示。图中1为冷水机组阻力，由机组制造厂家提供，一般为60～100 kPa。2为管路阻力，包括管路沿程阻力和局部阻力，冷冻水系统水力计算的主要工作就是计算该部分的阻力。3为

空调末端设备阻力，末端设备的类型有风机盘管机组、组合式空调器等，其阻力值可查阅产品样本。4 为各种阀门的阻力，可以由设计者根据工程的实际需要来确定。

实际的冷冻水系统是存在多个并联环路的，水力计算时各并联环路阻力损失差额不应大于 15%。

(2)流速与管径选择

在冷冻水系统设计中，管道和附件的阻力主要取决于管道中的水流速度。一般来说，空调冷水管道的比摩阻宜控制为 100 ~ 300 Pa/m。同时，还必须考虑到管道内允许的最大流速超过 3 m/s 时，将明显加快对管道和附件的冲刷腐蚀。当管道的绝对粗糙度采用 $K=0.0005$ 时，管道水流速度可按表 8 - 4 选择。

表 8 - 4 冷水管道流速

管径	DN25	DN32	DN40	DN50	DN70	DN80	DN100
流速/($m \cdot s^{-1}$)	<0.5	0.5 ~ 0.6	0.5 ~ 0.7	0.5 ~ 0.9	0.6 ~ 1.0	0.7 ~ 1.2	0.8 ~ 1.4
管径	DN125	DN150	DN200	DN250	DN300	DN350	>DN400
流速/($m \cdot s^{-1}$)	0.9 ~ 1.6	1.0 ~ 1.8	1.2 ~ 2.1	1.4 ~ 2.3	1.6 ~ 2.4	1.8 ~ 2.6	1.9 ~ 2.8

(3)水力计算的基本公式

1)沿程阻力损失计算的基本公式为

$$\Delta P_m = \frac{\lambda}{d} l \frac{\rho v^2}{2} = lR_m \tag{8-14}$$

式中：ΔP_m——沿程阻力损失，Pa；

R_m——比摩阻，单位管长的沿程阻力损失，Pa/m；

λ——摩擦系数；

d——管道内径，m；

l——管道长度，m；

v——流体在管道内的流速，m/s；

ρ——流体的密度，kg/m^3。

摩擦系数 λ 是雷诺数 Re 和管道相对粗糙度的函数，在不同流态下有不同的函数关系式。

2)局部阻力损失计算的基本公式为

$$\Delta P_j = \zeta \frac{\rho v^2}{2} \tag{8-15}$$

式中：ΔP_j——局部阻力损失，Pa；

ζ——局部阻力系数。

局部阻力系数由实验方法确定，在相关设计手册中给出了各种阀门和管道配件的局部阻力系数，可根据需要查取。

(4)循环水泵的选择

1)循环水泵的选用原则

冷冻水系统循环水泵应该按下列原则选用。

①两管制冷冻水系统，宜分别设置冷水和热水循环泵。若冷水循环泵兼作冬季的热水循环泵使用时，冬、夏季水泵运行的台数及单台水泵的流量、扬程应与系统工况相吻合。

②单级泵系统的冷水泵以及双级泵系统中一次冷水泵的台数和流量，应与冷水机组的台数及蒸发器的额定流量相匹配。

③双级泵系统的二次冷水泵台数应按系统的分区和每个分区流量调节方式确定，每个分区不宜少于1台。

④空气调节热水泵台数应根据供热系统规模和运行调节方式确定，不宜少于2台；严寒及寒冷地区，当热水泵不超过3台时，其中一台宜设置为备用泵。

⑤冷水机组和水泵之间可通过一对一连接，也可以通过共用集管连接。

⑥多台一次冷水泵之间通过共用集管连接时，每台冷水机组入口或出口管道上宜设电动阀，电动阀与对应的冷水机组和冷水泵连锁。

2)循环水泵的流量、扬程的确定

选择循环水泵时，宜对计算所需的流量和扬程附加5% ~10%的裕量。空调冷冻水泵宜选用低比转数的单级离心泵。一般选用单级泵，流量大于500 m^3/h 时宜选用双级泵。在高层建筑的空调系统中应明确提出对水泵的承压要求。

一次循环泵的流量应匹配冷水机组的冷水流量。二次循环泵的流量应匹配该区冷负荷综合最大值计算出的流量。循环水泵的扬程可按下列方法进行计算。

①单级泵系统。如图8－17所示，闭式单级泵系统可按式(8－16)计算

$$H_p = H_y + H_j + H_e + H_f \tag{8-16}$$

式中：H_y、H_j——管路系统总的沿程阻力和局部阻力，mH_2O；

H_e——冷水机组蒸发器的阻力，mH_2O；

H_f——末端设备(风机盘管、柜式空调机或新风机等)的阻力，mH_2O。

开式系统水泵的扬程除应包括上述闭式系统中的各项阻力之和外，还应加上系统的静水压力。

②双级泵系统。如图8－18所示，一次泵的扬程应取机组侧管路、管件、自控调节阀、过滤器、冷水机组等的阻力和，即2→冷水机组→1。二次泵的扬程应取负荷侧管路、部件、自控调节阀、过滤器、末端设备换热器等的阻力之和，即1→末端装置→2。即

$$H_{p1} = H_{y1} + H_{j1} + H_e \tag{8-17}$$

$$H_{p2} = H_{y2} + H_{j2} + H_f \tag{8-18}$$

式中符号与式(8－16)相同；下标1表示一次侧(机组侧)，2表示二次侧(负荷侧)。

开式系统：一次泵的扬程除应取机组侧管路、部件、自控调节、过滤器、冷水机组等的阻力之和外，还应加上系统的静水压力(从蓄水池或蓄冷水池最低水位至蒸发器之间的高差)。二次泵的扬程除应取负荷侧管路、部件、自控调节、过滤器、末端设备换热器等的阻力之和外，还应包括从蓄水池或蓄冷水池最低水位至末端换热器之间的高差，如设喷水室，末端设备换热器的阻力应以喷嘴前需要保证的压力替代。

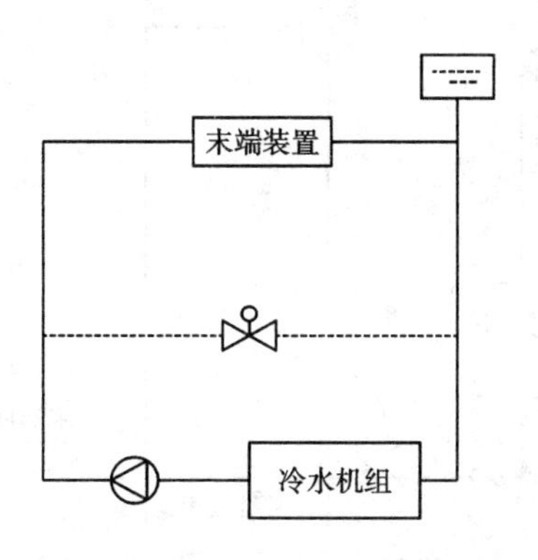

图 8－17 闭式单级泵系统水泵扬程计算示意图

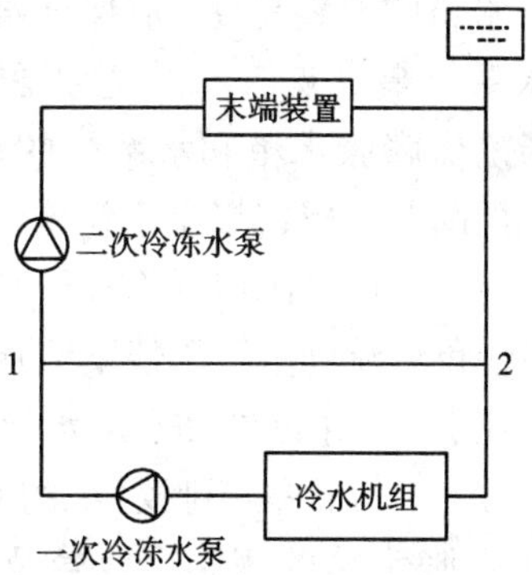

图 8－18 闭式双级泵系统水泵扬程计算示意图

(5)其他辅助设备选择

1)膨胀水箱

膨胀水箱有补水、定压及容纳膨胀水量的作用，是空调水系统的主要部件之一。国内应用比较广泛的是开式膨胀水箱与隔膜式膨胀水箱。开式膨胀水箱不仅设备简单、控制方便，而且水力稳定性好，初投资低，因而在空调水系统中应用比较普遍。

开式膨胀水箱上必须配置连接各种功能管的接口，如图 8－19 所示。

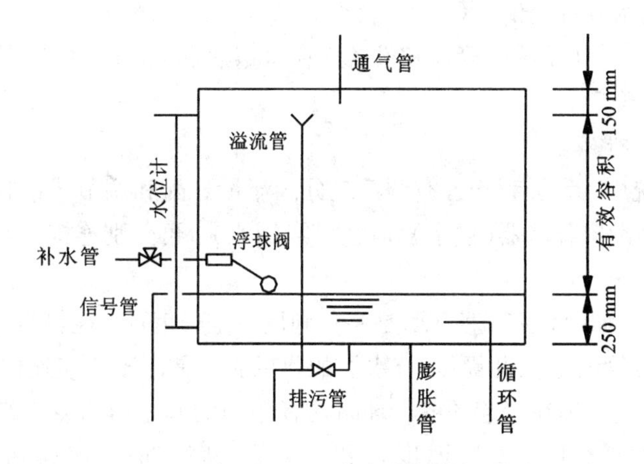

图 8－19 开式膨胀水箱

膨胀管：将系统中水因受热膨胀所增加的体积转入膨胀水箱。

溢流管：用于排出水箱内超过规定水位的多余水量。

信号管：用于监测水箱内的水位。

补水管：用于补充系统的水量，保持膨胀水箱的恒定水位。

循环管：当水箱和膨胀管可能发生冻结时，用于使水缓慢流动，防止水冻结。

排污管：用于排污。

通气管：使水箱和大气保持相通，防止产生真空。

膨胀水箱的安装高度，应保证水箱最低水位高于水系统最高点 1 m 以上。在机械循环中，为了确保膨胀水箱和水系统的正常工作，膨胀水箱的膨胀管应连接至系统定压点，一般接至水泵入口前，如图 8 - 20 所示。在膨胀管、循环管和溢流管上，严禁安装阀门，以防止系统超压、水箱水冻结和水从水箱溢出。

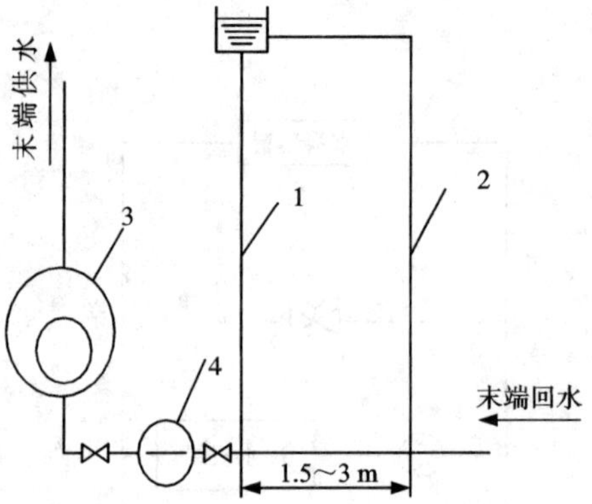

图 8 - 20　膨胀水箱与机械循环系统的连接方式

1—膨胀管；2—循环管(有冻结危险时采用)；3—冷热源设备；4—循环水泵

在设计时，应根据膨胀水箱的有效容积，确定开式膨胀水箱的规格、型号及配管的直径。开式膨胀水箱的有效容积 V 可按式(8 - 19)计算：

$$V = V_t + V_p \qquad (8-19)$$

式中：V_t——水箱的调节容量，m^3，一般不应小于补水泵 3 分钟的流量；

V_p——水系统最大膨胀水量，m^3。

膨胀水量 V_p 可按式(8 - 20)估算：

$$V_p = \alpha \Delta t V_s \qquad (8-20)$$

式中：α——水的体积膨胀系数，$\alpha = 0.0006$ (1/℃)；

Δt——最大的水温变化值，℃；

V_s——系统水容量(系统中管道和设备内存水量总和)，m^3，可根据空调系统形式按建筑面积确定。

2)集水器、分水器

在中央空调系统中，为了利于各空调系统分区流量分配和调节灵活方便，常在水系统的供、回水干管上分别设置分水器(供水)和集水器(回水)，再分别连接各空调分区的供水管和回水管。

集/分水器的构造如图 8 - 21 所示，是一种利用一定长度、直径较粗的短管，焊上多根并连接口形成的并连接管设备。设置集/分水器的目的：一是便于连接通向各个并联环路的管道；二是均衡压力，使汇集在一起的各个环路具有相同的起始压力或终端压力，确保流量分配均匀。集/分水器本体上应安装温度计和压力表，底部应设有排污管接口(一般选用 DN40)，在进、出水干管处还应安装阀门。在集水器分路阀门前的管道上应安装温度计。

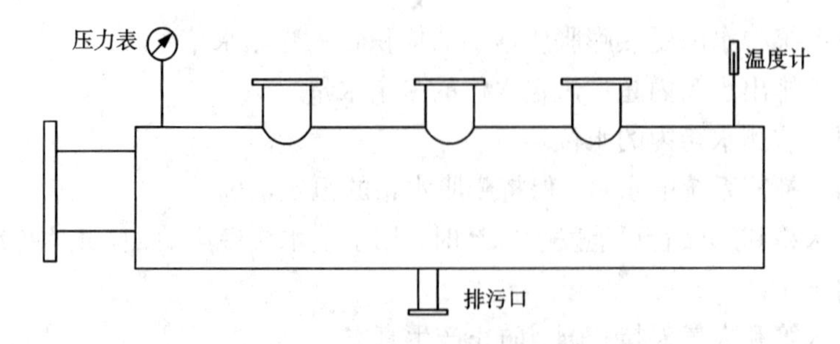

图 8 - 21　集/分水器的构造

集/分水器的直径 D 通常可按并连接管的总流量通过集管断面时的流速 v_m(0.5～1.5 m/s)来确定。流量特别大时，流速允许适当增大，但不应大于4.0 m/s。

3)水处理设备

对于开式冷水系统，由于水与空气的接触、水的蒸发等原因，导致水中溶解氧含量达到饱和、钙离子析出结垢以及灰尘的增加甚至微生物的滋生等，将产生对金属管道的电化学腐蚀、影响换热器传热等问题。闭式水系统中，由于水温的变化，以及系统的补水，也容易产生溶解氧较高和结垢的情况。因此不论是开式系统还是闭式水系统，都应该考虑适当的水处理措施。

空调水处理方法有两大类，即物理水处理法与化学水处理法。物理水处理器主要有磁水处理器、电子水处理器、静电水处理器、射频水处理器等，物理水处理方法对水系统防垢、除垢有一定的作用。化学水处理法利用在水系统中添加化学药物，进行管道初次化学清洗、镀膜，达到缓解腐蚀、防垢、灭菌的目的。化学水处理的药物投放应根据当地水质情况，由从事水处理的专业公司确定，并应定期进行水质分析，随时调整药物成分和剂量。

8.4.2 冷却水系统及设备选择

合理选择冷却水系统的冷却水源对制冷系统的运行费用和初投资有重大影响。为了保证制冷系统的冷凝温度不超过制冷压缩机的允许工作条件，冷却水进水温度一般应不高于32℃。

1. 冷却水系统形式

冷却水系统的布置形式可分为重力回水式和压力回水式，如图8－22所示。重力回水式系统的水泵设置在冷水机组的出口管路上，经冷却塔冷却后的冷却水借重力流经冷水机组，然后经水泵加压后送至冷却塔进行再冷却。冷凝器只承受静水压力 P_Z。压力回水式系统的水泵设置在冷水机组的入口管路上，经冷却塔冷却后的冷却水借水泵的压力流经冷水机组，然后再进入冷却塔进行冷却。冷凝器的承压为系统静水压力和水泵全压之和(P_z+P_A)。

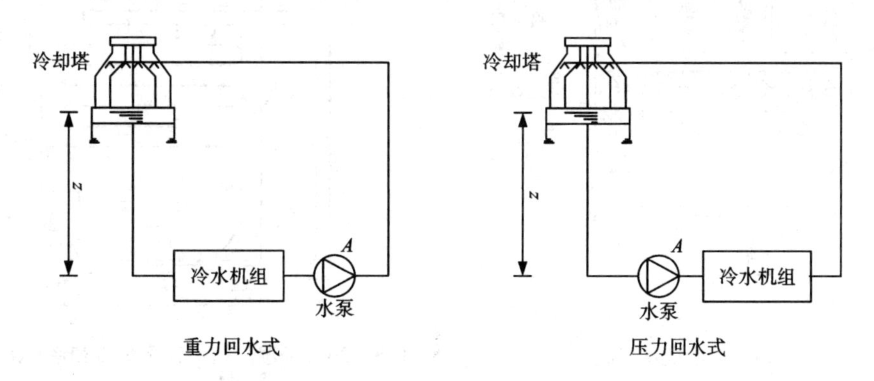

图8－22 冷却水系统的布置形式

2. 冷却塔的选择和布置

(1)冷却塔的类型及结构

冷却塔的类型很多，根据冷却水在塔内是否与空气直接接触，可分为湿式、干式和干湿式。湿式冷却塔让水与空气直接接触进行热质交换，从而把冷却水的温度降低。干式冷却塔则是将冷却水引入散热器内被盘管外的空气冷却。干湿式冷却塔则是将冷却水引入密闭盘管中，通过管外喷淋水的蒸发冷却进行热交换。

空调制冷常用的冷却塔类型如图 8－23～图 8－26 所示。图 8－23 为逆流式冷却塔，在这种冷却塔中空气与水逆向流动，进出风口高差较大。图 8－24 为横流式冷却塔，空气沿水平方向流动，冷却水垂直于空气流动，与逆流式相比，进出风口高差小，塔稍矮，占地面积较大。图 8－25 为引射式冷却塔，该型冷却塔取消了风机，高速喷水引射空气进行换热，设备尺寸较大。图 8－26 为干湿式机械通风型冷却塔，冷却水全封闭，不易被污染。

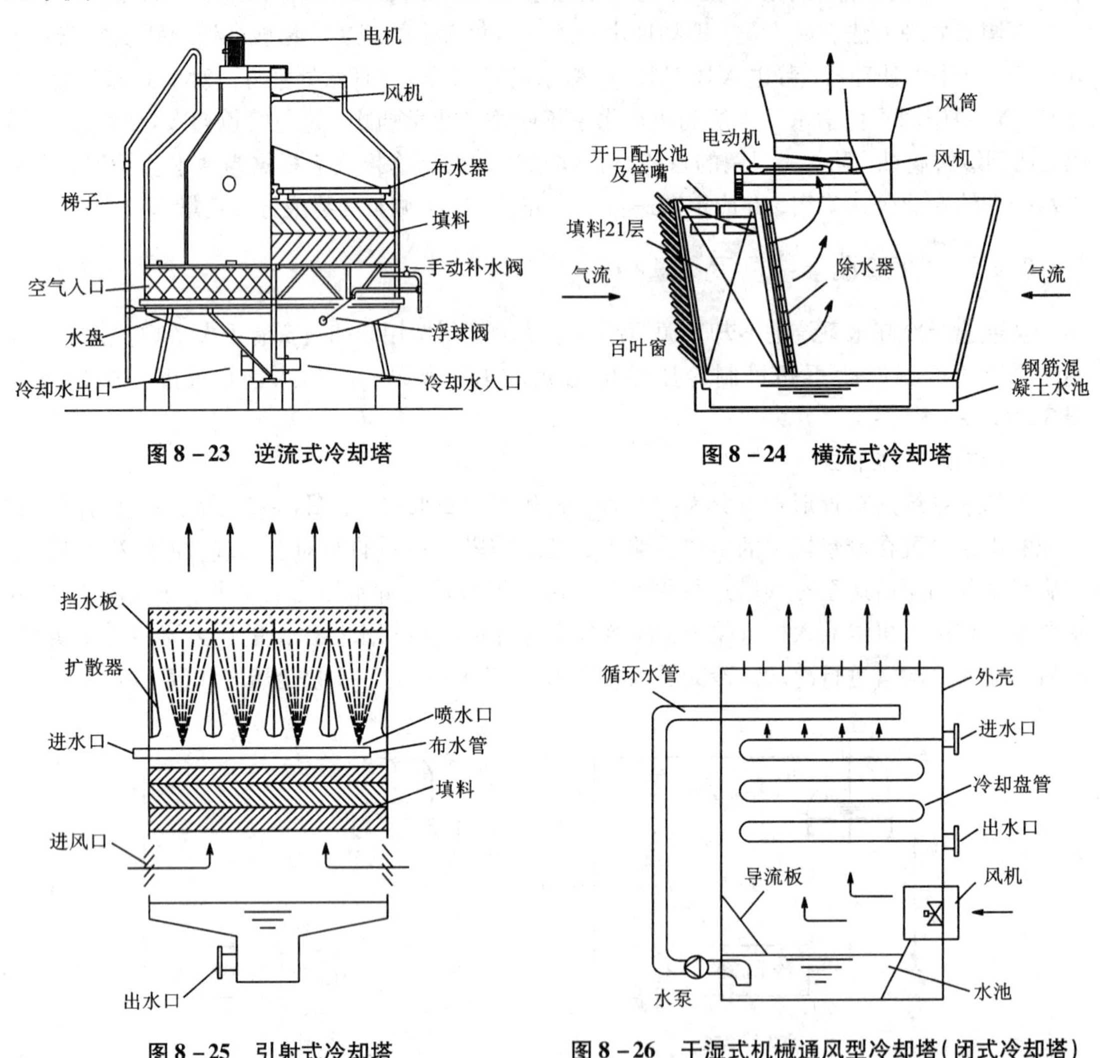

图 8－23 逆流式冷却塔

图 8－24 横流式冷却塔

图 8－25 引射式冷却塔

图 8－26 干湿式机械通风型冷却塔(闭式冷却塔)

通常，在民用建筑和小型工业建筑空调制冷中，宜采用湿式冷却塔，但在冷却水水质要求很高的场所或缺水地区，则宜采用干式冷却塔或干湿式冷却塔。

(2)冷却塔的选择

冷却塔选型须根据建筑物功能、周围环境条件、场地限制与平面布局等诸多因素综合考虑。对塔型与规格的选择还要考虑当地气象参数、冷却水量、冷却塔进出口水温、水质、噪声以及水雾对周围环境的影响，最后经技术经济比较确定。

选用冷却塔时，冷却水量 G(kg/s)按式(8－21)确定，并应考虑1.1～1.2的安全系数。

$$G=\frac{kQ_0}{c(t_{w1}-t_{w2})} \tag{8-21}$$

式中：Q_0——制冷机的冷负荷，kW；

k——制冷机制冷时耗功的热量系数，压缩式制冷机取1.2～1.3，溴化锂吸收式制冷机取1.8～2.2；

c——水的比热容，kJ/(kg·℃)，取4.19；

t_{w1}、t_{w2}——冷却塔的进出水温度，℃，压缩式制冷机进出水温差取4～5℃，溴化锂吸收式制冷机进出水温差取6～9℃，当地气候比较干燥，湿球温度较低时，可采用较大的进出水温差。

为了节水和防止对环境的影响，应严格控制冷却塔飘水率，宜选用飘水率为0.005%～0.01%的优质冷却塔。

(3)冷却塔的布置

冷却塔运行时，会产生一定的噪声，设计冷却水系统时，必须合理布置冷却塔，充分考虑并注意防止噪声及飘水对周围环境造成的影响。

冷却塔设置位置应通风良好，避免气流短路及建筑物高温高湿排气或非洁净气体的影响。当制冷机房设在建筑物的地下室时，冷却塔可设置在制冷机房的屋顶上或室外地面上。当制冷机房设在多层建筑或高层建筑的底层或地下室时，冷却塔设在高层建筑裙楼的屋顶上。如果没有条件这样设置时，只好将冷却塔设在高层建筑主(塔)楼的屋顶上，并应保证冷水机组冷凝器的承压在允许范围内。

冷却塔台数宜按制冷机台数一对一匹配设计，不需要设置备用冷却塔。组合式冷却塔应保证单个组合体的处理水量与制冷机冷却水量匹配。多台冷却塔并联使用时，积水盘下应设连通管，或进出水管上均设电动两通阀。多台冷却塔组合在一起、使用同一积水盘时，各并联塔之间的风室应有隔断措施。

3. 冷却水泵的选择

冷却水泵宜与制冷机台数一对一匹配设计，不设备用泵。冷却水泵流量应按冷水机组技术资料确定，并附加5%～10%的裕量。

冷却水泵所需扬程可按式(8－22)计算，并附加5%的裕量。

$$H_p=H_y+H_j+H_c+H_s+H_o \tag{8-22}$$

式中：H_y、H_j——冷却水管路系统总的沿程阻力和局部阻力，mH_2O；

H_c——冷凝器阻力，mH_2O；

H_s——冷却塔中水的提升高度(从冷却塔积水盘到喷嘴的高差)，mH_2O；

H_o——冷却塔喷嘴喷雾压力，mH_2O。

冷却水泵的选型、承压等要求与空调冷冻水泵的一致。

8.4.3 凝结水系统

空气处理设备冷凝水管道，应按下列规定设置：

①当空气处理设备的冷凝水盘位于机组的正压段时，冷凝水盘的出水口宜设置水封；位

于负压段时，应设置水封，且水封高度 A 应大于冷凝水盘处的正压或负压值，设置方式如图 8－27 所示。

②冷凝水盘的泄水支管沿水流方向坡度不宜小于 0.01，冷凝水水平干管不宜过长，其坡度不应小于 0.003，且不允许有积水部位，必要时可在中途加设提升泵。

③冷凝水的水平干管末端应设置清扫口，立管顶部宜设通气管。

④冷凝水管道宜采用排水塑料管或热镀锌钢管，管道应采取防凝露措施。

⑤冷凝水排入污水系统时，应有空气隔断措施，冷凝水管不得与室内密闭雨水系统直接连接。

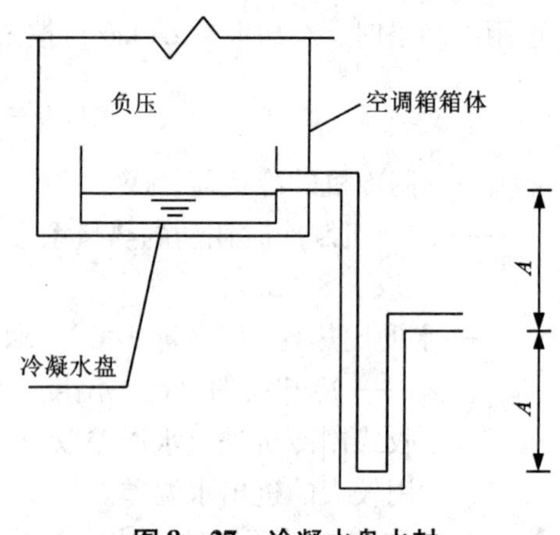

图 8－27 冷凝水盘水封

⑥冷凝水管管径应按冷凝水的流量和管道坡度确定。

空调凝结水管可按末端设备制冷量选用，见表 8－5。

表 8－5 空调凝结水管管径估算

冷负荷/kW	<10	11～20	21～100	101～180	181～600
管径	DN20	DN25	DN32	DN40	DN50
冷负荷/kW	601～800	801～1000	1001～1500	1501～12000	>12000
管径	DN70	DN80	DN100	DN125	DN150

8.4.4 热水循环系统

热水循环系统是由热源、管道系统和末端散热设备组成的闭式系统。热水循环系统主要包括热水采暖系统与空调热水系统。

与空调冷冻水系统共用一套循环管路及末端散热设备的空调热水系统，其循环系统及设备选择可参照 8.4.1 节，这里不再赘述。

热水采暖系统按循环动力的不同分为重力（自然）循环系统和机械循环系统（图 8－28）。重力循环系统[图 8－28(a)]中的热水依靠供回水密度差产生的驱动力进行循环。回水在锅炉 1 中受热，温度升高到 t_s，体积膨胀，密度减少到 ρ_s，在热浮升力的作用下使水沿供水管 6 上升流入散热器 2 中，在散热器中热水失去热量，水温降低到 t_r，密度增大至 ρ_r，沿回水管 7 回到锅炉内重新加热，这样周而复始循环，不断输送热量。膨胀水箱 3 的作用是吸纳系统水温升高时体积膨胀而多出的水量，补充系统水温降低或泄漏时短缺的水量，稳定系统的压力和排除水在加热过程中所释放出来的空气。为了顺利排出空气，水平供水干管标高应沿水流方向下降，由于重力循环系统中水流速度较小，可以采用气水逆向流动，使空气从管道最高点所连接的膨胀水箱排出。重力循环系统不需借助外来动力，运行时无噪声、调节方便、管道简单。由于作用压头小，所需管径大，宜用于设有集中供热热源、对供热质量没有特殊要求的小型建筑物中。

机械循环系统[图8－28(b)]中水的循环动力来自循环水泵4。膨胀水箱膨胀管接到循环水泵4的入口侧，在此系统中膨胀水箱不能排气，所以在系统供水干管末端设有集气罐5，进行集中排气，集气罐连接处为供水干管最高点。机械循环系统作用半径大，是集中采暖系统的主要形式。

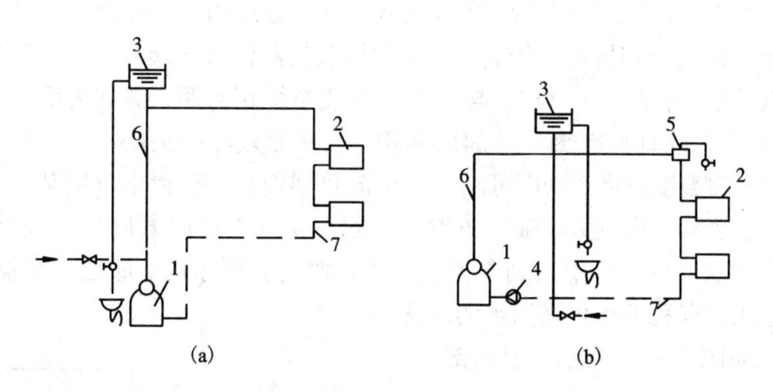

图8－28 热水采暖系统

(a)重力循环系统；(b)机械循环系统

1—锅炉；2—散热器；3—膨胀水箱；4—循环水泵；5—集气罐；6—供水管；7—回水管

热水采暖系统按供水温度高低分为高温水采暖系统和低温水采暖系统。各国高温水与低温水的界限不一样。我国将设计供水温度高于100℃的系统称为高温水采暖系统，低于100℃的称为低温水采暖系统。高温水采暖系统的设计供回水温度常取130/70℃、130/80℃、110/70℃等。低温水采暖系统的设计供回水温度常取95/70℃、85/60℃、80/60℃等。系统的设计供回水温度应综合考虑热源、管网和热用户的实际情况，通过经济技术比较确定。

根据建筑物布置管道的条件，热水采暖管道系统可采用如图8－29所示的上供下回式、上供上回式、下供下回式和下供上回式。“上供”是热媒从立管沿纵向从上向下供给各楼层散热器的系统。“下供”是热媒从立管沿纵向从下向上供给各楼层散热器的系统。“上回”是热媒从立管各楼层散热器沿纵向从下向上回流；“下回”是热媒从立管各楼层散热器沿纵向从上向下回流。

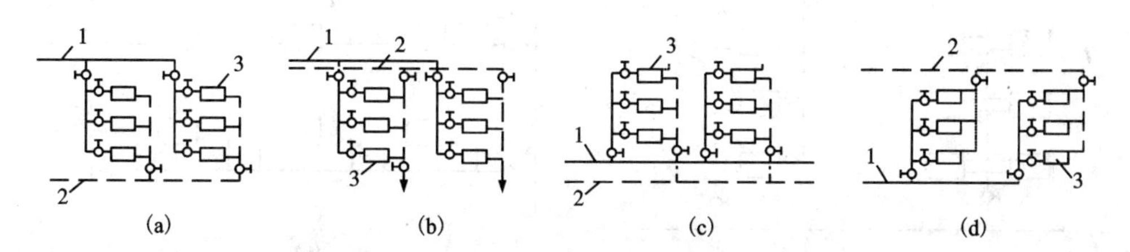

图8－29 按供、回水方式分类的采暖系统

(a)上供下回式；(b)上供上回式；(c)下供下回式；(d)下供上回式

1—供水干管；2—回水干管；3—散热器

上供下回式系统[图8－29(a)]，管道布置方便，排气顺畅，是用得最多的形式。

上供上回式系统[图8－29(b)]，采暖干管不与地面设备及其他管道发生占地矛盾。但立管消耗管材量增加，立管下面均要设放水阀。主要用于设备和工艺管道较多、沿地面布置干管有困难的场所。

下供下回式系统[图8－29(c)]，与上供下回式相比，供水干管无效热损失小，可减轻双管系统的竖向水力失调。虽然通过上层散热器环路的重力作用压头大，但管路长，阻力损失大，有利于水力平衡。顶棚下无干管，比较美观，可以分层施工，分期投入使用。底层需要设管沟或有地下室以便于布置两根干管，要在顶层散热器设放气阀或设空气管排出空气。

下供上回式系统[图8－29(d)]，与上供下回式系统相对照，被称为倒流式系统。如供水干管在一层地面明设时其散热量可加以利用，因而无效热损失小，与上供下回式系统相比，底层散热器平均温度升高，从而可减少底层散热器面积，有利于解决某些建筑物中底层房间热负荷大，散热器面积过大、难于布置的问题。立管中水流方向与空气浮升方向一致，在如图8－29所示的四种系统中最利于排气。当热媒为高温水时，底层散热器供水温度高，然而静水压力也大，有利于防止高温水的汽化。

中供式系统如图8－30所示，上半部分系统可为下供下回式系统或上供下回式系统，而下半部分系统均为上供下回式系统。中供式系统可减轻竖向水力失调，但计算和调节都比较复杂。

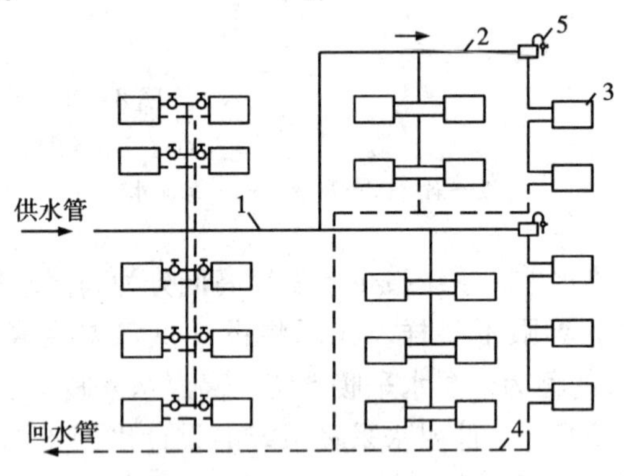

图8－30　中供式热水采暖系统

1—中部供水管；2—上部供水管；
3—散热器；4—回水干管；5—集气罐

根据各楼层散热器的连接方式，热水采暖系统可分为垂直式采暖系统和水平式采暖系统(图8－31)。垂直式采暖系统是将不同楼层的各散热器用垂直立管连接的系统[图8－31(a)]；水平式采暖系统是将同一楼层的散热器用水平管线连接的系统[图8－31(b)]。垂直式采暖系统中一根立管可以在一侧[图8－31(a)右边立管]或两侧[图8－31(a)左边立管]连接散热器。

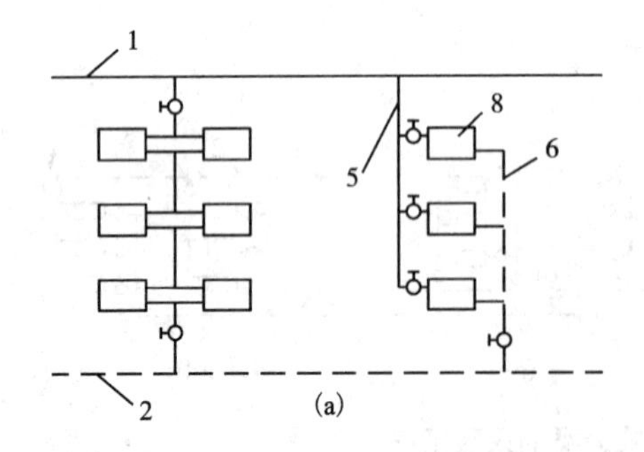

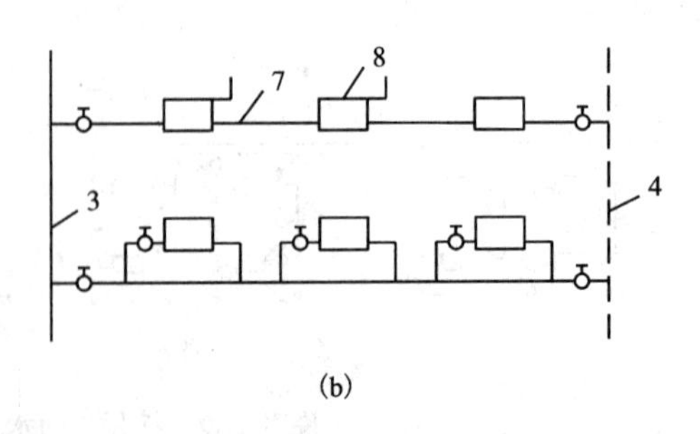

图8－31　垂直式与水平式采暖系统

(a)垂直式采暖系统；(b)水平式采暖系统

1—供水干管；2—回水干管；3—水平式系统供水立管；4—水平式系统回水立管

5—供水立管；6—回水立管；7—水平支路管道；8—散热器

8.4.5 水系统的定压、补水

1. 定压、补水系统

冷热源水系统在运行过程中，由于管道及设备的安装不规范，通常会出现漏水现象。另外，在系统初次运行时，需要向管道里注入足够的循环水。因此，为保证系统的启动及正常运行，需要向水系统中补充一定的水量。

为使水系统在确定的压力水平下运行，闭式循环系统中应设置定压设备。对水系统进行定压的作用在于：一是防止过度放水引起倒空现象，二是防止系统内的水汽化。具体地说，就是必须保证管道和所有设备内均充满水，且管道中任何一点的压力都应高于大气压力，否则会有空气进入系统中。同时，在冬季运行时，一定的压力作用可防止管道内热水汽化。

目前，水系统的定压方式有3种，即高位开式膨胀水箱定压、隔膜式气压罐定压和补给水泵定压等。

(1)高位开式膨胀水箱定压

膨胀水箱按构造分为圆形和方形两种，只要计算出水系统的有效膨胀容积，就可按《全国通用采暖通风标准图集》T 905选取型号，查得外形尺寸，以及各种配管的管径，并按国标图集制作。

膨胀水箱的详细介绍可参照8.4.1节，这里不再赘述。

如前所述，膨胀水箱的功能包括对系统定压、容纳水体积膨胀和向系统补水。

水系统的定压点(即膨胀管与水系统的连接点)宜设在循环水泵吸入口前的回水管路上。这是因为该点是压力最低的地方，使得系统运行时各点的压力均高于定压点的压力。在空调工程设计时，常将膨胀水箱的膨胀管接到集水器上，因为集水器就处在循环泵的吸入侧，便于管理。膨胀水箱通常设置在系统的最高处，其安装高度应比系统的最高点至少高出0.5 m (5 kPa)为宜。

水温升高时，系统中水的容积增加，如果不容纳这部分膨胀量，势必造成系统内的水压增高，将影响系统的正常运行。利用开式膨胀水箱来容纳系统的水膨胀量，可减小因水的膨胀而造成的水压波动，提高了系统运行的安全可靠性。

当系统由于某种原因漏水或降温时，开式膨胀水箱的水位下降，此时，可利用膨胀管(兼作补水管)自动向系统补水。

总之，高位开式膨胀水箱由于具有定压简单、可靠、稳定和省电等优点，而成为目前工程上最常用的定压方式，也是推荐优先采用的方式。

(2)隔膜式气压罐定压

隔膜式气压罐定压俗称低位闭式膨胀水箱定压。气压罐不但能解决系统中水体积的膨胀问题，而且可对系统进行稳压、自动补水、自动排气、自动泄水和自动过压保护等。与高位开式膨胀水箱相比，它要消耗一定的电能。

工程上用来定压的气压罐是隔膜式的，罐内空气和水完全分开，对水质有保证。气压罐的布置比较灵活方便，不受位置高度的限制，可安装在制冷机房、热交换站和水泵房，且不存在防冻的问题。

图8-32为气压罐方式定压的空调水系统工作原理图。气压罐装置主要由补给水泵、补气罐、气压罐、软水箱和各种阀门及控制仪表所组成。它通过利用气压罐内的压力来控制水

系统的压力状况，从而实现下述各种功能。

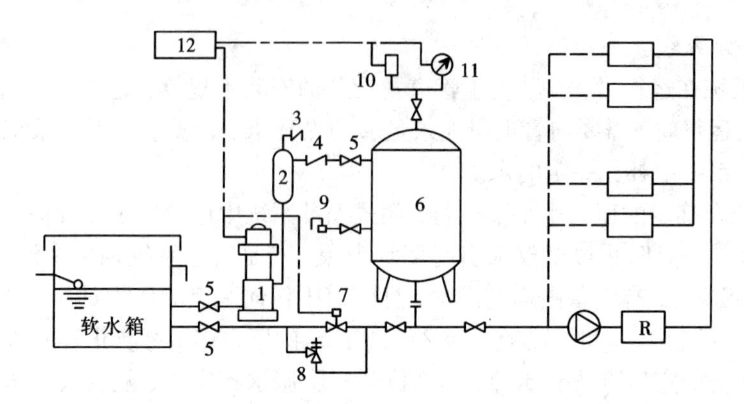

图 8-32　气压罐方式定压的空调水系统工作原理图

1—补给水泵；2—补气罐；3—吸气阀；4—止回阀；5—闸阀；6—气压罐；7—泄水电磁阀；
8—安全阀；9—自动排气阀；10—压力控制器；11—电接点压力表；12—电控箱

1）自动补水

根据水系统的稳压要求，通过压力控制器 10 设定气压罐 6 的上限压力 p_2（即补水泵停止压力）和下限压力 p_1（即补水泵启动压力）。

当需要向系统补水时，气压罐内的压力 p 随水位下降。当 p 下降到下限压力 p_1 时，接通电动机，启动补给水泵 1，将软水箱内的水压入补气罐 2，推动罐内的空气一同进入气压罐 6，从而使罐内的水位和压力上升，水就被补入系统中。

当压力上升到上限压力 p_2 时，切断水泵的电源，停止补水。此时，补气罐 2 内的水位下降，吸气阀 3 自动开启，使外界空气经过滤后进入补气罐 2。

2）自动排气

由于补给水泵每工作一次就给气压罐补一次气，罐内的气体容积逐步扩大，下限水位也逐步下降。当下降到自动排气阀 9 的限定水位时，排出多余的气体，使水位恢复正常。

3）自动泄水

泄水压力 p_3，也就是电磁阀开启的压力[$p_3 = p_2 + (2 \sim 4)\gamma$]。当水系统体积膨胀时，水倒流入气压罐 6 内，使水位上升，罐内压力也随之上升。当罐内压力超过泄水压力 p_3 时，已达到电接点压力表 11 所设定的上限压力，接通并打开泄水电磁阀 7，把气压罐内多余的水泄回到软水箱。一直泄水到电接点压力表 11 所设定的下限压力 p_3 为止。

4）自动过压保护

安全阀开启压力 p_4，即气压罐的最大工作压力[$p_4 = p_3 + (1 \sim 2)\gamma$]。这个压力不应超过系统中设备的允许工作压力。当气压罐内的压力超过电接点压力表所设定的上限压力 p_4 时，安全阀 8 和泄水电磁阀 7 一起自动打开快速泄水，并迅速降低气压罐内压力，达到保护系统的目的。

当用气压罐装置代替高位膨胀水箱时，应根据水系统的总补水量或有效膨胀容积，从生产厂家提供的产品样本中选取所需的型号。

（3）补给水泵定压

补给水泵的定压方式如图 8-33 所示，适用于大型空调冷热水系统。落地膨胀水箱的容积一般为系统每小时泄漏量的1~2倍。补水定压点安全阀的开启压力宜为连接点的工作压力加上50 kPa的富余量。补水泵的启停，宜由装在定压点附近的电接点压力表或其他形式的压力控制器来控制。电接点压力表上下触点的压力根据定压点的压力确定，通常要求补水点压力波动范围为30~50 Pa。波动范围太小，则触点开关动作频繁，易损坏，对水泵寿命也不利。补水泵的补水点应设在定压点处，流量宜为水系统正常补水量的4~5倍，扬程不应小于补水点压力加50 kPa的富余量。

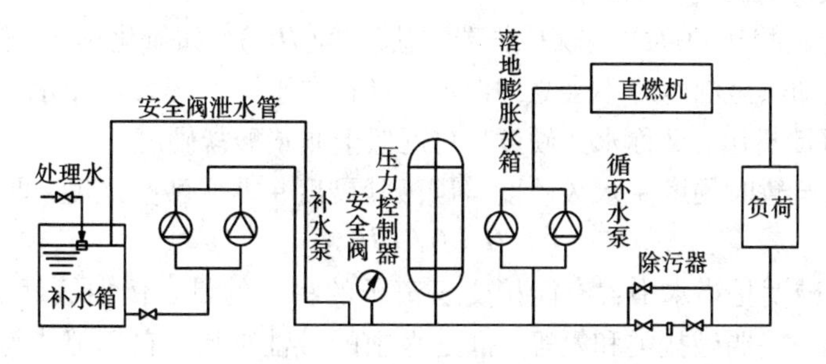

图8-33 补给水泵的定压方式

2. 水中杂质及水质指标

(1)水中杂质及其危害性

天然水中的杂质按颗粒大小的不同可分为三类：颗粒最大的称为悬浮物；其次是胶体；最小的是离子和分子，即溶解物质。

悬浮物是指水流动时呈悬浮状态存在、不溶于水的颗粒物质，其颗粒直径在10^{-4}mm以上，通过滤纸可以分离出来，主要是沙子、黏土以及动植物的腐败物质。

胶体是直径为$1.0\times10^{-6}\sim1.0\times10^{-4}$mm的颗粒，是许多分子和离子的集合体，通过滤纸是不能分离出来的。它们在水中不能相互黏合，而是稳定在微小的胶体状态下，不能依靠重力自行下沉。天然水中的有机胶体主要是动植物腐烂和分解后生成的腐殖质，同时还有一些矿物质胶体，主要是铁、铝和硅等的化合物。

天然水的溶解物质主要是钙镁盐类物质和一些溶解气体，这些盐类主要以离子状态存在。天然水的溶解气体主要有氧气和二氧化碳。

通常，天然水中的悬浮物和胶体杂质一般在水厂通过混凝和过滤处理后大部分被清除。因此，水中的主要杂质是溶解盐类，而这些盐类杂质在使用过程中会析出或沉淀出来，形成水垢。水垢导热性能很差(是钢的1/50~1/30)，它的存在使换热器的传热情况显著变坏。

(2)水质指标及标准

为了表示水中所含杂质的种类和数量，通常用下面几个指标来表示。

①悬浮固形物。即水通过滤纸后被分离出来的固形物，经干燥至恒重。它的含量用每升水中所含固形物的毫克数来表示(mg/L)。

②溶解固形物。已分离出悬浮固形物的水经蒸发、干燥后得到的残渣为溶解固形物，单位为mg/L。水中含盐量表示水中各种盐类的总和，由水中全部阳离子和阴离子的重量相加得到。通常用溶解固形物的含量作为含盐量的近似值，这是由于原水中重碳酸盐在蒸发过程中会分解，以及在蒸发、干燥温度下有些物质的水分和结晶水未能除尽。

③硬度。硬度是指溶解在水中能形成水垢的物质——钙、镁的含量。因此，把水中钙离子、镁离子的总含量称为总硬度(H)，其单位为mol/L。溶解于水中的重碳酸钙、重碳酸镁的

碳酸盐称为碳酸盐硬度(H_T)。

重碳酸钙、重碳酸镁在水中加热至沸腾后能转变为沉淀物析出，即

$$Ca(HCO_3)_2 = CaCO_3 \downarrow + H_2O + CO_2 \uparrow$$

$$Mg(HCO_3)_2 = MgCO_3 \downarrow + H_2O + CO_2 \uparrow$$

$$MgCO_3 + H_2O = Mg(OH)_2 \downarrow + CO_2 \uparrow$$

所以碳酸盐硬度又称为暂时硬度。

水的总硬度与碳酸盐硬度之差就是非碳酸盐硬度(H_{FT})，如氯化钙、氯化镁、硫酸钙和硫酸镁等，这些盐类加热至沸腾时不会立即沉淀，只有在水不断蒸发后使水中所含的浓度超过饱和极限时才会沉淀析出，又称永久硬度，它近似于非碳酸盐硬度。

因此，总硬度 = 暂时硬度 + 永久硬度 = 碳酸盐硬度 + 非碳酸盐硬度，即

$$H = H_T + H_{FT}$$

④碱度(A)。碱度是指水中含有能接受氢离子的物质的量。例如氢氧根、碳酸根、重碳酸根、磷酸根以及一些弱碱盐类和氨等，都是水中的碱性物质，它们都能与酸进行反应。在天然水中，碱度主要由重碳酸盐和碳酸盐类组成。碱度的单位为 mmol/L。

水中所含的各种硬度和碱度之间有着内在的联系和制约。例如水中不可能同时存在氢氧根碱度和重碳酸盐碱度，因为 OH^-、HCO_3^- 会起反应，即

$$OH^- + HCO_3^- = CO_3^{2-} + H_2O$$

水中暂时硬度都是钙、镁与碳酸根及重碳酸根形成的盐类，也是水中的碱度。另外，当水中含有钠盐碱度时，则不会存在非碳酸盐硬度(永久硬度)。如

$$Na_2CO_3 + CaSO_4 = CaCO_3 \downarrow + Na_2SO_4$$

所以钠盐碱度被称为“负硬度”。

⑤相对碱度。它是指水中游离的 NaOH 和溶解固形物含量的比值。所谓游离 NaOH 是指水中氢氧根碱度折算成 NaOH 的含量。相对碱度是为了防止锅炉苛性脆化而规定的一项技术指标。我国规定的相对碱度值必须小于 0.2，但这是经验数据，尚无严格的理论依据。

⑥pH。它是表示水的酸碱性指标。当 $pH = 7$ 时，水呈中性；$pH < 7$ 时，水呈酸性；$pH > 7$ 时，水呈碱性。

⑦溶解氧(O_2)。气体能溶解于水中，诸如氧、氮和二氧化碳等气体；水温愈高，则气体的溶解度愈小。其中溶解氧会腐蚀金属，所以对压力较高、容量较大的锅炉，给水必须除去溶解氧。含氧量的单位是 mg/L。

⑧磷酸根(PO_4^{3-})。为了消除锅炉给水带入气锅的残留硬度，或为了防止气锅内壁腐蚀，可向锅内加入一定量的磷酸盐，从而磷酸根也作为锅水的一项控制指标。

⑨亚硫酸根(SO_3^{2-})。给水中的溶解氧可用化学方法除去，常用的化学药剂为亚硫酸钠。给水中亚硫酸钠相对于氧的过剩量越多，则反应速度越快越完全，在此情况下锅水中的亚硫酸根的含量也是一项控制指标。

⑩含油量。天然水一般不含油，可是蒸气的凝结水或给水在使用过程中有可能混入油类。锅水含油及碱类等物质，在水位表面易形成泡沫层，使蒸气带水量增加，影响蒸气品质，因此也规定了锅炉给水的含油量。

空调冷却水、冷媒水和热媒水等循环用水必须符合表 8－6 所规定的水质标准。

表8－6 循环水水质标准

项目	单位	水质标准	危害
浊度	mg/L	根据生产要求确定，一般不应大于20。当换热器的形式为板式、套管式时，一般不宜大于10	过量会导致污泥危害及腐蚀
含盐量	mg/L	投放缓蚀剂时，一般不应大于2500	腐蚀、结垢随含盐量增加而递增
碳酸盐硬度	mmol/L	(1)在一般水质条件，若不投加阻垢分散剂，不宜大于3 (2)投加阻垢分散剂时，应根据所投加的药剂品种、工况等条件确定，可控制为6～9	
钙离子	mmol/L	投加阻垢分散剂时，应根据所投加的药剂品种、工况条件确定，一般情况下下限不宜小于1.5(从腐蚀角度要求)，上限不宜大于8(从结垢角度要求)	结垢
镁离子	mmol /L	不宜大于5，并按 Mg^{2+} 含量(mg/L，以 $CaCO_3$ 计)× SiO_2 含量（mg/L，以 SiO_2 计)≤15000 验证	产生类似蛇纹石的污垢，黏性很强
铝离子	mg/L	不宜大于0.5	起黏结作用，促进局部腐蚀
铜离子	mg/L	一般不宜大于0.1，投加铜缓蚀剂时应按试验数据确定	产生点蚀，导致局部腐蚀
氯酸根	mg/L	(1)投加缓蚀剂时，对不锈钢设备的循环用水不应大于300 (2)投加缓蚀剂时，对碳钢设备的循环用水不应大于500	强烈促进腐蚀反应，加速局部腐蚀，主要是裂隙腐蚀、点蚀和应力腐蚀开裂
硫酸根	mg/L	(1)投加缓蚀剂时，按 Ca^{2+} 含量 × SO_4^{2-} 含量 < 75000 验证 (2)对系统中混凝土材质的影响控制应按GB 50021—1994《岩土工程勘察规范》的要求	它是硫酸盐还原菌的营养源，浓度过高会出现硫酸钙的沉淀
硅酸(以 SiO_2 计)	mg/L	(1)不大于175 (2)按 Mg^{2+} 含量(以 $CaCO_3$ 计)× SiO_2 含量（以 SiO_2 计)≤15000 验证	出现污泥沉淀及硅垢
油	mg/L	不应大于5	附于管壁，阻止缓蚀剂与金属表面接触，是污垢黏结剂、营养源
磷酸根	mg/L	根据磷酸钙饱和指数进行控制	引起磷酸钙沉淀
异氧菌总数	个/L	小于 5×10^5	产生污泥和沉淀，带来腐蚀，破坏冷却塔木材

(3)水的除硬除碱

水中形成硬度的物质是水中的钙离子和镁离子，如果使离子交换剂中具有不会形成硬度的阳离子与水中的钙、镁离子进行交换反应，结果是水中的钙、镁离子被吸附在交换剂上，这样水中的钙、镁离子被除去，原水就由硬水变成了软水。

离子交换剂的种类很多。目前最常用的离子交换剂是合成树脂。合成树脂是用化学合成法制成的，称为合成离子交换树脂。它们是由许多低分子化合物(单体)聚合而成的高分子化合物。合成树脂内部具有较多的孔隙，交换能力大，同时机械强度和工作稳定性较好，近年来已被广泛采用。

常用的阳离子交换水处理有钠离子、氢离子、氨离子交换等方法。

通常以 R 表示离子交换剂中的复合阴离子根，以 NaR 表示钠离子交换剂，HR 表示氢离子交换剂，NH_4R 表示铵离子交换剂。以下分别介绍三种离子交换剂的工作原理。

①钠离子交换剂软化水，即清除水中碳酸盐硬度和非碳酸盐硬度，其化学反应如下：

与原水中碳酸盐硬度作用时

$$2NaR + Ca(HCO_3)_2 = CaR_2 + 2NaHCO_3$$

$$2NaR + Mg(HCO_3)_2 = MgR_2 + 2NaHCO_3$$

与原水中非碳酸盐硬度作用时

$$2NaR + CaSO_4 = CaR_2 + Na_2SO_4$$

$$2NaR + CaCl_2 = CaR_2 + 2NaCl$$

$$2NaR + MgSO_4 = MgR_2 + Na_2SO_4$$

$$2NaR + MgCl_2 = MgR_2 + 2NaCl$$

从上述反应可见，经过钠离子交换后，水中的钙、镁盐类变成了钠盐，除去了水中的硬度。原水中的重碳酸碱度变成了钠盐碱度，所以，钠离子交换只能软化水，不能除去水中的碱度，即钠离子交换前后水中的碱度保持不变，这是钠离子交换法的主要缺点。由于钠离子的当量值要比钙、镁离子的当量值大，因此经钠离子交换后，水中的盐量稍有增加。经过钠离子交换处理的软水，还残留少量硬度，一般在 0.03 mmol/L 以下。

②氢离子交换剂(HR)，既可除硬又可除碱，其化学反应式如下：

与原水中碳酸盐硬度作用时

$$2HR + Ca(HCO_3)_2 = CaR_2 + 2H_2O + 2CO_2\uparrow$$

$$2HR + Mg(HCO_3)_2 = MgR_2 + 2H_2O + 2CO_2\uparrow$$

与原水中非碳酸盐硬度作用时

$$2HR + CaSO_4 = CaR_2 + H_2SO_4$$

$$2HR + CaCl_2 = CaR_2 + 2HCl$$

$$2HR + MgSO_4 = MgR_2 + H_2SO_4$$

$$2HR + MgCl_2 = MgR_2 + 2HCl$$

从上述反应式可以看出，在除碳酸盐硬度时产生了 CO_2 和水，即在消除硬度的同时也降低了水的碱度和盐分。但在除非碳酸盐硬度时产生了酸，这种酸性水不能直接进入系统，必须用碱进行中和。因此，氢离子交换不单独使用，而是与钠离子交换联合使用，称氢 - 钠离子交换。这样可利用钠离子交换器生成的 $NaHCO_3$ 与 H_2SO_4、HCl 进行中和反应生成 Na_2SO_4、

NaCl、H_2O 和 CO_2。

氢离子交换剂使用一段时间后，会逐渐失效，这时需要用1% ~2%的硫酸溶液进行还原，其化学反应式为

$$CaR_2 + H_2SO_4 = 2HR + CaSO_4$$

$$MgR_2 + H_2SO_4 = 2HR + MgSO_4$$

③铵离子交换剂(NH_4R)，既可除硬又可除碱，其化学反应式如下：

与原水中碳酸盐硬度作用时

$$2NH_4R + Ca(HCO_3)_2 = CaR_2 + 2NH_4HCO_3$$

$$2NH_4R + Mg(HCO_3)_2 = MgR_2 + 2NH_4HCO_3$$

反应生成的碳酸氢氨在气锅中受热分解，生成氨气、二氧化碳与水，即：

$$NH_4HCO_3 = NH_3\uparrow + CO_2\uparrow + H_2O$$

与原水中非碳酸盐硬度作用时

$$2NH_4R + CaSO_4 = CaR_2 + (NH_4)_2SO_4$$

$$2NH_4R + CaCl_2 = CaR_2 + 2NH_4Cl$$

$$2NH_4R + MgSO_4 = MgR_2 + (NH_4)_2SO_4$$

$$2NH_4R + MgCl_2 = MgR_2 + 2NH_4Cl$$

反应生成的硫酸铵和氯化铵在气锅中受热分别分解生成硫酸或盐酸和氨气，即

$$(NH_4)_2SO_4 = H_2SO_4 + 2NH_3\uparrow$$

$$NH_4Cl = HCl + NH_3\uparrow$$

硫酸和盐酸具有腐蚀作用，因此铵离子交换系统不单独使用，而与钠离子交换联合使用，组成铵 - 钠离子交换。这样当软化水进入系统后，铵盐受热分解生成的酸将被钠离子交换后带入的 $NaHCO_3$ 所中和。铵离子交换产生的氨气对钢铁不产生腐蚀作用，但对铜及铜合金有腐蚀作用。因此当系统中换热器或其他部件的材料采用铜或铜合金时，不能采用铵离子交换制取软化水。铵离子交换剂使用失效后采用浓度2.5% ~3%的 $(NH_4)_2SO_4$ 溶液进行还原，即

$$CaR_2 + (NH_4)_2SO_4 = 2NH_4R + CaSO_4$$

$$MgR_2 + (NH_4)_2SO_4 = 2NH_4R + MgSO_4$$

上述三种离子交换器可进行不同的组合，形成不同的离子交换系统。

(4)水的除氧

水中溶解的氧、二氧化碳气体对金属壁面会产生化学和电化学腐蚀，因此必须采取除气(特别是除氧)的措施。

从气体溶解定律可知，任何气体在水中的溶解度与该气体在水界面上的分压力成正比。在敞开的设备中将水加热，水温升高，会使气水界面上的水蒸气分压力增大，其他气体的分压力会降低，致使其他气体在水中的溶解度减少。通常采用加热法除氧(热力除氧)或抽真空的方法除氧(真空除氧)，如要使水界面上的氧分压力降低，也可通过将界面上的空间充满不含氧的气体来达到(解吸除氧)，还可以用加药来消除溶解氧的方法(化学除氧)。

1)热力除气(俗称热力除氧)

热力除气不仅除去水中的溶解氧，而且同时除去其他溶解气体(如二氧化碳等)。软水中

残剩的碳酸盐碱度也会在热力除氧器加热时溢出二氧化碳，使碱度有所降低。供热锅炉给水除氧都采用热力式除氧器，即除氧器内保持压力为0.02 MPa(表压力)。压力略高于大气压的目的是便于使溢出的气体排出除氧器，也不会使外界空气进入除氧器内。压力过高就会出现容器受压的安全强度问题。为了防止超压，设置了水封式安全阀。热力除氧器结构从整体上可分为两部分，上部为脱气塔(俗称除氧头)，下部为储水箱，如图8－34所示。

2)真空除氧

真空除氧的原理与结构和热力除氧相似，它是利用低温水在真空状态下沸腾，从而达到除氧的目的。

除氧器的真空可借助蒸气喷射泵或水喷射泵来实现。当除氧器内真空度保持在80 kPa，水温为60℃时水中溶解氧含量可达0.05 mg/L，达到供热锅炉给水标准。为了保证真空除氧效果，整个系统要求有良好的密封性能。在运行过程中，除氧水箱的水位波动会影响到真空度的变化。为此，控制除氧水箱的液位，以保持水位稳定是很有必要的。

3)解吸除氧

解吸除氧是基于亨利定律，将无氧的气体与含氧水强烈混合，使溶解在水中的氧析出，从而使给水中的含氧量降低，达到除氧的目的。

4)化学除氧

常用的化学除氧有钢屑除氧和药剂除氧、树脂除氧。

①钢屑除氧。钢屑除氧是使含有溶解氧的水流经钢屑过滤器，钢屑与氧发生反应，生成氧化铁，达到除氧的目的。水温愈高，反应速度愈快，除氧效果愈好。水与钢屑接触时间愈长，反应效果愈佳。

钢屑除氧如图8－35所示，一般布置在给水泵的吸入侧，适用于小型锅炉。

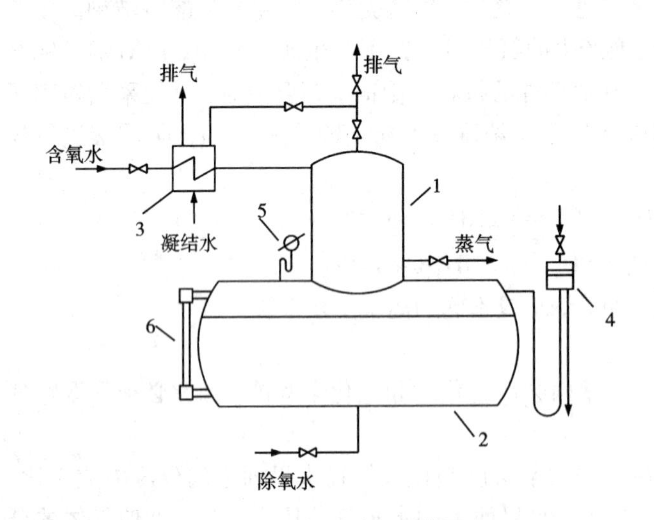

图8－34 热力除氧系统图

1—脱氧塔；2—储水箱；3—排气冷却器；4—安全水封；5—压力表；6—水位表

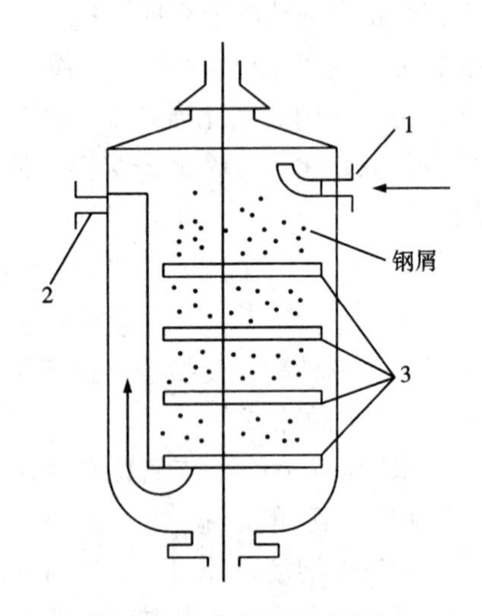

图8－35 钢屑除氧器

1—水进口；2—水出口；3—有孔隔板

钢屑除氧器设备简单，运行费用低。但水温过低或氢氧根碱度过大，钢屑表面有钾、钠盐存在而钝化时，这些都会使除氧效果降低，同时更换钢屑劳动强度也较大。一般情况下钢屑除氧可使水中含氧量降至 0.1 ~ 0.2 mg/L。

②药剂除氧。即向给水中加药，使其与水中的溶解氧化合成无腐蚀性物质，达到给水除氧的目的。常用的药剂为亚硫酸钠，其反应式如下：

$$2Na_2SO_3 + O_2 = 2Na_2SO_4$$

一般加药量比依照反应式计算的理论量多 3 ~ 4 g/t 水。在使用时，将亚硫酸钠配置成浓度为 2% ~ 10% 的溶液，用活塞泵打入给水管道的吸入侧或直接滴加入水箱中。化学反应时间长短取决于水温，在水温为 40℃时，反应时间约为 3 min，60℃时为 2 min。

药剂除氧法装置简单，操作方便，适用于小型锅炉，尤其是闭式循环系统的热水锅炉，补水量不大时，非常合适。

③树脂除氧。最近树脂除氧已发展为触媒型除氧树脂，它的除氧机理是：当含氧水通过还原树脂层时，水中的氧和树脂中的活泼氢发生化学反应生成水。树脂除氧技术可在常温下进行，具有不消耗热量和动力、除氧效果好、操作简单、不泄压等优点，是一项节能技术。且通过树脂除氧无须消耗水系统中的水，不带进任何杂质，实现了零排放。这种除氧方法的工艺设备和系统，尚处于逐步完善的过程中。

8.4.6 热泵低位热源水系统及设备选择

被热泵吸取热量的物体一般称为热泵的低位热源（或称低温热源，简称热源）。一般而言，低位热源是指无价值、不能直接应用的热源。如储存在周围空气、水、大地中的热能。各种低位热源都有一定的特殊性，因此热泵机组低位热源水系统也各有特点。下面介绍几种比较典型的热泵低位热源水系统。

1. 地表水源热泵系统

地表水包括河流、湖泊、水库、海水、池塘、水溪等水体，使用这些水资源需要取得相关部门的许可。在水源中建取水构筑物或放置换热设备，均应取得有关部门的批准或进行协商。例如，有航道的河流，应与航运管理部门协调；有水害的河流、湖泊，应取得防汛部门的批准。

根据热泵机组与地表水连接方式的不同，可将地表水源热泵分为两类：开式系统与闭式系统（间接式系统）。开式系统是直接将地表水经处理后引入热泵机组，在机组内换热后排至原水体中。闭式系统是将地表水热交换器放置在具有一定深度的水体底部，通过换热装置内的循环介质与水体进行换热。两种形式的示意图如图 8 - 36 所示。

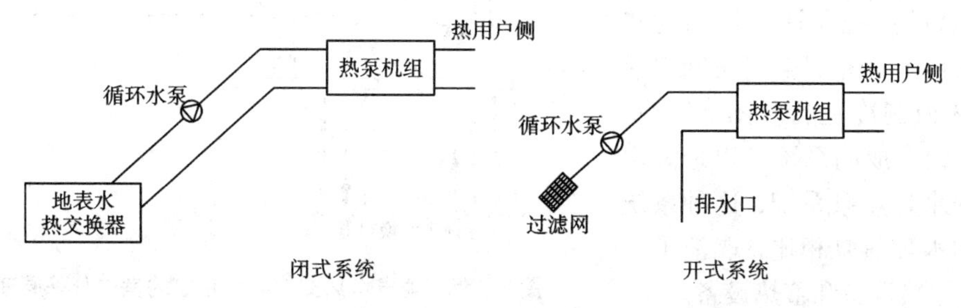

图 8 - 36 地表水源热泵系统的类型

地表水热交换器通常采用 $\phi 20 \sim 40$ mm 的塑料管做成盘管，塑料管的材质一般是聚乙烯、聚丁烯。闭式系统将地表水热交换器置于河、湖、池塘等水下的混凝土基础上，通过塑料管连接至热泵机组，如图 8-37 所示。为使各盘管分配水量均匀，通常采用同程式或对称布置。

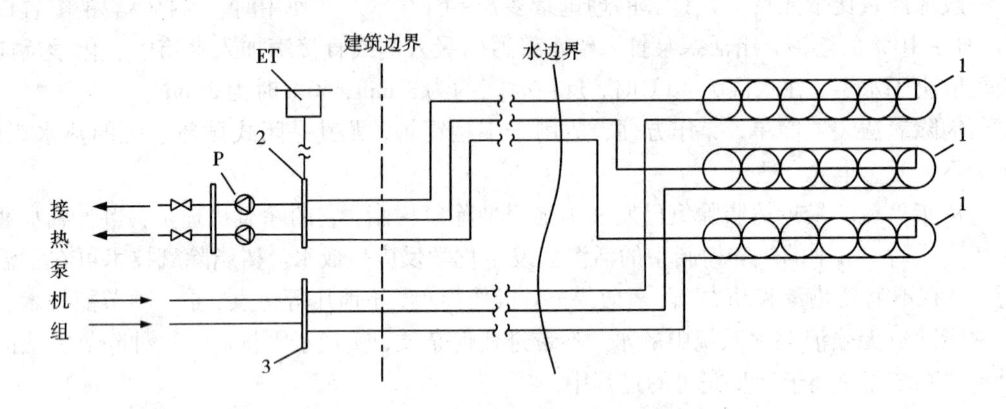

图 8-37 地表水热交换器的水系统

1—地表水热交换器；2—集水器；3—分水器；P—循环水泵；ET—膨胀水箱

若热泵机组不采用四通阀对制冷剂流程进行制冷制热切换时，可采用阀门将地表水热交换器的水路进行切换，让其冬季制热运行时与蒸发器连接，夏季制冷运行时与冷凝器连接。

当地表水热交换器的水作为水环热泵机组的热源时，由于这类机组分散放置在建筑内各个空调房间内，因此需把地表水热交换器的水分配到建筑中各个房间内，图 8-38 为地表水热交换器水系统的室内分配系统原理图，其室外部分同图 8-37。这种系统允许建筑内的热泵机组根据被服务的空调房间要求进行制热或制冷运行。图 8-37、图 8-38 组合成的系统是以地表水为热源的水环热泵系统，这种系统与传统的水环热泵相比，取消了加热设备、排热设备和蓄热设备。

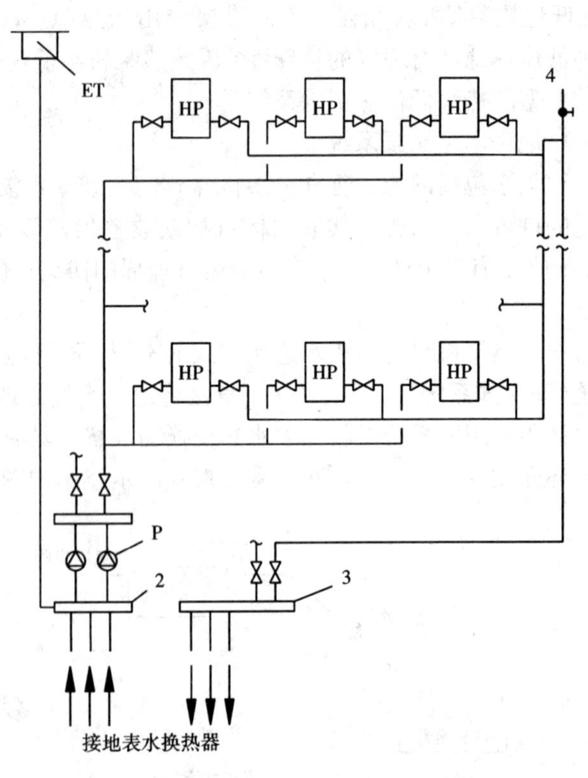

图 8-38 地表水热交换器水系统的室内分配原理图

HP—热泵机组；4—手动放气阀；其他符号同图 8-37

从水源中取水应用于热泵的方法有两种：在水源旁打浅井；直接

从水源中取水。前一种方法，水经河岸过滤后进入水井，水中杂质少，相当于地下水取水系统，图8－39为从水源中直接取水的系统简图。为防止水中杂物进入集水井，在取水头的四周装有格栅。格栅窄断面的水流速度应小于0.3 m/s。用潜水泵将水直接送到热泵机组，使用后再排回水源，水系统上设有水处理器(防结垢、灭藻等功能)和过滤器。含砂量大时宜设旋流除砂器。图示的热泵冬季制热与夏季供冷是通过机组内四通阀进行转换的。

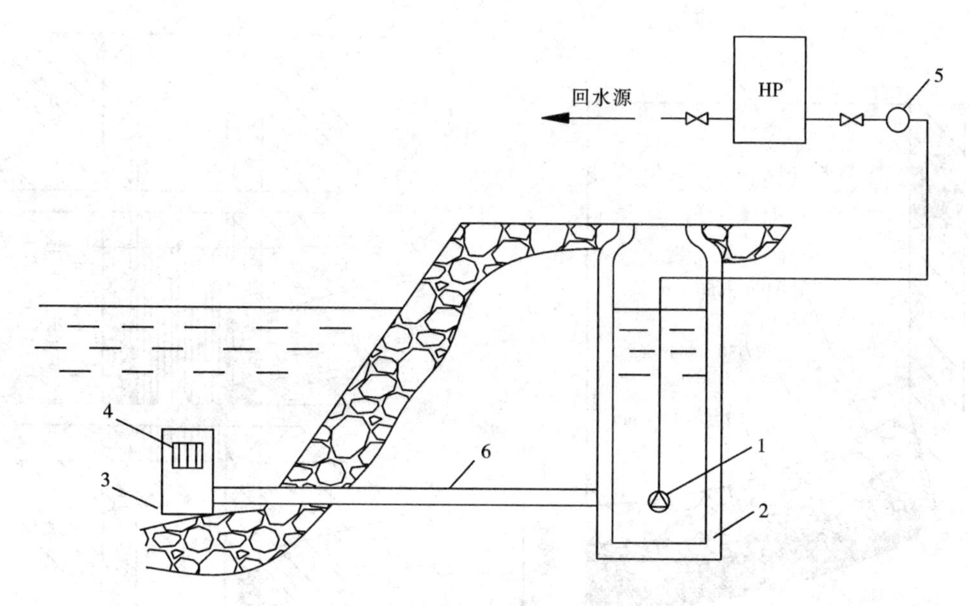

图8－39 从水源中直接取水的系统简图

1—潜水泵；2—集水器；3—取水头；4—格栅；5—水处理器；6—导水管；HP—热泵机组

使用海水作为水源时，要防止海水对热泵机组及其他设备产生腐蚀，因此宜采用间接式系统。在水/水换热器中让海水与二次循环水进行换热，二次循环水供给热泵机组使用。水/水换热器通常采用不锈钢材质的板式换热器，设计时就将板式换热器中海水的进口温度与二次循环水的出口温度之差控制为1～2℃。海水系统中应设灭藻、防垢的水处理设备，海水的取水系统可参照图8－39所示。

2. 地下水源热泵系统

地下水开采的井有两类：大口井和管井。当地下水的水位较高或在江、河、湖泊附近时，可以打大口井取水。大口井的井径为2～12 m，井深在20 m以内。出水量一般在500～10000 m^3/d，最大可达30000 m^3/d。大口井的构造如图8－40所示。井底有三层不同粒径的卵砾石层，约700 mm。井筒的筒壁上开有渗水孔洞，洞内填卵、砾石，开孔总面积占筒壁面积的15%～20%。地下水通过井底的卵、砾石层及井壁上的孔洞过滤后渗入。当抽水高度小于6 m时，可在地面上安装普通清水泵抽水输送，这种方式的初投资及运行费用都较低，且维修方便。当抽水高度大于6 m时，应采用潜水泵或深井泵抽水输送。

管井的井径为50～1000 mm，井深10～1000 m。当地下水水位很低时必须采用管井，因此管井也经常称为深井。管井的构造如图8－41所示，井管可用钢管、铸铁管、钢筋混凝土管、塑料管、玻璃管等。上层非含水层土壤与井管之间用黏土封填，下部的土壤与井管之间用砾石充填。在含水层的井管上有过滤器，通常就在井管上开条孔或圆孔，外缠镀锌钢丝或包粗丝网(孔隙率 >50%)，与管井之间垫上扁条或圆钢筋，垫筋高度一般为 6 mm。井管的底部为沉砂管，使水中含的砂粒沉于底部，沉砂管的长度为 2 ~ 10 m。在井管中放入井泵，将地下水抽送到地面上使用。井泵有深井泵和潜水泵两种。

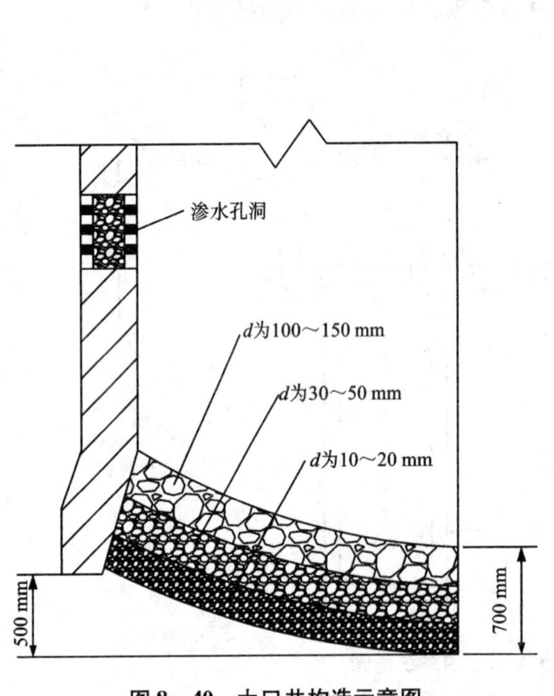

图 8 - 40　大口井构造示意图

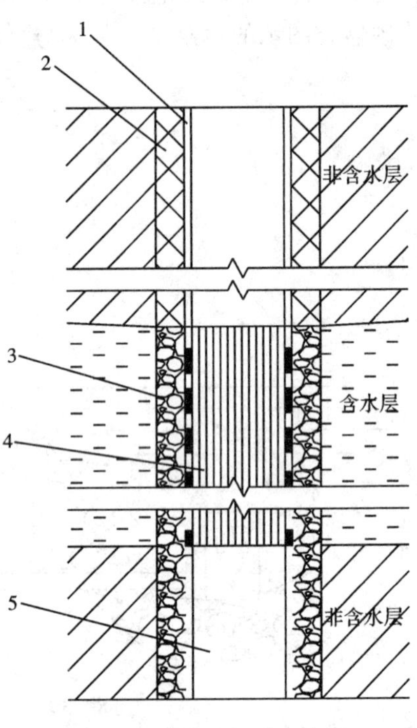

图 8 - 41　管井构造示意图

1—井管; 2—黏土封填层; 3—砾石填料层;
4—过滤器; 5—沉砂管

地下水使用后必须回灌到原地层结构中。回灌井与抽水井距离应尽可能远些，以避免热泵使用后的水因短路而被再次抽出。由于地下水中总是含有细砂，回灌时间长了就会使回灌井井管上的过滤器堵塞，导致回灌量逐渐下降，甚至报废。解决砂堵的办法是采用定期“回扬”，即将由回灌井中提升上来的含有细砂的水排掉。为此，回灌井的构造宜与抽水井一致，以便安装井泵，实现初期回扬。

不论是抽水井还是回灌井，都会随着时间的推移而老化，抽水量与回灌量也会逐年下降，甚至无法再继续使用。井老化的原因有砂堵、腐蚀、岩化与胶结。砂堵是指地下水中含有的砂、黏土等随水流而趋于抽水井，致使砾石填料层、过滤器堵塞，回灌井也因水中含砂而堵塞。腐蚀是指当井的构件不是由耐腐材料制造或未做防腐处理时，导致井构件腐蚀。岩化是指地下水中原来是溶解状态的铁、锰化合物，在物理、化学或生物的作用下，生成不溶解的铁、锰化合物，从而沉积在砾石填料层、过滤器、抽水井等部位。胶结是指地下水中的碳酸盐以重碳酸盐的形式溶解于水中，当抽水时，压力下降，二氧化碳从水中逸出，重碳酸盐不能保持溶解状态而部分分解成不溶解的碳酸盐，导致砾石填料层和过滤器的缝隙胶结。

地下水在热泵中的应用有两种系统形式：直接系统和间接系统。直接系统是将地下水直接输送到热泵中使用；间接系统是通过板式换热器制取二次循环水，再将二次循环水送入热泵系统中使用。间接系统降低了低位热源的品位，导致热泵性能系数下降，设备较多，机房占用面积较大，但最大的优点是二次水的水质好，避免了地下水对热泵机组的污染和腐蚀。直接系统相对比较简单，其优缺点与间接系统相反。设计时应根据地下水的水质状况及工程的具体情况确定系统形式。

图8－42是地下水直接应用系统。图示的系统抽水井与回灌井可以互换。当V1、V4开启，V2、V3关闭时，从左侧井中的井泵将地下水提升到地面，经除砂器5、水处理器3、电动三通调节阀4和地上水泵P输送到热泵机组，应用后的地下水经V4进入右侧井的井管中，回灌到原含水层中。当V2、V3开启，V1、V4关闭，则右侧井为抽水井，左侧井为回灌井。该系统可实现对回灌井的回扬。如关闭V2、开启V6，启动右侧井中的井泵即可实现回扬。抽水井与回灌井在供热与制冷间进行互换，这样在制冷时可获得水温较低的地下水，而在制热时获得水温较高的地下水。抽水井与回灌井互换频率不宜过高，否则无助于防止砂堵，而且反复抽、灌可能引起井壁周围细颗粒介质重组，这种堵塞一旦形成，则很难处理。为充分利用地下水资源的热能，加大抽水与回灌水之间的温差(如10℃或更大)，而又保持进入热泵机组的水量恒定，设置电动三通调节阀，重复利用一部分热泵机组使用后的水。电动三通调节阀可根据回灌水的温度控制混合比。如图8－42所示的热泵机组制热与制冷工况的转换可通过四通阀变换制冷剂流程实现，地下水不论冬夏都接到室外侧换热器。对于制冷剂流程不能转换的热泵机组，则应将水路系统进行转换。

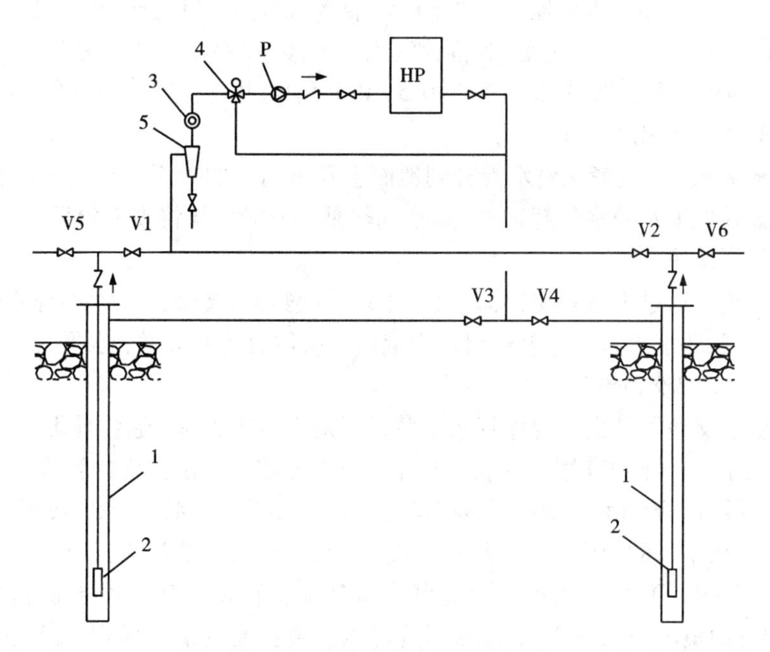

图8－42 地下水直接应用系统

HP—热泵机组；P—水泵；1—进管；2—井泵；3—水处理器；4—电动三通调节阀；5—除砂器

若采用间接式地下水源热泵系统，可以将地下水在板式换热器中与二次循环水进行换热，换热后的二次循环水再供给热泵使用。在图8－42中将热泵改成板式换热器，板式换热器的二次循环水再供给热泵，就成为间接式地下水源热泵系统。

我国20世纪90年代开发了单井抽灌的地下低位热能利用技术。所谓单井抽灌是指在一口井中实现抽水和回灌。其原理是将井管用隔板隔成三个区：下部为抽水区，中部为隔离区，上部为回灌区。抽水区与回灌区位于同一含水层中。地下水经热泵放出热量(冬季)或吸收热量(夏季)后，回灌入含水层的上部漏斗区(抽水使水位下降形成漏斗状水位线)，与原地下水掺混并与土壤进行换热，水温得到一定的恢复。这样，不仅利用了地下水的低位热能，也利用了土壤中含有的低位热能。为充分利用土壤中的能量，井管中的隔离段距离愈大愈好，因此要求含水层有一定厚度。单井抽灌的优点有：充分利用土壤的能量；抽灌平衡，不破坏地下水的自然分布；由于回灌在同一井周围，不会造成地下水交叉污染。缺点是回灌区无法进行"回扬"，故不宜用于含砂水层。

地下水用作热泵的低位热源时，应注意以下两个问题：

①必须切实做好地下水的回灌。以地下水为低位热源的热泵系统，回灌井的堵塞及从井壁溢水是常出现的问题，这将导致热泵用户把使用后的地下水直接排入下水道，或导致回灌井周围常年淌水，气温低于0℃时会形成"冰山"。这不仅白白地浪费了宝贵的淡水资源，而且这种一次性的大量消耗地下水还可能带来生态问题。历史经验告诉我们，过多的消耗地下水会产生地面下沉和地裂缝等地质灾害，甚至还会造成地下水位下降，最终形成地表水水位下降，从而导致平原或盆地湿地萎缩或消失、地表植被破坏的生态环境退化。

为保证地下水得到回灌，应根据水文地质条件确定抽水井数与回灌井数的比值(抽灌井比)。在同一含水层中，不同水文地质条件下的回灌水量与抽水量之比(抽灌比)是不同的。细砂含水层，回灌速度远小于抽水速度，抽灌比宜为0.3～0.5，抽灌井比宜为1∶3，即1口抽水井配3口回灌井。中粗砂含水层，抽灌比宜为0.5～0.7，抽灌井比宜为1∶2。砾石含水层，抽灌比一般应大于0.8，抽灌井比可取1。

利用深层地下水时，应考虑将水提升到地面水泵所消耗的功率，这将导致热泵实际性能系数的下降。如果地下水的水位超过400 m，则热泵的节能优势将丧失殆尽。

3. 土壤源热泵系统

土壤热源的热量通过土壤热交换器(又称地埋管换热器)传递给二次循环水(或乙二醇水溶液)，再由二次循环水传递给热泵机组。土壤热交换器分为两大类：水平式和垂直式。

(1)水平式土壤热交换器

水平式土壤热交换器是指将地埋管水平敷设于地表浅层土壤，通过地埋管与浅层土壤的热量交换来实现土壤热能的利用。安装过程中，通常需挖出一定宽度的管沟，然后将地埋管放置在管沟内，再用土壤进行回填。管沟内盘管的布置如图8－43所示。图示的所有布置方案都可看成2～6根平行的排管，即水从一端进，从另一端出。推荐的管沟间最小距离如图上标注，土地面积不够时可适当减小。管沟离建筑基础、下水管道、化粪池等的距离不小于3 m，最上一层管的最小埋深600 mm。塑料管可以是聚乙烯或聚丁烯管，管径一般为ϕ20～50 mm，单管长不宜超过150 m。水平式土壤热交换器的换热量与当地的气候条件、盘管布置、埋深、地质条件等因素有关，可通过计算传热学进行计算。

(2)垂直式土壤热交换器

垂直式土壤热交换器有三种类型：垂直U形管、垂直套管、桩埋管。

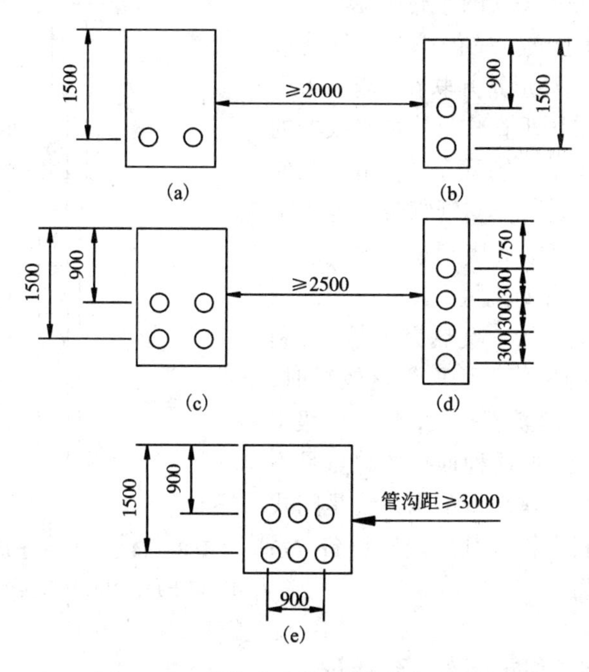

图8-43 管沟内盘管布置(单位: mm)

1)垂直U形管

将U形管(聚乙烯管或聚丁烯管)垂直埋于深10~150 m的土壤内。安装时采用钻井机在地上钻孔，然后将U形管放入井孔内，最后进行灌浆回填。国内对垂直U形管的传热特性进行了实验研究和数值模拟分析。深5 m以内的土壤温度受环境温度的影响很大，有较大的温度梯度，5~20 m间的温度梯度趋缓，在40 m以下土壤温度基本恒定。U形管取热(冬季)或释热(夏季)时，通常会使其周围土壤的温度降低或升高，连续运行时其影响半径为2.5~3 m。U形管的传热量与管径、水流速度、管内外温差、土壤导热系数、地下水等因素有关。实验结果表明，管径为25~40 mm，埋深10~120 m的U形管，单位井深取热量30~60 W/m，单位井深释热量50~120 W/m。

2)垂直套管

套管由内外两根塑料管组成，内管下端敞开，外管下端封死。水从内管一直送到套管底部，再从内、外管间的环形空间往上返回。水通过外管壁与土壤进行热交换。垂直套管外管的管径一般为50~100 mm，大于垂直U形管的管径，其单位管长取热量为60~70 W/m。

3)桩埋管

桩埋管是把U形塑料管设置在建筑物地基桩中，整根混凝土桩就成为土壤换热器。在混凝土桩中可设1根或2根U形管。桩埋管具有垂直埋的优点，减少了钻孔费用，但它的深度受地基桩的限制。

垂直式土壤热交换器可以利用深层土壤中的热量，且比水平式土壤热交换器占地面积小。同样的换热量，水平式换热器占地面积是垂直式的4~20倍(与垂直式的埋深有关)。但垂直式土壤热交换器的埋深受塑料管承压能力的限制。例如埋深80 m，再加上地面上管路可能的高度20 m，就要求塑料管能够承受100 m的水静压(约1 MPa)。

土壤热交换器除了水平式的平行排管外，都是由若干个 U 形管所组成。最普通的一种连接方式是用干管将若干个 U 形管并联在一起，再引入机房。图 8－44 为采用垂直式土壤热交换器的水系统简图。水系统均采用同程布置方式，以使 U 形管内的流量均匀。每一分支管都带有若干个 U 形管并联，各分支管直接连接到集水器上。这样既便于调节每个分支管的流量，又可以在部分负荷时交替使用各分支管的土壤热交换器，有利于埋管周围土壤温度的恢复。U 形管比较短时，可使 2 个或 4 个 U 形管串联成一组，然后各级 U 形管并连接到分支管上，但这种连接的缺点是不易排除埋管内的空气。土壤热源的水系统是闭式循环系统，它设有膨胀水箱或其他定压设备，系统最高点设有放气装置。

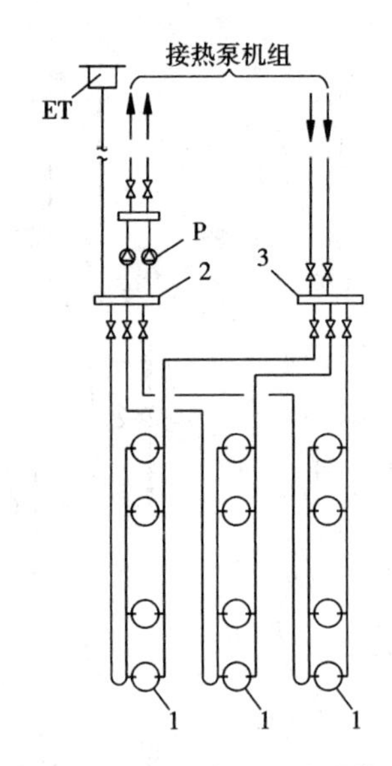

图 8－44 垂直式土壤热交换器的水系统

1—埋于井孔内的 U 形换热器；其他符号同图 8－37

8.5 锅炉房燃料供应系统及设计

燃料供应系统承担着燃料储存及输配炉前的工作，系统设计时应考虑燃烧设备的特点、节约能源和技术经济的合理性，以及环境保护、改善劳动条件等因素。供热锅炉燃用气、油等清洁燃料，是改善大气质量的主要措施之一。

8.5.1 燃气供应系统及设备选型

1. 小型锅炉燃气系统

图 8－45 所示为小型锅炉燃气供应系统，快速切断阀（自动切断）设于锅炉房外便于操作的地方，且与锅炉房内的可燃气体报警装置联动，如果锅炉房有专用的调压装置，该切断阀可以考虑设在调压装置内。按燃气流动方向，进锅炉房后设置总关闭阀（手动切断），阀后设压力表，在总切断阀前设放散管，阀后设吹扫点，由干管至每台锅炉引出支管上，安装手动关闭阀，随后是一体式组合电磁阀（由燃烧器供应商提供），流量控制阀设置在燃烧器的进口。放散管可单独或集中引出屋面。该系统中设有点火管道，燃烧器供应商提供的一体式组合阀门可控制点火时燃气的流量，以满足点火要求。

锅炉房供气系统中，炉前的燃气阀组是一个关键部件，应满足《燃油（气）燃烧器安全技术规则》（TSG ZB001—2008）的要求。额定输出热功率小于 120 kW 的燃气燃烧器，可以在全功率下直接点火，额定输出功率大于 120 kW 的燃气燃烧器，点火功率不应大于 120 kW 或者不大于额定输出功率的 20%。有些燃烧器是通过直接控制点火阶段进入主燃烧器的燃气量来满足上述要求的，因而燃气管道中就没有点火燃气管道了。

2. 供气管道系统设计

供气管道系统的设计与锅炉安全可靠运行关系极大，而且对供气系统的投资和运行的经济性也有很大影响。

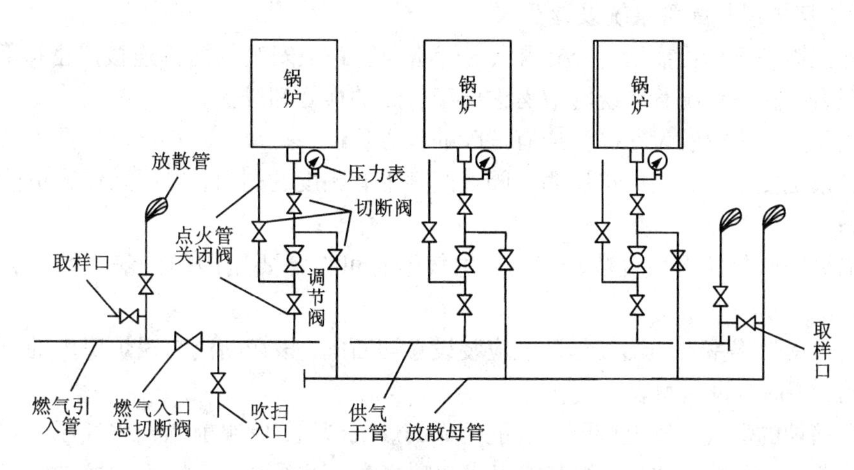

图8-45 小型锅炉燃气供应系统

(1)燃气计算耗量

1)热用户计算热负荷Q_j

$$Q_j = K_0(K_1Q_1 + K_2Q_2 + K_3Q_3 + K_4Q_4) + K_5Q_5 \tag{8-23}$$

式中：Q_1、Q_2、Q_3、Q_4、Q_5——分别为供暖、通风、生产、生活、热源自用最大热负荷，t/h或MW；

K_1、K_2、K_3、K_4、K_5——分别为供暖、通风、生产、生活、热源自用热负荷同时使用系数；

K_0——室外管网热损失及漏损系数，热水系统可选用1.05。

2)热源计算燃气耗量B_j

$$B_j = K\frac{Q_j}{\eta Q_{net,ar}} \tag{8-24}$$

式中：$Q_{net,ar}$——燃气收到基低位发热量，kJ/m^3；

η——锅炉效率，%；

K——富裕系数，取1.2~1.3。

(2)燃气管道水力计算

燃气管道管径和每米管长压降可根据燃气在工作状态下的流量和允许流速按照《燃气管道水力计算表》查取。

(3)供气管道进口装置设计要求

①由调压站至锅炉房的燃气管道(锅炉房引入管)，除生产上有特殊要求时需考虑采用双管供气外，一般均采用单管供气。当采用双管供气时，每条管道的通过能力按锅炉房总耗气量的70%计算。

②当调压装置进气压力在0.3 MPa以上而调压比又较大时，可能产生很大的噪声，为避免噪声沿管道传送到锅炉房，调压装置后宜有10~15 m的一段管道采取埋地敷设方式。

③由锅炉房外部引入的燃气总管，在进口处应装设总关闭阀，按燃气流动方向，阀前应装放散管，并在放散管上装设取样口，阀后应装吹扫管接头。

④引入管与锅炉间供气干管的连接，可采用端部连接或中间连接。当锅炉房内锅炉台数为4台以上时，为使各锅炉供气压力相近，最好采用在干管中间接入的方式。

(4)锅炉房内燃气配管系统设计要求

①为保证锅炉安全可靠运行，要求供气管路和管路上安装的附件连接严密可靠，能承受最高使用压力。在设计配管系统时应考虑便于管路的检修和维护。

②管道及附件不得装设在高温或有危险的地方。

③配管系统使用的阀门应选用明杆阀或阀杆带有刻度的阀门，以便操作人员能识别阀门的开关状态。

④当锅炉房安装的锅炉台数较多时，供气干管可按需要用阀门分隔成数段，每段供应2～3台锅炉。

⑤在引入锅炉房室外的燃气母管上应装设总切断阀，该切断阀与锅炉房内的可燃气体报警装置联动，阀后装设压力表。

⑥每台锅炉的燃气干管上应配套性能可靠的燃气阀组，阀组前燃气供气压力和阀组规格应满足燃烧器最大负荷需要，阀组基本组成和顺序为：切断阀、压力表、过滤器、稳压阀、波纹管补偿器、二级或组合检漏电磁阀、压力上下限开关、流量调节阀。电磁阀至燃烧器的间距应尽量缩短，以保证电磁阀打开后燃气能在短时间内到达燃烧器，顺利点火。

电磁阀关闭的时间：公称直径小于或等于 DN100 时，应在 1 s 内完全关闭；公称直径大于 DN100 时，应在不超过 3 s 时间内完全关闭。

⑦锅炉燃气阀组应满足《锅炉房设计规范》(GB 50041—2008)和《燃油(气)燃烧器安全技术规则》(TSG ZB001—2008)的要求。

(5)吹扫放散管道系统设计

燃气管道在停止运行进行检修时，为检修工作安全，需要把管道内的燃气吹扫干净；系统在较长时间停止工作后再投入运行前，为防止燃气空气混合物进入炉膛引起爆炸，也需进行吹扫，将可燃混合气体排入大气。因此在锅炉房供气系统设计中，应设置吹扫和放散管道。

①燃气系统在下列部位应设置吹扫点：

a. 锅炉房进气管总关闭阀后面(顺气流方向)。

b. 在燃气管道系统以阀门隔开的管段上需要考虑分段吹扫的适当地点。

②吹扫方案应根据用户的实际情况确定。可以考虑设置专用的惰性气体吹扫管道，用氮气、二氧化碳或蒸气进行吹扫；也可不设专用吹扫管道而在燃气管道上设置，在系统投入运行前用燃气进行吹扫，停运检修时用压缩空气进行吹扫。

③燃气系统在下列部位应设置放散管道：

a. 锅炉房进气管总切断阀的前面(顺气流方向)。

b. 燃气干管的末端，管道、设备的最高点。

c. 燃烧器前两切断阀之间的管段。

④放散管可根据具体布置情况分别引至室外或集中引至室外。放散管出口应安装在适当的位置，使放散出去的气体不致被吸入室内或通风装置内。放散管出口应高出屋脊 2 m 以上。

⑤放散管的管径根据吹扫管段的容积和吹扫时间来确定。一般以吹扫时间为 15～30 min、排气量为吹扫段容积的 10～20 倍作为放散管管径的计算依据。表 8－7 列举了锅炉房内燃气管道系统的放散管管径参考数据。

表8-7 锅炉房燃气系统放散管直径选用表

燃气管道直径/mm	25~50	65~80	100	125~150	200~250	300~350
放散管直径/mm	25	32	40	50	65	80

8.5.2 燃油供应系统及设备选型

燃油经铁路或公路运来后，自流或用泵卸入贮油罐。如果是重油，应考虑蒸气加热，以降低其黏度。燃油供应系统主要由卸油设施、贮油罐、燃油输配设备及管路等组成，在油灌区还应有污油处理设施。图8-46为轻柴油锅炉房供油系统。

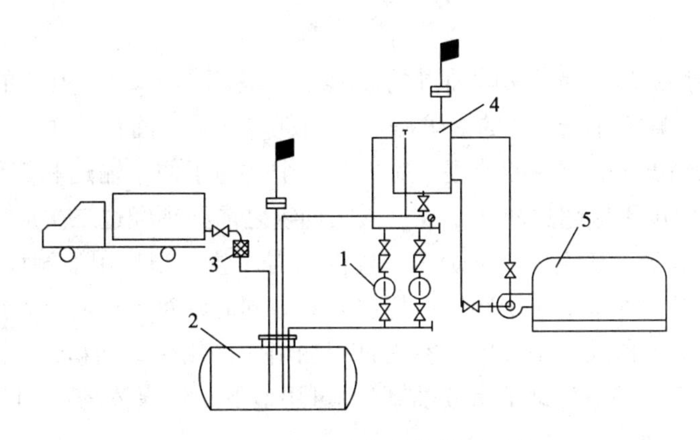

图8-46 轻柴油锅炉房供油系统

1—油泵；2—储油罐；3—卸油口；4—日用油箱；5—燃油锅炉

1. 锅炉房供油管路系统

锅炉房供油管路系统将油通过输油泵从油罐送至日用油箱，日用油箱加热(如果是重油)到一定温度后通过供油泵送至炉前加热器或锅炉燃烧器，燃油通过燃烧器一部分进入炉膛燃烧，另一部分返回油箱。燃油锅炉房燃油计算耗量 B_j(kg/h)可参照燃气计算耗量计算原理进行计算。供油管路系统设计的基本原则：

①供油管道和回油管道一般采用单母管。

②重油供油系统宜采用经过燃烧器的单管循环系统。

③通过油加热器及其后管道的流速，不应小于0.7 m/s。

④燃用重油的锅炉房，当冷炉启动点火缺少蒸气加热重油时，应采用重油电加热器或设置轻油、燃气的辅助燃料系统；当采用重油电加热器时，应仅限于启动时使用，不应作为经常加热燃油的设备。

⑤采用单机组配套的全自动燃油锅炉，应保持其燃烧自控的独立性，并按其要求配置燃油管道系统。

⑥每台锅炉的供油干管上，应装设关闭阀和快速切断阀，每个燃烧器前的燃油支管上，应装设关闭阀。当设置2台或2台以上锅炉时，还应在每台锅炉的回油管上装设止回阀。

⑦在供油泵进口母管上，应设置油过滤器2台，其中一台为备用。

⑧采用机械雾化燃烧器(不包括转杯式)时，在油加热器和燃烧器之间的管路上应设置细过滤器。

⑨当日用油箱设置在锅炉房内时，油箱上应有直接通向室外的通气管，通气管上设置阻火器及防雨装置。室内日用油箱应采用闭式油箱，油箱上不应采用玻璃管液位计。在锅炉房外还应设地下事故油罐，日用油箱上的溢油管和放油管应接至事故油罐和地下贮油罐。

⑩炉前重油加热器可在供油总管上集中布置，亦可在每台锅炉的供油支管上分散布置。分散布置时，一般每台锅炉设置一个加热器，除特殊情况外，一般不设备用。当采取集中布置时，对于常年不间断运行的锅炉房，则应设置备用加热器；同时，加热器应设旁通管，加热组宜能进行调节。

2. 燃油系统辅助设施

(1)油罐与油箱

对于火车和船舶运输，锅炉房贮油罐的总容量一般不小于20～30 d的锅炉房最大消耗量，对于汽车运输一般不小于5 d的锅炉房最大消耗量，对于油管输送不小于3 d的锅炉房最大消耗量。一般情况下，重油贮油罐不应少于2个。为了便于输送和雾化，对于重油可在油罐内加热，加热温度不应超过90℃，在进入喷油嘴之前必须经过二次加热。

日用油箱的总容量一般不大于锅炉房一昼夜的需用量。当日用油箱设置在锅炉房内时，其容量对于重油不超过5 m^3，对于柴油不超过1 m^3。同时油箱上还应有直接通向室外的通气管，通气管上设置阻火器及防雨装置。室内日用油箱应采用闭式油箱，油箱上不应采用玻璃管液位计。在锅炉房外还应设地下事故油罐(也可用地下贮油罐替代)，日用油箱事故放油阀应设置在便于操作的地点。

(2)燃油过滤器

过滤器按结构形式分为网状过滤器和片状过滤器。网状过滤器常用作泵前过滤器。片状过滤器一般装在喷油嘴前，作细过滤设备使用。一般情况下，泵前常采用网状过滤器，燃烧器前宜采用片状过滤器，视油中杂质和燃烧器的使用效果也可选用细燃油过滤器。燃油过滤器的选择原则如下：

①过滤精度应满足所选油泵、油喷嘴的要求；

②过滤能力应比实际容量大，泵前过滤器的过滤能力应为泵容量的2倍以上；

③滤芯应有足够的强度，不会因油的压力而破坏；

④在一定的工作温度下，有足够的耐久性；

⑤结构简单，易清洗和更换滤芯。

(3)油泵

油泵的种类很多，根据用途可分为卸油泵(转油泵)、输油泵和供油泵。卸油泵一般要求大流量、低扬程，可选用蒸气往复泵、离心泵、齿轮泵或螺杆泵作卸油泵；输油泵用于沿输油管线输送物品，可选用蒸气往复泵、离心泵、齿轮泵或螺杆泵等；供油泵一般要求压力高、流量小，并且油压稳定，因其一般长时间连续运行，不宜选用低效率的离心泵作供油泵。在中小型燃油锅炉房中一般选用齿轮泵和螺杆泵作供油泵。

(4)呼吸阀

呼吸阀是轻油罐上的必要装置，当油罐内负压超过允许值时，吸入空气；油罐内正压超过允许值时，释放出罐内多余的气体。正常情况下，使油罐内部空间与空气隔绝，以减少油品挥发损失，并能防止油罐变形。

8.5.3 燃煤供应系统及设备选型

供热锅炉燃煤一般由火车、汽车或船舶运输，而后由人工或机械卸至储煤场，再通过上煤系统输配至炉前煤斗，包括卸煤、煤场整理、破碎、筛选、磁选、计量、输配等环节。因结构简单、造价低廉，固定筛成为常用的筛分设备，此外还有摆动筛和振动筛；地秤和设于胶带运输机上的皮带秤是锅炉房常用的计量装置；颚式破碎机、双齿辊破碎机和锤式破碎机分别适用于煤为粗碎和中碎、煤粒度要求不高和易于破碎、煤要求较细小颗粒的情况；为避免煤中碎铁损坏设备，上煤系统通常采用悬挂式和皮带轮式电磁分离设备。供热锅炉的燃煤耗量 B_j(kg/h)可参照燃气锅炉燃气计算耗量计算原理进行计算。

1. 煤场面积

储煤场一般分露天煤场和覆盖煤场(也即干煤棚)两种。储煤量可参照设计规范，即火车和船舶运煤，取用10～25 d的锅炉房最大计算耗煤量；汽车运煤时，取用5～10 d的锅炉房最大计算耗煤量。储煤场面积 F 可用下式估算：

$$F=\frac{B_j TMN}{H\rho\varphi} \tag{8-25}$$

式中：T——锅炉每昼夜运行时间，h；

M——煤的储备天数，d；

N——煤堆过道占用面积系数，一般取1.5～1.6；

H——煤堆高度，m；

ρ——煤的堆积密度，t/m^3；

φ——堆角系数，一般取0.6～0.8。

2. 上煤系统选择

将煤从煤场输配至炉前煤斗应按运煤量的大小采用不同的方式：运煤量小于1 t/h时，可采用系统简单和投资少的电动葫芦吊煤罐或简易翻斗上煤；运煤量为1～6 t/h时，可采用单斗提升机、埋刮板输送机或多斗提升机的运煤系统；运煤量大于6 t/h时，可采用皮带输送机上煤系统。

8.6 锅炉房除灰渣系统及设计

除灰渣系统特指燃煤锅炉的炉渣从炉排下渣斗、烟气粉尘从除尘装置的灰斗到锅炉房灰渣场(斗)之间的输运系统，其中包括灰渣的收集、运输和堆放等过程。目前小型供热锅炉房通常由人工完成灰渣收集和运送的全部工作。机械除渣系统指锅炉出渣、运渣等过程部分或全部采用了机械设备。

8.6.1 除灰渣系统

锅炉常用除渣设备有螺旋除渣机、马丁式除渣机、斜轮除渣机、刮板式除渣机、重型框链除渣机等。其中，螺旋除渣机可作水平或倾斜方向运输，倾斜角不大于20°，炉渣的平均块度宜小于 60 mm。螺旋除渣机除渣量为0.8～1.5 t/h，一般适用于蒸发量为4 t/h 以下的链条炉排锅炉。刮板式除渣机可做水平或倾斜运输，优点是适应性强，无论南方或北方、室内或室外均能适应，运输量适用范围广，设备结构简单，易加工，投资省，检修比较方便，缺点是金属耗量多，部件磨损快，电耗偏大，适用于6 t/h 以下的小型锅炉。重型框链除渣机是在链条上每隔一定距离固定一个长方形框（起刮板作用），特点是操作维护简单，运行安全可靠，处理渣量大，磨损小，但设备无碎渣能力，大块灰渣易卡住，设备制造复杂，投资高，适用于蒸发量为 10～20 t/h 的锅炉（层燃炉），不适用于燃用强结焦性煤的锅炉。

锅炉的体积出渣量 V_j（包括烟气中的飞灰份额）按下式计算：

$$V_j = B_j\left(A_{ar} + \frac{q_4 Q_{net,\,ar}}{32866}\right)\frac{1}{\rho_s} \tag{8-26}$$

式中：A_{ar}——煤的收到基灰分，%。

q_4——锅炉固体不完全燃烧热损失，%。

$Q_{net,\,ar}$——煤的收到基低位发热量，kJ/kg。

ρ_s——灰渣的堆积密度，t/m³。粒径 <20 mm 时，为 0.9～1.1 t/m³；粒径 <40 mm 时，为 0.8～1.0 t/m³；粒径 <200 mm 时，为 0.7～0.9 t/m³。

灰渣中可燃物碳的发热量为 32866 kJ/kg。

8.6.2 灰渣场和灰渣斗

由除渣机清除的炉渣可以堆放在灰渣场或储存在灰渣斗中，再由汽车运出。灰渣场宜设在最小频率风向锅炉房的上侧，灰渣场与贮煤场间的距离不应小于 10 m。采用集中灰渣斗储存灰渣时，一般可不设灰渣场。每个灰渣斗最大储量不大于 60 m³。灰渣斗的设计应符合下列要求：

①在寒冷地区应有防冻措施，一般可采用通入蒸气加热的方法。

②灰渣斗下面的地面，应有排水坡度。

③灰渣斗下部距地面的净空高度要求：用汽车运渣时，不应小于 2.1 m；用火车运送灰渣时，不应小于 5.3 m，当火车机车不通过灰渣斗下部时，可减至 3.5 m。

④灰渣斗斗壁的倾斜角不应小于 55°。

8.7 锅炉房送引风系统及设计

8.7.1 通风的方式和原理

锅炉按其容量和类型的不同，可采用自然通风或机械通风。锅炉利用烟囱中热烟气和外界冷空气密度差克服锅炉烟、风道流动阻力的通风方式称为自然通风，适用于烟气阻力不大的小型锅炉。借助风机的压头克服烟、风道流动阻力的通风方式为机械通风，主要有以下三种方式：

①只设置引风机，用于克服烟、风道全部阻力的通风方式称为负压通风，适用于烟气系统阻力不太大的小型锅炉。

②只装设送风机，用于克服烟、风道全部阻力的通风方式称为正压通风。这种方式提高

了炉膛燃烧热强度，使锅炉更加紧凑。目前，国内在燃气和燃油锅炉上应用较为普遍。

③同时设置送风机和引风机，利用送风机克服从风道入口到炉膛(包括空气预热器、燃烧设备和燃料层)的全部风道阻力，而炉膛出口到烟囱出口(包括炉膛出口负压、锅炉防渣管以后的各部分受热面和除尘设备)的全部烟道阻力则由引风机克服，这种通风方式为平衡通风。

锅炉房设计时应首先确定送引风系统形式。锅炉送、引风机宜单炉单机配置，当需要集中配置时，每台锅炉的风、烟道与总风、烟道连接处应设置密闭性好的风、烟道闸门。

8.7.2 烟气净化

工业锅炉产生大量烟尘及硫和氮的氧化物等有害气体。锅炉排放烟气的含尘量用 1 m^3 排烟体积中含有烟尘的质量(mg)来表示，称为烟尘浓度。根据对环境质量的不同要求，《锅炉大气污染物排放标准》(GB 13271—2001)对工业锅炉烟尘、烟气黑度、二氧化碳和氮氧化物等允许排放浓度进行了规定。

针对烟气中的有害气体，中小型锅炉的净化措施不多，中大型锅炉目前主要采用烟气脱硫或流化床内脱硫。对于烟尘，除了改进燃烧装置，进行合理的燃烧调节，使排尘初始浓度降低外，还必须在引风机前装设除尘设备，使锅炉排烟含尘量能符合排放标准。

锅炉烟尘特性因锅炉类型、燃料种类、燃烧方式和操作条件等不同而有很大区别，同时，各种除尘装置都有其特点和使用范围，因此除了要掌握除尘烟气的特性外，还要充分了解各种除尘器的技术经济性能。此外，选配除尘器时，还应考虑烟气量、排烟含尘浓度、烟尘分散度等问题。

锅炉常用除尘器有旋风除尘器、袋式除尘器、静电除尘器、湿式除尘器等，其中在除尘效率、耐腐蚀性、烟气脱硫等方面，麻石水膜除尘器和麻石水浴除尘器更具优势。

8.7.3 烟囱的设计

1. 烟囱高度的确定

新建锅炉房只能设一个烟囱。机械通风时，燃气锅炉和燃轻柴油、煤油锅炉的烟囱高度应按批准的环境影响报告书(表)要求确定，但不得低于 8 m；其余锅炉烟囱高度应根据锅炉房总容量，按表 8 - 8 规定执行。新建锅炉烟囱周围半径 200 m 距离内有建筑物时，烟囱应高出最高建筑物 3 m 以上。锅炉房总容量大于 28 MW(40 t/h)时，其烟囱高度应按环境影响评价要求确定，但不得低于 45 m。自然通风时，烟囱高度除应考虑环保要求外，还应满足克服烟风道阻力的要求。

表 8 - 8 燃煤、燃油供热锅炉房烟囱最低允许高度

蒸发量/($t \cdot h^{-1}$)	<1	<2	<4	<10	<20	<40	>40
供热率/MW	<0.7	<1.4	<2.8	<7	<14	<28	>28
烟囱高度/m	20	25	30	35	40	45	>45

2. 烟囱直径的计算

烟囱出口内径 d_2 可按式(8-27)计算，即

$$d_2 = 0.0188\sqrt{\frac{V_{yz}}{\omega_2}} \tag{8-27}$$

式中：V_{yz}——通过烟囱的总烟气量，m^3/h，设计时应根据冬、夏季负荷分别计算；

ω_2——烟囱出口烟气流速，m/s，机械通风额定负荷取 10～20 m/s，最小负荷取 4～5 m/s；自然通风额定负荷取 6～10 m/s，最小负荷取 2.5～3 m/s。

烟囱锥度取 0.02～0.03，可计算出锥形烟囱底部(进口)直径 d_1。

3. 高层建筑群内烟囱布置

(1)烟囱布置形式

高层建筑群内独立锅炉房烟囱的布置通常有两种形式：一是沿附近高层建筑的外墙或内墙布置；二是独立布置。

独立布置的烟囱的高度应满足《锅炉大气污染物排放标准》(GB 13271—2001)的规定，并应避免附近高层建筑的风压带对烟囱排烟的不良影响，烟囱高度应超出风压带。

(2)烟囱布置要求

①高层建筑锅炉房的烟囱布置一般是将烟囱沿内墙角布置(亦称附壁烟囱)，其位置应使燃烧装置的燃烧不受干扰，排烟通畅。设计中，应尽可能在建筑的拐角或有遮挡的部位布置烟囱，并与建筑立面相协调。

②烟囱顶部应高出屋顶表面，其垂直距离为 1 m 以上；当建筑物顶上有开口部位时，烟囱与之水平距离应在 3 m 以上，烟囱出口应有防风避雨的遮挡装置。

③烟囱的保温或支撑物不得使用可燃材料。

④烟囱的常用材料为钢筋混凝土、钢板等，有些高层建筑锅楼房的烟囱采用不锈钢材质，美观耐用，但其价格较贵。

设计中应根据实际情况进行综合分析比较后确定烟囱形式。

8.7.4 送引风系统及设备选型

1. 锅炉房及其区域布局

锅炉房送引风系统设计时，应事先确定锅炉房及其区域布局，即定位锅炉本体间及锅炉、风机间及风机、除尘器、烟囱等内容，进行烟风道的定线并绘制草图。

2. 送、引风量的计算

送风机吸入冷空气流量可按下式计算：

$$V_{1k} = B_j V_k^0 \alpha_1' \frac{273 + t_{1k}}{273} \tag{8-28}$$

式中：V_k^0——理论空气量，m^3/kg 或 m^3/m^3；

t_{1k}——送风机进风口处的冷空气温度，℃；

α_1'——炉膛入口处的过量空气系数。

引风机吸入烟气量可按下式计算：

$$V_y = B_j (V_{py} + \Delta\alpha V_k^0) \frac{\upsilon_y + 273}{273} \tag{8-29}$$

式中：V_{py}——锅炉本体排烟处的排烟容积，m^3/kg 或 m^3/m^3；

$\Delta\alpha$——锅炉本体排烟处至计算点之间的漏风系数；

υ_y——引风机处的烟气温度，℃。

3. 烟风系统压降的确定

首先确定烟风道截面形状、材料等。通常风道采用矩形截面，架空敷设，锅炉至引风机处烟道采用圆形截面，架空敷设。而砖、混凝土、镀锌铁皮、玻璃钢等是常用的烟风道材料。

其次选定烟风道流速，并根据计算所得烟气量、空气量，确定烟风道的截面积及尺寸。通常砖、混凝土制风烟道流速分别取4～8 m/s和6～8 m/s；金属制风烟道流速取10～15 m/s。

计算确定烟囱、烟风道阻力损失、自生通风力等。从锅炉尾部受热面到除尘器的烟道阻力按锅炉热力计算的排烟温度和排烟量计算；从除尘器到引风机及引风机后的烟道则按引风机除的烟气温度和烟气量计算。确定烟风道附属部件的阻力，如保温层、消声器等。

4. 风机的选择

供热锅炉送引风机一般采用离心式风机，宜与锅炉单独配套。由于风机产品样本上给出的风机性能均是在名义工况下的参数，选用时，应根据需要的体积流量与系统阻力得出名义工况下的计算风量、计算扬程和功率，进行风机选择。

8.8 管路系统的保温隔热措施

在冷、热媒生产和输送过程中产生冷热损失的部位，以及防止管道外壁面产生冷凝水的部位，应对设备、管道及其附件、阀门等采取保温隔热措施。

8.8.1 隔热材料的种类与性能

隔热材料的主要技术性能应按国家现行标准《设备及管道绝热设计导则》(GB/T 8175—2008)的要求确定，优先采用热导率小、湿阻因子大、吸水率低、密度小、综合经济效益高的材料。用于冰蓄冷系统的保冷材料，除满足上述要求外，应采用闭孔型材料和对异形部位保冷简便的材料。

隔热材料应根据因地制宜、就地取材的原则，选取来源广泛、价廉、保温性能好、不燃或难燃、易于施工、耐用的材料。隔热材料的种类很多，在空调工程中常用材料为玻璃棉、岩棉和泡沫塑料等。岩棉由于具有较大的吸水性，在空调工程中应用范围逐步缩小；玻璃棉具有不燃和吸水率低等特点，目前使用广泛。泡沫塑料具有热导率低、易于加工成形等优点，但由于不属于不燃材料，因而在高层建筑中要慎重使用。目前常用的隔热材料性能见表8－9。

表 8-9 常用隔热材料的主要性能

材料名称		一般性能				主要优缺点	
		密度/(kg·m^{-3})	热导率/(W·m^{-1}·K^{-1})	适用温度/℃	吸水性	优点	缺点
软木板		<180	0.058		<8%(质量)	强度大，不腐蚀	能燃烧、能被虫蛀、密度大
软木板		<200	0.07		<10%(质量)		
玻璃纤维板	纤维直径 18~25 μm	90~105	0.04~0.46	-50~250		耐冻、密度小，无臭，不燃，不腐	吸湿性大，耐压能力差
	<16 μm	70~80	0.037				
	4 μm	40~60	0.031~0.035				
玻璃棉管壳		120~150	0.035~0.058	≤250			
矿渣棉		100~130	0.04~0.046	-200~250		耐火，成本低	吸湿性大、松散易沉陷
泡沫塑料	自燃聚氯乙烯	<45	<0.034	-35~80	<0.2 kg/m^2	热导率小，吸水性低，无臭，无毒，抗腐蚀	能燃烧，可自燃
	聚氨酯硬质泡沫塑料	<40	0.04~0.046	-30~80		就地发泡，施工方便	发泡时有毒气产生
岩棉保温管壳		100~200	0.052~0.058	-268~350		适用温度范围大，施工简单	岩棉对人体有危害
岩棉保温板		80~200	0.047~0.058	-268~350			

8.8.2 隔热层厚度确定

绝热工程中隔热层厚度计算的方法有经济厚度法、控制允许损失量法、表面温度法等。隔热计算应根据工艺要求和技术经济分析选择隔热计算公式。

1. 保温层厚度计算

为减少散热损失的保温层厚度应按经济厚度方法计算，对于管道或圆筒面，可用式(8-30)计算。

$$D_o \ln \frac{D_o}{D_i} = 3.795 \times 10^{-3} \sqrt{\frac{f_n \lambda \tau |T - T_s|}{P_i S}} - \frac{2\lambda}{a_s} \qquad (8-30)$$

$$\delta = \frac{D_o - D_i}{2}$$

式中：D_o——保温层外径，m；

D_i——保温层内径或管道外径，m；

δ——保温层厚度，m；

f_n——供暖计量热价，元/GJ；

λ——保温材料制品热导率，对于软质材料应取安装密度下的热导率，W/(m·K)；

τ——年运行时间，h；

T——设备和管道的外表面温度，K；

T_s——环境温度，K；

P_i——保温结构单位造价，元/m^3；

S——保温工程投资贷款的年分摊率，按复利计算：$S=\dfrac{i(1+i)^n}{(1+i)^n-1}\times100\%$，$i$ 为年利率，n 为计息年数；

a_s——保温层外表面与大气的换热系数，W/(m^2·K)。

注：

①设置在室外的设备和管道，常年运行时环境温度 T_s 取历年之年平均温度的平均值，季节性运行时取历年运行期日平均温度的平均值。

②设置在室内的设备和管道，环境温度 T_s 均取 293 K。

③设置在地沟中的管道，当介质温度 $T=352$ K 时，环境温度 T_s 取 293 K；当介质温度 T 为 354 ~ 383 K 时，环境温度 T_s 取 303 K；当介质温度 $T\geq383$ K 时，环境温度 T_s 取 313 K。

④在校核有工艺要求的保温层时，环境温度 T_s 应按最不利的条件取值。

2. 保冷层厚度计算

为减少冷量损失（热量吸入）并防止外表面凝露的保冷，采用经济厚度法计算保冷层厚度，以热平衡法计算其外表面温度，该温度应高于环境的露点温度，否则应增加厚度重新计算，直到满足要求，计算公式可参照式(8-30)。

为防止外表面凝露的保冷，采用表面温度法计算保冷层厚度，如式(8-31)所示。

按控制允许冷损失量的保冷，采用热平衡法计算保冷层厚度，并校核其外表面温度，该温度应高于环境的露点温度，否则应增加厚度重新计算，直到满足要求，计算公式见式(8-32)及式(8-33)。

$$D_o\ln\frac{D_o}{D_i}=\frac{2\lambda(t_s-t)}{a_s(t_a-t_s)} \tag{8-31}$$

$$\delta=B\times\frac{D_o-D_i}{2}$$

$$\ln\frac{D_i}{D_o}=2\pi\lambda\left(\frac{t-t_s}{q_L}-\frac{1}{\pi D_i a_s}\right) \tag{8-32}$$

$$\delta=\frac{1}{2}(D_o-D_i)$$

或

$$\ln\frac{D_i}{D_o}=2\pi\lambda\left(\frac{t-t_s}{q_L}-R_1\right) \tag{8-33}$$

$$\delta=\frac{1}{2}(D_o-D_i)$$

式中：q_L——圆筒面保冷层单位冷损失，W/m；

环境温度 t_a(℃)的取值：常年运行的管道，取历年之年平均温度的平均值，季节性运行的管道，取历年运行期日平均温度的平均值。

年运行时间 t 的取值：常年运行一般按 8000 h 计算，间歇或季节性运行按设计或实际规定的运行天数计。

为方便设计人员选用，《工业建筑供暖通风与空气调节设计规范》(GB 50019—2015)对目前空调工程中最常用的几种保冷材料，按不同介质温度及应用场合分别给出了设备和管道最小保冷层厚度及凝结水管防凝露厚度，详见表8－10～表8－13。

表8－10 空气调节供冷管道最小保冷厚度(介质温度≥5℃) (单位：mm)

保冷位置	保冷材料							
	柔性泡沫橡塑管壳、板				玻璃棉管壳			
	Ⅰ类地区		Ⅱ类地区		Ⅰ类地区		Ⅱ类地区	
	管径	厚度	管径	厚度	管径	厚度	管径	厚度
房间吊顶内	DN15～25	13	DN15～25	19	DN15～40	20	DN15～40	20
	DN32～80	15	DN32～80	22	≥DN50	25	DN50～150	25
	≥DN100	19	≥DN100	25			≥DN200	30
地下室机房	DN15～50	19	DN15～40	25	DN15～40	25	DN15～40	25
	DN65～80	22	DN50～80	28	≥DN50	30	DN50～150	30
	≥DN100	25	≥DN100	32			≥DN200	35
室外	DN15～25	25	DN15～32	32	DN15～40	30	DN15～40	30
	DN32～80	28	DN40～80	36	≥DN50	35	DN50～150	35
	≥DN100	32	≥DN100	40			≥DN200	40

表8－11 蓄冰系统管道最小保冷厚度(介质温度≥－10℃) (单位：mm)

保冷位置	管径、设备	保冷材料			
		柔性泡沫橡塑管壳、板		聚氨酯发泡	
		Ⅰ类地区	Ⅱ类地区	Ⅰ类地区	Ⅱ类地区
机房内	DN15～40	25	32	25	30
	DN50～100	32	40	30	40
	≥DN125	40	50	40	50
	板式换热器	25	32	—	—
	蓄冰罐、槽	50	60	50	60
室外	DN15～40	32	40	30	40
	DN50～100	40	50	40	50
	≥DN125	50	60	50	60
	蓄冰罐、槽	60	70	60	70

表 8-12 空气调节风管最小保冷厚度 (单位：mm)

保冷位置		保冷材料			
		玻璃棉板、毡		柔性泡沫橡塑板	
		Ⅰ类地区	Ⅱ类地区	Ⅰ类地区	Ⅱ类地区
常规空气调节（介质温度≥14℃）	在非空气调节房间内	30	40	13	19
	在空气调节房间吊顶内	20	30	9	13
低温送风（介质温度≥4℃）	在非空气调节房间内	40	50	19	25
	在空气调节房间吊顶内	30	40	15	21

表 8-13 空气调节凝结水管防凝露厚度 (单位：mm)

位置	材料			
	柔性泡沫橡塑管壳		玻璃棉管壳	
	Ⅰ类地区	Ⅱ类地区	Ⅰ类地区	Ⅱ类地区
在空气调节房间吊顶内	6	9	10	10
在非空气调节房间内	9	13	10	15

8.9 典型空调工程冷热源系统设计举例

本例为武汉某酒店办公综合楼冷热源系统设计项目，原理图见图 8-47。

室外主要气象参数(参考武汉地区)：

夏季：空调计算干球温度：35.2℃，空调计算湿球温度：28.4℃，大气压力：1002.1 hPa；

冬季：空调计算干球温度：-2.6℃，空调计算相对湿度：77%，大气压力：1023.5 hPa；

空调系统：空调冷热源采用水冷螺杆式冷水机组 + 锅炉系统。

1. 空调冷源

空调冷源采用两台螺杆式冷水机组，冷水机组设在制冷机房，冷却塔安装在屋顶，空调水系统采用膨胀水箱进行定压，膨胀水箱安装在屋顶，选用两台冷却水泵和两台冷冻水泵。单台冷水机组参数见表 8-14，其他设备见表 8-15。

表 8-14 单台冷水机组参数

单台冷水机组参数
制冷量：912.2 kW，采用环保冷媒
输入功率：164.5 kW，*COP*：5.54
电源：3∅/380 V/50 Hz
冷冻水流量：156.9 m^3/h，冷冻水进出口温度：7/12℃，压力降：71 kPa
冷却水流量：195 m^3/h，冷却水进出口温度：30/35℃，压力降：81.4 kPa
长×宽×高：3288 mm×1215 mm×1949 mm
运行重量：4.5 t
冷量调节范围：20%～100%

表 8－15 其他设备

设备名称	相关参数
冷冻水泵	流量：170 m^3/h，扬程：35 mH_2O，电功率：30 kW，2 台
冷却水泵	流量：220 m^3/h，扬程：26 mH_2O，电功率：22 kW，2 台
电子除垢仪	最大处理水量：250 m^3/h，接管尺寸：DN200
分、集水器	DN400，L = 2000 mm
压差旁通装置	DN150
膨胀水箱	3 m×5 m×3 m(H)食品级 304 不锈钢水箱

2. 空调热源

空调热源采用两台燃气冷凝真空热水锅炉，燃气锅炉同时提供空调热水和生活热水，选用两台空调热水泵和两台生活热水泵。单台燃气冷凝真空热水锅炉参数见表 8－16，其他设备见表 8－17。

表 8－16 单台燃气冷凝真空热水锅炉参数

换热器一
供热量：580 kW，水流量：50 m^3/h，进出口温度：50/60℃，供空调热水
换热器二
供热量：380 kW，水流量：15 m^3/h，进出口温度：60/80℃，供卫生间热水
电功率：1.5 kW，电源：3∅/380 V/50 Hz
热效率：>96%，天然气耗量：98 Nm^3/h
运行重量：3.85 t，长×宽×高：4540 mm×1500 mm×2300 mm

表 8－17 其他设备

设备名称	相关参数
热水泵	流量：60 m^3/h，扬程：29 mH_2O，电功率：11 kW，2 台
锅炉生活热水泵	流量：18 m^3/h，扬程：21 mH_2O，电功率：3 kW，2 台
热水箱	3 m×5 m×3 m(H)食品级 304 不锈钢保温热水箱

3. 其他说明

①冷热水系统冬夏季自动切换。

②供回水主管上设置压差旁通阀调节流量。

③空调水系统冷热水回水、冷却水回水主管上设置电子除垢仪除垢。

④空调水系统采用高位膨胀水箱定压补水。

⑤冷水机组启停控制程序为：冷却塔→冷却水泵(对应阀门)→冷冻水泵(对应阀门)→冷水机组，停机时相反、主机、冷却塔及相应水泵应按照一对一方式运行。

⑥当热水箱温度低于 50℃，燃气锅炉辅热系统启动，给热水系统加热，直至热水温度达到 60℃时，停止加热，出水最高温度控制为 60℃，回水温度控制为 50℃。水箱安装自洁消毒器消毒。

空调水系统为双管制变水量系统，系统采用开式膨胀水箱进行定压(冬夏共用)。

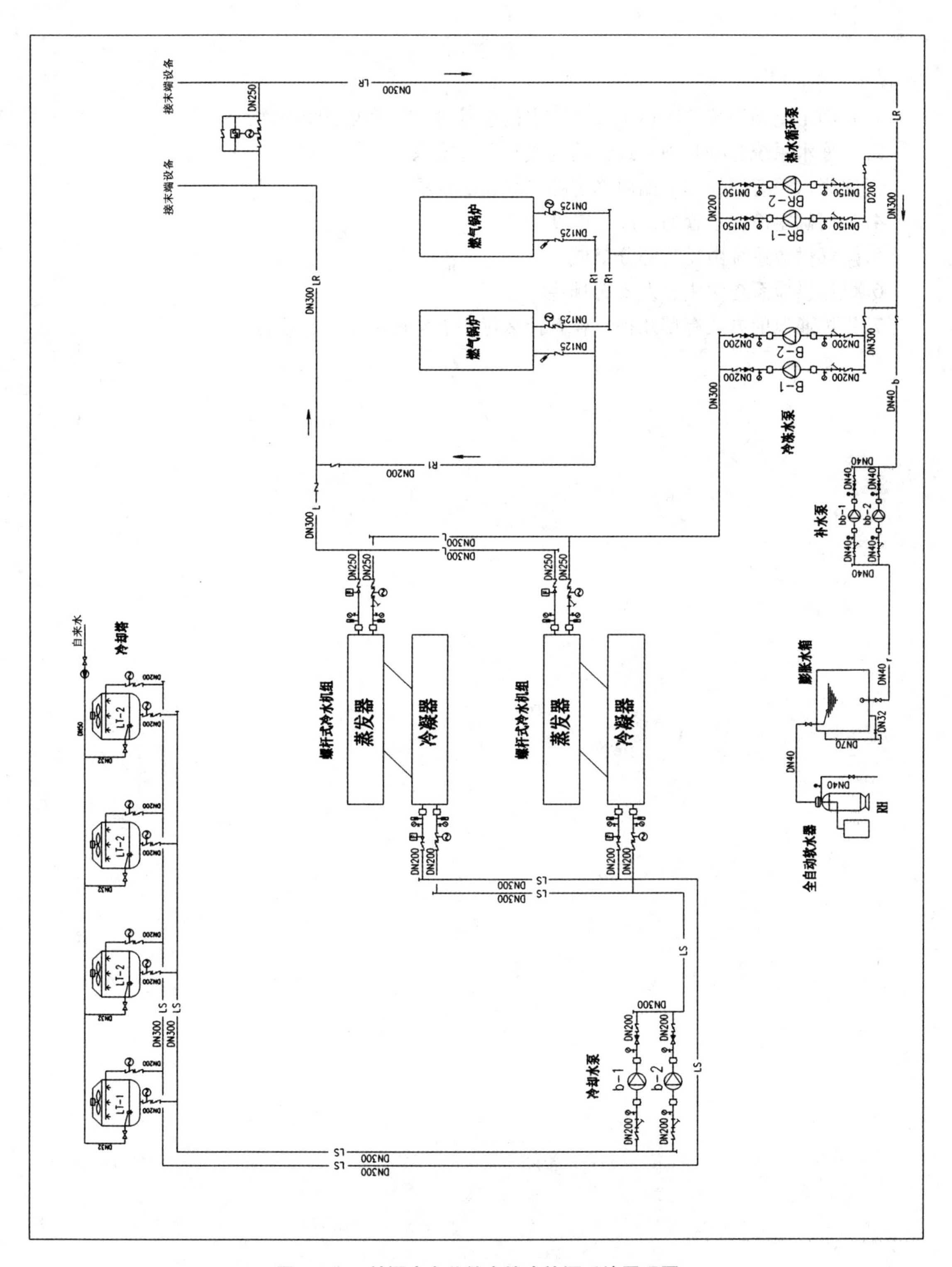

图8-47 某酒店办公综合楼冷热源系统原理图

思考题

1. 在确定空调系统的冷热源形式和主机型号时，应考虑哪些因素？
2. 冷冻水系统有哪几种形式？同程式与异程式系统有何区别？
3. 膨胀水箱有何作用？如何确定膨胀水箱的容积？
4. 如何确定冷冻水管的保冷层厚度？
5. 燃气供应系统由哪几部分组成？
6. 燃油供应系统中主要设备有哪些？
7. 锅炉通风的方式有哪几种？各有什么优缺点？适用于什么场合？

第9章　其他建筑冷热源设备

9.1　太阳能集热技术

太阳能集热技术是指利用太阳能集热器实现太阳能的收集、传递和存储的一种技术。太阳能集热器通过吸收太阳辐射，并将产生的热能传递给传热介质，是太阳能热利用系统的核心部件。正是因为太阳能集热器的存在，人们才能将分散的、间歇的太阳能变成可持续输出的能量利用起来。

9.1.1　太阳能集热器的种类

目前，太阳能集热器的分类方法很多，按传热介质类型分为液体集热器和空气集热器；按进入采光口的太阳辐射是否改变方向分为聚光型集热器和非聚光型集热器；按是否跟踪太阳分为跟踪集热器和非跟踪集热器；按集热器内是否有真空空间分为平板型集热器和真空管集热器；按工作温度范围分为低温集热器(100℃以下)、中温集热器(100～250℃)和高温集热器(250～800℃)。本书仅介绍目前应用广泛的平板型集热器和真空管集热器。

1. 平板型集热器

平板型集热器是太阳能热利用系统中接收太阳辐射并向传热工质传递热量的非聚光型部件，其吸热体结构基本为平板型状。平板型集热器已广泛应用于生活用水加热、游泳池加热、工业用水加热、建筑物采暖与空调等诸多领域。

平板型太阳能集热器主要由吸热板、透明盖板、隔热层和外壳等几部分组成，其基本结构如图9－1所示。

太阳辐射透过透明盖板后，投射到吸热板上，被吸热板吸收并转换成热能，然后将热量传递给吸热板内的传热介质，使传热介质的温度升高，作为集热器的有用能量输出。与此同时，温度升高后的吸热板不可避免地要通过热传导、热对流及热辐射等方式向周围环境散热。

(1)吸热板

吸热板是平板型集热器内吸收太阳辐射并向传热介质传递热量的部件，基本上是平板型状。在平板型状的吸热板上，通常都布置有排管和集管。排管是指吸热板纵向排列并构成流体通道的部件；集管是指吸热板上下两端横向连接若干根排管并构成流体通道的部件。吸热板的材料种类很多，有铜合金、铝合金、铜铝复合材料、不锈钢、镀锌钢、塑料、橡胶等。吸热板有如下几种结构形式(图 9 - 2)。

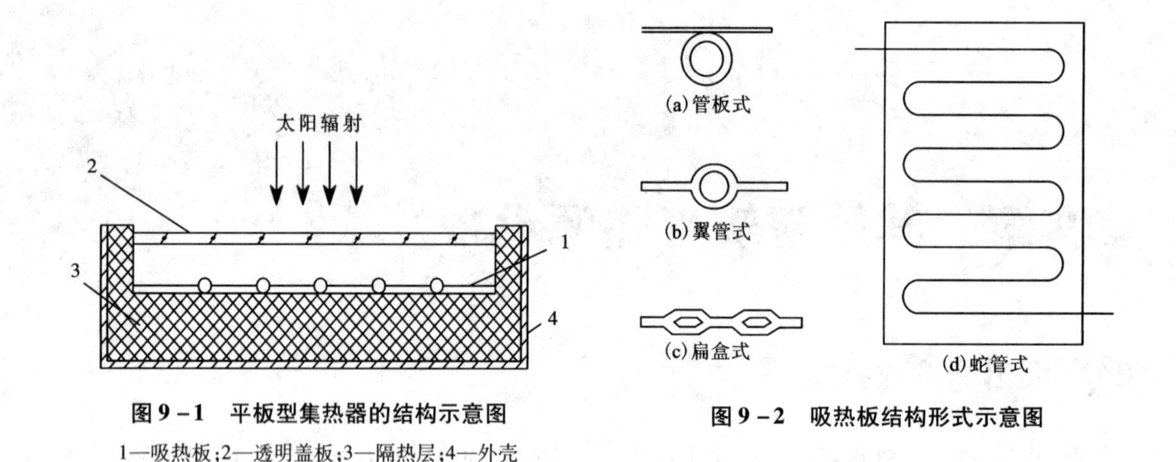

图 9 - 1　平板型集热器的结构示意图

1—吸热板；2—透明盖板；3—隔热层；4—外壳

图 9 - 2　吸热板结构形式示意图

1)管板式

管板式吸热板是将排管与平板以一定的结合方式连接构成吸热条带[图 9 - 2(a)]，然后再与上下集管焊接成吸热板。这是目前国内外使用最多的一种吸热板结构。

2)翼管式

翼管式吸热板是利用模子挤压拉伸制成的，金属管两侧连有翼片的吸热条带[图 9 - 2(b)]，然后再与上下集管焊接成吸热板。吸热板材料一般采用铝合金。翼管式吸热板热效率高，承压能力强。其弊端在于集热器的热容较大，动态热特性差，而且由于一般采用防锈铝合金材料，对水质有一定要求，否则铝合金会被腐蚀。

3)扁盒式

扁盒式吸热板是采用金属板模压成形后，再将其焊接成一体，对焊接工艺的要求较高，流体通道之间采用点焊工艺，吸热板四周采用滚焊工艺[图 9 - 2(c)]。该吸热板热效率较高，但与翼管式一样存在腐蚀问题，同时扁盒式吸热板容易出现焊接穿透或者焊接不牢的问题，承压能力差，成本也较高，只能用于小面积家用场合。

4)蛇管式

蛇管式吸热板是将金属管弯曲成蛇形[图 9 - 2(d)]，然后再与平板焊接而成。这种结构类型在国外使用较多。吸热板材料一般采用铜，焊接工艺可采用高频焊接或超声焊接。其优点在于不需要另外焊接集管，减少泄漏的可能性，热效率高，无结合热阻，水质清洁，铜管不会被腐蚀，整个生产过程实现机械化，耐压能力强，铜管可以承受较高的压力。其弊端在于流动阻力大，焊接难度大。

(2)透明盖板

透明盖板的作用主要有两个：一是保护吸热板，使其不受灰尘及雨雪的侵蚀；二是减少热损失，透明盖板具有透过可见光而不透过红外热射线的功能。

根据透明盖板的上述几项功能，对透明盖板有以下主要技术要求：

①太阳透射比高。透明盖板可以透过尽可能多的太阳辐射能。

②红外透射比低。透明盖板可以阻止吸热板在温度升高后的热辐射。

③绝热性能好。透明盖板可以减小集热器内的热空气向周围环境的散热。

④耐冲击强度高。透明盖板在冰雹、碎石等外力撞击下不会破损。

⑤良好的耐候性能。透明盖板经各种气候条件长期侵蚀后性能无明显变化。

国内外常用的盖板材料有三种：高强耐热玻璃、甲基丙烯酸甲酯板和玻璃纤维增强塑料板。三种材料性能的综合比较见表9-1。

表9-1 盖板材料性能的综合比较

材料	全光透过率	冲击强度	耐热性	绝热性	耐老化性	相对密度	可加工性	成本
HSG①	高	中	优	良	优	高	差	高
MMA②	高	低	差	优	良	低	良	高
FRP③	高	高	良	优	良	中	优	中

注：①HSG表示高强耐热玻璃；②MMA表示甲基丙烯酸甲酯板；③FRP表示玻璃纤维增强塑料板。

(3)隔热层

隔热层的作用为减少集热器向周围环境散热，提高集热器的热效率。根据隔热层的功能，要求隔热层材料的导热系数小[不大于0.055 W/(m·K)]，不易变形，不吸水，不易挥发，更不能产生有害气体。隔热层的厚度应控制在一定的范围内，一般底部隔热层3~5 cm厚，四周隔热层的厚度为底部的一半。常用的隔热层材料有岩棉、矿棉、聚氨酯、聚苯乙烯等。目前使用较多的是岩棉。聚苯乙烯的导热系数虽然很小，但在温度高于70℃时就会变形收缩，影响它在集热器中的隔热效果，在实际使用时，往往需要在底部隔热层与吸热板之间放置一层薄薄的岩棉或矿棉，在四周隔热层的表面贴一层薄的镀铝聚酯薄膜，使隔热层在相对较低的温度条件下工作。

(4)外壳

为了将吸热板、盖板、隔热层组成一个具有一定保温和承压性能的整体，同时为了便于安装，需要一个美观耐用的外壳。一般可采用铝合金板、不锈钢板、碳钢板、塑料、玻璃钢等作为外壳的材料。

2. 真空管集热器

真空管集热器就是将吸热体与透明盖层之间的空间抽成真空的太阳能集热器。真空管按吸热体的材料种类，可分为两类：一类是玻璃吸热体真空管(或称为全玻璃真空管)，一类是金属吸热体真空管(或称为玻璃-金属真空管)。热管式真空管是金属吸热体真空管的一种。

(1)全玻璃真空管集热器

全玻璃真空管集热器是由内玻璃管、外玻璃管、选择性吸收涂层、弹簧支架、消气剂等部件组成，其形状犹如一只拉长的暖水瓶胆，如图9-3所示。

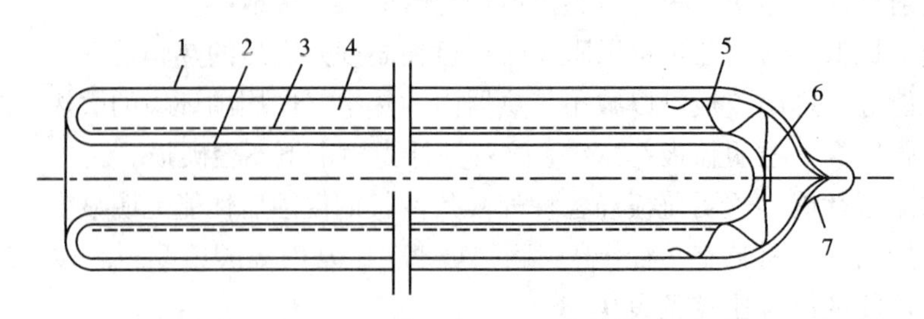

图9-3 全玻璃真空管集热器结构示意图

1—外玻璃管;2—内玻璃管;3—选择性吸收涂层;4—真空夹层;5—弹簧支架;6—消气剂;7—保护帽

全玻璃真空管集热器采用一端开口，其外玻璃管1与内玻璃管2的一端管口进行环状熔封，另一端密封成半球形圆头，内玻璃管用弹簧支架5支撑，可以自由伸缩，以缓冲热胀冷缩引起的应力。内玻璃管与外玻璃管之间的夹层抽成高真空。内玻璃管的外表面制备有选择性吸收涂层3。弹簧支架上装有消气剂6，它在蒸散以后用于吸收真空管集热器运行时产生的气体，以保持管内真空度。

其工作原理是太阳光透过外玻璃管照射到内管外表面吸热体上转换为热能，然后加热内玻璃管内的传热介质，由于夹层之间被抽真空，因而不存在对流热损失，有效地减少了向周围环境的散热量，提高了集热效率。

全玻璃真空管集热器所用的玻璃材料应具有太阳透射比高、热稳定性好、热膨胀系数低、耐热冲击性能好、机械强度较高、抗化学侵蚀性较好、易于加工等特点。

根据国家标准《全玻璃真空太阳管集热器》(GB/T 17049—2005)的规定，生产制造玻璃真空管集热器的玻璃材料应采用硼硅玻璃。该材料具有很好的透光性能，太阳透射比达0.9以上；热稳定性好、热膨胀系数仅为3.3×10^{-6}/℃；耐热温差大于200℃；机械强度较高，完全可以满足全玻璃真空管集热器的各方面要求。

确保全玻璃真空管集热器的真空度是提高产品质量、延长使用寿命的重要指标。真空管集热器内的气体压强很低，常用真空度来描述，管内气体压强越低，说明其真空度越高，根据国家标准规定，真空管集热器的真空度应小于或等于5×10^{-2} Pa。要使真空管集热器长期保持较高的真空度，就必须在排气时先对真空管集热器进行较高温度、较长时间的保温烘烤，以消除管内的水蒸气及其他气体。此外，还应在真空管集热器内放置一片钡-钛消气剂，将它蒸散在抽真空封口一端的外玻璃管内表面上，像镜面一样，能在真空管集热器运行时吸收管集热器内释放出的微量气体，以保持管内的真空度。一旦银色的镜面消失，则说明真空管集热器的真空度已受到破坏。

全玻璃真空管集热器的又一重要特点是采用选择性吸收涂层作为吸热体的光热转换材料。选择性吸收涂层需要考虑两个特殊要求：一是真空性能；二是耐温性能。工作时要求不影响管内真空度，其他性能指标也不能下降。

全玻璃真空管集热器的选择性吸收涂层都采用磁控溅射工艺。目前我国绝大多数生产企业采用铝-氮/铝作为选择性吸收涂层，也有少数生产企业采用不锈钢-碳/铝选择性吸收涂层。

根据《全玻璃真空太阳管集热器》(GB/T 17049—2005)的规定，全玻璃真空管集热器应具备以下技术要求。

①玻璃管材料应采用硼硅玻璃3.3，玻璃管太阳能透射比$\tau \geq 0.89(m=1.5)$。

②选择性吸收涂层的太阳能吸收比$\alpha \geq 0.89(m=1.5)$，半球向发射率$\varepsilon_h \leq 0.08$(80℃±5℃)。

③空晒性能参数$Y \geq 190\ m^2 \cdot ℃/kW$(太阳辐照度$G \geq 800\ W/m^2$，环境温度$t_a$为8~30℃)。

④闷晒太阳辐照量：$H \leq 3.7\ MJ/m^2$(太阳辐照度$G \geq 800\ W/m^2$，环境温度t_a为8~30℃，初始温度不低于环境温度，闷晒至水温升高35℃)。

⑤平均热损失系数$U_{LT} \leq 0.85\ W/(m^2 \cdot ℃)$。

⑥真空性能：真空夹层内的气体压强$p \leq 5 \times 10^{-2}$ Pa；内玻璃管在350℃条件下保持48 h，吸气剂镜面长度消失率不大于50%。

⑦耐热冲击性能：应能承受不高于0℃的冰水混合体与90℃热水交替反复冲击三次而不损坏。

⑧耐压性能：全玻璃真空管集热器内应能承受0.6 MPa的压力。

⑨机械冲击性能：全玻璃真空管集热器应能承受直径为30 mm的钢球，于高度450 mm处自由落下，垂直撞击管集热器中部而无损坏。

(2)热管式真空管集热器

热管式真空管集热器是金属吸热体真空管集热器中的一种，它由热管、金属吸热板、玻璃管、金属封盖、弹簧支架、蒸散型消气剂和非蒸散型消气剂等组成，其中热管又包括蒸发段和冷凝段两部分，如图9-4所示。

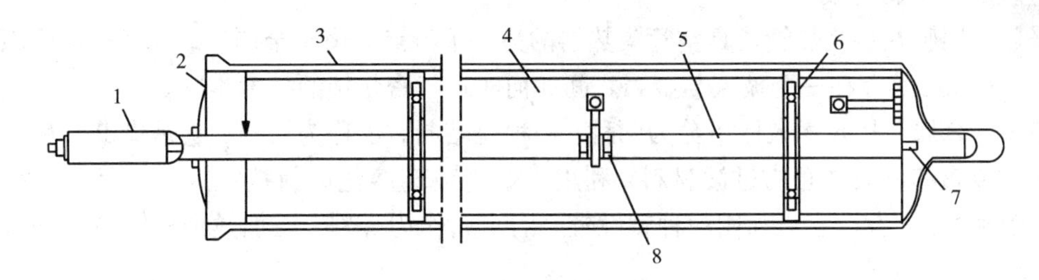

图9-4 热管式真空管集热器结构示意图

1—热管冷凝段;2—金属封盖;3—玻璃管;4—金属吸热板;5—热管蒸发段;
6—弹簧支架;7—蒸散型消气剂;8—非蒸散型消气剂

在热管式真空管集热器工作时，太阳辐射穿过玻璃管3后投射在金属吸热板4上。吸热板吸收太阳辐射并将其转换为热能，再传导给紧密结合在吸热板中间的热管，使热管蒸发段5内的工质迅速汽化。工质蒸气上升到热管冷凝段1后，在较冷的内表面上凝结，释放出蒸发潜热，将热量传递给太阳能集热器的传热介质。凝结后的液态工质依靠其自身重力回流到热管蒸发段，然后重复上述过程。热管式真空管集热器内一般同时放置蒸散型消气剂7和非蒸散型消气剂8两种。

1)热管

热管是利用汽化潜热高效传递热能的强化传热元件，其传热系数比相同几何尺寸金属棒的导热系数大几个数量级。在热管式真空管集热器中使用的热管一般都是重力热管，也称为虹吸管。重力热管的特点是管内没有吸液芯，冷凝后的液态工质依靠其自身的重力回流到蒸发段，因而结构简单，制造方便，工作可靠，传热性能优良。目前国内大多使用铜－水热管，国外也有采用有机物质作为热管工质的，但必须满足工质与热管壳体材料的相容性。

由于采用了热管技术，热管式真空管集热器具有许多优点：

①耐冰冻。真空管集热器内没有水，热管又采取了特殊的抗冻措施，因而耐冰冻，即使在－40℃的环境温度下也不会冻坏。

②启动快。热管工质的热容量极小，因而真空管集热器启动很快，而且在瞬变的太阳辐照条件下可提高其输出能量。

③保温性能好。热管具有独特的“热二级管效应”，即热量只能从下部蒸发段到上部冷凝段，因而在夜间或当太阳辐照较低时可减少受热介质向周围环境的散热。

④承压能力强。所有真空管集热器及其系统都能承受自来水或循环泵的压力，多数真空管集热器还可用于产生 10^6 Pa 以上的热水甚至高压蒸气。

⑤耐热冲击性能好。所有真空管集热器及其系统都能承受急剧的冷热变化，即使对空晒很久的真空管集热器系统突然注入冷水，真空管集热器也不会因此而炸裂。

⑥易于安装维修。真空管集热器内没有水，真空管集热器与集管之间又采取“干性连接”，所以不仅安装方便，而且可以在不停止系统运行的情况下更换真空热管。

当然，由于热管内的液态工质是依靠其自身的重力从冷凝段回到蒸发段的，因此在安装时要求真空管集热器与地面保持一定的倾角(通常在15°以上)，这是使用热管式真空管集热器的不足之处。

2)玻璃－金属封接

采用金属吸热板是热管式真空管集热器的另一个特点。由于金属和玻璃的热膨胀系数差别很大，所以必然存在一个玻璃与金属之间如何实现气密封接的技术难题。

玻璃－金属封接技术大体可分为两种：一种是熔封，也称为火封，它是借助一种热膨胀系数介于金属和玻璃之间的过渡材料，利用火焰将玻璃熔化后封接在一起。另一种是热压封，也称为固态封接，它是利用一种塑性较好的金属作为焊料，在加热加压的条件下将金属封盖和玻璃管封接在一起。

目前国内玻璃－金属封接大都采用热压封技术，热压封采用的焊料有铅、铝等金属。与传统的熔封技术相比，热压封技术具有封接温度低、封接速度快、封接材料匹配要求低等特点。

3)真空度与消气剂

由于热管式真空管集热器采用金属吸热板，因而在制造过程中的真空排气工艺不同于全玻璃真空管集热器，有其自身独特的真空排气方式。

为了使真空管集热器长期保持良好的真空性能，热管式真空管集热器内一般应同时放置两种消气剂：蒸散型消气剂和非蒸散型消气剂。蒸散型消气剂在高频激活后被蒸散在玻璃管的内表面上，像镜面一样，其主要作用是提高真空管集热器的初始真空度；非蒸散型消气剂是一种常温激活的长效消气剂，其主要作用是吸收管内各部件工作时释放的残余气体，保持真空管集热器的长期真空度。

9.1.2 太阳能集热器的特性与选择

1. 太阳能集热器的特性

(1) 平板集热器的特点

平板集热器由于吸热板和透明盖板之间的空间存在空气对流换热损失，在冬季，环境温度较低，平板集热器的热损失很大，还面临管集热器破裂、冻结等问题。尽管如此，平板集热器和其他太阳能集热器相比仍具有很多优点：适合与建筑相结合；满足承压系统的要求；有效采光面积大，热效率高；寿命长，维护费用低。

(2) 真空管集热器的特点

全玻璃真空管集热器是由多根全玻璃真空太阳能管集热器插入联箱组成，由于真空管采用真空保温，进入玻璃管内的热能不易散失，因此，散热损失比平板集热器显著减小，大大提高了集热器的集热效率。同时，与平板集热器相比，真空管集热器具有一定的抗冻性（-20℃以上），即使在寒冷的冬季，仍能集热，适合在北方地区使用。

真空管集热器具有保温性能好、低温热效率高、抗冻、成本低等优点，但其承压性能差，易出现炸管、结垢等问题。

热管式真空管由于其独特的传热方式而具有热性能好、热效率高、工作温度高、不炸管等优点。热管式集热系统承压能力强、热容小、系统启动快，抗严寒能力强，适合在北方地区使用。各种太阳能集热器的性能比较如表9-2所示。

表9-2 太阳能集热器性能比较表

类型	平板集热器	全玻璃真空管集热器	热管式真空管集热器
平均集热效率	50%	60%	60%
热水温度	60℃以下	90℃以下	80℃以下
可靠性	较可靠	易炸管	较可靠
与建筑相容性	较好	一般	一般
承压性能	承压	不能承压	承压
使用寿命	15~20年	受水质影响	15~20年
成本	低	低	高
抗冻性能	不抗冻	-20℃以上抗冻	抗冻

2. 集热器的选择

集热器的选型主要考虑以下四个方面：

(1) 当地的地理位置

对于有抗冻性要求的场合，宜采用真空管集热器，或采用防冻液作为导热介质的平板集热器。

(2) 工作压力

对于有承压要求的场合，宜采用平板集热器，或热管式真空管集热器。

(3)使用水温

对于低温热利用项目，宜采用平板集热器，其在低温(60℃以下)时的效率较高。

(4)投资与收益等因素

由于平板集热器经济性较好，故在不结冰地区全年使用或虽是结冰地区但冬季结冰时不使用时，优先选用平板集热器。

根据《民用建筑太阳能空调工程技术规范》(GB 50787—2012)及《民用建筑太阳能热水系统应用技术规范》(GB 50364—2005)，在进行太阳能空调设计时，设计师首先要考虑太阳集热器的高效利用问题，并按照以下三个方面进行选型：需选用在高温下仍具有较高集热效率的太阳能集热器；需实现太阳能集热器与建筑的集成设计；综合考虑太阳能集热器与蓄热水箱、制冷机组之间的合理连接问题。

9.1.3 太阳能集热器的设计计算

太阳能集热器的设计计算主要是指在已知用户用热量或需热量的条件下，计算集热器的面积。

太阳能热水系统可分为直接式热水系统(一次循环系统)和间接式热水系统(二次循环系统)。直接式热水系统是指在太阳能集热器中直接加热储热水箱中的水。间接式热水系统是指在太阳能集热器中加热某种传热工质，再利用该传热工质通过热交换器加热储热水箱中的水。两种系统所需太阳能集热器面积有所不同，因此计算公式也有所不同：

(1)直接式系统的集热面积可按式(9－1)计算

$$A_c = \frac{Q_w c\rho_r (t_{end} - t_L) f}{J_T \eta_{cd} (1 - \eta_L)} \tag{9-1}$$

式中：A_c——直接系统集热器总面积，m^2；

Q_w——日平均用水量，L；

c——水的比定压热容，kJ /(kg · ℃)；

ρ_r——水的密度，(kg/L)；

t_{end}——储热水箱内水的终了温度，℃；

t_L——储热水箱内水的初始温度，℃；

f——太阳能保证率，根据系统使用期内的太阳辐照、系统经济性及用户要求等因素综合考虑后确定，一般为 0.30 ~ 0.80；

J_T——当地集热器采光面上年平均日或月平均日太阳辐照量，kJ/m^2；

η_{cd}——集热器年或月平均集热效率，一般为 0.25 ~ 0.50，具体取值要根据集热器产品的实际测试结果而定；

η_L——管路及储热水箱的热损失率，一般为 0.20 ~ 0.30。

(2)间接式系统的集热面积可按式(9－2)计算

$$A_{IN} = A_c \left(1 + \frac{F_R U_L A_c}{U_{hx} A_{hx}}\right) \tag{9-2}$$

式中：A_{IN}——间接系统集热器总面积，m^2；

A_c——直接系统集热器总面积，m^2；

$F_R U_L$——集热器总热损系数, W/(m^2 · ℃), 平板集热器取 4 ~ 6 W/(m^2 · ℃), 真空管集热器取 1 ~ 2 W/(m^2 · ℃), 具体数值要根据集热器产品的实际测试结果而定;

U_{hx}——热交换器传热系数, W/(m^2 · ℃);

A_{hx}——热交换器换热面积, m^2。

9.2 冷热电三联供系统

9.2.1 能源与能源的综合利用

1. 能源

能源是指能够直接或经过转换而获取某种能量的自然资源。在自然界里, 有一些自然资源拥有某种形式的能量, 它们在一定条件下能够转换成人们所需要的能量形式, 这种自然资源就称为“能源”, 如煤炭、石油、天然气、太阳能、风能、水能、地热能、核能等。但在生产和生活中, 由于工作需要或是便于输送和使用等原因, 常将上述能源经过一定的加工、转换, 使之成为更符合使用条件的能量来源, 如煤气、电力、焦炭、蒸气、沼气和氢能等, 它们也称作能源, 因为它们也为人们提供所需的能量。

能源的形式多种多样, 可以根据其存在和产生的形式、被开发利用的程度、对环境的影响等进行分类。

根据能源存在和产生的形式可分为两大类, 一类是自然界存在的, 可以直接利用的能源, 如煤、石油、天然气、植物燃料、水能、风能、太阳能、原子能、地热能、海洋能、潮汐能等, 称为一次能源。另一类是由一次能源经过加工转换而成的能源产品, 如电、蒸气、煤气、焦炭、石油制品、沼气、酒精、氢、余热等, 称为二次能源。

一次能源还可根据其能否再生分为再生能源和非再生能源。再生能源是指不会随其本身的转化或被利用而日益减少的能源, 如太阳能、水能、风能、海洋能、潮汐能、植物燃料等。它们可以说是人类取之不尽、用之不竭的能源。非再生能源是指随着开采和使用将会逐渐减少的能源, 如煤、石油、天然气、油页岩以及各种核燃料等。

从能源被开发利用的程度、生产技术水平是否成熟及应用程度等方面考虑, 常将能源分为常规能源和新能源两类。常规能源是反映当前广泛使用、应用技术比较成熟的能源, 如煤、石油、天然气、蒸气、煤气、电等。新能源是指开发利用较少或正在开发研究, 但很有发展前途, 今后会越来越重要的能源, 如太阳能、海洋能、地热能、潮汐能等。新能源有时又叫非常规能源或替代能源。

根据能源对环境的影响程度一般分为清洁能源和非清洁能源。清洁能源是指无污染或污染很小的能源, 如电能、太阳能、风能、水能、氢能等。非清洁能源是指对环境污染较大的能源, 如矿物燃料、核燃料等。

2. 天然气

天然气是指自然界中天然存在的一切气体, 包括大气圈、水圈和岩石圈中各种自然过程形成的气体(包括油田气、气田气、泥火山气、煤层气和生物生成气等), 其主要成分是烷烃, 如甲烷、乙烷等。它的燃烧产物主要是水蒸气, 二氧化碳排放量很少, 没有颗粒物和二氧化硫，没有废渣，燃烧发热值也高，所以是一种优质的清洁能源。

在20世纪70年代世界能源消耗中，天然气占18%～19%。我国天然气行业起步较晚，但发展很快，从2006年到2010年，我国天然气产量从586亿m^3增至968亿m^3，增长65%。2011年10月我国天然气产量达到826亿m^3，同比增长6.60%，同期还进口天然气约250亿m^3，同比增长近1倍。2002年至2013年，我国天然气市场经历黄金发展期。在供应驱动以及价格驱动下，年均增速高达16.10%。

以天然气代替煤，用于工厂采暖、生产用锅炉以及热电厂燃气轮机锅炉。天然气发电是缓解能源紧缺、降低燃煤发电比例、减少环境污染的有效途径，且从经济效益看，天然气发电的单位装机容量所需投资少、建设工期短、上网电价较低，具有较强的竞争力。

从2010年到2015年，全国新增燃气电站3000万千瓦，建成超过1000个天然气分布式能源项目。预计2030年前，天然气将在一次能源消费中与煤和石油并驾齐驱。到2040年天然气的比例将与石油持平，到2050年，世界能源需求将增加60%，但煤炭和石油消费将处于逐步下降趋势，天然气的高峰期持续时间较长，非常规天然气的出现和大发展必将支撑天然气继续快速发展，最终超过石油，成为世界第一大消费能源。

3. 能源的综合利用

天然气分布式能源

在任何能源利用系统中，首先应提高能源的利用效率，减少能源的消耗。能量品位是指能源中所蕴含的能量可转换为做功能力大小的度量。电能、机械能、水力能等是高品位能量，其能级为1，即它们可以100%地转化为可用功；而化学能、热能等是较低品位的能量，能级小于1，即它们不能100%地转化为可用功。能量的品位还与能量转换装置中的物质状态参数有关。例如在热机中，热源温度愈高，冷源温度愈低，则循环效率就越高，即热量可转化为机械功的部分越大，也就是说，热源温度越高，能量品位也就越高。

天然气燃烧时可达到1000℃以上的高温，是高品位能量。如果用锅炉制取60℃的热水，即使锅炉的热效率最高，但它所获的热能的做功能力大大降低了，这样浪费了能源的品位。如果把天然气燃烧的高温热量首先用于发电，转换成高品位的电能，发电后300～500℃的烟气再用作吸收式冷热水机组的热源，制取冷水或热水，烟气温度降到200℃以下后，再利用其余热制取60℃的热水，如图9－5所示。如此按照温度对口的方式把能源梯级利用，不仅可以使整个能源系统有高的热效率，而且减少了能源品位的浪费，这种方式成为燃气冷热电联产（也称联产）。

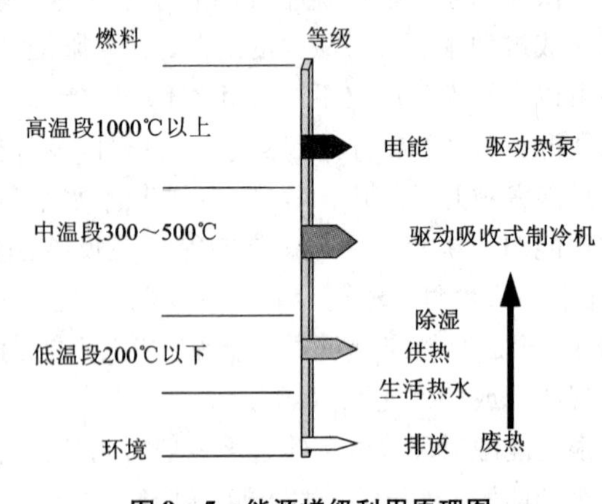

图9－5 能源梯级利用原理图

天然气分布式能源就是在用户终端实现冷热电三联供，也叫CCHP（combined cooling heating and power），它主要是利用燃气轮机或燃气内燃机燃烧洁净的天然气发电，对做功后的余热进一步回收，用来制冷、供热和生活热水，就近供应，从而实现对能源的阶梯利用，提高能源的综合利用效率。它具有以下特点：它将能源系统以小规模（数千瓦至50MW）、模块化、分散式的方式布置在用户附近；可独立地输出冷、热、电三种形式的能源，天然气利用率高，大气污染物排放少，是一种高效的能源综合利用方式；电原则上以自用为主，并网不上网，并网的目的是调峰和应急。

因此天然气分布式能源由于其能源利用高效而得到国家政策支持。2011年10月，国家发展和改革委员会等四个部门联合发布了《关于发展天然气分布式能源的指导意见》。该意见要求以提高能源综合利用效率为首要目标，以实现节能减排任务为工作抓手，重点在能源负荷中心建设区域分布式能源系统和楼宇分布式能源系统。我国大力发展分布式能源、提高能源综合利用效率的举措，正让越来越多的人受益。

9.2.2 建筑冷、热、电的供应模式

建筑需要提供人们生活所需的冷、热和电，建筑冷、热和电的供应模式可分为三种。冷、热和电分别供应模式：电由电厂发电后通过电力系统部门供应，热则由城市热力公司的锅炉生产后供应，而冷则由各用户的空调机组自产自用。热电联供模式：这种模式适用于内部或附近具有火力发电厂的城市，火力发电厂实行热电联产，一方面通过火力发电，另一方面将发电后的余热供应城市用户满足供暖的需求，而冷则还是由各用户的空调机组自产自用。冷热电联供模式：联供系统一般是在建筑内部发电，以部分或者全部地满足建筑的用电需求，同时，满足建筑对冷和热的需求。

1. 火力发电

火力发电是指将石化燃料（主要是煤）的一次能源转换成电能，它的转换过程是石化燃料首先通过锅炉把燃料的化学能转换成热能，而后通过热力发动机转换成机械能，最后由发电机将机械能转换成电能。图9－6是最简单的火力发电原理图，从锅炉过热器出来的过热蒸气进入汽轮机中，部分热能转换成机械能，从而驱动发电机，输出电能，做功后的低压蒸气进入凝汽器放出汽化潜热后凝结成水，凝结水返回除氧器中，再由水泵送回锅炉，工质（水）如此周而复始地循环。这种最简单的火力发电进行的动力循环称为朗肯循环，所用的汽轮机称为凝汽式汽轮机。凝汽器中的蒸气放出的汽化潜热被冷却水带走，通过冷却塔释放到环境中，由于凝汽器（下面称为冷端）排出的热量品位太低，难于被利用，因此火力发电的蒸气动力循环有一个无法避免的冷端损失，大量的低品位热量白白地浪费了。即使采用各种提高动力循环的措施，燃煤火力发电效率最高能达到45%左右，即能量损失约55%，扣除发电厂自身用电和锅炉发电机等损失，冷端损失约35%，仍占了发电消耗能量中相当大的份额。这种系统的技术已非常成熟，主要设备也早已国产化。

2. 热电联产

如果提高汽轮机的排汽压力，则凝汽器可生产温度较高的热水，用于建筑供暖或生产的工艺过程，从而利用了原本浪费的热量，并实现了热、电联产。这种热电联产的动力循环称为背压式热电循环，所采用的汽轮机称背压式汽轮机。采用背压式热电循环后，发电量少了，实际的发电效率降低了，但充分利用了本该排放的热量，能源综合利用率（发电量＋供热量与消耗燃料热量之比）提高了，考虑自身用电和锅炉、发电机效率及其他损失，理论上能源

综合利用率可达到75%以上，但它最大的缺点是供热和供电相互牵制，难于同时满足用户对热能和电能的需求。即使电能上网而不需要随电负荷调节发电量，但热负荷通常是变化的，为此要求机组按热负荷的变化进行部分负荷的运行(或称以热定电)，能源综合利用率降低，当无负荷时，机组就无法运行，采用抽汽凝汽式汽轮机就能解决上述矛盾，图9-7为抽汽凝汽式热电联产系统原理图。进入汽轮机的高压蒸气一部分膨胀到一定压力后被抽出，在汽水换热器中制取温度较高的热水，供用户应用，其余蒸气在汽轮机中继续膨胀做功，低压蒸气排入凝汽器凝结成水，其汽化潜热被冷却水带走，通过冷却塔排到环境中去，抽汽量可根据热负荷的变化进行调节，因此它的热电比运行是可以变化的，抽汽凝汽式热电联产的能源综合利用率低于背压式热电联产能源综合利用率，但高于凝汽式汽轮机的发电效率。

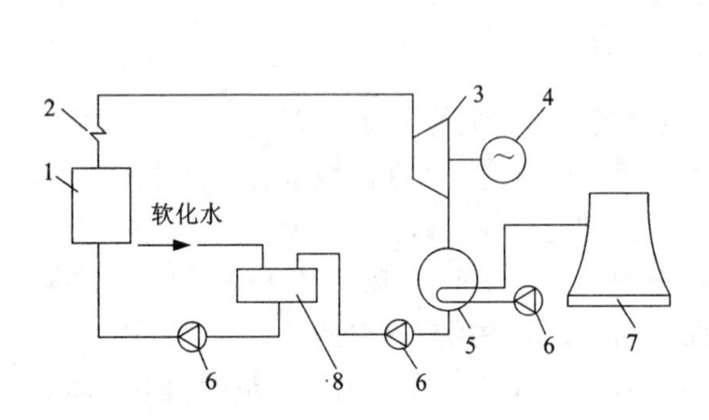

图9-6 火力发电原理图

1—锅炉；2—过热器；3—汽轮机；4—发电机；
5—凝汽器；6—水泵；7—冷却塔；8—除氧水箱

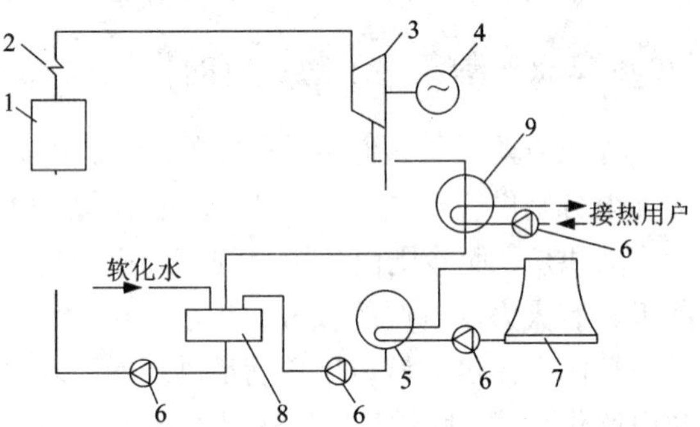

图9-7 抽汽凝汽式热电联产系统原理图

1—锅炉；2—过热器；3—抽汽凝汽式汽轮机；
4—发电机；5—凝汽器；6—水泵；7—冷却塔；
8—除氧水箱；9—汽水换热器

对于以天然气或煤气为燃料的发电系统，可以采用燃气轮机联产系统。燃气轮机热电联产系统分为单循环和联合循环两种形式。单循环的工作原理是：空气经压气机与燃气在燃烧室燃烧后温度达1000℃以上、压力在1~1.6 MPa的范围内而进入燃气轮机推动叶轮，将燃料的热能转变为机械能，并拖动发电机发电。从燃气轮机排出的烟气温度一般为450~600℃，通过余热锅炉将热量回收用于供热。大型的燃气轮机效率可达30%以上，当机组负荷低于50%时，热效率下降显著。热和电两种输出的总效率一般能够保持在80%以上。燃气轮机组启停调节灵活，因而对于变动幅度较大的负荷较适应。上述单循环中余热锅炉可以产生参数很高的蒸气，如果增设供热气轮机，使余热锅炉产生的较高参数的蒸气在供热气轮机中继续做功发电，用抽汽或背压排汽用于供热，可以形成燃气-蒸气联合循环系统。这种系统的发电效率进一步得到提高，可达到50%以上。

3. 冷热电联供

这种在生产电能的同时为用户提供热的能源生产方式称为热电联供。如果利用热能来驱动以热能为动力的制冷装置，在为用户提供热水的同时，满足用户对制冷的需求，则称这种能源利用系统为冷热电三联供系统，简称冷热电联供。如图9-8所示是冷热电三联供系统的示意图，燃料首先通过发电装置发电，发电所产生的废热通过热交换装置产生生活热水或采暖用热水以满足建筑对热水的需求，也可生产低压蒸气或高温热水供工业生产需求。通过换热器所产生的低压蒸气或热水还可以用于驱动制冷装置来生产空调冷冻水，以满足建筑夏季空调的需求。由此可见，冷热电联供系统符合能源的梯级利用，是热能利用的一种有效形式，从而提高能源的利用效率，一般三联供系统的热能利用效率可达80%以上。冷热电三联供系统布置在用户附近，以天然气为主要燃料带动燃气轮机、微燃机或内燃机发电机等燃气发电设备运行，产生的电力供应用户的电力需求，系统发电后排出的余热通过余热回收利用设备(余热锅炉或者余热直燃机等)向用户供热、供冷。

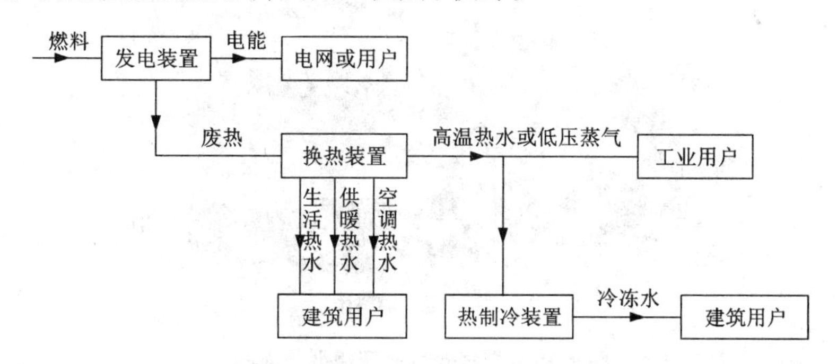

图9-8 冷热电三联供系统示意图

分布式能源系统分散分布在各建筑内，它规模较小，投资小，使用灵活，控制方便，可以减少大的输配电网和管网，减少电的传输损失和热的管路损失，因而，整体利用效率更高。建筑冷热电联供系统一般采用天然气或石油为燃料，采用微型燃气轮机、小型往复式内燃机或燃料电池作为发电装置。

发展冷热电三联供系统对提高能源利用效率、减少能源消耗是非常有益的。传统的热电分产系统的能源利用率只有41%~56%，而联供系统的能源利用效率可高达85%以上，两者相比，联供系统比分产系统可减少能源消耗40%左右，可见，联供系统可大大提高能源利用效率，对保护有限的能源资源、实现能源的可持续发展是非常有益的。

9.2.3 燃气冷热电三联供系统的主要设备

冷热电三联供主要由两部分组成——发电系统和余热回收系统，发电部分以燃气内燃机、燃气轮机或微燃机为主，近年来还发展有外燃机和燃料电池。余热回收部分包括余热锅炉和余热直燃机等。

1. 燃气发电设备

燃气冷热电联供系统的动力装置可分为燃气轮机、内燃机、外燃机(斯特林发动机)、燃料电池。目前国内主要应用的是前两类。

(1)燃气轮机

图9-9是一台燃气轮机原理模型剖面图，从外观上看：整个外壳是个大气缸，前端是空气进入口，在中部有燃料入口，后端是排气口(燃气出口)。燃气轮机主要由压气机、燃烧室、涡轮三大部分组成，左边部分是压气机，有进气口，左边四排叶片构成压气机的四个叶轮，把进入的空气压缩为高压空气；中间部分是燃烧器段(燃烧室)，内有燃烧器，把燃料与空气混合进行燃烧；右边是涡轮，是空气膨胀做功的部件；右侧是燃气排出口。燃气轮机动

力装置是指包括燃气轮机发动机及为产生有用的动力(例如：电能、机械能或热能)所必需的基本设备。为了保证整个装置的正常运行，除了主机三大部件外，还应根据不同情况配置控制调节系统、启动系统、润滑油系统、燃料系统等。

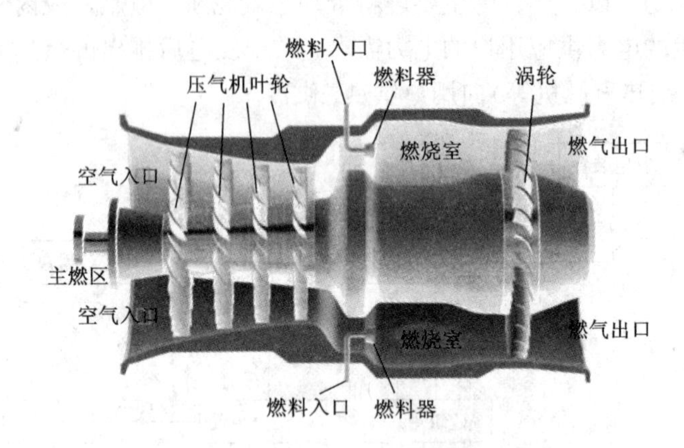

图9-9 燃气轮机原理模型剖面图

燃气轮机正常工作时，工质(空气)顺序经过吸气压缩、燃烧加热、膨胀做功以及排气放热等四个工作过程而完成一个由热变功的转化的热力循环。压气机从外界大气环境吸入空气并逐级压缩(空气的温度与压力也将逐级升高)，增压后供给燃烧室。燃烧室外壳前面是通往压气机的空气入口，后面是通往涡轮的高温气体出口。在燃烧室内有火焰筒，燃烧器喷出的火焰在火焰筒内燃烧，火焰筒前段是主燃区，保证火焰正常燃烧；中段是补燃区，在火焰筒壁上有许多进气孔，让空气进入补燃，保证完全燃烧；后段是通向涡轮叶片的燃气导管，也称为过渡段。压缩空气被送到燃烧室与喷入的燃料混合燃烧产生高温高压的燃气，从过渡段出口喷出；然后再进入涡轮膨胀做功。最后是工质放热过程，涡轮排气可直接排到大气、自然放热给外界环境，也可通过各种换热设备放热以回收利用部分余热。在连续重复完成上述循环过程的同时，发动机也就把燃料的化学能连续地部分转化为有用功。

(2)内燃机

内燃机将燃料(如天然气)与空气注入气缸混合，点火引发其爆炸做功，推动活塞运动，驱动发电机发电，回收燃烧后的烟气和各部件的冷却水的热量用于热电联产。当其规模较小时，发电效率明显比燃气轮机高，一般在30%以上，并且初投资较低，因而在一些小型的热电联产系统中往往采用这种形式。但是，由于余热回收复杂而品位又不高，因此不适于供热温度要求高的场合。内燃机热电联产系统规模较小时，它的发电效率明显比燃气轮机高，一般在30%以上，因而在一些小型的燃气热电联产系统中往往采用这种内燃机形式，但是，由于内燃机的润滑油和气缸冷却放出的热量温度较低(一般不超过90℃)，而且该热量份额很大，几乎与烟气回收的热量相当，因而这种采暖形式在供热温度要求高的情况下受到了限制。

(3)外燃机

外燃机是一种外燃的闭式循环往复活塞式热力发动机，又名斯特林发动机(Stirling engine)。新型的外燃机使用氢气作为工质，在四封闭的气缸内充有一定容积的工质。气缸一端为热腔，另一端为冷腔。工质在低温冷腔中压缩，然后流到高温热腔中迅速加热，膨胀做功。燃料在气缸外的燃烧室内连续燃烧，通过加热器传给工质，工质不直接参与燃烧，也不更换。

外燃机的主要特点在于：

①发电效率高，部分负荷性能优越。外燃机的发电效率可达40%，并有望提高到50%。对于微型的外燃机联产系统来说，发电效率可达到30%～35%。

②出力和效率不受海拔高度影响，是一般高原地区柴油机效率的150%。

③可选择的燃料范围十分广泛，包括各种气体、液体和固体燃料。

④燃料在气缸外过氧连续燃烧，运行平稳，振动小，排气中有害成分较少，噪声较低。

⑤余热易于回收，热电联产综合效率可达65%～85%，热电比为1.2～1.7。

⑥零部件少，活动部件少，润滑油耗量少，无须维护保养而且保证长期运行。

外燃机尚存在的主要问题和缺点是制造成本较高，工质密封技术较难，密封件的可靠性和寿命还存在问题。

(4)燃料电池

燃料电池是把氢和氧反应生成水放出的化学能转换成电能的装置，相当于电解反应的逆向反应。燃料(H_2和CO等)及氧化剂(O_2)在电池的阴极和阳极上借助氧化剂作用，电离成离子，由于离子能通过在两电极中间的电介质在电极间迁移，在阴电极、阳电极间形成电压。在电极同外部负载构成回路时就可向外供电。燃料电池种类不少，根据使用的电解质不同，主要分为磷酸燃料电池(PAFC)、熔融碳酸盐型燃料电池(MCFC)、固体氧气物燃料电池(SOFC)和质子交换膜燃料电池(PEMFC)等。多数燃料电池正处于开发研制中，虽然磷酸燃料电池(PAFC)等技术成熟并已经推向市场，但仍较昂贵。其具有无污染、高效率、适用广、无噪声和能连续运转等优点，发电效率达40%以上，热电联产的效率达到80%以上。鉴于燃料电池的独到优点，随着该项技术商业化进程的推进，必将在未来燃气采暖行业起到越来越重要的作用。

与热电联产技术有关的选择主要有蒸气轮机驱动的外燃烧式方案和燃气轮机驱动的内燃烧式方案。此外，随着现代科学技术的发展，特别是微型燃气轮机、燃气外燃机和燃料电池以及其他新能源技术的发展，冷热电联产被赋予了新的内涵。

2. 余热回收设备

发电机组可供利用的余热主要有烟气(如燃气轮机、内燃机排出的烟气)、热水(如内燃机的缸套冷却水)和蒸气(如汽轮机的抽汽)。这些余热一般不直接供用户使用，而是通过转换成蒸气、热水或冷水供用户使用。在燃气冷热电联供系统中可能应用的余热设备有以下几类。

(1)余热锅炉

余热锅炉利用烟气余热来制取蒸气或热水，供建筑或生产工艺应用，其结构参见7.3.8节。

(2)汽－水换热器和水－水换热器

用于把蒸气或热水余热转换成供热用户应用的热水。有关汽－水换热器和水－水换热器的结构和原理参见相关的换热器设计手册。

(3)溴化锂吸收式制冷机

由于溴化锂吸收式制冷机对热源参数要求低、适应性强，而且消耗电能少，所以在我国现阶段的冷热电联产系统中最为常见。根据驱动热源的不同，可分为蒸气型、直燃型、热水型和复合热源型，可根据热电联产系统产物选取不同机型，这些机组的结构和原理参见第6章。尽管如此，溴化锂溶液易结晶的特性和机组能效比偏低的缺点还是在一定程度上制约了溴化锂吸收式机组的发展。

(4)干燥剂除湿系统

为维持一个舒适的室内环境，室内空气除了必须保持在一定的温度范围内外，还必须保持一定的湿度。为防止发霉，抑制细菌、病菌的生长和繁殖，确保室内相对湿度低于60%是必要的。传统空调控制湿度的方法是通过用低于送风空气露点温度的冷冻水来冷却空气，使空气中的水蒸气凝结下来。然而，经这样处理后的空气温度一般较低，需要进行再热才能达到舒适水平。不仅浪费一定的能量，同时为使空气冷却到露点温度以下所需的冷冻水温度也比较低，因而制冷剂的 *COP* 值下降，会耗费更多的电能。

除采用冷却除湿之外，还可以采用干燥剂除湿。干燥剂除湿是让潮湿空气通过干燥剂，干燥剂吸收或吸附空气中的水蒸气而使得空气湿度降低，处理后的干燥空气经冷却后送入空调房间，以维持舒适的室内环境。然而，干燥剂吸湿之后，其含湿量增加，逐渐失去干燥能力，为使干燥剂能够继续除湿，必须对干燥剂进行再生。干燥剂再生是用干燥的热空气通过干燥剂，让干空气带走干燥剂中的水分，使干燥剂失去水分而恢复除湿能力。因而，对干燥剂进行再生，必须要以消耗一定的热能为代价。如果用发电后的排气废热来再生干燥剂，就能起到节能的效果。

干燥剂除湿分为固体干燥剂除湿和液体干燥剂除湿。发电尾气驱动的固体干燥剂除湿流程如图9－10所示。固体干燥剂主要有硅胶、活性炭、氯化钙等，一般将干燥剂制成蜂窝状转轮，转轮被分隔成两个部分，被处理空气从一边通过，干燥剂吸附空气中的水分，使空气得到干燥，而干燥剂本身则失去吸湿能力，这时干燥剂旋转到另一边，经废热加热后的再生空气从这边经过，再生空气解吸干燥剂中的水分，而使干燥剂再生。为节约能源，用空调的排风作为再生空气，先利用换热器回收排风中的冷量，然后再用发电排气加热空调排风对干燥剂进行再生。

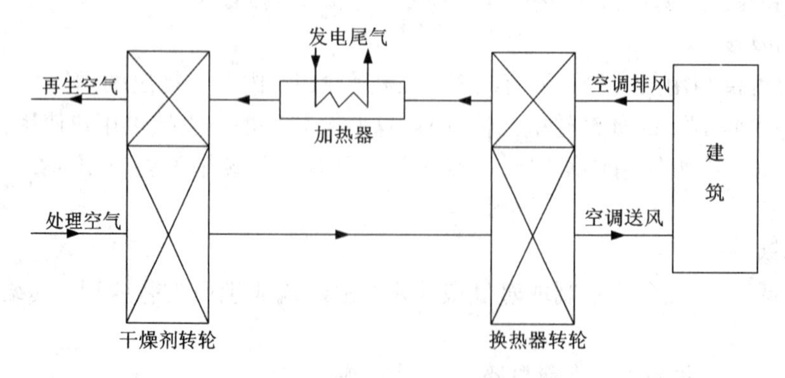

图9－10　固体干燥剂除湿流程图

液体干燥剂除湿流程如图9－11所示。液体干燥剂主要有氯化锂、氯化钙等水溶液。液体干燥剂在干燥器中从上面喷下，与逆流而上的空气相接触，吸收被处理空气中的水分，使空气干燥，干燥剂本身逐渐失去干燥能力，失去干燥能力的干燥剂用泵送至再生器中，被用发电尾气加热了的再生空气再生，再生了的干燥剂又重新送回干燥器中干燥处理。因为液体干燥剂干燥过程要放出水蒸气潜热，因此，需要加入冷却器对干燥剂进行冷却，以使干燥剂保持一定的温度。另外，液体干燥剂在进行干燥时，还能同时起到过滤空气中的粉尘、细菌、病毒等功能，对提高室内空气品质有利。

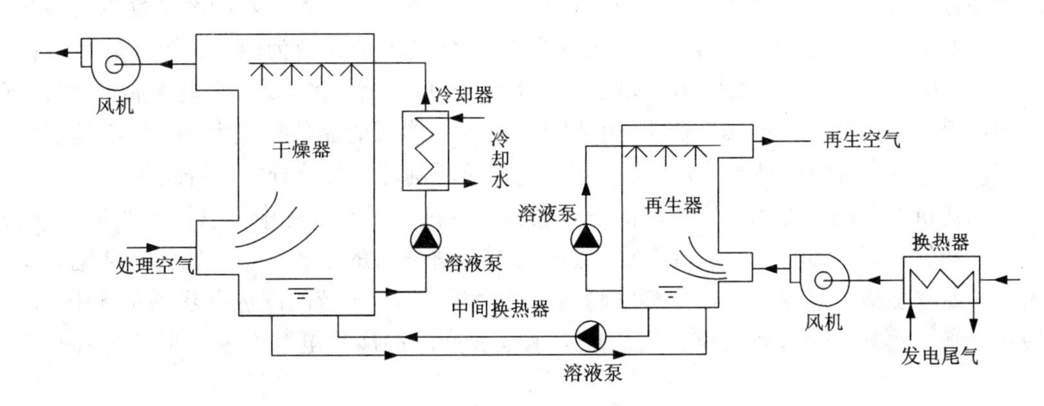

图 9－11　液体干燥剂除湿流程图

9.2.4 燃气冷热电三联供系统类型与组成

1. 燃气冷热电三联供系统和公共电网关系

燃气冷热电三联供系统和公共电网的关系有以下三种：

①孤网运行，即不与电网连接。系统发电量须满足所服务区域的全部电负荷，这种系统设备容量大，初投资高，发电机组经常在部分负荷下运行，能源综合利用率低，运行费用高。尤其在热电负荷与冷电负荷不同步时更甚，适宜用在无电网的区域。

②并网不上网运行，即系统接入公共电网。系统发电量全部供给所服务区域使用，不足部分可向电网购电，但不向电网售电。

③并网且上网运行，即系统接入公共电网。系统发电量主要供给所服务区域使用，不足部分可向电网购电，如果系统发电量过剩，所服务区域使用不完，也可将多余的电量出售给电网。此种关系最理想，这种方式在我国是于 2013 年 2 月 27 日国家电网公司发布了《关于做好分布式电源并网服务工作的意见》之后才实行的。

2. 冷热电联产系统的组成形式选择与分配原则

针对不同的用户需求，冷热电联产系统的方案可选择的范围很大。

与热电联产技术有关的选择有蒸气轮机驱动的外燃烧式和燃气轮机驱动的内燃烧式方案。

与余热利用有关的选择方案有：①用烟气型溴化锂吸收式冷热水机组（简称烟气机）或补燃型烟气机制冷或制热，夏季用于建筑供冷，冬季用于建筑的供暖；②用余热锅炉生产蒸气，蒸气在工业建筑中可用于某些工艺过程，在民用建筑中可用于洗衣房、医院消毒等，亦可用于蒸气型溴化锂吸收式冷水机组制冷或汽－水换热器制热水；③用烟气－水换热器制热水，对于内燃机，高温冷却水可以利用水－水换热器制取热水，这种模式适用于全年有热水需求的场所，如宾馆、医院的生活热水供应；④利用燃气轮机或内燃机的发电尾气的余热对干燥剂除湿系统的干燥剂进行直接或间接加热再生，以恢复干燥剂对空气中的水蒸气的吸附/吸收能力，该系统特别适用于温湿度独立控制的空调系统。

其中直接利用燃气轮机排烟作为制冷热源的系统称为直接热源制冷，而由余热锅炉回收燃气轮机排气余热产生蒸气，再利用蒸气作为制冷热源的系统称为间接热源制冷。直接热源制冷和间接热源制冷的选择和分配原则是：主要考虑锅炉效率、换热器的经济性以及冷热电负荷分配的灵活性等方面。直接热源制冷无须经过余热锅炉转换为蒸气，能源的品位损失小，能量利用率高，但由于烟气为加热工质，所以换热器的设计需要考虑高温腐蚀问题；间接热源制冷由于采用两次换热，能量利用率低，过程中能源的品位损失大，但由于是蒸气为加热工质，对换热器的材料要求较低。另外，直接热源制冷的负荷分配灵活性差。

根据建筑的不同类型和对冷热电的需要特点，冷热电联产系统中可以设置其他的设备，如背压式蒸气轮机、离心式冷水机组等，从而形成各种复杂的系统。燃气轮机冷热电联供系统中，主要是小型燃气轮机和微型燃气轮机，在大型工厂、区域的冷热电联供系统中，还可以应用燃气－蒸气联合循环发电机组。现在示范和推广的冷热电联产系统形式主要有下列几种：

①燃气轮机＋余热锅炉＋蒸气型吸收式冷水机组的冷热电联产系统；

②燃气轮机＋烟气余热利用＋补燃型直燃机的冷热电联产系统；

③燃气轮机＋燃气型直燃机＋电动压缩机式热泵＋余(废)热锅炉的冷热电联产系统；

④燃气轮机＋电动离心式冷水机＋余(废)热锅炉＋蒸气型溴化锂吸收式冷热水机组的冷热电联产系统；

⑤内燃机发电＋余(废)热锅炉＋背压式蒸气轮机＋压缩式制冷机＋溴化锂吸收式冷水机组的冷热电联产系统；

⑥燃气－蒸气轮机联合循环＋蒸气型吸收式冷水机组＋燃气轮机＋离心式冷水机组的冷热电联产系统；

⑦燃气－蒸气联合循环＋吸收式冷水机组的冷热电联产系统；

⑧燃气－蒸气联合循环＋汽轮机直接驱动离心式冷水机组＋蒸气型溴化锂吸收式冷水机组的冷热电联产系统。

3. 典型冷热电联产系统

(1)燃气轮机冷热电联供系统

图9－12是一种典型的燃气轮机冷热电联供系统的原理图。空气经过压气机进行升压后进入燃烧室，和天然气混合燃烧，产生的高压烟气进入燃气轮机膨胀做功，带动发电机发电，将其中约35%的能量转化为电能。膨胀做功后的烟气进入余热锅炉，经锅炉里的水加热蒸发，产生的蒸气经过热器过热，然后进入汽轮机膨胀做功，带动发电机发电。这部分自发电和市电同时向用户供电。汽轮机的排放的乏汽可以通过汽/水换热器用来制取生活热水，或用来供暖。乏汽也可以作为溴化锂吸收式制冷的驱动，带动溴化锂吸收式制冷机制冷，为建筑提供空调用冷冻水。系统可由高度智能化的控制系统集中控制，实现发电机组和余热回收系统的连锁运行，对不同的冷热电负荷情况下按不同的运行方式运行，同时还可接入楼栋控制系统；也可实现无人值守，通过电话线与远程控制站相连，实现远程控制。

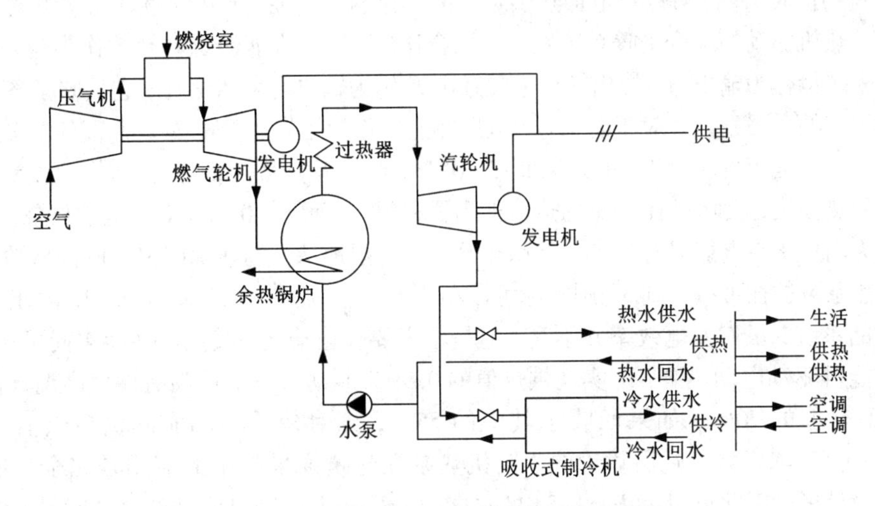

图9-12 燃气轮机冷热电联供系统原理图

(2)燃气内燃机冷热电联供系统

以燃气内燃机为基础的典型冷热电联供系统工作原理如图9-13所示。利用天然气燃烧产生的高温烟气在内燃机中做功，将一部分热能转换成高品位的电能。做功后的烟气温度一般在400℃以上，可用于双效吸收式制冷机的高温发生器加热溴化锂溶液、缸套冷却水(85~90℃)，可以用来双效吸收式制冷机的低温发生器加热溴化锂溶液，制取冷冻水，供建筑空调使用；也可以通多溴化锂吸收式机组制取采暖用热水或生活热水，从而实现冷热电三联供。另外为了保持发动机气缸有适当的温度范围，缸套水的热量应优先利用。

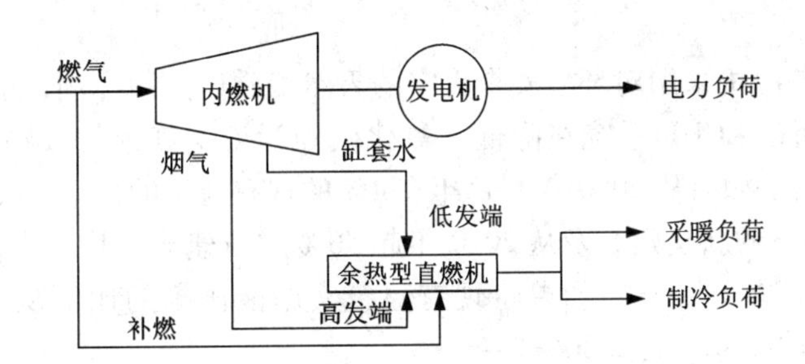

图9-13 燃气内燃机冷热电联供系统原理图

9.2.5 燃气冷热电联供节能性分析和发展趋势

1. 节能，能源综合利用率高

冷热电联供不仅提高了低品位热能的利用率，更重要的是提高了能源综合利用率。在常规的集中供电方式中，能量形式相对单一，当用户不仅仅需要电力，而且需要其他能量形式，如冷能和热能的供应时，仅通过电力来满足上述需要是难以实现能量的综合梯级利用的，而分布式供电方式以其规模小、灵活性强等特点，通过不同循环的有机整合可以在满足用户需求的同时实现能量的综合梯级利用，并且克服了冷能和热能无法远距离传输的困难。

以建筑物供暖为例，可以将电加热供暖、锅炉燃烧(煤、油、天然气)供暖、常规蒸气压缩式热泵和原动热机驱动的综合采暖系统做一个综合比较，以一次能源燃料热能作为输入值，以终端建筑物采暖量作为输出值，提出综合采暖系数 E 作为输出与输入之比，它反映了各种采暖系统的可供比较的采暖系数。对于电采暖，电厂热能转化为用户末端电能只有33%的效率，电采暖是将高效的电能等价转换为热能，因而 $E=0.33$；对于锅炉燃烧采暖，由于锅炉效率问题以及输送管路的热损失，实际只有70%的热值得到了利用，因而 $E=0.70$；对于电动热泵，虽然电厂热能转化为用户末端电能只有33%，然而热泵可以有限地从低温热源(外界环境)吸收热量，许多热泵供热系数往往可以达到3，则实际可以利用的热值为 $E=0.33\times3=0.99$；对于中小型原动机驱动的系统，虽然发电效率并不高，但是不需要长途输送，其热电转换率尚可达0.3，如果将此电能再驱动电动热泵，可实现供热值的0.99。原动机发电后尚有许多高温气体排出的余热，占总热值的70%，如果回收了其中的55%，则对建筑物的实际供热热值效率可达 $E=0.99+0.55=1.54$。上述所讨论的原动机热泵在建筑物采暖中的应用是完全按照单一采暖目的而设计的，因此可以有 $E=1.54$ 的总能效。事实上原动机驱动的复合能量系统可以实现发电、供热和制冷“三联供”，这种系统能源综合利用率高，一般均可达到70%以上。

2. 削峰填谷，缓解电力紧张，可实现能源消耗的季节平衡

冷热电联供系统采用溴化锂吸收式冷水机组作为制冷设备，利用低品位热能驱动。与压缩式制冷机相比，吸收式冷水机组最突出的优点是节电，例如：3500 kW 制冷量的吸收式制冷机可节电约890 kW，因而安装1台溴化锂吸收式冷水机组，相当于建造1台小型发电站。

夏天用电紧缺而燃气消耗降低，采用燃气型冷热水机组，可减少夏季的电耗，从而削减电力的高峰，弥补季节能耗的不平衡。引起电力负荷峰谷差日益增大的主要原因就是空调用电，如采用燃气空调替代电空调，情况将大为改观，因为燃气的负荷需求特性与电力正好相反，在电力负荷最高的夏季正是燃气负荷最低的季节。

3. 环保

溴化锂吸收式制冷机采用对环境安全无害的天然工质作为制冷剂，并且 CCHP 系统能源综合利用效率高，所以 CCHP 系统在降低二氧化碳和污染空气的排放物方面具有很大的潜力。据有关专家估算，如果从2000年起每年有4%的现有建筑的供电、供暖和供冷采用能源岛，从2005年起25%的新建建筑及从2010年起50%的新建建筑均采用能源岛，到2020年二氧化碳的排放量将减少19%。如果将现有建筑实施能源岛的比例从4%提高到8%，到2020年二氧化碳的排放量将减少30%。

4. 能源安全

从目前国际复杂形势来看，能源安全已经成为中国必须考虑的问题，否则一旦发生战争，首先被摧毁的就是电厂，一旦供电瘫痪，国家机器将无法运行，而分布式能源是相对独立的供能体系，可以不依赖外界电力系统。正如常规的集中供电电站可以通过供热并供提高能源利用率一样，分布式供电系统，在用户需要的情况下，同样可以在生产电力的同时，提供热能或同时供热、制冷两方面的需求，成为一种先进的能源利用系统。与简单的供电系统相比，CCHP 系统可以在大幅度提高系统能源利用率的同时，降低环境污染，明显改善系统的热经济性。因此，CCHP 技术是目前分布式供电发展的主要方向之一。

5. 发展趋势

受我国能源结构的影响，目前我国的冷热电联产系统还大多以煤为主要燃料，总的热效

率不高。美国73%的热电联产项目使用的是燃气，俄罗斯热电联产燃料构成中70%是石油和天然气。因此我们要大力发展以燃气(尤其是天然气)为燃料的冷热电联产系统。另外，我国的燃气冷热电联产系统也多是采用高参数的大容量机组，而不需要长距离输送、能源利用率高的小型系统并不多见。相信未来小型冷热电联产系统和区域集中供热供冷系统(DHC)将会得到更广泛的应用。以上两个趋势和方向，使得微型燃气轮机、外燃机、燃料电池和单级吸收式制冷机等既环保又节能的设备受到了较大关注和开发。相信在我国能源政策的调整中，所有以上这些形式多样、特点各异的设备会给冷热电联产系统带来更深的内涵和更好的发展。

9.3 电热锅炉蓄热式热水系统

蓄热电锅炉是在响应电业部门推广低谷电政策的基础上开发出来的一种低费用、节能型设备，该设备是由PLC集中监控系统、电热锅炉、蓄热水箱及附属设备等构成。用电低谷时段开启电锅炉将水加热并储存在蓄热装置中，用电高峰时段关闭电锅炉，将蓄热装置的热水释放出来满足热水供应，以达到全部使用(全蓄热式)或部分使用(半蓄热式)低谷电力供热的目的。

通常采用了蓄热电锅炉的热水系统被称为电热锅炉蓄热式热水系统，电热锅炉蓄热式热水系统具有无噪声、无污染、无明火、自动化程度高、运行费用低等优点，但受到电力资源和经济性条件的限制，在电力资源匮乏地区使用时，运行成本较高。因此，能否采用电热锅炉蓄热式热水系统往往需要通过技术经济性分析来确定。

9.3.1 电锅炉和电热水器

将电能转化为热能的方式有三种：电阻式、电极式和电磁感应式。

电阻式是利用电流通过电阻丝产生热量，是常用的一种电能转变为热能的方式。利用浸入水中的高阻抗的电热管产生热量，将水加热或使之汽化。电热管又称为电热元件，其构造如图9－14所示。金属套管一般为紫铜管或不锈钢管，管内填充导热性能好的不导电材料，一般为结晶氧化镁。电阻丝埋于绝缘材料中。电热管要求冷态绝缘电阻≥10 MΩ，热态泄漏电流≤1 mA/kW，绝缘强度达到在50 Hz、1500 V交流电压作用下，1 min内不被击穿的要求。电热管可做成棒形[图9－14(a)]、U形[图9－14(b)]和盘管式。电热管表面温度与功率、管表面积、管和水之间的传热系数等有关。电阻丝的温度还与电阻丝的表面积、电阻丝和管壁间的导热热阻有关。在一定功率下，管表面积愈大，或传热系数愈大，则管的表面温度和电阻丝的温度愈低。电阻丝表面积愈大，电阻丝和管壁间导热热阻愈小，则电阻丝的温度愈低。电阻丝温度太高，会使其寿命降低，甚至烧毁。管表面温度太高，会导致管表面结垢。由于水垢的导热系数很低，电热管表面结垢后，将导致电热管和电阻丝温度升高。为此，电热管的管表面积有一定要求，单位面积的功率一般控制为3～8 W/cm^2；另外，电热管在锅炉中的安装位置，应尽量使水流横向冲刷电热管，以增加电热管与水之间的传热系数。电阻式电热转换元件结构简单，由于其属于纯电阻型转换，在转换中没有损失，因而普遍应用于电锅炉中。

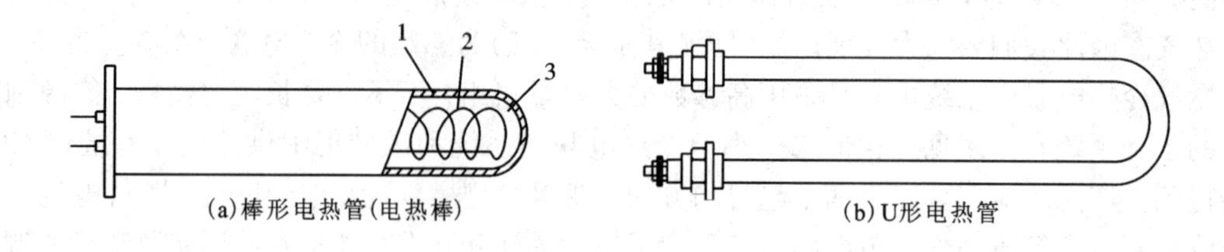

图9-14 电热管结构示意图

1—金属套管;2—电阻丝;3—氧化镁绝缘层

电极式的转换原理：在水中插入电极，利用水的导热电阻直接将电能转化为热能。常见的形式是采用三根圆棒(电极)对称布置在筒体内，通电后形成三个独立的电场，容器内每一点都受到三个独立电场的作用，该点的总电场是三个电场的矢量叠加，该点的电功率即等于电导率乘以电场强度的平方(也有用平板式电极)。采用三电极的优点是电源的三相负荷总是平衡的。电极式电锅炉的优点为：消除了电阻式电加热管易被烧毁的弊病，运行安全可靠；当锅炉内缺水而使电极离开水面时，就会自动切断电源，因此不会出现干烧的情况，适合应用于蒸气锅炉中。电极式电锅炉多用于冶炼金属行业，较少用于蓄热电锅炉中。

电磁感应式的转换原理是利用交流电通过线圈产生交变磁场，使导体材料(如金属、水等)产生感应涡电流，从而使其加热。可以将线圈绕在外壳上，使里面的水加热；也可以将线圈绕在铁芯上，使副边产生感应短路大电流而被快速加热，然后将热量传递给水。电磁感应式电锅炉的优点是水在加热过程中被磁化，不会产生水垢。但在电能转换成热能的过程中存在感抗，产生无功功率，功率因数小于1。

1. 电锅炉

电锅炉是一种将电能转化为热能，使水加热以产生具有一定温度和压力的热水或蒸气的加热设备。通常由装在锅壳内的大功率电热元件通电后完成能量转换。严格意义上讲，电热锅炉应该称为大型或中型的电热水器或电蒸气发生器。

电锅炉的种类很多，按热媒分，有电热水、电蒸气和电热导热油锅炉；按电源的电压分，有高压电源(最高可达15 kV)和低压电源(600 V以下)的电锅炉；按工作原理分，有电阻式、电极式和感应式电锅炉；按安装形式分，有立式、卧式和壁挂式(小型)电锅炉；按压力分，有常压、真空和承压电锅炉；按功能分，有单功能(供暖或热水供应)、双功能(同时供暖和热水供应)电锅炉；按蓄热能力分，有即热型(水容量很小，无蓄热能力)和蓄热型电锅炉。

目前市场上常见的蓄热式电锅炉主要有两类，一类是水蓄热式电锅炉，另一类是固体蓄热式电锅炉。

水蓄热式电锅炉是指在夜间低谷电期间将水加热后贮存在蓄热水箱中或直接贮存在锅炉内，白天再将热量释放出来。水蓄热电锅炉利用水的显热蓄热，导致锅炉体积庞大，适用于占地成本不太高的场合。

固体蓄热式电锅炉内部采用耐高温固体合金材料(例如铜、铁、铬等金属材料的氧化物及含硅、碳、磷的复合无机材料)组成蓄热块，利用蓄热块进行蓄热。蓄热块蓄热温度为450～700℃，单位体积蓄热量为$(1.7\sim2.1)\times10^6$ kJ/m^3，是高温水蓄热($\Delta t=80$℃)的5～6倍。这种锅炉的工作原理是在金属蓄热块中插入电热棒，加热金属蓄热块，并利用热管将热量导出，将水加热。固体蓄热式电锅炉不需要再配备蓄热设备，节约了占地面积，同时热效率高，自动化程度高，无须人工值守。

2. 电热水器

电热水器是一种利用电能产生热水的小容量装置，一般用于家庭等热水需求量小的场合。电热水器按加热功率的大小可分为储水式、即热式和速热式三种。

(1)储水式电热水器

储水式电热水器是指将水加热的固定式器具，它可长期或临时储存热水，并装有控制或限制水温的装置。在国内市场上，目前储水式电热水器占据了小型家用电热水器市场的绝大部分份额。

储水式电热水器主要由内胆、电热管、镁阳极棒(镁棒)、保温层、外壳、温度控制器、限压阀和漏电保护装置组成。其结构示意图如图9-15所示。

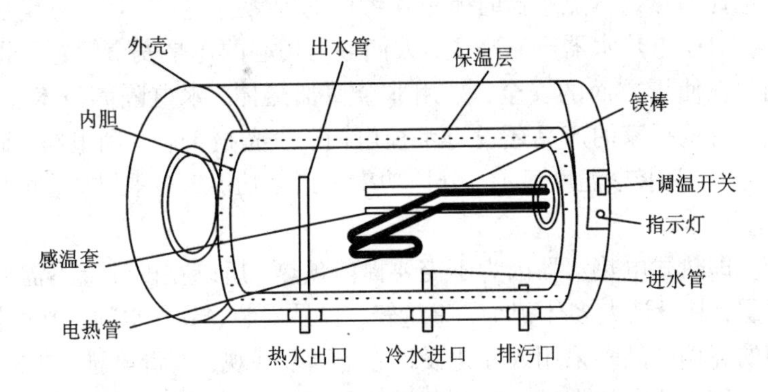

图9-15 储水式电热水器结构示意图

储水式电热水器按安装方式分为壁挂卧式、壁挂立式和落地式。壁挂卧式热水器安装时水平挂置在墙体上，适合于容量不大于100 L的热水器，对墙体有一定的强度要求；壁挂立式热水器安装时垂直地挂置在墙体上，适合于容量不大于100 L的热水器，对墙体有一定的强度要求，须安装在承重墙上，非承重墙须事先安装安全支架；落地式热水器安装时可垂直放置在坚固的地面上，适合于容量为100 L以上的热水器。

储水式电热水器按其出口形式分为：封闭式电热水器和敞开式电热水器。封闭式电热水器在自来水供水压力下工作，出水口处由一个或多个阀门控制水量。该类热水器具有安装位置灵活、出水压力高及热损失小等优点。但因其内胆在常压情况下工作，需采用较厚材料，制造工艺要求高。敞开式电热水器的出水口敞开，由进水管路上的一个阀门控制水量，此类热水器在常压下工作，故其内胆制作要求较低，且结构也相对简单。目前，大多数厂家生产的储水式电热水器均为封闭式电热水器。

(2)即热式电热水器

即热式电热水器(又称为快热式或快速式电热水器)是一种可以通过电子加热元器件来快速加热流水，并且能够通过电路控制水温、流速、功率等，使水温达到适合人体洗浴温度的热水器。即热式电热水器一般需20~30 A或以上的电流，即开即热，水温恒定，制热效率高，安装空间小。内部低压处理，可以在安装的时候增加分流器。功率较高的产品安装在浴室，既能用于淋浴，也能用于洗漱，一般家庭使用节能又环保。即热式电热水器按使用类型可分为：多挡位即热式电热水器、恒温即热式电热水器、小厨宝、洗手宝、即热式太阳能伴侣、电热水龙头等多种类型。

即热式电热水器相比储水式电热水器具有以下优点：

①即开即热。即热式电热水器普遍功率较大，用时只要打开水龙头，数秒钟内便能有温度适宜的热水供应，有时甚至能达到1秒钟加热、3秒钟出热水的速度。由于其十分便捷，满足了现代人快节奏的生活需要，对需要瞬间或者长时间提供热水的用户如理发店、医院、学校等非常理想，最重要的是节省了人们宝贵的时间。

②节能省电。即热式电热水器因不用提前预热，所以没有预热时的热量散失。用时打开，不用时就关闭，用多少放多少，所以也没有储水式电热水器剩余热水的能量消耗，真正做到了节能省电。一般来说，即热式电热水器比传统电热水器省电15% ~30%。所以国家把这类产品划为节能产品。在缺水、缺电的地区，重点推广这一产品具有非常现实的意义。这也是广大消费者选择即热式电热水器时所重点考虑的因素。

③安全环保。对于电热水器产品来说，人们最为担心的还是安全问题。即热式电热水器为了充分保证用户在使用方面的安全，采用非金属加热体、水电隔离技术、漏电保护装置、接地保护等措施。有些厂家的产品还设有水控电门、声光报警、专利电路、磁化防垢、超温断电、高压泄放、电子调控、温度显示、分挡功率等诸多功能，多重保护，可以说在安全上做到了万无一失。

④体积小巧。即热式电热水器因为不需要提前预热，所以在设计上不需要体积庞大的内胆储水箱和保温层，其设计大多体积小、重量轻，且易安装、节省空间、节省材料。另外，即热式电热水器中的高档产品多采用人性化设计，流线型外观，高贵典雅，非常时尚。

⑤水温恒定。储水式电热水器，由于是提前预热好的热水，在开始洗浴时需放水调温，水温难以调控。温度即使调好后，在使用过程中也会随用水量的增加而温度下降，因此不得不进行微调，操作上相对麻烦。而即热式电热水器，无论多少人洗浴，只要提前调好水温，便可以做到恒温恒流。

⑥寿命较长。即热式电热水器，冷水直接通过加热体后便被加热，属于“活水”，水垢不易逗留，而洗浴时的热水温度一般不会高于55℃，因而在热水器内部管路中也不易形成水垢。再有，即热式电热水器在加热过程中机器发热体温升不是很高，这样水路及发热体的损坏概率也就相应减少，所以即热式电热水器的使用寿命也比传统式电热水器长，一般是传统电热水器的2~3倍，优质产品能达到15年以上。

但由于即热式电热水器功率较高，须预留至少4 mm^2的铜芯专线电线(部分南方用户可以使用2.5 mm^2的电线)，对于未预留该大小线路的用户，则需进行线路改造，因此较为费时费力，这也是影响即热式电热水器推广的最大障碍。

(3)速热式电热水器

速热式电热水器是继储水式、即热式电热水器之后出现的第三代电热水器产品。目前国内市场中的速热式热水器产品从结构上来看，基本都是采用了双内胆结构，比较有代表性的是胆中胆结构和双胆并行结构。

胆中胆结构就是热水器内部有两个内胆，一大一小，小内胆套于大内胆之中。小内胆上的进水口和出水口分别设于小内胆的下部与上部的两端，小内胆的容积相对较小，这样可以使进入小内胆中的冷水充分与电热管接触，电热管可将进入小内胆内的冷水迅速加热，提高水的加热效率。热水器导管一端与出水口相连通，另一端伸向大内胆腔内上部，热水管可将小内胆中的热水引向大内胆腔上部，而大内胆腔下部的冷水通过小内胆下部的小孔进入小内胆，在电热水器内形成一个动态循环储水系统，加快了水的热传递速度。这种结构的速热式热水器只有一根位于小胆内的加热棒，通常在十几分钟内就可以把水加热至80℃，22 L水加热至55℃恒温也大约只需要25 min。

双胆并行结构的速热式电热水器，包括相互串联的两个立式内胆，两个内胆内分别设有加热管，如图9－16所示。处于上游的内胆设有一进水管，处于下游的内胆设有一出水管，出水管的入口位于内胆上部，两个内胆之间通过一根连接管导通，连接管的入口位于上游内胆的底部，连接管的出口位于下游内胆的底部。在连接管上设有可控制加热管工作的温度传感器。当流经连接管的水的温度降到设定的温度时，连接管上的温度传感器控制上游内胆的加热管停止加热，而下游内胆的加热管以高功率工作。

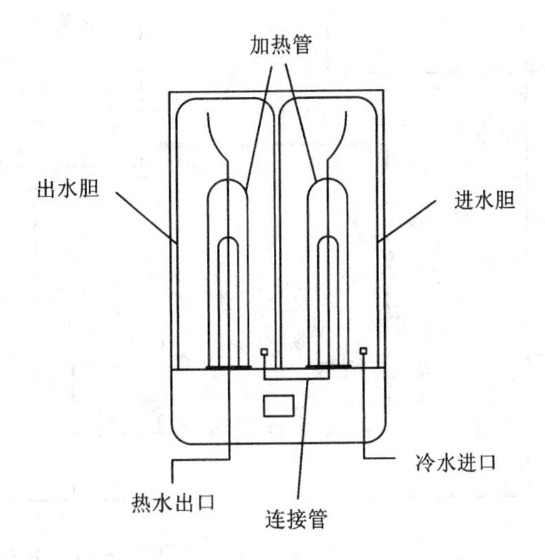

图9－16 双胆并行结构速热式电热水器原理图

速热式电热水器的体积小、容量小(20 L以内)、安装条件低(普通家庭2.5 mm^2线路即可安装)、出水量大、加热迅速、使用过程中不受天气影响，而且无使用人数的限制。

9.3.2 蓄热式热水系统

如若采用电热水锅炉进行供热，通常都提倡与蓄热技术相结合，组装成一套蓄热式热水系统，这样既可以利用夜间电力低谷时段的廉价电能，又能平衡电网的峰谷负荷，达到“削峰填谷”的目的。蓄热式热水系统除了可以采用蓄热型电热水锅炉，还可以采用电热水锅炉与蓄热设备组成的系统，本节仅介绍后者。

1. 系统分类

蓄热式热水系统按蓄热水箱是否直接连接用户端，可分为直接蓄热式和间接蓄热式两种系统形式。

直接蓄热式是指在夜间用电低谷期将冷水通过锅炉加热至60～65℃并存储在蓄热水箱中，在非谷期再将蓄热水箱中的热水直接提供给用户(图9－17)。这种系统蓄热温度低，散热损失小，系统形式简单，成本较低。

间接蓄热式是指在夜间用电低谷期将热媒水通过电锅炉加热至90～95℃，在非谷期再让热媒水通过换热器即时加热冷水供用户使用(图9－18)。如果以二次侧热水供水温度60℃计算，则一次侧热媒水供水温度低至60℃将不能再利用。因此，热媒水最大蓄热温差为35℃。显然，在蓄热量一定的情况下，蓄热温差越小，其蓄热容积越大。

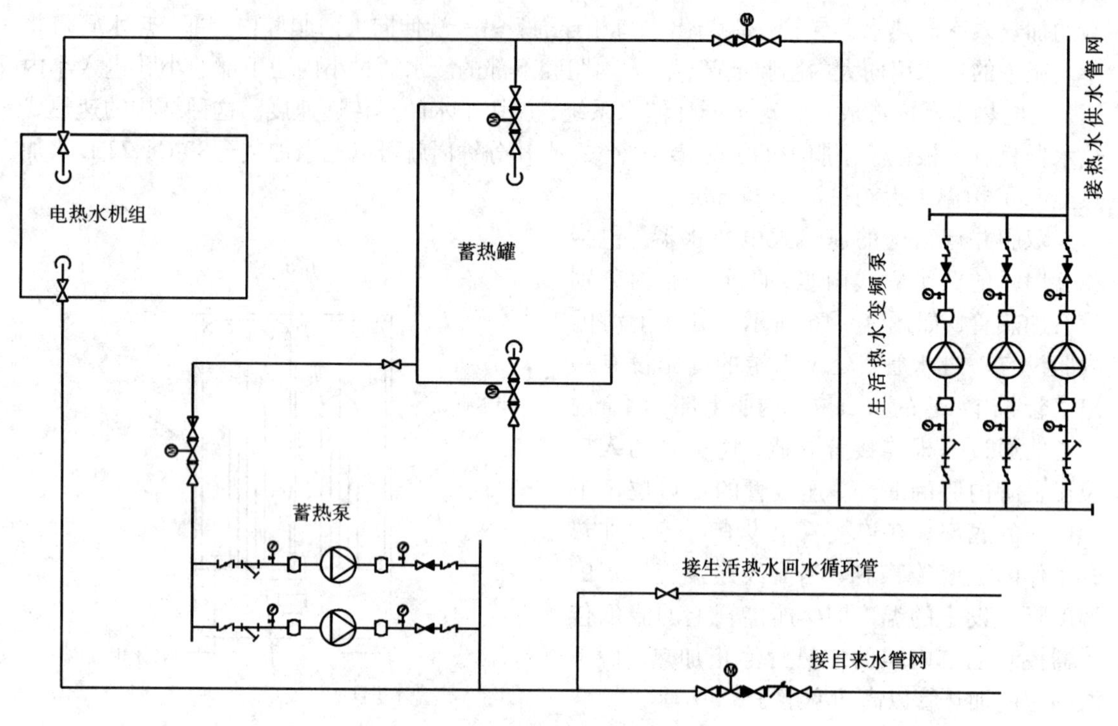

图 9-17 直接蓄热式热水系统

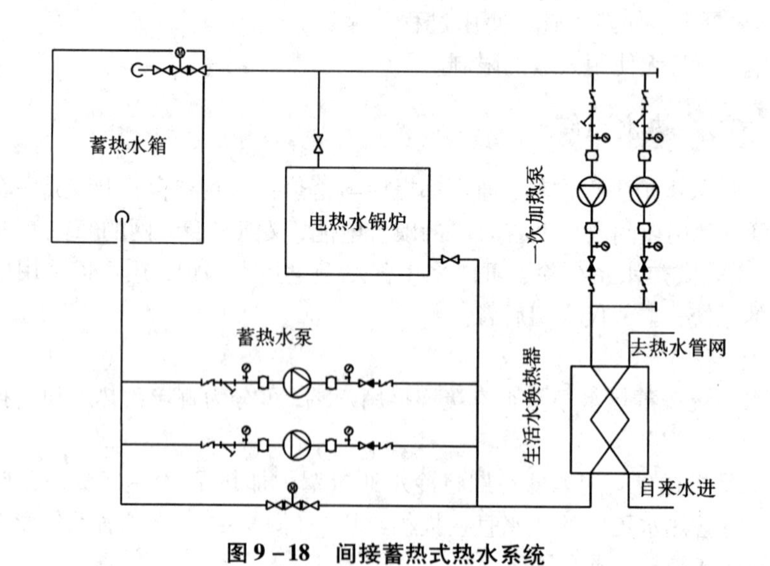

图 9-18 间接蓄热式热水系统

直接蓄热式与间接蓄热式热水系统的优缺点比较如表 9-3 所示。

表9-3 蓄热式热水系统形式比较

蓄热系统形式	优点	缺点
直接蓄热式	蓄热温差大，可减少蓄热容积；蓄热温度低(60℃)，可减少散热损失	蓄热水箱直接连接用户，水质难以保证；须增设加压泵供给热水
间接蓄热式	冷水侧依靠自来水压力直接通过换热器加热后进入热水管外，无须再设置变频加压泵；热水由自来水经换热器加热后供给用户，水质较好	蓄热温差小，须加大蓄热容积，增加投资；蓄热温度较高，散热损失增加；由于增加了换热设备，成本增加

2. 蓄热式热水系统的设计计算

(1)耗热量计算

1)日耗热量计算

全天供热水的住宅、别墅、招待所、培训中心、旅馆、宾馆、医院住院部、养老院、幼儿园、托儿所(有住宿)等建筑的集中热水供应系统的日耗热量可按式(9-3)计算：

$$Q_d = q_r c \rho_r (t_r - t_L) m \text{ 或 } Q_d = \frac{q_r c \rho_r (t_r - t_L) m}{3600} \tag{9-3}$$

式中：Q_d——设计日耗热量，kJ/d、kW·h/d；

q_r——热水用水定额，L/(人·d)；

c——水的比热容，kJ/(kg·℃)，c=4.187 kJ/(kg·℃)；

ρ_r——热水密度，kg/L；

t_r——热水温度，℃，t_r=60℃；

t_L——冷水温度，℃；

m——用水计算单位数，人数或床位数。

2)设计小时耗热量计算

①设有集中热水供应系统的居住小区，其设计小时耗热量应按下列规定计算：

a. 当小区内配套公共设施的最大用水时时段与住宅的最大用水时时段一致时，应按两者的设计小时耗热量叠加计算；

b. 当居住小区内配套公共设施的最大用水时时段与住宅的最大用水时时段不一致时，应按住宅的设计小时耗热量加配套公共设施的平均小时耗热量叠加计算。

②全日供应热水的宿舍(Ⅰ、Ⅱ类)、住宅、别墅、酒店式公寓、招待所、培训中心、旅馆、宾馆的客房(不含员工)、医院住院部、养老院、幼儿园、托儿所(有住宿)、办公楼等建筑的集中热水供应系统的小时耗热量应按式(9-4)计算。

$$Q_h = K_h \frac{m q_r c \rho_r (t_r - t_L)}{T} \text{或 } Q_h = K_h \frac{m q_r c \cdot \rho_r (t_r - t_L)}{3600T} \tag{9-4}$$

式中：Q_h——设计小时耗热量，kW；

m——用水计算单位数，人数或床位数；

q_r——热水用水定额，L/(人·d)；

c——水的比热容，kJ/(kg·℃)；

ρ_r——热水密度，kg/L；

t_r——热水温度，℃；

t_L——冷水温度，℃；

T——每日使用时间，h；

K_h——小时变化系数，见表9-4。

表9-4 热水小时变化系数 K_h 值

类别	住宅	别墅	酒店式公寓	宿舍（Ⅰ、Ⅱ类）	招待所、培训中心、普通旅馆	宾馆	医院	幼儿园、托儿所	养老院
热水用水定额/($L \cdot 人^{-1} \cdot d^{-1}$)	60~100	70~110	80~100	70~100	25~100	120~160	60~200	20~40	50~70
使用人（床）数	≤100~≥6000	≤100~≥6000	≤150~≥1200	≤150~≥1200	≤150~≥1200	≤150~≥1200	≤50~≥1000	≤50~≥1000	≤50~≥1000
K_h	2.75~4.8	2.47~4.21	2.58~4.00	3.20~4.80	3.00~3.84	2.60~3.33	2.56~3.63	3.20~4.80	2.74~3.20

注：1. K_h应根据热水用水定额高低、使用人（床）数多少取值。当热水用水定额高。使用人（床）数多时取低值，反之取高值，使用人（床）数小于等于下限值及大于等于上限值时，K_h就取下限值及上限值；中间值可用内插法求得。

2. 设有全日集中热水供应系统的办公楼、公共浴室等表中未列入的其他类建筑的 K_h 值可参照给水的小时变化系数选值。

定时集中供应热水的住宅、旅馆、医院以及工业企业生活间、公共浴室、宿舍（Ⅲ、Ⅳ类）、剧院化妆间、体育馆（场）运动员休息室等建筑物的集中热水供应系统的设计小时耗热量应按式(9-5)计算。

$$Q_h = \sum q_h(t_r - t_L)\rho_r n_0 bc \text{ 或 } Q_h = \frac{\sum q_h(t_r - t_L)\rho_r n_0 bc}{3600} \quad (9-5)$$

式中：Q_h——设计小时耗热量，kW；

q_h——卫生器具热水的小时用水定额，L/h。

c——水的比热容，kJ/(kg·℃)。

ρ_r——热水密度，kg/L。

t_r——热水温度，℃。

t_L——冷水温度，℃。

n_0——同类型卫生器具数；

b——卫生器具同时使用的百分数。住宅、旅馆、医院、疗养院病房，卫生间内浴盆或淋浴器可按70%~100%计，其他器具不计，但定时连续供水时间应大于等于2 h。工业企业生活间、公共浴室、学校、剧院、体育馆（场）等的浴室内的淋浴器和洗脸盆均按100%计。住宅一户设有多个卫生间时，可按一个卫生间计算。

(2)热水量计算

1)日热水量计算

全日供热水的住宅、别墅、招待所、培训中心、旅馆、宾馆、医院住院部、养老院、幼儿园、托儿所(有住宿)等建筑的集中热水供应系统日热水量可按式(9-6)计算。

$$q_{rd} = m \cdot q_r \tag{9-6}$$

式中：q_{rd}——设计日热水量，L/d；

m——用水计算单位数，人数或床位数；

q_r——热水用水定额，L/(人·d)。

2)设计小时热水量按式(9-7)计算

$$q_{rh} = \frac{Q_h}{c \cdot \rho_r (t_r - t_L)} \tag{9-7}$$

式中：q_{rh}——设计小时热水量，L/h；

Q_h——设计小时耗热量，kJ/h；

c——水的比热容，kJ/(kg·℃)；

ρ_r——热水密度，kg/L；

t_r——热水温度，℃；

t_L——冷水温度，℃。

(3)电热水锅炉的功率 P 应按式(9-8)计算

$$P_w = k_2 \frac{Q_d}{3600TM} \tag{9-8}$$

式中：P_w——电热水锅炉的功率，kW；

k_2——考虑系统热损失的附加系数，k_2取1.1~1.15；

Q_d——日耗热量，kJ/d；

M——电能转化为热能的效率，$M=0.98$；

T——蓄热水箱利用低谷电加热的时间，一般为当天23:00至第二天6:00，约7 h。

(4)蓄热水箱的容积计算

1)高温蓄热水箱的总容积按式(9-9)计算

$$V_H = 1.1V_d = 1.1K_1 qm \frac{t_r - t_l}{t_h - t_l} \tag{9-9}$$

式中：V_H——高温蓄热水箱总容积，L；

V_d——高温蓄热水箱贮水容积，L；

K_1——贮热水时间，d，一般 $K_1=1$ d；

q——热水用水定额，L/(人·d)或L/(床位·d)；

t_r——热水供水温度，℃；

t_l——冷水进水温度，℃；

t_h——高温蓄热水箱热水温度，℃。

2)低温蓄热水箱的总容积按式(9-10)计算

$$V_L = (0.25 \sim 0.3) q_{rh} \tag{9-10}$$

式中：V_L——低温蓄热水箱总容积，L；

q_{rh}——设计小时热水量，L/h。

3）蓄热、供热合一的低温蓄热水箱容积按式（9－11）计算

$$V'_L = 1.1V_d \tag{9-11}$$

式中：V'_L——低温蓄热水箱总容积，L；

V_d——高温蓄热水箱贮水容积，L。

9.4 蓄冷空调系统

蓄冷技术是一门关于低于环境温度热量的储存和应用技术，是制冷技术的补充和调节。利用了蓄冷技术的中央空调系统称为蓄冷空调系统，它由蓄冷系统和空调系统两部分构成。通常，蓄冷系统包括蓄冷设备、制冷设备、连接管路、控制设备以及相关的辅助设备等。目前，用于空调的蓄冷方式较多，根据储能方式的不同可分为相变蓄冷和显热蓄冷两大类；根据蓄冷介质的不同分为水蓄冷、冰蓄冷、共晶盐蓄冷和气体水合物蓄冷四种方式；根据工作模式和运行策略不同可分为全部蓄冷策略和部分蓄冷策略。

蓄冷空调技术的应用，除了要满足空调系统的基本要求外，还应具有比常规空调系统更好的经济性。在蓄冷空调工程设计中，应根据具体设计条件进行技术经济分析比较，选择适合的蓄冷方式、工作模式和运行策略，实现蓄冷空调系统的整体优化。同时，国家电费体制进一步完善，给予蓄冷工程政策上的优惠和支持，也是推进蓄冷空调技术发展和应用的重要条件。

9.4.1 水蓄冷装置

利用水的显热进行蓄冷的系统称为水蓄冷系统，其主要设备包括蓄冷水槽、制冷设备及控制仪表三部分。蓄冷水槽是水蓄冷系统的核心设备之一，直接影响到整个系统的性能。

根据蓄冷水槽的不同可将水蓄冷系统分为分层式水蓄冷系统、隔膜式水蓄冷系统、空槽式水蓄冷系统及迷宫式水蓄冷系统。

（1）分层式水蓄冷系统

水的密度和水的温度密切相关，在约为4℃时，水的密度最大。当水温大于4℃时，密度随温度升高而减少；当水的温度在0～4℃范围内，密度随温度升高而增大。分层式水蓄冷系统就是根据不同水温会使密度大的水自然聚集在蓄水槽的下部，形成高密度的水层。在分层蓄冷时，通过使4～6℃的冷水聚集在蓄冷槽的下部，6℃以上的温水自然地聚集在蓄冷槽的上部，实现冷温水的自然分层，因此分层式水蓄冷系统又称之为自然分层式水蓄冷系统。自然分层式水蓄冷系统的原理图见图9－19。蓄冷槽的上、下设置了两个均匀分布水流的散流器，在蓄冷和释冷的过程中，温水始终从上部散流器流入或流出，而冷水始终从下部散流器流入或流出，以便达到自然分层的要求，尽可能形成上、下分层的各自平稳移动，避免温水和冷水的相互混合。

在蓄冷槽中部，上部温水和下部冷水之间会形成一个斜温层。在斜温层内部存在一个温度梯度，即随着高度的增加，水的温度是逐步升高的。这个由上下温、冷水导热作用形成的温度过渡层，是影响温、冷水分层和蓄水槽蓄冷效果的重要因素。蓄水槽在蓄水期间斜温层厚度的变化是衡量蓄水槽效果的主要指标，一般其厚度为0.3～1.0 m。蓄水槽中采用的散流

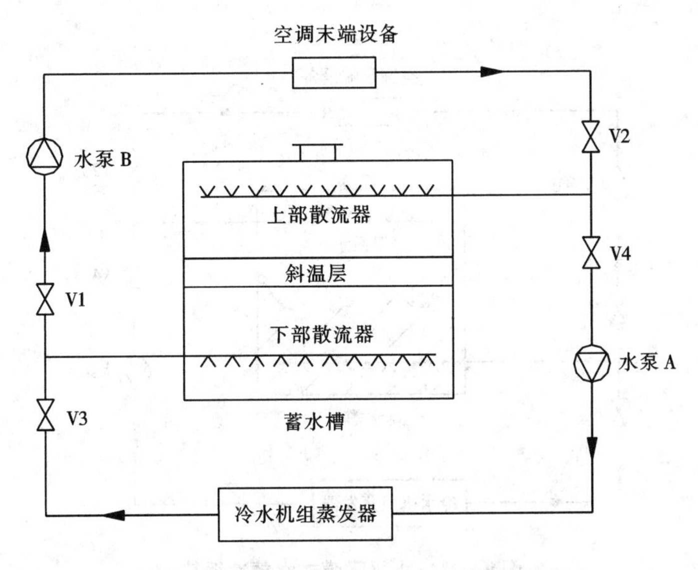

图9－19 自然分层式水蓄冷系统的原理图

器应确保水流以较小的流速均匀流入和流出蓄水槽，防止水的流动影响蓄存冷水的温度，减少水的扰动对斜温层的破坏。

水蓄冷空调系统的主要特点是系统简单，一次性投资少，温度梯度损失小，蓄冷效率高以及直接向用户供冷等。

(2)隔膜式水蓄冷系统

隔膜式水蓄冷系统是在蓄水槽中加一层隔膜，将蓄水槽中的温水和冷水隔开。隔膜既可垂直放置也可水平放置，分别构成垂直隔膜式水蓄冷系统和水平隔膜式水蓄冷系统，如图9－20和图9－21所示。

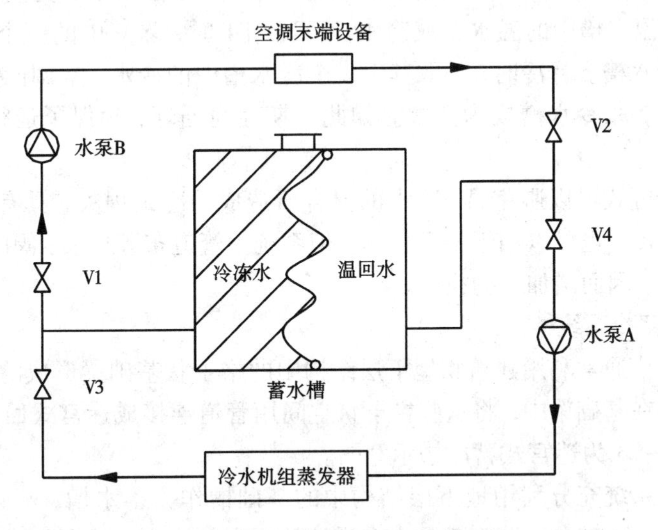

图9－20 垂直隔膜式水蓄冷系统

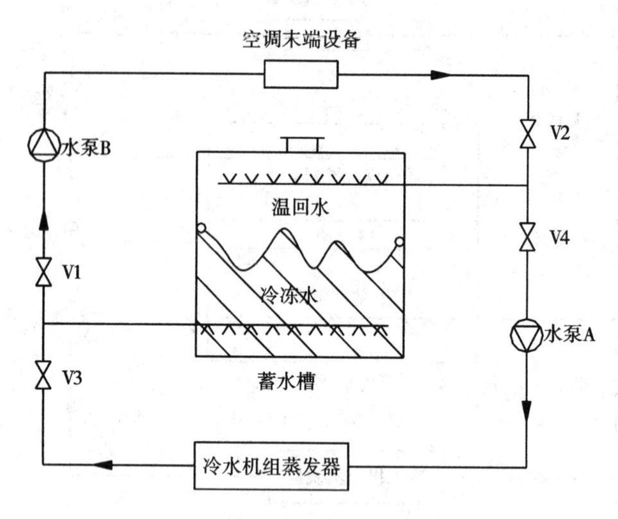

图9－21 水平隔膜式水蓄冷系统

隔膜一般是由橡胶制成一个可以左右或上下移动的刚性隔板。使用时须注意防止隔板和蓄水槽壁间的渗水，因为渗水会造成温、冷水的混合，从而损失冷量。垂直隔膜因水流的前后波动而易发生破裂，现已很少使用。目前使用较多的是水平隔膜，它以上下波动方式分隔温水和冷水，利用水温不同所产生的密度差，将温水贮存在冷水的上面，即使发生破裂也能借助自然分层来防止温、冷水的混合，减少蓄冷量损失。

(3)空槽式水蓄冷系统

空槽式水蓄冷系统须设有两个以上的蓄冷槽，将冷水和温水储存在不同的蓄冷槽中，并且要保证其中一个蓄冷槽是空的，其系统示意图见图9－22。蓄冷时，其中一个温水槽中的水经制冷机降温后送入空槽中，空槽蓄满后成为冷水槽，原温水槽成为空槽。然后重复上述过程，直至所有的温水槽中的温水变成冷水。蓄冷结束时，除其中的一个蓄冷槽为空槽外，其他蓄冷槽皆为冷水槽。释冷时，抽取其中一个冷水槽中的冷水，空调回水则送入空槽，当空槽成为温水槽时，原冷水槽成为空槽。如此周期性地循环，确保了运行中冷水与温水不混合。

空槽式水蓄冷方式可以避免温、冷水的混合所造成的冷量损失，具有较高的蓄冷效率。它可以用于夏天蓄冷，也可以用于冬天蓄热。但系统中管道布置复杂、阀门多，自控要求高，槽体的制造费用高，因而增加了初投资。

(4)迷宫式水蓄冷系统

迷宫式蓄冷水槽通常利用建筑物地下层结构中的格子状基础梁形成的空间，施工时，将设计好的管道预埋在基础梁中，将这些格子状空间用管道连接成迷宫式回路，形成了迷宫式水蓄冷系统，图9－23为迷宫式蓄冷槽示意图。

迷宫式水蓄冷系统充分利用地下层结构中的基础槽作为蓄水槽，不必设置专门的蓄水槽，节省了初投资。同时由于蓄冷槽是由多道墙体隔离的许多小槽所组成的，这样对不同水温的分离效果较好。由于在蓄冷和释冷过程中，水交替从上部和下部的入口流入小蓄水槽中，每相邻的小蓄水槽中，一个温水从下部入口流入或冷水从上部入口流入，这样容易造成

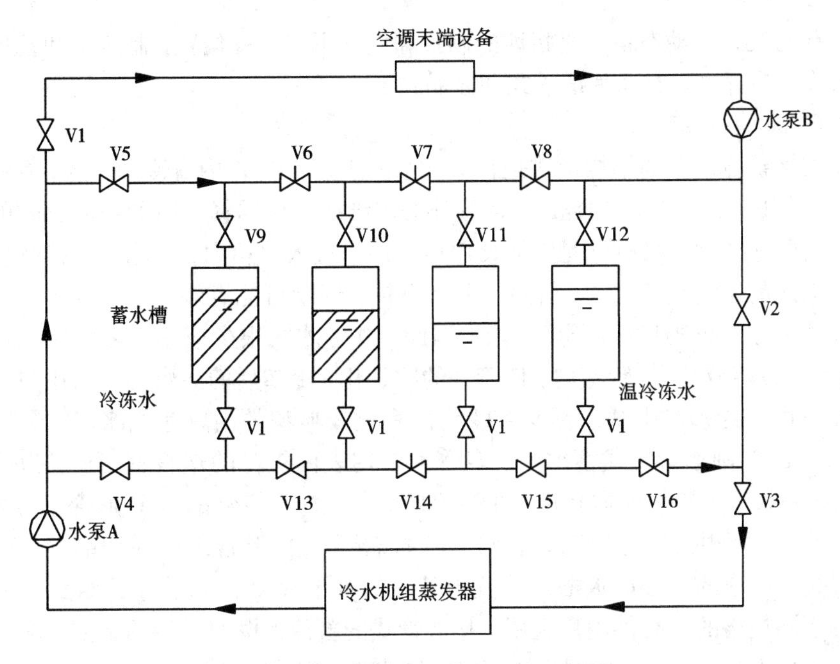

图 9-22 空槽式水蓄冷系统示意图

混合，流速过高会导致扰动和温、冷水的混合，流速太低会在小蓄水槽中形成死区，降低蓄冷系统的蓄冷量。

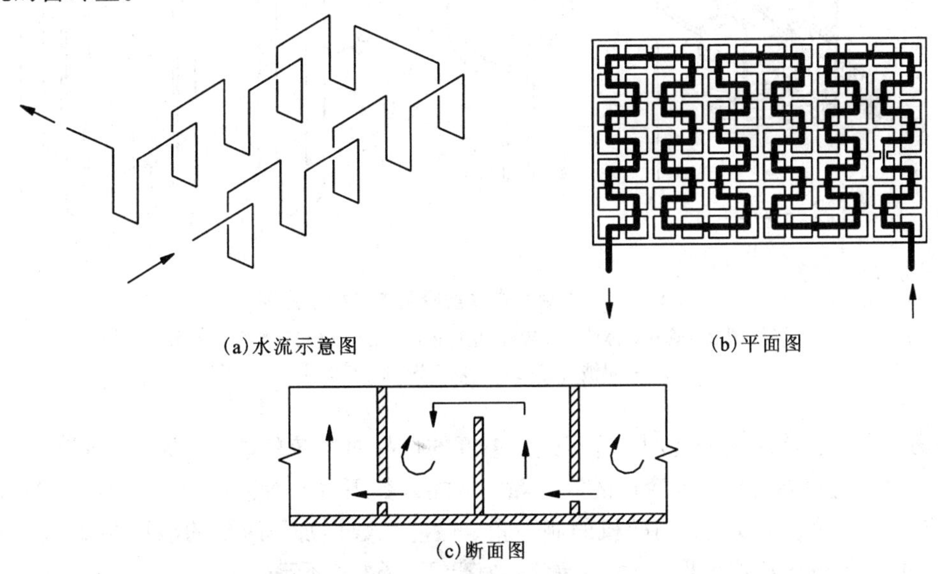

(a)水流示意图　(b)平面图

(c)断面图

图 9-23 迷宫式蓄冷槽示意图

9.4.2 冰蓄冷装置

根据蓄冰技术的不同，冰蓄冷系统可以分为静态蓄冰和动态蓄冰两类。静态蓄冰是指冰的制备、储存和融化在同一位置进行，蓄冰设备和制冰部件为一体结构，静态蓄冰装置主要有冰盘管式和封装式。动态蓄冰是指冰的制备和储存不在同一位置，制冰机和蓄冰槽式是独立的，动态蓄冰装置主要有冰片滑落式和冰晶式。

1. 冰盘管式冰蓄冷装置

冰盘管式冰蓄冷装置的结构形式是在盛满水的水箱（水槽）内置冷却管簇，管簇内通以温度低于0℃的冷媒（如乙二醇水溶液），使管外的水结冰。根据释冷时的融冰方式的不同可分为外融冰和内融冰两种。外融冰是空调使用后的冷水进入水箱内，与冰直接接触使冰融化而被冷却。外融冰的系统是开式的，管路设备易腐蚀；管壁可能有剩余冰，再次结冰时增加了热阻；融冰不均匀，即管外结冰厚度不均。因此，外融冰式很少应用。内融冰是释冷后返回的冷媒（如乙二醇溶液）进入管簇内，使管外的冰融化，冷却后的冷媒再供给用户使用。内融冰式按管簇不同分为多种形式。图9－24为两种比较典型的内融冰式冰蓄冷装置结构示意图。图9－24(a)为圆形盘管式蓄冰筒。盘管大多用表面粗糙的塑料管制成，为使结冰与融冰均匀，相邻两根管内冷媒流向相反[图9－24(b)]。图9－24(c)为U形管式蓄冰槽中的U形盘管单元，它在两根集管（进液和出液）上连接若干个U形管组成一个单元。蓄冰槽由钢板或钢筋混凝土制成的长方形水槽及放置于其内的若干片U形盘管单元组成。内融冰式冰蓄冷装置有不同规格的产品供用户选用。U形管式的蓄冷槽既有组装的定型产品，也有U形盘管单元供用户选用，用户可根据现场情况自制水槽，组成蓄冰槽。

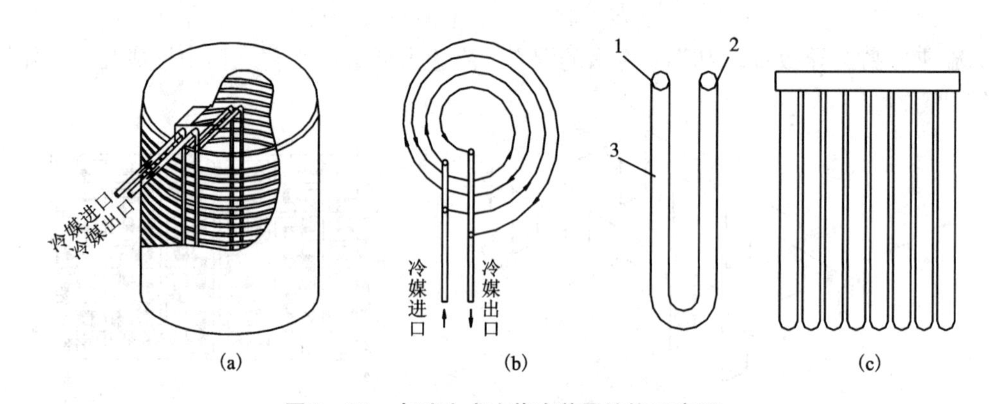

图9－24　内融冰式冰蓄冷装置结构示意图

(a)圆形盘管式蓄冰筒；(b)圆形盘管布置示意图；(c)U形盘管单元

1—进液集管；2—出液集管；3—U形管

内融冰式冰蓄冷装置充冷时，冷媒进口温度的选择对系统的能耗、充冷时间及经济性均有影响。冷媒进口温度低，制冷机的制冷量、性能系数下降，而进口温差可增大，冷媒泵的能耗会减少；反之，温度高，制冷机的制冷量、性能系数增加，而泵的能耗会增大。一般来说，充冷时冷媒的进口温度取－5℃，建议不宜低于－6℃，不高于－4℃。

2. 封装式冰蓄冷装置

封装式冰蓄冷装置是把水密封在塑料容器内，并将这些容器放置在密闭的金属罐内或开式储槽内组成。充冷时，低温的冷媒通过金属罐或储槽，使密封容器内的水冻结。封装式冰蓄冷装置也用在共晶盐蓄冷系统中，这时密闭容器内封装共晶盐蓄冷介质。按封装容器形状可分为冰球、金属芯冰球和冰板，如图9－25所示。冰球是在直径为100 mm的塑料球，内封装去离子水及少量的成核添加剂（留有冻冰膨胀空间）。金属芯冰球是在冰球内加装金属芯，以改善充冷和释冷时冰球与冷媒的换热。冰板为扁平容器（板状）内封装去离子水，外部有凹槽，以增强冰板与冷媒的换热。

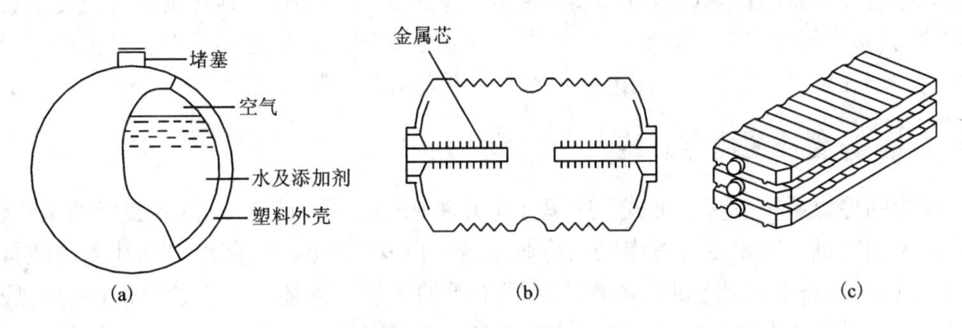

图9-25 封装式冰蓄冷装置

(a)冰球；(b)金属芯冰球；(c)冰板

闭式系统中的储槽都是用钢板卷成圆筒形的压力容器，有卧式和立式两种。开式系统中的储槽可用钢板、玻璃钢、钢筋混凝土制成。

3. 动态冰蓄冷装置

动态冰蓄冷装置有冰片式和冰晶式两种。冰片式蓄冷装置如图9-26所示，制冷剂在板式蒸发器的流道内自下而上流动，蒸发吸热，水通过布水盘淋在板式蒸发器的外侧，水在板面上结冰；当冰厚度达到3~6 mm时，电磁三通阀切换通路，压缩机的排气进入板式蒸发器内20~60 s，外侧的冰片滑落至下部的储槽内，因此也称为冰片滑落式蓄冰装置。储槽内是水与冰片的混合物，冰含量为40%~50%，储槽内的冷水供空调用户使用后，回水返回布水盘，经板式蒸发器流入储槽内。

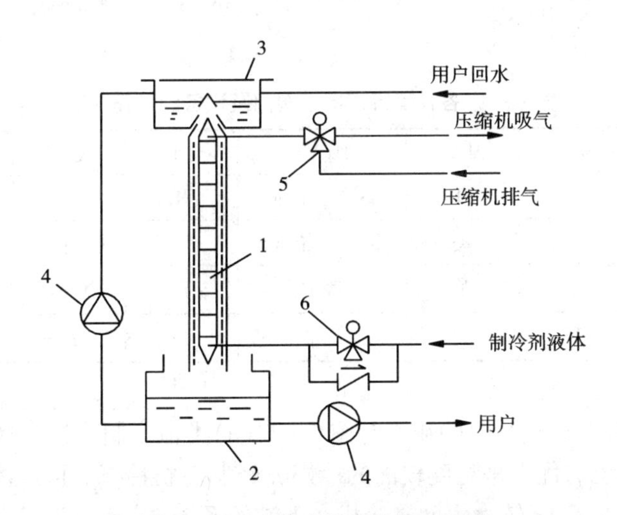

图9-26 冰片式蓄冷装置原理图

1—板式蒸发器；2—储槽；3—布水盘；4—水泵；5—电磁三通阀；6—膨胀阀

冰晶式蓄冷的原理是用蒸发器把浓度为8%的乙二醇水溶液冷却至凝固点（约-2.4℃）以下，溶液中形成直径约100 μm的冰晶。冰晶与乙二醇水溶液的混合物像泥浆似的，可用泵输送至储槽，含冰率一般约为50%。制取冰晶的蒸发器采用套管式，制冷剂在套管夹层内，乙二醇水溶液从内管中流过。

动态冰蓄冷装置与内融冰式冰蓄冷装置及封装式冰蓄冷相比，具有制冷机充冷运行时性能系数较高(蒸发温度高)、释冷速率高、释冷时供水温度比较稳定等优点。其弊端在于需要特殊结构的制冰设备，费用高，制冰能力偏小，不宜用在大型系统中。

9.4.3 冰蓄冷的冷媒系统

冰蓄冷的冷媒系统有多种形式，这里介绍几种内融冰式和封装式蓄冷装置的系统流程。图9-27为制冷机与冰蓄冷装置串联的冷媒系统。图9-27(a)是制冷机在冰蓄冷装置上游的系统，图9-27(b)是制冷机在冰蓄冷装置下游的系统。上述两个系统中的冷媒一般采用乙二醇水溶液，浓度为20%~30%(与充冷时制冰温度有关)。冷媒通过板式换热器冷却空调系统的冷水，即冰蓄冷系统与空调冷水系统间接连接。如果冰球的储槽是开式的，则乙二醇水溶液系统不另设膨胀水箱。阀门V1、V2的开闭起到了切换系统运行模式的作用，可以是手动的，也可以是电动的。系统中的制冷机是适于充冷工况和空调供冷工况运行的双工况制冷机。图示的系统可进行以下几种运行模式：充冷、制冷机直接供冷、冰蓄冷装置的供冷、制冷机与冰蓄冷装置联合供冷。各种运行工况下阀门及设备的工作状态如表9-5所示。图9-27(a)各运行模式冷媒的流程如下：

充冷：泵P1→制冷机LC→冰蓄冷装置IS→V2→泵P1。

制冷机直接供冷：泵P1→制冷机LC→点b→点c→泵P2→换热器HE→V1→泵P1。

冰蓄冷装置供冷：泵P1→制冷机LC(不运行)→冰蓄冷装置IS→电动三通阀V3→泵P2→换热器HE→V1→泵P1。

制冷机与冰蓄冷装置联合供冷：泵P1→制冷机LC→冰蓄冷装置IS→电动三通阀V3→泵P2→换热器HE→V1→泵P1。

表9-5 各种运行工况下阀门及设备的工作状态

运行工况	阀V1	阀V2	阀V3	泵P1	泵P2	泵P3	制冷机
充冷	关	开	bc断，ac通	开	关	关	开
制冷机直接供冷	开	关	bc通，ac断	开	开	开	开
冰蓄冷装置供冷	开	关	调节	开	开	开	关
联合供冷	开	关	调节	开	开	开	开

图9-27(b)的各工况运行时的流程与图9-27(a)类似。制冷机与冰蓄冷装置联合供冷时，制冷机在上游系统的优点是温度较高的冷媒先经制冷机冷却，再经冰蓄冷装置冷却，因此，制冷机的制冷量和*COP*较大。而制冷机在下游的系统，由于冰蓄冷装置释冷温度高，同一容积冰蓄冷装置的释冷量大。

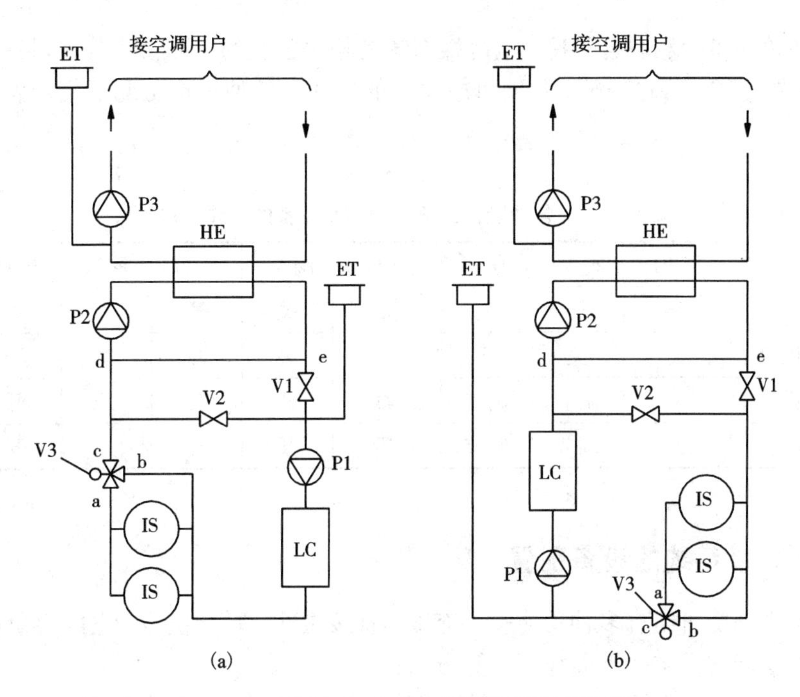

图9-27 制冷机与冰蓄冷装置串联的冷媒系统

(a)制冷机在冰蓄冷装置上游的系统；(b)制冷机在冰蓄冷装置下游的系统

P1、P2、P3—水泵；V1、V2—阀门；V3—电动三通阀；

LC—制冷机；IS—冰蓄冷装置；HE—板式换热器；ET—膨胀水箱

如图9-27所示的系统中，泵P1、泵P2各司其职：泵P2是负荷侧冷媒循环泵，可采用变频泵，根据负荷的变化而改变流量；泵P1是制冷侧冷媒循环泵，定流量运行。由于泵P1和泵P2的流量不相等，设连通管d-e，使差额流量通过，平衡了系统循环流量。小型系统可只设泵P1(P2和d-e管取消)，系统定流量运行，负荷侧设旁通管及调节阀调节供冷量。如图9-26所示的系统不能同时实现充冷与供冷过程，因为充冷运行时制冷机供液温度低于0℃，板式换热器HE内空调冷冻水有冻结的危险。图9-27(b)可改造成充冷与供冷同时运行的系统，须在泵P2吸入管和d-e管上加装调节阀，使供、回液混合，提高供液温度，运行时阀V1、V2均开启。

图9-28为制冷机与冰蓄冷装置并联的冷媒系统。这个系统的特点是制冷机与

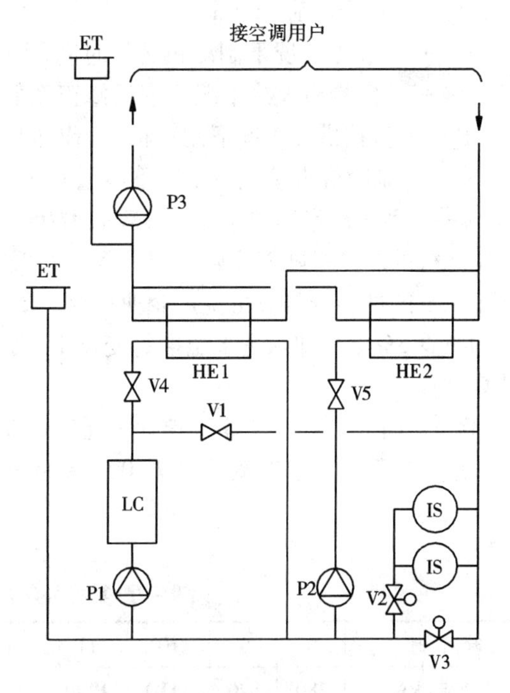

图9-28 制冷机与冰蓄冷装置并联的冷媒系统

V1、V2、V5—关闭阀；V2、V3—电动阀；

其他符号同图9-27

冰蓄冷装置在单独供冷和联合供冷时，冷媒系统是相对独立的。冰蓄冷装置供冷时可采用变流量控制(图中泵 P2 变频控制)，从而可减少泵的功耗。各种运行工况下阀门及设备的工作状态如表 9 -6 所示。

表 9 -6 各种运行工况下阀门及设备的工作状态

运行工况	阀 V1	阀 V2	阀 V3	阀 V4	阀 V5	泵 P1	泵 P2	泵 P3	制冷机
充冷	开	开	关	关	关	开	关	关	开
制冷机直接供冷	关	关	开	开	关	开	关	开	开
冰蓄冷装置供冷	关	调节	调节	关	开	关	开	开	关
联合供冷	关	调节	调节	开	开	开	开	开	开

9.4.4 蓄冷系统的设备配置

蓄冷系统中制冷机组有多种功能——充冷、直接供冷、联合供冷，它的容量(制冷量)要求满足这三种功能的需求。下面介绍计算方法：

首先计算设计工况下逐时冷负荷(全天累计冷负荷)，然后计算制冷机名义工况的制冷量

$$Q_n = \frac{kQ_d}{\tau_{c,s}c_{c,s} + \tau_d c_d} \qquad (9-12)$$

式中：Q_n——制冷机名义工况下的制冷量，kW；

Q_d——日冷负荷，kWh；

$\tau_{c,s}$——充冷工况下制冷机运行时间，h；

$c_{c,s}$——制冷机充冷工况下容量修正系数；

τ_d——直接供冷工况下制冷机运行时间，h；

c_d——制冷机直接供冷工况下容量修正系数；

k——系统冷量损失系数，一般取 1.05 ~ 1.10。

制冷机的制冷量随着冷媒出口温度的降低或冷却水温度的升高而减少。关于制冷机在非名义工况下的性能资料应由生产企业提供。如无确切资料，可按制冷机出口冷媒每降 1℃ 制冷量约减少 3%、冷却水进水温度每变化 1℃ 制冷量变化 1% ~2% 进行估算。下面以实例说明计算过程。

【例 9 -1】 有一办公建筑设计工况下的逐时冷负荷如表 9 -7 所示，采用冰蓄冷空调系统，电力谷时段为 23：00 到次日 7：00，其他为非谷时段，试确定双工况制冷机和蓄冷装置的容量。

表 9 -7 某办公建筑设计日逐时冷负荷

时间/时	8	9	10	11	12	13	14	15	16	17	18
冷负荷/kW	780	820	1110	1290	1460	1560	1670	1740	1670	1410	1220

【解】(1)计算日冷负荷

$$Q_d = 14730\ \text{kWh}$$

(2)全量蓄冷时的制冷机名义制冷量

利用式(9-12)，其中 $\tau_d = 0$，制冷机充冷运行时间 $\tau_{c,s} = 8h$(23:00到次日7:00)，冷媒出口温度-5℃，取容量修正系数 $c_{c,s} = 0.65$，代入后得

$$Q_{n,1} = \frac{1.07 \times 14730}{8 \times 0.65} = 3031\ \text{kW}$$

全量蓄冷时所需的制冷机装机容量约为3031 kW。若该建筑采用传统的空调系统(非蓄冷系统)，制冷机的装机容量为1861.8 kW。由此可见，全量蓄冷需要配备的制冷机装机容量要较常规的机组大。

(3)分量蓄冷时装机容量最小的制冷机名义制冷量

电力非谷时段制冷机运行时数 τ_d 为11小时，直供时制冷机冷媒出口温度为6℃，取容量修正系数为0.97。根据式(9-12)，得

$$Q_{n,2} = \frac{1.07 \times 14730}{8 \times 0.65 + 11 \times 0.97} = 993.1\ \text{kW}$$

实际运行时，其中有2 h(8、9时)的负荷小于963.3 kW，这表明制冷机是在部分负荷下运行，依据式(9-12)所计算出的名义工况下制冷量是指满负荷条件下的所需容量，但实际运行时并非全部时间都按满负荷运行。简单的办法是把部分负荷工作时间用当量满负荷工作时间来取代，再按式(9-12)计算所需名义工况下制冷机装机容量。本例2 h的负荷相当于制冷机当量满负荷时间为

$$\tau_e = 1.07(780 + 820)/(0.97 \times 993.1) = 1.78\ \text{h}$$

将式(9-12)中的2 h直供时间用1.78 h代替，再按式(9-12)计算制冷机的名义制冷量，即得

$$Q_{n,2} = \frac{1.07 \times 14730}{8 \times 0.65 + (11-2) \times 0.97 + 1.78 \times 0.97} = 1006.7\ \text{kW}$$

(4)分量蓄冷时，设直供时间 $\tau_d = 5$ h时制冷机的名义制冷量

$$Q_{n,3} = \frac{1.07 \times 14730}{8 \times 0.65 + 5 \times 0.97} = 1568.3\ \text{kW}$$

还应该核对机组直供5 h是否为全负荷运行。本例12、13、14、15、16时的负荷(应乘以1.07)均大于制冷机的实际制冷量(1568.3×0.97=1521.3 kW)，即制冷机直供时均全负荷运行。若有部分负荷运行时间，可用本例(3)的方法，加大制冷机的装机容量。

(5)冰蓄冷装置容量

全量蓄冷时冰蓄冷装置的容量

$$Q_{i,s,1} = 8 \times 0.65 \times 3031 = 15761.2\ \text{kWh}$$

分量蓄冷时，制冷机装机容量最小时，冰蓄冷装置容量

$$Q_{i,s,2} = 8 \times 0.65 \times 1006.7 = 5234.8\ \text{kWh}$$

分量蓄冷时，制冷机直接供冷5 h时，冰蓄冷装置容量

$$Q_{i,s,1} = 8 \times 0.65 \times 1568.3 = 8155.2\ \text{kWh}$$

本例中充冷时段无冷负荷。如果有冷负荷，则蓄冷装置的容量应扣除充冷时段的冷负荷。

从上例可以看出，全量蓄冷时，制冷机组容量最大，蓄冷装置容量也最大；制冷机装机

容量最小(但运行时间最长)时，蓄冷装置的容量也最小；其余部分蓄冷系统的制冷机与蓄冷装置配置的容量介于两者之间。究竟哪个方案更合理，应根据当地的峰谷电差价、设备价格、占有机房面积等因素综合比较确定。

用上述方法确定制冷机和冰蓄冷装置容量时，假定了制冷机冷媒出口温度、供冷温度。而这温度又影响了冰蓄冷装置的充冷率(单位时间的充冷量)和释冷率(单位时间的释冷量)。充冷和释冷的时间是固定的，一定的蓄冷量就要求所选设备有一定的充冷率和释冷量。因此，根据蓄冷量所确定的冰蓄冷装置台数，必须对其充冷量和释冷量进行核算。若不足或裕量很大，需进行调整，如调整充冷时温度、释冷时出口温度等。

思考题

1. 太阳能集热器的选型应考虑哪些因素？如何确定太阳能热水系统集热器的面积？
2. 蓄热式热水系统有哪些形式？如何确定蓄热水箱的容积？
3. 根据蓄冷介质的不同蓄冷可分为哪几种方式？水蓄冷系统有什么特点？
4. 全量蓄冷与分量蓄冷有何不同？如何确定分量蓄冷时制冷机的装机容量？
5. 建筑冷、热、电的供应模式有哪些？其系统由哪些组成？
6. 能源如何梯级利用？如何实现节能？
7. 燃气冷热电三联供系统的类型有哪些？由哪些设备组成？

第10章　冷热源系统的运行和调节

10.1　冷热源系统的监测与控制基本知识

冷热源监测是指在冷热源系统运行时对流体的温度、压力、流量、热量，电气的电压、电流、功率等多种参数及设备的运行状态（如启、停、故障）等进行检测。冷热源控制是指对冷热源系统的某些运行参数设定规定值或按预定规律变化，如设备或控制部件按程序启停，工况自动转换和自动进行安全保护。监测是操作人员管理系统运行、制订控制策略和实施调节与控制的依据。监测与控制通常又称为自动控制。

监测与控制可分为两类，即集中监控系统和就地自动控制系统。集中监控系统是指以微型计算机为基础的中央监测、控制与管理系统，包括管理功能、监视功能、优化控制的多功能系统，适用于系统规模大、设备台数多、系统各部分之间相距较远的场合。暖通空调中应用的集中监控系统主要有集散型控制系统和全分散控制系统。集散型控制系统是指在系统或设备的现场的计算机控制器，完成对系统的检测、保护和控制，而由中央监控室的计算机系统实现集中优化管理与控制，此类系统既避免了过于集中带来的风险，又可避免因设备系统分散所造成的人机联系困难和无法统一管理的缺点。全分散控制系统是系统的末端，如传感器、执行器等都具有通信及智能功能，集中到计算机进行管理与控制。全分散控制系统中央主机的设置、功能与集散型系统相同，但灵活性优于集散型系统。

集中监控系统的优点是由于中央主机具有统一监控与管理的功能及功能强大的管理软件，因而可减少运行管理工作量，提高管理水平，比常规控制系统更容易实现工况转换和调节；可实现优化运行，有利于提高设备或系统的运行效率，有利于节能运行；可实现点到点通信连接，更容易实现设备或系统之间的连锁保护和按程序动作。但集中监控系统初投资大，对运行管理人员的素质要求高。

自动控制系统的组成、基本原理、控制元器件、监测仪表等已在《建筑设备自动化》《建筑环境与能源系统测试技术》中进行系统论述。本章关于自动控制系统的内容主要从冷热源运行的特性，对冷热源设备自动控制的要求进行论述。图10－1为自动控制系统的方框图，调节对象在冷热源系统中可以是锅炉、冷水机组、压缩机、冷却塔、水箱等。被调节参数是表征被调对象特征的可被测量的物理量，在冷热源中可以指锅炉或冷水机中的供水温度、锅炉水位、蒸发器液位、压缩机油泵的油压差等。传感器又称变送器、敏感元件，测量被调参数的大小并输出信号。输出的信号是被调参数的模拟量，如电压、电流、压力等，常用的传感器按被调参数可分为温度传感器、压力传感器、压差传感器、流量传感器、冷热量传感器

(由温度、流量传感器组成)、液位传感器等。扰动，也称干扰、扰量，是指引起被调参数变化的外界因素，如锅炉或冷水机组由于外界负荷的变化而导致出水温度(被调参数)的变化。控制器又称调节器，是自动控制系统中的重要部件。根据被调参数的给定值与测量值的偏差，按预定的模式对偏差进行计算而给出调节量(输出信号)以控制执行器的动作。常用的控制模式有双位控制(开关控制)、比例(P)控制(即调节量正比于偏差)、比例积分(PI)控制(即调节量正比于偏差与偏差对时间的积分之和)、比例积分微分(PID)控制(即调节量正比于偏差、偏差对时间的积分与偏差对时间的导数之和)。除此之外，还有三位控制、无定位控制、步进控制等。目前有多种参数(温度、压力、压差、液位等)、不同控制模式的控制器可供用户选用。其中一类控制器，接收模拟量信号，给执行器输出模拟量信号，此类控制器广泛用于就地自控系统中，如温度开关(双位控制的控制器)、压差控制器(可用于单级泵变流量系统中调节旁通流量)、通用型 PI 控制器(可供温度、压力等参数的控制)等。另一类控制器为利用微处理技术的控制器，称为直接数字式控制器(direct digital control, DDC)。该控制器中有模拟量(A)与数字量(D)之间的转换器，即 A/D 转换器和 D/A 转换器。DDC 控制器输入和输出信号可以是模拟量或数字量，当输入量为模拟量时，用 A/D 转换器转换成数字量，然后进行运算和处理；当执行器接收信号是模拟量时，用 D/A 转换器将数字量转换成模拟量后再输出。一些自控设备制造商供应暖通空调控制专用的 DDC 控制器，此类控制器中通常有多种控制模式(P、PI、PID、双位控制等)，可以有联动控制、延时控制、运行模式切换、逻辑推理、冷热量计量、超限报警等功能，还有显示器、打印机接口等。集中监控系统必须用 DDC 控制来实现。执行器接受控制器信号并对调节对象实施调节，其调节量的作用与干扰相反，以使被调节量趋向设定值。执行器由两部分组成，即执行机构和调节机构。例如电动调节阀由 24 V 同步电机和阀门(二通或三通)组成，其中同步电机是执行机构，它接受控制器的信号而转动，使调节机构即阀门开大或关小，实现了介质流量的调节。图 10 - 1 中虚线方框就表示了自控系统的基本组成，箭头表示了信号传递方向。

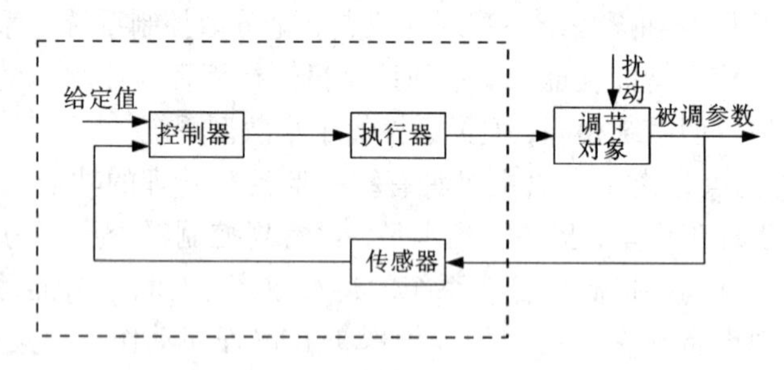

图 10 - 1　自动控制系统的方框图

传感器、控制器、执行器可以是 3 个独立部件，也可以是由其中 2 件或 3 件组成的一个设备。传感器与控制器组合，仍称控制器。例如，制冷机中常用的高低压力控制器(也称高低压力继电器)，由压力传感器和双位控制器所组成，一旦压缩机吸气压力过低或排气压力过高就发出信号使压缩机停机。浮球阀实际上就是一个比例控制的自控设备，浮球(传感器)感应水位的变化，它作用到杠杆的一端(控制器的输入)，使另一端按比例升降(输出)，使阀门的阀杆上下移动、改变阀孔的开启度，即调节了输入水箱的水量。浮球阀动作不需要外部动力(如电或压缩空气)，依靠浮球的浮力实现，属于自力式控制设备。

10.2 冷源系统的监测与调节

10.2.1 冷水机组的监测与调节

冷水机组的种类很多，各生产厂家所制造的机组的控制系统不完全相同，但有很多共同点。以下介绍两个冷水机组的控制方案。图10－2是水冷式单螺杆冷水机组的控制原理图。半封闭单螺杆压缩机的排气端装有油分离器。压缩机的电机采用喷制冷剂液体冷却，由电磁阀V4控制。当压缩机启动时，电磁阀V4通电开启。压缩机的容量分四级进行控制，由温度控制器根据冷水温度(由热敏电阻传感器测量)控制电磁阀启闭，使滑阀处于不同位置。控制原理如图10－3所示。在压缩机启动时，V1通电开启，V2、V3断电关闭，压缩机容量最小；V1、V2、V3都关闭，压缩机全负荷运行。机组中还设有各种安全保护措施：高低压继电器保护高压不过高，低压不过低；冷冻水管上的温度继电器保护水温不过低，以免发生冻冰危险；压缩机排气管上的温度继电器防止排气温度过高。上述继电器所保护参数达到设定值时，将使压缩机电机启动器的控制线路断电而停机。冷凝器上设有易熔塞，当冷凝温度过高时，易熔金属熔化，制冷剂泄出。除此之外，电路中还设有过载保护、反相保护、短路保护等设备。机组的控制系统中还有与冷冻水泵、冷却水泵连锁的接点，保证两个设备的连锁运行。在压缩机的油槽内设有电加热器，用于在压缩机停机时保持一定油温，减少制冷剂在润滑剂中的溶解比例。

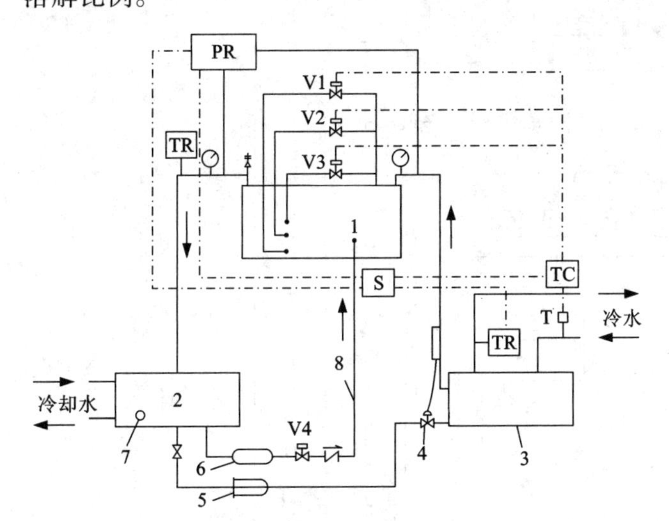

图10－2 水冷式单螺杆冷水机组的控制原理图

1—单螺杆压缩机；2—冷凝器；3—蒸发器；4—膨胀阀；5—干燥过滤器；6—过滤器；7—易熔塞；8—喷液管；PR—高低压继电器；TR—温度继电器；TC—温度控制器；T—温度传感器；S—启动器；V1、V2、V3、V4—电磁阀；点画线为信号线；实线为管线

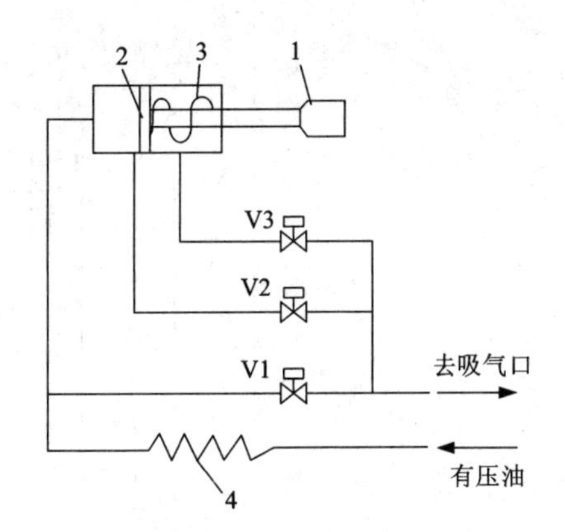

图10－3 单螺杆压缩机的滑阀分级控制

1—滑阀；2—油活塞；3—弹簧；4—毛细管；V1、V2、V3、V4—电磁阀

图10－4为微处理控制器的水冷离心式冷水机组的控制原理图，表示了容量控制、部分安全保护控制的仪表及控制信号关系。半封闭离心式压缩机的电机采用喷制冷剂液体冷却。

图中冷凝器到压缩机电机的喷液管上设有节流孔板，蒸发的制冷剂蒸气由电机返回蒸发器。喷液管上有一支路用于冷却润滑油，压缩机启动时，必须与冷却水、冷冻水的水泵和冷却塔连锁，因此，启动柜控制线路分别与冷水泵、冷却水泵、冷却塔风机的启动器相连。压缩机启动时，按设定的延时，依次启动水泵（冷冻水和冷却水）、冷却塔风机、油泵，然后是压缩机。停机时，先停压缩机，然后水泵、冷却塔风机和油泵一起停止。在冷冻水管和冷却水管上设有进出口水温的温度传感器和流量继电器（或称流量开关）。流量继电器在水断流时关闭压缩机，在制冷系统中设有测量冷凝压力、蒸发压力、油压的压力传感器，测量排气温度、蒸发温度、润滑油温度的温度传感器。电机中也设有温度传感器，所有这些传感器的信号引到 DDC 控制器中。制冷量根据冷冻水温度控制入口导叶的电机调节导叶开度来实现。冷冻水温度通常维持在设定值的一定公差范围内，当超过这一公差时，DDC 控制器指令导叶电机开大或关小导叶开度；温度处于公差范围时，导叶保持原来的开度。控制系统中对机组有多种保护功能，如冷凝压力过高、蒸发压力过低、排气温度过高、蒸发温度过低、油压过低、油温过高、电机内温度过高、电机过载、电压过高或过低等。有些保护设有预警限值，达到此限值时预报警，达到上限值时即关机。例如，油温过高先预警，管理人员可调节油冷却系统，使油温下降。其中有些保护系统首先采取保护性调节，当调节无效时才停机。例如，蒸发压力过低、冷凝压力过高、电机过载或温度过高时，首先限制导叶开大，不再给压缩机加载，如果所控制的参数继续恶化，指令导叶关小，给压缩机卸载，若能恢复正常，则指令导叶按负荷（冷冻水温度）的变化正常开大或关小。如状况继续恶化，所控参数达到一定限值时指令压缩机停机。

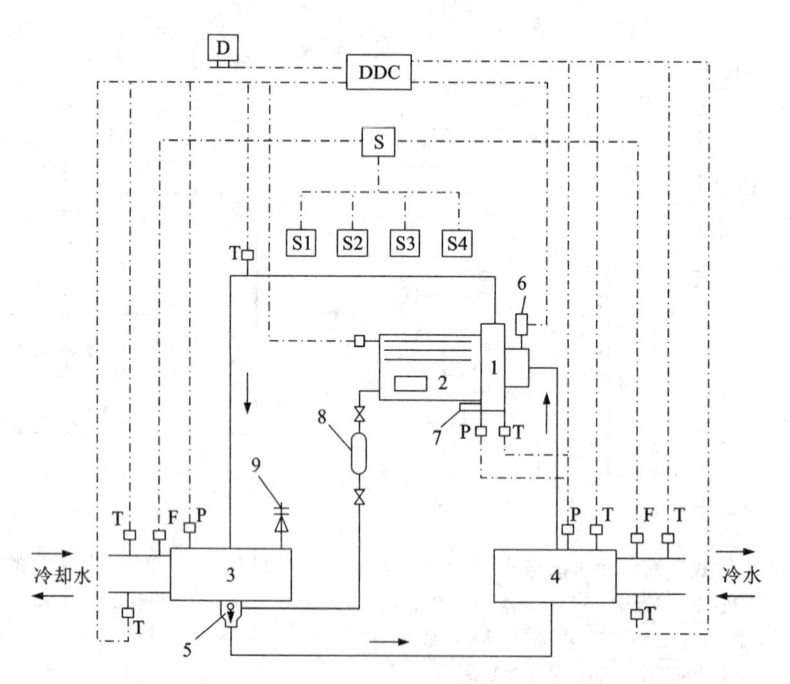

图 10－4　水冷离心式冷水机组的控制原理图

1—离心式压缩机；2—电机；3—冷凝器；4—蒸发器；5—浮球阀；6—入口导叶电机；
7—油泵及电机；8—干燥过滤器；9—安全阀；DDC—直接数字式控制器；
D—显示屏；S—主机启动柜；S1—冷水泵启动器；S2—冷却水泵启动器；
S3—冷却塔风机启动器；S4—油泵启动器；T—温度传感器；F—流量继电器；P—压力继电器

控制系统中设有显示屏，显示机组运行时各检测点的参数，如冷冻水和冷却水进出口温度、蒸发温度、冷凝温度、油压和油温、电机电流、输入功率等。安全保护达到限值时，显示故障信息。机组上的 DDC 控制器留有接口，可与空调系统的控制系统或楼宇中央监控系统连接。

10.2.2 冷水系统的监测与调节

冷冻水系统的形式不同，其监测与调节方案也不同。在此介绍比较常用的负荷侧变流量的单级泵系统和双级泵系统的控制方案。

图 10 - 5 为负荷侧变流量、冷源侧定流量的单级泵系统的控制原理图。当负荷减小时，负荷侧盘管的两通阀关小或关闭，冷冻水系统供回水管间压差增大，压差控制器根据该压差信号，开启或开大供回水干管间的电动调节阀，使供回水管间的压差恢复到设定的压差值范围内。保持集水器与分水器之间的压差不变，就保持了通过冷水机组的流量不变。冷水机组运行台数的控制有多种方法，在此介绍用回水温度控制的方法。由于旁通了部分冷冻水，使回水温度降低，回水温度的变化也表示了负荷的变化。假设图 10 - 5 所示系统的供回水温度为 7/13℃，当回水温度为 11℃时，即表示负荷减少了 1/3。为防止冷水机组频繁启停，当负荷减小了 1 台冷水机组容量的 110% 时才关闭冷水机组。温度传感设定值为 10. 8℃，步进控制器按此温度关闭 1 台冷水机组、冷冻水泵、电动阀及相应的冷却塔和冷却水泵。这时 2 台机组均在 95% 的负荷下运行。当 2 台冷水机组运行时，负荷下降，回水温度降到 9. 7℃时，由步进控制器再关闭 1 台冷水机组、冷水泵、电动阀及相应的冷却塔和冷却水泵，这时 1 台冷水机组在 90% 的负荷下运行。反之，当只有 1 台冷水机组运行，且负荷增长，回水温度达到 13. 6℃，表示 1 台冷水机组已超负荷(110%)运行，须增开 1 台冷水机组(在之前应先开电动阀、冷冻水泵和相应的冷却塔及冷却水泵)，这时 2 台机组各在 55% 以下负荷运行。如负荷继续增加，回水温度升到 13. 3℃，再增开 1 台冷水机组，每台冷水机组的负荷为 70% 。冷水机组自带的控制系统可调节能量，保持冷冻水供水温度恒定。

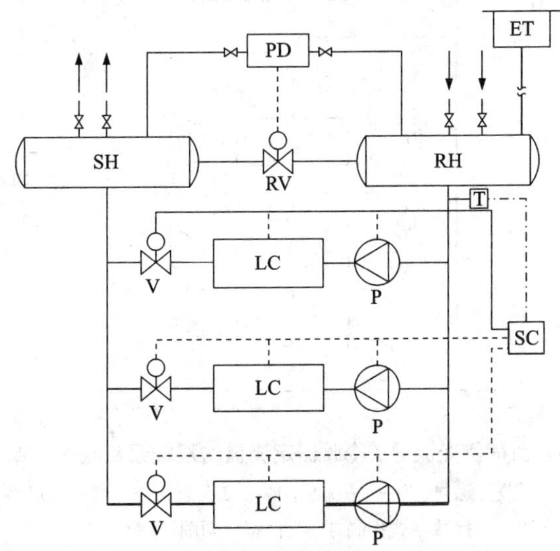

图 10 - 5 负荷侧变流量、冷源侧定流量的单级泵系统的控制原理图

LC—冷水机组；P—冷冻水泵；RV—电动调节阀；PD—压差控制器；T—温度传感器；
SC—步进控制器；V—电动阀；ET—膨胀水箱；SH—分水器；RH—集水器

图 10－6 为负荷侧变流量、冷源侧定流量的双级泵系统的控制原理图。该系统分 2 个区，有 2 个子系统，分别由二次泵供应冷冻水。系统采用直接数字式控制器进行控制，二次泵变频调速控制供水量，根据每个子系统供回水干管末端的压差进行控制。末端的压差保持一定，以使子系统的盘管有足够的自用压力。当系统负荷变化时，各子系统末端的压差传感器把压差的变化信号传递到直接数字式控制器（DDC 控制器），再指令变频调速器改变水泵电机的转速，使末端压差维持在设定值。当二次泵的出口又分出几个分支管时，则可根据二次泵出口干管与回水干管之间的压差控制流量，但所设定压差要大些。冷源侧冷水机组的增减，根据实测负荷来确定。在回水总管上设流量传感器，在供回水总管上各设一个温度传感器，其信号均传输到 DDC 控制器上。DDC 控制器计算系统的负荷，决定增减冷水机组。当负荷减少 1 台冷水机组容量的 110% 时，停开 1 台冷水机组。反之，当负荷增加 1 台冷水机组容量的 110% 时，增开一台冷水机组。如果各冷水机组也由 DDC 控制器控制，则系统的 DDC 控制器指令冷水机组启、停。由冷水机组的 DDC 控制器按既定程序关闭或启动水泵、电动阀门、冷却塔风机等。如果冷水机组为一般的控制系统，则 DDC 控制器按程序关闭或启动各设备。停机程序是冷水机组先停，然后其他设备停或关闭；启动程序是打开电动阀，启动冷冻水泵、冷却水泵，延时启动冷却塔风机，再延时启动冷水机组。

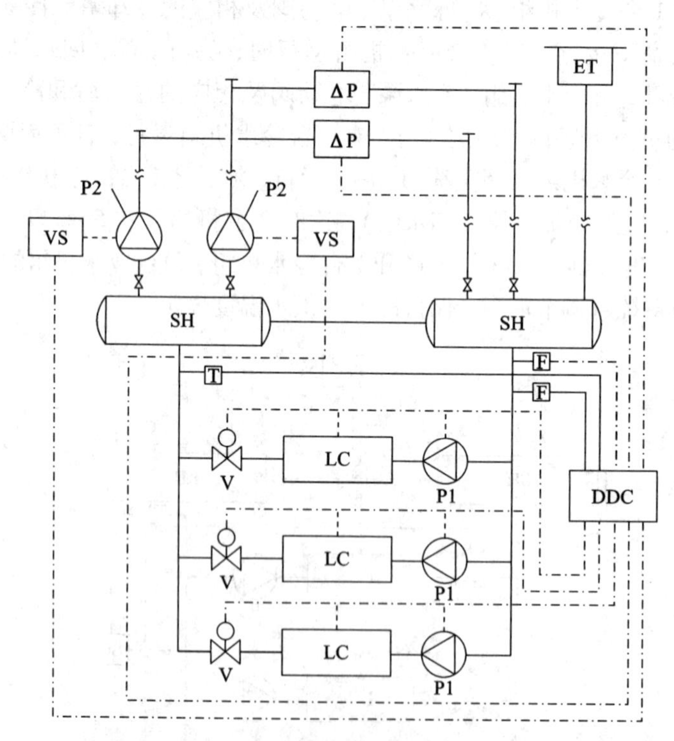

图 10－6 负荷侧变流量、冷源侧定流量的双级泵系统的控制原理图

ΔP—压差传感器；P1— 一次泵；P2—二次泵；VS—变频调速器；

DDC—直接数字式控制器；其他符号同图 10－4、图 10－5

10.3 热源系统的监测与调节

建筑热源有锅炉、热泵、直燃机、太阳能、余热等。其中热泵装置实质上是制冷装置，监测、控制与制冷系统相类似。不同热源的控制方法各有其特点，本节主要介绍目前应用比较多的锅炉机组的监测与控制。

锅炉由汽、水系统和燃料系统所组成，需要监测与控制的参数如下：

①汽、水系统：热水或蒸气的出口温度、压力和流量；水的进口温度、流量；蒸气锅炉锅筒水位、水箱水位等。

②燃料系统：锅炉送风和引风的风量、风压；炉膛负压、排烟温度、含氧量和污染物浓度；燃煤锅炉的给煤量、炉排运行速度；燃油、燃气锅炉的燃油或燃气量、压力，日用油箱油位，重油油温等。下面分别讨论锅炉中一些主要参数的自动控制方法。

10.3.1 锅炉给水量的自动控制

蒸气锅炉向外输出蒸气，同时必须向锅炉供水。由于热负荷的变化，热用户的蒸气用量也随之发生变化。因此应对锅炉的供水量进行调节，以保证时时与供汽量相平衡。如果给水量不足，锅筒内部水位将不断下降，水位太低，会破坏汽、水的正常循环，以致烧坏受热面。给水量过多，锅筒内部水位将升高，水位过高，输出的蒸气带水，过热器会结垢。实现给水量的自动控制最简单的方法是根据锅筒水位的变化控制锅炉的供水量。因此，供水量调节也称锅筒水位调节。图10－7给出了3种给水量自动调节方案的原理图。图10－7(a)为最简单的控制方案，水位控制器根据水位传感器的信号，控制电动调节阀开大或关小。当水位升高，电动调节阀关小，减少给水量；当水位下降，电动调节阀开大，增大给水量，从而使水位维持在一定的范围内。由于锅筒的水位不只受给水量与热负荷的影响，有时会出现误动作。例如当热负荷突然增加，锅炉内汽水混合物中气泡增加很快，其容积增大，这时锅筒内部水位非但不下降，反而有所上升，延迟一段时间后，水位才下降。这种暂时出现的“虚假水位”会导致热负荷突然增加时电动调节阀反而关小的误动作，扩大进、出口流量的不平衡。又例如，由于某种原因，锅炉的供水量突然增加，应导致水位上升，自动控制系统关小阀门，但由于进入锅炉的冷水增多，使汽水混合物中的气泡减少，锅炉内水位可能下降。这种“虚假水位”也会使自动系统产生误动作。图10－7(a)所示的自动调节系统，对于“虚假水位”较严重的锅炉调节质量不高。这种调节系统可用于热负荷比较平稳、“虚假水位”不明显的小型锅炉系统。

图10－7(b)为双冲量自动调节系统。水位控制器接收水位和蒸气流量两个信号，再对电动调节阀发出调节信号，故称双冲量调节。蒸气流量为前馈信号，当蒸气流量增加时，就有一个与之相适应的使电动调节阀开大、增加给水量的调节信号。此方法可以有效地减小或抵消由于“虚假水位”现象而使给水量与蒸发量向相反方向变化的误动作，保证调节阀一开始就向正确的方向动作，从而减少了给水量和水位的波动，缩短了调节时间。双冲量给水自动调节系统可以使水位较稳定，调节质量好，在负荷变化较频繁时，能较好地完成调节任务。该调节系统适用于有一定“虚假水位”现象的、容量在30 t/h以下的中、小型锅炉。

大、中型锅炉虚假水位现象比较严重。当几台锅炉并联运行时，极易发生水位调节的互

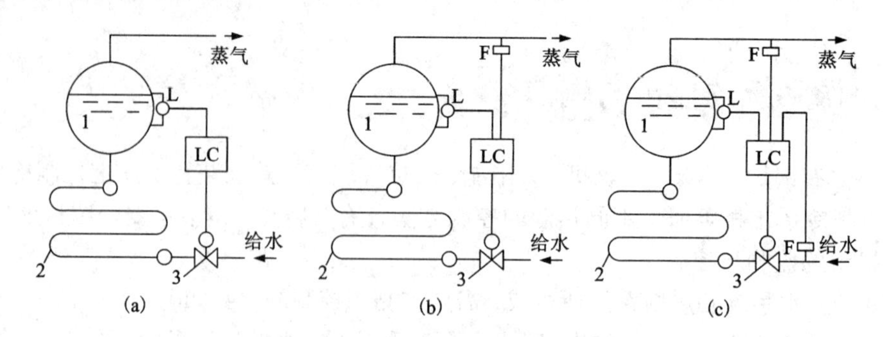

图 10－7 给水量自动调节方案的原理图

(a)单冲量调节；(b)双冲量调节；(c)三冲量调节

1—锅筒；2—省煤器；3—电动调节阀；F—流量传感器；L—水位传感器；LC—水位控制器

相干扰。例如，某一台锅炉的给水量改变时，可能引起给水母管的压力波动，从而使其他锅炉的给水量受到扰动。双冲量给水自动调节系统不能很好地解决上述问题。因此，在双冲量给水自动调节系统的基础上，再引入给水流量信号，由水位、蒸气流量和给水流量构成的给水调节系统，称为三冲量给水自动调节系统，如图 10－7(c)所示。蒸气流量信号作为前馈信号，用来克服负荷变化引起的虚假水位所造成的调节器误动作，改善负荷扰动下的调节质量，给水流量信号作为反馈信号，迅速消除给水侧的扰动，稳定给水流量，水位信号作为主信号，用以消除各种内、外扰动对水位的影响，保证水位在允许的范围内。三冲量给水自动调节系统比双冲量给水自动调节系统多了一个给水量信号，其优点在于能快速消除给水侧的扰动，当由于给水母管或锅筒压力变化而使给水量增加时，给水量的变化立即引起调节器动作，使给水量很快恢复到原定值。三冲量给水自动调节系统有效地改善了调节质量，目前大、中型锅炉的给水自动调节普遍采用三冲量给水自动调节系统。

10.3.2 蒸气过热度的自动控制

建筑热源通常应用饱和蒸气，但工业用热源为满足某些工艺要求，需要供应过热蒸气。锅炉供应的过热蒸气如果温度太高，容易烧坏过热器，如果温度太低，可能不符合使用要求。因此，须对锅炉产生的过热蒸气温度进行调节。图 10－8 图排此后为两种比较简单的过热蒸气温度自动调节原理图。图 10－8(a)是利用减温器调节过热蒸气的出口温度。减温器设在两级过热器中间，用喷水的方法将进入第二级过热器的蒸气温度降低。温度控制与调节器可根据过热器出口的蒸气温度控制电动调节阀的开度，改变喷水量，以控制进入第二级过热器的蒸气温度，从而控制了过热器出口的蒸气温度。这种调节系统结构简单，但因为调节蒸气出口温度是通过改变过热器入口温度实现的，因此具有滞后性，且容易产生过度调节，调节质量不理想。

图 10－8(b)是通过烟气旁通调节蒸气出口温度。温度控制器根据蒸气出口温度调节过热器旁通道的电动风门，改变通过过热器的烟气量，从而调节了过热器出口的蒸气温度。该调节方法的调节质量优于图 10－8(a)中的调节方法，但电动风门长期在高温下工作时可靠性较差。

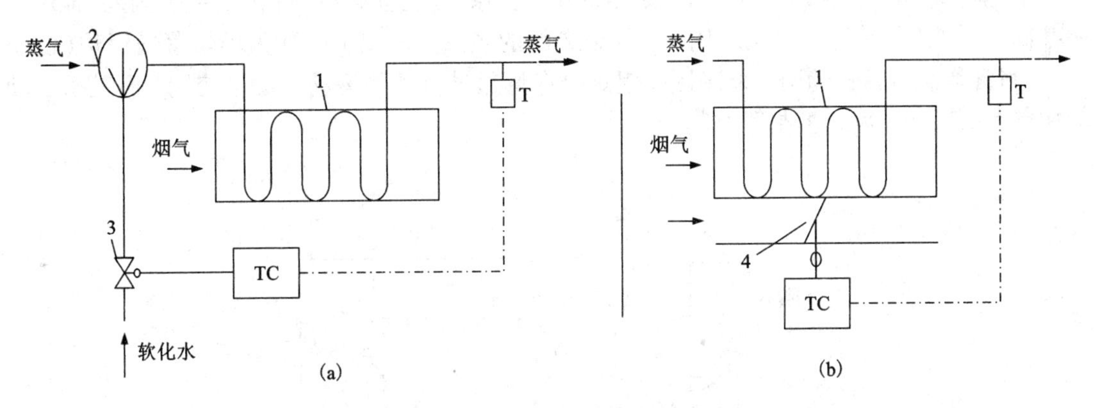

图10-8 过热蒸气温度自动调节原理图

(a)减温器调节；(b)烟气旁通调节

T—温度传感器；TC—温度控制器；1—过热器；2—减温器；3—电动调节阀；4—电动调节风门

10.3.3 锅炉燃烧过程的自动控制

锅炉燃烧过程自动调节的基本任务是使燃料燃烧所提供的热量适应建筑热负荷变化的需要，同时保证燃烧的经济性和安全性。蒸气锅炉燃烧过程自动调节的具体任务可归纳为如下三个方面：

(1)维持气压恒定

锅炉在运行中蒸气负荷经常发生变化，因此必须随热负荷的变化及时调节供给锅炉的燃料量，以适应热负荷变化的需要。在蒸气锅炉中，进出热量的平衡可用蒸气压力来表征，因此热负荷调节就是压力调节，而压力调节则是通过调节燃料量来实现蒸气压力恒定的。

(2)保证燃烧的经济性

最经济的燃烧工况是保证燃料量和送风量之间有合适的比例。这个比例的指标即为过剩空气系数。保持过剩空气系数为某一定值，从而保证了燃料燃烧的经济性。

(3)维持炉膛负压恒定

锅炉的送风量和引风量是否适当是以炉膛出口的负压值衡量的。对负压锅炉，一般维持炉膛出口负压在3~4 mmH_2O，通过调节引风量保持炉膛出口被调量负压为一定值。

对于每台锅炉，燃烧过程的这三项具体任务都有紧密联系。通常可以用三个控制器来调节燃料量、送风量和引风量，以维持三个被调量，即气压、过剩空气系数和炉膛出口负压。炉膛出口负压一般采用压差传感器(变送器)测量。空气过剩系数与烟气中的含氧量有比较恒定的关系，因此用含氧量传感器(氧化锆氧量计)测量烟气中的含氧量作为空气过剩系数信号。锅炉燃烧过程的调节方案有“燃料-风量”调节、“热量-风量”调节、“氧量信号”调节等。以燃煤蒸气锅炉的燃烧自动控制而言，“燃料-风量”调节是根据蒸气压力控制供煤量，由供煤量根据风煤比控制送风机的送风量。而由炉膛出口负压控制引风机的烟气量是一种比较简单的调节方案，但燃煤量难于测量，一般都是通过间接方法测量，如给煤机的转速、挡板开度等，因此准确度低。如果只按理论上的风煤比控制燃煤量，不能真正保证燃煤的经济性。“热量-风量”调节是以测量锅炉的产热量作信号，既直接测量了锅炉的产热量，又间接代表了燃料量。因燃料量与热负荷成确定的比例关系，“氧量信号”调节实质上是在其他调节的基础上，利用氧量计校正风煤比，以保证燃烧的经济性。图 10－9 为燃煤蒸气锅炉(链条炉)氧量计燃烧过程自动调节原理图。锅炉给煤量通过链条的运动速度来控制，而链条运动的速度由电磁转差离合控制器控制。

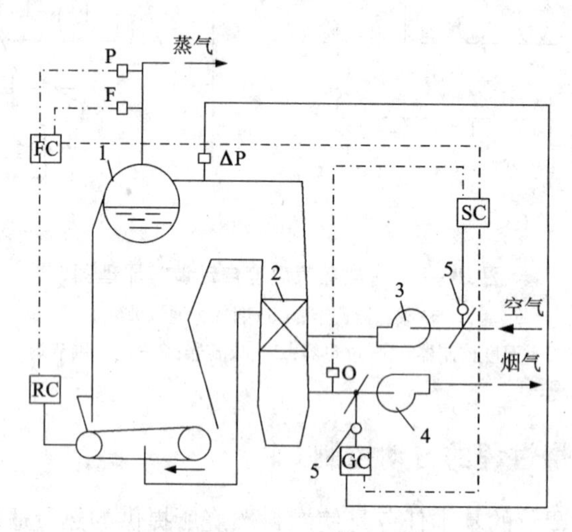

图 10－9　燃煤蒸气锅炉氧量计燃烧过程自动调节原理图

1—蒸气锅炉筒；2—省煤器；3—送风机；4—引风机；5—电动调节风门；
ΔP—压差控制器；O—含氧量传感器；FC—燃料控制器；SC—送风控制器；
GC—烟气控制器；RC—电磁转差离合器控制器；其他符号同图 10－8

蒸气出口管上装有流量和压力传感器。蒸气流量也代表蒸气锅炉的供热量(出力)，燃料控制是根据压力和流量信号，通过转差控制器控制链条的运动速度控制给煤量的。送风量的调节采用送风控制器，即根据含氧量对电动调节风门进行调节，但含氧量的变化滞后于给煤量的变化，因此用燃料控制器的信号对送风量进行前馈控制。同理，烟气量的调节用烟气控制器根据压差传感器(炉膛负压)与送风控制器的信号对电动调节风门进行调节。

上述分析了一台蒸气锅炉的控制方案。对于多台并联运行的蒸气锅炉，应在母管上设压力与流量传感器，即测量系统总热负荷的变化，然后对热负荷进行分配。原则上，效率最高的锅炉满负荷工作，而将剩余热负荷分配给其他锅炉，需要主控制器指挥变负荷的锅炉按各自的热负荷调节燃料量、送风量和烟气量。

对于热水锅炉，通常要求锅炉热水出口温度保持一定值，而供热量可以通过测量热水流量与供回水温差确定。因此，热水锅炉燃烧的自动调节可以用类似的控制方案，根据热量、风量与含氧量进行控制。

对于燃油或燃气锅炉，燃烧过程的控制主要是控制燃油量或燃气量、送风量和排烟量。对于蒸气锅炉，可以根据蒸气压力控制燃油量和送风量。小型的燃油、燃气锅炉可采用位式调节。图 10－10 为小型燃油蒸气锅炉的燃烧过程自动调节原理图。锅炉燃烧器中设有 2 个燃油喷嘴，其燃油供应分别由 2 个电磁阀控制。在锅炉蒸气出口管上设压力传感器，其信号送到控制器中。控制器根据设定压力的上下限，分别控制电磁阀 V1、V2 的启闭，并同时控制电动风门开启的大小。锅炉只能有两挡运行，当压力降到下限值时，V1、V2 均开启，风门开启最大，此时锅炉出力最大。当压力达到上限值时，V1 关闭，风门关小，锅炉出力减小。锅炉运行过程中，蒸气压力在一定范围内波动。这种控制方式比较简单，但无法保证燃烧的经济性。实际运行时，由于各种原因，如油管压力波动等，供油量常偏离设定值，难于保证合理的风油比。为提高调节质量，可采用连续调节供油量方法，用燃油量前馈控制风门，再根据烟气含氧量补充控制送风量。

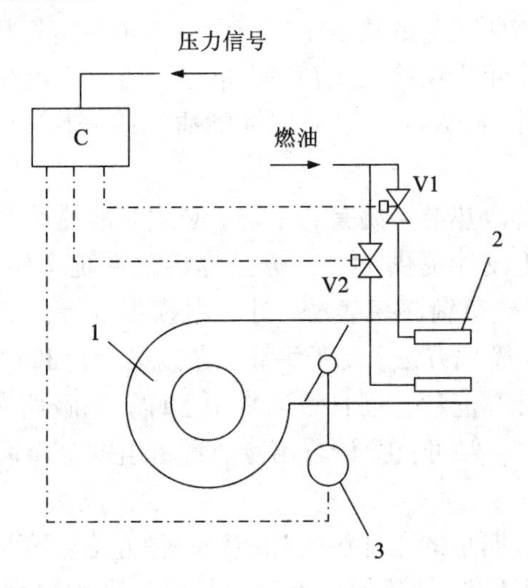

图 10－10　小型燃油蒸气锅炉的燃烧过程自动调节原理图

1—风机；2—燃油喷嘴；3—电动风门；V1、V2—电磁阀；C—控制器

10.4　典型建筑冷热源系统全年能耗分析和运行策略

10.4.1　典型建筑冷热源系统全年能耗分析与计算

在建筑能耗中，供暖和空调的能耗所占比例均在60%以上。在公共建筑，特别是大型商场、高档旅馆酒店、高档办公楼等的全年能耗中，50% ~60%消耗于空调制冷与供暖系统。而在空调供暖这部分能耗中，20% ~50%由外围护结构传热所消耗，夏热冬暖地区大约20%，夏热冬冷地区大约35%，寒冷地区大约40%，严寒地区大约50%。从目前情况分析，这些建筑在围护结构、供暖空调系统以及照明方面，有50%的节能潜力。近年来，随着我国社会经济的快速发展，建筑能耗的增长速度加快。然而，与发达国家相比，在相同的气候条件和保持同样的室内热环境条件下，我国的单位建筑面积供暖和空调的耗能指标却高得多，究其原因，主要是建筑围护结构热工性能较差，空调设备效率较低。

一般的空调与供热系统，其耗能可以分成两大部分，一是为了消除建筑物内热、湿负荷而提供的冷量和热量的冷、热源设备的耗能，如制冷机耗电，锅炉耗煤、油或电等；另一部分是输送空气和水的风机和水泵克服流体流动压力而消耗的电能，称动力耗能。

从热平衡角度看，冷、热源的耗能应等于建筑物冷、热负荷。它的主要影响因素有室外气象参数、室内设计参数、建筑物围护结构的特性以及室内人员、设备、照明等的热、湿负荷和新回风比等。空调系统中风机和水泵的耗电将直接受流体的流量和压力损失大小的影响，其影响因素包括系统形式、温差、流速和设备效率，风、水管道长度等。据测算，空调系统的能耗中作为流体输送设备的风机与水泵的能耗约占30%，其中风机的能耗占70% ~80%。空调冷热源的运行能耗占空调系统总运行能耗的45% ~60%左右。不同种类、不同形式的冷热源的能源形式及能耗量差别较大，因此在进行冷热源方案比较时，必须进行冷热源设备全年运行能耗及能耗费的计算。

空调冷热源运行能耗与所服务的建筑全年空调冷热负荷密切相关，各种能耗计算方法基本上都是先计算出建筑物全年空调冷热负荷，再根据冷热源机组在不同工况和不同负荷率时的性能系数(*COP*)或能效比(*EER*)(一般采用性能曲线或表格，由设备厂家提供)求出冷热源机组的全年运行能耗。

为了全面地衡量和评价冷热源系统是否节能，必须对冷热源系统的能耗情况进行计算和分析，为冷热源系统的优化设计提供重要依据。冷热源系统全年耗能量的计算主要有度日法、当量满负荷运行时间法、负荷频率表法、计算机模拟法等。其中度日法、当量满负荷运行时间法、负荷频率表法为简化方法，便于手算，在方案设计和初步设计阶段进行冷热源方案选择时常采用简化方法计算能耗。度日法通常用于计算采暖期内总的采暖能耗，计算机模拟计算法为动态模拟方法，一般可直接计算出冷热源机组的全年运行能耗。

(1)度日法

度日法是用来计算供暖期总的累计供暖耗能的一种方法。度日是指每日平均温度与规定的标准参考温度(或称温度基准)的差值。度日数是该日平均温度与标准参考温度的实际差值。用公式表示为

$$HDD = T_B - T \tag{10-1}$$

$$T = \frac{T_{(2)} + T_{(8)} + T_{(14)} + T_{(20)}}{4} \tag{10-2}$$

式中：HDD——度日数(℃·d)，当 $T > T_B$ 时，$HDD = 0$；

T_B——标准参考温度(℃)，一般取18℃；

T——某日平均温度(℃)；

$T_{(2)}$、$T_{(8)}$、$T_{(14)}$、$T_{(20)}$——某日在2、8、14、20时测得的室外空气温度(℃)。

将供暖期每日的度日数相加求和可以得到供暖期的总度日数。为了使统计的度日数具有足够的代表性，一般应统计所在地区10年以上的气象资料。

供暖期总的耗能量可以用下式计算

$$Q_s = \frac{24q(\Sigma HDD)C_D}{\Delta t_{N-W}} \tag{10-3}$$

式中：q——建筑物总的设计耗热量，kJ/h；

C_D——修正系数，考虑间歇供暖对连续供暖的修正，可按表10-1选取；

Δt_{N-W}——室内外设计温差，℃。

表10-1 修正系数 C_D

ΣHDD	1000	2000	3000	4000
C_D	0.76 ±0.3	0.67 ±0.26	0.60 ±0.25	0.65 ±0.26

（2）当量满负荷运行时间法

这种方法是先计算出全年空调冷负荷（或热负荷）的总和，并将其与制冷机（或锅炉）的最大出力进行比较，从而判定出空调系统的节能状况。

1）当量满负荷运行时间。

由于空调系统当量满负荷运行时间根据夏、冬季的不同可分为夏、冬季当量满负荷运行时间，分别用数学表达式（10－4a）和式（10－4b）表示。

$$\tau_r = \frac{q_1}{q_n} \tag{10-4a}$$

$$\tau_b = \frac{q_h}{q_b} \tag{10-4b}$$

式中：τ_r、τ_b——夏、冬季当量满负荷运行时间，h；

q_1、q_n——全年空调冷、热负荷，kJ/a；

q_h、q_b——制冷机、锅炉的最大出力，W/h。

负荷率 ε 是全年平均空调冷负荷或热负荷与制冷机或锅炉的最大出力的比值，可以用下式表示

$$\varepsilon_r = \frac{q_1}{q_r T_r} \tag{10-5a}$$

$$\varepsilon_b = \frac{q_n}{q_b T_b} \tag{10-5b}$$

式中：T_r、T_b——每年夏、冬季制冷机、锅炉设备的累计运行时间，h/a。

由式（10－14）和式（10－15）可以导出下面的公式

$$\varepsilon_r = \frac{\tau_r}{T_r} \tag{10-6a}$$

$$\varepsilon_b = \frac{\tau_b}{T_b} \tag{10-6b}$$

或

$$\tau_r = \frac{\varepsilon_r}{T_r} \tag{10-7a}$$

$$\tau_b = \frac{\varepsilon_b}{T_b} \tag{10-7b}$$

需要指出的是，当量满负荷运行时间 τ_r、τ_b 与建筑物的功能、性质、空调系统采用的节能方式等有关。

2）空调全年耗能的计算

①耗电量。

a. 制冷机耗电量

$$P_r = (\Sigma P_{r,n}) T_r \varepsilon_r = (\Sigma P_{r,n}) \tau_r \tag{10-8}$$

b. 冷水泵耗电量

定流量时

$$P_p = (\Sigma P_{p,n}) T_p \tag{10-9a}$$

变流量时

$$P_p = (\Sigma P_{p,n}) T_p \left(\varepsilon_r + \frac{1-\varepsilon_r}{n}\right) \tag{10-9b}$$

c. 冷却塔耗电量

全部运行
$$P_{ct}=(\Sigma P_{ct,n})T_{ct} \tag{10-10}$$

台数控制
$$P_{ct}=(\Sigma P_{ct,n})T_{ct}(\varepsilon_r+\frac{1-\varepsilon_r}{n}) \tag{10-11}$$

d. 风机耗电量

定风量
$$P_f=(\Sigma P_{f,n})T_f \tag{10-12a}$$

变风量
$$P_f=(\Sigma P_{f,n})T_f(\varepsilon'+\frac{1-\varepsilon'}{n}) \tag{10-12b}$$

$$\varepsilon'=\frac{\varepsilon_r T_r+\varepsilon_b T_b}{T_r+T_b}$$

e. 锅炉附属设备的耗电量

一台锅炉
$$P_b=(\Sigma P_{b,n})T_b\varepsilon_b=(\Sigma P_{b,n})\tau_b \tag{10-13a}$$

两台以上锅炉
$$P_b=(\Sigma P_{b,n})T_b(\varepsilon_b+\frac{1-\varepsilon_b}{n}) \tag{10-13b}$$

f. 锅炉给水泵耗电量

$$P_{bp}=(\Sigma P_{bp,n})\frac{V_{b,n}T_b(\varepsilon_b+\frac{1-\varepsilon_b}{n})}{q_{bp,n}} \tag{10-14}$$

②燃料耗量

一台
$$Q_{fb}=q_{fb,n}T_b\varepsilon_b=q_{fb,n}\tau_b \tag{10-15a}$$

两台以上
$$Q_{fb}=\Sigma q_{fb,n}T_b(\varepsilon_b+\frac{1-\varepsilon_b}{n}) \tag{10-15b}$$

③耗水量(补水量)

冷却塔全年总循环水量
$$W_{ct,a}=W_{ct,n}T_r n(\varepsilon_r+\frac{1-\varepsilon_r}{n}) \tag{10-16}$$

冷却塔补水量
$$Q_{w,ct}=W_{ct,a}\times 2\% \tag{10-17}$$

式中：$P_{r,n}$——制冷机额定功率，kW；

$P_{p,n}$——冷水泵或冷却水泵额定功率，kW；

$P_{ct,n}$——冷却塔额定功率，kW；

$P_{f,n}$——风机额定功率，kW；

$P_{b,n}$——锅炉附属设备额定功率，kW；

$P_{bp,n}$——锅炉给水泵额定功率，kW；

T_r、T_p、T_{ct}、T_f、T_b——制冷机、冷水泵(或冷却水泵)、冷却塔、风机、锅炉设备累计运行时间，h；

n——设备台数；

$q_{bp,n}$——锅炉给水泵额定流量，m^3/h；

$V_{b,n}$——锅炉额定蒸发量，m^3/h；

$q_{fb,n}$——锅炉额定出力时的燃料耗量，m^3/h 或 t/h；

$W_{ct,a}$——冷却塔全年总耗循环水量，m^3/a；

$W_{ct,n}$——冷却塔额定循环水量，m^3/h；

$V_{bq,n}$——锅炉全年蒸发量，t/a。

④一次能源热量换算。以上计算出的耗电量和燃料消耗量均可换算成一次能源的热能单位，以便于比较。表10－2列出了彼此之间的换算关系。

表10－2　一次能源热量换算

标准煤/($kJ \cdot kg^{-1}$)	重油/($kJ \cdot L^{-1}$)	煤油/($kJ \cdot L^{-1}$)	石油液化气/($kJ \cdot kg^{-1}$)	电能/($kJ \cdot kW^{-1} \cdot h^{-1}$)
29307.6	41449.3	37262.5	50241.6	10256.4①

①电能的换算中输配电效率取90%，电厂效率取39%。

表10－3　当量满负荷运行时间　　（单位：h）

序号	建筑类型	当量满负荷运行时间	
		供冷	供热
1	住宅	860	950
2	办公楼	560	480
3	商场	800	340
4	饮食店	1000	1300
5	剧场	950	850
6	宾馆	1300	1050
7	医院	860	1260

(3)负荷频率法

根据当地室外空气干球温度、湿球温度、比焓、含湿量等参数出现的年频率数(适用于全年运行的空调系统)或季节频率数(用于季节性空调系统)和空调系统的全年或季节运行工况计算出不同室外空气状态参数下的加热量、冷却量和加湿量，进而累计计算出全年耗能量或季节耗能量。

1)频率数

频率数一般根据当地10～15年气象站观测记录的数据统计求出。考虑到气象参 数数据具有很大的随机性，为了使统计计算出来的计算频率数更符合当地实际，采用标准年（平均年)的实测气象参数统计频率数。

2)空调能耗的计算

全年或季节空调能耗量、湿耗量的计算中均以每小时1 kg的风量为基准，公式如下：

全热量q(kJ/kg)

$$q = \sum_{x} [(h_{w,x} - h_N) N f_x] \tag{10-18}$$

显热量q_x(kJ/kg)

$$q_x = \sum_{x} [(t_{w,x} - t_N) N f_x] \tag{10-19}$$

加湿量 w(g/kg)

$$w = \sum_{x} [(d_{w,x} - d_N) N f_x] \quad (10-20)$$

式中：$h_{w,x}$、$t_{w,x}$、$d_{w,x}$——某一时刻室外空气的比焓(kJ/kg)、干球温度(K 或℃)、含湿量(kg/kg)；

h_N、t_N、d_N——室内设计状态下空气的比焓(kJ/kg)、干球温度(K 或℃)、含湿量(kg/kg)；

f_x——某一室外空气的比焓、干球温度和含湿量值时的年或季节小时频率数，%；

N——全年或季节空调运行小时数，h。

空调系统的全年总能耗量 Q(kJ/a)和耗湿量 W(g/a)为

$$Q = Gq \quad (10-21)$$

$$Q_x = Gqx \quad (10-22)$$

$$W = Gw \quad (10-23)$$

当室外空气是先经过与室内空气混合后，再经加热器、冷却器或加湿器处理时，则上述公式中的 $h_{w,x}$、$t_{w,x}$、$d_{w,x}$要用混合以后的状态点代入。比如说，夏季当室外空气比焓值高于室内空气的比焓值时，则混合空气的比焓值为

$$h_c = h_N + m(h_{w,x} - h_N) \quad (10-24)$$

式中：m——新风比，%。

(4)计算机模拟法

随着计算机软硬件技术的发展，利用计算机直接模拟建筑热过程在国外已经取得了许多成果，并逐步推广到实际应用中去。在 20 世纪 60 年代末，基于反应系数法建立的动态负荷计算法，建立比较精确的数学模型进行建筑热过程的计算机模拟，可以实现对任意变动的气象条件计算其逐时的负荷值，然后进行全年叠加，得到全年负荷，从而预测空调全年的能耗。当前开发的软件主要有日本的 HASP 和美国的 DOE－2、ESP－r、BLAST、Energy Plus、NBSLD 及中国的 DeST 等。

10.4.2 典型建筑冷热源系统运行策略

1.冷源系统运行策略

目前，在空调用制冷系统中，根据其所使用的制冷机组的结构形式不同，有活塞式制冷压缩机组、离心式制冷压缩机组、螺杆式制冷压缩机组以及溴化锂吸收式制冷机组。压缩式制冷机组又分为开启式、半封闭式和全封闭式。它们的任务都是为空调系统在运行中对空气的(冷却降温、降温去湿)处理提供必要的冷量，以满足空调系统在运行中所要求的有关参数(如机器露点、送风温度、送风含湿量以及空调房间内的温度和相对湿度等)。因此，在某种程度上，空调系统在运行中能否达到所要求的相关指标，依赖于制冷系统运行的优劣。

冷源系统运行既要满足系统用冷量的需要，又要保证系统安全、可靠、高效率、节能环保地运行，因此制冷系统的运行管理十分重要。制冷系统的运行管理与空调系统的运行管理具有同等的重要性，前者是后者的保障，后者又是前者的具体体现。

(1)冷源系统运行操作规程应包括的内容

在制订制冷系统的运行操作规程时，其规程应包括以下内容：

1)试运行程序

试运行程序包括：①单体试车程序；②主机润滑油的充加(包括润滑油的牌号、主要技术指标的确认等)；③系统中制冷剂的充加；④系统的启动程序；⑤系统启动运行中应注意事项；⑥系统启动及启动运转中的检查、调整内容及方法；⑦系统的停机及停机后的处理。

2)制冷系统的正常启动程序

3)制冷系统正常启动中的注意事项及检查内容和调整

4)制冷系统的正常运行

运行中的巡检内容应包括：运行调节方法是否正确、正常运行时各部位参数是否在要求范围内，运转设备的声音、振动等是否正常。

5)系统运行中故障的排除方法

6)系统的正常停车程序及停车后的处理

7)系统运行中的故障程序及停车后的处理

8)系统的紧急停车程序及停车后的处理

9)运行中的安全防护

(2)冷源系统运行操作中主要问题的规定

1)启动前的准备

系统在启动前的准备应包括下述内容：①设备场地周围环境的清扫、设备本体和有关附属设备的清洁处理；②电源电压的检查；③系统中各有关阀门开、断及阀位的检查；④能量调节装置应置于最小挡位或“0”位，即启动时做到空负荷；⑤系统内空气及其他不凝性气体的排放；⑥润滑油的补充；⑦系统中制冷剂的补充；⑧向油冷却器、压缩机水套供水。

2)制冷系统的启动运行

应对启动程序、运行巡视检查内容、周期以及运行中的主要调节方法做出明确的规定，以指导正确的启动和运行。

①启动程序。a.首先应启动冷却水泵、冷却塔风机，使冷凝器系统投入运行；b.启动冷水泵，使蒸发器中的冷水系统投入运行；c.启动制冷压缩机的主机，调节油压；d.根据用冷情况进行负荷调节。

②启动过程中应注意的问题。a.在系统启动过程中，必须在前一个程序结束且各部分运行稳定正常后，方可进行下一个程序。切忌在启动过程中，前一个程序还未结束，运行还未稳定即进行下一个程序的启动，以避免事故的发生。b.启动时应注意各部分运转声音是否正常，油压、油温及各部分的油面液位、制冷剂液态的液位是否正常。如有异常情况产生时，则应停机处理后再开机。

③正常运行中的巡检和注意事项。a.正常运行中的巡检内容一般应为：制冷压缩机运行中的油压、油温、轴承温度、油面高度；冷凝器进口、蒸发器出口水的温度，压缩机、冷却泵、冷水泵运行电机的电流；冷却水、冷水流量；压缩机吸气、排气压力；蒸发压力、冷凝压力；各运转设备的声音、振动等情况。b.正常运行中的注意事项。对于离心式压缩机组，在正常运行中导流叶片的开度应避开喘振区。对于活塞式制冷压缩系统，在正常运行中，切忌蒸发压力过大而导致大量制冷剂液体进入压缩机的吸气腔造成液击现象而产生重大事故。也要避免吸气压力过低而造成系统中低压部分的负压运行，空气进入系统使冷凝压力升高。避免排气压力过高而使产冷量下降和动能消耗过多。避免由于油压过低而造成运转中转动部件的过

多磨损，甚至造成抱轴现象。

④运行中的调整。运行操作规程中应说明系统在运行中的主要调整方法，如压缩机油压、油温的调整；吸气压力过低和过高的调整；排气压力过高的调整；冷却水进水温度、冷水出水温度的调整以及运行负荷的调整等，同时还应说明在运行中润滑油、制冷剂的补充方法、空气的排放方法等。

(3)冷源系统停车程序及注意事项

制冷系统在系统停止运行时停车程序应较详细地在操作规程中说明。一般来讲，制冷系统的停车程序操作是启动操作的逆过程。其程序项是：先停压缩机主机，再停蒸发器的冷水系统，最后停冷却水的冷凝器系统。

在系统停车过程中应注意的问题包括以下几个方面：

停车前应降低压缩机的负荷，使之在低负荷下运行一段时间。以免使低压系统停机后压力过高，但也不能太低(最好能大于或等于外界压力)，避免造成外部空气向系统内渗漏。

长期停车(尤其是冬季)应将冷凝系统、冷水系统及压缩机油冷却器、压缩机水套中的积水排空，避免结冰冻坏设备。

在停车时，蒸发器供水泵(冷水泵)与压缩机停车的间隔时间应能保证在活塞式压缩制冷系统中，蒸发器内的液态制冷剂全部汽化且成为过热气体，以保证设备的安全。冷却泵与压缩机的停车间隔时间应能保证进入冷凝器内的高温、高压气体制冷剂全部冷凝成液体，且最好进入储液器内。

(4)冷源系统故障停车和紧急停车

制冷系统在运行中，如遇到设备及系统发生故障而采取的停车为故障停车；如遇到系统中突然发生冷却水中断、冷水系统断水、突然停电及火警采取的停车为紧急停车。在操作规程中应明确规定发生故障停车、紧急停车的程序及停车后的处理。

(5)冷源系统安全防护措施

在操作规程中应明确规定制冷系统在运行中发生故障时，为了保证设备和操作者的安全而应采取的必要措施和个人防护办法，确保安全第一。

2. 热源系统的运行管理

(1)锅炉在运行前应具备的条件

为了确保锅炉安全运行，我国历来非常重视锅炉运行前应具备的条件这一重要环节的管理，现已形成以下规章制度。

1)锅炉使用登记证

新装或移装的锅炉，必须向当地相关部门登记，经检查合格，获得使用登记证后即允许投入运行；再用锅炉，必须按规程要求，进行定期检验，办理换证手续后即可投入运行。

2)司炉工及水质化验员的操作证

锅炉投入运行前，上岗的所有司炉工及水质化验员，必须经过理论知识和实际操作的培训，经当地劳动部门考试合格后，发给操作证，方允许上岗。司炉工人所操作的锅炉必须与所取得的司炉操作证类别相符。

3)健全各项管理制度

①岗位责任制。按锅炉房内操作工种如司炉工组的职责范围明确任务和要求。

②司炉工安全操作规程。设备投运前的检查与准备工作；启动与正常运行的操作方法；

正常停炉和紧急停炉的操作方法；设备的维护保养。

③巡回检查制度。明确定时检查的内容。

④交接班制度。明确交接班的要求、检查内容及交接手续。

⑤设备维修保养制度。规定锅炉本体、安全保护装置、仪表及辅机的维护保养周期、内容和要求。

⑥水质管理制度。明确水质定时化验的项目和合格标准。

⑦清洁卫生制度。明确锅炉房设备及内外环境卫生区域的划分和清扫要求。

⑧事故报告制度。明确事故发生后及时处理的方法。

4)锅炉运行各项记录

①锅炉及附属设备的运行记录；②交接班记录；③保护现场措施并根据事故的类别逐级上报的要求；④水处理设备运行及水质化验记录；⑤设备检修保养记录；⑥单位主管领导和锅炉房管理人员的检查记录；⑦事故记录。

5)锅炉及辅助设备的检查维修

锅炉及辅助设备投入运行前要求完好率为100%，是确保安全投入运行的重要环节，所有动力及传动设备在运行中必须保持不带故障运转、不带故障备用。

(2)锅炉运行点火前的检查

锅炉在运行点火前进行全面的检查，是确保安全运行的前提条件，对供暖锅炉更为突出。因为单一供暖锅炉均为季节运行、在夏季长期停炉，容易造成各种设备自然失灵，所以停炉后的保养维修和点火前的检查，都是不可忽视的重要环节。

1)锅炉本体及燃烧设备的检查

锅筒及集箱内无氧化锈蚀、附着物及遗留杂物；燃烧室内的炉墙、炉拱无裂缝、塌陷等损坏现象；省煤器及空气预热器的烟流截面处清理干净无积灰；烟风道畅通、调风板开关转动灵活。

在不送入燃料的情况下，空载启动炉排由慢到快进行燃烧设备试运转，检查有无障碍。链条炉排空运转检查咬合正常、无变形及撞击声、炉排片装设无排列错误及缺片等现象。

2)锅炉辅助设备的检查

①鼓风机、引风机试运转启动之前应先检查确保防护设备齐全，壳体内无杂物，入口挡板开关灵活，地脚螺栓紧固，轴承箱内油位正常，冷却水管畅通等；启动后运转无振动和杂音，风压、风量及电动机电流正常。

②上煤、除渣设备空载试运转正常。

③循环水泵、补水泵试运转无漏水、噪声及升温异常等现象。

④水处理设备试运转，锅炉给水硬度及含氧量达到合格标准。

⑤热水锅炉供暖系统定压设备，冷态运行保持压力正常；除污器畅通无堵塞(检查方法：观察除污器进口和出口处的两个压力表，其压力差不大于0.02 MPa)。

3)锅炉仪表及自控设备的检查

①一次仪表及安全附件的检查。

压力表检查：检查压力表指针的位置，关闭压力表旋塞，在无压力时，有限制钉的压力表指针应在限制钉处；无限制钉的压力表，指针距零位的数值不超过压力表规定的允许误差。

温度表检查：热水供暖锅炉冷态运行，供、回水温度均应相同。

安全阀检查：检查安全阀是否已调整到规定的始启排放压力，泄放管是否阻塞。

水位表检查：蒸气锅炉水位表应有指示最高、最低安全水位的明显标志，玻璃管式水位表应有安全防护装置，水位表显示水位应正确。

②二次仪表及自控设备的检查。仪表室(或微机室)内所有仪表设备应保持完整无缺，电路畅通，信号灵敏，压力、温度与一次仪表相符；蒸气锅炉水位警报器，热水锅炉超温、超压警报器及自动连锁装置等电路系统畅通，传动灵敏。

(3)锅炉的经济运行及管理

锅炉分为热水锅炉和蒸气锅炉两种类型，其操作运行有所区别。

热水锅炉运行操作如下。

1)点火升温

①先启动循环水泵。对大型供暖系统的循环水泵，为防止电动机启动电流过大，启动前应将水泵出口阀门关闭，无负荷启动，待电动机转动后再逐渐打开出口阀门。

②系统水循环起来后，热水锅炉开始点火。

a. 将煤闸板提到最高位置，在炉排前部(1 m 长)铺上 20 ~ 30 mm 厚的煤，煤上铺木屑、油棉丝等引火物，在炉排中后部铺 20 ~ 30 mm 厚的炉灰。

b. 开起引风机，先通风 3 ~ 5 min，再点燃引火物，缓慢转动炉排和启动鼓风机，将火送到距煤闸板约 1 ~ 1.5 m 后，停止炉排转动，保持燃烧。

c. 当前拱温度逐渐升高到能点燃新煤时，调整煤闸板高度，保持煤层厚度 70 ~ 100 mm，缓慢转动炉排，并调节引风机，使炉膛负压接近零，以加快燃烧。

d. 当燃煤移到第二风门处，适当开启第二风门。在燃煤继续移到第三、四风门处时依次开启第三、四风门。

e. 当底火铺满炉排后，适当增加煤层厚度，并相应地加大风量，提高炉排速度，维持炉膛负压 20 ~ 30 Pa，尽量使煤层完全燃烧。

③升温过程中要注意以下几点：

a. 锅炉升温时，系统的水必须进行循环。

b. 如为多台锅炉并联运行时，每台锅炉的水流量应大体平衡，可通过调节阀门来实现。

c. 大容量热水锅炉的升温过程不能过快，还应密切注视锅炉系统压力的变化。可根据锅炉升温时压力上升的速度，用排污阀适当放些水，同时监视压力下降的趋势，以此来调节锅炉的压力。放水时应适可而止，注意节约软化水。

热水锅炉压力急剧变化的不良后果，一是严重时可能发生爆管事故；二是一旦发生超压事故，超压连锁保护装置动作，锅炉辅机全部跳闸，此种突发事故易造成司炉人员慌乱；三是频繁的启动容易使功率较大的电动机设备损坏。

2)运行操作

①燃烧调整。为保持充分稳定的燃烧，要随时做好燃烧调整。充分稳定的燃烧是指炉温高、火焰明亮、煤层平整，炉内过剩空气系数不过大，灰渣含碳量和排烟温度低，使锅炉的热效率达标。为此，要做好燃烧调整：随煤质的变化调整煤层厚度、适当调整炉排行进速度以及炉膛通风量。也就是说，燃烧调整是指对煤层厚度、炉排速度和炉膛通风三个方面的综合调整。

a. 煤层厚度。煤层厚度主要取决于煤种及粉煤含量，煤粉含量一般的不黏结烟煤厚度为 80 ~ 140 mm。锅炉在保持正常燃烧时，如需少量调整锅炉出力，一般不宜改变煤层厚度；当大量调整锅炉出力时，可改变煤层厚度。

b. 炉排速度。炉排速度是调整锅炉燃烧、耗煤量及锅炉出力的主要因素。当锅炉负荷增加时速度应适当加快，以增加供煤量，提高锅炉出力；当锅炉负荷减少时，与此相反。

c. 炉膛通风。在锅炉正常运行中，炉排各段风室的风闸开度应根据燃烧情况调整。在锅炉满负荷时，对于四段通风的炉排，一般第一段风压为 100 ~ 200 Pa，第二、三段风压为 600 ~ 800 Pa，第四段风压为 200 ~ 300 Pa。

在锅炉运行中，煤层厚度、炉排速度和炉膛通风，三者不能单一调整，否则会使燃烧工况失调。一般操作原则是当锅炉保持最大出力或最小出力时，在炉排上均应保持煤闸板后 200 ~ 300 mm 处开始燃烧，距挡渣器前 400 ~ 500 mm 处燃尽。

②运行调节。运行调节是指改变与控制锅炉，管道的供、回水温度及流量的措施，使之满足供暖质量和安全运行的要求，其调节方式有：

a. 质调节：在流量不变的情况下，改变锅炉与管网的供水温度。

b. 量调节：在供水温度不变的情况下，改变管网的供水流量。

c. 间歇调节：改变每天供热时间的长短，即改变锅炉运行时间。

对于大面积集中供暖系统，在初运行时，首先进行量调节。调节方法可用超声波流量计测试调节各管网环路的运行流量，亦可用测试回水温度的方法调节其流量。各环路流量调节平衡后，在运行中应根据室外温度的变化进行质调节及间歇调节。其调节的原则是：对于住宅连续供暖系统，在严寒期供暖运行均采用质调节，在初、末寒期供暖运行可在质调节的基础上，加以间歇调节(间歇时间可在每天的中午及夜间零点到三点左右)。对于其他非连续供暖系统，可根据使用要求在确定供暖与间歇时间的基础上进行质调节。

3)正常停炉

正常停炉一般按下述操作程序进行：①停止供给燃料；②停止鼓风；③停止引风；④保持系统水循环；⑤如需要停止循环水泵，必须待锅炉出口水温降到 50℃以下时再停泵，停泵后应逐时观察锅炉水温变化，防止汽化，天气寒冷时，停泵时间不宜过长，防止系统发生冻结事故。

4)紧急停炉

锅炉运行中，遇有下列情况之一时，应立即停炉，

①因水循环不良造成锅水汽化，或锅炉出口热水温度上升到与出水压力下相应饱和温度的差小于 20℃(铸铁锅炉 40℃)时；②锅水温度急剧上升失去控制时；③循环泵或补给水泵全部失效时；④压力表或安全阀全部失效时；⑤锅炉元件损坏，危及运行人员安全时；⑥补给水泵不断给锅炉补水，锅炉压力仍然继续下降时；⑦燃烧设备损坏，炉墙倒塌或锅炉构架被烧红等，严重威胁锅炉安全运时；⑧其他异常情况，且超过安全运行允许范围。

蒸气锅炉运行操作如下：

1)点火升压运行操作程序

锅炉在点火开始运行时，为防止锅炉整体温差增大局部过热损坏炉体结构，应根据锅炉结构，限定以下升压、升温时间：锅壳式锅炉 5 ~ 6 h、水管锅炉 3 ~ 4 h、快装锅炉 1 ~ 2 h。

①排出空气。当锅炉水温逐渐上升产生蒸气，气压开始上升时，即可开启锅炉空气阀或

抬起安全阀，将空气排尽，排出蒸气后再关闭阀门，同样对过热器、入口集箱及中集箱进行排气。

②检查泄漏。重点检查水位表、排污阀、入孔、检查孔，如有泄漏应及时紧固。

③检查水位。运行中要对两组水位表进行比较，若显示水位不同，应及时查明原因加以解决。各类锅炉结构上都规定了最低安全水位线，正常水位在水位表中间，在运行中一般应随负荷的大小进行调整：在低负荷时，应稍高于正常水位，以免负荷增加造成低水位；在高负荷时，应稍低于正常水位，以免负荷减少时造成高水位。

④冲洗水位表，当气压在0.05～0.1 MPa时进行。

⑤冲洗压力表存水弯管，当气压在0.1～0.15 MPa时进行。

⑥试用给水设备和排污装置，当气压在0.2～0.4 MPa时进行。

⑦通汽与并汽。将锅炉内的蒸气输入到蒸气母管的过程称为通汽。通汽注意事项：锅炉升压后，需要通汽的管道，应将阀门缓慢打开，暖管半小时再全部通汽，同时对疏水器、水位计及连锁装置进行检查。新通汽的锅炉与已通汽的锅炉蒸气合并到同一蒸气母管内的过程称为并汽(亦称为并炉)。并汽注意事项：新投入运行的锅炉，当汽压低于蒸气母管气压0.05 MPa即可开始并汽，在并汽时，应保持气压和水位正常。若管道中有水击现象，应进行疏水后再并汽。

2)正常停炉

正常停炉一般按下述操作程序进行：①停止供给燃料；②停止鼓风；③停止引风；④降低蒸气压力；⑤关闭蒸气阀门，打开流水阀门；⑥关闭烟间板；⑦检查锅炉水位及蒸气压力表有无变化。

3)紧急停炉

蒸气锅炉运行中，遇有下列情况之一时，应立即停炉：

①锅炉水位低于水位表的下部可见边缘；②不断加大给水及采取其他措施，但水位仍继续下降；③锅炉水位超过最高可见水位(满水)，经放水仍不能见到水位；④给水泵全部失效或给水系统故障，不能向锅炉进水；⑤水位表或安全阀全部失效；⑥锅炉元件损坏，危及运行人员安全；⑦燃烧设备损坏，炉墙倒塌或锅炉构架被烧红等；⑧其他异常情况危及锅炉安全运行时。

紧急停炉操作程序：

①立即停止给煤和送风，减少引风；②迅速清除炉内燃煤，将火熄灭；③迅速关闭锅炉出口主汽阀，开启排气阀、安全阀，降低蒸气压力；④炉火熄灭后，开启省煤器旁通烟道闸板，关闭主烟道闸板，打开灰门和炉门进行空气流通，加速冷却。

在以上操作过程中，一般均不需向锅炉内补水，特别是因缺水和满水所造成的事故而紧急停炉时，严禁向锅炉内补水，防止锅炉内温度、压力突然变化而扩大事故或蒸气大量带水，和管道内发生水击。

思考题

1. 什么是集中监控系统？试说明其优点及适用的场合。

2. 集中监控系统有哪两种形式？各有什么优缺点？

3. 什么是调节对象、被调参数和扰动？举例说明。

4. 什么叫传感器？冷热源系统中常用的传感器有哪些？

5. 控制器的作用是什么？常用的控制模式有哪几种？

6. 什么是DDC控制器？DDC控制器中A/D、D/A转换器有什么作用？

7. 执行器由哪两部分组成？试用实例说明。

8. 什么是自力式控制设备？

9. 如何对螺杆式压缩机的滑阀进行自动控制？

10. 如何实现对冷却塔供给冷凝器的水温进行自动控制？

11. 收集几家企业的水冷式冷水机组样本，分析这些机组的自动控制系统，并简述其能量如何控制且有哪些自动安全保护措施。

12. 负荷侧变流量的单级泵系统如何控制冷水机组的停开？能否提出一种不同于图10-5所述的方法？

13. 试将图10-5的控制系统改为DDC控制器控制的系统。

14. 负荷侧变流量的双级泵系统中的二次泵流量根据供回水管末端压差进行控制，用二次泵出口与回水管压差进行控制行不行？两者有何区别？

15. 图10-5的测控系统，可否用供回水管末端压差控制旁通流量？请给出理由。

16. 锅炉由什么系统组成？其需要监测与控制的参数有哪些？

17. 锅炉给水自动调节的目的是什么？

18. 锅炉产生“虚假水位”的原因是什么？

19. 列举给水量自动调节方案的种类并说明它们有何区别。

20. 简述调节过热器出口蒸气温度的方法及其优缺点。

21. 锅炉燃烧过程自动调节的任务是什么？

22. 燃煤锅炉有哪几种燃烧系统自动调节方案？说明它们的基本原理。

23. 如果把图10-10的控制系统用于小型燃油热水锅炉，应如何修改？试画出其原理图。

24. 冷热源全年能耗量的计算方法有哪些？

25. 冷源系统的停车程序是什么？在停车过程中需要注意哪些问题？

26. 冷源系统的故障停车和紧急停车分别指什么？

27. 热水锅炉中为什么要密切关注压力的变化？

28. 热水锅炉运行中的燃烧调整是指对什么的调整？

29. 热水锅炉的运行调节指什么？说明其调节方式以及调节原则。

30. 简述热水锅炉正常停炉的操作程序。

31. 热水锅炉在什么情况下需要紧急停炉？

32. 蒸气锅炉的通汽和并汽分别指什么？

33. 简述蒸气锅炉正常停炉的操作程序。

34. 蒸气锅炉在什么情况下需要紧急停炉？请说明其操作步骤。

35. 试分析蒸气锅炉水位过低的原因。

36. 试分析蒸气锅炉蒸汽压力过高的原因。

参考文献

[1]朱颖心. 建筑环境学[M]. 2 版. 北京：中国建筑工业出版社，2016.
[2]彦启森，石文星，田长青. 空气调节用制冷技术[M]. 4 版. 北京：中国建筑工业出版社，2010.
[3]陆亚俊，马最良，姚杨. 空调工程中的制冷技术[M]. 2 版. 哈尔滨：哈尔滨工程大学出版社，2001.
[4]吴业正. 制冷原理及设备[M]. 3 版. 西安：西安交通大学出版社，2010.
[5]陈汝东. 制冷技术与应用[M]. 2 版. 上海：同济大学出版社，2006.
[6]陆亚俊，马最良，庞志庆. 制冷技术与应用[M]. 北京：中国建筑工业出版社，1992.
[7]韩宝琦，李树林. 制冷空调原理及应用[M]. 2 版. 北京：机械工业出版社，1994.
[8]史美中，王中铮. 热交换器原理与设计[M]. 2 版. 南京：东南大学出版社，2003.
[9]杨世铭，陶文铨. 传热学[M]. 4 版. 北京：高等教育出版社，2006.
[10]缪道平，吴业正. 制冷压缩机[M]. 北京：机械工业出版社，2001.
[11]周邦宁. 空调用螺杆式制冷机[M]. 北京：中国建筑工业出版社，2002.
[12]邢子文. 螺杆压缩机——理论、设计及应用[M]. 北京：机械工业出版社，2000.
[13]马国远. 制冷压缩机及其应用[M]. 北京：中国建筑工业出版社，2008.
[14]董天禄. 离心式/螺杆式制冷机组及应用[M]. 北京：机械工业出版社，2002.
[15]李然，郑旭煦. 化工原理[M]. 武汉：华中科技大学出版社，2009.
[16]许莉，王世昌，王宇新，等. 水平管薄膜蒸发传热系数[J]. 化工学报，2003，54(3)：299-304.
[17]郑东光，孙会朋，杜亮坡，等. 水平管降膜蒸发器蒸发传热性能实验研究[J]. 化工装备技术，2008，29(3)：35-38.
[18]ADIB T A, HEYD B, VASSEVR J. Experimental results and modeling of boiling heat transfer coefficients in falling film evaporator usable for evaporator design[J]. Chemical Engineering and Processing: Process Intensification, 2009, 48: 961-968.
[19]白健美，马虎根，李长生，等. 水平管束低压降膜蒸发换热特性研究[J]. 流体机械，2010，38(2)：53-57.
[20]JANI S, SAIDI M H, MOZAFFARI A A. Tube bundle heat and mass transfer characteristics in falling film absorption generators[J]. Heat and Mass Transfer, 2003, 30(4): 565-576.
[21]WEISE F, SCHOLL S. Evaporation of pure liquids with increased viscosity in a falling film evaporator[J]. Heat Mass Transfer, 2009, 45: 1037-1046.
[22]SENHAJI S, FEDDAOVI M, MEDIOVNI T, et al. Simultaneous heat and mass transfer inside a vertical tube in evaporating a heated falling alcohols liquid film into a stream of dry air[J]. Heat Mass Transfer, 2009, 45: 663-671.
[23]FEDDAOVI M, MEFIAH H, MIR A. The numerical computation of the evaporative cooling of falling water filmin turbulent mixed convection inside a vertical tube[J]. International Communications in Heat and Mass Transfer, 2006, 33: 917-927.
[24]腊栋，李茂德，秦伟，等. 降膜蒸发过程的传热性能研究[J]. 应用能源技术，2006(5)：6-10.

[25]YANG L, WANG W. The heat transfer performance of horizontal tube bundles in large falling film evaporators [J]. International Journal of Refrigeration, 2011, 34: 303 - 316.

[26]翟玉燕，黄兴华. 基于分布参数模型的水平管式降膜蒸发器模拟[J]. 机械工程学报，2009，45(7)：284 - 291.

[27]HELBIG K, ALEXEEV A, GAMBARYAN - ROISMAN T, et al. Evaporation of Falling and Shear - Driven Thin Films on Smooth and Grooved Surfaces[J]. Flow, Turbulence and Combustion, 2005, 75: 85 - 104.

[28]何曙，夏再忠，王如竹. 基于气提效应的竖管内降膜蒸发器性能研究：水力学特性[J]. 化工学报，2009，60(5)：1104 - 1110.

[29]张猛，周帼彦，朱冬生. 降膜蒸发器的研究进展[J]. 流体机械，2012，40(6)：82 - 86.

[30]GB/T 10079—2001 活塞式单级制冷压缩机[S]. 北京：中国标准出版社，2001.

[31]GB/T 19410—2008 螺杆式制冷压缩机[S]. 北京：中国标准出版社，2008.

[32]JB/T 5446—1999 活塞式单机双级制冷压缩机[S]. 北京：中国标准出版社，1999.

[33]GB/T 9098—2008 电冰箱用全封闭型电动机 - 压缩机[S]. 北京：中国标准出版社，2008.

[34]GB/T 15765—2006 房间空气调节用全封闭型电动机 - 压缩机[S]. 北京：中国标准出版社，2006.

[35]GB/T 21360—2008 汽车空调用制冷压缩机[S]. 北京：中国标准出版社，2008.

[36]谢鸿玺，谢宝刚，齐淑芳，等. 数据机房用蒸发冷凝式冷水机组与自然冷却风冷式冷水机组的性能对比分析[J]. 制冷与空调，2017(6)：15 - 18.

[37]侯佐岗，程有凯，李刚，等. 制冷装置的冷凝压力和蒸发压力的自动调节与自动保护分析[J]，大连大学学报，2006，27(2)：39 - 42.

[38]石文星，田长青，王宝龙. 空气调节用制冷技术[M]. 5 版. 北京：中国建筑工业出版社，2016.

[39]吴业正. 制冷与低温技术原理[M]. 北京：高等教育出版社，2004.

[40]吴味隆. 锅炉及锅炉房设备(第五版)[M]. 北京：中国建筑工业出版社，2014.

[41]樊泉桂. 锅炉原理[M]. 2 版. 北京：中国电力出版社，2013.

[42]陆亚俊. 建筑冷热源[M]. 2 版. 北京：中国建筑出版社，2015.

[43]张泉根. 燃油燃气锅炉房设计手册[M]. 2 版. 北京：机械工业出版社，2013.

[44]丁云飞. 冷热源工程[M]. 北京：化学工业出版社，2009.

[45]王军，武俊梅，常冰. 冷热源工程课程设计[M]. 北京：机械工业出版社，2011.

[46]GB 50019—2003 采暖通风与空气调节设计规范[S]. 北京：中国计划出版社，2003.

[47]GB 50736—2012 民用建筑供暖通风与空气调节设计规范[S]. 北京：中国建筑工业出版社，2012.

[48]GB 50189—2005 公共建筑节能设计标准[S]. 北京：中国建筑工业出版社，2015.

[49]GB 50041—2008 锅炉房设计规范[S]. 北京：中国计划出版社，2008.

[50]GB 50028—2006 城镇燃气设计规范[S]. 北京：中国建筑工业出版社，2006.

[51]CJJ28—2004 城镇供热管网工程施工验收规范[S]. 北京：中国建筑工业出版社，2004.

[52]CJ/T 191—2004 换热站设计标准[S]. 北京：中国计划出版社，2004.

[53]陆亚俊，马最良，邹平华. 暖通空调[M]. 2 版. 北京：中国建筑工业出版社，2007.

[54]黄翔. 空调工程[M]. 北京：机械工业出版社，2006.

[55]GB 50366—2005 地源热泵系统工程技术规范[S]. 北京：中国建筑工业出版社，2009.

[56]武晓峰，唐杰. 地下水人工回灌与再利用[J]. 工程勘察，1998(4)：37 - 39.

[57]邬小波. 地下含水层储能和地下水源热泵系统中地下水回路与回灌技术现状[J]. 暖通空调，2001，34(1)：19 - 22.

[58]ASHRAE. 地源热泵工程技术指南[M]. 徐伟，等译，北京：中国建筑工业出版社，2001.

[59]于立强，张开黎，李芃. 直埋管地源热泵系统实验研究[C]//全国暖通空调制冷学术年会论文集. 北京：中国建筑工业出版社，2002：806 - 809.

[60]李元旦，张旭，周亚素，等. 土壤源热泵冬季工况启动特性的实验研究[J]. 暖通空调，2001，31(1)：17-20.

[61]方肇洪，刁乃仁. 地热换热器的传热分析[J]. 建筑热能通风空调，2004，23(1)：11-20.

[62]何梓年. 太阳能热利用[M]. 合肥：中国科学技术大学出版社，2009.

[63]王慧，胡晓花，程洪智. 太阳能热利用概论[M]. 北京：清华大学出版社，2013.

[64]GB 50364—2005 民用建筑太阳能热水系统应用技术规范[S]. 北京：中国建筑工业出版社，2008.

[65]HE Z N. Development and Application of Heat Pipe Evacuated Tubular Solar Collectors in China[C]//Proc. Of ISES199 Solar World Congress, Taejon, Korea, 1997：18-30.

[66]庄骏，张红. 热管技术及其工程应用[M]. 北京：化学工业出版社，2000.

[67]申刚. 浅述太阳能集热器的选型[J]. 山西建筑，2008，34(18)：241-242.

[68]刘泽华，彭梦珑，周湘江. 空调冷热源工程[M]. 北京：机械工业出版社，2005.

[69]严德隆，张维君. 空调蓄冷应用技术[M]. 北京：中国建筑工业出版社，1997.

[70]李援瑛. 中央空调的运行管理与维修[M]. 北京：中国电力出版社，2001.

[71]温丽. 锅炉供暖运行技术与管理[M]. 北京：清华大学出版社，1995.

[72]陆耀庆. 实用供暖空调设计手册[M]. 2 版. 北京：中国建筑工业出版社，2008.

[73]李德英，郝斌，高春城. 空调冷源系统监测与冷量计量方法[J]. 北京建筑工程学院学报，2003，19(1)：375-378.